Matthias Menge
Moderne Prozessorarchitekturen

Matthias Menge

Moderne Prozessor- architekturen

Prinzipien und ihre Realisierungen

Mit 163 Abbildungen und 12 Tabellen

Springer

Dr.-Ing. Matthias Menge
Technische Universität Berlin
Institut für Technische Informatik und Mikroelektronik
Fakultät IV, Elektrotechnik und Informatik
Franklinstr. 28/29
10587 Berlin
Deutschland
menge@cs.tu-berlin.de

Bibliografische Information der Deutschen Bibliothek

Die Deutsche Bibliothek verzeichnet diese Publikation in der Deutschen Nationalbibliografie;
detaillierte bibliografische Daten sind im Internet über http://dnb.ddb.de abrufbar.

ISBN 3-540-24390-9   1. Aufl. Springer Berlin Heidelberg New York

Springer ist ein Unternehmen von Springer Science+Business Media

springer.de

© Springer-Verlag Berlin Heidelberg 2005
Printed in The Netherlands

Satz: Digitale Druckvorlage des Autors
Herstellung: LE-TeX Jelonek, Schmidt & Vöckler GbR, Leipzig
Umschlaggestaltung: medionet AG, Berlin
Gedruckt auf säurefreiem Papier   7/3142/YL - 5 4 3 2 1 0

Für Carmen

Vorwort

Ein Prozessor verarbeitet Daten, indem er sie ausgehend von einem Initialzustand schrittweise zustandsgesteuert transformiert. Die durchzuführenden Transformationen sind in den Befehlen des zu bearbeitenden Programms codiert. Sie werden abhängig vom aktuellen Zustand des Prozessors ausgewählt, wobei der Prozessor mit jedem Befehl in einen neuen Zustand wechselt. In dieser theoretischen Definition sind zahlreiche Anforderungen, die man an einen realen Prozessor stellt, nicht mit einbezogen. So sollte ein Prozessor eine hohe Geschwindigkeit aufweisen, wenig Kosten verursachen, einen geringen Leistungsbedarf haben usw. – Ansprüche, die oft im Widerspruch zueinander stehen.

Zum Beispiel ist ein schnell arbeitender Prozessor meist komplexer aufgebaut und somit teurer zu realisieren als ein langsam arbeitender Prozessor, und zwar unabhängig davon, ob die höhere Geschwindigkeit durch architektonische Verbesserungen der Struktur oder durch technologische Verbesserungen in der Chip-Fertigung erreicht wird. (Hierbei bleibt natürlich unberücksichtigt, dass die Einzelkosten eines Prozessors von den Fertigungsstückzahlen abhängig sind, da Markteffekte dieser Art die Entwicklung eines Prozessors schlecht planbar beeinflussen.)

Im Folgenden werden zahlreiche Konzepte moderner Prozessorarchitekturen beschrieben, mit denen sich die oben genannten Anforderungen erreichen lassen. Die Betrachtungen beziehen sich ausschließlich auf Komponenten, die man einem Prozessor logisch zuordnen kann, unabhängig davon, ob sie in einem Chip integrierbar sind oder nicht. Die Speicherschnittstelle zwischen Prozessor und Außenwelt bildet dabei die Grenze. Komponenten, die nicht eindeutig dem Prozessor oder der Außenwelt zuzuordnen sind – z.B. die Speicherschnittstelle, die Caches und die Speicherverwaltungseinheiten – werden nur bezüglich all jener Aspekte erläutert, die für den Prozessor von Bedeutung sind. Insbesondere finden die verschiedenen Bussysteme, Speicherbausteine und Peripheriekomponenten, die in modernen Rechnern zum Einsatz kommen, hier keine Berücksichtigung. Auch Techniken, wie das für Multimastersysteme wichtige Bus-Snooping und das MESI-Protokoll werden im Folgenden nicht oder nur andeutungsweise beschrieben. Interessierte Leser seien zu diesen Themen auf [46] verwiesen.

Das vorliegende Buch versteht sich ausdrücklich nicht als eine Sammlung von Beschreibungen verschiedener Prozessorarchitekturen. Es enthält vielmehr ausführliche Erläuterungen der jeweils zum Einsatz kommenden Techniken. Dabei werden moderne Prozessoren, wie z.B. der Pentium 4 von Intel, der Athlon 64 von AMD, der Itanium 2 von Intel, der Alpha 21264 von Compaq, der PowerPC 970 von IBM oder der ARM9 von ARM genauso berücksichtigt, wie ältere, für moderne Archi-

tekturen oft wegweisende Prozessoren bzw. Rechner, wie z.B. die CDC6600 von
Control Data, die Cray-1 von Cray, der Trace 7/300 von Multiflow, der Transputer
T9000 von Inmos oder der MC88110 von Motorola (insgesamt mehr als 90 unter-
schiedliche Prozessoren und Rechner).

Neben den in kommerziellen Prozessoren verwendeten Verfahren werden der Voll-
ständigkeit halber auch solche beschrieben, die in Forschungsprojekten entwickelt
wurden. Zu nennen sind vor allem die im Rahmen meiner Arbeit am Institut für
Technische Informatik und Mikroelektronik der TU Berlin konzipierten Prinzipien.
Sie kommen u.a. in den Prozessoren mit Nemesis-Architektur zum Einsatz: dem
Nemesis S (simple), einem einfachen zeitseqentiell arbeitenden Prozessor, dem
Nemesis C (classic), einem skalaren in Fließbandtechnik arbeitenden Prozessor
[114, 198] und dem Nemesis X (extended), einem komplexen operationsparallel
arbeitenden Prozessor [108]. Vollständig implementiert wurde bisher nur der Nemesis C, und zwar ursprünglich für ein sog. FPGA von Xilinx (field programmable
gate arrays, das sind frei programmierbare integrierte Schaltungen). Er besitzt, synthetisiert für ein 0.13-Micron Gatearray von TSMC, die beachtliche Komplexität
von 117 652[1] Gatteräquivalenten und erreicht eine Taktfrequenz von 243 MHz.

Neben den Prozessoren mit Nemesis-Architektur wird der ebenfalls als Forschung-
projekt entwickelte Zen-1 diskutiert, der nach dem Prinzip des kontrollflussgesteu-
erten Datenflusses arbeitet und ausschließlich Transportoperationen verarbeitet. Das
darin verwirklichte Konzept wurde bereits Anfang der 90er Jahre an der TU Berlin
entworfen, konnte damals jedoch nur theoretisch untersucht werden. Seit kurzem
wird an einer Implementierung mit FPGAs gearbeitet [113].

Anmerkungen zu den verwendeten Begriffen

Die in diesem Buch verwendeten Begriffe sind, sofern dies sinnvoll erschien, ins
Deutsche übersetzt worden, wobei die gebräuchlicheren, meist englischsprachigen
Begriffe bei der jeweils ersten Verwendung in Klammern angegeben sind. In einigen
Fällen wurde auf eine Begriffsübersetzung auch verzichtet, nämlich dann, wenn ent-
weder der Originalbegriff im Deutschen gebräuchlich ist, wie z.B. „Cache", die
Übersetzung sehr unhandlich gewesen wäre, wie z.B. „vielfädige Arbeitsweise"
statt „Multithreading" oder der Begriff nicht mehr klar als solcher erkennbar gewe-
sen wäre, wie z.B. beim „Spurencache" als Übersetzung des „Trace-Caches".

Unabhängig hiervon wurde darauf geachtet, dass für einen bestimmten Sachverhalt
immer nur ein einzelner Begriff Verwendung findet. Zum Beispiel wird „Befehl"
nicht durch die Synonyme „Instruktion" oder „Operation" umschrieben. Tatsächlich
hat ein Befehl hier sogar eine andere Bedeutung als eine Operation: Ein Befehl ist
nämlich die von einem Prozessor verarbeitete Einheit, in der mehrere Operationen,
die parallel ausgeführt werden, codiert sein können. Selbstverständlich ist eine synonyme Nutzung der Begriffe immer dann möglich, wenn in einem Befehl genau

---

1. Zum Vergleich: Der MC68000 von Motorola enthält lediglich 68 000 Transistoren, entsprechend 17 000 Gatteräquivalenten [168].

eine Operation codiert ist. Allerdings wird auch in einem solchen Fall vorausgesetzt, dass ein Befehl prinzipiell mehrere Operationen enthalten kann.

Eine weitere Differenzierung, die erwähnt werden soll, betrifft die Begriffe „Hauptspeicher", „Datenspeicher" und „Befehlsspeicher". Prozessoren werden normalerweise danach unterschieden, ob sie eine sog. von-Neumann-Architektur mit einem für Befehle und Daten gemeinsamen Hauptspeicher oder eine sog. Harvard-Architektur mit getrennten Befehls- und Datenspeichern besitzen [58]. Diese Differenzierung hat historische Gründe und ergibt in modernen Prozessoren kaum Sinn. Tatsächlich wird in den meisten Hochleistungsprozessoren die Harvard-Architektur verwendet, und zwar mit getrennten Caches für Befehle und Daten. Hierbei ist es, zumindest für die Arbeitsgeschwindigkeit eines Prozessors, von geringer Bedeutung, ob die Caches ihrerseits an getrennte Befehls- und Datenspeicher oder an einen gemeinsamen Hauptspeicher gekoppelt sind. Aus Kostengründen findet i.Allg. letzteres bevorzugt Verwendung, weshalb sich die aus Prozessor *und* Caches bestehende Einheit als von-Neumann-Architektur klassifizieren lässt. Wegen des hier aufgezeigten Interpretationsspielraums implizieren die Begriffe „Befehlsspeicher" oder „Datenspeicher" deshalb nicht, dass hier physikalisch getrennte Komponenten zum Einsatz kommen, sondern nur, dass sich die Zugriffe entweder auf Befehle oder Daten beziehen, die jedoch in einem gemeinsamen Hauptspeicher abgelegt sein dürfen.

Inhaltsübersicht

Im weiteren Verlauf der Arbeit werden zunächst alle die Programmierung eines Prozessors betreffenden Aspekte beschrieben. Sie sind im sog. Programmiermodell definiert, das selbst zwar keine Details technischer Umsetzungen beinhaltet, aber oft Realisierungsgrundlage eines Prozessors ist. Im Einzelnen wird ausgeführt, wie sich Daten codieren, speichern oder adressieren lassen, welche Befehle definiert sein sollten, welche Informationen in den Befehlen enthalten sein müssen und wie man sie codieren bzw. decodieren kann. Des Weiteren wird der Begriff des Betriebszustands analysiert und erläutert, wie mit Unterbrechungen oder Ausnahmeanforderungen zu verfahren ist, welche Arten von Kontextwechseln möglich sind und wie sich die für einen Kontextwechsel benötigte Zeit kurz halten lässt. In diesem Zusammenhang werden u.a. auch die Organisationsformen von Registerspeichern diskutiert. Das als Grundlage angelegte Kapitel enthält nur wenige Details, die einem Leser, der mit der Assemblerprogrammierung unterschiedlicher Prozessoren bereits vertraut ist, nicht bekannt sein werden. Es lässt sich daher bei Bedarf überspringen.

Im darauf folgenden Kapitel 2 finden zunächst die Strukturen skalarer, sequentiell arbeitender Prozessoren Berücksichtigung. Dabei werden alle wesentlichen Komponenten eines einfachen Prozessors, unter anderem auch die Mikroprogrammierung, sowie die möglichen Varianten einer Implementierung, diskutiert. Die auf diese Weise sukzessive entwickelte Prozessorstruktur dient in Abschnitt 2.2 als Grundlage zum Entwurf eines einfachen Fließbandprozessors, wobei auch Lösungsmöglichkeiten für die mit dieser wichtigen Technik im Zusammenhang stehenden sog. Datenfluss- und Kontrollflusskonflikte aufgezeigt werden. Im Einzelnen sind dies bezogen auf Datenflusskonflikte das sog. Fließbandsperren (interlocking), die Verwendung von Bypässen (bypassing) und die Wertvorhersage (value prediction) und bezogen auf Kontrollflusskonflikte die Sprungvermeidung (predication), das Fließbandsperren, die verzögerte Sprungausführung (delayed branch) sowie zahlreiche Verfahren zur Sprungvorhersage (branch prediction) bzw. Sprungzielvorhersage (branch target prediction). Das Kapitel schließt mit einer Erläuterung der Funktionsweise von Caches und Speicherverwaltungseinheiten.

Während sich Kapitel 2 mit Prozessoren beschäftigt, die pro Takt eine Operation starten bzw. beenden können, stellt Kapitel 3 Architekturen vor, die in der Lage sind, pro Takt mehrere Operationen parallel auszuführen. Zunächst werden in Abschnitt 3.1 Konzepte beschrieben, bei denen die parallel auszuführenden Operationen statisch in den Befehlen codiert sind, wie z.B. in Multimedia-Einheiten, Feldrechnern, Vektor-, Signal- und VLIW-Prozessoren sowie den bereits erwähnten Prozessoren mit kontrollflussgesteuertem Datenfluss. Es folgen in Abschnitt 3.2 Ausführungen zu sog. superskalaren und superspekulativen Prozessoren, die einen sequentiellen Befehlsstrom dynamisch parallelisieren. Dabei wird unter anderem das sog. Scoreboarding, die Funktionsweise von Reservierungseinheiten, Reorder-Buffern und Trace-Caches beschrieben. Das Kapitel endet mit Erläuterungen zu Verfahren, mit denen sich Befehlsfolgen quasiparallel ausführen lassen, dem sog. Multithreading (auch Hyperthreading genannt).

Das sich anschließende Kapitel 4 behandelt im Hardware-Software-Codesign realisierte Prozessoren (wie z.B. dem Efficeon von Transmeta). Zunächst werden dort Techniken zur programmierten Implementierung sog. virtueller Prozessoren beschrieben. Im einzelnen sind dies die Interpretation, die Laufzeittransformation und die Laufzeitübersetzung. Des Weiteren kommt ein im Rahmen dieser Arbeit entwickeltes Klassifikationssystem zur Sprache, mit dem sich bestehende oder neu entwickelte virtuelle Prozessoren bewerten lassen. In Abschnitt 4.2 folgen Ausführungen zur sog. dynamischen Binärübersetzung (dynamic binary translation), einem Verfahren, das zwar ebenfalls in virtuellen Prozessoren Verwendung findet, hier jedoch vor allem wegen der Bedeutung in im Hardware-Software-Codesign verwirklichten Prozessoren beschrieben wird. Das Kapitel schließt mit Erläuterungen zur sog. Prozessorabstraktionsschicht (processor abstraction layer), bei der eine Software-Schicht zwischen Prozessor und Betriebssystem dafür sorgt, dass man Änderungen der Hardware nicht im Betriebssystem berücksichtigen muss.

Der Anhang A dient der exemplarischen Vermittlung konkreter Definitionen, die Grundlage einer Prozessorarchitektur sind. In gekürzter Form ist dort eine Beschreibung des vollständigen Programmiermodells der in diesem Buch oft zitierten Prozessorarchitektur Nemesis enthalten. Nach einer Einführung, in der u.a. auch die drei Umsetzungsvarianten Nemesis S, Nemesis C und Nemesis X diskutiert werden, folgen Beschreibungen zu den verfügbaren Arbeitsregistern, den Spezialregistern, den Adressierungsarten, den Befehlen sowie den Schnittstellen zu den Funktionen der zur Prozessorarchitektur definierten Prozessorabstraktionsschicht.

Danksagung

Ich möchte mich an dieser Stelle bei allen bedanken, die mich bei der Ausarbeitung dieses Buches unterstützt haben. Zu nennen sind Prof. Dr.-Ing. Hans-Ulrich Post, Prof. Dr.-Ing. Reinhold Orglmeister, Prof. Dr.-Ing. Klaus Waldschmidt, besonders aber Prof. Dr.-Ing Hans Liebig, die sich die Zeit nahmen, mein Werk zu begutachten und mir viele Hinweise zum Inhalt und zur Form der Monographie gaben. Ich hoffe, es hat ihnen nicht zu viele Mühen bereitet. Unterstützt wurde ich auch von meinen Kollegen Dr.-Ing. Thomas Flik und Dr.-Ing. Carsten Gremzow, die mir mit wertvollen inhaltlichen Diskussionen zur Seite standen. Vor allem jedoch meinem Kollegen Till Neunast dürfte ich Nerven gekostet haben. Er hatte das Pech, mit mir ein Zimmer zu teilen und wurde deshalb häufig in fachliche Dispute verwickelt. Einige Bilder verdanken ihm ihren letzten Schliff.

Für die moralische Unterstützung danke ich vor allem meiner Freitagsgruppe Uncle Fester, Butch und John Doe, ohne deren Mithilfe einige Simulationen nicht hätten durchgeführt werden können. Schließlich möchte ich mich noch bei meiner gesamten Familie, besonders bei meiner Ehefrau Carmen Menge für die Geduld und das Verständnis bedanken, das sie mir entgegengebracht haben.

Berlin, den 26.12.2004

Inhaltsverzeichnis

1 Programmiermodell

Im *Programmiermodell* (*instruction set architecture*, ISA) sind die von einer Realisierung abstrahierten Details definiert, die benötigt werden, um einen Prozessor zu programmieren. Hierzu gehört eine Beschreibung aller in einem Prozessor zur Verfügung stehenden Befehle, deren Semantik, Codierung und i. Allg. auch deren Zeitverhalten. Das Programmiermodell definiert, wie und wo Daten gespeichert und auf welche Art und Weise sie verarbeitet werden. Es legt die möglichen Betriebsmodi, die Bedingungen der Aktivierung oder Deaktivierung dieser Betriebsmodi, den Umgang mit Ausnahmesituationen wie Fehlern usw. fest.

Obwohl das Programmiermodell von Realisierungsdetails abstrahiert, wird es dennoch in Hardware (oder Software eines virtuellen Prozessors – was jedoch vorerst nicht weiter berücksichtigt wird) implementiert. Soll ein Prozessor z.B. eine Multiplikation ausführen können, so muss auch ein Schaltnetz dafür vorgesehen werden. Umgekehrt wirkt jedoch auch die Realisierbarkeit von Hardware auf das Programmiermodell zurück. So ist die Division als einschrittig arbeitendes Schaltnetz sehr kompliziert zu realisieren, weshalb ein entsprechender Befehl in vielen realen Prozessoren nicht vorgesehen ist.

1.1 Datentypen

Damit Daten verarbeitet werden können, müssen sie jeweils entsprechend eines Datentyps interpretiert werden. In diesem ist festgelegt, aus welcher Wertemenge ein Datum stammt, welche Bedeutung die Werte der Wertemenge besitzen und wie sie codiert sind. Die Interpretation eines Datums entsprechend eines solchen Datentyps erfolgt bei Ausführung einer Operation, so dass die Anzahl der direkt interpretierbaren Datentypen unmittelbar von der Anzahl der durch einen Prozessor ausführbaren Operationen abhängt.

Andere Datentypen müssen durch die direkt interpretierbaren Datentypen repräsentiert werden. Dies geschieht entweder, indem ein komplexer Datentyp als Verbund direkt interpretierbarer Datentypen zusammengesetzt wird oder indem die Werte des zu repräsentierenden Datentyps auf die eines repräsentierenden, möglichst direkt interpretierbaren Datentyps abgebildet werden. Zum Beispiel verfügen herkömmliche Prozessoren sehr selten über einen direkt interpretierbaren Datentyp zur Darstellung alphanumerische *Zeichenketten* (*strings*), weshalb im Bedarfsfall die *Einzelzeichen* (*character*), entsprechend einer Konvention, wie sie im *ASCII-Code* festgeschrieben ist, durch ganze sieben Bit breite Zahlen repräsentiert werden. Eine Zei-

·chenkette ist dann ein Verbund einzelner als Zahlen codierter Zeichen. Im Folgenden werden die Datentypen beschrieben, die von Prozessoren direkt verarbeitet werden können.

1.1.1 Binärziffern (Bits)

Prozessoren verwenden als kleinste verarbeitbare Einheit das Bit (*binary digit*,
Binärziffer). Als Binärziffer kann es die Werte 0 und 1 darstellen. Da nicht ausschließlich Zahlen repräsentiert werden, sind jedoch andere Bezeichnungen für die
erlaubten Werte ebenfalls gebräuchlich, z.B. falsch (false) und wahr (true), ja und
nein, L (low) und H (high) usw. Falls mehr als zwei Werte existieren, werden in
binär arbeitenden Systemen mehrere Einzelbits zu geordneten Gruppen zusammengefasst und die unterscheidbaren Kombinationen zur Codierung verwendet. Mit
zwei Werten pro Bit und insgesamt N Bits lassen sich so 2^N Kombinationen bilden.

Welche Bitkombination welches Datum beschreibt, definiert ein Code. Zum Beispiel ist es möglich, mit den 2-Bit-Kombinationen 00, 01, 10 und 11 die vier
Betriebszustände einer Ampel „Rot", „Gelb vor Grün", „Grün" bzw. „Gelb vor Rot"
zu beschreiben. Ein entsprechender Ampelcode wird jedoch von realen Prozessoren
nicht unterstützt. Bemerkt sei noch, dass sich der Wert eines Bits technisch durch
eine physikalische Größe, wie z.B. dem Spannungspegel einer Signalleitung oder
der Polarisationsrichtung eines optischen Mediums darstellen lässt.

1.1.2 Vorzeichenlose Dualzahlen

Informationen sind oft als Zahlen codiert, und zwar auch dann, wenn sie nicht die
Eigenschaften von Zahlen besitzen. Werden z.B. die oben genannten Ampelphasen
durch die Zahlen Null bis Drei repräsentiert, ist ein Phasenwechsel dadurch erreichbar, dass der codierte Betriebszustand inkremtiert und anschließend der Rest ermittelt wird, der sich bei einer Division durch Vier ergibt (Modulo). Zur Codierung
ganzer Zahlen mit positiven Vorzeichen wird der *vorzeichenlose Dualcode* verwendet: Die Bits eines N Bit breiten Bitvektors werden dabei als Ziffern einer *binärcodierten Zahl* interpretiert, wobei Bit 0 dem niedrigstwertigen und Bit $N-1$ dem
höchstwertigen Bit entspricht.

Der Wert einer *vorzeichenlosen Dualzahl* berechnet sich entsprechend der in Bild
1.1 dargestellte Summenformel. Die kleinste darstellbare Zahl ergibt sich, indem
alle Ziffern gleich Null gesetzt werden und ist insgesamt gleich Null. Der größte
Zahlenwert ergibt sich, indem alle Ziffern gleich Eins gesetzt werden und ist insge-
samt gleich $2^N - 1$. Er ist von der verfügbaren Bitzahl abhängig, wobei in realen
Anwendungen die Bitbreiten 8, 16, 32 und 64 Bit bevorzugt zum Einsatz kommen.
Die Zuordnung der Bits zu einzelnen Ziffern ist für die entsprechenden Bitbreiten in
Bild 1.1 ebenfalls dargestellt.

Mit vorzeichenlosen Dualzahlen ist ein Rechnen genauso wie mit dezimalen Zahlen
möglich, nur dass für das binäre Zahlensystem abgewandelte Regeln zu verwenden

sind. So wird z.B. addiert, indem man die einzelnen Ziffern stellengenau summiert und Überträge jeweils in der nächst höheren Stelle berücksichtigt. Ein Übertrag tritt auf, wenn die Summe der Ziffern und eines gegebenenfalls aus einer darunter liegenden Stelle zu berücksichtigenden Übertrags größer als Eins ist.

Ergibt sich ein Übertrag bei der Addition der obersten darstellbaren Ziffern, so lässt sich das Ergebnis nicht mehr als vorzeichenlose N-Bit-Dualzahl codieren, da es größer als $2^N - 1$ ist. Dieser Fall wird insgesamt als Übertrag der vorzeichenlosen Dualzahl bezeichnet und von vielen Prozessoren durch ein in einem Spezialregister enthaltenes *Übertragsbit* (*carry-flag*) angezeigt. Im Allgemeinen wird es auch gesetzt, wenn bei einer Subtraktion ein als vorzeichenlose Dualzahl nicht darstellbares negatives Ergebnis entsteht.

Wert:
$$Y_D = \sum_{i=0}^{N-1} z_i \cdot 2^i \qquad z_i \in \{0, 1\}$$

Bitzuordnung:

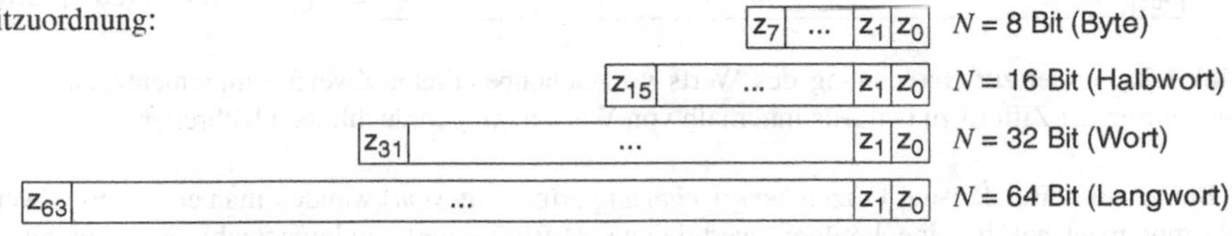

z_7	...	z_1 z_0	$N = 8$ Bit (Byte)
z_{15}	...	z_1 z_0	$N = 16$ Bit (Halbwort)
z_{31}	...	z_1 z_0	$N = 32$ Bit (Wort)
z_{63}	...	z_1 z_0	$N = 64$ Bit (Langwort)

Bild 1.1. Formel zur Berechnung des Werts vorzeichenloser Dualzahlen sowie Bitzuordnung der Ziffern zu den gebräuchlichen Breiten 8, 16, 32 und 64 Bit

1.1.3 Zweierkomplementzahlen

Eine positive oder negative Zahl lässt sich z.B. durch ihren Betrag als vorzeichenlose Dualzahl und einem separaten Vorzeichenbit codieren. Um solche Zahlen zu addieren, muss abhängig von den Vorzeichen der beteiligten Operanden entweder eine Addition oder eine Subtraktion ausgeführt werden, was aufwendig zu realisieren ist. Zur Darstellung positiver und negativer Zahlen bevorzugt man deshalb die *Zweierkomplementdarstellung*. Negative Zahlen werden dabei durch die Differenz $0 - Y$ repräsentiert, so dass bei Addition einer positiven und negativen Zahl das korrekten Ergebnis $X + (0 - Y) = X - Y$ entsteht. Da die Anzahl der in einem realen System verfügbaren Bits auf die Bitbreite N begrenzt ist, entspricht das Ergebnis der Subtraktion $0 - Y$ der Differenz $2^N - Y$. Letztere ist positiv, weil sowohl Y größer als Null als auch 2^N größer als Y ist. Die Differenz $2^N - Y$ lässt sich daher auch als vorzeichenlose Dualzahl Y_D entsprechend der Formel in Bild 1.1 codieren. Um die negative Zahl $-Y$ zu erhalten, ist $2^N - Y = Y_D$ nur noch nach $-Y$ aufzulösen, was schließlich zu der Formel

$$-Y = -2^N + \sum_{i=0}^{N-1} z_i \cdot 2^i \qquad z_i \in \{0, 1\}$$

führt. Sie beschreibt, wie aus den Ziffern einer N-Bit-Zahl deren negativer Wert errechnet werden kann. Positive Zahlen sind in dieser Weise jedoch nicht darstellbar. Hierzu muss die Formel zusätzlich noch mit der zur Codierung vorzeichenloser

Dualzahlen kombiniert werden, was schließlich zu der in Bild 1.2 dargestellten Formel führt. Das Vorzeichen wird darin durch die Ziffer z_{N-1} repräsentiert. Es ist bei negativen Zahlen gleich Eins, so dass die Formel in Bild 1.2 der zuvor für $-Y$ angegebenen entspricht und bei positiven Zahlen gleich Null, so dass die Formel der zur Codierung vorzeichenloser Dualzahlen in Bild 1.1 entspricht. In beiden Fällen ist N durch $N - 1$ zu ersetzen, da ein Bit für das Vorzeichen benötigt wird und somit nicht für den Zahlenwert zur Verfügung steht.

Wert:
$$Y_Z = -z_{N-1} \cdot 2^{N-1} + \sum_{i=0}^{N-2} z_i \cdot 2^i \qquad z_i \in \{0, 1\}$$

Bitzuordnung:

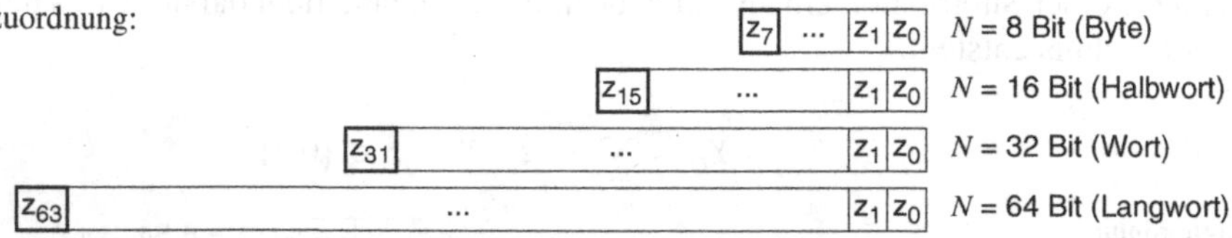

	z_7 ... z_1 z_0		N = 8 Bit (Byte)
	z_{15} ... z_1 z_0		N = 16 Bit (Halbwort)
z_{31} ... z_1 z_0			N = 32 Bit (Wort)
z_{63} ... z_1 z_0			N = 64 Bit (Langwort)

Bild 1.2. Formel zur Berechnung des Werts vorzeichenbehafteter Zweierkomplementzahlen und Zuordnung der Ziffern zu den Bits innerhalb von Worten mit gebräuchlichen Bitbreiten

▸ Bemerkung. Bei der sog. *Vorzeichenerweiterung* (*sign extension*) wandelt man eine N-Bit-Zweierkomplementzahl in eine breitere, wertgleiche M-Bit-Zweierkomplementzahl um, und zwar, indem das Vorzeichenbit der umzuwandelnden in die $M - N$ oberen Bits der zu erzeugenden Zweierkomplementzahl kopiert wird. Das dabei ein richtiges Ergebnis entsteht, lässt sich durch vollständige Induktion anhand der in Bild 1.2 dargestellten Formel beweisen: Die Verankerung für eine beliebige N-Bit-Zahl ergibt sich direkt aus der für Y_Z angegebenen Formel, indem man für $N = 2$ die Menge aller codierbaren Zahlen $\{-2, -1, 0, 1\}$ daraufhin überprüft, ob das sich jeweils einstellende Vorzeichen der Ziffer z_{N-1} entspricht, was hier der Fall ist.

Für den Induktionsschluss werden die positiven und negativen Zahlen separat betrachtet: Bei einer positiven Zahl, muss z_{N-1} gleich Null sein, so dass der Zahlenwert dem Summenterm entspricht. Dieser lässt sich erweitern, wenn für den hinzukommenden Summanden gilt, dass z_i gleich Null und somit gleich dem Vorzeichenbit ist. Sollte andererseits die Zweierkomplementzahl negativ, also z_{N-1} gleich Eins sein, ist auch $Y_Z = -2^{N-1} + S$, wobei S dem Summenterm entspricht. Indem man diese Gleichung um den neutralen Term $-2^N + 2^N = -2^N + 2^{N-1} + 2^{N-1}$ erweitert, folgt weiter dass $Y_Z = -2^N + (2^{N-1} + S)$ ist. Wird der Term 2^{N-1} schließlich durch $z_{N-1} \cdot 2^{N-1}$ mit z_{N-1} gleich Eins ersetzt und in die Summe S hineingezogen, entsteht eine negative Zweierkomplementzahl der Breite $N+1$ Bit. Das hinzugefügte Bit z_{N-1} ist auch in diesem Fall gleich dem Vorzeichenbit. ◄

Das Regelwerk nach dem sich zwei ganze Zahlen addieren oder subtrahieren lassen, ist unabhängig davon, ob Zweierkomplementzahlen oder vorzeichenlose Dualzahlen verknüpft werden. Demzufolge weisen die binärcodierten Ergebnisse identische Bitmuster auf, falls die verknüpften Operanden identische Bitmuster besitzen. Lediglich die Art und Weise der Interpretation der Operanden und Ergebnisse, muss aufeinander abgestimmt sein. So wird bei einer Addition oder Subtraktion von Zweierkomplementzahlen eine Zweierkomplementzahl und bei einer Addition oder Subtraktion von vorzeichenlosen Dualzahlen eine vorzeichenlose Dualzahl erzeugt (siehe Beispiel 1.1 unten).

Zusätzlich ist zu beachten, dass die Wertebereiche von N Bit breiten Zweierkomplementzahlen und ebenfalls N Bit breiten vorzeichenlosen Dualzahlen gegeneinander verschoben sind, weshalb Zahlenbereichsüberschreitungen von der verwendeten Zahlendarstellung abhängig auftreten können. Viele Prozessoren verfügen daher neben dem im vorangehenden Abschnitt bereits erwähnten Übertragsbit über ein zweites sog. *Überlaufbit* (*overflow-flag*). Es wird gesetzt, wenn bei einer Addition oder Subtraktion ein Ergebnis erzeugt werden müsste, das bei einer Interpretation als Zweierkomplementzahl nicht im erlaubten Wertebereich liegt.

Beispiel 1.1. *Addition vorzeichenbehafteter und vorzeichenloser Dualzahlen.* In Bild 1.3 ist dargestellt, wie vier Bit breite binärcodierte Zahlen (gekennzeichnet durch die nachgestellte 2) addiert werden können. Die Interpretation der Operanden und Ergebnisse ist jeweils rechts neben den binärcodierten Bitmustern angegeben, und zwar einmal in vorzeichenloser Dualzahlendarstellung (übertitelt mit Y_D) und einmal in Zweierkomplementdarstellung (übertitelt mit Y_Z). Die erste Addition in Bild 1.3a erzeugt eine gültiges Ergebnis im Wertebereich sowohl der vorzeichenlosen Dualzahlen als auch der Zweierkomplementzahlen. Die zweite Addition in Bild 1.3b generiert einen Übertrag, wenn die binärcodierten Werte als vorzeichenlose Dualzahl interpretiert werden und erzeugt ein korrektes Ergebnis, wenn die Werte als Zweierkomplementzahlen interpretiert werden. Mit der dritten Addition in Bild 1.3c drehen sich die Verhältnisse um: Bei einer Interpretation als Zweierkomplementzahl wird hier ein falsches Ergebnis erzeugt (bekanntlich ist die Summe 7 + 2 nicht gleich –7).

a

	Y_D	Y_Z
1000_2	= 8	= –8
+ 0111_2	= 7	= 7
1111_2	= 15	= –1

b

	Y_D	Y_Z
1111_2	= 15	= –1
+ 0001_2	= 1	= 1
0000_2	= ~~0~~ (Übertrag (carry))	= 0

c

	Y_D	Y_Z
0111_2	= 7	= 7
+ 0010_2	= 2	= 2
1001_2	= 9	= ~~–7~~ (Überlauf (overflow))

Bild 1.3. Addition von 4-Bit-Zahlen und deren Interpretation als vorzeichenlose Dualzahlen Y_D bzw. Zweierkomplementzahlen Y_Z. **a** Kein Übertrag oder Überlauf. **b** Übertrag bei Addition vorzeichenloser Zahlen. **c** Überlauf bei Addition vorzeichenbehafteter Zahlen

1.1.4 Binärcodierte Festkommazahlen

In einigen Anwendungen muss mit Zahlen gerechnet werden, die nicht ganzzahlig sind und sich daher auch nicht ohne weiteres durch vorzeichenlose Dualzahlen oder Zweierkomplementzahlen darstellen lassen. Es ist aber möglich, gebrochene Zahlen zu codieren, indem man ganze vorzeichenbehaftete oder vorzeichenlose Zahlen mit einem fest vereinbarten *Skalierungsfaktor* kleiner Eins multipliziert. In Verallgemeinerung dieses Ansatzes lassen sich natürlich auch Skalierungsfaktoren größer Eins verwenden, um so das Arbeiten mit Zahlen zu ermöglichen, die ansonsten nicht im Wertebereich einer vorzeichenlosen oder -behafteten ganzen Zahl codierbar wären.

Die sog. *binärcodierten Festkommazahlen* verwenden als Skalierungsfaktoren, ganzzahlige Potenzen von Zwei, da sich die normalerweise aufwendig zu implementierende Multiplikation auf diese Weise durch eine einfache Schiebeoperation ersetzen lässt. Nach der Skalierung wird die (nun ganze) Zahl entweder als vorzeichenlose Dualzahl oder als Zweierkomplementzahl codiert. Die allgemeinen Formeln zur Berechnung der Werte binärcodierter Festkommazahlen sind in Bild 1.4

angegeben. Darunter ist als Beispiel gezeigt, wie eine 8-Bit-Festkommazahl mit vier Nachkommastellen codiert werden kann.

Vorzeichenlose Dualzahlen: $\quad Y_{FD} = \left(\sum_{i=0}^{N-1} z_i \cdot 2^i \right) \cdot 2^Q \qquad\qquad z_i \in \{0,1\}$

Zweierkomplementzahlen: $\quad Y_{FZ} = \left(-z_{N-1} \cdot 2^{N-1} + \sum_{i=0}^{N-2} z_i \cdot 2^i \right) \cdot 2^Q \qquad z_i \in \{0,1\}$

Vorzeichenlose acht Bit Festkommazahl mit vier Nachkommastellen ($Q = 4$):

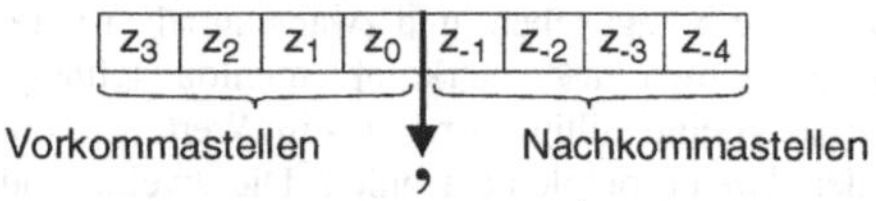

$$\boxed{z_3} \boxed{z_2} \boxed{z_1} \boxed{z_0} \boxed{z_{-1}} \boxed{z_{-2}} \boxed{z_{-3}} \boxed{z_{-4}}$$

Vorkommastellen $\qquad\blacktriangledown\qquad$ Nachkommastellen

Bild 1.4. Formeln zur Berechnung der Werte von Festkommazahlen in vorzeichenloser Dualzahlendarstellung bzw. Zweierkomplementdarstellung

▶ Beispiel 1.2. *Festkommazahlen*. Eine vorzeichenlose 8-Bit-Festkommazahl mit vier Nachkommastellen wie in Bild 1.4 dargestellt, überdeckt einen dezimalcodierten diskreten Wertebereich von 0 bis 15,9375. Der obere Grenzwert ergibt sich, indem der maximale als vorzeichenlose Dualzahl darstellbare Wert (255) mit 2^{-4} multipliziert wird. Die Festkommazahl enthält in diesem Fall das binäre Bitmuster 11111111_2. Das Komma ist darin nicht codiert, sondern fest vereinbart ($Q = 4$). Es muss somit bei der Programmierung explizit berücksichtigt werden.   ◀

1.1.5 Gleitkommazahlen (floating point numbers)

Da die Menge der reellen Zahlen nicht abzählbar unendlich ist, liegt auch zwischen zwei aufeinander folgenden mit begrenzter Bitbreite codierbaren und daher abzählbaren Zahlen eine unendliche nicht abzählbare Menge reeller Zahlen, die jeweils durch die nächstgelegene codierbare Zahl repräsentiert werden müssen. Dabei ist ein *absoluter Fehler*, nämlich die Distanz zwischen zu codierender und codierter Zahl, zu tolerieren. Falls z.B. die reellen Zahlen 1,5 und 10,5 als ganze Zahlen 1 bzw. 10 codiert werden, ist der absolute Fehler jeweils gleich 0,5.

Wichtiger als dieser absolute Fehler ist jedoch der auf die darzustellende Zahl bezogene *relative Fehler*. So weichen die codierten Zahlen 1 und 10 im Beispiel um 33% bzw. 5% von den jeweils zu codierenden reellen Zahlen 1,5 bzw. 10,5 ab. Der relative Fehler kann im Durchschnitt dadurch minimiert werden, dass die Zahlen *halblogarithmisch* als *Gleitkommazahlen* codiert werden – vergleichbar mit Festkommazahlen, deren Skalierungsfaktor nicht als konstant vereinbart, sondern variabel ist und daher entsprechend der zu codierenden Zahl gewählt werden kann. Die Zahl 1,5 lässt sich auf diese Weise fehlerfrei z.B. als $15 \cdot 10^{-1}$ codieren.

Gleitkommazahlen werden normalerweise entsprechend der Industrienorm *IEEE 754-1985* codiert, wobei die Grundformate 32 Bit mit einfacher Genauigkeit und 64 Bit mit doppelter Genauigkeit unterschieden werden (single bzw. double precision, siehe Bild 1.5) [46]. Das Vorzeichen einer Gleitkommazahl ist im obersten Bit codiert. Es ist bei negativen Zahlen gesetzt und bei positiven Zahlen gelöscht. Des Weiteren ist in einer Gleitkommazahl ein um die Konstante *Bias* verschobener 8-

Bit- (*einfache Genauigkeit, single precision*) bzw. 11-Bit-Exponent (*doppelte Genauigkeit, double precision*) in vorzeichenloser Dualzahlendarstellung codiert. Der variable Skalierungsfaktor ergibt sich, indem der um die Konstante *Bias* verminderte Exponent als Potenz von Zwei verwendet wird. Falls z.B. 124 als verschobener Exponent codiert ist, berechnet sich der Skalierungsfaktor durch $2^{124-127}$, wobei 127 gleich der Konstanten *Bias* für Gleitkommazahlen einfacher Genauigkeit ist. Für Gleitkommazahlen doppelter Genauigkeit wäre hier die Konstante 1023 zu benutzen.

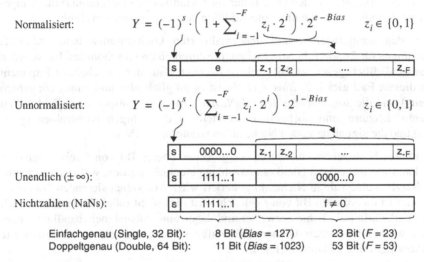

Normalisiert: $Y = (-1)^s \cdot \left(1 + \sum_{i=-1}^{-F} z_i \cdot 2^i\right) \cdot 2^{e-Bias} \qquad z_i \in \{0,1\}$

| s | e | z_{-1} | z_{-2} | ... | z_{-F} |

Unnormalisiert: $Y = (-1)^s \cdot \left(\sum_{i=-1}^{-F} z_i \cdot 2^i\right) \cdot 2^{1-Bias} \qquad z_i \in \{0,1\}$

| s | 0000...0 | z_{-1} | z_{-2} | ... | z_{-F} |

Unendlich ($\pm\infty$):

| s | 1111...1 | 0000...0 |

Nichtzahlen (NaNs):

| s | 1111...1 | $f \neq 0$ |

Einfachgenau (Single, 32 Bit):   8 Bit (*Bias* = 127)   23 Bit (*F* = 23)
Doppeltgenau (Double, 64 Bit):   11 Bit (*Bias* = 1023)   53 Bit (*F* = 53)

Bild 1.5. Codierung von Gleitkommazahlen nach IEEE 754-1985

Die restlichen Bits einer Gleitkommazahl werden benötigt, um je nach Darstellungsform die Nachkommastellen der Mantisse oder die vollständige Mantisse zu codieren. Die sog. *normalisierten Gleitkommazahlen* zeichnen sich dadurch aus, dass die Mantissen im halb offenen Zahlenintervall [1, 2) liegen. Dies ist für binärcodierte reelle Zahlen, die ungleich Null sind, immer erreichbar, indem der Skalierungsfaktor solange verändert und gleichzeitig das Komma verschoben wird, bis eine Eins als ganzzahliger Anteil der Mantisse übrig bleibt. Da die Eins vor dem Komma eine grundsätzliche Eigenschaft aller normalisierter Gleitkommazahlen ist, muss sie jedoch nicht explizit codiert werden. Zum Beispiel lässt sich die reelle Zahl $11{,}101_2$ als $1{,}1101_2 \cdot 2^5$ schreiben. In der normalisierten Gleitkommazahl werden schließlich nur die Nachkommastellen 1101 linksbündig codiert. In Bild 1.5 oben ist dies als Formel dargestellt. Die darin verwendete Summe ist zur Berechnung des gebrochenen Anteils der Mantisse erforderlich, weshalb hier der Laufindex mit der negativen Zahl -1 beginnt. Der ganzzahlige Anteil ist konstant gleich Eins und steht als Summand vor dem Summenzeichen. Die in Klammern stehende Mantisse wird schließlich noch mit dem Skalierungsfaktor und dem Vorzeichen $(-1)^s$ multipliziert.

Die betragsmäßig kleinste normalisierte Gleitkommazahl ist gleich $1{,}0_2 \cdot 2^{1-Bias}$. Insbesondere ist die Null wegen der implizit codierten Eins vor dem Komma nicht als normalisierte Gleitkommazahl darstellbar. Aus diesem Grund definiert die Norm die sog. *unnormalisierten Gleitkommazahlen*, bei denen die Mantisse inklusive der führenden Eins codiert ist. Sie sind durch *e* gleich Null gekennzeichnet, verwenden jedoch als Skalierungsfaktor konstant 2^{1-Bias}. Wegen des fest vorgegebenen Skalierungsfaktors, lassen sich die unnormalisierten Gleitkommazahlen mit den Festkommazahlen vergleichen. Der maximale relative Fehler ist gleich 100%, und zwar für den Fall, dass man die reelle Zahl $0,1_2 \cdot 2^{1-F-Bias}$ als $1,0_2 \cdot 2^{1-F-Bias}$ codiert. Dabei geht der absolute Fehler $0,1_2 \cdot 2^{1-F-Bias}$ (also $2^{-F-Bias}$) jedoch gegen Null. Die Formel zur Bildung unnormalisierter Gleitkommazahlen ist ebenfalls in Bild 1.5 dargestellt. Sie entspricht in vielen Details der für normalisierte Gleitkommazahlen angegebenen Formel, wobei die implizite Addition der Summe mit Eins fehlt.

Neben den normalisierten und unnormalisierten Gleitkommazahlen sind zwei Codierungen für Sonderfälle vorgesehen, die durch einen verschobenen Exponenten mit ausschließlich gesetzten Bits gekennzeichnet sind (der verschobene Exponent ist in diesem Fall gleich $2 \cdot Bias + 1$). So ist es möglich *plus* und *minus Unendlich* (*infinity*) und die sog. *Nichtzahlen* (*NaN, not a number*) entsprechend Bild 1.5 zu codieren. Letztere sind nocheinmal unterteilt in die ruhigen Nichtzahlen (*quiet NaNs*) und die signalisierenden Nichtzahlen (*signaling NaNs*).

Mit ruhigen Nichtzahlen, die durch ein gesetztes oberes Bit von *f* gekennzeichnet sind, kann wie mit echten Gleitkommazahlen gerechnet werden, wobei als Ergebnis grundsätzlich eine ruhige Nichtzahl generiert wird. Mit signalisierenden Nichtzahlen – hier ist das oberste Bit von *f* gelöscht – ist dies nicht möglich, da der Versuch sie zu verknüpfen als Fehler gewertet und daher eine Ausnahmebehandlung angestoßen wird. Nichtzahlen können z.B. dafür verwendet werden, uninitialisierte Gleitkommazahlen zu kennzeichnen.

Neben der Zahlendarstellung ist in der Norm IEEE 754-1985 noch definiert, dass eine Gleitkommarecheneinheit die Operationen Addition, Subtraktion, Multiplikation, Division, Restbildung, Vergleich, Wurzelziehen sowie Konvertierungen zwischen unterschiedlichen Zahlenformaten unterstützen muss. In realen Implementierungen sind oft weitere z.B. trigonometrische und logarithmische Funktionen verfügbar. Für das Arbeiten mit Gleitkommazahlen sind schließlich noch vier *Rundungsmodi* definiert, die festgelegen, wie mit nicht darstellbaren Ziffern, die im Verlauf einer Berechnung anfallen können, umzugehen ist. Im Einzelnen sind dies: *„Runden zum Nächsten"* (*round to nearest*), *„Aufrunden in Richtung plus Unendlich"* (*round to +∞*), *„Abrunden in Richtung minus Unendlich"* (*round to -∞*) und *„Runden gegen Null"* (*round to 0*) [46].

1.1.6 Binärcodierte Dezimalzahlen

Gepackte *binärcodierte Dezimalzahlen* (packed *binary coded decimal, BCD*) bildet man, indem die Ziffern dezimaler Zahlen einzeln als vorzeichenlose 4-Bit-Dualzahl dargestellt werden. In einem Byte lassen sich somit zwei dezimale Ziffern codieren. Als ungepackte binärcodierte Dezimalzahl wird bezeichnet, wenn die als vorzeichenlose Dualzahlen codierten Ziffern einer Dezimalzahl mit einem Offset beaufschlagt und in mehr als vier Bits, z.B. als Zeichenkette codiert werden. Binärcodierte Dezimalzahlen haben historische Bedeutung und lassen sich von vielen modernen Prozessoren nicht mehr direkt verarbeiten. Aus Kompatibilitätsgründen sind sie jedoch oft in älteren Architekturen verfügbar, wobei meist ausschließlich die gepackte Darstellung in einem Byte erlaubt ist.

1.1.7 Bedingungscode (condition code)

Neben den bisher beschriebenen Zahlentypen können Prozessoren meist mit *booleschen Bedingungsgrößen* arbeiten, die anzeigen, ob ein Wertepaar oder allgemein ein 2-Tupel in einer *Relation* enthalten oder nicht enthalten ist. Eine bestimmte Relation beschreibt mathematisch eine Menge von 2-Tupeln, deren Komponenten jeweils einer *Bedingung* genügen [93]. Eine zu einer Relation gehörende boolesche Bedingungsgröße ist gesetzt, wenn ein bestimmtes 2-Tupel als Element der Relation die zugehörige Bedingung erfüllt. Sie ist gelöscht, wenn das 2-Tupel die Bedingung nicht erfüllt. So zeigt z.B. die Bedingungsgröße „Gleichheit" an, ob zwei Operanden denselben Wert besitzen. Für ganze Zahlen ist dies gleichbedeutend mit der Aussage, ob das mit den Werten der Operanden gebildete 2-Tupel in der Relation „Gleichheit" enthalten ist. Die Relation „Gleichheit" besteht aus den 2-Tupeln (0, 0), (1, 1), (2, 2) usw.

Einzeln codierte Bedingungsgrößen

Der Begriff der booleschen Bedingungsgröße abstrahiert von einer technischen Umsetzung. Im einfachsten Fall wird sie als einzelnes Bedingungsbit codiert, dessen Wert z.B. durch Vergleich zweier Operanden entsprechend einer bestimmten Relation erzeugt und gespeichert wird. Ein Prozessor, der Bedingungen in dieser Form verarbeiten kann, ist der Itanium von Intel, der über 64 sog. *Prädikatsregister* (*predicate register*) verfügt, in denen beliebige Bedingungsbits gespeichert werden können [73, 74, 75, 76]. Vorteilhaft daran ist, dass unterschiedliche Bedingungen logisch miteinander verknüpft werden können, ohne zwischenzeitlich Kontrollflussoperationen ausführen zu müssen (siehe Abschnitt 1.3.1 bzw. Abschnitt 2.2.4).

Eine Variante, bei der keine Spezialregister benötigt werden, ist z.B. im Alpha 21364 von Compaq [25, 28] oder im DLX von Hennessy und Patterson [58] realisiert. Dabei wird die boolesche Bedingungsgröße nicht als Bedingungsbit, sondern als ganze Zahl codiert. Eine nicht erfüllte Bedingung wird durch die Zahl Null, eine erfüllte Bedingung durch eine Zahl ungleich Null repräsentiert. Neben der Möglichkeit Bedingungsgrößen ohne Kontrollflussoperationen logisch miteinander verknüpfen zu können, bietet dieses Verfahren den Vorteil, dass sich rückwärts zählende Schleifenzähler direkt als Bedingung zur Schleifenkontrolle verwenden lassen. Dabei wird eine Schleife solange wiederholt ausgeführt, bis der Schleifenzähler den Wert Null erreicht oder negativ wird.

Nichtorthogonale Bedingungscodes

Zwei Operanden zu vergleichen, um ein einzelnes Bedingungsbit oder eine ganze Zahl als Ergebnis zu erzeugen, das erst später genutzt wird, hat den Nachteil, dass

bereits mit dem Vergleich feststehen muss, welche Bedingung auszuwerten ist. Falls
zwei Operanden entsprechend unterschiedlicher Relationen verglichen werden, sind
demzufolge mehrere Vergleichsoperationen erforderlich. Die meisten Prozessoren
erzeugen mit einem Vergleich deshalb nicht ein einzelnes Bedingungsbit entsprechend einer bestimmten Relation, sondern einen Bedingungscode entsprechend aller
von einem Prozessor auswertbaren Relationen und speichern das Ergebnis entweder
in einem allgemein verwendbaren Register oder in einem meist als Bedingungsregister bezeichneten Spezialregister. Anders als bei den in vorangehenden Abschnitten beschriebenen Zahlentypen ist dabei die Anordnung der Bedingungsbits von
geringer Bedeutung und oft vom Prozessorhersteller willkürlich festgelegt.

Ein Prozessor, bei dem der Bedingungscode in einem allgemein verwendbaren
Register gespeichert wird, ist der mittlerweile nicht mehr gefertigte RISC-Prozessor
MC88100 von Motorola [122], der mit einem Vergleich 10 Bedingungsbits parallel
erzeugt und als 32 Bit breiter Bedingungscode entsprechend Bild 1.6 codiert.
Beachtenswert ist, dass geordnete Relationen, also „kleiner", „größer", „kleiner
gleich" und „größer gleich" jeweils für vorzeichenbehaftete Zahlen und vorzeichen-
lose Zahlen erzeugt werden, was deshalb erforderlich ist, weil die notwendige
Unterscheidung nicht mit dem Vergleich erfolgt.

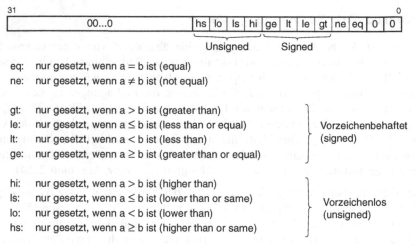

Bild 1.6. 32 Bit breiter Bedingungscode im MC88100 von Motorola [122]

▸ Beispiel 1.3. *Rechnen mit Bedingungen (MC88100).* Die Codierung von 10 Bedingungsbits in
einem 32-Bit-Wort entsprechend Bild 1.6 hat den Vorteil, dass ähnlich wie beim Itanium, dem
Alpha 21364 und dem DLX einzelne Bedingungen logisch miteinander verknüpft werden können.
Sie müssen hierzu nur durch Schiebeoperationen nach Bedarf ausgerichtet werden. Um z.B. die
Bedingung a = b UND c ≠ d zu berechnen, kann zunächst a und b sowie c und d einzeln verglichen,
anschließend der Bedingungscode z.B. des ersten Vergleichs um eine Position nach links verscho-
ben und das Ergebnis schließlich mit dem Bedingungscode des zweiten Vergleichs durch bitweises
UND verknüpft werden. Die Schiebeoperation ist erforderlich, um die Bedingungsbits eq des ersten
Vergleichs und ne des zweiten Vergleichs untereinander anzuordnen, weshalb hier die Verknüpfung
von Bedingungen i. Allg. langsamer ist, als wäre ein wahlfreier Zugriff auf Bedingungsbits mög-

lich. Abhilfe würde ein kombinierter Schiebe- und logischer Verknüpfungsbefehl schaffen, der jedoch im MC88100 nicht vorgesehen ist.   ◢

Eine verfeinerte Variante des hier beschriebenen Verfahrens ist in den Prozessoren mit PowerPC-Architektur von Motorola bzw. IBM realisiert [126, 67]. Statt mit einem Vergleich die geordneten Bedingungen sowohl für vorzeichenbehaftete als auch vorzeichenlose Zahlen parallel zu erzeugen, verfügt der Prozessor über separate Vergleichsbefehle für diese Zahlentypen, wodurch im Bedingungscode vier Bits eingespart werden. Da außerdem die Bedingungsbits „gleich" und „ungleich" bei einem Vergleich immer invers zueinander sind – falls zwei Operanden gleich sind, können sie nicht ungleich sein und umgekehrt – ist nur eines dieser Bedingungsbits erforderlich. Gleiches gilt für die Bedingungsbits „größer" und „kleiner gleich" sowie „kleiner" und „größer gleich".

Insgesamt verfügt der PowerPC über acht Bedingungsregister die jeweils vier Bit breit sind und in denen die Bedingungsbits „kleiner" (lt; less than), „gleich" (eq; equal) und „größer" (gt; greater than) für Operandenvergleiche sowie ein Überlaufbit (so; summary overflow) zur Erkennung von Zahlenbereichsüberschreitungen codiert sind. Zur Verarbeitung der Bedingungsbits verfügt der Prozessor über Befehle, die einen wahlfreien Zugriff auf jedes einzelne Bit eines beliebigen Bedingungsregisters sowie deren logische Verknüpfung gestatten, wobei sich die Operanden bei Bedarf auch invertieren lassen.

▶ Beispiel 1.4. *Rechnen mit Bedingungen (PowerPC)*. Die *zusammengesetzte Bedingung* a = b UND c ≠ d kann bei einem Prozessor mit PowerPC-Architektur z.B. berechnet werden, indem man zunächst a und b sowie c und d entsprechend der Zahlentypen der Operanden miteinander vergleicht. Die Ergebnisse lassen sich z.B. in die Bedingungsregister cr0 bzw. cr1 speichern. Für die zusammengesetzte Bedingung wird nur das Bedingungsbit eq benötigt, das in cr0 gesetzt und in cr1 gelöscht sein muss (c und d müssen ungleich sein). Dies ist gleichbedeutend mit dem logischen Ausdruck cr0.eq ∧ ¬ cr1.eq, der vom PowerPC durch einen einzelnen Befehl, crandc (condition register AND with complement), auswertbar ist.   ◢

Orthogonale Bedingungscodes

Die zuvor beschrieben nichtorthogonalen Bedingungscodes haben die Eigenschaft, dass einzelne oder alle *Bedingungsbits* Abhängigkeiten zueinander aufweisen können. Zum Beispiel ist das Bedingungsbit „kleiner" aus den Bedingungsbits „größer" und „gleich" ableitbar, weshalb es nicht vorgesehen sein muss. Werden alle drei Bits dennoch erzeugt, hat das, wie zuvor erläutert wurde, den Vorteil, dass sich zusammengesetzte Bedingungen durch logische Verknüpfung der Bedingungsbits berechnen lassen. Jedoch ist dies auch auf andere Weise erreichbar, z.B. mit Hilfe bedingt ausgeführter Befehle (siehe Abschnitt 1.3.1 bzw. Abschnitt 2.2.4). Viele Prozessoren erzeugen daher nur exakt die Bedingungsbits, die notwendig sind, um alle relevanten Bedingungsgrößen unmittelbar oder mittelbar daraus ableiten zu können, was impliziert, dass die Bedingungsbits keine Abhängigkeiten zueinander aufweisen. Die Bedingungscodes werden deshalb als orthogonal bezeichnet.

Die in Bild 1.6 aufgeführten sechs Bedingungsgrößen für vorzeichenbehaftete Zahlen lassen sich auf zwei Bedingungsbits „kleiner" und „gleich" reduzieren. Gleiches gilt für die vorzeichenlosen Zahlen. Da die Gleichheit unabhängig vom jeweiligen

Zahlentyp ist, müssen insgesamt also drei Bedingungsbits minimal vorgesehen werden, um alle in Bild 1.6 aufgeführten Bedingungsgrößen daraus ableiten zu können. Bemerkenswert ist, dass hier 10 Bedingungsgrößen aus drei Bits mit $2^3 = 8$ möglichen Kombinationen ableitbar sind. Dies ist möglich, weil konkrete Vergleichsoperanden nicht z.B. die Bedingung „kleiner gleich" erfüllen, sondern entweder die Bedingung „kleiner" oder die Bedingung „gleich".

In den meisten Prozessoren werden Operanden verglichen, indem sie zunächst subtrahiert und das erzeugte Ergebnis ausgewertet wird, wobei mögliche Bereichsüberschreitungen, wie sie bei allen arithmetischen Operationen, also auch der Subtraktion, auftreten können, zu berücksichtigen sind. Bei der Verknüpfung vorzeichenloser Zahlen werden Bereichsüberschreitungen durch den *Übertrag C (carry)*, bei Verknüpfung vorzeichenbehafteter Zahlen durch einen *Überlauf V (overflow)* angezeigt (siehe Abschnitt 1.1.2 und 1.1.3). Der Übertrag C entspricht bei einem Vergleich durch Subtraktion außerdem direkt der Bedingung „kleiner" für vorzeichenlose Zahlen (siehe Tabelle 1.1). Für vorzeichenbehaftete Zahlen ist dieselbe Bedingung etwas komplizierter zu generieren, nämlich durch Bildung der Antivalenz des vorzeichenbehafteten Überlaufs V und des Ergebnisvorzeichens. Letzteres muss daher im Bedingungscode enthalten sein und wird als *Bedingungsbit N (negative)* bezeichnet. Die Gleichheit zweier Operanden wird schließlich durch das *Bedingungsbit Z (zero)* anzeigt. Es wird gesetzt, wenn das mit dem Vergleich erzeugte Subtraktionsergebnis gleich Null ist [46].

Tabelle 1.1. Bedingungsgrößen in Abhängigkeit von den Bedingungsbits Z (zero), N (negative), C (carry) und V (overflow). Mnemone entsprechen denen des ColdFire MFC5206 von Motorola

Bedingungsgröße	Mnemon	Operation	Ausdruck	Zahlentyp
Gleich (equal)	eq	=	Z	Typunabhängig
Ungleich (not equal)	ne	≠	$\neg Z$	
Größer (higher than)	ht	>	$\neg C \wedge \neg Z$	Vorzeichenlos
Größer gleich (higher than or same)	hs	≥	$\neg C$	
Kleiner (lower than)	lo	<	C	
Kleiner gleich (lower than or same)	ls	≤	$C \vee Z$	
Größer (greater than)	gt	>	$(N = V) \wedge \neg Z$	Vorzeichenbehaftet
Größer gleich (greater than or equal)	ge	≥	$(N = V)$	
Kleiner (less than)	lt	<	$(N \neq V)$	
Kleiner gleich (less than or equal)	le	≤	$(N \neq V) \vee Z$	
Zahlenbereichsüberschreitung	vs		V	Vorzeichenbehaftet
Zahlenbereichsunterschreitung	vc		$\neg V$	
Negativ	ne		N	
Positiv	pl		$\neg N$	

In Tabelle 1.1 sind die verarbeitbaren Bedingungsgrößen und die Art und Weise, wie sie bei einem Vergleich durch Subtraktion aus den Bedingungsbits C, V, N und Z hergeleitet werden können, aufgezählt. Ebenfalls sind dort exemplarisch die von

Motorola für den ColdFire MFC5206 benutzten Mnemone als Bezeichner [124] sowie die in Hochsprachen für einen Vergleich zu verwendenden Operatoren und der Zahlentyp, auf den sich die einzelnen Bedingungsgrößen beziehen, angegeben. In den ersten 10 Tabellenzeilen sind die für Zahlenvergleiche relevanten Bedingungsgrößen aufgeführt (unschattiert). In den dort verwendeten Ausdrücken würden statt der vier auch drei Bedingungsbits C, Z und X ausreichen, wobei X gleich V $\neq$ N ist und die Teilausdrücke V $\neq$ N sowie V = N durch X bzw. $\neg$X ersetzt werden müssten. Allerdings sind Zahlenbereichsüberschreitungen arithmetischer Operationen mit vorzeichenbehafteten Zahlen auf diese Weise nicht mehr erkennbar.

Es sei noch darauf hingewiesen, dass die hier beschriebenen Bedingungsbits nicht nur bei Ausführung eines Vergleichs gesetzt werden, sondern i. Allg. auch bei Ausführung anderer Operationen. So setzen die Prozessoren der Pentium-Familie von Intel [80, 81, 82] z. B. mit dem Befehl dec zum Dekrementieren eines Operanden das Bedingungsbit Z (bzw. ZF; zero flag), mit dem angezeigt wird, ob das erzeugte Ergebnis gleich Null ist. Dies kann in Zählschleifen genutzt werden, um das Schleifenende ohne Vergleichsoperation zu erkennen.

Weitere Bedingungen

Die meisten Prozessoren generieren beim Vergleich ganzer Zahlen gleichzeitig zwei Vergleichsergebnisse – eines, bei dem die Vergleichsoperanden als vorzeichenlose und eines, bei dem sie als vorzeichenbehaftete Zahlen interpretiert werden. Dabei wird ausgenutzt, dass die bei einem Vergleich durchzuführende Subtraktion für vorzeichenlose Dualzahlen und Zweierkomplementzahlen identisch arbeitet, es also sinnvoll ist, die Bedingungsbits für beide Zahlentypen gleichzeitig zu erzeugen. Dafür muss jedoch ein umfangreicherer Befehlssatz in Kauf genommen werden, als würden getrennte Vergleichsbefehle für vorzeichenlose und vorzeichenbehaftete ganze Zahlen verwendet.

Beim ColdFire MFC5206 von Motorola sind für Zahlenvergleiche z. B. insgesamt 11 Befehle erforderlich, nämlich ein Vergleichsbefehl und zehn bedingte Sprungbefehle entsprechend der in Tabelle 1.1 für Zahlenvergleiche relevanten Bedingungen (in den ersten zehn Zeilen). Mit getrennten Vergleichsbefehlen für vorzeichenlose und vorzeichenbehaftete Operanden werden hingegen nur acht Befehle benötigt, nämlich zwei Vergleichsbefehle und sechs bedingungsauswertende Befehle. Die Bedingungsgrößen „kleiner", „kleiner gleich", „größer" und „größer gleich" müssen jeweils nur einmal im Bedingungscode enthalten sein und gelten, vom Vergleichsbefehl abhängig, sowohl für vorzeichenlose als auch für vorzeichenbehaftete Zahlen.

Andere Datentypen werden u.a. aus diesem Grund durch spezialisierte Befehle verglichen und die Ergebnisse in den zur Verfügung stehenden Bedingungsbits codiert. Natürlich ist dies nicht für alle Datentypen sinnvoll. Zwar lässt sich mit nach IEEE 754-1985 codierten *Gleitkommazahlen* ein Vergleichsergebnis erzeugen, das dem eines Vergleichs vorzeichenbehafteter Zweierkomplementzahlen entspricht (z.B. Z, V, N), allerdings ist dies nur möglich, wenn die Operanden echte Zahlen sind. Die in Abschnitt 1.1.5 beschriebenen Nichtzahlen (NaN) folgen hingegen keinem Ordnungsprinzip, weshalb z.B. die Bedingung „kleiner" bei einem Vergleich weder erfüllt noch nicht erfüllt sein darf.

Relationen dieser Art werden durch ein zusätzliches Bedingungsbit *„ungeordnet"* (*unordered*) angezeigt, das vom Prozessor abhängig entweder den für Vergleiche ganzer Zahlen benutzten Bedingungscode erweitert (wie z.B. beim PowerPC [119, 67]) oder Teil eines nur von Gleitkommavergleichen erzeugten Bedingungscodes ist (wie z.B. beim UltraSPARC III Cu [172]). Zum Abschluss sei noch darauf hingewiesen, dass der Vergleich von Daten anderer als der hier erwähnten Datentypen meist nicht direkt möglich ist. Gegebenenfalls kann jedoch ähnlich verfahren werden, wie im Zusammenhang mit Gleitkommazahlen beschrieben wurde.

▸ Bemerkung. Positive normalisierte oder unnormalisierte Gleitkommazahlen lassen sich auch vergleichen, indem sie als vorzeichenlose Dualzahlen interpretiert werden. Dies ist möglich, weil die höherwertigen Bits einer Gleitkommazahl immer auch eine höhere Wertigkeit besitzen als die niedrigwertigen Bits. So ist eine positive Gleitkommazahl G1 größer als eine ebenfalls positive Gleitkommazahl G2, wenn der Exponent von G1 größer als der von G2 ist. Dies gilt auch für die verschobenen Exponenten, die als vorzeichenlose Dualzahlen codiert sind. Da die Mantissen bei unterschiedlichen Exponenten für die Relation „größer als" keine Bedeutung haben, lassen sich die positiven Gleitkommazahlen bei einem Vergleich auch als vorzeichenlose Dualzahlen interpretieren.

Falls andererseits die Exponenten von G1 und G2 identisch sind, haben sie für den Vergleich keine Bedeutung. Es gilt: G1 ist größer als G2, wenn die Mantisse von G1 größer als die von G2 ist. Ein direkter vorzeichenloser Dualzahlenvergleich ist in diesem Fall ebenfalls möglich, weil die Mantissen als skalierte vorzeichenlose Dualzahlen codiert sind, und zwar wegen des gleichen Exponenten mit gleichem Skalierungsfaktor. Wenn überprüft werden kann, dass G1 größer als G2 ist, kann auch überprüft werden, ob G2 größer als G1 ist, was der Bedingung G1 kleiner G2 entspricht. Der Vergleich auf Gleichheit ist schließlich möglich, weil Gleitkommazahlen genau dann gleich sind, wenn sie identisch codiert sind, was auch für vorzeichenlose Zahlen gilt. – Um beliebige Gleitkommazahlen miteinander auf diese Weise vergleichen zu können, müssen die Vorzeichen jedoch separat bearbeitet und Nichtzahlen als Sonderfall erkannt werden.   ◢

1.2 Adressen

Adressen sind erforderlich, um einerseits die Orte, von denen Operanden gelesen oder an die Ergebnisse geschrieben werden, und andererseits die Ziele, zu denen bedingte oder unbedingte Sprünge ggf. verzweigen[1], zu definieren. Die Generierungsvorschrift für die sog. *effektive Adresse* und der zu verwendende Speicherraum wird durch die Adressierungsarten festgelegt. Letzterer ist durch den *Adressraum*, d.h. die Wertemenge für Adressen sowie die Komponenten (Speicher, Peripheriebausteine usw.), auf die potentiell zugegriffen werden kann, beschreibbar.

So verfügen viele Prozessoren über einen Registerspeicher, der durch die Adressierungsart „registerdirekt" implizit angesprochen werden kann. Im Befehl ist hierfür zusätzlich zur Adressierungsart nur die der effektiven Adresse entsprechende Num-

---

1. Dies gilt für die hier betrachteten nach dem Kontrollflussprinzip arbeitenden Prozessoren. Im Gegensatz hierzu sind in den Befehlen von Prozessoren, die nach dem Datenflussprinzip arbeiten, nicht die Adressen der zu verarbeitenden Operanden und Ergebnisse codiert, sondern die der Operationen, von denen die benötigten Operanden als Ergebnisse erzeugt werden [193].

mer des Registers direkt codiert. Da der Registerspeicher die einzige Komponente des Registerspeicherraums ist, dürfen hier die beiden Begriffe Speicherraum und Adressraum synonym gebraucht werden. Für andere Speicherräume gilt dies jedoch nicht. Zum Beispiel ist der „physische" Datenspeicher eine von mehreren Komponenten des Datenspeicherraums.

Die Menge der Speicherräume, auf die ein Prozessor zugreifen kann, ist von dessen Architektur abhängig. So können viele Prozessoren über separate Adressierungsarten auf einen Register-, einen Daten- und einen Befehlsspeicherraum zugreifen. Komponenten wie *Daten-* und *Befehlsspeicher* können auch im *Hauptspeicher* zusammengefasst und gleichzeitig unterschiedlichen Speicherräumen zugeordnet sein. Je nachdem, ob auf den Hauptspeicher als Komponente des Daten- oder des Befehlsspeicherraums zugegriffen wird, erfolgt dabei eine Interpretation des gelesenen oder geschriebenen Inhalts als Datum oder als Befehl. – Der Einfachheit halber wird im Folgenden nicht zwischen einem Sprung zu einer im Befehl codierten Zieladresse und einem Zugriff auf den Befehlsspeicherraum unterschieden, was deshalb gerechtfertigt ist, weil nach einem Sprung mit dem Ausführungsbeginn des dort stehenden Befehls ein Zugriff erfolgt. Beide Fälle werden im Folgenden als Befehlszugriff bezeichnet.

Adressierungsarten sind in Befehlen *implizit* oder *explizit* codiert. Bei der impliziten Codierung wird die Adressierungsart mit dem Befehl ausgewählt. Zum Beispiel können die meisten *RISC-Prozessoren* (*reduced instruction set computer*) die Ergebnisse von Verknüpfungsbefehlen nur in Registern implizit ablegen [11, 126, 163]. Bei der flexibleren expliziten Codierung wird die Adressierungsart in sog. Adressmodusbits festgeschrieben. So verfügen viele *CISC-Prozessoren* (complex instruction set computer) über einen Befehl zum Transport eines beliebigen, also explizit adressierbaren Quelloperanden [81, 125]. Schließlich werden Adressierungsarten auch teilweise implizit und explizit codiert. Viele RISC-Prozessoren können z.B. als zweiten Operanden arithmetischer oder logischer Befehle entweder den Inhalt eines Registers oder einen unmittelbaren Wert verarbeiten. Die Vorauswahl der erlaubten Adressierungsarten geschieht dabei implizit mit dem Befehl. Ob ein Registerinhalt oder ein unmittelbarer Wert verarbeitet wird, ist jedoch explizit in einem separaten *Adressmodusbit* codiert. – Adressierungsarten enthalten i. Allg. Parameter, die z.B. beschreiben, auf welches Register zugegriffen oder welcher unmittelbare Wert verarbeitet werden soll. Die Werte solcher Parameter sind, mit wenigen Ausnahmen, oft in zusammenhängenden Bitfeldern codiert und enthalten vorzeichenlose Dualzahlen oder Zweierkomplementzahlen.

1.2.1 Byteordnung (byte ordering)

Eine effektive Adresse ist eine ganze vorzeichenlose Dual- oder Zweierkomplementzahl, die eindeutig auf eine Position im jeweiligen Speicherraum verweist. Die Anzahl der durch eine effektive Adresse in einem bestimmten Speicherraum ansprechbaren kleinsten Einheiten wird als Speicherraumgröße bezeichnet. Sie ist mit den in vielen realen Prozessoren üblichen 32 Bit breiten effektiven Adressen für

Zugriffe auf den Daten- und Befehlsspeicherraum 2^{32} Byte oder 4 GByte groß,
wobei als kleinste adressierbare Einheit das Byte verwendet wird[1].

Oft ist es möglich, auf Daten und Befehle auch in Einheiten zuzugreifen, die breiter
als ein Byte sind, wobei die breiteren Einheiten durch Zusammenfassung einzelner
Bytes mit jeweils aufeinander folgenden Adressen gebildet werden. Die Art und
Weise des Zusammenfassens wird als *Byteordnung* (*byte ordering*) bezeichnet. Falls
die Bytes mit aufsteigenden Adressen von links nach rechts angeordnet werden,
wird dies als *linksbezogene Byteordnung* (*big endian byte ordering*) bezeichnet.
Falls umgekehrt die Bytes mit aufsteigenden Adressen von rechts nach links angeordnet werden, wird dies als *rechtsbezogene Byteordnung* (*little endian byte ordering*) bezeichnet. Beide Anordnungen sind für die Einheiten 8, 16 und 32 Bit in Bild
1.7 dargestellt.

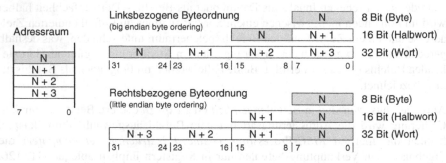

Bild 1.7. Linksbündige und rechtsbündige Byteordnung für Einheiten der Breiten 8, 16 und 32 Bit

Links im Bild ist ein Ausschnitt aus einem Speicherraum gezeigt, in dem an Adresse
N das erste Byte eines maximal vier Byte breiten Datums oder Befehls gespeichert
ist. Wie die einzelnen Bytes bei einem Zugriff auf Einheiten der Breiten 8, 16 und
32 Bit anzuordnen sind, ist getrennt für die linksbezogene (oben) und rechtsbezogene Byteordnung (unten) dargestellt. Die darin verwendete Adresszählung entspricht jeweils der, die auch benutzt wird, wenn ein Speicherraum byteweise organisiert, die darin enthaltenen Komponenten jedoch über einen 16 oder 32 Bit breiten
Datenbus an den Prozessor angebunden sind.

Für einen Zugriff auf ein Byte muss die effektive Adresse zerlegt werden: Mit einem
Teil wird der 16 bzw. 32 Bit breite Eintrag adressiert, in dem das zu lesende oder zu
schreibende Byte enthalten ist (im Folgenden als Eintragsadresse bezeichnet). Mit
dem anderen Teil wird das Byte innerhalb des adressierten Eintrags ausgewählt (im
Folgenden als Byteindex bezeichnet). Falls in einem Eintrag *W* Bytes enthalten sind,
muss die effektive Adresse des Bytes durch *W* dividiert und der ganzzahlige Anteil
verwendet werden, um die Eintragsadresse zu erhalten. Der Byteindex ist gleich
dem Rest dieser ganzzahligen Division. Damit die Division einfach zu implementieren ist, werden i.Allg. Datenbusse verwendet, deren Breiten, gemessen in Bytes,

---

1. Oft wird dies als Adressraumgröße bezeichnet. Da der Adressraum jedoch eine Wertemenge
    möglicher Adressen ist, ist die Adressraumgröße gleich der Anzahl unterscheidbarer Adressen,
    also z.B. 4G Adressen. Insbesondere spielt die Breite der adressierten Einheiten keine Rolle.

einer Zweierpotenz entsprechen. Typische Datenbusbreiten sind 8, 16, 32, 64, 128 und 256 Bit (entsprechend 1, 2, 4, 8, 16 bzw. 32 Bytes).

Für Anwender ist die linksbezogene Byteordnung, bei der das Byte mit der niedrigsten Adresse gleich dem höchstwertigen Byte entspricht, i. Allg. besser lesbar als die rechtsbezogene Byteordnung, bei der das Byte mit der niedrigsten Adresse gleich dem niedrigstwertigen Byte der jeweiligen Einheit entspricht. Mit der rechtsbezogenen Byteordnung ist es jedoch möglich, vorzeichenlose Dualzahlen oder Zweierkomplementzahlen mit einer vorgegebenen Breite W_1 an der effektiven Adresse N zu speichern und mit geringerer Breite W_2 auszulesen, wobei der Wert erhalten bleibt, falls er im Wertebereich einer ganzen Zahl der Breite W_2 liegt. Dies ist jedoch kein signifikanter Vorteil der rechtsbezogenen im Vergleich zur linksbezogenen Byteordnung, da auf Daten normalerweise immer entsprechend ihrer Breite zugegriffen wird, gemischte Zugriffe dieser Art also selten sind. Darüber hinaus kann auch bei linksbezogener Byteordnung, das richtige Ergebnis dadurch erzeugt werden, dass die effektive Adresse des Zugriffs geeignet verändert wird.

▶ Beispiel 1.5. *Typwandlung.* Angenommen die hexadezimale 32-Bit-Zahl 00000012_{16} wird einmal in linksbezogener und einmal in rechtsbezogener Byteordnung an die Adresse N geschrieben, dann ergeben sich die in Bild 1.8 dargestellten Speicherabbilder. Wird anschließend auf dieselbe Adresse N im Byteformat lesend zugegriffen, ergibt sich bei Verwendung der linksbezogenen Byteordnung der Wert 00_{16} und bei Verwendung der rechtsbezogenen Byteordnung der Wert 12_{16}. Nur der letzte Wert entspricht als vorzeichenlose Dualzahl oder Zweierkomplementzahl interpretiert, dem der ursprünglich 32 Bit breiten Zahl. Um den Wert 12_{16} auch bei Verwendung der linksbezogenen Byteordnung zu erhalten, kann jedoch statt auf die Adresse N auch auf die Adresse N + 3 zugegriffen werden.

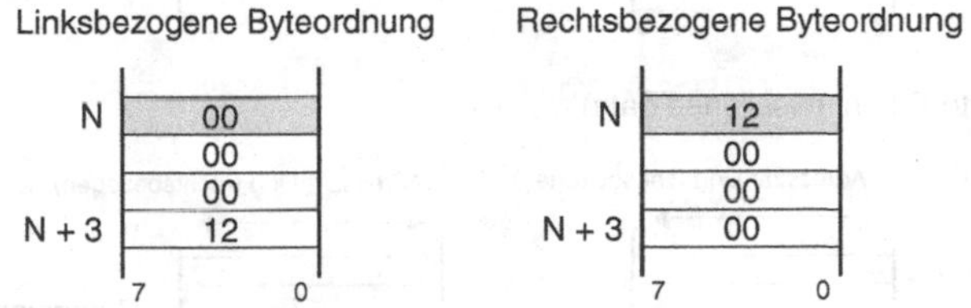

Bild 1.8. Speicherausschnitt nach dem Schreiben der hexadezimalen Zahl 00000012_{16} in linksbezogener und rechtsbezogener Byteordnung ◢

Welche Byteordnung in einem Prozessor verwendet wird, ist von den Vorlieben der Entwickler oder des Herstellers abhängig. Motorola bevorzugt z.B. die linkbezogene, Intel die rechtsbezogene Byteordnung [46]. Für einige Prozessoren kann die Byteordnung für Zugriffe auf Daten auch über ein Konfigurationsbit frei definiert werden, wodurch die Integration unterschiedlicher Prozessoren in einem Multiprozessorsystem vereinfacht wird (z.B. [83]). Um nämlich ein von einem Prozessor mit linksbezogener Byteordnung erzeugtes Datum von einem Prozessor mit rechtsbezogener Byteordnung weiterverarbeiten zu können, muss es zuvor entsprechend seiner Breite „umgebaut" werden. Wenn jedoch in einem System nur Prozessoren verwendet werden, die eine einheitliche Byteordnung verwenden, ist dies nicht erforderlich.

1.2.2 Ausrichtung (alignment)

Falls in einem byteweise organisierten Speicherraum auf Einheiten zugegriffen wird, die breiter als ein Byte sind, ist die Anzahl der Schritte, die für den Zugriff benötigt werden davon abhängig, wie viele Bytes unter einer gemeinsamen effektiven Eintragsadresse parallel gelesen oder geschrieben werden können. Da die Anzahl der maximal parallel zugreifbaren Bytes nur von der Breite des i. Allg. einzelnen Datenbusses abhängt, kann immer dann auf eine Einheit in einem Schritt zugegriffen werden, wenn sie vollständig in den parallel adressierten Bytes enthalten ist. Diese Bedingung ist erfüllt, wenn die Einheit, auf die zugegriffen werden soll, *ausgerichtet* (*aligned*) ist, d.h. ihre effektive Adresse dem ganzen vielfachen ihrer Breite entspricht.

Demnach darf eine Einheit als *nicht ausgerichtet* (*misaligned*) bezeichnet werden, wenn ihre effektive Adresse nicht dem ganzen Vielfachen ihrer Breite entspricht. In Bild 1.9 sind einige Beispiele für ausgerichtete und nicht ausgerichtete 16- (Halbwort), 32- (Wort) und 64-Bit-Einheiten (Langwort) dargestellt, und zwar für einen Speicher, der in einem byteweise organisierten Speicherraum liegt, auf den aber über einen 32-Bit-Datenbus zugegriffen werden kann.

Ausgerichtete Daten (Aligned data)

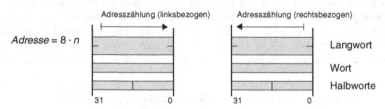

Nicht ausgerichtete Daten (misaligned data)

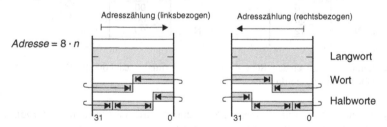

Bild 1.9. Ausgerichtete (oben) und nicht ausgerichtete 16-, 32- und 64-Bit-Daten (unten) in einem Speicher der byteadressierbar und über einen 32-Bit-Bus angebunden ist. Dargestellt ist die Ausrichtung der Daten für linksbezogene und rechtsbezogene Byteordnung

Soll der Speicher lückenlos genutzt werden, muss es möglich sein, auf ausgerichtete und nicht ausgerichtete Einheiten gleichermaßen zuzugreifen, wobei das Lesen oder Schreiben nicht ausgerichteter Einheiten oftmals langsamer erfolgt als das auf ausgerichtete Einheiten. Außerdem ist der Realisierungsaufwand größer, wenn zusätzlich zu ausgerichteten auch auf nicht ausgerichtete Einheiten zugegriffen werden muss. In vielen Prozessorarchitekturen wird deshalb die direkte Adressierung nicht ausgerichteter Einheiten verboten und der für den Verschnitt erforderliche Speichermehrbedarf als Verlust in Kauf genommen. Bemerkenswert ist, dass dieses Verbot auch Zugriffe auf nicht ausgerichtete Einheiten betrifft, die sich mit derselben Effizienz wie Zugriffe auf ausgerichtete Einheiten durchführen lassen. So sind z.B. für das Lesen oder Schreiben der in Bild 1.9 dargestellten ausgerichteten und nicht ausgerichteten Langworte immer zwei Schritte notwendig.

Trotzdem ist es von Vorteil, den Zugriff auf nicht ausgerichtete Langworte grundsätzlich zu verbieten. Falls man nämlich mit fortschreitender Technik den Datenbus eines Prozessors von 32 auf 64 Bit Breite vergrößert, und zwar unter Wahrung der *Kompatibilität* (d.h. existierende Programme können weiterhin ausgeführt werden), wäre es notwendig, Zugriffe auf nicht ausgerichtete Langworte zu ermöglichen, wenn diese nicht bereits in allen denkbaren Ausprägungen für den Prozessor mit 32-Bit-Datenbus explizit verboten worden wären. Merkmale die vorgesehen werden und sich erst in Zukunft positiv auswirken, bezeichnet man als *skalierbar*.

Es gibt einen zweiten Grund dafür, weshalb es von Vorteil ist, Zugriffe auf nicht ausgerichtete Langworte zu verbieten: Adressräume werden nämlich oft in Seiten verwaltet, deren einheitliche Größe eine Potenz von Zwei ist (siehe Abschnitt 2.3.2). Langworte, die ausgerichtet sind, liegen vollständig innerhalb einer solchen Seite, weshalb auf sie einfacher zugegriffen werden kann, als auf Langworte die nicht ausgerichtet sind und die dabei zwei benachbarte Seiten kreuzen. Zum Abschluss sei darauf hingewiesen, dass man aus denselben Gründen auch den Zugriff auf nicht ausgerichtete Halbworte, die im Prinzip in einem Schritt zugreifbar wären, verbietet.

1.2.3 Adressierungsarten

In einer Adressierungsart ist definiert, wie die im Befehl codierten Parameter zu interpretieren sind, um Speicherraum und effektive Adresse eines Zugriffs zu extrahieren. Die Menge der erlaubten Adressierungsarten ist u.a. davon abhängig, auf welche Speicherräume zugegriffen werden kann. Hauptsächlich sind die Adressierungsarten jedoch auf die Problemstellungen abgestimmt, die ein Prozessor normalerweise bearbeitet. Wegen der angestrebten Allgemeinverwendbarkeit stehen deshalb die wichtigsten Adressierungsarten in nahezu allen herkömmlichen Prozessoren zur Verfügung. Hierzu gehören die *unmittelbare Adressierung* zur Verarbeitung von im Befehl codierten konstanten Werten, die *direkte Adressierung* für Zugriffe auf Daten oder Befehle, mit einer im Befehl codierten konstanten effektiven Adresse und die *indirekte Adressierung* für Zugriffe auf Daten oder Befehle, mit einer effektiven Adresse, die dynamisch, d.h. zur Laufzeit erzeugt wird. Andere Adressierungsarten können nachgebildet werden, indem eine beliebige Adresse zunächst programmiert berechnet und auf die entsprechende Speicherzelle anschließend indirekt zugegriffen wird[1].

Zur Vereinfachung verfügen viele Prozessoren über indirekte Adressierungsarten, bei deren Interpretation häufig benötigte Adressberechnungen implizit ausgeführt werden. Das Ergebnis dieser Adressberechnungen wird oft ausschließlich für den

Zugriff benötigt und daher nicht gespeichert. Für viele Anwendungen wäre eine
Speicherung jedoch vorteilhaft, z.B. wenn Adressen iterativ erzeugt werden müssen.
Deshalb bieten einige Prozessoren die Möglichkeit, das Ergebnis einer Adressbe-
rechnung als Seiteneffekt eines indirekten Zugriffs zu speichern. Hierbei werden
zwei Varianten unterschieden: Bei der sog. *Prämodifikation* (z.B. *Prädekrementierung* oder *Präindizierung*) wird zuerst die Adressberechnung durchgeführt, das
Ergebnis gespeichert und gleichzeitig als effektive Adresse für den indirekten
Zugriff verwendet, bei der sog. *Postmodifikation* (z.B. *Postinkrementierung* oder
Postindizierung) wird ein vor dem Zugriff erzeugtes Ergebnis als effektive Adresse
für den indirekten Zugriff verwendet, anschließend die Adressberechnung durchgeführt und das Ergebnis schließlich gespeichert.

Unmittelbare Adressierung (immediate addressing)

Hierbei ist im Befehl eine Konstante codiert, die unmittelbar als Operand verarbeitet
wird (Bild 1.10a). Da die Konstante Teil des Befehls ist, kann ihr der Befehlsspeicherraum und eine zur jeweiligen Befehlsadresse relative effektive Adresse zugeordnet werden. Auf Konstanten kann naturgemäß nur lesend zugegriffen werden,
weshalb Ergebnisse nicht unmittelbar adressierbar sind. In seiner Wirkung sinnlos
ist die unmittelbare Adressierung eines Sprungziels, da hierbei der Befehl, zu dem
verzweigt wird, direkt im Sprungbefehl codiert sein und statt des Sprungs ausgeführt werden müsste.

Direkte Adressierung (direct addressing)

Bei der direkten Adressierung ist die effektive Adresse für Zugriffe auf den Daten-
oder Befehlsadressraum direkt im Befehl codiert (Bild 1.10b). Damit auf den
gesamten Speicherraum zugegriffen werden kann, sind direkte Adressen i.Allg.
zwischen 16 und 64 Bit breit. Einige Prozessoren erlauben auch die Verwendung
direkter Adressen mit einer geringeren Anzahl von Bits, mit denen nicht auf den
gesamten, sondern nur auf einen kleinen Teil des Speicherraums zugegriffen werden
kann. Je geringer nämlich die Breite einer Adresse, umso weniger Speicherplatz
wird für den Befehl benötigt und umso mehr dieser Befehle können pro Zeiteinheit
über einen Bus begrenzter Breite transportiert werden.

In Sprungbefehlen wird die direkte Adressierung benutzt, um zu einer absoluten
Zieladresse im Befehlsspeicherraum zu verzweigen. Um das erwartete Ergebnis zu
erzielen, muss das in seiner Struktur meist starre Programm an einer zu allen direkten Sprungzielen korrespondierenden effektiven Adressen beginnen und kann nicht
verschoben werden. Ein solches Programm wird als nicht *relokatibel* bezeichnet.

---

1. Die indirekte Adressierung lässt sich auch zur Nachbildung der direkten und unmittelbaren
    Adressierung verwenden. Ein direkter Zugriff auf ein Datum oder Befehl ist nämlich nichts
    anderes als ein indirekter Zugriff auf eine konstante Adresse. Des Weiteren ist die unmittelbare
    Adressierung dadurch nachbildbar, dass alle benötigten Konstanten z.B. als Teil des Pro-
    gramms codiert werden und darauf direkt oder indirekt zugegriffen wird.

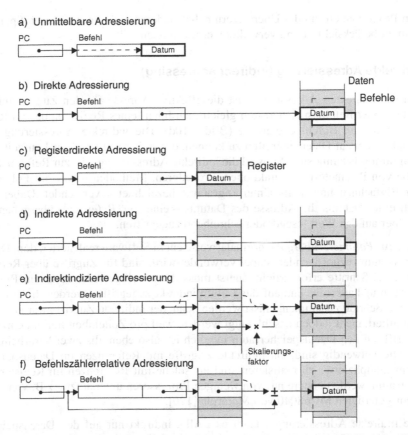

a) Unmittelbare Adressierung

b) Direkte Adressierung

c) Registerdirekte Adressierung

d) Indirekte Adressierung

e) Indirektindizierte Adressierung

f) Befehlszählerrelative Adressierung

Bild 1.10. Gebräuchliche seiteneffektfreie Adressierungsarten. Der Inhalt des Befehlszähler (PC) adressiert den Befehl, der unmittelbar, direkt oder indirekt das Datum im Befehl, Register-, Daten- oder Befehlsspeicher referenziert (Bild in Anlehnung an [46])

Registerdirekte Adressierung (register direct addressing)

Für Zugriffe auf die in vielen Prozessoren verfügbaren Registerspeicher geringer Kapazität wird die sog. registerdirekte Adressierung verwendet (Bild 1.10c). Deren Vorteil ist, dass sich auf einen Registerspeicher normalerweise deutlich schneller zugreifen lässt als auf den Daten- oder Befehlsspeicher. Der Registerspeicher ist nämlich einerseits eng an Verarbeitungseinheiten gekoppelt, wodurch Signallaufzeiten kurz gehalten werden können und andererseits meist als Multiportspeicher realisiert, so dass mehrere Zugriffe auf unterschiedliche Inhalte parallel ausführbar sind.

Ein weiterer Vorteil der registerdirekten Adressierung ist, dass zur Codierung von Registeradressen nur wenige Bits benötigt werden. So ist der Speicherbedarf für Befehle, in denen registerdirekte Adressen codiert sind, geringer und die Geschwindigkeit, mit der sich entsprechende Befehle pro Zeiteinheit über einen Bus begrenzter Breite transportieren lassen, größer als mit anderen Adressierungsarten. Als Nachteil ist jedoch in Kauf zu nehmen, dass die verfügbaren Registerspeicherräume

von Programmierern oder Übersetzern neben anderen nicht verzichtbaren Speicherräumen berücksichtigt und verwaltet werden müssen.

Indirekte Adressierung (indirect addressing)

Bei der indirekten Adressierung ist die effektive Adresse für den Zugriff auf den
Daten- oder Befehlsspeicherraum gleich dem Inhalt eines Registers, dessen Registernummer im Befehl codiert ist (Bild 1.10d). Die indirekte Adressierung wird
benötigt, um auf Daten zugreifen zu können, deren Adressen erst zur Laufzeit eines
Programms bekannt sind. So wird die indirekte Adressierung z.B. zur Referenzüber-
gabe von Parametern an Funktionen, Prozeduren, Methoden usw. – im Folgenden
der Einfachheit halber als Unterprogramme bezeichnet – verwendet. Dabei wird
statt eines Datums die Adresse des Datums – eine sog. *Referenz* – übergeben und
darüber auf den Wert lesend oder schreibend zugegriffen.

Weil zur *Parameterübergabe* normalerweise ein in Software realisierter, dem Daten-
adressraum zuzuordnender Stapel verwendet wird, sind für Zugriffe über Referenzen zwei Schritte erforderlich: Zuerst muss die jeweilige Adresse in ein Register
geladen und anschließend auf das Datum indirekt zugegriffen werden. Indem diese
beiden Schritte zusammengefasst werden, kann der indirekte Zugriff zwar einfacher
formuliert, nicht jedoch beschleunigt werden, weil pro Zeiteinheit nur ein einzelner
Zugriff auf den Datenspeicherraum möglich ist, also ebenfalls zwei Verarbeitungsschritte notwendig sind. Da indirekte Zugriffe mit Referenzen im Datenspeicherraum komplizierter zu realisieren sind als solche mit Referenzen im Registerspeicherraum, werden erstere nur von wenigen Prozessoren unterstützt – z.B. vom nicht
mehr gefertigten MC68040 von Motorola [120].

Die indirekte Adressierung erlaubt es i.Allg. indirekt nur auf den Datenspeicherraum zuzugreifen. Aus diesem Grunde können Daten, die über ihre Adresse angesprochen, also z.B. als Referenz an ein Unterprogramm übergeben werden sollen,
nicht im Registerspeicher gehalten werden. Dies ist ein Nachteil, weil, wie bereits
erwähnt, Zugriffe auf den Datenspeicherraum langsamer sind als Zugriffe auf den
Registerspeicherraum.

Einige Prozessoren erlauben es deshalb auf den Registerspeicher indirekt zuzugreifen. Der ebenfalls nicht mehr gefertigte Am29000 von AMD besitzt z.B. 64 globale
und 128 lokale Register, die jeweils 32 Bit breit sind. Letztere können über die
Inhalte ausgewählter globaler Register indirekt adressiert werden [1]. Falls sich ein
Datum definitiv im lokalen Registerspeicher befindet, kann ein Zugriff sehr schnell
ausgeführt werden. Ist dies jedoch nicht der Fall, ist zu differenzieren, ob sich der
Zugriff auf den Registerspeicherraum oder den Datenspeicherraum bezieht, was
einen ähnlichen Aufwand erfordert, als würde man das Datum fest im Datenspeicherraum halten. Ein weiterer Nachteil dieser Technik ist, dass die Register des Prozessors ausschließlich 32 Bit breit angesprochen werden können, indirekte Zugriffe
auf Datentypen anderer Breite deshalb zusätzlichen Aufwand erfordern.

Die Probleme werden mit der an der TU Berlin entwickelten 32-Bit-Nemesis-Archi-
tektur in der Version 1.0 vermieden [114, 108], und zwar, indem der Registerspei-

cher transparent, d.h. für einen Benutzer nicht erkennbar, in den Datenspeicherraum eingebettet ist (siehe auch [112, 109]). Statt registerdirekt wird der Registerspeicher über eine vier Bit breite Adressen relativ zu einem Stapelzeiger angesprochen. Beliebige Zugriffe auf den Datenspeicherraum werden im Bedarfsfall transparent auf den Registerspeicher umgeleitet. Somit sind Fallunterscheidungen, ob sich Referenzen auf den Registerspeicherraum oder den Datenspeicherraum beziehen, nicht notwendig. Außerdem sind alle vom Prozessor direkt unterstützten Datentypen ohne Zusatzaufwand zugreifbar, und zwar auch dann, wenn sich der Zugriff auf den Registerspeicher bezieht.

In Sprungbefehlen wird die indirekte Adressierung benötigt, um Sprungziele dynamisch, also zur Laufzeit auszuwählen. In RISC-Prozessoren wird dies verwendet, um z.B. nach Bearbeitung eines Unterprogramms zum aufrufenden Programm zurückzukehren[1]. Die Rücksprungadresse wird hierbei nicht, wie bei vielen CISC-Prozessoren üblich, auf einem Stapel im Datenspeicherraum abgelegt, sondern in einem ausgezeichneten Register. Um ins aufrufende Programm zurückzukehren, muss dementsprechend ein indirekter Sprung mit dem Inhalt des Registers durchgeführt werden. Weitere Einsatzmöglichkeiten der indirekten Adressierung von Sprungzielen sind Aufrufe von virtuellen Methoden, Aufrufe von Unterprogrammen aus dynamisch gebundenen Bibliotheken, Aufrufe von sog. Call-Back-Funktionen, Fallunterscheidungen usw. [8].

Indirektindizierte Adressierung

Die indirektindizierte Adressierung ermöglicht den Zugriff auf eine zur Laufzeit durch Addition oder Subtraktion einer Basisadresse und eines skalierten Indexes berechnete effektive Adresse (Bild 1.10e). Hierbei ist die Basisadresse entweder eine Konstante oder ein Registerinhalt und der Index grundsätzlich ein Registerinhalt. Zur Skalierung wird normalerweise eine von mehreren möglichen Konstanten, bei einigen Prozessoren, wie z.B. dem ARM7TDMI von ARM auch eine variable Zweierpotenz verwendet [10].

Wie bereits angedeutet ist es möglich, die indirektindizierte durch die indirekte Adressierung nachzubilden, und zwar, indem die Adresse nicht implizit, sondern explizit vor dem Zugriff berechnet wird. Die indirektindizierte Adressierung weist deshalb auch ähnliche Eigenschaften auf wie die indirekte Adressierung. Sie ist jedoch leistungsfähiger, weil die Adressberechnung und der Zugriff in einem Schritt erfolgen. Insbesondere ist es möglich, die indirekte Adressierung auch durch die indirektindizierte Adressierung unter Verwendung der konstanten Basisadresse Null und dem konstanten Skalierungsfaktor Eins nachzubilden (vergleiche Bild 1.10d und 1.10e). Viele Prozessoren verfügen aus diesem Grund auch nur über die Möglichkeit, indirektindiziert auf den Datenspeicherraum zuzugreifen [71, 90, 171].

▶ Beispiel 1.6. *Parameterübergabe in einem Stapel.* Zahlreiche Programmiersprachen verwenden *Stapel* (*Stack*) zur Speicherung lokaler Variablen und Übergabe von *Unterprogrammparametern.* In

---

1. Die Technik kam bereits vor Aufkommen der RISC-Prozessoren z.B. in der PDP11 von DEC zum Einsatz [32].

Bild 1.11 ist dies exemplarisch dargestellt. Die Adresse des obersten Eintrags ist im *Stapelzeiger*, normalerweise einem Register, gespeichert. Ein neuer Eintrag lässt sich auf dem Stapel anlegen, indem der Stapelzeiger zunächst entsprechend des zu schreibenden Eintrags vermindert (der Stapel wächst historisch bedingt immer zu niedrigen Adressen) und der zu schreibende Wert anschließend indirekt zum Stapelzeiger abgelegt wird.

Für Zugriffe auf lokale Variablen (im Bild a, b) oder Parameter (im Bild X, Y) nutzt man die indirektindizierte Adressierung. Mit dem Stapelzeiger als Basisadresse muss für einen Zugriff auf b z.B. eine um vier Byte vergrößerte Adresse (a ist vier Byte breit) also Stapelzeiger + 4 verwendet werden. Sollten alle Einträge auf dem Stapel jeweils vier Byte breit sein, lässt sich auf b auch zugreifen, indem man den Index mit Vier skaliert. In diesem Fall würde, vom Stapelzeiger aus gesehen, der zweite Eintrag adressiert, als Index also Eins angegeben werden müssen, d.h. Stapelzeiger $+ 1 \cdot 4$.

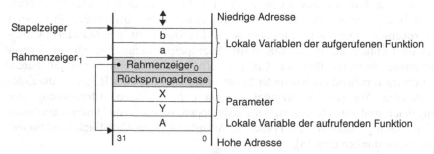

Bild 1.11. Exemplarische Darstellung eines Stapels im Datenspeicherraum nach dem Aufruf eines Unterprogramms mit zwei Parametern X und Y und drei lokalen Variablen a, b und c

Da der Stapelzeiger permanent benutzt und auch geändert wird, erfolgt der Zugriff auf lokale Variablen oder Parameter i. Allg. nicht relativ zum Stapelzeiger, sondern relativ zu einem sog. *Rahmenzeiger (framepointer)*, der innerhalb eines Unterprogramms nicht verändert wird. Ein Zugriff auf b ist möglich, wenn in Bild 1.11 die Adresse Rahmenzeiger $_1$ – 8 verwendet wird, was mit der indirektindizierten Adressierung ebenfalls in einem Schritt durchführbar ist, sofern sich der Rahmenzeiger in einem Register befindet. – Rahmenzeiger $_1$ ist dem Unterprogramm fest zugeordnet. Er wird zu Beginn des Unterprogramms in einem Register gesetzt, nachdem der Rahmenzeiger $_0$ des aufrufenden Programms auf dem Stapel gesichert wurde.   ◄

Zahlreiche RISC-Prozessoren nutzen die indirektindizierte statt der indirekten Adressierung von Sprungzielen für den *Rücksprung* aus Unterprogrammen. Dies ist erforderlich, weil hier nicht die Rücksprungadresse, sondern die effektive Adresse des unterprogrammaufrufenden Befehls gesichert wird. Für einen Rücksprung ist diese Adresse entsprechend der Befehlsbreite des unterprogrammaufrufenden Befehls zu vergrößern, was sich mit der indirektindizierten Adressierung in einem Schritt erreichen lässt, sofern alle Befehle eine einheitliche Breite aufweisen.

Unter derselben Voraussetzung sind auch sog. *Ausnahmeprogramme (exception handler)* in einem Schritt beendbar. Ein Ausnahmeprogramm ist mit einem Unterprogramm vergleichbar, das jedoch nicht explizit durch einen Befehl, sondern implizit und automatisch, z.B. bei einer *Unterbrechung (interrupt)* oder bei Auftreten eines Fehlers aufgerufen wird. Dabei wird der in Ausführung befindliche Befehl ggf. mit fehlerhaftem Ergebnis beendet, die effektive Adresse des Befehls für den Rücksprung gespeichert und zu einem für den jeweiligen Fall vorgesehenen Ausnahmeprogramm verzweigt.

Nach Bearbeitung der Anforderung wird das Ausnahmeprogramm i. Allg. vergleichbar einem Unterprogramm beendet, wobei zur Berechnung der effektiven Rücksprungadresse die Summe der Adresse des vor der Unterbrechung gerade noch
beendeten Befehls und dessen Breite benutzt wird. Bei einem Fehler muss ggf.
jedoch der fehlerhaft beendete Befehl nach korrigierenden Maßnahmen wiederholt
ausgeführt werden, was sich mit Hilfe der einfachen indirekten Adressierung für den
Rücksprung erreichen lässt.

Befehlszählerrelative Adressierung

Bei der befehlszählerrelativen Adressierung bildet der Prozessor die effektive
Adresse, indem der Inhalt des Befehlszählers und ein nicht skalierter Index addiert
oder subtrahiert werden. Der Zugriff bezieht sich wegen des als Basis verwendeten
Befehlszählers auf den Befehlsspeicherraum. Der Befehlszähler verweist im
Moment des Zugriffs auf eine effektive Adresse, die in fester Beziehung zur effektiven Adresse des dabei ausgeführten Befehls steht (meist die effektive Adresse des in
Ausführung befindlichen oder des folgenden Befehls). Als Index kann ein konstanter oder ein in einem Register befindlicher variabler Wert benutzt werden (Bild
1.10f). In ihm ist die Distanz für den Zugriff explizit codiert. Da in einem statisch
gebundenen Programm alle Distanzen unveränderlich sind, lässt sich die befehlszählerrelative Adressierung verwenden, um unabhängig von der effektiven Ladea-
dresse eines Programms auf beliebige darin codierte Einheiten zuzugreifen. Dies
wird z.B. genutzt, um in das Programm eingebettete *Konstanten* zu adressieren.

Die befehlszählerrelative Adressierung von Sprungzielen ist meist nur mit einer
konstanten vorzeichenbehafteten Distanz möglich. In ihr ist codiert, wie viele Bytes
jeweils übersprungen werden sollen, und zwar zu größeren effektiven Befehlsadressen mit einer positiven und zu kleineren effektiven Befehlsadressen mit einer negativen Distanz. Falls für alle Zugriffe, die sich auf Einheiten im Programm beziehen,
und für alle Sprungbefehle befehlszählerrelative Adressen zum Einsatz kommen, ist
das Programm an eine beliebige Adresse ladbar. Entsprechende Programme
bezeichnet man als *verschiebbar* (*relocatable*) [164].

Modifizierende indirekte Adressierung

Bei der *prämodifizierenden* oder *postmodifizierenden* indirekten Adressierung wird
der Inhalt eines Registers zur indirekten Adressierung eines Datums im Datenspeicherraum verwendet und die im Register gespeicherte effektive Adresse vor bzw.
nach dem Zugriff durch Addition oder Subtraktion mit einer Konstanten oder einem
skalierten Registerinhalt verändert (Bild 1.12). Die modifizierenden indirekten
Adressierungsarten sind in dieser allgemeinen Form z.B. im ARM7TDMI von
ARM ltd. [10] oder im Nemesis C der TU Berlin realisiert [114, 198].

Die meisten anderen Prozessoren sind hingegen weniger flexibel. Zum Beispiel
kann der ColdFire MFC5206 von Motorola den Inhalt eines Registers vor dem indirekten Zugriff dekrementieren (*predecrement*) oder nach dem indirekten Zugriff
inkrementieren (*postincrement*). Zur Modifikation wird dabei immer eine Kon-

stante, entsprechend der Breite des Zugriffs genutzt, also 1, 2, 4 oder 8 bei Byte-, Halbwort-, Wort- oder Langwortzugriffen [124]. Zur Definition eines Sprungziels sind modifizierende Adressierungsarten nicht erlaubt.

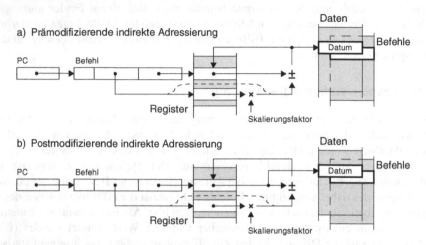

Bild 1.12. Modifizierende indirekte Adressierungsarten. Vor oder nach dem Zugriff wird der Inhalt eines Registers durch Addition oder Subtraktion mit einer Konstanten oder dem Inhalt eines skalierten Registers modifiziert

▶ Beispiel 1.7. *Programmierung eines Stapels.* Die modifizierenden indirekten Adressierungsarten lassen sich z.B. nutzen, um einen Stapel zu realisieren: Ein in einem Register gespeicherter Stapelzeiger verweist jeweils auf das obere Ende eines zu niedrigen Adressen wachsenden Stapels. Immer wenn ein Eintrag auf dem *Stapel* abgelegt werden muss, wird der Inhalt des *Stapelzeigers* zunächst entsprechend des benötigten Speicherplatzes dekrementiert – also Speicher reserviert – und anschließend der Eintrag indirekt zum Stapelzeiger in den Datenspeicherraum geschrieben. Diese beiden Schritte lassen sich mit der prämodifizierenden indirekten Adressierung sowie der einfacheren Prädekrementierung, wie sie im ColdFire MFC5206 verfügbar ist, vereinen.

Soll umgekehrt ein Eintrag vom Stapel gelesen und entfernt werden, so geschieht dies, indem zunächst auf den Eintrag indirekt zum Stapelzeiger zugegriffen (der Stapelzeiger verweist immer auf den obersten Eintrag des Stapels) und der reservierte Speicher auf dem Stapel anschließend durch Inkrementierung des Stapelzeigers entsprechend der Breite des gelesenen Eintrags freigegeben wird. Diese Aktionen sind ebenfalls in einem Schritt durchführbar, wenn man die postmodifizierende indirekte Adressierung oder einfacher die Postinkrementierung nutzt.   ◢

Modifizierende Moduloadressierung

Die in Spezialprozessoren, z.B. den *Signalprozessoren*, erlaubte prä- oder postmodifizierende Moduloadressierung vereinfacht die Realisierung sog. *Ringpuffer (first-in, first-out; fifo)*, das sind Zwischenspeicher, in denen Daten eingeschrieben und entsprechend der Schreibreihenfolge wieder ausgelesen werden können. Bei der modifizierenden Moduloadressierung wird zunächst vor oder nach einem indirekten Zugriff der Inhalt des verwendeten Indexregisters durch Addition oder Subtraktion modifiziert. Falls dabei eine effektive Adresse generiert wird, die außerhalb des für den Ringpuffer zur Verfügung stehenden Speicherbereichs liegt, findet ein Umbruch statt, und zwar zum ersten Eintrag des Ringpuffers, wenn dessen oberes Ende überschritten wird oder zum letzten Eintrag des Ringpuffers, wenn dessen unteres Ende unterschritten wird.

Die effektive Start- und Endadresse des Ringpuffers ist normalerweise implizit codiert, und zwar in Spezialregistern, die mit dem jeweiligen Indexregister assoziiert sind (z.B. gehört zum Indexregister 3 das Startadressregister 3 und das Endadressregister 3). Oft wird statt Start- und Endadresse nur die Größe des Ringpuffers in einem einzelnen Register codiert. Die Startadresse ergibt sich hierbei als ganzes Vielfaches einer Zweierpotenz, die größer oder gleich der Ringpuffergröße ist. Die Moduloadressierung ist in dieser Weise z.B. in den Signalprozessorfamilien MC560xx von Motorola und ADSP-21xx von Analog Devices realisiert [119, 7].

▸ Beispiel 1.8. *Programmierung eines Ringpuffers.* In Bild 1.13 ist dargestellt, wie die Moduloadressierung verwendet werden kann, um die Einträge eines Ringpuffers zu adressieren. Die effektive Adresse des aktuellen Eintrags befindet sich im Register I3, die Größe des Ringpuffers in dem korrespondierenden Register L3. Die Startadresse des Ringpuffers ergibt sich, indem die Ringpuffergröße 7 auf die nächst größere Zweierpotenz $2^3 = 8$ aufgerundet und das Ergebnis mit einem ganzzahligen n multipliziert wird, und zwar in der Weise, dass die Relation $8 \cdot n \leq I3 \leq 8 \cdot n + L3$ erfüllt ist. Daraus folgt, dass die effektive Startadresse des Ringpuffers in diesem Beispiel gleich 16 für n = 2 ist.

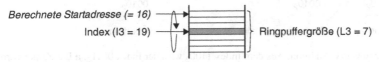

Berechnete Startadresse (= 16)

Index (I3 = 19)

Ringpuffergröße (L3 = 7)

Bild 1.13. Moduloadressierung eines Ringpuffers mit sieben Einträgen, dessen Startadresse sich aus der Ringpuffergröße berechnet

Ein Zugriff unter Verwendung einer postmodifizierenden Moduloadressierung bezieht sich auf die in I3 gespeicherte effektive Adresse 19. Falls der Index nach dem Zugriff um 5 vergrößert wird, ergibt sich eine nicht mehr im Ringpuffer befindliche effektive Adresse 19 + 5 = 24. Sie muss durch Subtraktion entsprechend der Ringpuffergröße auf 24 – 7 = 17 bereinigt werden. Voraussetzung ist natürlich, dass der Index durch die Addition nicht so weit modifiziert wird, dass nach der Subtraktion eine effektive Adresse entsteht, die außerhalb des Ringpuffers liegt.   ◂

Weitere Adressierungsarten

Einige Prozessoren verfügen neben den bisher beschriebenen über weitere Adressierungsarten, mit denen wiederkehrende Aufgaben gelöst werden können. So sind einige Prozessoren z.B. in der Lage, auf einen Eintrag des Datenspeicherraums indirekt über eine Referenz zuzugreifen, die sich ebenfalls im Datenspeicherraum befindet. Eine solche *doppelt indirekte Adressierung* kann z.B. für Zugriffe auf Operanden verwendet werden, die durch einen auf dem Stapel übergebenen Referenzparameter adressiert werden.

Da pro Zeiteinheit nur ein Zugriff auf den Datenspeicherraum möglich ist, hier jedoch zwei Zugriffe benötigt werden, wird die doppelt indirekte Adressierung normalerweise nicht schneller bearbeitet als zwei indirekte jeweils einschrittige Zugriffe (wobei jedoch ein zusätzliches Register erforderlich ist). Tatsächlich besteht sogar die Möglichkeit, dass ein Prozessor, der auf Operanden doppelt indirekt zugreifen kann, eine aufwendigere Struktur besitzt und daher langsamer arbeitet, als ein Prozessor der nur einfach indirekt auf Operanden zugreifen kann. Deshalb werden komplizierte Adressierungsarten meist nicht vorgesehen, wenn sie durch einfachere Adressierungsarten, ohne Nachteile für die Geschwindigkeit, mit der ein Zugriff erfolgt, in ihrer Funktion nachgebildet werden können.

Natürlich sind beliebig komplizierte Adressierungsarten denkbar, die nicht ohne Geschwindigkeitsnachteil durch die auf den letzten Seiten beschriebenen einfachen Adressierungsarten nachgebildet werden können. Sie werden trotzdem gewöhnlich nicht realisiert, weil man sie selten benötigt und von Hochsprachenübersetzern, selbst wenn sie Verwendbar wären, oft nicht berücksichtigt würden. Dies gilt jedoch nicht unbedingt für in Assembler programmierte Spezialanwendungen, in denen Adressierungsarten vorteilhaft einsetzt werden können, die in Standardanwendungen kaum von Bedeutung sind.

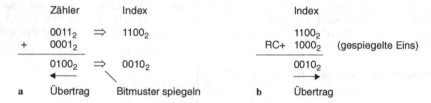

Bild 1.14. Reverse-Carry-Addition. Aus dem Index 1100_2 wird der Index 0011_2. **a** Ein Zähler wird inkrementiert und das Bitmuster des Ergebnisses gespiegelt. **b** Eine gespiegelte Eins wird addiert und der Übertrag von rechts nach links weitergereicht

Ein Beispiel hierfür ist die sog. *Reverse-Carry-Adressierung* (auch *Bit-Reverse-Adressierung*) vieler Signalprozessoren, die sich speziell für die *Fast-Fourier-Transformationen* (*FFT*) nutzen lässt. Auf eine Basisadresse wird ein Index addiert, den man ermittelt, indem ein gedachter Zähler inkrementiert und das sich einstellende Bitmuster gespiegelt verwendet wird. Tatsächlich ist der separate Zähler sogar überflüssig, wenn der Index direkt modifiziert wird, und zwar durch Reverse-Carry-Addition einer gespiegelten Eins. Dabei wird der Additionsübertrag jeder Stelle von links nach rechts anstatt von rechts nach links wie bei einer herkömmlichen Addition weitergereicht (Bild 1.14). – Zum Abschluss sind in Tabelle 1.2 die in diesem Abschnitt beschriebenen Adressierungsarten zusammen mit den im Folgenden verwendeten Schreibweisen und einer kurzen Erläuterung aufgelistet.

Tabelle 1.2. Einige in Programmiermodellen oft realisierte Adressierungsarten

Adressierungsart	Schreibweise	Beschreibung
Unmittelbar	*Number*	Zugriff auf einen direkt im Befehl codierten Operanden.
Registerdirekt	R*n*	Zugriff auf den Inhalt des Registers R*n*
Direkt	[*Memory*]	Zugriff auf den Datenspeicherraum. Die effektive Adresse *Memory* ist direkt codiert.

Tabelle 1.2. Einige in Programmiermodellen oft realisierte Adressierungsarten

Adressierungsart	Schreibweise	Beschreibung
Indirekt	[Rn]	Zugriff auf den Datenspeicherraum. Als Adresse wird der Inhalt des Registers Rn verwendet.
Indirektindiziert	[Rn ± Rm * *Scale*] oder [*Base* ± Rm * *Scale*]	Zugriff auf den Datenspeicherraum. Die effektive Adresse ergibt sich, indem die konstante Basisadresse *Base* bzw. der Registerinhalt Rn und der skalierte Inhalt des Registers Rm addiert bzw. subtrahiert werden.
Befehlszählerrelativ	[PC ± Rm] oder [PC ± *Offset*]	Zugriff auf den Befehlsspeicherraum. Als effektive Adresse wird die Summe oder Differenz aus dem Inhalt des Befehlszählers und dem Inhalt des Registers Rm bzw. eines konstanten Offsets verwendet[a].
Prämodifizierend	[Rn ±= Rm * *Scale*] oder [Rn ±= *Offset*]	Zugriff auf den Datenspeicherraum. Vor dem Zugriff wird die effektive Adresse Rn um den skalierten Inhalt von Rm bzw. den konstanten Wert *Offset* vergrößert oder vermindert. Das Ergebnis ist die effektive Adresse auf die zugegriffen wird.
Postmodifizierend	[Rn] ±= Rm * *Scale* oder [Rn] ±= *Offset*	Zugriff auf den Datenspeicherraum. Als effektive Adresse für den Zugriff ist im Register Rn gespeichert. Nach dem Zugriff wird die effektive Adresse in Rn um den skalierten Inhalt von Rm bzw. den konstanten Wert *Offset* vergrößert oder vermindert.

a. In vielen Sprungbefehlen ist nur die befehlszählerrelative Adressierung mit konstantem Offset erlaubt. Das Sprungziel wird dabei absolut angegeben und vom Assembler in einen konstanten Offset umgewandelt.

1.3 Befehle

Herkömmliche Prozessoren arbeiten nach dem sog. *Kontrollflussprinzip*. Die Ausführungsreihenfolge der Befehle ist dabei im Programm codiert und kann zur Laufzeit durch Sprungbefehle beeinflusst werden. Die Auswahl des aktuellen Befehls geschieht gewöhnlich mit Hilfe des Befehlszählers, der nach Befehlsausführung automatisch jeweils so modifiziert wird, dass er den nächsten zu verarbeitenden Befehl adressiert. In den Befehlen eines nach dem Kontrollflussprinzip arbeitenden Prozessors sind jeweils eine Operation, ggf. auch mehrere parallel auszuführende Operationen sowie die zu verarbeitenden Operanden und die zu erzeugenden Ergebnisse implizit oder explizit codiert.

Eine Operation definiert eine Aktion, die vom Prozessor ausgeführt werden soll, sobald der Befehl verarbeitet wird. Da eine Aktion i. Allg. mehrere Teilaktionen beinhaltet, besteht im Umkehrschluss eine Operation auch aus mehreren Teiloperationen[1]. Sowohl Aktionen als auch Operationen lassen sich auf diese Art und Weise

---

1. Die Begriffe Befehl, Operation und Aktion sind rekursiv definiert: Ein Befehl entspricht einer Operation, die selbst aus mehreren Operationen bestehen kann (hier als Aktionen bezeichnet).

beliebig verfeinern. So ist in einem Multiplikationsbefehl z.B. eine Multiplikationsoperation codiert, die aus Additions- und Schiebeoperationen besteht. Des Weiteren
kann die Addition eines Worts durch Volladdition einzelner Bits realisiert sein usw.

Eine komplexe Operation ist also eine Zusammenfassung mehrerer einfacher Teiloperationen, wobei in jedem Befehl eines sequentiell arbeitenden Prozessors eine
ausgezeichnete Operation codiert ist, die eine maximale Komplexität aufweist. Um
von konkreten Realisierungen zu abstrahieren, werden im Folgenden nur solche
Operationen beschrieben, die in den meisten Prozessoren eine Bedeutung haben.
Das heißt nicht, dass sie ausgezeichnet sein müssen, obwohl dies, z.B. bei RISC-
Prozessoren, oft der Fall sein wird. Die mit den Operationen definierten Funktionalitäten werden jedoch i. Allg. benötigt und sind daher ggf. als Teiloperationen ausge-
zeichneter Operationen auch realisiert. So können CISC-Prozessoren einen Registerinhalt mit dem Inhalt einer Datenspeicherzelle verknüpfen, z.B. addieren. Die ausgezeichnete Operation „Addition" ist dann durch die Grundoperationen laden und
addieren realisiert.

1.3.1 Operationen

Nach einer aus dem Jahre 1936 stammenden *These von Church und Turing* existiert
zu jedem *Algorithmus*, der eine Abbildung f: I* → O* für die Alphabete I und O
beschreibt, eine *Turingmaschine* [145]. Demnach kann ein Prozessor einen beliebigen Algorithmus verarbeiten, wenn ein Programm zur Emulation einer Turingmaschine angegeben werden kann. Ein realer Prozessor sollte einen Algorithmus
jedoch nicht nur grundsätzlich, sondern in möglichst kurzer Zeit verarbeiten. Die
Anzahl der direkt ausführbaren Operationen ist deshalb in realen Prozessoren weit
umfangreicher als für die Emulation einer Turingmaschine notwendig. Neben arithmetischen Operationen, z.B. die Grundrechenarten Addition, Subtraktion, Multiplikation, in einigen Fällen auch die kompliziert zu realisierende Division, sind in realen Prozessoren Vergleichsoperationen sowie logische Operationen, z.B. Und, Oder,
Exklusive-Oder und Schiebeoperationen vorgesehen. Des Weiteren verfügen die
meisten Prozessoren über Operationen zur Steuerung des Kontrollflusses, also
bedingte und unbedingte Sprungoperationen.

Verknüpfungsoperationen

In Bild 1.15 sind die elementaren Operationen herkömmlicher Prozessoren dargestellt. Grundsätzlich können die Operationen eines nach dem Kontrollflussprinzip
arbeitenden Prozessors in zwei Gruppen unterteilt werden: die Verknüpfungsoperationen und die Kontrollflussoperationen. Zur Gruppe der Verknüpfungsoperationen
gehören die bereits genannten arithmetischen und logischen Operationen sowie die
Schiebeoperationen, die zusammen mit den Status- und Kontrolloperationen zum
Lesen und Verändern eines Betriebsmodus die Gruppe der *arithmetisch-logischen
Operationen* bilden. Sie weisen als Gemeinsamkeit auf, dass sie vollständig im
Datenwerk eines Prozessors verarbeitet werden können und Zugriffe auf den Daten-
speicherraum nicht erforderlich sind. Natürlich werden auch Operationen benötigt,

mit denen auf den Datenspeicherraum zugegriffen werden kann. Sie sind in einer eigenen Gruppe, den *Transportoperationen*, zusammengefasst und lassen sich in *Lade-*, *Speichere-* und *Semaphoroperationen* unterteilen, abhängig davon ob lesend, schreibend oder kombiniert zuerst lesend und dann schreibend auf den Datenspeicherraum zugegriffen wird.

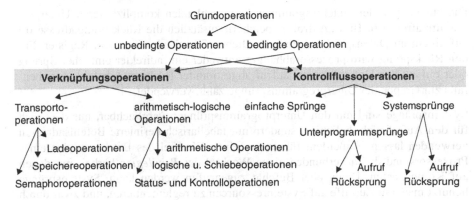

Bild 1.15. Gruppierung der Grundoperationen herkömmlicher Prozessoren

Semaphoroperationen sind in Multiprozesssystemen erforderlich, um den Zugriff parallel ablaufender Prozesse auf gemeinsam genutzte *Betriebsmittel*, wie Drucker, Netzwerkverbindungen usw. zu regeln [181]. Auf ein Betriebsmittel darf hierbei nur zugegriffen werden, nachdem dessen Verfügbarkeit durch Auswertung der zugeordneten Semaphore geprüft wurde. Falls der Zugriff erlaubt ist, wird die Semaphore modifiziert, und zwar so, dass für andere Prozesse ein Zugriff nur möglich ist, wenn das Betriebsmittel weitere Anforderungen bearbeiten kann. Gegebenenfalls muss gewartet werden, bis ein mit dem Betriebsmittel arbeitender Prozess seine Aktivitäten abschließt und die Verfügbarkeit des Betriebsmittels anderen Prozessen durch Modifikation der zugeordneten Semaphore anzeigt.

Damit es bei dieser Art der Zugriffsregelung zu keinem Konflikt kommt, muss sichergestellt sein, dass das Prüfen einer Semaphore mit der ggf. notwendigen anschließenden Modifikation als unteilbare Aktion ausgeführt wird und dass zu einem Zeitpunkt nur ein einzelner Prozess auf eine Semaphore zugreifen kann. Sonst könnten nämlich mehrere Prozesse ein Betriebsmittel parallel als verfügbar prüfen und anschließend belegen, obwohl darauf zeitgleich von nur einem Prozess zugegriffen werden darf. Aus diesem Grund sind in den Programmiermodellen fast aller Prozessoren Operationen definiert, mit denen sich nicht unterbrechbar lesend und schreibend auf den Datenspeicherraum zugreifen lässt.

Kontrollflussoperationen

Neben den Verknüpfungsoperationen zur Datenverarbeitung stehen in herkömmlichen Prozessoren die Kontrollflussoperationen zur Ablaufsteuerung der Befehlsausführung zur Verfügung, denen die einfachen *Sprünge*, die *Unterprogrammsprünge* und die *Systemsprünge* als Kategorien untergeordnet sind (Bild 1.15). Alle Kontrollflussoperationen bewirken, dass die Befehlsausführung an einer im Befehl implizit oder explizit codierten effektiven Befehlsadresse fortgesetzt wird. Die einfachen Sprünge beschränken sich auf diese Wirkung, wobei die Zieladresse explizit meist befehlzählerrelativ ggf. auch indirekt im Befehl codiert ist.

Die zur Gruppe der Unterprogrammsprünge zählenden komplizierteren Unterprogrammaufrufe (im Bild „Aufruf") speichern zusätzlich die Rücksprungadresse oft auf einem im Datenspeicherraum befindlichen Stapel oder in einem Register. Für den Rücksprung wird prozessorabhängig entweder ein indirekter einfacher Sprung oder ein auf den Unterprogrammaufruf abgestimmter Rücksprungbefehl, der ebenfalls zur Gruppe der Unterprogrammsprünge zählt, verwendet.

Systemsprünge sind mit den Unterprogrammsprüngen vergleichbar, nur dass sich für den Aufruf nicht beliebige, sondern nur tabellarisch definierte Befehlsadressen verwenden lassen. Außerdem führen sie einen Wechsel des Betriebsmodus eines Prozessors und damit verbunden einen Wechsel der *Privilegien* herbei, mit denen auf Komponenten, Daten oder Befehle zugegriffen werden kann. Systemsprünge benutzt man, um Zugriffe auf Systemressourcen zu reglementieren, und zwar durch Delegation an hochprivilegierte Systemfunktionen. In ihnen wird überprüft, ob die aufrufenden Anwendungen über die notwendigen Rechte verfügen. Ist dies der Fall, werden die als Auftrag formulierten Zugriffe durchgeführt. Reichen die Rechte jedoch nicht aus, z.B. falls ein Benutzer unerlaubt auf Daten anderer Benutzer zuzugreifen versucht, wird die Systemfunktion mit einer Fehlermeldung beendet.

Natürlich muss sichergestellt sein, dass auf Systemkomponenten nicht direkt zugegriffen werden kann und die Rechteüberprüfung innerhalb der Systemfunktion nicht umgehbar ist (z.B. indem nur der für einen Zugriff verantwortliche Teil einer Systemfunktion ausgeführt und die Überprüfung der Rechte durch Modifikation der effektiven Einsprungadresse beim Aufruf ausgelassen wird). Der direkte Zugriff auf Systemkomponenten ist leicht dadurch verhinderbar, dass einfache Anwendungen niemals die hierzu erforderlichen Privilegien erhalten, auf Systemkomponenten also nur durch Aufruf einer passenden Systemfunktion zugegriffen werden kann. Um auch deren vollständige Ausführung sicherzustellen, codiert man außerdem die effektive Startadresse nicht im Systemaufruf, sondern gibt sie fest vor. Im Allgemeinen wird hierzu eine Tabelle verwendet, auf die sich mit den geringen Privilegien einfacher Anwendungen nicht zugreifen lässt. Die Art, in der die Einträge einer Tabelle ausgewertet werden, wird später, nämlich im Zusammenhang mit Unterbrechungen und Ausnahmeanforderungen, genau beschrieben (siehe Abschnitt 1.4.3).

Bedingte Operationen

Zur Kontrollflusssteuerung können die meisten Prozessoren einfache Sprünge nicht nur unbedingt, sondern auch bedingt, z.B. abhängig vom Ergebnis einer Vergleichsoperation im Datenwerk, ausführen. Nun sind die bedingten und unbedingten einfachen Sprünge in Bild 1.15 nicht den einfachen Sprüngen untergeordnet, sondern allen Operationen übergeordnet. Dies ist gerechtfertigt, weil einige Prozessoren, z.B. der ARM7TDMI von ARM ltd. [10] oder der Itanium bzw. Itanium 2 von Intel [75, 78] die sog. Prädikation (predication) erlauben, bei der beliebige Operationen bedingt ausgeführt werden können. Eine im Befehl codierte Bedingung hat dabei die Wirkung, dass die jeweilige Operation ausgeführt wird, wenn die Bedingung erfüllt ist und nicht ausgeführt wird, wenn die Bedingung nicht erfüllt ist. Der Befehl, in dem die Bedingung und die Operation codiert sind, wird jedoch grundsätzlich ausgeführt, ggf. mit der Wirkung eines NOPs.

1.3.2 Operanden und Ergebnisse

Neben wenigstens einer ausgezeichneten Operation sind in einem Befehl die Adressen der jeweils zu verarbeitenden Operanden und der zu erzeugenden Ergebnisse codiert. Die Gesamtzahl der Operanden und Ergebnisse ist abhängig von der auszuführenden Operation und variiert zwischen Null und einer vom Prozessor abhängigen Obergrenze (oft Drei). Von besonderer Bedeutung sind die sog. *monadischen* (z.B. die Negation) und *dyadischen* Operationen (z.B. die Addition), die einen bzw. zwei Operanden verarbeiten und wenigstens ein Ergebnis erzeugen.

Die für den Zugriff auf die Operanden oder Ergebnisse benötigten Adressen können explizit im Befehl codiert sein oder implizit in der jeweiligen Operation. Letzteres ist z.B. der Fall, wenn das Ergebnis einer Operation immer in einem fest vorgegebenen Register abgelegt wird. Eine Mischform zwischen impliziter und expliziter Adressierung liegt vor, wenn eine explizit im Befehl codierte Adresse für den Zugriff auf mehrere Operanden bzw. Ergebnisse verwendet wird. Die Anzahl der explizit in einem Befehl codierten Adressen dyadischer Operationen wird zur Klassifikation von Befehlen und Prozessoren verwendet. Die Anzahl variiert zwischen Drei, wenn alle Adressen explizit codiert sind, und Null, wenn alle benötigten Adressen implizit in der Operation codiert sind.

▶ Bemerkung. Die in realen Prozessoren verfügbaren monadischen und dyadischen Operationen erzeugen oft zwei Ergebnisse, und zwar das eigentliche Ergebnis der Operation, z.B. die Differenz zweier Zahlen, und ein Bedingungsergebnis (siehe Abschnitt 1.1.7). Das Bedingungsergebnis wird entweder grundsätzlich oder optional erzeugt und i.Allg. in ein implizit adressiertes Spezialregister geschrieben. Im Folgenden wird dieses zusätzliche Ergebnis nicht berücksichtigt. ◀

3-Adressbefehle

Eine dyadische Operation verarbeitet zwei Operanden zu einem Ergebnis. Im Prinzip können die Orte der Operanden und des Ergebnisses beliebig sein, so dass es naheliegend ist im jeweiligen Befehl drei Adressen zu codieren. Der hohen Flexibilität einerseits stehen Nachteile der Realisierung entgegen. Sollen z.B. Operanden und Ergebnis im Datenspeicher direkt adressiert werden können, müssen drei wenigstens 32 Bit, möglicherweise sogar 64 Bit breite Adressen im Befehl codiert sein. Insgesamt resultiert dies in einer Befehlsbreite von mehr als 96 Bits und einem damit verbundenen hohen Befehlsspeicherbedarf.

Bezogen auf den Hauptspeicher ist dies zwar kein Problem, jedoch für die in ihrer Kapazität deutlich begrenzten eng mit den jeweiligen Prozessor gekoppelten

Befehls-Cache, einem Zwischenspeicher, auf den deutlich schneller zugegriffen werden kann als auf den Hauptspeicher (siehe Abschnitt 2.3.1). Ein weiterer Nachteil einer solchen Befehlscodierung ist, dass die Anzahl der Befehle, die pro Zeiteinheit über einen Bus begrenzter Bandbreite transportiert und anschließend ausgeführt werden können, mit der Breite der Befehle sinkt. Ungünstig ist schließlich noch, dass auf den Datenspeicher i.Allg. pro Zeiteinheit nur ein Zugriff möglich ist. Die hier erforderlichen drei Zugriffe müssen also sequentiell bearbeitet werden, so dass ein entsprechender Prozessor mit einer geringeren Geschwindigkeit arbeitet, als einer, der parallel auf Operanden und Ergebnis zugreifen kann.

Auf Grund dieser Probleme sind in dyadischen Operationen für Zugriffe auf Operanden und Ergebnisse i.Allg. nicht beliebige Adressierungsarten, sondern nur die registerdirekte sowie für einen der beiden Operanden die unmittelbare Adressierung erlaubt. Wegen der geringen Größe des Registerspeicherraums im Vergleich zum Datenspeicherraum sind nämlich die Adressen für Zugriffe auf Register weniger breit als die für Zugriffe auf Datenspeicherzellen. Zum Beispiel verfügt der PowerPC von Motorola und IBM über 32 allgemein verwendbare Register zur Speicherung ganzer Zahlen, auf die über fünf Bit breite Registeradressen zugegriffen werden kann. Zur Codierung der Registeradressen einer dyadischen Operation werden also insgesamt 15 Bits der 32 Bit breiten Befehle benötigt.

In Tabelle 1.3 ist zu einigen Prozessoren aufgelistet, wie viele allgemein verwendbare Register für ganze Zahlen darin verfügbar und wie viele davon direkt durch eine im Befehl codierte Adresse zugreifbar sind (darin nicht enthalten sind Register, die man nur in speziellen Betriebszuständen, z.B. innerhalb einer Unterbrechungsbehandlung ansprechen kann). Außerdem enthält die Tabelle Angaben zu den Registerbreiten, sowie den Bitbreiten der Registeradressen, der unmittelbaren Operanden und der (einheitlich breiten) Befehle.

Bemerkenswert ist, dass die unmittelbaren Operanden eine i.Allg. geringere Breite aufweisen, als von den jeweiligen Prozessoren direkt verarbeitbar ist, und zwar deshalb, weil die Befehle zu schmal sind, um beliebige Werte darin codieren zu können. Natürlich ist es möglich, Befehle zu verwenden, die breiter sind als in Tabelle 1.3 angegeben. Falls jedoch die Befehle eine für die Fließbandverarbeitung günstige einheitliche Breite aufweisen sollen, wird der Speicherbedarf und die maximal erreichbare Befehlsbandbreite, also die Anzahl der Befehle, die pro Zeiteinheit über einen Befehlsbus begrenzter Bandbreite transportiert werden können, negativ beeinflusst (Abschnitt 2.2). Würden z.B. die unmittelbaren Operanden des UltraSPARC III Cu von SUN in direkt verarbeitbaren 64 Bit breiten Feldern codiert, dann würde der Speicherbedarf pro Befehl auf 83 Bit etwa um den Faktor 2,6 steigen [172]. Statt etwa 2,6 jeweils 32 Bit breite Befehle könnte nur noch ein 83 Bit breiter Befehl pro Zeiteinheit über den Befehlsbus transportiert werden, obwohl in den meisten Fällen unmittelbare Operanden verarbeitet würden, die in 13 Bit codierbar wären.

Durch ein Adressmodusbit wird unterschieden, ob ein Registerinhalt oder ein Zahlenwert bei Ausführung eines Befehls verarbeitet werden soll. Da die Verknüpfung zweier unmittelbarer Operanden bereits zur Übersetzungszeit eines Programms bearbeitet werden kann (die Berechnung 2+3 wird direkt durch das Ergebnis 5 ersetzt), reicht es aus, nur einen einzelnen Operanden dyadischer Operationen unmittelbar adressieren zu können und im Befehl ein einzelnes Adressmodusbit vorzusehen. Die meisten Prozessoren erlauben die unmittelbare Adressierung des zweiten Operanden, was für nichtkommutative Operationen, wie die Subtraktion oder die Division, eine Einschränkung darstellt, und zwar immer dann, wenn der erste Operand eine unmittelbar adressierte Konstante sein soll. Gegebenenfalls ist ein zusätzlicher Befehl erforderlich, um die jeweils gewünschte Wirkung zu erzielen. So kann die Subtraktion $1-x$ z.B. durch die Subtraktion $E-x$ nachgebildet werden, wobei E ein Register ist, das zuvor mit Eins initialisiert wurde.

Tabelle 1.3. Registerspeichergrößen von Prozessoren mit 3-Adressarchitektur

Prozessor/Architektur (Hersteller)	Anzahl allgemeiner Register		Register-breite	Bitbreite		
	Gesamt	Direkt zugreifbar		Register-adressen	unmittelbare Operanden	Befehl
Alpha 21364 (Compaq) [25, 28]	32	32	64 Bit	5 Bit	8 Bit	32 Bit
Am29000 (AMD) [1]	192	192	32 Bit	8 Bit	8 Bit	32 Bit
ARM7TDMI (ARM) [10]	16	16	32 Bit	4 Bit	8 Bit	32 Bit[a]
Crusoe TM5800 (Transmeta) [187]	64	64	32 Bit	6 Bit	_[b]	_[b]
pa-8700 (HP) [90]	32	32	64 Bit	5 Bit	11 Bit	32 Bit
Itanium 2 (Intel, HP) [75, 78]	128	128	64 Bit	7 Bit	8 Bit[c]	41 Bit[d]
MC88100 (Motorola) [122]	32	32	32 Bit	5 Bit	16 Bit	32 Bit
MIPS64 20Kc (MIPS) [106]	32	32	64 Bit	5 Bit	16 Bit	32 Bit
Nemesis C (TU Berlin) [114, 198]	96	16	32 Bit	4 Bit	1 Bit	16 Bit
PowerPC 970 (IBM) [67]	32	32	64 Bit	5 Bit	16 Bit	32 Bit
UltraSPARC III Cu (Sun) [172]	160	32	64 Bit	5 Bit	13 Bit	32 Bit

a. Der ARM7TDMI verfügt über einen alternativen, eingeschränkten Befehlssatz mit 16 Bit breiten Befehlen, die sog. thumb instructions. Sie sind hier nicht berücksichtigt.

b. Der Prozessor wird benutzt, um Pentiumbefehle nach einer sog. dynamischen Binärübersetzung zu verarbeiten. Der Befehlssatz, mit dem der Prozessor tatsächlich arbeitet, ist nicht offengelegt.

c. Die Angabe bezieht sich auf die meisten arithmetisch-logischen Operationen. Einige Operationen, z.B. die Addition, kann nämlich mehr als 8 Bit breite unmittelbare Operanden verarbeiten (14 oder 22 Bit).

d. Bei diesen Prozessoren handelt es sich um VLIW-Prozessoren, die mit einem Befehl mehrere darin codierte Operationen parallel verarbeiten können. Die Angaben beziehen sich auf eine einzelne Operation inklusive der zugehörigen Adressen.

Zur Vermeidung der hier notwendigen Initialisierung erlauben es einige Prozessoren nichtkommutative Operationen mit vertauschten Operanden auszuführen. So verfügt der ARM7TDMI von ARM ltd. z.B. über den Befehl rsb (*reverse subtract*), mit dem die Operation $1-x$ in einem Schritt als $-x+1$ ausgeführt werden kann, wobei die unmittelbare Eins direkt als zweiter Operand im Befehl codierbar ist [10]. Im Prinzip wird die herkömmliche Subtraktion mit einem unmittelbaren Wert nun nicht mehr benötigt, da sie durch Addition der negierten Konstante nachgebildet werden kann. Aus diesem Grund verfügt z.B. der PowerPC 970 von IBM und der Itanium 2 von Intel nur über einen inversen Subtraktionsbefehl [67, 75, 78].

▶ Bemerkung. Ein 3-Adressbefehl adressiert Operanden und Ergebnis registerdirekt oder unmittelbar. Natürlich muss es möglich sein, auch Inhalte im Hauptspeicher zu verarbeiten. Die beschriebenen Prozessoren verfügen deshalb über spezielle Befehle, mit denen meist indirektindiziert ein Operand aus dem Hauptspeicher in den Registerspeicher geladen bzw. der Inhalt eines Registers in den Hauptspeicher geschrieben werden kann. Die entsprechenden Befehle werden als Lade- (load) bzw. Speicherebefehle (store) bezeichnet. Prozessoren die ausschließlich über Lade- und Speicherebefehle auf den Hauptspeicher zugreifen, werden *Lade-Speichere-Architekturen (load store architectures)* genannt. ◢

2-Adressbefehle

Nach den bisherigen Ausführungen ist es von Vorteil, Befehle möglichst kompakt zu codieren. In dyadischen 2-Adressbefehlen sind deshalb statt drei nur zwei Adressen codiert, wobei die Ziel- und eine Quelladresse zu einer einzelnen Adresse zusammenfasst werden. Eine weitere Reduzierung der Bitzahl ist erreichbar, indem man die Befehle mit unterschiedlichen Breiten codiert. So lässt sich die Addition von Registerinhalten beim Pentium 4 in 16 Bits und die Addition eines Registerinhalts und einer unmittelbaren 16-Bit-Zahl in minimal 24 Bits codieren [81]. Zum Vergleich: Beim UltraSPARC III Cu sind die Befehle einheitlich 32 Bit breit, unabhängig davon, ob eine fünf Bit breite Registeradresse oder eine 13 Bit breite unmittelbare Zahl addiert werden soll [172].

Wegen der unterschiedlich breiten 2-Adressbefehle, ist es i. Allg. nicht erforderlich, die erlaubten Adressierungsarten auf registerdirekt und unmittelbar zu beschränken (man sagt: der Prozessor besitzt eine *Speicher-Speicher-Architektur*). Allerdings darf meist mit nur einer der im Befehl codierten Adressen auf den Hauptspeicher zugegriffen werden, und zwar deshalb, weil die zu verarbeitenden Operanden möglichst parallel gelesen werden sollen, Zugriffe auf den Hauptspeicher jedoch nur seqentiell möglich sind. Der zweite Operand wird daher i. Allg. unmittelbar oder registerdirekt adressiert.

Da 2-Adressbefehle einen direkten Zugriff auf Hauptspeicherinhalte erlauben, müssen Operanden nicht durch separate Befehle in Register geladen oder in den Hauptspeicher übertragen werden, wie dies mit den im vorangehenden Abschnitt beschriebenen, nach dem Lade-Speichere-Prinzip arbeitenden Architekturen der Fall ist. Eine *2-Adressarchitektur* (mit der Befehle verarbeitet werden können, in denen maximal zwei Adressen explizit codiert sind), benötigt deshalb auch eine geringere Anzahl an Registern als eine 3-Adressarchitektur (in deren Befehlen maximal drei Adressen explizit codiert sind).

So verfügt der Pentium 4 von Intel z.B. über 8 Arbeitsregister, auf die über 3 Bit breite Registeradressen zugegriffen wird, der der Athlon64 von AMD sowie der Xeon mit EM64T Erweiterung über 16 Register, von denen sich die ersten 8 über 3-Bit- bzw. alle 16 Register über 4-Bit-Registeradressen ansprechen lassen und der ColdFire MFC5206 von Motorola über 8 Daten- und 8 Adressregister, auf die jeweils über 3-Bit-Registeradressen zugegriffen werden kann, wobei hier implizit unterschieden wird, ob sich der Zugriff auf Daten- oder Adressregister bezieht [81, 2, 72, 124]. In Tabelle 1.4 ist zu einigen nach dem 2-Adressprinzip arbeitenden Prozessoren aufgelistet, wie viele Register verfügbar, direkt adressierbar und wie breit die in den Befehlen codierten Registeradressen sind. Außerdem ist die minimale Breite sowohl der unmittelbaren Operanden als auch der Befehle angegeben.

Tabelle 1.4. Registerspeichergrößen von Prozessoren mit 2-Adressarchitektur

Prozessor (Hersteller)	Anzahl frei verwendbarer Register		Bitbreite		
	Gesamt	Direkt zugreifbar	Register-breite	Register-adressen	unmittelbare Operanden	kleinste Befehle
Athlon64 (AMD) [2, 3, 4, 5, 6] Xeon mit EM64T (Intel) [72]	16	16	64 Bit	4 Bit	8 - 32 Bit	8 Bit[a]
ColdFire MFC5206 (Motorola) [124]	8 + 8	8 + 8	32 Bit	3 Bit[b]	8 - 32 Bit	16 Bit
MC680xx (Motorola) [120]	8 + 8	8 + 8	32 Bit	3 Bit[b]	8 - 32 Bit	16 Bit[c]
Pentium X (Intel) [80, 81, 82]	8	8	32 Bit	3 Bit	8 - 32 Bit	8 Bit

a. Bei diesen Prozessoren handelt es sich um VLIW-Prozessoren, die mit einem Befehl mehrere darin codierte Operationen parallel verarbeiten können. Die Angaben beziehen sich auf eine einzelne Operation inklusive der zugehörigen Adressen.

b. Dieser Prozessor verfügt über 8 Daten- und 8 Adressregister. Ob auf ein Daten- oder ein Adressregister zugegriffen wird, ist vom Befehl abhängig, wird also implizit festgelegt.

c. Der ARM7TDMI verfügt über einen alternativen, eingeschränkten Befehlssatz mit 16 Bit breiten Befehlen, die sog. thumb instructions. Sie sind hier nicht berücksichtigt.

Die Geschwindigkeit, mit der sich ein Algorithmus ausführen lässt, ist einerseits davon abhängig, wie schnell Befehle verarbeitbar sind und andererseits, wie viele Befehle insgesamt ausgeführt werden müssen. Ersteres ist technologieabhängig, wobei gilt, dass Befehle, die eine einfache Funktionalität besitzen, sich i.Allg. schneller ausführen lassen als solche mit komplexer Funktionalität. Andererseits ist die Anzahl der Befehle umso geringer, je komplexer sie sind. Bezogen auf 3- und 2-Adressbefehle stellt sich dieser Konflikt folgendermaßen dar: Mit einem 3-Adressbefehl kann auf die Operanden und das Ergebnis unabhängig voneinander zugegriffen werden, wobei nur die registerdirekte Adressierung bzw. die unmittelbare Adressierung des zweiten Operanden erlaubt ist. Ein 2-Adressbefehl ist zwar weniger flexibel, da für einen Operanden und das Ergebnis eine gemeinsame Adresse benutzt wird, dafür lassen sich die Operanden und ggf. das Ergebnis jedoch auf beliebige Weise adressieren. Separate Lade- und Speicherebefehle sind nicht unbedingt erforderlich. Außerdem benötigen 2-Adressbefehle i.Allg. weniger Platz als 3-Adressbefehle. So können z.B. bis zu vier Athlon64-Befehle, jedoch nur ein Alpha-21364-Befehl in 32 Bit codiert werden [2, 25, 28].

▶ Beispiel 1.9. *Umsetzung von 3- und 2-Adressbefehlen.* Natürlich ist es möglich, die Funktionalität eines 3-Adressbefehls durch 2-Adressbefehle und die eines 2-Adressbefehls durch 3-Adressbefehle nachzubilden. In Bild 1.16 sind hierzu Beispiele angegeben, die mal die eine, mal die andere Architekturform vorteilhaft erscheinen lassen. In Bild 1.16 (oben) ist dargestellt, wie ein 2-Adressbefehl, der auf einen Operanden bzw. das Ergebnis indirektindiziert zugreift (mit der effektiven Adresse r1 + r2) durch drei 3-Adressbefehle nachgebildet werden kann.

Der zu verarbeitende Operand wird von der 3-Adressbefehlsfolge zunächst aus dem Hauptspeicher in das temporäre Register r31 geladen (ld), anschließend die Operation ausgeführt und schließlich das Ergebnis in den Hauptspeicher zugrückgeschrieben (st). In Bild 1.16 (unten) ist dargestellt, wie sich ein 3-Adressbefehl (rechts), in denen drei unterschiedliche Adressen codiert sind, durch zwei 2-Adressbefehle (links) nachbilden lassen. Dabei wird mit den 2-Adressbefehlen zunächst der erste Operand in das Zielregister übertragen (r7) und anschließend die eigentliche Operation ausgeführt, wobei der Inhalt des Zielregisters mit dem Ergebnis der Operation überschrieben wird.

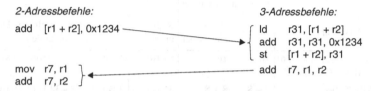

Bild 1.16. Umsetzung von 3- und 2-Adressbefehlen

Wie beschrieben, sind 2-Adressbefehle kompakter codierbar als 3-Adressbefehle. Dabei blieb bisher jedoch unberücksichtigt, dass die Befehle von 2- und 3-Adressarchitekturen unterschiedliche Mächtigkeiten besitzen. Korrekter ist es deshalb, wenn man Befehlsfolgen mit jeweils denselben Funktionalitäten vergleicht. Die indirektindizierte Addition (im Bild oben) lässt sich z.B. für die 2-Adressarchitektur Pentium 4 von Intel in vier Bytes codieren. Hingegen erfordert die 3-Adressarchitektur PowerPC 970 von IBM drei je vier Byte breite Befehle. Des Weiteren werden für die 3-Adressaddition mit unabhängigen Registeradressen für Operanden und Ergebnis (im Bild unten) zwei 2-Adressbefehle benötigt, die sich für den Pentium 4 in je zwei Bytes codieren lassen, so dass hier genauso viel Speicher erforderlich ist, wie für den einzelnen 3-Adressbefehl des PowerPC 970. Die hier angedeuteten Verhältnisse sind durch statistische Untersuchungen belegt. Demnach kann man Programme von 2-Adressarchitekturen kompakter codieren als funktionsgleiche Programme für typische nach dem Lade-Speichere-Prinzip arbeitende 3-Adressarchitekturen.

Andererseits sind 3-Adressarchitekturen jedoch auf einen hohen Befehlsdurchsatz optimiert. So wird die Befehlsfolge rechts oben in Bild 1.16 meist schneller von einer 3-Adressarchitektur bearbeitet als der links oben dargestellte einzelne Befehl von einer 2-Adressarchitektur, und zwar deshalb, weil Speicherzugriffe nur sequentiell bearbeitet werden können und die drei Schritte, „Operand aus dem Hauptspeicher laden", „Operation ausführen" und „Ergebnis in den Hauptspeicher schreiben" sich nicht dadurch vermeiden lassen, dass man sie in einem Befehl codiert. Mit dem 2-Adressbefehl wird der Befehl schneller gelesen, die Folge von 3-Adressbefehlen kann wegen des hohen Befehlsdurchsatzes jedoch schneller bearbeitet werden.

Noch deutlicher ist dies mit dem in Bild 1.16 unten dargestellten Additionsbefehl, in dem drei unabhängige Adressen für Operanden und Ergebnis codiert sind. Statt eines schnell zu verarbeitenden 3-Adressbefehls (rechts) sind zwei weniger schnell zu bearbeitende 2-Adressbefehle (links) auszuführen. Zur Verkürzung der Bearbeitungszeit der 2-Adressbefehlsfolge ist es jedoch möglich, aufeinander folgende Befehle zu gruppieren, wie dies z.B. in der Nemesis-Architektur der TU Berlin, die jedoch 3-Adressbefehle verarbeitet, geschieht. Dabei werden aufeinander folgende Befehle als Einheit interpretiert und in einem Schritt ausgeführt (siehe hierzu Abschnitt 2.2.4).   ◢

1-Adressbefehle

Die Anzahl der explizit in einem Befehl codierten Adressen kann auf Eins reduziert werden, wenn man einen der maximal zwei Operanden in einem ausgezeichneten Register, dem sog. *Akkumulator* (*accumulator*) speichert. Ein zu verarbeitender

Operand wird entweder explizit über die im Befehl codierte Adresse oder implizit als Inhalt des Akkumulators adressiert. Das Ergebnis einer Operation überschreibt normalerweise den Inhalt des Akkumulators, kann jedoch auch in den Speicher geschrieben werden, und zwar unter die im Befehl codierte einzelne Adresse.

Letzteres ist meist auf monadische Operationen beschränkt, da sonst auf einen z.B. im Hauptspeicher befindlichen Operanden zeitsequentiell zuerst lesend und anschließend schreibend zugegriffen werden müsste. Dies ist aufwendiger zu implementieren, als pro Befehl ausschließlich lesend oder schreibend auf den Hauptspeicher zuzugreifen. Unabhängig davon sind *1-Adressarchitekturen* im Vergleich zu 2- und 3-Adressarchitekturen sehr einfach realisierbar. Zum Beispiel wird statt vieler nur ein einzelnes nicht zu adressierendes Register benötigt, dass über nicht schaltbare Pfade mit einem Rechenwerk verbunden ist (siehe Abschnitt 2.1.6).

Ein einzelner 1-Adressbefehl kann i.Allg. kompakter codiert werden als die funktionsgleichen Befehle oder Befehlsfolgen für 2- oder 3-Adressarchitekturen. Dafür haben 1-Adressarchitekturen jedoch den Nachteil, dass Zwischenergebnisse nicht im Registerspeicher, sondern im Hauptspeicher abgelegt werden müssen, wodurch Programme für 1-Adressarchitekturen etwas mehr Speicherplatz belegen als funktionsgleiche Programme für 2- bzw. 3-Adressarchitekturen. Einige reale 1-Adressarchitekturen verfügen deshalb über mehrere Akkumulatoren, die explizit adressiert werden müssen. Obwohl zwei Adressen in den Befehlen codiert sind, wird dies noch nicht als 2-Adressarchitektur bezeichnet, da die Akkumulatoren normalerweise weniger flexibel nutzbar sind als die Register einer echten 2-Adressarchitektur. So können die Ergebnisse dyadischer Operationen normalerweise nur in einem Akkumulator und nicht, wie bei 2-Adressarchitekturen meist möglich, im Hauptspeicher abgelegt werden.

Die Anzahl der Hauptspeicherzugriffe lässt sich auch dadurch vermindern, dass zusätzlich zu einem Akkumulator ein *Arbeitsregistersatz* oder ein *Arbeitsspeicher* geringer Kapazität vorgesehen wird. Zugriffe darauf werden schneller als Zugriffe auf den Hauptspeicher ausgeführt. Außerdem lassen sich direkte Adressen wegen der geringen Kapazitäten in wenigen Bits codieren. Die Addition des Akkumulatorinhalts mit dem Inhalt eines Arbeitsregisters ist beim i8051 von Intel bzw. Siemens z.B. in einem acht Bit breiten Befehl codiert (siehe [159]).

Neben Akkumulatoren und Arbeitsregistern bzw. einem Arbeitsspeicher verfügen viele 1-Adressarchitekturen noch über separate *Index*- bzw. *Adressregister*, um indirekt auf den Hauptspeicher zugreifen zu können. Zwar ist es prinzipiell möglich, indirekt über den Inhalt eines Akkumulators, Arbeitsregisters oder einer Arbeitsspeicherzelle auf den Hauptspeicher zuzugreifen, jedoch ist dies komplizierter, als hierzu spezialisierte Register zu verwenden. Zum Beispiel sind die Arbeitsregister und der Arbeitsspeicher normalerweise byteadressierbar, eine Adresse jedoch meist wenigstens 16 Bit breit, so dass für einen indirekten Zugriff zwei Einträge benötigt werden, die zeitsequentiell oder parallel gelesen werden müssen.

Die Anzahl der Akkumulatoren, Arbeitsregister oder Arbeitsspeicherzellen einiger 1-Adressarchitekturen ist in Tabelle 1.5 zusammen mit den Registerbreiten, den Breiten für unmittelbare Operanden und den minimalen Befehlsbreiten angegeben.

In den oberen beiden Zeilen der Tabelle sind sog. *Signalprozessoren*, zur digitalen Verarbeitung analoger Signale, in den unteren drei Zeilen sog. *Mikrocontroller* angegeben, also Bausteine, in denen nicht nur der Prozessor, sondern ein vollständiger Rechner mit Speicher und Peripherie integriert ist.

Tabelle 1.5. Registerspeichergrößen von Prozessoren mit 1-Adressarchitektur

Prozessor (Hersteller)	Registeranzahl und Breite			Bitbreite	
	Akkus	Index- bzw. Adressregister	Arbeits- register	unmittelbare Operanden	kleinste Befehle
DSP563xx (Motorola) [119]	2 · 24 Bit	8 · 24 Bit	-	5 - 24 Bit	24 Bit
TMS320C5x (TI) [183, 184]	1 · 32 Bit[a]	8 · 16 Bit	-	8 - 16 Bit	16 Bit
i8051 (Intel, Siemens) [159]	1 · 8 Bit	1 · 16 Bit	8 · 8 Bit	8 Bit[b]	8 Bit
MC68HC11 (Motorola) [129]	2 · 8 Bit 1 · 16 Bit	2 · 16 Bit	-	8 - 16 Bit	8 Bit
MC68HC16 (Motorola) [121]	2 · 8 Bit 2 · 16 Bit[c]	3 · 20 Bit	-	8 - 16 Bit	8 Bit

a. Neben dem Akkumulator existiert ein Akkumulator-Puffer-Register, in dem der Inhalt des Akkumulators zwischengespeichert und dessen Inhalt direkt weiterverarbeitet werden kann.

b. Um das 16 Bit breite Indexregister DPTR zu laden, existiert ein einziger Befehl (MOV), der auch mit 16 Bit breiten unmittelbaren Werten umgehen kann.

c. Der MC68HC16 verfügt außerdem über Spezialregister für die Multiplikation.

Prozessoren mit 1-Adressarchitektur werden oft aus Kostengründen verwendet. Zum Beispiel kommen Mikrocontroller zur Steuerung vieler einfacher Geräte zum Einsatz, bei denen sich geringe Einzelkosten durch hohe Stückzahlen ergeben. Daneben haben 1-Adressarchitekturen in der Forschung einen festen Platz. So werden sie von Kim und Smith für die Parallelverarbeitung auf Instruktionsebene (ILP, instruction level parallelity) eingesetzt, um bei begrenzter Integrationsdichte eine möglichst große Anzahl parallel arbeitender Einheiten zu realisieren [93]. Des Weiteren nutzen Papadopoulos und Traub, dass eine 1-Adressarchitektur nur wenige Register besitzt und sich ein Kontextwechsel daher schneller ausführen lässt als mit 2- oder 3-Adressarchitekturen [137] (siehe auch Abschnitt 1.4.2).

▶ **Beispiel 1.10.** *Umsetzung von 1-Adressbefehlen in 2- bzw. 3-Adressbefehle.* Genau wie 2- und 3-Adressbefehlsfolgen ineinander überführbar sind, können natürlich auch 1-Adressbefehlsfolgen angegeben werden, die die Funktionalität von 2- bzw. 3-Adressbefehlen besitzen. In Bild 1.17 ist oben dargestellt, wie sich ein 2-Adressbefehl zum Inkrementieren des Inhalts der indirekt über r1 adressierten Speicherstelle um den konstanten Wert 0x1234 durch eine 1-Adressbefehlsfolge nachbilden lässt. Sie beginnt damit, dass der Inhalt der entsprechenden Speicherstelle indirekt zum Indexregister r1 in den Akkumulator geladen wird (lda, load accumulator). Es schließt sich die Addition des unmittelbaren Werts 0x1234 an, wobei mit dem Ergebnis der Akkumulatorinhalt modifiziert und dessen Inhalt schließlich mit Hilfe einer Speichereoperation in den Hauptspeicher übertragen wird (sta, store accumulator).

Darunter ist dargestellt, wie ein einfacher 3-Adressbefehl zur Addition von Registerinhalten (rechts) in eine 1-Adressbefehlsfolge umgesetzt werden kann. Die 1-Adressbefehlsfolge ist vergleichbar mit der zur Nachbildung eines 2-Adressbefehls, nur dass statt einer indirekten Adresse hier auf die Inhalte der Arbeitsregister zugegriffen wird. Im Bild unten, ist schließlich dargestellt, wie sich ein 1-Adressbefehl in 2- bzw. 3-Adressbefehle umsetzen lässt. Im Allgemeinen können einzelne 1-Adressbefehle immer durch einzelne 2-Adressbefehle, nicht jedoch durch einzelne 3-Adressbefehle nachgebildet werden. Letzteres deshalb nicht, weil 1-Adressbefehle meist direkt auf den Hauptspeicher zugreifen können, was mit 3-Adressbefehlen normalerweise nicht möglich ist.

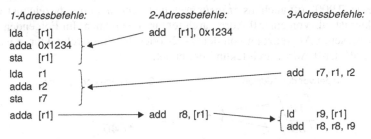

Bild 1.17. Umsetzung von 1-Adressbefehle in 2- bzw. 3-Adressbefehle ◀

0-Adressbefehle

Bei Ausführung eines 1-Adressbefehls in dem eine dyadische Operation codiert ist, wird ein Operand explizit, z.B. im Hauptspeicher und der zweite Operanden sowie das Ergebnis implizit im Akkumulator adressiert. Bei Ausführung eines 0-Adressbefehls werden Operanden und Ergebnis implizit in speziell dafür vorgesehenen Registern adressiert. Um dyadische Operationen auszuführen, ist es notwendig, wenigstens zwei Register zur Speicherung der Operanden vorzusehen, die meist in einem *Stapel* (*stack*) organisiert sind (vergleichbar mit einem Papierstapel, wobei ein Blatt einem Eintrag entspricht).

Beim Entfernen eines Operanden von einem Stapel, werden die gespeicherten Einträge jeweils automatisch um eine Position nach oben, beim Ablegen eines Ergebnisses um eine Position nach unten verschoben. Die Ausführung eines 0-Adressbefehls mit beliebiger Operandenzahl erfolgt, indem man die Operanden vom Stapel entfernt, die Operation ausführt und schließlich das Ergebnis auf dem Stapel ablegt. Gegebenenfalls lassen sich von einem 0-Adressbefehl auch mehrere Ergebnisse erzeugen und in einer vom Befehl abhängigen Art und Weise auf dem Stapel speichern. In Bild 1.18 ist exemplarisch dargestellt, wie sich die Ausführung einer 0-Adressaddition auf den Inhalt des Stapels auswirkt. Das Ergebnis ersetzt die dabei verarbeiteten Operanden auf dem Stapel.

Damit der Stapel einer *0-Adressarchitektur* mit Einträgen gefüllt werden kann, muss wenigstens ein Befehl verfügbar sein, in dem ein unmittelbarer Wert codiert ist. Zugriffe auf den Hauptspeicher sind dann möglich, indem die effektive Adresse zuerst als Konstante auf den Stapel geschrieben und darüber anschließend indirekt auf den Hauptspeicher lesend oder schreibend zugegriffen wird. Die Adressierung der auf dem Stapel befindlichen effektiven Adresse erfolgt hierbei implizit mit dem jeweiligen Zugriffsbefehl. Reale 0-Adressarchitekturen verfügen darüber hinaus meist über (1-Adress-)Lade- und Speicherebefehle, in denen beliebige Hauptspeicheradressen codiert sein können (*push* und *pop*). Sie dienen der Beschleunigung der häufigen Hauptspeicherzugriffe, die nämlich notwendig sind, weil der Stapel mit seinem sich laufend ändernden Füllstand schlecht geeignet ist, Variablen über längere Zeitperioden darin zu halten.

Besonders leistungsfähig sind Prozessorarchitekturen, die dyadische Operationen alternativ als 0- oder 1-Adressbefehle ausführen können, wie z.B. der heute nicht mehr gefertigte Transputer T9000 von Inmos [84]. Es sei angemerkt, dass ein Prozessor wie der T9000 oft auch als *Stapelmaschine (stack machine)* bezeichnet wird, was korrekter ist, als von einer 0-Adressarchitektur zu sprechen. Im Folgenden wird jedoch zur besseren Abgrenzung von den 1-, 2- oder 3-Adressarchitekturen weiterhin der Begriff der 0-Adressarchitektur verwendet.

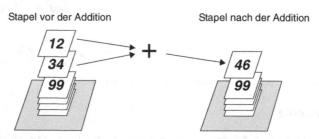

Bild 1.18. Inhalt eines Stapels vor und nach Ausführung einer 0-Adressaddition

Mit jedem 0-Adressbefehl in dem eine dyadische Operation codiert ist, vermindert sich die Anzahl der Einträge auf dem Stapel um Eins, weil zwei Operanden vom Stapel entfernt werden, jedoch nur ein Ergebnis erzeugt wird. Deshalb muss zu jeder dyadischen Verknüpfung im Durchschnitt ein Ladebefehl ausgeführt werden, der einen neuen Eintrag auf dem Stapel erzeugt. Indem man Verknüpfungs- und Ladebefehl zu einer Einheit zusammenfasst, ist zwar ein Befehl einsparbar, trotzdem muss im Durchschnitt zu jeder dyadischen Operation eine Adresse codiert sein, weshalb sich ein Programm für eine 0-Adressarchitektur nicht kompakter codieren lässt als ein funktionsgleiches Programm für eine 1-Adressarchitektur. Tatsächlich sollte der Befehlsspeicherbedarf einer 0-Adressarchitektur sogar größer als der einer 1-Adressarchitektur sein, weil nämlich der Befehlssatz einer 0-Adressarchitektur, die sowohl 1- als auch 0-Adressbefehle ausführen kann, umfangreicher und daher weniger kompakt codierbar ist als der Befehlssatz einer 1-Adressarchitektur, die ausschließlich 1-Adressbefehle verarbeitet.

Die Breite der in den Befehlen einer 0-Adressarchitektur codierten Adressen ist ähnlich wie bei 1-Adressarchitekturen verminderbar, indem Variablen nicht im Hauptspeicher, sondern in *Arbeitsregistern* oder einem *Arbeitsspeicher* gehalten werden. Wegen der geringen Anzahl von Arbeitsregistern bzw. der geringen Kapazität eines Arbeitsspeichers müssen die Adressen für Zugriffe darauf nur wenige Bits breit sein. So verfügt der bereits erwähnte T9000 z.B. über einen *Arbeitsbereich (workspace)* mit 16 jeweils 32 Bit breiten Einträgen, auf den über vier Bit breite Adressen zugegriffen werden kann. Zum Vergleich: Auf den Hauptspeicher des T9000 muss über 32 Bit breite Adressen zugegriffen werden.

Selbstverständlich lassen sich Variablen nicht nur im Arbeitsbereich, sondern auch direkt auf dem Stapel speichern. Dabei muss jedoch berücksichtigt werden, dass der Aufbau des Stapels sich fortlaufend ändert und es daher erforderlich sein kann, den Inhalt einer Variablen vor Ausführung eines Verknüpfungsbefehls auf dem Stapel korrekt zu positionieren. Die meisten 0-Adressarchitekturen verfügen deshalb über Befehle, mit denen sich die Anordnung der Einträge auf dem Stapel verändern lässt (z.B. mit einem Befehl *swap* zum Vertauschen der obersten beiden Stapeleinträge). Des Weiteren stehen oft Befehle zur Verfügung, um Einträge auf dem Stapel zu vervielfachen (z.B. der Befehl *dup*, um den obersten Stapeleintrag zu verdoppeln). Sie werden benötigt, um einen einzelnen Wert mehrfach zu verarbeiten, da ein Operand mit dem Zugriff vom Stapel entfernt wird. – In Tabelle 1.6 ist zu einigen 0-Adressarchitekturen aufgelistet, wie viele Einträge der darin realisierte Stapel aufnehmen kann. Außerdem ist dargestellt, wie breit die Einträge, die in den Befehlen codierbaren unmittelbaren Operanden und die Befehle insgesamt minimal sind.

Tabelle 1.6. Registerspeichergrößen von Prozessoren mit 0-Adressarchitektur

Prozessor (Hersteller)	Angaben zum Stapel		Bitbreite	
	Stapeltiefe	Breite eines Eintrags	unmittelbare Operanden	kleinste Befehle
Ignite 1 (PTSC) [156]	18[a] [b]	32 Bit	4 - 32 Bit	8 Bit
picoJava-II (Sun) [177]	64[b]	32 Bit	8 - 32 Bit	8 Bit
Transputer T9000 (Inmos) [84]	3	32 Bit	4 - 32 Bit	8 Bit

a. Der Prozessor verfügt über einen zweiten Stapel mit 16 Einträgen, in dem Rücksprungadressen und lokale Variablen gespeichert werden können.
b. Der Stapel wird transparent im Hauptspeicher fortgesetzt und ist in seiner Kapazität daher nur durch die Größe des verfügbaren Speichers begrenzt.

▶ Beispiel 1.11. *Codeerzeugung für 0-Adressarchitekturen.* Ein Vorteil von 0-Adressarchitekturen ist, dass die automatische *Codeerzeugung* einfacher ist als für andere Architekturformen. Der von einem Übersetzer erzeugte *Syntaxbaum* muss hierzu ein einziges Mal tiefentraversiert werden, wobei jeweils mit dem Aufstieg zu einem übergeordneten Knoten Maschinencode generiert wird. In Tabelle 1.7 ist dies anhand eines arithmetischen Ausdrucks gezeigt. Der von einem Übersetzer erzeugte Syntaxbaum ist in der zweiten Tabellenspalte dargestellt.

Die Tiefentraversierung beginnt mit der Wurzel (also oben) und durchläuft den Syntaxbaum von links nach rechts. Zunächst besucht man den Zuweisungsknoten, von dem aus sich über den linken Zweig das erste Blatt „&y" erreichen lässt. (Das vorangestellte „&" bewirkt, dass hier nicht der Wert, sondern die Adresse der Variablen y verarbeitet wird. Dies entspricht der in C oder C++ üblichen Schreibweise). Da sich der Baum ausgehend von diesem Blatt nicht weiter in die Tiefe traversieren lässt, kehrt man zum Wurzelknoten zurück und generiert den Befehl „pusha y" (aufgelistet in der dritten Tabellenspalte).

Als nächstes wird der rechte Zweig des Wurzelknotens traversiert, so über die Knoten „+" und „*" das Blatt a erreicht (hervorgehoben dargestellte Pfeile) und bei dessen Verlassen der Befehl „push a" erzeugt. In derselben Weise werden auch die Befehle zu den beiden mit x bezeichneten Blättern generiert. Der erste Verknüpfungsbefehl „mul" wird beim Verlassen des (im Syntaxbaum hervorgehoben dargestellten) Knotens „*" zum darüberliegenden Knoten erzeugt. Mit ihm werden, bei einer späteren Ausführung der Befehlsfolge, die auf dem Stapel erzeugten Inhalte x und x zu x^2 verknüpft. Der Leser überzeuge sich davon, dass durch vollständige Tiefentraversierung des Syntaxbaums die in Spalte 3 der Tabelle 1.7 dargestellte Befehlsfolge entsteht.

Hierzu noch einige Anmerkungen: Der Inhalt der Variablen x wird insgesamt dreimal benötigt und muss daher entsprechend oft geladen werden (im Syntaxbaum und im Maschinencode hervorgehoben gesetzt). Dies ist von Nachteil, weil (1.) ggf. dreimal auf den Hauptspeicher zugegriffen und (2.) die Adresse der Variablen x dreimal redundant im Programm codiert werden muss. Wird die

Codeerzeugung etwas raffinierter realisiert, lässt sich der zweite Befehl, mit dem der Inhalt von x auf den Stapel geladen wird, durch einen dup-Befehl (duplicate) zum Duplizieren eines Stapeleintrags ersetzen (in der letzten Tabellenspalte ist jeweils der sich mit den Befehlen ändernde Inhalt des Stapels dargestellt). Das letzte in der Befehlsfolge codierte „push x" kann so jedoch nicht vermieden werden, da sich zum Zeitpunkt der Ausführung dieses Befehls der Inhalt von x nicht auf dem Stapel befindet.

Tabelle 1.7. Umwandlung eines Ausdrucks (1.) in einen Syntaxbaum und (2.) in Maschinencode. In der letzten Spalte ist dargestellt, wie der Stapel sich bei schrittweiser Ausführung der Befehlsfolge ändert

Ausdruck	Syntaxbaum	Maschinencode		Stapelinhalt			
$y = ax^2 + bx + c$	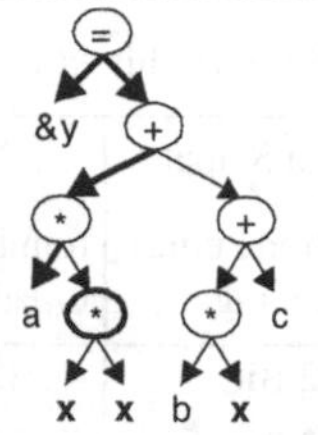	pusha	y	&y			
		push	a	a	&y		
		push	**x**	x	a	&y	
		push	**x**	x	x	a	&y
		mul		x^2	a	&y	
		mul		ax^2	&y		
		push	b	b	ax^2	&y	
		push	**x**	x	b	ax^2	&y
		mul		bx	ax^2	&y	
		push	c	c	bx	ax^2	&y
		add		bx+c	ax^2	&y	
		add		ax^2+bx+c	&y		
		pop					

Unter der Voraussetzung, dass sich die Variablen alle im maximal 4 GByte großen Hauptspeicher befinden und dass die Operationen jeweils in acht Bit codiert sind, belegt das in Tabelle 1.7 dargestellte Maschinenprogramm insgesamt 37 Byte (wobei statt des zweiten „push x" der Befehl dup verwendet wurde). In Bild 1.19 ist für eine 2-Adressarchitektur ein Maschinenprogramm dargestellt, dass unter vergleichbaren Bedingungen generiert wurde. Die Befehlsfolge belegt insgesamt 31 Byte, wobei angenommen wurde, dass die einzelnen Befehle ähnlich denen des ColdFire MFC5206 von Motorola codiert sind. Dabei sollte jedoch berücksichtigt werden, dass sich dieses Ergebnis durch Optimierung der beiden Programme relativieren kann.

```
mov    r1, x      // r1 = x
mov    r2, r1     // r2 = x
mul    r2, r1     // r2 = r2 * r1 = x²
mul    r2, a      // r2 = r2 * a = ax²
mul    r1, b      // r1 = r1 * b = bx
add    r2, r1     // r2 = r2 + r1 = ax² + bx
add    r2, c      // r2 = r2 + c = ax² + bx + c
mov    y, r2      // y = ax² + bx + c
```

Bild 1.19. Berechnung eines Polynoms mit dem ColdFire MFC5206 von Motorola ◄

1.3.3 Befehlssätze

Der Befehlssatz als wesentlicher Bestandteil eines Programmiermodells fasst zusammen, welche Operationen mit den einzelnen Befehlen ausgeführt werden (Abschnitt 1.3.1), wie viele Adressen in jedem Befehl codiert (Abschnitt 1.3.2) und welche Adressierungsarten jeweils erlaubt sind (Abschnitt 1.2.3). Wegen des großen Umfangs und der zahlreichen Implementierungsbesonderheiten wird im Folgenden darauf verzichtet, die vollständigen Befehlssätze der in dieser Arbeit genannten Prozessoren zu beschreiben. Die Programmbeispiele in diesem Buch sollten dennoch verständlich sein, da sie jeweils in Kommentaren, in Fußnoten oder im Text erläutert werden. In einigen Fällen wird auf eine Beschreibung der Funktionsweise von Befehlen auch verzichtet, wenn nämlich die verwendeten *Mnemone* selbstdokumentierend sind. Zum Beispiel kennzeichnet das Mnemon „add" den Befehl „addiere", das Mnemon „sub" den Befehl „subtrahiere".

Die Assemblerschreibweise der Befehle unterschiedlicher Prozessoren variiert meist in Details, wie z.B. der Groß- und Kleinschreibung oder der Reihenfolge, mit der die Operanden und das Ergebnis angegeben werden. In Programmbeispielen, die nicht auf einen konkreten Prozessor bezogen sind, sei deshalb festgelegt, dass die Befehle klein zu schreiben und das Ergebnis jeweils vor den Operanden anzugeben ist (ähnlich wie in vielen Hochsprachen). Für die Adressierungsarten kommen dabei die in Tabelle 1.2 (auf Seite 28) aufgelisteten Schreibweisen zur Anwendung.

Tabelle 1.8. Auswahl an Assemblerbefehlen zu unterschiedlichen Prozessoren

Prozessor (Hersteller)	Assemblerbefehle		
ColdFire MFC5206 (Motorola)	move.l	d2, **d1**	// 32 Bit Registerzuweisung: d1 = d2
	sub.l	#100, **d1**	// 32 Bit Subtraktion: d1 = d1 − 100
	add	(100), **d1**	// 16 Bit Addition: d1 = d1 + mem [100]
	beq	loop	// Bedingter Sprung: if (zero) goto loop
Itanium 2 (Intel, HP)	mov	**r1** = r2	// 64 Bit Registerzuweisung: r1 = r2
	add	**r1** = −100, r1	// 64 Bit Subtraktion: r1 = r1 − 100
	ld4	**r1** = [r2]	// 32 Bit Ladeoperation: r1 = mem [r2]
	(p1) br	loop	// Bedingter Sprung: if (p1) goto loop
i8051 (Intel, Siemens)	MOV	**R1**, A	// 8 Bit Registerzuweisung: R1 = A
	ADD	**A**, #−100	// 8 Bit Subtraktion: A = A − 100
	ADD	**A**, 100	// 8 Bit Addition: A = A + mem [100]
	JZ	loop	// Bedingter Sprung: if (zero) goto loop
Nemesis (TU Berlin)	or	**r1**, 0, r2	// 32 Bit Registerzuweisung: r1 = r2
	sub.cr0	**r1**, r1, 100	// 32 Bit Subtraktion: r1 = r1 − 100
	lduh	**r1**, [100]	// 16 Bit Ladeoperation: r1 = mem [100]
	beq.cr0	loop	// Bedingter Sprung: if (cr0.zero) goto loop
Pentium 4 (Intel) Athlon64 (AMD)	mov	**eax**, ebx	// 32 Bit Registerzuweisung: eax = ebx
	sub	**eax**, 100	// 32 Bit Subtraktion: eax = eax − 100
	add	**ax**, word ptr [100]	// 16 Bit Addition: ax = ax + mem [100]
	je	loop	// Bedingter Sprung: if (zero) goto loop
PowerPC 970 (IBM) PowerPC MPC750 (Motorola)	mr	**r1**, r2	// 32 Bit Registerzuweisung: r1 = r2
	subi.[a]	**r1**, r1, 100	// 32 Bit Subtraktion: r1 = r1 − 100
	lhz	**r1**, 100 (r0)	// 16 Bit Ladeoperation: r1 = mem [100]
	beq	cr0, loop	// Bedingter Sprung: if (cr0.zero) goto loop
Transputer T9000 (Inmos)	ldl	1	// 32 Bit Zuweisung: A = workspace [1]
	sub		// 32 Bit Subtraktion: A = B − A
	ldnl	100	// 32 Bit Ladeoperation: A = mem [100]
	cj	loop	// Bedingter Sprung: if (A != 0) goto loop
UltraSPARC IIIi (Sun)	mov[b]	%g2, **%g1**	// 32 Bit Registerzuweisung: %g2 = %g1
	subcc	%g1, 100, **%g1**	// 32 Bit Subtraktion: %g1 = %g1 − 100
	lduw	[100], **%g1**	// 16 Bit Ladeoperation: %g1 = mem [100]
	be	loop	// Bedingter Sprung: if (zero) goto loop

a. Der Befehl wird durch eine Addition r1 = (-100) + r1 nachgebildet.
b. Der Befehl wird vom Assembler durch ein Oder nachgebildet (or %g1, 0, %g2).

In Tabelle 1.8 sind die Assemblerschreibweisen einiger unterschiedlicher Prozessoren angegeben. Die aufgeführten Befehle unterscheiden sich zum Teil erheblich in ihren Schreibweisen. So wird die Registerzuweisung in den meist als Transportbefehl realisiert, und zwar hier mit den Mnemonen move, mov, MOV oder mr (move register). Dort wo kein separater Transportbefehl zur Verfügung steht, wird die entsprechende Funktionalität durch andere Befehle nachgebildet. Bei der Nemesis-Architektur geschieht dies z.B. mit Hilfe des Oder-Befehls, ähnlich wie beim UltraSPARC IIIi, bei dem jedoch ein sog. *Pseudobefehl* verwendet werden kann, um eine bessere Lesbarkeit der Programme zu erreichen. Beim Transputer T9000 ist, wegen seiner 0-Adressarchitektur, der Transportbefehl durch ldl (load local) verwirklicht, einem Befehl, mit dem sich der Inhalt eines Arbeitsregisters auf den Stapel übertragen lässt (die oberste Stapelposition ist im Kommentar als A bezeichnet).

Genau wie die Befehle unterscheiden sich auch die Adressierungsarten in ihren Schreibweisen. So wird ein unmittelbarer Operand in einigen Fällen ohne Zusatz (z.B. beim Itanium 2), in anderen durch ein vorangestelltes Doppelkreuz gekennzeichnet (z.B. beim i8051). Eine speicherdirekte Adresse ist z.B. in eckigen (z.B. beim UltraSPARC IIIi), in runden (z.B. beim ColdFire MFC5206) oder ohne Klammern (z.B. beim i8051) beim PowerPC 970 mit nachgestelltem „(r0)" zu schreiben. Des Weiteren unterscheiden sich die Registernamen (r1, R1, %g1, eax, ax, A), die Art in der das Operandenformat im Befehl codiert ist (z.B. move.l, lduh, word ptr) und andere Details.

1.3.4 Befehlscodierungen

In einer frühen Phase der Entwicklung eines Prozessors definiert man einen *Befehlssatz* zunächst entsprechend der gestellten Anforderungen. Dabei wird u.a. entschieden, wie viele Adressen in den Befehlen enthalten sein sollen, ob der Prozessor als *Lade-Speichere-* oder eine *Speicher-Speicher-Architektur* realisiert werden soll usw. Einige im Befehlssatz enthaltene Details, wie z.B. die Anzahl der direkt zugreifbaren Register oder die Breite der in den Befehlen codierten unmittelbaren Operanden, bleiben hierbei zunächst noch unberücksichtigt. Sie werden erst definiert, wenn die Codierung der Befehle festgelegt wird, um sich nicht der Freiheit zu berauben, Operationscodes und Adressen in den Befehlen flexibel zu gestalten.

Der in dieser Weise festgelegte Befehlsatz und die Befehlscodierung sind zunächst nur vorläufig. Erst durch Simulation lässt sich herausfinden, ob die verfügbaren Befehle tatsächlich den gestellten Anforderungen genügen. Selbst nach umfangreichsten Simulationen wird der Befehlssatz und die Befehlscodierung jedoch oft im Nachhinein noch modifiziert, und zwar, wenn sich z.B. bei der Umsetzung in Hardware herausstellt, dass bestimmte Merkmale sehr kompliziert zu realisieren sind oder wenn sich bei der normalerweise parallel zur Hardware- laufenden Software-Entwicklung herausstellt, dass durch geringe Modifikation der Semantik einiger Befehle das Laufzeitverhalten der auszuführenden Applikationen signifikant verbessert werden kann. In jedem Fall gilt: Je mehr Erfahrungen in den ersten Entwurf eines Befehlssatzes einfließen, desto geringer sind die Modifikationen, die zu späteren Zeitpunkten noch erforderlich sind.

Eine triviale Anforderung, die bei der Codierung eines Befehlssatzes berücksichtigt werden muss, ist, dass alle Befehle eindeutig voneinander unterscheidbar sind. Die Menge der möglichen Befehlscodes sollte im Idealfall sogar größer als die Menge der implementierten Befehle sein, um bei Bedarf den Befehlssatz in späteren Realisierungen einer Architektur ausbauen zu können. Zwar ist ein Befehlssatz auch erweiterbar, indem ein zusätzlicher Verarbeitungsmodus vorgesehen wird, der sich z.B. durch Modifikation eines normalerweise vorhandenen *Statusregisters* ein- bzw. ausschalten lässt, dies ist jedoch umständlicher zu handhaben, als würden die Befehle ohne Zugriff auf ein Stausregister ausführbar sein.

Ohne zusätzliche Verarbeitungsmodi ist die Erweiterung eines Befehlssatzes immer möglich, wenn bei variabel breiten Befehlen zumindest ein Operationscode benannt werden kann, der keinem Befehl zugeordnet ist. Falls in einem Befehlssatz z.B. der Befehlscode 0x12 nicht durch einem Befehl belegt ist, dann gilt dies auch für die Befehlscode 0x1200, 0x1201 usw. Eine Variante dieser Art Befehle zu codieren, ist in der Nemesis-Architektur realisiert, dessen Befehle einheitlich 16 Bit breit sind und der über *Präfixbefehle* verfügt, mit denen die Interpretation des jeweils unmittelbar nachfolgenden Befehls verändert werden kann, wobei für die Decodierung der aus Präfixbefehl und nachfolgendem Befehl bestehenden Einheit dieselbe Zeit benötigt wird, wie für einen präfixfreien Befehl [114].

Die Qualität, mit der ein Befehlssatz codiert ist, kann daran bemessen werden, wie aufwendig ein Decoder zu realisieren ist, wie schnell cr arbeitet und wieviel Speicherplatz für ein repräsentatives Programm benötigt wird. Komplexität und Geschwindigkeit sind oft umgekehrt proportional voneinander abhängig. Dabei gilt: Je einfacher ein Decoder ist, desto schneller werden die Befehle von ihm verarbeitet. Ein absolutes Optimum wird erreicht, wenn die in einem Prozessor zu erzeugenden Steuersignale direkt als Bits in den Befehlen codiert sind. Wegen der meist großen Anzahl von Steuersignalen sind Programme mit in dieser Weise codierten Befehlen jedoch sehr speicherintensiv. Außerdem sind die zu erzeugenden Steuersignale normalerweise nicht bekannt, wenn die Befehlscodes festgelegt werden.

Dies ist auch ein Grund dafür, weshalb eine systematische Optimierung der Befehlscodierung nach Komplexität und Geschwindigkeit des Decoders zu diesem Zeitpunkt nicht möglich ist. Um dennoch die Befehlscodierung festlegen zu können, sollte berücksichtigt werden, dass der Decoder desto einfacher zu realisieren ist, je weniger Fälle er zu unterscheiden hat. Zum Beispiel sollten die in den Befehlen codierten Operationscodes, Adressen und Modusinformation vom konkreten Befehl unabhängig, jeweils einheitlich breit und festen Bitpositionen zugeordnet sein.

Mit Befehlen, die konsequent in dieser Art und Weise codiert sind, werden unter realistischen Annahmen keine speicherplatzsparenden Programme erzeugt werden können, weil nämlich für Operationscode, Adressen und Modusinformationen jeweils im Befehl Felder reserviert sein müssen, die nicht in allen Befehlen benötigt werden. Deshalb wird der Befehlssatz zunächst in Gruppen unterteilt, die sich bezüglich der jeweils zu codierenden Informationen entsprechen, z.B. eine Gruppe, in der Befehle mit dyadischen, und eine, in der Befehle mit monadischen Verknüpfungsoperationen enthalten sind.

Jede dieser Gruppen wird anschließend einzeln codiert, wobei die Breiten der Operationscodes möglichst umgekehrt proportional zur Häufigkeit gewählt wird, mit der die Befehle einer Gruppe in einem repräsentativen Programm benutzt werden[1] (die Befehle werden quasi huffmancodiert [154]). Die Kompaktheit, mit der die Befehle eines Befehlssatzes im Durchschnitt codiert sind, ist quantitativ durch die sog. *Codedichte* erfassbar. Um sie zu ermitteln, muss man den Speicherbedarf eines repräsentativen Programms durch die Anzahl der darin statisch codierten Befehle teilen.

Die Codedichte erlaubt noch keine Aussage darüber, wie kompakt sich ein Programm codieren lässt, da die Mächtigkeit der Befehle darin unberücksichtigt bleibt. Dies ist erst mit Hilfe der sog. *Semantikdichte* möglich. Um sie zu berechnen, wird angenommen, dass funktionsgleiche Programme, die unter Verwendung unterschiedlicher Befehlssätze und Befehlscodierungen programmiert sind, nur deshalb in ihrer Größe voneinander abweichen, weil in ihnen Redundanzen enthalten sind. Werden die einzelnen Programme mit Hilfe eines optimalen Kompressors umcodiert und die Redundanzen dabei entfernt, sollten deshalb Bitfolgen entstehen, die in ihrem Speicherbedarf weder vom Befehlssatz noch von der Befehlscodierung abhängen. Die Semantikdichte ergibt sich, indem das Mittel der Quotienten, jeweils gebildet aus dem Speicherplatzbedarf mehrerer repräsentativer optimal komprimierter sowie unkomprimierter Programme, berechnet wird. Die maximale Semantikdichte entsprechend dieser Definition ist gleich Eins. Sie wird in der Realität nicht erreicht, da hierzu jeder redundant auftretende Algorithmus als Einzelbefehl definiert und entsprechend seiner Häufigkeit codiert werden müsste. Der klassische Befehlssatz enthält hingegen nur ausgewählte Befehle. Redundanzen von Befehlsfolgen können hierbei nicht vermieden werden [107].

▸ Beispiel 1.12. *Befehlscodierung.* In Tabelle 1.9 ist der Befehlssatz einer einfachen nach dem Lade-Speichere-Prinzip arbeitenden 3-Adressarchitektur dargestellt (die umfangreich genug ist, um damit gemäß der Churchen These beliebige Algorithmen verarbeiten zu können). Es wird vorausgesetzt, dass der Prozessor auf den Hauptspeicher über 16 Bit breite Byteadressen zugreift und dass die Befehle eine einheitliche Breite besitzen, die gleich dem ganzen Vielfachen eines Bytes ist.

Zuerst soll die absolute Breite eines Befehls festgelegt werden: Zur Unterscheidung der neun Befehlsvarianten (sechs Befehle, von denen drei Befehle in jeweils zwei Varianten existieren) werden insgesamt vier Bits benötigt. Die Codierung der Befehle in einem Byte ist somit möglich, würde jedoch dazu führen, dass die drei in einem dyadischen Befehl benötigten Registeradressen jeweils nur ein Bit breit sein dürften. Da dies für eine 3-Adressarchitektur zu gering ist, wird die Befehlsbreite hier auf 16 Bit festgelegt. Eine Registeradresse darf damit vier Bit breit sein. Insgesamt lassen sich somit 16 Register direkt adressieren.

Es ist nicht möglich, in einem 16 Bit breiten Befehl einen Operationscode und eine 16 Bit breite Byteadresse für direkte Zugriffe auf den Hauptspeicher zu codieren. Für die Lade- und Speicherbefehle (ld und st) ist dies unproblematisch, weil ein Datenzugriff auf eine absolute Adresse dadurch nachbildbar ist, dass die Adresse zuerst in ein Register geladen und anschließend ein indirekter Zugriff auf den Hauptspeicher durchgeführt wird. Bei einem Unterprogrammaufruf (call)

---

1. Ein Programm wird als repräsentativ bezeichnet, wenn es dem typischen Einsatzfeld eines Prozessors entspricht. Der Begriff ist rein theoretisch und lässt sich definieren als proportional zur Ausführungshäufigkeit gewichtete Zusammenfassung aller für einen Prozessor formulierbaren Programme.

kann so jedoch nicht verfahren werden, da die indirekte Adressierung des Sprungziels mit den Befehlen in Tabelle 1.9 nicht möglich ist. Hier hilft ein Trick: Indem verlangt wird, dass die Befehle im Hauptspeicher an 16-Bit-Grenzen ausgerichtet sein müssen, kann das Sprungziel statt als Byte- als 16-Bit-Adresse codiert und ein Adressbit eingespart werden. In diesem Bit lässt sich der Operationscode des Unterprogrammaufrufs unterbringen. Für den Unterprogrammaufruf legt man den ein Bit breiten Operationscode willkürlich als gleich 1 fest. Zur Abgrenzung aller anderen Befehle steht somit fest, dass das entsprechende Bit gleich 0 sein muss.

Tabelle 1.9. Befehlssatz einer einfachen 3-Adressarchitektur

Befehl		Funktion		Befehlscode				
sub	$rD, rSimm_1, rS_2$	Subtraktion:	$rD = rS_1 - rS_2$	000	i	$rSimm_1$	rS_2	rD
		oder	$rD = imm_1 - rS_2$					
ld	$rD, [rSimm_1, rS_2]$	Laden:	$rD = \text{mem}\,[rS_1 + rS_2]$	001	i	$rSimm_1$	rS_2	rD
		oder	$rD = \text{mem}\,[imm_1 + rS_2]$					
st	$[rSimm_1, rS_2], rS_3$	Speichern:	$\text{mem}\,[rS_1 + rS_2] = rS_3$	010	i	$rSimm_1$	rS_2	rD
		oder	$\text{mem}\,[imm_1 + rS_2] = rS_3$					
bmi	$rS, label$	Bedingter Sprung:	if $(rS < 0)$ goto $label$+pc	0110		rS	$label$	
call	$label$	UP-Aufruf:	r0 = pc, goto $label$	1		$label$		
ret		Rücksprung: goto r0		0111	0000	0000	0000	

Je geringer die Anzahl der Bits eines Operationscodes ist, desto schwieriger ist die Codierung eines Befehls. Deshalb ist es besser, zuerst die Befehle zu codieren, die den meisten Platz für Adressen und Modusbits benötigen. In Tabelle 1.9 sind dies die Befehle sub, ld und st, in denen 13 Bits zur Codierung der Adressen $rSimm_1$, rS_2, rS_3 bzw. rD und des Modusbits i benötigt werden. Letzteres ist erforderlich, um festzulegen, ob der Operand $rSimm_1$ registerdirekt oder unmittelbar adressiert werden soll. Von den verbleibenden drei Bits muss das oberste zur Abgrenzung vom call-Befehl immer gleich 0 sein. Die restlichen beiden Bits werden schließlich benutzt, um die drei Befehle eindeutig voneinander unterscheiden zu können.

Nach Codierung der Befehle call, sub, ld und st ist nur noch die Bitkombination 011 in den oberen drei Bits unbenutzt. Da noch zwei Befehle codiert werden müssen (bmi und ret), wird der Operationscode durch ein zusätzliches Bit erweitert. Es ist gleich 0 beim bedingten Sprung bmi (also 0110) und gleich 1 beim Rücksprungbefehl ret (also 0111). Die nach Festlegung des Operationscodes freien 12 Bits werden beim bedingten Sprung benötigt, um die beiden Adressen darin zu codieren. Beim Rücksprungbefehl werden sie hingegen nicht benötigt. Um den Befehlssatz später jedoch erweitern zu können, wird definiert, dass diese Bits gleich Null sein müssen.   ◄

1.4 Zustände

Ein Prozessor verarbeitet Daten, indem er sie Schritt für Schritt transformiert. Da sich alle Befehle eines Programmiermodells deterministisch verhalten, ist es zu jedem Zeitpunkt der Bearbeitung eines Programms möglich, von den bis dahin berechneten Daten auf die sich durch den nächsten auszuführenden Befehl ergebenden Daten zu schließen. Der zu verarbeitende Befehl wird jeweils eindeutig über seine Adresse definiert, so dass die Ausführung eines Programms sich auch als eine fortlaufende Transformation eines aus Befehlszählerinhalt und Daten bestehenden Zustands interpretieren lässt[1], und zwar nur vom aktuellen Zustand abhängig.

Da der Zeitpunkt eines Zustandsübergangs hierbei nicht von Bedeutung ist, kann die Ausführung eines Programms jederzeit mit der Möglichkeit einer späteren Weiterführung unterbrochen werden, sofern der Zustand nicht modifiziert wird. Dies lässt sich z.B. nutzen, um ereignisgesteuert auf Signale reagieren zu können. Erkennt ein Prozessor eine Ausnahmesituation (interrupt oder exception), wird zunächst ein sog. *Kontextwechsel* durchgeführt und dabei der Teil des Zustands des laufenden Programms gesichert, der durch das Ausnahmeprogramm verändert werden würde. Da Ausnahmen naturgemäß eine hohe *Priorität* haben, wird vor Aufruf des zu bearbeitenden Ausnahmeprogramms meist in einen *privilegierten Betriebsmodus* gewechselt. Die Bearbeitung von Ausnahmeanforderungen, Kontextwechseln sowie der Umgang mit unterschiedlichen Betriebsmodi wird in den folgenden Abschnitten beschrieben.

1.4.1 Ausnahmebehandlung (exceptions, interrupts)

Herkömmliche Prozessoren sind in der Lage vom aktuellen Programm unabhängige, *synchrone* oder *asynchrone Ereignisse* zu bearbeiten. Synchrone Ereignisse (*traps*) sind z.B. Fehler, die infolge der Ausführung eines Befehls, wie einer Division durch Null, auftreten. Asynchrone Ereignisse, auch *Unterbrechungsanforderungen* genannt (*interrupts*), sind unabhängig vom aktuell bearbeiteten Programm und werden durch Aktivierung einer Signalleitung, z.B. als Folge des Drückens einer Taste, ausgelöst. Sie sind i.Allg. *maskierbar*, d.h. entweder individuell oder in Gruppen z.B. entsprechend ihrer Priorität ein- bzw. ausschaltbar.

Als Reaktion auf ein nicht maskiertes, synchrones oder asynchrones Ereignis wird normalerweise der in Ausführung befindliche Befehl (ggf. fehlerhaft) beendet und ein *Ausnahmeprogramm* (*exception handler*), einem Unterprogramm vergleichbar, aufgerufen. Für den später notwendigen Rücksprung sichert man dabei automatisch einen Minimalkontext, bestehend aus dem Inhalt des Befehlszählers und einiger Statusinformationen (Abschnitt 1.4.2). Letzteres ist erforderlich, weil die Ausnahmebehandlung in modernen Prozessoren normalerweise hoch privilegiert ausgeführt wird und nach der Ausnahmebehandlung der zuvor aktive Betriebsmodus reaktiviert werden muss (Abschnitt 1.4.3).

Die für den Aufruf des Ausnahmeprogramms benötigte Startadresse ist entweder fest definiert oder in einer Tabelle variabel codiert. Bei einer Division durch Null entsprechend Bild 1.20a kann das Ausnahmeprogramm (Sprungmarke hnd) z.B. aufgerufen werden, indem entweder mit Hilfe des dem Ereignis fest zugeordneten Index (div0) zunächst zum jeweiligen Eintrag der sog. *Ausnahmetabelle* (*exception table*) verzweigt und von dort aus in das eigentliche Ausnahmeprogramm gesprungen wird (mit dem Befehl „bra hnd" in Bild 1.20b) oder indem der Prozessor die

---

1. Dabei wird vorausgesetzt, dass die Befehle eines Programms zur Laufzeit nicht verändert werden, was i.Allg. der Fall sein wird. Gegebenenfalls ist der Zustand um den zu jedem Zeitpunkt verwendeten Programmcode zu erweitern.

Startadresse direkt aus der Ausnahmetabelle liest und indirekt zum Sprungziel hnd verzweigt. Letzteres ist aufwendiger zu realisieren, hat aber den Vorteil eines geringeren Speicherbedarfs und vermeidet einen von zwei Sprungbefehlen, durch den die Reaktionszeit auf eine Ausnahmeanforderung wegen des potentiell möglichen Kontrollflusskonflikts verlängert wird (siehe Abschnitt 2.2.4).

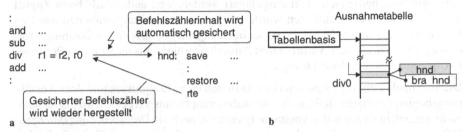

Bild 1.20. Ausnahmebehandlung. **a** Synchrone Ausnahmeanforderung bei Division durch Null (es wird angenommen, dass r0 gleich Null ist). **b** Ermittlung der Startadresse des entsprechenden Ausnahmeprogramms

Die Wahl des bei einer Ausnahmeanforderung zu verwendenden Eintrags der Ausnahmetabelle ist meist fest mit dem jeweiligen Ereignis verknüpft. So wird bei einer Division durch Null ein Ausnahmeprogramm unabhängig davon aufgerufen, welcher Befehl für den Fehler verantwortlich gewesen ist. Problematisch kann dies im Zusammenhang mit asynchronen Ereignissen sein, da die Anzahl der zum Stellen von Unterbrechungsanforderungen benötigten Signalleitungen in allen Prozessoren deutlich begrenzt ist und daher möglicherweise mehrere Unterbrechungsquellen über eine gemeinsame Signalleitung zusammengefasst werden müssen. Welcher Peripheriebaustein das asynchrone Ereignis ausgelöst hat, ist hierbei programmiert innerhalb des Ausnahmeprogramms zu entscheiden. Die dabei verwendete Abfragereihenfolge legt eine Bearbeitungspriorität fest, für den Fall, dass mehrere Peripheriebausteine gleichzeitig eine Anforderung stellen.

▸ Bemerkung. Natürlich ist es möglich, die Abfrage auch in Hardware zu realisieren, wie z.B. in den Prozessoren der MC680xx Familie von Motorola [120]. Bei einer Unterbrechungsanforderung wird dabei die Nummer des zu verwendenden Ausnahmeeintrags (er wird bei Motorola als Vektornummer bezeichnet) automatisch ermittelt, indem innerhalb einer sog. Interrupt-Acknowledge-Phase auf ein Spezialregister des die Anforderung stellenden Peripheriebausteins zugegriffen wird [46]. Die Startadresse des Ausnahmeprogramms (*Vektoradresse*) wird anschließend entsprechend der ermittelten Vektornummer aus der Ausnahmetabelle (Vektortabelle) gelesen und das Ausnahmeprogramm schließlich aufgerufen. Falls die Speicherung einer *Vektornummer* in älteren Peripheriebausteinen nicht möglich ist, kann die Interrupt-Acknowledge-Phase auch durch das Signal $\overline{\text{IACK}}$ quittiert und der Prozessor veranlasst werden, die Startadresse wie oben beschrieben zu ermitteln. Die hierbei verwendeten Einträge der Ausnahmetabelle werden als *Autovektoren* bezeichnet. ◂

In modernen Prozessoren ist die Basisadresse der Ausnahmetabelle i.Allg. als Variable in einem prozessorinternen Spezialregister gespeichert (im Bild als Tabellenbasis bezeichnet). Um zu vermeiden, dass der Aufruf eines Ausnahmeprogramms rekursiv weitere Ausnahmeanforderungen stellt, z.B. weil der Zugriff auf die Ausnahmetabelle einen Fehler verursacht, müssen einige zusätzliche Anforderungen

erfüllt sein. So sind z.B. die Einträge in der Ausnahmetabelle ausgerichtet zu speichern, falls der verwendete Prozessor Zugriffe auf nicht ausgerichtete Daten oder
Befehle nicht unterstützt. Das gilt auch für Tabellen, in denen die Sprungziele direkt
codiert sind (sofern die Tabelle keine Sprungbefehle enthält). Sollte eine Speicherverwaltungseinheit verwendet werden, darf außerdem der für die Ausnahmetabelle
benötigte Speicherbereich nicht ausgelagert werden, weil andernfalls beim Zugriff
darauf ein Seitenfehler auftreten würde (zu Speicherverwaltungseinheiten und Seitenfehlern siehe Abschnitt 2.3.2). Es sei noch angemerkt, dass eine Ausnahmeanforderung, die während des Aufrufs eines Ausnahmeprogramms auftritt, den Prozessor
i.Allg. zum Anhalten (stop) bringt.

Die maximale Zeit, die zwischen dem Auftreten eines Ereignisses und dem Ausführungsbeginn des ersten Befehls des Ausnahmeprogramms vergeht, wird als *Ausnahmelatenzzeit*, in Bezug auf asynchrone Ereignisse auch als *Unterbrechungslatenzzeit*
(*interrupt latency time*) bezeichnet. Letztere ist von Bedeutung, weil sie die Reaktionszeit auf Notsituationen bestimmt oder die Anzahl der pro Zeiteinheit maximal
akzeptierbaren Ereignisse begrenzt.

Nach Ablauf der Latenzzeit werden im weiteren Verlauf der Bearbeitung einer Ausnahmeanforderung i.Allg. zunächst die Inhalte der benötigten Register gesichert (in
Bild 1.20a durch „save" angedeutet), damit der Zustand des unterbrochenen Programms erhalten bleibt, und eine vom Ereignis sowie der jeweiligen Applikation
abhängige Befehlsfolge ausgeführt. Die Ausnahmebearbeitung endet schließlich,
indem explizit die gesicherten Registerinhalte wieder hergestellt (restore) werden
und mit einem *Rücksprungbefehl* (return from exception) zum unterbrochenen Programm zurückgekehrt wird, wobei alle beim Aufruf des Ausnahmeprogramms automatisch durchgeführten Aktionen wieder rückgängig gemacht werden.

Falls der Befehl, bei dem die Ausnahmesituation aufgetreten ist, vollständig und
fehlerfrei beendet wurde, wird das unterbrochene Programm mit dem darauf folgenden Befehl fortgesetzt (in Bild 1.20a ist dies die Addition). Sollte der entsprechende
Befehl mit der Ausnahmeanforderung jedoch vorzeitig beendet worden sein, muss
dieser erneut bearbeitet werden (in Bild 1.20a würde nach dem Rücksprungbefehl
die Division ausgeführt). Im Fehlerfall ist dies nur sinnvoll, wenn das Ausnahmeprogramm die Fehlerursache zuvor behebt. Gegebenenfalls lässt sich das laufende
Programm auch beenden.

Ob ein Befehl erneut auszuführen ist oder nicht, kann im Prinzip automatisch durch
den Prozessor entschieden werden. Es ist aber auch möglich, dies explizit im Programm zu codieren, wobei die Rücksprungadresse entweder entsprechend modifiziert oder geeignet ausgewählt wird. Letzteres geschieht z.B. bei den Prozessoren
mit SPARC-Architektur von Sun (siehe Beispiel 1.13) oder beim Nemesis C der TU
Berlin der hierzu über unterschiedliche Rücksprungbefehle verfügt [114, 198].

▶ **Beispiel 1.13.** *Ausnahmeverarbeitung durch SPARC-Prozessoren.* Prozessoren mit SPARC-
Architektur (wie der UltraSPARC III Cu von Sun [172]), verarbeiten eine Ausnahmeanforderung
(von Sun als Trap bezeichnet), indem sie zunächst den laufenden Befehl abschließen, dessen
Adresse und Folgeadresse in den Registern %l1 bzw. %l2 speichern, das Supervisorbits S sichern,
setzen und schließlich zu einem Eintrag der Ausnahmetabelle (trap table) verzweigen. Die benötigte Sprungadresse wird dabei ermittelt, indem man eine dem jeweiligen Ereignis zugeordnete

Identifikationsnummer (trap type) mit der Eintragsgröße multipliziert, d.h. um vier Positionen nach links verschiebt und das als Offset zu interpretierende Ergebnis auf die Basisadresse der Ausnahmetabelle (trap base address) addiert. Tatsächlich wird die Addition durch die einfachere Konkatenation der oberen 20 Bits der Basisadresse der Ausnahmetabelle und des aus der Identifikationsnummer abgeleiteten Offsets ersetzt. Das in dieser Weise erzeugte Ergebnis wird schließlich in das Spezialregister %tbr (trap base register) eingetragen und direkt für den Sprung zum Ausnahmeprogramm verwendet (Bild 1.21).

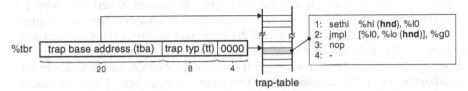

Bild 1.21. Aufruf eines Ausnahmeprogramms bei Prozessoren mit SPARC-Architektur

Da ein Eintrag der Ausnahmetabelle maximal vier Befehle enthalten darf, wird nach dem Aufruf normalerweise ein unbedingter Sprung zu einem dem Ausnahmeprogramm genügend Platz bietenden Speicherbereich durchgeführt. Die hierzu erforderliche Befehlsfolge ist in Bild 1.21 rechts dargestellt. Mit dem Befehl sethi (set high) in Zeile 1 werden dem Register %l0 zunächst die oberen 22 Bits der Zieladresse zugewiesen und mit dem Sprungbefehl jmpl (jump and link) in Zeile 2 anschließend indirekt zum Sprungziel hnd verzweigt, wobei die unteren 10 Bits der Zieladresse auf den Inhalt des Registers %l0 addiert werden. Das hier zwei Befehle benötigt werden, liegt daran, dass im Programmiermodell der SPARC-Architektur kein seiteneffektfreier Sprungbefehl definiert ist, in dem sich eine beliebige Befehlsadresse direkt codieren lässt[1]. Der in Zeile 3 von Bild 1.21 rechts noch folgende nop-Befehl ist schließlich erforderlich, weil Sprungbefehle von Prozessoren mit SPARC-Architektur verzögert ausgeführt werden (siehe Abschnitt 2.2.4).

Nach Bearbeitung des Ausnahmeprogramms wird in das unterbrochene Programm zurückgekehrt, indem eine der beiden in Bild 1.22 dargestellten Befehlsfolgen ausgeführt werden, je nachdem, ob der Befehl, bei dem die Ausnahmeanforderung auftrat, erneut auszuführen ist (a) oder nicht (b). Zum Verständnis: In %l1 und %l2 sind die Adressen des unterbrochenen und des darauf folgenden Befehls gespeichert. Die Verwendung von zwei Adressen ist hierbei erforderlich, weil der Befehl, an dem die Ausnahmeanforderung aufgetreten ist, möglicherweise verzögert zu einem vorangehenden Sprungbefehl bearbeitet wird, in einem solchen Fall die Adressen in %l1 und %l2 also nicht aufeinander folgen (erneut sei auf Abschnitt 2.2.4 verwiesen).

```
jmpl    %l1, %g0, %g0          jmpl    %l2, %g0, %g0
rett    %l2, %g0               rett    %l2, 4

a                              b
```

Bild 1.22. Befehlsfolgen zum Beenden eines Ausnahmeprogramms in Prozessoren mit SPARC-Architektur. **a** Der Befehl, mit dem die Ausnahmesituation auftrat, wird wiederholt. **b** Der Befehl, mit dem die Ausnahmesituation auftrat, wird nicht wiederholt

Soll ein Befehl wiederholt ausgeführt werden, ist zunächst zur Adresse in %l1 und verzögert zur Adresse in %l2 zu verzweigen (Bild 1.22a). Hingegen reicht ein Sprung zur Adresse in %l2, wenn der Befehl, mit dem die Ausnahmesituation auftrat, nicht wiederholt auszuführen ist. Da der Rücksprungbefehl rett jedoch der letzte des Ausnahmeprogramms sein sollte (er setzt z.B. das Supervi-

---

1. Der call-Befehl, der einen befehlszählerrelativen direkten Sprung zu einer beliebigen Befehlsadresse erlaubt, ist hier nicht verwendbar, weil er als Seiteneffekt eine Rücksprungadresse in einem Register ablegt, dessen Inhalt durch ein Ausnahmeprogramm nicht verändert werden darf.

sorbit zurück), muss hier äquivalent zu Bild 1.22a verfahren werden: Zuerst wird zur Adresse %l2 und anschließend verzögert zur Adresse %l2 + 4 gesprungen.   ◢

1.4.2 Kontextwechsel

Wie bereits erwähnt, ist es möglich, ein Programm zu unterbrechen und später wieder fortzusetzen, wenn der als Kontext bezeichnete Zustand nicht verändert wird. Im konkreten Fall bedeutet dies, dass zum Zeitpunkt einer Unterbrechung der Kontext des laufenden Programms gesichert und der eines anderen Programms aktiviert werden muss. Der Aufwand hierfür ist von der Unterbrechungsursache abhängig, von denen im Folgenden die drei wichtigsten beschrieben werden, nämlich die am aufwendigsten zu realisierenden Kontextwechsel infolge von Prozesswechseln, anschließend die Kontextwechsel infolge von Ausnahmeanforderungen und schließlich die Kontextwechsel infolge von Unterprogrammaufrufen.

Kontextwechsel infolge von Prozesswechseln

Falls ein laufendes Programm A unterbrochen werden soll, um ein vollkommen unabhängiges Programm B auszuführen, muss im Extremfall neben dem Inhalt des Registerspeichers auch der des Hauptspeichers gesichert werden. Das Programm B greift nämlich möglicherweise auf sämtliche zur Verfügung stehenden Ressourcen eines Rechners zu, wodurch der Zustand des unterbrochenen Programms A in nicht gewollter Weise beeinträchtigt werden würde. Da das Speichern eines vollständigen Programmkontextes sehr zeitaufwendig ist, werden die jeweils belegten Speicherbereiche möglichst gleichzeitig im Hauptspeicher gehalten. Die Unabhängigkeit der beteiligten Programme erfordert hierbei, dass die für Zugriffe verwendeten Adressen sich nicht überschneiden, was erreicht wird, indem die in den Programmen benutzten sog. virtuellen Adressen mit Hilfe einer Speicherverwaltungseinheit auf disjunkte Bereiche des Hauptspeichers umgelenkt werden (siehe Abschnitt 2.3.2).

Natürlich ist es möglich, die Verarbeitung des unterbrochenen Programms A durch erneutes Unterbrechen des neu gestarteten Programms B fortzusetzen. Die beiden Programme können auf diese Weise stückweise alternierend ausgeführt werden, was bei ausreichend schneller Umschaltung dem Benutzer den Eindruck der Parallelverarbeitung vermittelt. Die hier angedeutete sog. *Quasiparallelität* ist nicht auf zwei Programme beschränkt, sondern kann auf eine beliebige Anzahl erweitert werden. Dies wird z.B. in *Multiprozessbetriebssystemen* (*multitasking operating systems*) genutzt, in denen die Anzahl der gleichzeitig ausführbaren Programme (in diesem Zusammenhang auch als Prozess bezeichnet) unabhängig von der Anzahl der real verfügbaren Prozessoren ist.

Auslöser des Hin-und-Her-Wechselns zwischen den quasiparallel laufenden Programmen ist entweder ein explizit codierter Aufruf oder ein asynchrones, meist zyklisch wiederkehrendes Signal. Ersteres hat den Vorteil der einfachen Realisierbarkeit, jedoch den Nachteil, dass die gleichzeitig auszuführenden Programme jeweils freiwillig Rechenzeit abgeben müssen. Ein entsprechendes Multiprozessbetriebssystem wird daher auch als *kooperativ* bezeichnet (*cooperative multitasking*).

Moderne Betriebssysteme verwenden jedoch meist die zweite Technik, d.h. die durch ein Signal ausgelöste, *zeitscheibengesteuerte Multiprozessverarbeitung* (*preemptive multitasking*). Zwar erfordert dies einen in Hardware realisierten Zeitgeber (timer), verlangt aber nicht die explizite Mitwirkung der laufenden Programme.

Kontextwechsel infolge von Ausnahmeanforderungen

Unabhängig davon, welche Ursache für das Umschalten von Programm zu Programm verantwortlich ist, wird i.Allg. zuerst ein Ausnahmeprogramm aufgerufen, und zwar entweder synchron durch einen entsprechenden Befehl oder asynchron durch ein Signal. Der darüber realisierte Kontextwechsel wird in drei Schritten bearbeitet: Im ersten Schritt werden mit der Ausnahmeanforderung der Inhalt des Befehlszählers und einige Statusinformationen gespeichert (siehe auch Abschnitt 1.4.1), im zweiten Schritt werden die vom jeweils unterbrochenen Programm sichtbaren Prozessorregister gesichert und im dritten Schritt wird die Speicherverwaltungseinheit veranlasst, die für das zu aktivierende Programm sichtbaren Bereiche des Daten- und Befehlsspeichers zu aktivieren. Während die erforderlichen bzw. durchgeführten Aktionen der ersten beiden Schritte durch das verwendete Programmiermodell beeinflusst werden, gilt dies für den letzten Schritt nicht, so dass ein Prozesswechsel aus Sicht des Prozessors sich nicht anders darstellt als der Aufruf eines Ausnahmeprogramms.

Die Geschwindigkeit, mit der ein Kontextwechsel bei einer Ausnahmeanforderung bearbeitet wird, ist wesentlich von der Geschwindigkeit abhängig, mit der sich die jeweils sichtbaren Prozessorregister sichern lassen. Sie kann z.B. dadurch verbessert werden, dass ein spezieller Befehl vorgesehen wird, mit dem sich sämtliche Registerinhalte in den Hauptspeicher übertragen lassen. Ein solcher Blocktransfer kann schneller bearbeitet werden als Einzelzugriffe, die zudem – in mehreren Befehlen codiert – einen größeren Befehlsspeicherbedarf aufweisen.

Eine sehr effiziente Methode, die sichtbaren Registerinhalte bei einer Ausnahmeanforderung zu sichern, besteht darin, den Registerspeicher in Bänken zu organisieren und das unterbrechende Ausnahmeprogramm auf einer anderen Registerbank als das unterbrochene Programm arbeiten zu lassen. Ein in dieser Weise organisierter Registerspeicher ist in Bild 1.23a angedeutet. Die aktuell ausgeführten Befehle beziehen sich mit den darin codierten Registeradressen jeweils auf die Registerbank, die über das Spezialregister „Bank-Select" ausgewählt ist. Bei einer Ausnahmebehandlung muss dessen Inhalt daher gesichert und anschließend modifiziert werden, was i.Allg. sehr schnell oft in einem einzelnen Takt möglich ist.

Natürlich muss dabei gewährleistet sein, dass die zu aktivierende Registerbank nicht bereits mit dem Kontext eines anderen Ausnahmeprogramms belegt ist. Das Verfahren hat daher seine Grenzen, wenn die Anzahl der Registerbänke kleiner ist als die Anzahl der ineinander geschachtelten Ausnahmeanforderungen oder, falls die Kontexte unterschiedlicher Programme in den Registerbänken gespeichert werden, als die Anzahl der quasiparallel ausgeführten Programme, was in Multiprozessanwendungen oft der Fall sein wird. Problematisch dabei ist auch, dass jedes Programm die zu verwendende Registerbank frei selektieren kann und es daher unmöglich ist, einen Eingriff in die Registerbankverwaltung des Betriebssystems, insbesondere durch fehlerhafte Programme, zu verhindern. Dadurch kann sich die Stabilität eines Systems deutlich vermindern. Im Extrem müssen daher die Inhalte aller Registerbänke gesichert werden, was oft mit einem erheblichen Zeitaufwand verbunden ist.

Kontextwechsel infolge von Unterprogrammaufrufen

Im Prinzip ist es möglich, die beschriebenen Probleme zu umgehen, indem *Registerbänke* in Hardware verwaltet werden und ein wahlfreies Umschalten durch nicht privilegierte Programme nur bedingt erlaubt wird (so sind z.B. einige Register der ARM7TDMI-Architektur von ARM [10] in Bänken organisiert, die vom Betriebsmodus abhängig aktiviert werden, wobei ein nichtprivilegiertes Programm den Betriebsmodus nicht verändern kann). Tatsächlich ist der erforderliche Aufwand jedoch größer als der Nutzen, da die Geschwindigkeit eines Systems nur geringfügig von den Bearbeitungszeiten für Kontextwechsel bei Ausnahmeanforderungen beeinflusst wird.

Besser lassen sich Registerbänke für die im Vergleich zu Ausnahmeanforderungen deutlich häufiger auftretenden Unterprogrammaufrufe verwenden. Dabei wird implizit oder explizit eine freie Registerbank selektiert, auf die sich alle weiteren Aktionen beziehen. Insbesondere werden darin die lokalen Variablen gehalten, denen bei der Übersetzung ein Register zugewiesen wurde. Da die für das aufrufende Programm verwendete Registerbank während der Bearbeitung des Unterprogramms nicht sichtbar ist, können darin übergeordnete Variablen oder Zwischenergebnisse unbeeinflusst überdauern.

▶ Beispiel 1.14. *Parameterübergabe in Registerbänken.* Registerbänke sind zwar gut geeignet, um darin die lokalen Variablen eines Unterprogramms zu speichern, jedoch schlecht, um Parameter an ein Unterprogramm zu übergeben bzw. Ergebnisse zurückzuliefern. Falls dies erforderlich ist, muss entweder der Datenspeicher verwendet werden, was langsam ist, oder eine „*globale*" Registerbank, auf die sich unabhängig vom Inhalt des Spezialregisters Bank-Select zugreifen lässt. Dies setzt natürlich voraus, dass der Registerspeicher entsprechend organisiert ist.

So verfügt der 80960KA von Intel [17] z.B. über insgesamt 80 Register, die in fünf Bänken zu je 16 Registern organisiert sind. Zu jedem Zeitpunkt kann auf 32 Register direkt zugegriffen werden, von denen 16 in einer ausgezeichneten globalen Registerbank und 16 in einer der vier *lokalen Registerbänke* gehalten werden. Das Umschalten der jeweils aktiven Registerbank erfolgt implizit mit den Unterprogrammaufrufen bzw. -rücksprüngen. Beim Überschreiten der maximalen Schachtelungstiefe Vier wird – für den Benutzer transparent – der Inhalt der „ältesten" Registerbank automatisch in den Hauptspeicher übertragen. Umgekehrt wird der Inhalt einer zuvor ausgelagerten Registerbank wieder geladen, wenn sie durch einen Rücksprungbefehl aktiviert werden soll. ◢

Das automatische Ein- und Auslagern von Registerbankinhalten, wie es in Beispiel 1.14 beschrieben wurde, ist nur möglich, wenn über das Alter der Belegung der einzelnen Registerbänke Buch geführt wird. Dies ist sehr einfach, wenn man die Reservierungen und Freigaben in der numerischen Reihenfolge der Registerbankadressen durchführt. Falls z.B. wie in Bild 1.23a aktuell die Registerbank 1 selektiert ist und der Inhalt des Spezialregisters Bank-Select bei Unterprogrammaufrufen sowie

-rücksprüngen inkrementiert bzw. dekrementiert wird, kann bei vollem Register-speicher die Registerbank 2 als die älteste identifiziert werden (gefolgt von Regis-terbank 3 und Registerbank 0). Bei nicht vollständig gefülltem Registerspeicher ist eine zusätzliche Markierung des ältesten Eintrags erforderlich, der i. Allg. entweder in Form eines zur Registerbank gesetzten Bits oder als Zeiger realisiert wird. Der Registerspeicher lässt sich damit als voll erkennen, wenn durch einen Unterpro-grammaufruf eine markierte Registerbank aktiviert werden würde und als leer, wenn vor einem Unterprogrammrücksprung die markierte Registerbank aktiv ist.

Ob der notwendige Transport zwischen der zu aktivierenden Registerbank und dem Datenspeicher wie beim 80960KA automatisch in Hardware durchgeführt wird oder in einem Ausnahmeprogramm, ist implementierungsabhängig. Letzteres ist einfa-cher zu realisieren, sofern der Prozessor den Befehl, bei dessen Ausführung der volle oder leere Registerspeicher erkannt wurde, also z.B. ein Unterprogrammaufruf oder -rücksprung, nach Bearbeitung des Ausnahmeprogramms erneut starten kann (siehe auch Beispiel 1.15).

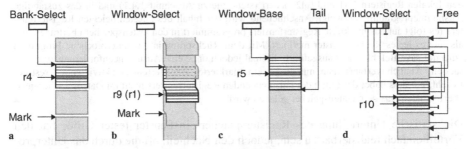

Bild 1.23. Unterschiedliche Organisationsformen für Registerspeicher. **a** Verwaltung in unabhängi-gen Blöcken. **b** Verwaltung in sich überlappenden Fenstern einheitlicher Größe. **c** Verwaltung in Fenstern variabler Größe. **d** Verwaltung mit Freispeicherliste

Die Verwendung globaler Register für die Parameterübergabe hat den Nachteil, dass diese bei Unterprogrammaufrufen genau wie lokale Variablen gesichert werden müssen. In einigen Prozessoren wird der Registerspeicher daher nicht in Register-bänken, sondern alternativ in sich gegenseitig überlappenden sog. *Registerfenstern* (*register window*), wie sie in Bild 1.23b dargestellt sind, organisiert. Registerfenster sind fest in drei Bereiche unterteilbar: ein Eingangsbereich, in dem die Parameter des Aufrufers entgegengenommen und Ergebnisse zurückgereicht werden, ein loka-ler Bereich, der nur für das jeweils aktuelle Unterprogramm zugreifbar ist und ein Ausgangsbereich, in dem Parameter an geschachtelte Unterprogramme übergeben bzw. erzeugte Ergebnisse gelesen werden können[1]. Da es bei einem Unterpro-grammaufruf nach dem Weiterschalten des aktuellen Registerfensters nicht möglich ist, auf die Parameter oder lokalen Variablen des Aufrufers zuzugreifen, muss man die entsprechenden Inhalte nicht explizit sichern, und zwar auch dann nicht, wenn mehrere Unterprogramme geschachtelt aufgerufen werden.

---

1. Meist ist außerdem ein hier nicht dargestellter globaler Registerbereich vorhanden, der sich unabhängig vom Inhalt des Spezialregisters Window-Select ansprechen lässt.

▶ Beispiel 1.15. *Verwaltung von Registerfenstern.* Registerfenster für Unterprogrammaufrufe sind u.a. in den Prozessoren der SPARC-Familie, z.B. dem UltraSPARC IIIi von Sun im Einsatz [173]. Je nach Implementierung können zwischen acht und 32 Registerfenster mit jeweils acht Registern für den Eingangs-, den lokalen und den Ausgangsbereich in einem Prozessor realisiert sein. Des Weiteren stehen acht globale Register zur Verfügung, so dass zu jedem Zeitpunkt 32 Register direkt zugreifbar sind (in den Befehlen sind dementsprechend fünf Bit breite Registeradressen codiert).

Das aktuelle Registerfenster wird durch den fünf Bit breiten sog. *Current-Window-Pointer* (*CWP*) selektiert, der im privilegierten Supervisor-Modus direkt und im weniger privilegierten Benutzermodus durch Ausführung der Befehle *save* und *restore* verändert werden kann. Die Befehle benutzt man, um nach einem Unterprogrammaufruf ein neues Registerfenster zu reservieren oder es vor einem Unterprogrammrücksprung freizugeben. Damit die Schachtelungstiefe nicht durch die tatsächlich Anzahl vorhandenen Registerfenster beschränkt werden muss, wird ähnlich verfahren, wie zu den Registerbänken beschrieben, wobei nicht das am längsten belegte, sondern das letzte belegbare freie Registerfenster durch ein Bit in der sog. Window-Invalid-Mask gekennzeichnet wird.

Falls bei Ausführung eines save-Befehls das markierte Registerfester aktiviert werden soll, wird statt dessen ein sog. *Window-Overflow-Trap* ausgelöst. Der Prozessor reagiert auf diese Ausnahmeanforderung, indem er das markierte (leere) Registerfenster aktiviert, die Rücksprungadressen in den lokalen Registern %l1 und %l2 sichert (siehe hierzu Abschnitt 1.4.1) und in das zuständige Ausnahmeprogramm verzweigt. Anschließend wird der Inhalt des ältesten belegten Registerfensters (es folgt auf das markierte Registerfenster) programmiert in den Datenspeicher übertragen und als letztes leeres Registerfenster markiert. Mit dem Rücksprung in das unterbrochene Programm wird der save-Befehl erneut ausgeführt, diesmal jedoch ohne eine Ausnahmeanforderung zu verursachen. Ähnlich verfährt man mit einem ein markiertes Registerfenster aktivierenden restore-Befehl, nur dass dabei der Inhalt des entsprechenden Registerfensters nicht im Datenspeicher gesichert, sondern aus dem Datenspeicher geladen wird.   ◀

Die statische Unterteilung des Registerspeichers in Fenster fester Größe hat den Vorteil einfach realisierbar zu sein, jedoch den Nachteil, oft die durch das Unterprogramm gestellten Anforderungen entweder überzuerfüllen oder ihnen nicht zu genügen. Sollen z.B. beim UltraSPARC IIIi weniger als acht Parameter übergeben werden, so bleiben einige der dafür vorgesehenen Register ungenutzt. Ist es andererseits notwendig, mehr als acht Parameter zu übergeben, werden zusätzliche globale Register oder Datenspeicherzellen benötigt.

In einigen modernen Prozessoren ist der Registerspeicher deshalb nicht in Fenstern, sondern als *Stapel* entsprechend Bild 1.23c organisiert. So kann genau die Anzahl an Registern reserviert bzw. freigegeben werden, die benötigt wird bzw. wurde, indem der Stapelzeiger Window-Base dekrementiert bzw. inkrementiert wird. Natürlich ist die maximale Anzahl der pro Unterprogramm nutzbaren Register auf die Anzahl der vorhandenen physikalischen Register begrenzt. Es ist aber möglich, jedem einzelnen Unterprogramm diese maximale Anzahl zur Verfügung zu stellen, und zwar auch bei geschachtelten Unterprogrammaufrufen.

Hierzu muss der physikalische Registerspeicher ringförmig adressiert und der Stapelzeiger bei jedem Dekrementieren bzw. Inkrementieren daraufhin überprüft werden, ob er den durch Tail adressierten ältesten Eintrag des Registerspeichers kreuzt. Sollte dies der Fall sein, muss bei einem Unterprogrammaufruf alles zwischen dem neuen Stapelzeigerwert in Window-Base und Tail gesichert und bei einem Unterprogrammrücksprung aus dem Datenspeicher geladen werden. Der Inhalt von Tail ist hierbei jeweils auf den nach dem Sichern oder Laden neuen ältesten Eintrag des Registerspeichers zu setzen.

Ob das Sichern bzw. Laden von Registerinhalten programmiert innerhalb eines Ausnahmeprogramms oder eigenständig durch den Prozessor erfolgt, hängt von der jeweiligen Implementierung ab. Gebräuchlicher ist es, Inhalte eigenständig durch die Hardware zwischen Registerspeicher und Datenspeicher zu transferieren. Dies geschieht z.B. beim Itanium 2 von Intel [75, 78], der 128 Register besitzt, von denen zu jedem Zeitpunkt 32 global und 96 lokal adressierbar sind. Die lokalen Register sind als Stapel organisiert, der für den Benutzer unsichtbar im Datenspeicher fortgesetzt wird.

Ein weiteres Beispiel für einen Prozessor mit Registerstapel ist der Nemesis C der TU Berlin (und zwar in der Version 1.0). Er verfügt über insgesamt 96 physikalische Register, von denen jedoch nur 16 zu einem Zeitpunkt direkt zugreifbar sind. Je nach Einstellungen können dies acht globale und acht lokale oder 16 lokale Register sein. Eine Besonderheit dabei ist, dass der Registerspeicher im Adressraum das Datenspeichers eingebettet ist und indirekt adressiert werden kann [114, 112]. So ist es möglich, in Registern Variablen zu halten, die über Zeiger oder Referenzen adressiert werden. Dies ist vor allem deshalb ein Vorteil, weil die in einigen Programmiersprachen häufig verwendete Parameterübergabe per Referenz keine Sonderbehandlung erfordert. Selbst beim nicht mehr gefertigten Am29000 von AMD [1], der 64 globale und 128 als Stapel organisierte lokale Register besitzt und der einen indirekten Zugriff auf Registerinhalte erlaubt, ist eine Fallunterscheidung bei der Dereferenzierung von Variablen notwendig, um nämlich festzustellen, ob die adressierte Variable sich im Register- oder im Datenspeicheradressraum befindet.

Die Organisation des Registerspeichers in Fenstern oder als Stapel ist sinnvoll, weil es auf diese Weise möglich ist, einen Kontextwechsel bei den oft notwendigen Unterprogrammaufrufen schnell durchzuführen. Natürlich setzt dies voraus, dass der Registerspeicher ausreichend groß ist, um die lokalen Variablen und die Aufrufparameter geschachtelter und in Bearbeitung befindlicher Unterprogramme gleichzeitig darin halten zu können. Bei einem Prozesswechsel ist daher eine größere Anzahl an Registern zu sichern bzw. zu laden, als wäre der Registerspeicher „flach" organisiert.

Nun ist es prinzipiell möglich, den Registerspeicher in Bänken und die Bänke in Fenstern oder Stapeln zu organisieren, um durch einfaches Umschalten der Registerbank einen schnellen Prozesswechsel zu ermöglichen. Nachteil einer solchen Lösung ist jedoch, dass es nicht möglich ist, ungenutzte Register, die einem Prozess zugeordnet sind, durch einen anderen Prozess zu nutzen. Besser wäre es daher, wenn die Register den Prozessen dynamisch zugeteilt werden könnten, wie dies z.B. mit der in Bild 1.23d angedeuteten Registerorganisation möglich ist.

Der physikalische Registerspeicher ist hierbei in Bänken unterteilt, die neben den Registern (im Bild vier Register pro Bank) einen Zeiger auf eine beliebige Registerbank enthalten. Zu Beginn sind die Registerbänke zunächst in einer Liste verkettet, deren erster Eintrag über den im Spezialregister Free befindlichen Inhalt adressiert wird und deren letzter Eintrag z.B. durch einen Nullzeiger gekennzeichnet ist. Benötigt ein Prozess Register, so müssen diese z.B. mit einem Unterprogrammaufruf reserviert werden. Hierzu wird der erste Eintrag aus der *Freispeicherliste* entfernt, dabei der Zeiger Free entsprechend verändert und die auf diese Weise alloziierte Registerbank in das Window-Select-Register hineingeschoben. Da im dargestellten Window-Select-Register vier Zeiger gespeichert werden können, ist es möglich, auf 16 Register wahlfrei zuzugreifen, wobei zwei Bits der vier Bit breiten Registeradresse benötigt werden, um die Registerbank über das Window-Select-Register zu adressieren und zwei Bits, um das Register innerhalb der Bank auszuwählen.

Durch das Hineinschieben der Adressen neu alloziierter Registerbänke in das Window-Select-Register wird erreicht, dass sich der Registerspeicher aus Sicht eines Programmierers ähnlich wie ein in Fenstern organisierter Registerspeicher verhält. Um in der Schachtelungstiefe nicht durch die im Window-Select-Register speicherbare maximale Zeigerzahl begrenzt zu sein, werden die alloziierten Register zusätzlich verkettet. Dies ist notwendig, um bei Freigabe einer Registerbank die älteste im Window-Select-Register zu speichernde Bankadresse wieder herstellen zu können.

In Bild 1.23d ist der Übersichtlichkeit halber nicht dargestellt, was geschieht, wenn bei leerer Freispeicherliste versucht wird, eine Registerbank zu allozieren. Sehr einfach zu implementieren ist es, wenn die jeweils älteste belegte Registerbank automatisch oder in einem Ausnahmeprogramm in den Datenspeicher übertragen wird. Hierzu ist es jedoch erforderlich, diese durch ein Spezialregister zu adressieren und sämtliche Registerbänke zusätzlich entsprechend der Reihenfolge ihrer Allokation zu verketten. Eine ausgelagerte Registerbank wird dabei wieder geladen, wenn sie mit Freigabe einer Registerbank über das Window-Select-Register zugreifbar wird.

Die Organisation des Registerspeichers in der hier dargestellten Weise hat einige Vorteile: So kann ein Kontextwechsel sehr schnell dadurch bearbeitet werden, dass einfach der Inhalt des Window-Select-Registers gesichert und entsprechend des neu zu aktivierenden Prozessors geladen wird. Möglich ist dies, weil Registerbänke mit der Allokation in den Besitz des jeweiligen Prozesses übergehen und sie nur über das Window-Select-Register zugreifbar sind. Die feste Zuordnung einer alloziierten Registerbank an einen Prozess lässt sich außerdem für die Interprozesskommunikation nutzen, nämlich, indem eine Registerbank über ihre Adresse an einen anderen Prozess übergeben wird.

1.4.3 Betriebsmodi (Privilegebenen)

Die *Systemsicherheit* liegt normalerweise in der Verantwortung von *Betriebssystemen*. Einerseits ist zu vermeiden, dass eine Anwendung aufgrund eines Fehlers das Gesamtsystem in seiner Stabilität beeinflusst (so sollte ein für eine Lampe zuständiger Prozess nicht den Absturz eines Steuerrechners in einem Flugzeug verursachen), andererseits soll es in einem *Mehrbenutzersystem* einem Anwender nicht möglich sein, auf die Daten eines anderen zuzugreifen. Aus Sicht eines Prozessors lassen sich beide Anforderungen erfüllen, indem erzwungen wird, dass eine bestimmte Anwendung nur auf die ihr möglichst restriktiv vom Betriebssystem zugeteilten Ressourcen zugreifen kann. Ansatzweise ist dies mit Hilfe einer *Speicherverwal-*

tungseinheit erreichbar, die jeden Zugriff auf seine Gültigkeit hin überprüft und das laufende Programm im Fehlerfall unterbricht (siehe Abschnitt 2.3.2). Allerdings ist es ohne eine Erweiterung des Prozessors nicht möglich, eine unerlaubte Neuprogrammierung der Speicherverwaltungseinheit zu verhindern, um auf diese Weise den rechteüberschreitenden Zugriff auf Speicherbereiche zu ermöglichen, die normalerweise nicht sichtbar sind.

Aus diesem Grund können die meisten Prozessoren Programme in Betriebsmodi ausführen, in denen einige der möglichen Funktionalitäten nicht zugänglich sind. Im einfachsten Fall existiert ein hochprivilegierter *Supervisor-Modus*, in dem keinerlei Restriktionen bestehen und ein niedrigprivilegierter *User-Modus*, in dem einige sicherheitsrelevante Befehle nicht ausführbar und in dem *Steuerregister* des Prozessors nur eingeschränkt adressierbar sind. Der Zugriff einer Anwendung auf den Speicher einer zweiten Anwendung wird weiterhin durch eine Speicherverwaltungseinheit verhindert, die sich nun jedoch ausschließlich mit Hilfe privilegierter Befehle neu programmieren lässt. Welcher Betriebsmodus jeweils aktiv ist, wird normalerweise durch ein einzelnes Bit in einem Steuerregister festgelegt, auf das schreibend nur im privilegierten Supervisor-Modus zugegriffen werden kann. So kann ein hochpriorisiertes Programm durch Zugriff auf das entsprechende Statusbit in einen niedrigpriorisierten Betriebsmodus wechseln. Umgekehrt geht dies nicht.

Trotzdem muss es natürlich einen Weg geben, der vom niedrigpriorisierten wieder in den hochpriorisierten Betriebsmodus führt, da es nur auf diese Weise möglich ist, z.B. auf *Peripheriekomponenten*, wie die Speicherverwaltungseinheit, zuzugreifen oder einen Prozesswechsel herbeizuführen. Entscheidend dabei ist, dass mit dem Wechsel in den Supervisor-Modus auch ein Wechsel in das Betriebssystem verbunden sein muss, um auf diese Weise unerlaubte Aktionen niedrig priorisierter Anwendungen verhindern zu können.

Im Allgemeinen verfährt man so, dass ein Wechsel in den hochpriorisierten Supervisor-Modus nur durch Stellen einer synchronen oder asynchronen Ausnahmeanforderung möglich ist. Der Prozessor aktiviert hierbei automatisch den Supervisor-Modus, noch bevor auf die Ausnahmetabelle zugegriffen und das Ausnahmeprogramm gestartet wird. Dies ist deshalb wichtig, weil es für eine niedrigpriorisierte Anwendung nicht möglich sein darf, ein eigenes Ausnahmeprogramm durch Eintragen der entsprechenden Startadresse in die Ausnahmetabelle oder Veränderung des regulären Ausnahmeprogramms zu starten.

Als Teil des Betriebssystems ist das Ausnahmeprogramm befugt, alle erforderlichen Aktionen durchzuführen. So lässt sich z.B. ein Prozesswechsel herbeiführen, indem in konstanten Zeitintervallen eine Unterbrechungsanforderung durch einen Zeitgeber gestellt wird, von dem in dieser Weise gestarteten privilegierten Ausnahmeprogramm eine Umprogrammierung der Speicherverwaltungseinheit vorgenommen und schließlich in den zu aktivierenden Prozess verzweigt wird. Natürlich muss dabei sichergestellt sein, dass nach Bearbeitung eines Ausnahmeprogramms auch wieder in den niedrigpriorisierten User-Modus gewechselt wird. Dies geschieht i.Allg. als Seiteneffekt des im Ausnahmeprogramm verwendeten Rücksprungbefehls. – Die beiden hier beschriebenen Betriebsmodi sind in den Prozessoren mit

PowerPC-Architektur von IBM bzw. Motorola (z.B. dem PowerPC 970 [67] oder MPC7400 [126]), ARM-Architektur von ARM (z.B. dem ARM7TDMI [10]), Alpha-Architektur von Compaq (z.B. dem Alpha 21364 [25, 28]), Nemesis-Architektur von der TU Berlin (z.B. Nemesis C [114, 198]) u.a. realisiert.

2 Skalare Prozessoren

Im Folgenden wird beschrieben, wie skalare, d.h. sequentiell arbeitende Prozessoren, aufgebaut sind. Als Beschreibungsmittel werden die sog. *Registertransferschaltungen* verwendet. Sie sind abstrakt genug, um die Strukturen in einem Prozessor übersichtlich beschreiben und konkret genug, um eine reale Schaltung daraus synthetisieren zu können. Letzteres setzt voraus, dass man die Details, von denen in einer Registertransferbeschreibung abstrahiert wird (z.B. die Transistorschaltungen der Komponenten oder der zu verwendende Prozess), gesondert formuliert, was mit geeigneten Werkzeugen auch automatisch geschehen kann [116, 55, 61, 62].

Im Folgenden steht jedoch nicht die Synthese einer Schaltung, sondern das Verständnis der Abläufe in einem Prozessor im Vordergrund, weshalb einige Details, wie z.B. die exakte Definition der in Prozessoren realisierten Zustandsmaschinen zum Teil unberücksichtigt bleiben. So lässt sich aus den nachfolgenden Registertransferbeschreibungen auch nicht, wie normalerweise möglich, das Programmiermodell eines Prozessors ableiten. Angemerkt sei noch, dass der umgekehrte Weg, vom Programmiermodell auf die Registertransferbeschreibung zu schließen, ebenfalls gangbar ist, jedoch nicht auf eindeutige Weise. Wegen des hohen Abstraktionsniveaus eines Programmiermodells müssen hierzu nämlich Details ergänzt werden, die in einem Programmiermodell nicht enthalten sind, wie z.B. die Arbeitsweise eines Registerspeichers (parallel oder zeitsequentiell arbeitend).

2.1 Streng sequentiell arbeitende Prozessoren

Ein nach dem *Kontrollflussprinzip* arbeitender Prozessor führt ein Programm aus, indem er die Befehle nacheinander entsprechend der Reihenfolge verarbeitet, in der sie im Programm codiert sind. Zwar ist es möglich, aufeinander folgende Befehle, die nichts miteinander zu tun haben, parallel zu bearbeiten, dies ist jedoch nicht naheliegend und deutlich komplizierter zu realisieren. In diesem Abschnitt werden Prozessoren beschrieben, die streng sequentiell arbeiten, die einen Befehl also erst dann zu verarbeiten beginnen, wenn der unmittelbar vorangehende Befehl vollständig ausgeführt wurde. Das einfache Verarbeitungsprinzip erlaubt die Beschreibung zahlreicher grundlegender Details, die insbesondere nicht auf Prozessoren beschränkt sind, die sequentiell arbeiten. Dies ist die Mehrzahl der heute realisierten Prozessoren.

2.1.1 Theoretische Betrachtungen

Zur Verarbeitung von Daten liest ein Prozessor schrittweise Befehle aus dem Speicher, decodiert sie und führt sie schließlich aus. Für das Lesen und Decodieren eines Befehls ist das sog. *Leitwerk*, für Zugriffe auf Daten und deren Verarbeitung das sog. *Datenwerk* verantwortlich (siehe Bild 2.1). Leitwerk und Datenwerk beeinflussen sich gegenseitig, indem einerseits das Leitwerk die Aktionen des Datenwerks vorgibt und andererseits Ergebnisse des Datenwerks die Arbeitsweise des Leitwerks beeinflussen. Um z.B. zwei Quelloperanden zu einem Ergebnis zu verknüpfen und im Zieloperanden abzulegen, wird der binärcodierte Befehl zunächst gelesen, wobei zur Adressierung des Speichers der *Befehlszähler* (engl. *Instruction-Counter* oder *Program-Counter*, kurz *PC*) verwendet wird. Anschließend generiert das Leitwerk entsprechend des decodierten Befehls *Steuersignale* für das Datenwerk, in dem die Operation ausgeführt wird.

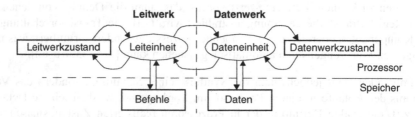

Bild 2.1. Leitwerk und Datenwerk eines Prozessors und dessen Speicheranbindung

Implementierungsabhängig werden im Datenwerk z.B. die Quelloperanden gelesen, verknüpft und das Ergebnis im Zieloperanden gespeichert. Außerdem wird dem Leitwerk über Rücksignale (siehe Bild) mitgeteilt, dass nun der unmittelbar folgende Befehl verarbeitet werden soll. Das Leitwerk inkrementiert schließlich den Befehlszähler, wobei dies einer Änderung des Leitwerkszustands gleichkommt, und beginnt damit den nächsten Befehl in genau derselben Art und Weise zu bearbeiten, wie soeben beschrieben.

Die Steuerung des Leitwerks durch das Datenwerk scheint hierbei unnötig zu sein. Dem Leitwerk wird nämlich über die Rücksignale lediglich mitgeteilt, dass sich die Bearbeitung des nächsten Befehls beginnen lässt. Da das Datenwerk die in den Steuersignalen codierte Operation in einem Schritt ausführt, ist dies dem Leitwerk jedoch ohnehin bekannt. Die Rücksignale sind jedoch erforderlich, wenn eine von Daten abhängige Veränderung des Kontrollflusses erreicht werden soll, z.B. bei Ausführung eines bedingten Sprungbefehls.

Wie jeder Befehl werden bedingte Sprungbefehle vom Leitwerk zunächst gelesen und decodiert, um so die Steuersignale für das Datenwerk zu generieren. Das Datenwerk wertet daraufhin die im Befehl codierte Bedingung aus und gibt das Ergebnis an das Leitwerk weiter. Falls die Bedingungsauswertung ergeben hat, dass die Sprungbedingung nicht erfüllt ist, wird genauso wie mit allen anderen Befehlen verfahren: Das Leitwerk inkrementiert den Befehlszähler und beginnt die Bearbeitung des nächsten Befehls. Falls jedoch die Sprungbedingung erfüllt ist, wird der

Befehlszähler entsprechend des im Sprungbefehl codierten Operanden gesetzt und somit das Leitwerk veranlasst, als nächstes den am Sprungziel stehenden Befehl auszuführen: Der Sprungbefehl verzweigt.

Sofern das Sprungziel unmittelbar im Sprungbefehl codiert ist, kann es dabei direkt vom Leitwerk extrahiert und später verarbeitet werden. Flexibler ist es jedoch, wenn der im Sprungbefehl codierte Operand zur Identifikation des Sprungziels (i. Allg. die Zieladresse), zunächst an das Datenwerk weitergereicht und vom Datenwerk zurück zum Leitwerk geführt wird, da es auf diese Weise möglich ist, die Zieladresse eines Sprungbefehls im Datenwerk zu modifizieren. Wird so verfahren, müssen auch unbedingte Sprungbefehle grundsätzlich das Datenwerk durchlaufen, wobei lediglich die Zieladresse des Sprungs zusammen mit der Sprungbedingung „verzweigen" an das Leitwerk unmodifiziert weitergereicht werden. Unbedingte Sprungbefehle als Sonderform bedingter Sprungbefehle zu bearbeiten, vereinfacht die Realisierung eines Prozessors, da hierzu nur das boolesche Bedingungsergebnis abhängig vom Sprungbefehlstyp „bedingt" oder „unbedingt" entsprechend zu definieren ist.

Das Datenwerk ist in Bild 2.1 in sich selbst über den Datenwerkszustand rückgekoppelt. Eine solche Rückkopplung ist nicht zwingend erforderlich, kann jedoch die Implementierung eines Prozessors vereinfachen. Zum Beispiel werden Speicher großer Kapazität oft als 1-Port-Speicher realisiert, was zwar den Aufwand vermindert, jedoch den Nachteil hat, dass sich pro Zeiteinheit nur ein Zugriff darauf durchführen lässt. Zur Ausführung einer dyadischen Operation ist es jedoch erforderlich, auf zwei Operanden und ein Ergebnis lesend bzw. schreibend zuzugreifen, was mit einem einschrittig arbeitenden Datenwerk nur erreichbar ist, wenn man die Operanden und das Ergebnis in einem 3-Port-Speicher hält. Indem nun das Datenwerk rückgekoppelt wird, lässt sich ein Befehl in mehrere Operationen zerlegen und nacheinander vom Datenwerk ausführen, wobei bereits ermittelte Operanden oder Ergebnisse als Teil des Datenwerkzustands in technischen und nach außen hin nicht sichtbaren Registern gehalten werden.

Sowohl das Leitwerk als auch das Datenwerk in Bild 2.1 verfügen über Speicher, die durch die Kästen „Befehle" und „Daten" symbolisiert sind. Es wurde bewusst darauf verzichtet, hier die Begriffe „Befehlsspeicher" und „Datenspeicher" zu verwenden, da die Speicheranbindung in realen Systemen oft wesentlich komplizierter realisiert ist, als sich dies im Bild sinnvoll darstellen ließe. So speichert ein reales Datenwerk Operanden oft nicht im Datenspeicher, sondern bedient sich des schnellen Registerspeichers. Des Weiteren wird auf Daten- und Befehlsspeicher oft über einen oder mehrere Caches zugegriffen. Auch ist implementierungsabhängig, ob der Befehls- und Datenspeicher im Rechner physikalisch getrennt sind oder ob Befehle und Daten in einem gemeinsamen Speicher, dem Hauptspeicher, gehalten werden.

▶ Beispiel 2.1. *Zeitsequentielle Verarbeitung von Befehlen.* Angenommen es sollen zwei Operanden aus dem Datenspeicher addiert und das Ergebnis im Datenspeicher abgelegt werden. Die Verarbeitung eines entsprechenden Befehls beginnt mit dessen Decodierung im Leitwerk. Anschließend wird das Datenwerk dazu veranlasst, den ersten Operanden aus dem Datenspeicher in ein technisches Register zu übertragen, dessen Inhalt den Datenwerkszustand repräsentiert. Als nächstes werden, wieder durch das Leitwerk gesteuert, der zweite Operand geladen, die Operanden verknüpft und mit dem Ergebnis der nun nicht weiter benötigte Operand in dem nach außen hin unsichtbaren technischen Register überschrieben. Im dritten Schritt wird schließlich das Ergebnis aus dem technischen Register in den Speicher geschrieben. Die in diesem Beispiel vom Datenwerk bearbeitete Operationsfolge wird vom Leitwerk generiert, das über den Fortgang der Bearbeitung Buch führen muss. Der Bearbeitungszustand wird als Teil des Leitwerkszustands gespeichert. Welche Operationen jeweils auszuführen sind, ist im Leitwerk, genauer im Mikroprogrammspeicher, festgelegt (siehe Abschnitt 2.1.7).   ◢

2.1.2 Grundstruktur

Die abstrakte Darstellung eines Prozessors entsprechend Bild 2.1 ist nicht geeignet, um daran Details einer Realisierung zu beschreiben. Deshalb wird nachfolgend die *Registertransferschaltung* eines einfachen Prozessors ohne ein in sich rückgekoppeltes Datenwerk diskutiert (Bild 2.2). Zur Darstellung ist eine von [98] abgeleitete etwas vereinfachte und weitgehend selbsterklärende Symbolik verwendet worden. Signalleitungen und Busse sind darin durch Linien (ggf. mit der Anzahl der von einem Bus gebündelten Signalleitungen beschriftet), Register als rechteckige Kästen, Decoder als Trapeze, Multiplexer als auf Linien geführte Pfeile und Schaltnetze als nicht umrahmte funktionsbeschreibende Texte dargestellt.

Obwohl Speicher durch Zusammenschaltung von Registern, Multiplexern und Decodern realisierbar sind, werden sie wegen ihrer großen Bedeutung durch ein eigenes Symbol, einem zusammengezogenen Decoder und Register, repräsentiert. Insbesondere wird, im Gegensatz zu [98], der Übersichtlichkeit halber nicht für jeden Port ein separater Decoder dargestellt. Die *Portzahl* ist somit aus der Anzahl der in den Decoder geführten Adressen abzulesen. Für Schreibports werden außerdem *Steuersignale* benötigt, die durch offene Pfeile dargestellt sind.

Die Zuordnung der Adressen, der Ein- und Ausgänge sowie der Steuersignale für die Schreibports wird durch die Reihenfolge festgelegt, mit der sie von oben nach unten bzw. von links nach rechts an den Speicher geführt sind (für die meisten Betrachtungen ist die Zuordnung jedoch nicht von Bedeutung). Dem Leser mag in dieser Symbolik vor allem ungewöhnlich erscheinen, dass Schaltnetze nicht in irgend einer Weise umrahmt werden. Die Darstellungsform wird hier deshalb bevorzugt, weil die geringere Anzahl von Linien, vor allem in komplexen Strukturen, die Übersichtlichkeit erhöht.

Die Bearbeitung eines Befehls durch den in Bild 2.2 dargestellten Prozessor beginnt, indem der Befehlsspeicher mit dem Inhalt des Befehlszählers (PC) adressiert wird. Sobald nach Ablauf der Zugriffszeit der zu bearbeitende Befehl am Ausgang des Befehlsspeichers erscheint, werden daraus die Adressen für Operanden und Ergebnis sowie der Operationscode extrahiert. Letzterer wird in den Decoder geführt, der daraus Steuersignale sowohl für das Leitwerk als auch für das Datenwerk generiert.

Während der Befehlsdecoder den Befehl analysiert, erfolgt zeitgleich der Zugriff auf die Quelloperanden im Datenspeicher. Dies ist deshalb bemerkenswert, weil erst nach dem Decodieren des Befehls feststeht, ob die Operanden überhaupt benötigt werden. Ist dies nicht der Fall, verwirft man sie. Sobald der Befehl decodiert ist und die Operanden gelesen sind, kommt die Operation in der sog. *Arithmetisch-Logischen-Einheit* (*arithmetic-logical-unit, ALU*) zur Ausführung. Das Verknüpfungsergebnis wird schließlich, vom Befehl abhängig, ggf. in den Datenspeicher geschrieben, und zwar gesteuert vom *Befehlsdecoder*.

Die Bearbeitung eines Befehls ist jedoch noch nicht beendet. Neben dem Verknüpfungsergebnis generiert die ALU nämlich noch ein vom Befehlsdecoder optional auswertbares Bedingungsergebnis. Abhängig oder unabhängig von diesem Signal wird gesteuert, ob sich die in den Befehlszähler zu ladende Adresse des nächsten auszuführenden Befehls dadurch ergibt, dass die aktuelle Befehlsadresse inkrementiert, also nicht verzweigt wird, oder dadurch, dass die im Befehl codierte Zieladresse verwendet, also verzweigt wird.

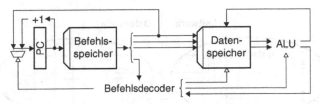

Bild 2.2. Registertransferstruktur eines einfachen Prozessors

Bis zu diesem Zeitpunkt ist weder der Befehlszähler, noch der Inhalt des Datenspeichers modifiziert worden. In den normalerweise synchron arbeitenden Prozessoren geschieht das mit der nächsten steigenden, fallenden oder einer beliebigen Taktflanke. Dies ist essentiell für die Funktionsweise eines synchron arbeitenden Prozessors, da es sonst z.B. möglich wäre, dass der Inhalt des Befehlszählers sich ändert, bevor der Zugriff auf den Befehlsspeicher abgeschlossen ist.

Die in Bild 2.2 dargestellte Registertransferschaltung erlaubt einige Rückschlüsse auf das dem Prozessor zugrunde liegende Programmiermodell. Aus der Datenspeicheransteuerung kann geschlossen werden, dass es sich um eine 3-*Adressarchitektur* handelt, die Befehle fester Breite verarbeitet. Sowohl auf den Daten- als auch den Befehlsspeicher wird direkt zugegriffen. Andere Adressierungsarten, insbesondere die indirekte oder unmittelbare Adressierung finden keine Unterstützung. Bedingte Sprungbefehle verzweigen abhängig von einem Bedingungsergebnis, das entweder im Datenspeicher abgelegt sein muss oder mit dem Sprungbefehl erzeugt wird. Im Befehl sind jeweils die Adressen der auszuwertenden Operanden und das potentielle Sprungziel codiert. Da der Inhalt des Befehlszählers nicht sicherbar ist, lassen sich keine Unterprogrammaufrufe durchführen. Welche Befehle im Detail verarbeitbar sind, ist der Registertransferschaltung in Bild 2.2 nicht zu entnehmen. Um diese Information zu erhalten, müsste man den Befehlsdecoder analysieren, der die Operationscodes in den Befehlen, u.a. in ein Steuersignalbündel für die ALU umwandelt, in der alle arithmetisch-logischen Befehle ausgeführt werden.

Der Speicherbedarf eines Programms für den im Bild 2.2 dargestellten Prozessor ist aller Voraussicht nach sehr hoch, und zwar deshalb, weil bei Adressraumgrößen von heute wenigstens 4 GWorten 32 Bit breite Adressen erforderlich sind. Ein Befehl ist somit wenigstens 96 Bit breit. Nachteilig wirkt sich hier auch aus, dass nicht alle

Befehle drei Adressen erfordern, aber in allen Befehlen drei Felder enthalten sind. Auf welche Weise sich die angedeuteten Probleme lösen lassen, wird im nächsten Abschnitt beschrieben. Zuvor soll jedoch noch gezeigt werden, dass die Registertransferschaltung in Bild 2.2 tatsächlich der theoretischen Struktur in Bild 2.1 entspricht. Hierzu wurde in Bild 2.3 die Registertransferschaltung in der Weise umgezeichnet, dass Leiteinheit und Dateneinheit darin durch Ovale vergleichbar mit Bild 2.1 eingegrenzt sind. Die Steuerung des Datenwerks geschieht durch die unteren fünf Signalbündel, die von der Leit- zur Dateneinheit geführt sind. Das darüber dargestellte Signal dient der Steuerung des Leitwerks durch das Datenwerk. Der Leitwerkszustand ist im Befehlszähler gespeichert, dessen Inhalt von der Leiteinheit schrittweise verändert werden kann. Die Dateneinheit besitzt entsprechend der gemachten Vorgaben keine solche Rückkopplung.

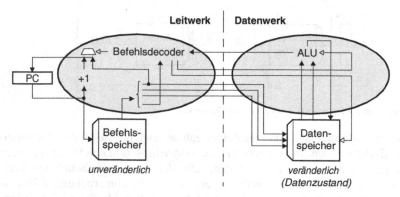

Bild 2.3. Entsprechend der theoretischen Struktur in Bild 2.1 umgezeichnete Registertransferstruktur des Prozessors, der in Bild 2.2 dargestellt ist

2.1.3 Speicherung

Ein Prozessor entsprechend der Registertransferstruktur aus Bild 2.2 wird man vor allem wegen des aufwendigen 3-Port-Datenspeichers nicht wirklich realisieren, da die heute normalerweise verwendeten Speichermodule nur über einen einzelnen Port für Schreib- und Lesezugriffe verfügen. Eine direkte Lösung dieser Problematik besteht darin, den Datenspeicher zeitsequentiell anzusteuern, also auf Operanden und Ergebnis nacheinander zuzugreifen. Als Nachteil muss jedoch in Kauf genommen werden, dass die Ausführungsgeschwindigkeit, mit der sich die Befehle verarbeiten lassen, deutlich geringer ausfällt, als wenn auf die Operanden und das Ergebnis parallel zugegriffen wird.

Eleganter ist es, wenn man den Datenspeicher durch einen *Registerspeicher* ersetzt, der eine geringe Kapazität aufweist und sich daher leicht mit drei Ports realisieren lässt. Um große Datenmengen speichern zu können, wird dem 3-Port-Registeraußerdem ein *1-Port-Datenspeicher* großer Kapazität zur Seite gestellt. In Bild 2.4 ist ein Prozessor mit *Lade-Speichere-Architektur* dargestellt, der direkt aus der Registertransferschaltung entsprechend Bild 2.2 hergeleitet wurde (zur Lade-Speichere-Architektur siehe Abschnitt 1.3.2).

Arithmetische und logische Operationen lassen sich in ähnlicher Weise wie von der in Bild 2.2 dargestellten Struktur verarbeiten, nur dass das von der ALU erzeugte Ergebnis hier über einen vom Befehlsdecoder gesteuerten Multiplexer in den Registerspeicher geschrieben wird. Den Multiplexer benötigt man, um den angeschlossenen Registerport alternativ mit dem Ausgang der ALU oder mit dem Datenspeicher, in diesem Fall bidirektional, zu verbinden (dick gezeichneter und mit b markierter Bus). So ist es möglich, Inhalte aus dem Daten- in den Registerspeicher oder umgekehrt aus dem Register- in den Datenspeicher zu transportieren. Die Datenrichtung wird dabei vom Befehlsdecoder vorgegeben, der, vom auszuführenden Befehl abhängig, sowohl den Register- als auch den Datenspeicher anweist, jeweils alternierend als Quelle oder Senke zu fungieren.

Die Adressierung des Datenspeichers geschieht dabei auf eine zu Bild 2.2 vergleichbare Weise, und zwar, indem die im Befehl codierte direkte Adresse auf den Datenspeicher geführt wird (über den mit a markierten Bus). Statt der vormals drei Datenspeicheradressen muss nun jedoch nur eine Datenspeicheradresse im Befehl angegeben sein. Die Befehle lassen sich also kompakter codieren als für den in Bild 2.2 dargestellten Prozessor.

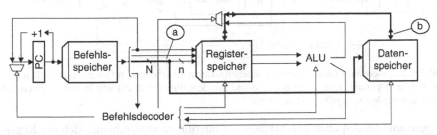

Bild 2.4. Registertransferschaltung eines einfachen sequentiell arbeitenden Prozessors, mit 3-Port-Register- und 1-Port-Datenspeicher

Es ist wichtig auf Folgendes hinzuweisen: Der für die Datenspeicheradresse vorgesehene Platz im Befehlscode ist für andere Zwecke verwendbar, wenn nicht auf den Datenspeicher zugegriffen werden muss. Im Bild wird dies genutzt, um statt der N-Bit-Datenspeicheradresse eine der drei n-Bit-Registeradressen zu codieren. Es wurde darauf verzichtet, die zweite Registeradresse ebenfalls in dem N Bit breiten Feld für die Datenspeicheradresse zu codieren, da die Struktur in Bild 2.4 dadurch etwas unübersichtlicher geworden wäre. Tatsächlich ließen sich die Befehle auf diese Weise jedoch etwas kompakter codieren, weil nämlich die zweite Registeradresse in Befehlen, die auf den Datenspeicher zugreifen, nicht benötigt wird. Für die folgenden Betrachtungen ist dies ohne Bedeutung.

2.1.4 Datenadressierung

Der in Bild 2.4 dargestellte Prozessor kann direkt auf den Register- oder Datenspeicher zugreifen, ist jedoch noch nicht imstande, unmittelbare Operanden zu verarbeiten oder indirekt auf den Datenspeicher zuzugreifen. Beides lässt sich durch geringfügige Modifikation der Registertransferschaltung aus Bild 2.4 zu der in Bild 2.5 dargestellten Struktur ermöglichen.

Damit *unmittelbare Operanden* verarbeitbar sind, wurde die mit a markierte Verbindung hinzugefügt, die den im Befehl codierten Wert am Registerspeicher vorbei über den Multiplexer zur ALU führt. Der Multiplexer wird dabei benötigt, um entweder den Inhalt eines Registers oder den unmittelbaren Wert zur ALU durchzuschalten, und zwar gesteuert vom Befehlsdecoder, der hierzu die im Befehl codierte Adressierungsart auswertet. Wie in Abschnitt 1.3.2 beschrieben, ist es nicht notwendig, beide Operanden einer dyadischen Operation unmittelbar adressieren zu können, weshalb sich hier ein Multiplexer für den zweiten ALU-Eingang einsparen lässt. Welcher der beiden Operanden unmittelbar adressierbar sein soll, ist vom Programmiermodell abhängig und wird in den verschiedenen realen Prozessoren unterschiedlich gehandhabt.

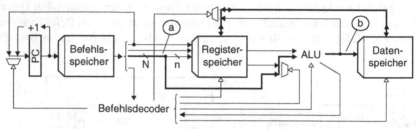

Bild 2.5. Registertransferstruktur eines einfachen sequentiell arbeitenden Prozessors, mit dem sich unmittelbare Operanden verarbeiten lassen und mit dem direkt, indirekt und indirektindiziert auf den Datenspeicher zugegriffen werden kann

Abgesehen von den eben beschriebenen Änderungen unterscheidet sich die Registertransferschaltung in Bild 2.5 nur noch in einem marginalen Detail von der in Bild 2.4 dargestellten Struktur: Die Adressen für Datenspeicherzugriffe werden nicht unmodifiziert dem Befehlcode entnommen, sondern von der ALU generiert, so dass es nun möglich ist, den Datenspeicher sowohl *direkt*, *indirekt* als auch *indirektindiziert* anzusprechen.

Bei einem direkten Zugriff, führt man die Adresse hierbei über die mit einem a markierte Verbindung am Registerspeicher vorbei, durch die ALU und über die mit b markierte Verbindung zum Datenspeicher. Die ALU ist dabei in der Weise zu steuern, dass der untere Eingang unmodifiziert am Ausgang erscheint. Für einen indirekten Zugriff muss der Inhalt eines Registers über den Multiplexer auf den unteren Eingang der ALU und von dort zum Datenspeicher übertragen werden. Ein indirektindizierter Zugriff lässt sich schließlich durchführen, indem entweder der Inhalt von zwei Registern oder der Inhalt eines Registers sowie einer Konstanten von der ALU addiert und das Ergebnis für die Adressierung des Datenspeichers verwendet wird.

▶ Bemerkung. Bei der indirektindizierten Adressierung addiert die ALU vor dem Zugriff auf den Datenspeicher die Basisadresse und den Index. Natürlich, ist es möglich, das Ergebnis der Adressberechnung weiter zu verarbeiten. Bei der in Abschnitt 1.2.3 beschriebenen *postmodifizierenden* indirekten Adressierung wird z.B. der Inhalt des als Basis verwendeten Registers nach dem Zugriff verändert, was hier leicht dadurch erreichbar ist, dass man ein zusätzlichen Schreibport am Registerspeicher vorsieht. Es sei dem Leser überlassen, die Registertransferstruktur entsprechend Bild 2.5 so abzuwandeln, dass auch die prämodifizierende indirekte Adressierung ermöglicht wird. ◢

2.1.5 Befehlsadressierung

Der Prozessor in Bild 2.5 ist zwar bezüglich der Funktionalität seines Datenwerks vergleichbar mit realen Prozessoren, wie z.b. dem Alpha 21364 von Compaq [25, 28] oder dem ARM7TDMI von ARM ltd. [10, 11], nicht jedoch in der Funktionalität seines Leitwerks. Nachteilig ist vor allem, dass keine *Unterprogramme* aufgerufen werden können, da es hierzu möglich sein muss, die Adressen der aufrufenden Befehle zu sichern. Die erforderlichen Erweiterungen sind in Bild 2.6 dargestellt. Beim Aufruf eines Unterprogramms wird die Zieladresse über die mit a markierte Verbindung und den Multiplexer in den Befehlszählers PC übertragen und gleichzeitig die Adresse des unterprogrammaufrufenden Befehls, die man für einen Rücksprung am Ende des Unterprogramms benötigt, aus dem Befehlszähler über die mit b markierte Verbindung zum Registerspeicher transportiert.

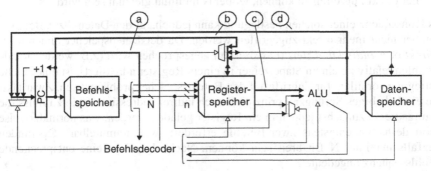

Bild 2.6. Registertransferschaltung eines sequentiell arbeitenden Prozessors, mit dem sich Unterprogrammaufrufe und -rücksprünge ausführen lassen

Zu beachten ist, dass ein Sprungziel nicht mehr, wie in Bild 2.5, statt einer Ergebnisadresse im Befehl codiert ist, sondern nun statt der N Bit breiten Operandenadresse. Dies hat vor allem nachteilige Auswirkungen auf bedingte Sprungbefehle, da im Befehl nicht zwei Operandenadressen codiert werden können, sondern maximal eine Operandenadresse codiert werden kann. Der Vergleich zweier Operanden ist dennoch möglich, wie dies anhand der nachfolgenden Befehlsfolge zu ersehen ist.

```
cmpne    r1, r2, r3    // Vergleiche r2 ≠ r3 und speichere Wahrheitswert in r1
bt       r1, label     // Verzweige falls der Wert in r1 wahr ist (branch true)
```

Um nach Bearbeitung eines Unterprogramms in das aufrufende Programm zurückzukehren, ist es erforderlich, die in einem Register gespeicherte Adresse des unterprogrammaufrufenden Befehls auszuwerten, weshalb in Bild 2.6 die mit c und d markierten Verbindungen vorgesehen sind. Zunächst wird die beim Unterprogrammaufruf gespeicherte Adresse in die ALU übertragen und um Eins inkrementiert. Letzteres ist hier erforderlich, weil nicht zum unterprogrammaufrufenden, sondern zu dem darauf folgenden Befehl gesprungen werden soll. Das Ergebnis wird anschließend über die mit d markierte Verbindung in den Befehlszähler transportiert. Der Rücksprung erfolgt, sobald der Befehlszähler die Adresse übernimmt.

Ein Rücksprungbefehl entspricht somit einem indirektindizierten Sprung, der sich selbstverständlich auch für andere Zwecke nutzen lässt. Die Vorgehensweise ist wie beim UltraSPARC IIIi von Sun gewählt, bei dem ein Rücksprung über den Befehl *jmpl* (*jump and link*) nachgebildet wird [162, 163, 173]. Das Speichern der Rücksprungadresse auf einem Stapel ist bei Prozessoren, die in dieser Weise arbeiten, programmiert nachzubilden.

Die in Bild 2.6 dargestellte Registertransferstruktur unterscheidet sich von realen Implementierungen bezüglich des Programmiermodells nur noch in wenigen Details. Zum Beispiel ist in jedem Befehl ein N Bit breites Feld vorhanden, in dem u.a. eine Adresse für Zugriffe auf den gesamten Daten- bzw. Befehlsspeicher codierbar ist. Da Befehle oft ausschließlich über n Bit breite Adressen auf den Registerspeicher zugreifen, bleiben jedoch N – n Bits ungenutzt. Es ist daher oft günstiger, N kleiner zu wählen, als erforderlich ist, um auf den gesamten Daten- bzw. Befehlsspeicher direkt zugreifen zu können, wobei N minimal gleich n sein wird.

Als Konsequenz einer solchen Festlegung kann jedoch auf den Daten- bzw. Befehlsspeicher nicht mehr direkt zugegriffen werden. Da der Datenspeicher ohnehin oft *indirekt* oder *indirektindiziert* (*basisrelativ*) angesprochen wird (z.B. werden lokale Variablen relativ zu einem Stapelzeiger in einem Register adressiert), ist eine solche Festlegung vor allem für Zugriffe auf den Befehlsspeicher problematisch. Zwar lässt sich ein beliebiges Sprungziel prinzipiell auch indirekt adressieren, hierzu muss die Sprungadresse zunächst jedoch in ein Register geladen werden, was normalerweise schon deshalb wenigstens zwei Befehle erfordert, weil unmittelbare Operanden ebenfalls maximal N Bit breit sein können. Nachfolgend ist eine entsprechende Befehlssequenz angedeutet.

```
sethi    r1, label      // Da r1 = label nicht in einem Befehl ausgeführt ...
or       r1, label, r1  // ... werden kann wird label in zwei Hälften zugewiesen
bt       r2, [r1]       // Bedingte Sprung zur Adresse label, falls r2 wahr ist
```

Da bedingte und unbedingte Sprungbefehle häufig auftreten, realisiert man Prozessoren i. Allg. so, dass indirekte Sprünge in den meisten Fällen verzichtbar sind. Erreicht wird dies, indem statt direkter Befehlsadressen *befehlszählerrelative Distanzen* verwendet werden, die sich deshalb kompakter codieren lassen als direkte Befehlsadressen, weil Sprungbefehle und die jeweiligen Sprungziele in vielen Fällen nahe beieinander liegen (z.B. in kleinen Schleifen).

Natürlich ist es trotzdem von Vorteil, wenn für die Codierung der befehlszählerrelativen Distanz möglichst viele Bits zur Verfügung stehen, weshalb in der Registertransferschaltung entsprechend Bild 2.7 die Sprungdistanz in einem Feld codiert ist, das sich durch Zusammenfassung der zwei Operandenadressen und der einen Ergebnisadresse ergibt. Die wenigstens 3n Bit breite Sprungdistanz wird anschließend über die mit a markierte Verbindung zu einem Addierer geführt (mit b markiert), der sie in eine direkte Befehlsadresse umrechnet, zu der schließlich verzweigt wird.

Neben dem Operationscode ist in Sprungbefehlen also nur noch die Sprungdistanz codiert. Insbesondere ist es nicht möglich, eine Registeradresse in bedingten Sprungbefehlen anzugeben, die jedoch benötigt wird, um auf das die Bedingungsgröße enthaltende Register zuzugreifen. Deshalb werden in Bild 2.7 die Bedingungsgroßen nicht direkt vom Decoder ausgewertet, sondern zunächst im *Bedingungsregister CC* (*condition code*, im Bild durch c markiert), das bei einem Operandenvergleich entsprechend aller von einem Prozessor auswertbaren Relationen gesetzt und dabei ebenfalls implizit adressiert wird (siehe hierzu Abschnitt 1.1.7).

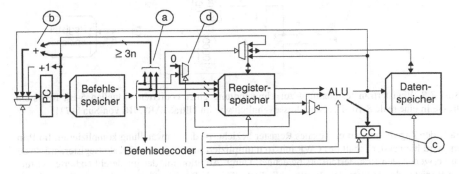

Bild 2.7. Registertransferschaltung eines sequentiell arbeitenden Prozessors, der ein Bedingungsregister besitzt und befehlszählerrelative Sprünge ausführen kann

Ganz ähnlich kann verfahren werden, um die Rücksprungadresse von Unterprogrammaufrufen zu sichern. Zur impliziten Adressierung des bei einem Unterprogrammaufrufs zu verwendenden Registers wird über den mit d markierten Multiplexer eine Konstante auf den Registerspeicher durchgeschaltet, die festgelegt, in welchem Register die Rücksprungadresse gesichert werden soll (hier in r0). Nachteil dieses Verfahrens ist, dass bei geschachtelten Unterprogrammaufrufen eine möglicherweise bereits gesicherte Rücksprungadresse überschrieben wird, was sich jedoch verhindern lässt, indem der Inhalt des entsprechenden Registers vor jedem Unterprogrammaufruf gesichert und nach jedem Unterprogrammaufruf wieder hergestellt wird (trotz dieses Nachteils ist das Verfahren weit verbreitet und wird z.B. im Alpha 21364 von Compaq [25, 28], im PowerPC 970 von IBM [67] und anderen Prozessoren verwendet).

▶ Bemerkung. Wie in Abschnitt 1.4.2 beschrieben wurde, ist es möglich, einen Registerspeicher auch nichtlinear adressierbar zu realisieren. Zum Beispiel verfügt der UltraSPARC IIIi von Sun [173] über 128 lokale und acht sichtbare globale Register. Ein wahlfreier Zugriff auf alle Register erfordert somit wenigstens acht Bit breite Adressen. Tatsächlich sind in den Befehlen jedoch nur fünf Bit breite Adressen codiert, mit denen der Zugriff auf acht *globale* und maximal 24 *lokale* Register möglich ist.

Damit trotzdem alle 128 lokalen Register angesprochen werden können, ist der Registerspeicher zusätzlich in *Fenstern* organisiert, von denen eines durch den sog. CWP (current window pointer) ausgewählt wird. Er ist fünf Bit breit, enthält beim UltraSPARC III jedoch nur drei relevante Bits. Bei einem Zugriff auf ein Register, wird die im Befehl codierte Adresse und der Inhalt des CWP zu einer realen Registeradresse umgeformt. Wie dies prinzipiell geschieht, ist in Bild 2.8 als Registertransferschaltung andeutungsweise dargestellt.

Zunächst trennt man von der im Befehl codierten virtuellen Registeradresse die oberen beiden Bits ab, um so zu unterscheiden, ob ein globales (in diesem Fall sind die oberen beiden Bits gleich 0) oder ein lokales Register adressiert werden soll. Bei einem Zugriff auf ein globales Register wird vom Multiplexer eine fünf Bit breite Konstante durchgeschaltet und anschließend mit den unteren drei Bits zu einer realen Registeradresse zusammengesetzt. Das acht Bit breite Ergebnis liegt dabei im Adressbereich 10000000_2 bis 10000111_2.

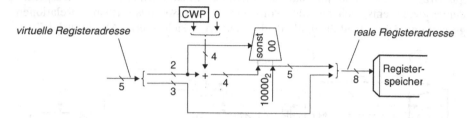

Bild 2.8. Registertransferschaltung zur Umwandlung einer codierten virtuellen 5-Bit-Registeradresse in eine reale 8-Bit-Registeradresse (ähnlich wie im UltraSPARC IIIi von Sun [173])

Falls der Zugriff sich auf ein lokales Register bezieht, ist die Umwandlung komplizierter. Im Prinzip wird hierbei der Inhalt des CWP mit 16 multipliziert und dadurch die reale Registeradresse des zu verwendenden Registerfensters berechnet. Durch Addition mit der im Befehl codierten virtuellen Registeradresse lässt sich daraus schließlich die reale Registeradresse erzeugen. Genau dies ist auf geschickte Weise in Bild 2.8 implementiert.   ◢

2.1.6 Datenwerke und Datenregister

Die meisten Merkmale der Registertransferschaltung in Bild 2.7 lassen sich auch auf andere Art und Weise realisieren, und zwar ohne hierbei eine verminderte Leistungsfähigkeit in Kauf nehmen zu müssen. Alle Varianten zu beschreiben, ist wegen der großen Vielfalt jedoch nicht möglich, weshalb im Folgenden grundsätzliche Architekturprinzipien diskutiert werden, die den Datenwerken von Prozessoren zuzuordnen sind. Bild 2.9 stellt von oben nach unten die aufs Wesentliche reduzierten Datenwerke von Prozessoren dar, die eine 3-, 2-, 1- bzw. 0-Adressarchitekturen aufweisen. Die Registertransferschaltungen unterscheiden sich vor allem in den Datenregistern, die in Bild 2.9a und 2.9b als 3- bzw. 2-Port-Registerspeicher, in Bild 2.9c als Akkumulator mit Indexregister und in Bild 2.9d als Stapel realisiert sind (siehe hierzu auch Abschnitt 1.3.2).

3-Adressarchitektur

Das Datenwerk in Bild 2.9a entspricht nach Vereinfachung dem, was in Bild 2.7 dargestellt ist und dort bereits detailliert beschrieben wurde. Der darin enthaltene *3-Port-Registerspeicher* erlaubt das gleichzeitige Lesen von drei Operanden oder alternativ das Lesen von zwei Operanden und das Schreiben von einem Ergebnis. Zu Vergleichszwecken sind einige Verbindungen in Bild 2.9a dick gezeichnet. Sie werden bei Zugriffen auf den Datenspeicher benötigt, wobei die mit a markierte Verbindung bei einem Ladebefehl vom Daten- zum Registerspeicher und bei einem Speicherebefehl vom Register- zum Datenspeicher erforderlich ist.

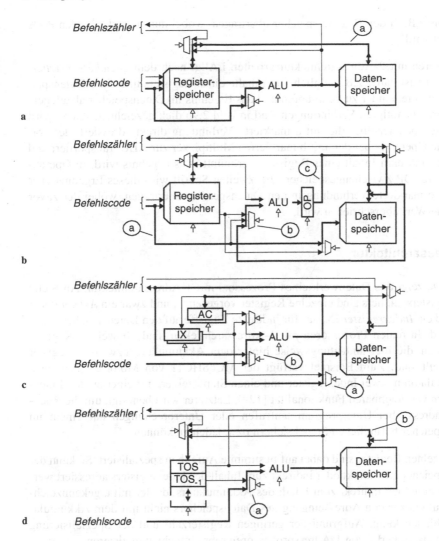

Bild 2.9. Datenwerke von Prozessoren mit unterschiedlichen Architekturen. **a** 3-Adressdatenwerk, **b** 2-Adressdatenwerk, **c** 1-Adressdatenwerk, **d** 0-Adressdatenwerk

2-Adressarchitektur

In Bild 2.9b stellt das Datenwerk eines Prozessors mit 2-Adressarchitektur dar. Der Registerspeicher verfügt über zwei *Ports* über die zeitgleich zwei Lesezugriffe oder ein Lese- und ein Schreibzugriff durchgeführt werden können. Die bei dyadischen Operationen notwendigen drei Zugriffe werden hier zeitsequentiell ausgeführt: Im ersten Schritt werden die zu verarbeitenden Operanden gelesen, in der ALU miteinander verknüpft und das Ergebnis in dem für Programmierer unsichtbaren technischen Register OP abgelegt. Im zweiten Schritt wird das dort zwischengespeicherte

Ergebnis z.B. in den Registerspeicher übertragen, wobei nur einer der beiden Ports benötigt wird[1].

Prozessoren mit 2-Adressarchitektur arbeiten i.Allg. nach dem *Speicher-Speicher-Prinzip*. Es ist daher z.B. möglich, die Inhalte eines Registers und einer Datenspeicherzelle miteinander zu verknüpfen und das Ergebnis im Datenspeicher abzulegen. Die hierzu benötigten Verbindungen sind in Bild 2.9b dick gezeichnet. Zuerst wird der Datenspeicher über die mit a markierte Verbindung direkt adressiert, der dort gelesene Operand über den mit b markierten Multiplexer zur ALU transportiert und dort z.B. mit dem Inhalt eines Registers verknüpft. Das Ergebnis wird im Operandenregister OP zwischengespeichert. Im zweiten Schritt wird dieses Ergebnis über die mit c markierte Verbindung in den Datenspeicher übertragen, wobei der zuvor gelesene Wert überschrieben wird.

1-Adressarchitektur

Bild 2.9c zeigt das Datenwerk eines Prozessors mit 1-Adressarchitektur. An Stelle des Registerspeichers sind einzelne Register vorgesehen, und zwar ein *Akkumulator* AC und ein *Indexregister* IX, das für indirekte Zugriffe auf den Datenspeicher benötigt wird. In realen Prozessoren mit 1-Adressarchitektur sind oft weitere Register vorhanden, die hier andeutungsweise hinter dem Akkumulator bzw. Indexregister dargestellt sind. Zum Beispiel verfügt der MC68HC11 von Motorola über zwei Akkumulatoren, zwei Indexregister und einen Stapelzeiger, mit einer zu den Indexregistern vergleichbaren Funktionalität [129]. Letzterer wird benötigt, um die Rücksprungadresse bei Unterprogrammaufrufen oder Unterbrechungen auf einem im Datenspeicher befindlichen Stapel sichern bzw. laden zu können.

Die einzelnen Register sind dabei auf bestimmte Aufgaben spezialisiert. So kann der Datenspeicher z.B. direkt oder indirekt zum Inhalt des Indexregisters adressiert werden, nicht jedoch indirekt zum Inhalt des Akkumulators, da der mit a gekennzeichnete Multiplexer den Adresseingang des Datenspeichers nicht mit dem Akkumulator verbinden kann. Aufgrund der geringen Registerzahl und der Spezialisierung sind die Datenwerke von 1-Adressprozessoren sehr einfach zu realisieren.

Die hervorgehoben gezeichneten Verbindungen werden benötigt, wenn der Inhalt einer Datenspeicherzelle mit dem Inhalt des Akkumulators verknüpft und das Ergebnis im Akkumulator abgelegt werden soll. Die im Befehl codierte direkte Adresse wird zunächst über den mit a markierten Multiplexer zum Datenspeicher geführt. Der darin adressierte Inhalt gelangt über den mit b gekennzeichneten Multiplexer zur ALU, wo er mit dem Inhalt des Akkumulators verknüpft wird. Das Ergebnis überschreibt schließlich den Inhalt des Akkumulators.

---

1. Eine dyadische Operation auf dem Registerspeicher kann im Prinzip auch in einem Schritt bearbeitet werden. Hierzu muss der Registerspeicher jedoch über einen einfach adressierbaren Port mit separatem Ein- und Ausgang verfügen. Siehe hierzu z.B. [98].

0-Adressarchitektur

Das Datenwerk eines Prozessors mit 0-Adressarchitektur ist in Bild 2.9d dargestellt. Statt eines Registerspeichers oder einzelner Register ist ein *Stapel* vorhanden, von dem man implizit die zu verarbeitenden Operanden liest und das erzeugte Ergebnis schreibt. Die drei Aktionen „Operanden holen", „Operanden Verknüpfen" und „Ergebnis schreiben" sind normalerweise einschrittig bearbeitbar. Mit Ausführung einer dyadischen Operation werden z.B. die obersten im Stapel befindlichen beiden Operanden zur ALU geführt und dort verknüpft. Das Ergebnis überschreibt dann den obersten Stapeleintrag TOS (top of stack). Gleichzeitig werden alle Einträge unterhalb von TOS_{-1} um eine Position nach oben verschoben, wobei der alte Inhalt von TOS_{-1} verloren geht.

Die Anzahl der Einträge des in Hardware realisierten Stapels ist i.Allg. begrenzt. Zum Beispiel fasst der Stapel im Transputer T9000 nur drei [84] im picoJava-II von Sun 64 Einträge [177] (siehe auch [175, 176]). Beim picoJava-II wird der Stapel jedoch für den Benutzer transparent im Datenspeicher fortgesetzt. Wächst der Stapel, so werden die jeweils in den unteren Positionen gespeicherten Einträge bei Bedarf automatisch in den Datenspeicher geschrieben. Wird der Stapel kleiner, werden die im Datenspeicher gesicherten Werte automatisch in die unteren Positionen des Stapels zurückgeladen. Das Verfahren erhöht die Komplexität des Datenwerks erheblich.

Die im Bild hervorgehoben gezeichneten Verbindungen sind notwendig, um einen Wert aus dem Datenspeicher auf den Stapel zu laden. Dabei wird vorausgesetzt, dass in Lade- oder Speicherebefehlen eine direkte Adresse codiert sein darf, was eigentlich dem 0-Adressprinzip widerspricht. Aus Geschwindigkeitsgründen werden solche Ausnahmen in realen 0-Adressarchitekturen jedoch oft vorgesehen. Zunächst wird die im Befehl codierte Adresse über den mit a markierten Multiplexer zur ALU und unverändert weiter zum Datenspeicher transportiert (die ALU führt keine echte Operation aus, sondern fungiert als Schalter). Der im Datenspeicher gelesene Wert, wird anschließend über die mit b markierte Verbindung und den Multiplexer zum Stapel transportiert und darauf abgelegt. Bemerkenswert ist, dass bei einem indirekten lesenden Zugriff auf den Datenspeicher, die Adresse einen anderen Weg durch die ALU nimmt als bei einem indirekten schreibenden Zugriff, nämlich von der Stapelposition TOS über den oberen ALU Eingang zum Ausgang auf den Datenspeicher.

2.1.7 Befehlsdecoder

Wie in Abschnitt 2.1.1 beschrieben, besteht ein Prozessor aus einem *Datenwerk* und einem *Leitwerk*, die sich jeweils wechselseitig beeinflussen. Das Leitwerk enthält mindestens einen Befehlszähler, Befehlsspeicher, Befehlsdecoder und einige einfachere Einheiten, die meist in einer zu Bild 2.3 (links) vergleichbaren Weise miteinander verschaltet sind. Das Leitwerk verschiedener Prozessoren unterscheidet sich vor allem in der Realisierung des Befehlsdecoders.

In diesem Abschnitt werden Techniken beschrieben, um aus den *Operationscodes* in den Befehlen die in einem Prozessor benötigten Steuersignale zu generieren. Grundlage für die folgenden Betrachtungen ist der in Bild 2.10 dargestellte Prozessor mit 1-Adressarchitektur. Der Übersichtlichkeit halber wurden die Steuersignale nicht durch Linien, sondern durch Namen miteinander assoziiert. Zum Beispiel steuert der Befehlsdecoder mit dem Signalbündel *ALU* (kursiv), welche Operation von der Verarbeitungseinheit ALU (nicht kursiv) ausgeführt werden soll.

Des Weiteren wurden Details, die für die nachfolgenden Betrachtungen keine Bedeutung haben, weggelassen. So ist statt eines Indexregisters im Datenwerk das Stapelzeigerregister SP vorgesehen. Das Indexregister ist zwar als Kasten hinter dem Stapelzeigerregister angedeutet, ist jedoch nicht mit anderen Komponenten des Prozessors verbunden. Die dick gezeichneten Linien werden benötigt, um eine dyadische Operation auszuführen, die den Inhalt des Akkumulators und einer direkt adressierten Speicherzelle verknüpft und das Ergebnis im Akkumulator ablegt.

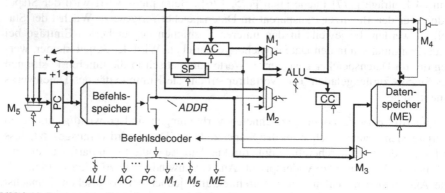

Bild 2.10. Registertransferstruktur eines einfachen Prozessors mit 1-Adressarchitektur

Einschrittig arbeitender Befehlsdecoder (Steuerschaltnetz)

Ein einschrittig arbeitender Befehlsdecoder wandelt die in einem Befehl codierten Operationen in einen einzelnen sog. *Steuervektor* um, in welchem die Steuersignale für alle Komponenten eines Prozessors zusammengefasst sind. Damit ein Befehlsdecoder einschrittig realisiert werden kann, müssen alle Befehle des Befehlssatzes vom Prozessor in einem Schritt verarbeitet werden können. Dies ist in Bild 2.10 für einfache Befehle mit darin codierten dyadischen Operationen der Fall, nicht jedoch z.B. für Unterprogrammaufrufe, bei denen zunächst der Inhalt des Stapelzeigerregisters SP dekrementiert und in einem zweiten Schritt die Rücksprungadresse gesichert werden muss, wobei gleichzeitig der Sprung ausgeführt wird.

Damit der Prozessor sich dennoch mit einem einschrittig arbeitenden Befehlsdecoder realisieren lässt, wird das Programmiermodell zunächst auf Befehle beschränkt, die in einem Schritt ausführbar sind. Ein Unterprogrammaufruf kann hierbei z.B. realisiert werden, indem die Rücksprungadresse indirekt zum Stapelzeigerregister SP gesichert, der Stapelzeiger jedoch nicht implizit automatisch, sondern explizit durch einen zweiten Befehl verändert wird. (Dabei ist sicherzustellen, dass Ausnahmeanforderungen nach dem ersten Befehl nicht akzeptiert werden.)

In Bild 2.11a ist ein mit minimalem Aufwand realisierter Befehlsdecoder dargestellt. Die *Steuersignale* sind direkt in den Befehlen codiert und werden ungewandelt zur Steuerung der Komponenten benutzt. Die in kursiver Schrift gesetzten Signalwerte *addiere*, *setze* usw. schalten die in Bild 2.10 hervorgehoben gezeichneten Verbindungen (zur Erinnerung: Signale und Signalwerte sind kursiv, Komponente wie z.B. die ALU nicht kursiv beschriftet). Der besseren Verständlichkeit halber sind die Signalwerte nicht in ihren binärcodierten Logikpegeln, sondern als beschreibende Texte in imperativer Form angegeben. Zum Beispiel kann mit dem Multiplexer M_1 alternativ der Inhalt des Akkumulators oder des Stapelzeigerregisters auf die ALU durchgeschaltet werden, und zwar, indem an das entsprechende Steuersignal der Pegel „*verbinde* AC" bzw. „*verbinde* SP" angelegt wird. Die Zuordnung der beiden Signalwerte zu den Logikpegeln 1 (high) und 0 (low) ist für die Implementierung ohne Bedeutung und wird hier nicht weiter betrachtet.

In einigen Fällen bündelt ein Steuersignal mehrere *Steuerleitungen*, nämlich dann, wenn die zu steuernde Komponente mehr als zwei alternative Funktionen besitzen. So lassen sich vom Multiplexer M_2 drei unterschiedliche Busse mit der ALU verbinden („*verbinde* ME", „*verbinde* ADDR" und „*verbinde* 1"), weshalb zur Steuerung wenigstens zwei Steuerleitungen benötigt werden. Steuersignale, die mehrere Steuerleitungen bündeln, sind durch einen Querstrich über dem jeweiligen Signal gekennzeichnet. In Bild 2.11a sind dies u.a. die Steuersignale $\overline{ALU}$, $\overline{M_2}$ und $\overline{M_5}$.

Soll der Inhalt des Akkumulators und einer direkt adressierten Datenspeicherzelle addiert und das Ergebnis im Akkumulator abgelegt werden, sind die in der Registertransferschaltung des Prozessors (Bild 2.10) hervorgehoben gezeichneten Verbindungen zu schalten, was sich mit den in Bild 2.11a angegebenen Steuersignalwerten erreichen lässt. Zunächst wird die im Befehl codierte direkte Adresse über den Multiplexer M_3 auf den Datenspeicher geführt (M_3: *verbinde* ADDR), ein Lesezugriff initiiert (*ME: lese*) und der ermittelte Wert mittels Multiplexer M_2 zur ALU transportiert (M_1: *verbinde* AC). Gleichzeitig schaltet M_1 den Inhalt des Akkumulators auf den zweiten Eingang der ALU (M_1: *verbinde* AC), wo beide Operanden durch Addition miteinander verknüpft werden (*ALU: addiere*). Das Additionsergebnis und ein von der ALU erzeugtes Bedingungsergebnis wird schließlich im Akkumulator (*AC: setze*) bzw. im Bedingungsregister CC (*CC: setze*) abgelegt. Als Vorbereitung zur Ausführung des nächsten Befehls muss schließlich noch der Befehlszähler inkrementiert werden. Dies geschieht ebenfalls parallel, indem der Multiplexer M_5 den Befehlszählereingang mit dem Inkrementierer +1 verbindet (M_5: *verbinde* +1) und der Befehlszähler den neuen Wert übernimmt (*PC: setze*). Der Inhalt des Stapelzeigerregisters wird bei Ausführung des Befehls nicht verändert (*SP: halte*).

Abgesehen von M_5 sind die Steuersignale direkt in den Befehlen codiert. Das für M_5 eine Vorverarbeitung erforderlich ist, liegt daran, dass über den Multiplexer der vom Bedingungscode in CC abhängige Kontrollfluss gesteuert wird. Je nachdem, ob die in einem Sprungbefehl codierte Bedingung erfüllt oder nicht erfüllt ist, muss als Steuersignal „*verbinde* +1" bzw. „*verbinde* +" erzeugt werden. Dies geschieht hier,

indem man die im Befehl codierte Bedingung gemeinsam mit dem Bedingungscode
aus dem Register CC verwendet, um den als *ROM* (*read only memory, Nur-lese-
Speicher*) oder *PLA* (*programmable logic array*) realisierbaren Decoder zu adressieren und so die zur Steuerung des Multiplexers M_5 benötigten Signale zu ermitteln.

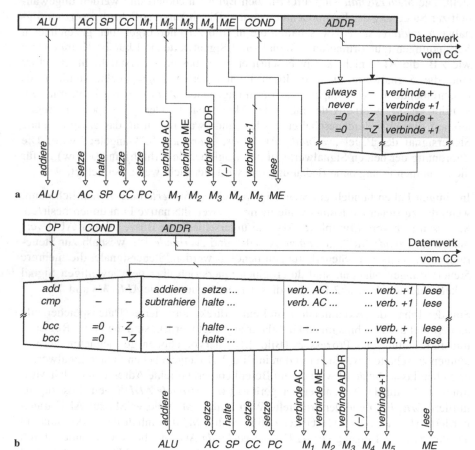

Bild 2.11. Einschrittig arbeitende Befehlsdecoder. **a** Steuersignale sind direkt in den Befehlen
codiert, **b** Steuersignale werden durch Umcodierung aus dem Befehlscode extrahiert

Falls z.B. ein bedingter Sprung ausgeführt wird, der abhängig vom Zustand des
Bedingungsbits Z (zero, siehe Abschnitt 1.1.7) verzweigen oder nicht verzweigen
soll, werden mit der im Befehl codierten Bedingung „=0" und mit dem Bedingungsbits Z eine der beiden grau unterlegten Zeilen adressiert und dadurch entweder das
Steuersignal „*verbinde +1*" oder „*verbinde +*" erzeugt, jeweils mit der Wirkung
„verzweige nicht" bzw. „verzweige befehlszählerrelativ zum codierten Sprungziel".

Die Steuersignale für den Multiplexer M_5 müssen auch bei unbedingte Sprungbefehlen oder Verknüpfungsbefehlen definiert sein, weshalb die beiden obersten Zeilen in Bild 2.11a vorgesehen sind. Die Bedingungsbits werden wegen des in der ent-

sprechenden Spalte stehenden Bindestrichs nicht berücksichtigt. Das Ausgangssignal ist daher ausschließlich davon abhängig, was in dem im Befehl enthaltenen Feld *COND* (*condition*) codiert ist. Der Wert *always* bewirkt, dass der Decoder das Steuersignal „*verbinde +*" erzeugt und einen unbedingten Sprung zur befehlszählerrelativen Adresse *ADDR* ausführt. Der Wert *never* bewirkt, dass der Decoder das Steuersignal „*verbinde +1*" erzeugt und keinen Sprung ausführt. In Verknüpfungsbefehlen muss in *COND* immer *never* codiert sein.

▶ Bemerkung. Soll ein Eingangssignal in einem als ROM realisierten Decoder ignoriert werden, ist dies möglich, wenn man statt eines Eintrags mehrere Einträge mit den möglichen Kombinationen der zu ignorierenden Eingangsleitungen vorsieht. Unabhängigkeit vom Bedingungsbit Z lässt sich z.B. erreichen, indem zwei Einträge im ROM vorgesehen werden, die sich nur darin unterscheiden, dass in einem Z gelöscht und im anderen Z gesetzt ist. Da ein Bedingungsbit nur gesetzt oder gelöscht sein kann, und hier in beiden Fällen dasselbe Ausgangssignal erzeugt wird, ist der Zustand von Z für das Ausgangssignal offensichtlich ohne Bedeutung. Mit jeder weiteren zu ignorierenden Eingangssignalleitung verdoppelt sich hierbei natürlich die Anzahl der im ROM benötigten Einträge. Deshalb realisiert man entsprechende Decoder normalerweise als PLA, die mit jedem Eintrag nur die wirklich zu berücksichtigenden Eingangssignale auswerten, so dass die oberen beiden Einträge des in Bild 2.11a dargestellten Decoders jeweils nur einen Eintrag erfordern.   ◀

Angenommen, die im Befehl codierten Felder *ALU* und *COND* in Bild 2.11a sind jeweils vier Bit breit, so dass insgesamt 16 unterschiedliche Operationen und ebenso viele Bedingungen in einem Befehl codiert werden können, dann ist der Operationscode insgesamt 17 Bit breit. Da viele der damit möglichen 131072 Operationscodes entweder Redundanzen aufweisen oder keine sinnvolle Funktion besitzen, lassen sich die Befehle eines Programmiermodells auch kompakter codieren, indem ihnen nämlich eindeutige Nummern zugeordnet werden. Weil reale Prozessoren mit 1-Adressarchitektur selten über mehr als 512 Befehle verfügen (der MC68HC11 von Motorola z.B. 145 Befehle mit teilweise unterschiedlichen Adressierungsarten, so dass insgesamt 316 Befehlsvarianten existieren [129]), reichen neun Bits aus, um die Operationen eindeutig unterscheidbar zu codieren. Allerdings müssen die Steuersignale hierbei durch Umcodierung aus dem *Operationscode* gewonnen werden.

In Bild 2.11b ist ein Befehlsdecoder dargestellt, der aus dem im Befehl codierten Operationscode, in dem die Operation und die auszuwertende Bedingung enthalten ist, Steuersignale erzeugt. Im Prinzip handelt es sich hierbei um eine Erweiterung des in 2.11a gezeigten Decoders, nur dass bei der Adressierung eines Eintrags zusätzlich die jeweils auszuführende Operation ausgewertet wird. Bei einer Addition wird z.B. der oberste Eintrag des Befehlsdecoders selektiert und auf diese Weise die zu den Ausgangsleitungen angegebenen Signalpegel erzeugt. Die im Feld *COND* codierte Bedingung und die Zustände der Bedingungsbits werden dabei ignoriert. Sie sind nur für bedingte Befehle, z.B. Sprünge, von Bedeutung.

Dies ist beispielhaft in den letzten beiden Zeilen des Befehlsdecoders dargestellt. Mit ihnen wird ein bedingter Sprungbefehl decodiert, der nur verzweigt, wenn das Bedingungsbit Z ein Ergebnis gleich Null anzeigt. Eingangsseitig unterscheiden sich die Zeilen nur dadurch, dass die obere selektiert wird, wenn Z gesetzt ist, und die untere, wenn Z gelöscht ist. Ausgangsseitig wird entsprechend dafür gesorgt, dass M_5 einmal den Wert „*verbinde +*" und einmal der Wert „*verbinde +1*" führt. Es sei angemerkt, dass das Signal *ME* mit dem gesteuert wird, ob auf den Datenspeicher lesend oder schreibend zugegriffen werden soll, im Falle eines Sprungbefehls einen Lesezugriff initiiert. Der gelesene Datenwert wird jedoch vom Multiplexer M_2 nicht weitergereicht.

Mehrschrittig arbeitender Befehlsdecoder (Mikroprogrammsteuerwerk)

Wegen der Einschrittigkeit der im letzten Abschnitt beschriebenen Befehlsdecoder können einige Befehle, die in realen Prozessoren verfügbar sind, von der in Bild 2.10 dargestellten Registertransferschaltung nicht ausgeführt werden. Zu diesen Befehlen gehört z.B. ein Unterprogrammaufruf, mit dem automatisch die Rücksprungadresse auf einem im Datenspeicher befindlichen Stapel gesichert wird. Hierzu ist es nämlich erforderlich, den Stapelzeigerinhalt zuerst zu verändern, bevor sich in einem zweiten Schritt die Rücksprungadresse sichern lässt.

Zwar ist es möglich, die Registertransferschaltung in Bild 2.10 zu modifizieren, so dass ein Unterprogrammaufruf *in einem Schritt* bearbeitet werden kann, dies ist jedoch aufwendiger und weniger flexibel, als den Befehlsdecoder in mehreren Schritten arbeiten zu lassen. In Bild 2.12 ist ein mehrschrittig arbeitender Befehlsdecoder, ein sog. Mikroprogrammsteuerwerk, dargestellt. Der besseren Verständlichkeit halber sind auf der rechten Seite des Decoders statt der Werte einzelner Steuersignale sog. *Mikrobefehle* angegeben, die jeweils aus mehreren parallel auszuführenden *Mikrooperationen* bestehen. Zum Beispiel bewirkt die Mikrooperation

$$AC = AC + [ADDR],$$

dass mit der im Befehl codierten Adresse *ADDR* auf den Datenspeicher zugegriffen (eckige Klammer), der gelesene Wert mit dem Inhalt des Akkumulators AC addiert und das Ergebnis im Akkumulator gesichert wird. In verständlicher Form ist dies dasselbe, als würden die Steuersignale einzeln aufgeführt:

M_3:	verbinde ADDR,	ME: lese,	
M_2:	verbinde ME,	M_1: verbinde AC,	ALU: addiere,
AC:	setze,	SP: halte.	

Beide Darstellungen abstrahieren von der realen Umsetzung, bei der statt Klartexte binärcodierte *Steuervektoren* im Decoder gespeichert sind (hier z.B. $1|0|00|0|00001|0_2$, wobei die senkrechten Striche zur Abgrenzung der einzelnen *Steuersignale* verwendet werden). Dem Leser sollte bewusst sein, dass eine Mikrooperation, unabhängig davon, wie sie geschrieben wird, immer in einem Schritt ausführbar und direkt in Steuersignale umsetzbar sein muss. Es ist also insbesondere nicht möglich, beliebige Aktionen, wie z.B. AC = PC durch eine Mikrooperation zu beschreiben, da dies von dem in Bild 2.10 dargestellten Prozessor nicht ausgeführt werden kann.

Der in Bild 2.12 dargestellte Befehlsdecoder unterscheidet sich von dem einschrittig arbeitenden Befehlsdecoder in Bild 2.11b durch die über das Zustandsregister geführte Rückkopplung. Zu Beginn der Ausführung eines Befehls befindet sich in dem *Zustandsregister* zunächst eine Null. Bei Ausführung einer einschrittig zu bearbeitenden Addition wird anhand des Operationscodes und des aktuellen Zustands Null der oberste Eintrag des Decoders selektiert und alle notwendigen Steuersignale generiert. Insbesondere wird der *Folgezustand* Null auf der rechten Seite des Decoders erzeugt, der mit dem nächsten Takt in das Zustandsregister geschrieben wird (mit a markierte Verbindung), so dass jeweils nachfolgende Befehle denselben Initialzustand Null vorfinden. Das Zustandsregister hat für die Ausführung einschrittig bearbeitbarer Befehlen noch keine Funktion. Es wird aber benötigt, wenn ein Befehl in mehreren Schritten bearbeitet werden muss.

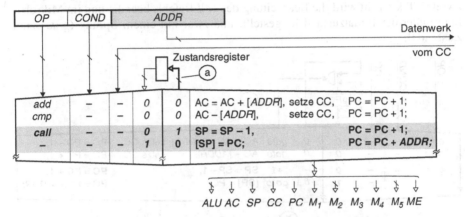

Bild 2.12. Mehrschrittig arbeitendes Mikroprogrammsteuerwerk mit Zustandsregister

Angenommen, es soll ein *Unterprogrammaufruf* (*call*) verarbeitet werden, dann wird zuerst der dritte Eintrag im Decoder selektiert und so ein Steuervektor generiert, der die Dekrementierung des Stapelzeigerregisters bewirkt (M_2: *verbinde* 1, M_1: *verbinde* SP, *ALU*: subtrahiere, *CC*: halte, *AC*: halte und *SP*: setze). Außerdem wird der Befehlszähler inkrementiert, da für den Rücksprung nicht die Adresse des unterprogrammaufrufenden, sondern des darauf folgenden Befehls benötigt wird. Stapelzeigerregister sowie Befehlszähler werden zeitgleich zum Zustandsregister mit dem nächsten Taktschritt aktualisiert, wodurch insbesondere der Folgezustand *1* aktiviert und der unterste im Decoder dargestellte Eintrag selektiert wird. In diesem Zustand wird der inkrementierte Befehlszählerinhalt indirekt zu SP im Datenspeicher gesichert und der *befehlszählerrelative Sprung* zur im Befehl codierten Adresse *ADDR* ausgeführt. Die Bearbeitung des Unterprogrammaufrufs endet mit dem Rücksetzen des Zustandsregisters in den Initialzustand 0, so dass mit dem nächsten Taktschritt die Bearbeitung des am Sprungziel stehenden Befehl in derselben Weise begonnen werden kann.

Das Setzen des Zustandsregisters kann als Sprung zu einer Menge von Mikrobefehlen interpretiert werden, von denen jedoch nur einer entsprechend der Eingangsbedingungen ausgeführt wird. Zum Beispiel wird mit dem ersten für Unterprogrammaufrufe zuständigen Eintrag ein Sprung zum Folgezustand *1* und mit dem zweiten Eintrag ein Sprung zum Folgezustand Null ausgeführt. Falls die Mehrzahl der Mikrobefehle in einem Mikroprogramm Sprünge erwarten lassen, ist es sinnvoll, ein

Zustandsregister entsprechend Bild 2.12 zu realisieren. Falls jedoch die Interpretation eines Befehl i. Allg. mehr als einen Mikrobefehl erfordert, ist es günstiger, statt Sprüngen zum jeweils nächsten Mikrobefehl einen *Mikrobefehlszähler* vorzusehen, der Sequenzen von Mikrobefehlen automatisch adressiert.

Ein entsprechendes Mikroprogrammsteuerwerk ist in Bild 2.13 dargestellt. Zunächst ist der Mikrobefehlszähler µPC mit 0 initialisiert. Bei einem Unterprogrammaufruf wird daher der dritte Eintrag des Decoders adressiert und u.a. über die mit a markierte Steuerleitung für die Inkrementierung des Mikrobefehlszählers gesorgt. Im zweiten Taktschritt wird die Bearbeitung des *call*-Befehls beendet und im Mikrobefehlszähler der Initialzustand hergestellt, und zwar mit einem Sprung (*goto*) zum Zustand 0.

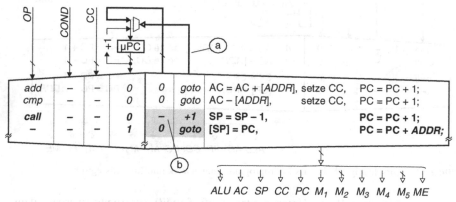

Bild 2.13. Mehrschrittig arbeitendes Mikroprogrammsteuerwerk mit Mikroprogrammzähler (µPC)

Die Registertransferschaltung mit Mikrobefehlszähler entsprechend Bild 2.13 ist komplizierter beschaltet und enthält einen größeren Decoder als die Registertransferschaltung mit Zustandsregister entsprechend Bild 2.12. Worin liegt nun der Vorteil, statt eines Zustandsregisters einen Mikrobefehlszähler zu verwenden? In jedem Mikrobefehl, in dem der Mikrobefehlszähler inkrementiert wird, darf das Sprungziel undefiniert sein. Bei geeigneter technischer Umsetzung lassen sich undefinierte Felder dadurch realisieren, dass im Decoder eine „Lücke" vorgesehen wird. Je mehr solcher Lücken existieren, desto geringer ist der Implementierungsaufwand, weshalb ein Befehlsdecoder entsprechend Bild 2.13 vor allem dann von Vorteil ist, wenn der Decoder viele Einträge besitzt (weil dann das eingesparte Sprungziel sehr breit ist) und viele Befehle als Sequenzen von Mikrobefehlen verarbeitet werden.

Die Verwendung eines Mikrobefehlszählers ist eine von zahllosen Techniken, die Implementierung von Befehlsdecodern technisch zu vereinfachen. Andere Verfahrensweisen zielen darauf ab, Redundanzen zu vermindern, indem die Eingangssignale oder Ausgangssignale vor- bzw. nachbearbeitet werden. Zum Beispiel unterscheiden sich die Einträge unterschiedlicher bedingter Sprungbefehle im Befehlsdecoder entsprechend Bild 2.13 nur bezüglich der beiden Spalten *COND* und CC. Werden diese Eingangssignale zu einer booleschen Bedingungsgröße vorverarbeitet, muss lediglich ein 1 Bit breites Eingangssignal vom Decoder ausgewertet werden, was mit zwei Einträgen möglich ist: einer für den Fall, dass die vorverarbeitete Bedingung erfüllt ist und der Sprungbefehl verzweigt und einer für den Fall, dass die vorverarbeitete Bedingung nicht erfüllt ist und dementsprechend nicht verzweigt wird. Ob sich die Komplexität eines Befehlsdecoders durch eine solche Vorverarbeitung der Bedingungsbits vermindern lässt, ist auf Ebene des logikentwurfs zu klären. (Zwar wird der Decoder einfacher zu realisieren sein, jedoch muss für die Vorverarbeitung zusätzlich ein Schaltnetz, ähnlich dem in Bild 2.11a dargestellten Decoder, vorgesehen werden.)

Zum Schluss soll die Funktionsweise des in Bild 2.14 dargestellten Befehlsdecoders erläutert werden, bei dem zur Vermeidung von Redundanzen statt identischer Steuervektoren im eigentlichen Decoder Indizes eingetragen sind, mit denen sich die einfach gespeicherten Steuervektoren im sog. *Nanobefehlsspeicher* adressieren lassen. So unterscheiden sich arithmetisch-logische Befehle bezüglich der zu generierenden Steuersignale nur darin, welche Operationen jeweils ausgeführt werden sollen. Deshalb ist in dem hier als *Mikrobefehlsspeicher* bezeichneten Decoder neben der jeweils zu bearbeitenden Operation ein wenige Bit breiter Index AL_1 auf den Nanobefehlsspeicher codiert (Markierungen a und b), in dem alle verbleibenden Steuersignale enthalten sind.

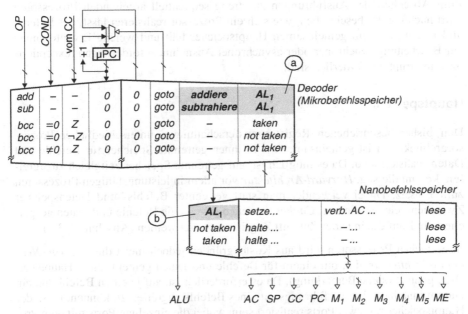

Bild 2.14. Hierarchisch aufgebauter mehrschrittig arbeitender Befehlsdecoder

In derselben Weise können Redundanzen zu bedingten Sprungbefehlen vermindert werden, so fern keine Vorverarbeitung der codierten Bedingungen und Bedingungsbits erfolgt. Zu jedem Sprungbefehl sind dabei wenigstens zwei Einträge, einer mit dem Index *taken* und einer mit dem Index *not taken*, definiert. Die entsprechenden Steuersignale sind jeweils genau einmal im Nanobefehlsspeicher codiert.

2.1.8 Abschließende Bemerkungen

In den vorangehenden Ausführungen bleiben viele Details einer Implementierung unberücksichtigt. Zum Beispiel sind Zugriffe auf den Datenspeicher in unterschiedlichen Formaten möglich, wobei die kleinste adressierbare Einheit i.Allg. das Byte ist. Sind des Weiteren Zugriffe auf nicht ausgerichtete Daten erlaubt, müssen die einzelnen Teile, z.B. durch ein Mikroprogramm gesteuert, zeitsequentiell adressiert und zusammengesetzt werden, wobei Zwischenergebnisse oft in technischen und für Maschinenprogrammierer nicht sichtbaren Registern gehalten werden.

Falls der Befehlssatz über Befehle unterschiedlicher Breite verfügt, muss auch der nicht ausgerichtete Zugriff auf den Befehlsspeicher möglich sein. Als kleinste adressierbare Einheit wird i.Allg. das Byte verwendet, und zwar auch dann, wenn die Befehle eines Befehlssatzes eine einheitliche Breite aufweisen und im Befehlsspeicher ausgerichtet codiert sein müssen, wie dies in vielen nach dem RISC-Prinzip arbeitenden Prozessoren der Fall ist (siehe Abschnitt 1.2). Anstatt den Befehlszähler nach Ausführung eines nichtverzweigenden Befehls um Eins zu inkrementieren, wird er z.B. um Vier inkrementiert, nämlich dann, wenn die Befehle jeweils 32 Bit breit sind.

Zum Abschluss der Ausführungen zu streng sequentiell arbeitenden Prozessoren wird nachfolgend beschrieben, wie sich ein Prozessor realisieren lässt, der Befehle und Daten in einem gemeinsamen Hauptspeicher hält und welche Erweiterungen zur Bearbeitung synchroner oder asynchroner Ausnahmeanforderungen (exceptions bzw. interrupts) erforderlich sind.

Hauptspeicher

Den bisher beschriebenen Registertransferschaltungen unterschiedlicher Prozessorarchitekturen ist gemeinsam, dass in ihnen getrennte Speicher für Befehle und Daten realisiert sind. Da es möglich ist, auf getrennte Speicher zeitgleich zuzugreifen, kommt die sog. *Harvard-Architektur* vor allem in leistungsfähigen Prozessoren zum Einsatz. Dabei verwendet man statt getrennter Befehls- und Datenspeicher Zwischenspeicher, die sog. *Caches*, in denen jeweils die Befehle und Daten gespeichert sind, auf die in naher Zukunft Zugriffe erwartet werden (Abschnitt 2.3.1).

In einfachen Prozessoren wird aus Kostengründen jedoch meist die sog. *von-Neumann-Architektur*, d.h. mit einem für Befehle und Daten gemeinsamen Hauptspeicher, genutzt (siehe Bemerkung). Da es erforderlich ist, auf je einen Befehl und ein Datum innerhalb der Ausführungszeit eines Befehls zugreifen zu können, muss der Hauptspeicher mit zwei Ports realisiert sein, wobei die einzelnen Ports mit dem Prozessor in derselben Weise zu verbinden sind, wie bisher der Befehls- und Datenspeicher. Eine entsprechende Registertransferschaltung ist für einen Prozessor mit 1-Adressarchitektur in Bild 2.15 dargestellt. Oberhalb der strichpunktierten Linie ist der Prozessor, unterhalb der mit zwei Ports ausgestattete Hauptspeicher dargestellt.

Aus realisierungstechnischen Gründen ist der Hauptspeicher hierbei nicht als „echter" 2-Port-Speicher realisiert, auf den also zwei parallele Zugriffe möglich sind, sondern als ein zeitsequentiell arbeitender *2-Port-Speicher*. Tatsächlich ist das ein 1-Port-Speicher, auf den man zeitversetzt zugreift, um Befehle lesen bzw. Daten lesen oder schreiben zu können. Als Konsequenz sind für die Bearbeitung eines auf ein Datum zugreifenden Befehls statt eines Taktschrittes zwei Taktschritte erforderlich.

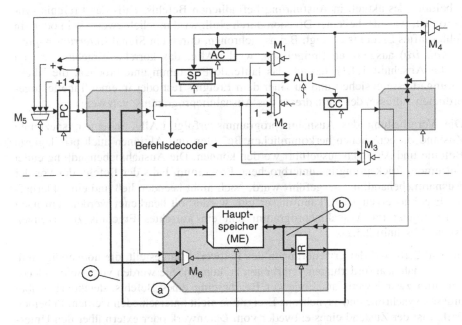

Bild 2.15. Registertransferstruktur eines Prozessors mit 1-Adressarchitektur, der einen gemeinsamen Speicher für Daten und Befehle verwendet

Zunächst wird der mit a markierte Multiplexer M_6 in der Weise gesteuert, dass dieser den Inhalt des Befehlszählers PC auf den Hauptspeicher durchschaltet (dick gezeichnete Verbindung) und den so gelesenen Befehl über die mit b markierte Verbindung zum *Instruktionsregister IR* (*instruction register*) überträgt. Mit dem Takt wird der als nächstes auszuführende Befehl in das Instruktionsregister IR geladen und über die mit c markierte Verbindung, genauso wie von dem in Bild 2.10 dargestellten Prozessor, weiterverarbeitet. In dieser zweiten Verarbeitungsphase schaltet außerdem der Multiplexer M_6 so, dass der Hauptspeicher die Funktion des Datenspeichers übernimmt, und zwar solange, bis der Befehl vollständig verarbeitet wurde.

▶ Bemerkung. Die Begriffe Harvard-Architektur und von Neumann-Architektur sind nicht unumstritten. Einerseits hat von Neumann in seinem berühmten Memorandum über den sog. Stored-Program-Computer nicht ausgeschlossen, dass Befehle und Daten in getrennten Speichern gehalten werden können (siehe [98]), demnach eine Harvard-Architektur gleichzeitig eine von-Neumann-Architektur ist. Andererseits würdigt der Begriff der von-Neumann-Architektur nicht, dass in dem Team, in dem die Idee des Stored-Programm-Computers entwickelt wurde, neben von Neumann maßgeblich die Computerpioniere Eckert und Mauchly tätig gewesen sind [58].   ◀

Ausnahmebehandlung (Exceptions und Interrupts)

Damit Prozessoren auf Ausnahmesituationen reagieren können, verfügen sie über die Fähigkeit, mit dem Auftreten eines Ereignisses ein zugeordnetes *Ausnahmeprogramm* aufzurufen. Mit dem initialen Ereignis beendet der Prozessor zuerst die Verarbeitung des aktuell in Ausführung befindlichen Befehls. Falls das Ereignis synchron ist, wie z.B. bei einer Division durch Null, wird möglicherweise kein oder ein fehlerhaftes Ergebnis erzeugt. Bei asynchronen, durch ein Signal (*interrupt request signal, irq*) ausgelösten Ereignissen, wird i.Allg. das korrekte Ergebnis erzeugt (siehe Abschnitt 1.4.1), danach das laufende Programm unterbrochen, die Rücksprungadresse gesichert und zu einer dem Ereignis fest oder in einer Tabelle zugeordneten Adresse, der Startadresse des Ausnahmeprogramms, verzweigt.

Die Verarbeitung des Ausnahmeprogramms erfolgt i.Allg. in einem speziellen Zustand, in dem neben herkömmlichen Befehlen und Aktionen auch privilegierte Befehle und Aktionen ausgeführt werden können. Die Ausnahmebehandlung endet mit einem Rücksprung ins unterbrochene Programm. Falls der Befehl, der vor der Ausnahmebehandlung ausgeführt wurde, sich nicht beenden ließ und ein fehlerhaftes Ergebnis erzeugt hat, kann dieser ggf. wiederholt bearbeitet werden, um nach Berichtigung im Ausnahmeprogramm nun ein korrektes Ergebnis zu erzeugen (siehe Abschnitt 2.3.2).

In Bild 2.16 sind die Erweiterungen des Leitwerks dargestellt, die notwendig sind, um Ausnahmeanforderungen verarbeiten zu können. Sie werden vom Befehlsdecoder, und zwar jeweils am Ende der Bearbeitung eines Befehls, detektiert. Dabei müssen synchrone und asynchrone Ereignisse nicht unterschieden werden. In beiden Fällen ist der Zustand eines entweder vom Datenwerk oder extern über den Unterbrechungseingang *irq* aktivierten Signals zu überprüfen (im Bild mit a markiert). Gesteuert vom Befehlsdecoder wird daraufhin der Inhalt des Befehlszählers über die mit b markierte Leitung zum Datenwerk transportiert und dort z.B. auf einem Stapel im Datenspeicher oder in einem Arbeitsregister gesichert. Zeitgleich wird die hier feste Startadresse des Ausnahmeprogramms (mit c markiert) in den Befehlszähler geschrieben, was einem Sprung zum Ausnahmeprogramm entspricht. Weil die gesamte Ausnahmebehandlung in einem privilegierten Zustand erfolgen soll, definiert der Befehlsdecoder außerdem den Inhalt des Supervisor-Bits S als aktiv (mit d markiert). Es wird jeweils vom Befehlsdecoder überprüft, bevor es zur Ausführung privilegierter Befehle kommt.

Je nach Prozessor gibt es zahlreiche Realisierungsvarianten, die sich in einigen Details von dem unterscheiden, was in Bild 2.16 dargestellt ist. Statt einer konstanten Startadresse *IRQ-ADDR,* mit der ein einzelnes Ausnahmeprogramm aufgerufen werden kann (dies ist ähnlich z.B. im nicht mehr gefertigten i860 von Intel realisiert [69]), sind den möglichen Ereignissen normalerweise individuelle Adressen zugeordnet, z.B., indem pro Ereignis eine andere Startadresse über den Multiplexer M_5 auf den Eingang des Befehlszählers geführt ist. Einige Prozessoren, z.B. der Cold-Fire MFC5206 von Motorola [124], ermitteln die Startadresse des jeweils auszuführenden Ausnahmeprogramms auch aus einer im Hauptspeicher befindlichen Tabelle. Hierzu muss, vom Befehlsdecoder gesteuert, zunächst auf die Tabelle zugegriffen und die dort zum jeweiligen Ereignis gespeicherte Startadresse in ein Hilfsregister geladen werden. Anschließend wird dessen Inhalt statt der Konstanten *IRQ-ADDR* über den Multiplexer M_5 in den Befehlszähler geladen.

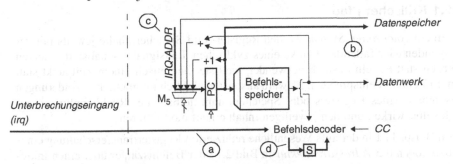

Bild 2.16. Erweiterungen des Leitwerks zur Verarbeitung von Ereignissen

Damit verschachtelte Unterbrechungen möglich sind, wird von den meisten Prozessoren neben dem Inhalt des Befehlszählers zumindest der des Supervisor-Bits automatisch gesichert. Der UltraSPARC IIIi von Sun benutzt hierzu z.B. ein einzelnes als *Previous-Supervisor-Flag* bezeichnetes Bit im Statusregister [173]. Einige *CISC-Prozessoren*, z.B. der Pentium 4 von Intel, sichern mit Aufruf des Ausnahmeprogramms automatisch den Inhalt des gesamten Bedingungsregisters [81]. Dies ist sinnvoll, weil von zahlreichen Befehlen als Seiteneffekt die Bedingungsbits modifiziert werden (bei einer Unterbrechung darf sich für das unterbrochene Programm nichts verändern, um es später fehlerfrei fortsetzen zu können). Schließlich werden von einigen Prozessoren, z.B. dem UltraSPARC IIIi von Sun oder dem ARM7TDMI von ARM ltd., bei einer Ausnahmebehandlung sogar die Arbeitsregister automatisch gesichert. In beiden Fällen werden dabei die zu sichernden Register ausgeblendet und in ihrer Funktion durch separat realisierte Register ersetzt (siehe Abschnitt 1.4.2).

2.2 Fließbandverarbeitung (pipelining)

Mit den im vorangehenden Abschnitt beschriebenen Prinzipien können Prozessoren mit sehr komplexen Programmiermodellen, wie z.B. dem des Pentium 4 oder des PowerPC 970 implementiert werden. Derart realisierte Prozessoren stellen aufgrund der geringen Arbeitsgeschwindigkeit jedoch keine ernstzunehmenden Konkurrenten für die Originale von Intel bzw. IBM dar. In modernen Prozessoren sind nämlich zu einem großen Teil Prinzipien realisiert, die einzig der Durchsatzerhöhung, mit denen die Befehle verarbeitet werden, dienen.

Viele dieser Prinzipien sind aus Programmierersicht transparent, d.h. werden bei der Programmierung nicht durch eine veränderte Semantik, sondern lediglich durch ein verändertes Zeitverhalten bei Ausführung der Befehle bemerkt. Dies gilt auch für die Fließbandverarbeitung, bei der eine Durchsatzerhöhung der Befehlsausführung dadurch erreicht wird, dass man die *Taktfrequenz*, mit der ein Prozessor in der Lage ist zu arbeiten, erhöht. Hierzu wird die Befehlsverarbeitung in Phasen unterteilt, die jeweils parallel zeitversetzt arbeiten.

2.2.1 Kritischer Pfad

In einem *synchronen System* werden Register- und Speicherinhalte jeweils mit der steigenden oder fallenden Flanke eines zyklischen Taktsignals aktualisiert. Flanken werden statt Pegeln deshalb verwendet, weil sie theoretisch einem Zeitpunkt statt einem Zeitraum entsprechen. Es wäre ansonsten nämlich möglich, dass Änderungen des Inhalts eines Registers oder Speichers unmittelbar über Rückkopplungen auf sich selbst wirken und den jeweiligen Inhalt erneut modifizieren.

Zum Beispiel ist in der aufs Wesentliche reduzierten Registertransferschaltung eines Prozessors mit *3-Adressarchitektur* in Bild 2.17 der Befehlszähler über einen Inkrementierer „+1" und Multiplexer M_1 rückgekoppelt. Falls der Befehlszähler modifiziert und kein Sprungbefehl ausgeführt wird, steht der inkrementierte Wert daher kurze Zeit später am Eingang des Befehlszählers zur Verfügung. Bei einer pegelgesteuerten Übernahme des Eingangswerts würde der neue Eingangswert unmittelbar, solange das Taktsignal denselben Pegel führt, in das Befehlsregister übernommen und erneut den Ausgang modifizieren. Indem der Befehlszähler jedoch flankengetriggert aktualisiert wird, geschieht dies erst mit der nächsten steigenden bzw. fallenden Taktflanke.

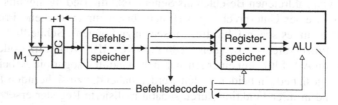

Bild 2.17. Ein möglicher kritischer Pfad durch einen einfachen Prozessor mit 3-Adressarchitektur

Eine Voraussetzung für das Funktionieren einer synchronen Schaltung ist, dass Änderungen am Ausgang eines Registers oder Speichers sich nicht verzögerungsfrei auf deren Eingänge auswirken dürfen, da in der Realität eine Taktflanke nicht zu einem Zeitpunkt, sondern über ein eng begrenzten Zeitraum auftritt. Die erforderliche *Durchlaufverzögerung* durch Inkrementierer und Multiplexer beschränkt jedoch auch die *Taktfrequenz*, mit der der Befehlszähler aktualisiert werden kann, da der inkrementierte Wert am Eingang des Befehlszählers zur Verfügung stehen muss, bevor das nächste Taktereignis, also eine steigende oder fallende Flanke, auftritt.

Nun ist der Befehlszähler nicht nur über den Inkrementierer rückgekoppelt, sondern auch über den Befehlsspeicher, der aufgrund seiner Komplexität eine längere Durchlaufverzögerung aufweist als der Inkrementierer. Die Taktfrequenz ist daher so zu wählen, dass der Befehlsspeicher und der Multiplexer M_1 innerhalb eines Taktes durchlaufbar sind. Um die Taktfrequenz zu ermitteln, mit der der gesamte Prozessor arbeiten kann, muss offensichtlich der Pfad mit der längsten Durchlaufverzögerung, der sog. *kritische Pfad*, betrachtet werden. Er beginnt und endet am Aus-

bzw. Eingang eines Registers oder Speichers. In Bild 2.17 ist ein Kandidat für den kritischen Pfad stark ausgezogen dargestellt (Befehlszähler, Befehlsspeicher, Registerspeicher, ALU, Registerspeicher). Ob der Pfad tatsächlich kritisch ist, kann ohne eine zeitgenaue Simulation der Registertransferschaltung hier nicht eindeutig festgestellt werden.

2.2.2 Überlappende Befehlsverarbeitung

Eine einfache Technik zur Verkürzung des kritischen Pfads besteht darin, ihn mit Hilfe eines Registers in zwei Teilpfade zu zerlegen, die im Idealfall jeweils doppelt so schnell durchlaufen werden, wie der ursprüngliche, kritische Pfad. Die Registertransferschaltung in Bild 2.17 lässt sich z.B. wie in Bild 2.18 dargestellt modifizieren. Das Instruktionsregister IR (instruction register) teilt den ursprünglichen kritischen Pfad vom Befehlszähler über Befehlsspeicher, Registerspeicher, ALU bis in den Registerspeicher (siehe Bild 2.17) in die beiden Teilpfade Befehlszähler, Befehlsspeicher, Instruktionsregister (a) und Instruktionsregister, Registerspeicher, ALU, Registerspeicher (b).

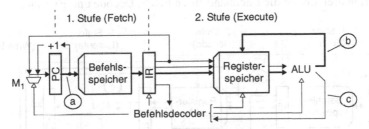

Bild 2.18. Einfacher Prozessor mit zweistufigem Fließband

Falls einer der beiden Teilpfade kritisch ist (was nicht der Fall sein muss – siehe z.B. den mit c markierten Pfad) und die beiden Teilpfade eine ähnliche Laufzeit aufweisen, ist die Taktfrequenz, mit der sich die Registertransferschaltung betreiben lässt, so beinahe verdoppelt worden. Eine exakte Verdopplung wird jedoch nicht erreicht, weil nämlich die Teilpfade in der Realität keine identischen Laufzeiten aufweisen und das hinzugefügte Instruktionsregister eine Laufzeit besitzt, die man in den neuen Teilpfaden berücksichtigen muss.

Zwar kann die Taktfrequenz durch das Einfügen des Instruktionsregisters nahezu verdoppelt werden, jedoch benötigt ein einzelner Befehl zu seiner Verarbeitung nun zwei statt eines Takts. Effektiv erreicht man durch das Instruktionsregister also eine verlangsamte Befehlsverarbeitung. Allerdings besteht die Möglichkeit, Befehle überlappend zu bearbeiten. Während der im Instruktionsregister gehaltene erste Befehl zur Ausführung kommt (execute), d.h. die Operanden gelesen und verknüpft werden, lässt sich zeitgleich bereits der unmittelbar folgende Befehl aus dem Befehlsspeicher holen (fetch). Er wird im nächsten Taktschritt ausgeführt, wobei sich parallel bereits ein weiterer Befehl aus dem Befehlsspeicher lesen lässt, usw.

Diese Art der überlappenden Befehlsausführung wird als *Fließbandverarbeitung* (*pipelining*), das Instruktionsregister auch als *Fließbandregister* (*pipeline register*) bezeichnet. Ein in Fließbandtechnik arbeitender Prozessor entsprechend Bild 2.18 bearbeitet zwei Befehle in zwei Takten, im Durchschnitt also einen Befehl pro Takt, wobei man durch Verkürzung des kritischen Pfads eine im Vergleich zu einem ohne Fließbandtechnik arbeitenden Prozessor höhere Taktfrequenz erzielt.

Der hier dargestellte Prozessor besitzt zwei *Fließbandstufen*. Natürlich kann durch Einfügen weiterer Fließbandregister der kritische Pfad sukzessive verkürzt und auf diese Weise eine Vervielfachung der Taktfrequenz erreicht werden. In Bild 2.19 ist dies für einen Prozessor mit vierstufigem Fließband dargestellt (ähnlich dem CY7C601 von Cypress, einem nicht mehr gefertigten Prozessor mit skalarer SPARC-Architektur [133]), wobei die Fließbandstufen durch das Instruktionsregister IR sowie die Fließbandregister ER (execute register) und WBR (write back register) voneinander entkoppelt sind. Ein *Verknüpfungsbefehl* durchläuft in vier Takten die Fließbandstufen *Fetch* (der Befehl wird aus dem Befehlsspeicher gelesen), *Decode* (der Befehl wird decodiert und die Operanden aus dem Registerspeicher geladen), *Execute* (die Operanden werden miteinander verknüpft) und *Write Back* (das Ergebnis wird in den Registerspeicher geschrieben). Ein *Sprungbefehl* durchläuft in drei Takten die Fließbandstufen Fetch, Decode und Execute.

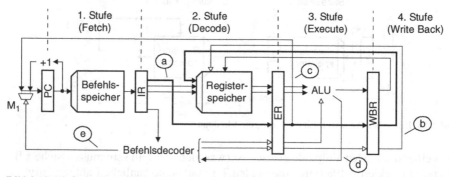

Bild 2.19. Einfacher Prozessor mit vierstufigem Fließband

In jedem Fall ist hierbei sicherzustellen, dass die in einer Fließbandstufe benötigten Informationen jeweils zeitgleich ihren Bestimmungsort erreichen. So ist z.B. die im Befehl codierte Zieladresse und das vom Befehlsdecoder erzeugte Schreibsignal nicht direkt mit dem Registerspeicher verbunden, sondern über die Fließbandregister ER und WBR (mit a und b markierte Verbindungen). Aus einem ähnlichen Grund wird die Zieladresse von Sprungbefehlen nicht am Ausgang des Instruktionsregisters IR, sondern am Ausgang des Fließbandregisters ER abgegriffen (c). Sie muss nämlich im selben Takt den Multiplexer M_1 erreichen, wie das in der Execute-Stufe erzeugte und über den Befehlsdecoder geführte Bedingungsergebnis (d und e).

Ein nach dem Fließbandprinzip arbeitender realer Prozessor wird normalerweise eine kompliziertere Registertransferschaltung besitzen, als in Bild 2.19 dargestellt, in ihrem Aufbau jedoch dieser Grundstruktur entsprechen. Zum Beispiel ist der Registerspeicher auch dann als *3-Port-Speicher* zu realisieren, wenn ausschließlich

2-Adressbefehle verarbeitet werden, und zwar deshalb, weil das Lesen der Operanden und das Schreiben eines Ergebnisses normalerweise in unterschiedlichen Fließbandstufen geschieht und daher entkoppelt sein muss. Während nämlich das Ergebnis eines Befehls in den Registerspeicher geschrieben wird, ist es nämlich ggf. notwendig zeitgleich die Operanden eines anderen nachfolgenden Befehls zu lesen.

Falls man die Registertransferschaltung in Bild 2.19 noch um einen Datenspeicher erweitert, kann sogar ein zusätzlicher, vierter Port notwendig sein. Dies ist davon abhängig, ob auf den Datenspeicher innerhalb der Execute-Stufe, einer zusätzlichen Stufe oder der Write-Back-Stufe zugegriffen wird. In den ersten beiden Fällen muss nämlich bei Speicherbefehlen zeitgleich auf die zur Adressberechnung notwendigen zwei und den im Datenspeicher abzulegenden dritten Operanden zugegriffen werden, so dass ein vierter Port erforderlich ist, um das Ergebnis des versetzt in Bearbeitung befindlichen Befehls innerhalb der Write-Back-Stufe in den Registerspeicher schreiben zu können. Ein Prozessor mit vierstufigem Fließband, der Datenzugriffe innerhalb der Write-Back-Stufe verarbeitet und deshalb statt vier nur drei Registerports benötigt, ist in Bild 2.20 gezeigt. Er ist von der in Bild 2.7 dargestellten Registertransferstruktur abgeleitet und besitzt viele Funktionalitäten realer Prozessoren, wie z.B. die Möglichkeit, Operanden unmittelbar zu adressieren, Sprünge befehlszählerrelativ auszuführen oder Unterprogramme zu verarbeiten.

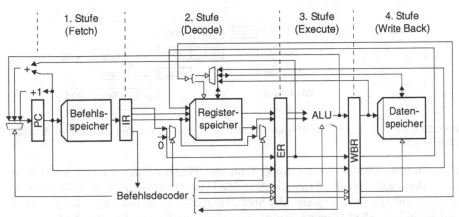

Bild 2.20. Prozessor mit vierstufigem Fließband, der aus der in Bild 2.7 dargestellten Registertransferschaltung abgeleitet wurde und der in seiner Funktionalität die wesentlichen Merkmale realer Prozessoren besitzt

Es ist nicht sinnvoll, die Anzahl der Stufen eines Fließbands zu vergrößern, ohne gleichzeitig eine Verkürzung des kritischen Pfads zu erreichen. Sollte z.B. die Taktfrequenz des zweistufig arbeitenden Prozessors in Bild 2.18 durch die Fetch-Stufe begrenzt sein, was wegen der geringen Zugriffsgeschwindigkeit auf große Speicher wahrscheinlich ist, wird durch Unterteilung der Execute-Stufe in drei weitere Fließbandstufen (entsprechend Bild 2.19) die Registertransferschaltung zwar komplizierter, aber nicht höher taktbar. In beiden Fällen ist die Fetch-Stufe nämlich unverändert langsam.

Dieses grundsätzliche Problem löst man gewöhnlich, indem nicht direkt auf den Befehlsspeicher oder normalerweise vorhandenen Datenspeicher zugegriffen wird, sondern auf Caches, also kleine, schnelle, meist in Fließbandtechnik arbeitende Zwischenspeicher (Abschnitt 2.3.1). Ebenfalls wichtig für die Effizienz der Fließbandtechnik ist, dass die Befehle pro Takt eine Fließbandstufe passieren, da andernfalls die Ausführung nachfolgender Befehle blockiert wird. Aus diesem Grund sind in den auf Fließbandverarbeitung optimierten RISC-Prozessoren der ersten Generation normalerweise auch einschrittig arbeitende Befehlsdecoder realisiert [17].

2.2.3 Datenflusskonflikte (interlocking, bypassing)

In sequentiellen Programmen werden vielfach Operanden verarbeitet, die jeweils Ergebnis unmittelbar vorangehender Befehle sind. Dabei kann es zu einem sog. Datenflusskonflikt kommen, wenn nämlich der von einem in Ausführung befindlichen Befehl benötigte Operand von einem anderen Befehl erzeugt wird, der sich, wegen der überlappenden Arbeitsweise eines Fließbandprozessors, noch in Ausführung befindet. Bild 2.21a zeigt eine Befehlsfolge, bei der es, falls sie von einem Prozessor mit vierstufigem Fließband entsprechend Bild 2.19 ausgeführt wird, wegen der Zugriffe auf das Register r1 zu zwei Datenflusskonflikten kommt.

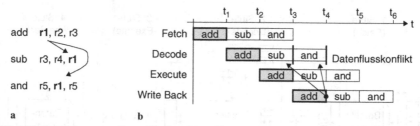

Bild 2.21. Darstellung von Datenflusskonflikten (über Register r1). **a** Im Programm. **b** Im zeitlichen Verlauf

Die zeitliche Abfolge, in der die Befehle das Fließband durchlaufen, ist in Bild 2.21b dargestellt. Während sich die Addition in der Write-Back-Stufe befindet (zwischen t_3 und t_4), wird zeitgleich die Subtraktion ausgeführt (Execute-Stufe) und der and-Befehl decodiert (Decode-Stufe). Nun lässt sich das Ergebnis der Addition erst mit der Taktflanke zum Zeitpunkt t_4 in den Registerspeicher übertragen. Dies ist zu spät für die beiden unmittelbar auf die Addition folgenden Befehle, die bereits in der Decode-Stufe lesend auf r1 zugreifen (siehe Bild 2.19), also zwischen t_2 und t_3 im Falle der Subtraktion und zwischen t_3 und t_4 im Falle des and-Befehls. Erst die Befehle, die nach t_4 den Registerspeicher lesend ansprechen, finden das erwartete Additionsergebnis in r1 vor.

Wie kann dieses Problem gelöst werden? Sehr einfach ist es, die zeitweise Nichtverfügbarkeit eines Operanden im Programmiermodell eines Prozessors zu berücksichtigen, d.h. zu definieren, dass ein von einem Verknüpfungsbefehl generiertes Ergebnis erst mehrere Taktschritte nach seiner Erzeugung lesbar ist – abhängig vom jeweiligen Fließband. Der Datenflusskonflikt wird also nicht in Hardware, sondern in Software gelöst, und zwar, indem man ein Ergebnis erst nach seiner Speicherung weiterverarbeitet, also nach dem Write-Back. Für die in Bild 2.21a dargestellte Befehlsfolge bedeutet dies, dass zwischen Addition und Subtraktion zwei vom Ergebnis der Addition unabhängige Befehle, ggf. *nop-Befehle*, eingefügt werden müssen. – Dieses Verfahren zur Vermeidung von Konflikten ist Anfang der 80er Jahre in dem an der Stanford Universität entwickelten MIPS (Microprocessor without Interlocked Pipeline Stages) realisiert worden [57]. Es hat in modernen Ansätzen jedoch kaum eine Bedeutung.

Konfliktlösung durch Sperren des Fließbands (interlocking)

Die einfachste Lösung Datenflusskonflikte in Hardware zu lösen, besteht darin, die Verarbeitung des konfliktverursachenden Befehls solange zu verzögern, bis das benötigte Ergebnis verfügbar ist. Zunächst wird der Datenflusskonflikt erkannt, indem unmittelbar vor dem Zugriff auf die benötigten Operanden (in der Decode-Stufe) die Operandenadressen mit den Zieladressen vorangehender und noch im Fließband bearbeiteter Befehle verglichen werden. Bei Gleichheit wird der konflikt-verursachende Befehl und alle nachfolgenden bereits ins Fließband geladenen Befehle gesperrt (pipeline interlock).

Alle davor im Fließband stehenden Befehle werden jedoch weiterbearbeitet, um den Datenflusskonflikt auf diese Weise zu lösen. Hierbei kommt es offensichtlich zu einem Abriss des kontinuierlichen Befehlsflusses durch das Fließband, nämlich zwischen gesperrten und weiter verarbeiteten Befehlen (pipeline stall). Die entstehende Lücke wird sozusagen automatisch durch in ihrer Wirkung neutrale nop-Befehle gefüllt. Die Fließbandsperre wird schließlich aufgehoben, sobald das erforderliche Ergebnis im Registerspeicher zur Verfügung steht [57, 58].

Im Zusammenhang mit Datenflusskonflikten hat das Sperren des Fließbands nur dort eine Bedeutung, wo es nicht möglich ist, ein Ergebnis über Bypässe zugänglich zu machen (siehe unten). Die Technik kann jedoch auch dazu verwendet werden, *Ressourcenkonflikte* in sequentiell arbeitenden Prozessoren zu lösen. Sie treten auf, wenn eine Fließbandstufe von mehreren Befehlen gleichzeitig benötigt wird, z.B. wenn eine Operation zeitsequentiell über mehrere Takte von der ALU bearbeitet werden und der im Fließband nachfolgende Befehl auf das Freiwerden der ALU warten muss.

Sowohl die nicht über Bypässe lösbaren Datenflusskonflikte als auch die Ressourcenkonflikte treten im Zusammenhang mit Lesezugriffen auf den Datencache bzw. -speicher auf. In beiden Fällen ist die Latenzzeit zwischen Zugriffsbeginn und verfügbarem Datum nämlich mehrere Takte lang. Diese Dauer muss im Falle des normalerweise in Fließbandtechnik realisierten Datencaches bei Datenflusskonflikten und im Falle des nicht in Fließbandtechnik realisierten Datenspeichers bei Ressourcenkonflikten abgewartet werden. Insbesondere ist es bei Datencache-Zugriffen nicht möglich, Bypässe zu verwenden.

Konfliktlösung durch Bypässe (bypassing, forwarding)

Bei der Verwendung von Bypässen macht man sich zu nutze, dass ein Ergebnis i.Allg. zwar erst in der letzten Fließbandstufe in den Registerspeicher geschrieben wird, es aber meist schon am Ende der Execute-Stufe verfügbar ist und daher über spezielle Pfade (den Bypässen) zugänglich gemacht werden kann. Die notwendigen Erweiterungen sind in Bild 2.22 dargestellt. Bevor man die Operanden eines Befehls aus dem Registerspeicher liest, wird deren Verfügbarkeit geprüft, indem sie mit den Zieladressen der vorangehenden und noch im Fließband befindlichen Befehle verglichen werden. Die Operandenadressen befinden sich hierbei im Instruktionsregister IR, die Zieladressen der beiden vorangehenden Befehle in den Fließbandregistern ER und WBR.

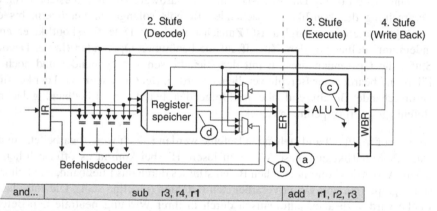

Bild 2.22. Die hinteren drei Fließbandstufen eines einfachen Prozessors mit vierstufigem Fließband, der Datenflusskonflikte über Bypässe löst

Um z.B. den Konflikt in der in Bild 2.21a dargestellten Befehlsfolge zu erkennen, wird über die mit a markierte Verbindung die Zieladresse der Addition in der Execute-Stufe mit der Operandenadresse der Subtraktion in der Decode-Stufe verglichen. Den auftretenden Konflikt meldet man an den Befehlsdecoder, der über das mit b markierte Steuersignal den Multiplexer so schaltet, dass das am Ausgang der ALU verfügbare Additionsergebnis über die mit c markierte Verbindung weitergereicht wird. Der zweite Operand ist hiervon nicht betroffen. Er lässt sich wie gewohnt über die mit d markierte Verbindung aus dem Registerspeicher lesen und auf das Fließbandregister ER durchschalten.

Mit dem nächsten Taktschritt beginnt die verzögerungsfreie Ausführung der Subtraktion (Bild 2.21a). Der nachrückende and-Befehl kann in derselben Weise ohne Zeitverlust ausgeführt werden, da das im Fließbandregister WBR gespeicherte Additionsergebnis ebenfalls über Bypässe zugreifbar ist. Zur Identifikation dieses Datenflusskonflikts wird natürlich nicht die im Fließbandregister ER, sondern die im Fließbandregister WBR gehaltene Zieladressen mit den Operandenadressen verglichen.

Damit Bypässe zur Lösung von Datenflusskonflikten verwendet werden können, muss das jeweils benötigte Ergebnis in der Registertransferschaltung eines Prozessors auch zugänglich sein. Dies ist jedoch nicht immer der Fall, z.B. dann nicht, wenn nach dem Lesen der Operanden ein Endergebnis stückweise über mehrere Fließbandstufen hinweg erzeugt wird (wie z.B. bei Lesezugriffen auf einen in Fließbandtechnik arbeitenden Datencache). In einigen Fällen ist es jedoch möglich, Teilergebnisse über Bypässe zurückzuführen und abhängige Operationen zu starten, ohne das vollständige Endergebnis zu benötigen.

Das Prinzip soll anhand der Registertransferschaltungen zur Addition von zwei Bit breiten Dualzahlen in Bild 2.23a und b beschrieben werden. Teilbild a stellt die Registertransferschaltung eines herkömmlichen einstufig in Fließbandtechnik arbeitenden Addierers dar. Die Operanden in den Fließbandregistern OP1 und OP2 werden bitweise entsprechend ihrer Wertigkeiten mit Hilfe sog. *Volladdierer* (VA) verknüpft, wobei ein Übertrag aus der unteren in die obere Stelle mit Hilfe der mit einem a markierten Verbindung weitergereicht wird. Falls die gesamte Addiererkette einen Übertrag erzeugt, wird dies am Ausgang C (carry) angezeigt. Es kann bei Bedarf ausgewertet werden, um z.B. Zahlenbereichsüberschreitungen zu erkennen. Die Verbindungen b und c bilden zusammengenommen den Bypass, über den sich das Ergebnis an den Ausgängen der beiden Volladdierer auf den Eingang des Addierers zurückführen lässt.

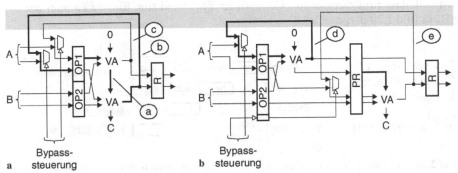

Bild 2.23. Einfache in Fließbandtechnik arbeitende, aus zwei einzelnen Volladdierern VA bestehende Addierer, in denen der erste Operand über einen Bypass geführt werden kann (Bypässe jeweils grau unterlegt): **a** Einstufig mit herkömmlichem Bypass. **b** Zweistufig mit versetztem Bypass

In Bild 2.23b ist ein 2-Bit-Addierer mit zweistufigem Fließband dargestellt. Das Fließbandregister PR (pipeline register) teilt den in Bild 2.23a durch eine dicke Linie hervorgehobenen kritischen Pfad an der mit a markierten Verbindung zwischen den beiden Volladdierern. Wegen des nun deutlich kürzeren kritischen Pfads (die mit d markierte dicke Linie), kann der in Bild 2.23b dargestellte Addierer mit einer höheren Taktfrequenz betrieben werden als der einstufig arbeitende Addierer. Dafür steht das vollständige Additionsergebnis jedoch erst zur Verfügung, nachdem beide Stufen durchlaufen wurden.

Trotzdem ist es möglich, eine abhängige und unmittelbar folgende Operation verzögerungsfrei zu starten, da bereits am Ende der ersten Fließbandstufe das untere Ergebnisbit der Addition feststeht und für die nachfolgende Addition im ersten Taktschritt nur das untere Bit benötigt wird. Es lässt sich über die mit d markierte Verbindung zurückführen. Das zweite Ergebnisbit wird etwas später über die mit e markierte Verbindung in die erste Fließbandstufe zurückgeführt – rechtzeitig, damit in der zweiten Fließbandstufe das endgültige Ergebnis erzeugt werden kann. Neben den *versetzten Bypässen* beachte man die über das erste Fließbandregister verzögerte Steuerleitung zum Schalten des mit e markierten Bypasses. Die Verwendung versetzter Bypässe ist z.B. in [152] beschrieben und wurde dort benutzt, um abhängige Fließbandmultiplikationen verzögerungsfrei zu starten.

2.2.4 Kontrollflusskonflikte (predication, delay slot, branch prediction)

Der kontinuierliche Fluss der Befehle durch das Fließband kann nicht nur durch die Datenflusskonflikte, sondern auch durch die sog. Kontrollflusskonflikte gestört werden. Ein Kontrollflusskonflikt tritt z.B. auf, wenn sich bei Ausführung eines *verzweigenden Sprungbefehls* bereits sequentiell nachfolgende Befehle im Fließband befinden. Bild 2.24a zeigt eine Befehlsfolge, bei der es zu einem Kontrollflusskonflikt kommt, wenn der bedingte Sprungbefehl bne (branch not equal, Sprung bei Ungleichheit der Operanden) zum Sprungziel verzweigt, wobei vorausgesetzt werden soll, dass ein Prozessor mit vierstufigem Fließband zum Einsatz kommt, wie er z.B. in Bild 2.20 dargestellt ist.

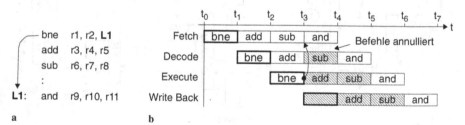

Bild 2.24. Darstellung eines Kontrollflusskonflikts, **a** im Programm, **b** im zeitlichen Verlauf

Der zeitliche Verlauf der Befehlsverarbeitung lässt sich Bild 2.24b entnehmen. Der bedingte Sprungbefehl wird in der Zeit zwischen t_0 und t_4 bearbeitet. In der Ausführungsphase zwischen t_2 und t_3 werden zuerst die Operanden r1 und r2 verglichen. Außerdem wird abhängig vom Ergebnis bereits vorbereitet, dass der Befehlszähler zum Zeitpunkt t_3 zu inkrementieren (der Sprungbefehl verzweigt nicht) oder mit der im Sprungbefehl codierten Zieladresse zu laden ist (der Sprungbefehl verzweigt). Falls also der Sprungbefehl verzweigt, wie in Bild 2.24b angenommen, startet die Bearbeitung des and-Befehls zum Zeitpunkt t_3, drei Takte, nachdem der Sprungbefehl auszuführen begonnen wurde. Die Bearbeitung des Sprungbefehls endet effektiv zum Zeitpunkt t_3. Insbesondere wird in der vierten Fließbandstufe zwischen t_3 und t_4 kein Ergebnis in den Registerspeicher geschrieben, was hier durch den schraffierten, stark ausgezeichneten Kasten symbolisiert ist.

Falls das Programmiermodell eines streng sequentiell arbeitenden Prozessors zugrunde gelegt wird, müssen bei einem Kontrollflusskonflikt die bis zum Zeitpunkt der Ausführung des verzweigenden Sprungbefehls in das Fließband geladenen Befehle *annulliert* werden, z.B. indem man die in den entsprechenden Fließbandstufen befindlichen Befehle durch nops ersetzt. In Bild 2.24b geschieht dies z.B. mit der auf den Sprungbefehl folgenden Addition und Subtraktion, die beide zum Zeitpunkt t_3 annulliert werden, sobald nämlich feststeht, dass der Sprungbefehl verzweigt. Dadurch wird die Ausführungszeit eines verzweigenden Sprungbefehls effektiv um die Anzahl der Takte verlängert, die zum Laden der annullierten Befehle erforderlich war. Diese Zeitstrafe tritt nur auf, wenn der Sprungbefehl verzweigt. Im anderen Fall können nämlich die auf den Sprungbefehl im Fließband nachfolgenden Befehle ganz regulär und verzögerungsfrei beendet werden.

Bedingte Befehlsausführung (predication)

Kontrollflusskonflikte sind in kurzen Befehlsfolgen vermeidbar, wenn auf die Verwendung von Sprungbefehlen verzichtet wird. Statt ein Unterprogramm durch einen Sprungbefehl aufzurufen, kann es nämlich auch direkt vom Übersetzer in das aufrufende Programm eingebettet werden. Mit bedingten Sprungbefehlen ist dies hingegen selten möglich, da Sprungentscheidungen i.Allg. von zur Laufzeit durchgeführten Berechnungen abhängig sind. In einigen Fällen lassen sich bedingte Sprungbefehle jedoch dadurch vermeiden, dass die Erzeugung von Ergebnissen beliebiger Befehle bedingt erfolgt. In seiner Wirkung ist dies mit einem Sprungbefehl vergleichbar, der den unmittelbar folgenden z.B. Verknüpfungsbefehl überspringt, falls die jeweilige Bedingung nicht erfüllt ist, allerdings mit dem Unterschied, dass der bedingte Sprungbefehl[1] einen Kontrollflusskonflikt verursachen kann, ein bedingt ausgeführter Befehl jedoch nicht.

Ein Nachteil der bedingten Befehlsausführung ist, dass die Bedingung, unter der ein Ergebnis erzeugt werden soll, im jeweiligen Befehl angegeben sein muss, und zwar auch dann, wenn man den Befehl im Normalfall unbedingt ausführt. So enthalten die meisten Befehle des ARM7TDMI von ARM [10] z.B. einen vier Bit breiten Bedingungscode, in dem bei unbedingt ausgeführten Befehlen der Wert „always" codiert ist. Dieser Nachteil lässt sich zum Teil dadurch vermeiden, dass nicht der gesamte, sondern nur ein kleiner Teil des Befehlssatzes bedingt ausführbar realisiert wird, im Grenzfall gewöhnlich nur ein *Move*-Befehl (wie z.B. beim Pentium 4 von Intel [81, 77]).

Eine Variante, bei der alle Befehle des Befehlssatzes bedingt bearbeitet werden können, ohne das der Bedingungscode in allen Befehlen codiert sein muss, wurde in der an der TU Berlin entwickelten Nemesis-Architektur realisiert [114]. Sie verfügt über 16 Bit breite Befehle die sich durch *Präfixe* erweitern lassen. Wird ein Sprungbefehl decodiert, der einen Offset von Eins enthält und daher bei erfüllter Bedin-

---

1. Ein bedingter Sprungbefehl kann auch als ein bedingt ausgeführter unbedingter Sprungbefehl angesehen werden.

gung den nachfolgenden Befehl überspringt, wird der Sprungbefehl aus dem Befehlsstrom entfernt und der nachfolgende Befehl bedingt bearbeitet.

Natürlich ist die hier als *dynamische Prädikation* (*dynamic predication*, *instruction folding* [176, 177] oder *collapsing* [149]) bezeichnete Technik prinzipiell auch auf mehrere im Fließband befindliche Befehle anwendbar. Das geschieht jedoch nicht beim Nemesis C (mit dem Programmiermodell Nemesis in der Version V1.0), da der Realisierungsaufwand wegen der nicht eigenständig ausführbaren Präfixbefehle dadurch deutlich vergrößert würde. Statt dessen wird ein Sprungbefehl mit Offset Null nicht wie erwartet in der Weise interpretiert, dass nur der nachfolgende 16 Bit breite Befehl bedingt zur Ausführung kommt, sondern der nachfolgende beliebig breite Befehl (siehe Beispiel 2.2).

▶ Beispiel 2.2. *Ermittlung eines Minimalwerts.* In Bild 2.25 sind drei Befehlsfolgen einander gegenübergestellt, mit denen sich jeweils das Minimum zweier ganzer Zahlen in den Arbeitsregistern R0 und R1 (bzw. r0 und r1) berechnen lässt. Das Ergebnis wird in R2 (bzw. r2) gespeichert (das Ergebnisregister der unterschiedlichen Befehle ist jeweils in Fettschrift gesetzt). In Bild 2.25a und b sind die Befehlsfolgen für den ARM7TDMI sowie in Bild 2.25c eine entsprechende Befehlsfolge für den Nemesis C dargestellt. Die beiden Befehlsfolgen für den ARM7TDMI unterscheiden sich darin, dass einmal herkömmliche bedingte Sprungbefehle (a) und einmal bedingte Befehle (b) verwendet werden. Die Pfeile verbinden die Programmteile mit jeweils demselben Effekten.

Der erste MOV-Befehl in Bild 2.25a kommt zur Ausführung, wenn der BGT-Befehl (Branch on Greater Than) nicht zur Sprungmarke next verzweigt. In seiner Wirkung entspricht dies dem MOVLE-Befehl in Bild 2.25b (Move on Less or Equal), der das Zielregister ausschließlich dann verändert, wenn das Bedingungsregister die Relation „kleiner oder gleich" anzeigt. Zum Vergleich ist in Bild 2.25c die Befehlsfolge für den Nemesis C dargestellt. Die jeweils umrahmten Befehle werden vom Prozessor als Einheit bearbeitet. Bemerkenswert ist, dass sich die Befehlsfolge in Bild 2.25b nicht kompakter codieren lässt als die in Bild 2.25c, da ein bedingt ausführbarer Befehl beim ARM7TDMI 32 statt 16 Bit breit ist. Für die einzelnen Befehlsfolgen werden von links nach rechts 10 Byte (falls die sog. Thumb-Instructions verwendet werden), 12 Byte und 10 Byte benötigt.

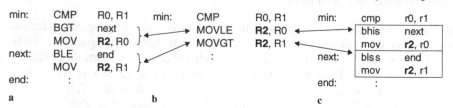

Bild 2.25. Befehlsfolgen zur Berechnung des Minimums zweier vorzeichenbehafteter ganzer Zahlen. **a** Herkömmliche Befehlsfolge für den ARM. **b** Abgewandelte Befehlsfolge für den ARM, in der die bedingte Befehlsausführung verwendet wird. **c** Befehlsfolge mit dynamischer Prädikation für den Nemesis C   ◢

Verzögerte Verzweigungen (delayed branch)

Die bei verzweigenden Sprungbefehlen auftretende Zeitstrafe ist vermeidbar, indem nicht die auf den Sprungbefehl folgenden und in das Fließband geladenen Befehle annulliert, sondern regulär beendet werden, und zwar unabhängig davon, ob der Sprungbefehl verzweigt oder nicht verzweigt. So würden in der in Bild 2.24a dargestellten Befehlsfolge die auf den Sprungbefehl folgende Addition und Subtraktion nicht, wie in Bild 2.24b dargestellt, zum Zeitpunkt t_3 annulliert werden, sondern in gewohnter Weise beendet. Der Sprungbefehl führt eine sog. verzögerte Verzweigung (delayed branch) aus.

Die Anzahl der Fließbandstufen in denen sich die auf einen Sprungbefehl sequentiell folgenden Befehle befinden, bevor die Verzweigung tatsächlich bearbeitet wird, bezeichnet man als *Verzögerungsstufen* (*delay slots*), die in den Verzögerungsstufen befindlichen Befehle als Verzögerungsstufenbefehle (delay slot instructions). Neben der kürzeren Bearbeitungszeit einer verzögerten Verzweigung ist vor allem die einfache Realisierung ein Vorteil. Der Prozessor muss Kontrollflusskonflikte nicht erkennen und bereits in das Fließband geladenen Befehle nicht annullieren können.

Nachteilig ist, dass die Codeerzeugung für Prozessoren, die bei einem verzweigenden Sprungbefehl verzögert reagieren, komplizierter ist als für solche, die dies nicht tun, da es aufgrund von Abhängigkeiten nicht immer möglich ist, sinnvolle Befehle in den Verzögerungsstufen unterzubringen (vor allem, wenn berücksichtigt wird, dass nach Flynn zwischen zwei Sprungbefehlen im Durchschnitt nur 7,5 Befehle liegen und die Befehlszahl sogar in zwei Dritteln der Fälle sogar kleiner ist [47]). Je mehr Verzögerungsstufen gefüllt werden müssen, desto aufwendiger ist es, Code für einen entsprechenden Prozessor zu erzeugen, weshalb eine möglichst geringe Anzahl von Verzögerungsstufen angestrebt wird.

Der in Bild 2.20 dargestellte Prozessor verzweigt z.B. in der dritten Fließbandstufe und besitzt daher zwei Verzögerungsstufen. Die Verarbeitung eines verzweigenden Sprungbefehls entspricht dabei dem, was in Bild 2.24b dargestellt ist, nur dass man die auf den Sprungbefehl folgende Addition und Subtraktion nicht annulliert, sondern regulär beendet. Um nun die Anzahl der Verzögerungsstufen zu vermindern, muss der Sprungbefehl statt in der Execute-Stufe bereits in der Fetch- oder der Decode-Stufe ausgeführt werden. Dies ist hier jedoch nicht möglich, weil für den Operandenvergleich in bedingten Sprungbefehlen (siehe Sprungbefehl in Bild 2.24a) die ALU benötigt wird.

Zwar ist ein Vergleichsnetz (oder eine zweite ALU) in der Decode-Stufe platzierbar, dadurch würde jedoch aller Voraussicht nach der kritische Pfad verlängert. Um trotzdem den Sprungbefehl in der Decode-Stufe ausführen zu können und so die Anzahl der Verzögerungsstufen zu vermindern, muss die Vergleichs- von der Sprungoperation getrennt werden. In vielen Prozessoren, wie dem UltraSPARC IIIi von Sun [173], dem PowerPC 970 von IBM [67] u.a. ist deshalb ein *Bedingungsregister* vorgesehen, dass von Vergleichsbefehlen in der Execute-Stufe gesetzt und von bedingten Sprungbefehlen in der Decode-Stufe ausgewertet wird (die sog. *look ahead resolution* [110]).

Ein möglicher Datenflusskonflikt lässt sich dabei mit Hilfe eines einzelnen *Bypasses* lösen. Da der im Bedingungsregister gespeicherte Bedingungscode technisch sehr einfach auswertbar ist, wird der kritische Pfad durch die bei Sprungbefehlen zusätzlichen Aktionen in der Decode-Stufe nicht oder nur unwesentlich verlängert. Zur Verdeutlichung des Verfahrens ist in Bild 2.26 eine Befehlsfolge (Teilbild a) und der zeitliche Verlauf (Teilbild b) bei Verarbeitung der Befehlsfolge durch einen Prozessor mit vierstufigem Fließband und Bedingungsregister dargestellt.

Falls ein verzweigender Sprungbefehl um genau einen Befehl verzögert bearbeitet wird, kann im Umkehrschluss daraus leider nicht gefolgert werden, dass sich bei Ausführung eines Sprungbefehls nur ein einzelner nachfolgender Befehl im Fließband befindet. Tatsächlich führt man in modernen Prozessoren einen Sprungbefehl selten bereits in der zweiten Fließbandstufe aus. Auch werden oft mehrere Befehle parallel bearbeitet, so dass in jeder Fließbandstufe statt einem oft drei oder vier Befehle verweilen können (siehe Abschnitt 3.2).

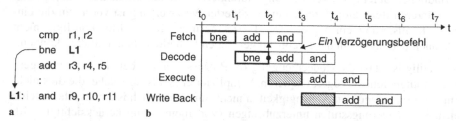

Bild 2.26. Verzögerte Verzweigung mit einer Verzögerungsstufe durch look ahead resolution. a Programm. b Zeitlicher Verlauf

Verzögerte Verzweigungen finden heute vor allem aus Kompatibilitätsgründen Verwendung. Zum Beispiel ist im UltraSPARC IIIi von Sun [173] ein vierzehnstufiges Fließband realisiert, in dem Sprungbefehle spekulativ (siehe Abschnitt 2.2.4) in der vierten und definitiv in der achten Fließbandstufe zur Ausführung kommen. Der Prozessor kann mit jedem Takt vier Befehle parallel verarbeiten, so dass sich zwischen Sprungbefehl und Verzweigung wenigstens 12 (3 · 4) Verzögerungsstufenbefehle ausführen lassen. Dies geschieht jedoch nicht, da der Prozessor kompatibel zu dem Mitte der 80er Jahre entwickelten SPARC (z.B. der CY7C601 von Cypress [133]) sein muss, der mit einem vierstufigen Fließband realisiert ist und Sprungbefehle, wie oben beschrieben, tatsächlich in der zweiten Fließbandstufe ausführt.

▶ **Beispiel 2.3.** *Verzögerte Verzweigung.* In Bild 2.27 sind als Beispiel für die Programmierung eines Prozessors, der Sprungbefehle mit einer Verzögerungsstufe ausführt, zwei Befehlsfolgen für den UltraSPARC IIIi dargestellt, mit denen sich jeweils die Länge einer nullterminierten Zeichenkette einschließlich der abschließenden Null zählen lässt. Als Vorgabe werden im Arbeitsregister %l0 (ein lokales 32 Bit Arbeitsregister) die Adressen der Zeichenketten übergeben. Die Endergebnisse befinden sich nach dem Programmlauf im Register %l1.

Die Befehlsfolge in Bild 2.27a löst das Problem ohne Optimierung: Zuerst wird der Zeichenzähler mit Null initialisiert und in einer Schleife jeweils ein Zeichen gelesen (ldub, load unsigned byte), der Zeichenzähler bzw. Index für den Ladebefehl inkrementiert (add) und schließlich geprüft, ob das Zeichenkettenende erreicht wurde (cmp, compare). Die Schleife wird wiederholt, wenn letzteres nicht der Fall ist, sie terminiert, wenn letzteres der Fall ist (bne, branch not equal), wobei der auf den Sprungbefehl folgende nop als Verzögerungsstufenbefehl grundsätzlich zur Ausführung kommt.

In Bild 2.27b ist die optimierte Befehlsfolge dargestellt. Die Optimierung geschieht hier nach einem Standardverfahren, das sich leicht in einem Übersetzer implementieren lässt. Dabei macht man sich zu nutze, dass nach einem Schleifensprung unmittelbar der erste Befehl der Schleife folgt, wenn hier von dem in seiner Wirkung neutralen nop-Befehl einmal abgesehen wird (in Bild 2.27a ist dies ldub). Solange man die Schleife wiederholt, lässt sich der erste Befehl als Verzögerungsstufenbefehl codieren (was im Bild durch den dicken Pfeil angedeutet ist). Allerdings ist dabei zu berücksichtigen, dass der Ladebefehl vor Betreten des modifizierten Schleifenrumpfs einmal ausgeführt werden muss (im Bild durch einen dünnen Pfeil angedeutet).

Ein letzter semantischer Unterschied zwischen den Befehlsfolgen in Bild 2.27a und b ist mit Hilfe einer Besonderheit des UltraSPARC lösbar. Durch das dem Sprungbefehl in Bild 2.27b angeheftete „a" (bne,a – branch not equal, *annul*) lässt sich nämlich erreichen, dass der in der Verzögerungsstufe ausgeführte Ladebefehl annulliert wird, falls der Sprungbefehl nicht verzweigt. Als Resultat der Optimierung müssen nach der Transformation pro Schleifendurchlauf nur noch vier statt fünf Befehle ausgeführt werden.

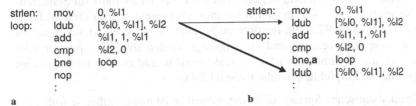

Bild 2.27. Programm zur Ermittlung der Länge einer nullterminierten Zeichenkette für den UltraSPARC III. Die Adresse der Zeichenkette muss in %l0 übergeben werden. Die Anzahl der Zeichen einschließlich des Terminationszeichens Null wird in %l1 gezählt. **a** Programm vor einer Optimierung. **b** Programm nach einer Optimierung   ◄

Statische Sprungvorhersage

Das Zeitverhalten bedingter und nicht verzögert ausgeführter Sprungbefehle ist in Fließbandprozessoren „asymmetrisch" und davon abhängig, ob zum Sprungziel verzweigt oder nicht verzweigt wird. Eine verzögerte Befehlsverarbeitung tritt normalerweise nur dann auf, wenn der Sprungbefehl verzweigt und einen Kontrollflusskonflikt verursacht. Umgekehrt wird ein Sprungbefehl jedoch verzögerungsfrei ausgeführt, wenn er nicht verzweigt, da in diesem Fall die im Fließband auf den Sprungbefehl folgenden Befehle nicht verworfen werden müssen. Dies lässt sich für eine einfache Form der sog. statischen Sprungvorhersage nutzen, bei der Sprungbefehle jeweils als nichtverzweigend angenommen werden und ein Programm so umstrukturiert wird, dass die darin codierten Sprungbefehle zumeist nicht verzweigen [161]. Das Verfahren ist jedoch wenig leistungsfähig, da einige verzweigende Sprungbefehle, wie z.B. Schleifensprünge, Unterprogrammaufrufe, unbedingte Sprünge usw. nicht vermeidbar sind.

Eine Verbesserung der Effizienz ist möglich, wenn bei Auftreten eines Sprungbefehls nicht die jeweils unmittelbar folgenden, sondern die auf das Sprungziel folgenden Befehle in das Fließband geladen werden, und zwar solange, bis der Sprungbefehl die Fließbandstufe erreicht, in der der Sprung definitiv ausgeführt wird. Verzweigt der Sprungbefehl, befinden sich die zu bearbeitenden Befehle bereits im Fließband und müssen lediglich beendet werden, was ohne Verzögerung möglich ist. Natürlich hat dies zur Folge, dass statt der verzweigenden, nun die nichtverzweigenden Sprungbefehle einen Kontrollflusskonflikt verursachen. Dies ist jedoch günstiger, da, wie von Lee und Smith 1984 gezeigt wurde, Sprungbefehle in etwa zwei Drittel aller Fälle verzweigen und nur in einem Drittel aller Fälle nicht verzweigen [97][1], wobei alle unbedingten Sprungbefehle zu unveränderbaren nicht indirekten Adressen berücksichtigt wurden.

Eine weitere Verbesserung des durch statische Sprungvorhersage erzielbaren Effekts ist dadurch erreichbar, dass man nicht grundsätzlich alle Sprungbefehle sondern nur die unbedingten sowie die für Schleifen benutzten bedingten Sprungbefehle, als verzweigend vorhergesagt. Hierzu sind bedingte, für Schleifen verwendete Sprungbefehle, von solchen zu unterschieden, die nicht im Zusammenhang mit Schleifen zum Einsatz kommen, z.B. indem man negative Sprungdistanzen als Indiz für Schleifensprünge interpretiert. – Zu den statischen Sprungvorhersagetechniken zählt auch das sog. *Prepare-to-branch* [97, 110], bei dem im Sprungbefehl codiert ist, ob dieser als verzweigend oder nichtverzweigend vorhergesagt werden soll. Ein optimierender Übersetzer erkennt bestimmte Hochsprachenkonstrukte und codiert im Programm eine entsprechende Empfehlung (siehe Beispiel 2.4).

Der Erfolg aller statischen Sprungvorhersagetechniken ist umso größer, je früher ein Sprungbefehl innerhalb des Fließbands erkannt wird. So sind verzweigende Sprungbefehle (ohne schaltungstechnischen Mehraufwand) nur dann verzögerungsfrei bearbeitbar, wenn sie sich bereits beim Einlesen identifizieren lassen (also in der Fetch-Stufe, siehe Bild 2.24b). Damit der Sprungbefehl hierbei spekulativ als verzweigend ausgeführt werden kann, ist innerhalb der ersten Fließbandstufe eine zusätzliche Adressberechnung erforderlich, was möglicherweise eine Verlängerung des kritischen Pfads und damit eine Verringerung der maximalen Taktfrequenz bewirkt. Indem Sprungbefehle über zwei Fließbandstufen ausgeführt werden, lässt sich diesem Problem zwar begegnen, dafür ist jedoch wieder ein zusätzlicher Verzögerungstakt bei Verzweigungen in Kauf zu nehmen.

▸ Beispiel 2.4. *Prepare-to-branch*. Die statische Sprungvorhersage ist neben anderen Verfahren z.B. im PowerPC realisiert, um die durchschnittliche Ausführungszeit von Sprungbefehlen zu verkürzen – der Prozessor wird in unterschiedlichen Varianten von Motorola (z.B. MPC7400 [126]) oder IBM (z.B. PowerPC 970 [67]) gefertigt. Bild 2.28 stellt zur Verdeutlichung eine Befehlsfolge dar, mit der sich die Summe der Zahlen von 1 bis 10 berechnen lässt: Nach der Initialisierung des in einem Spezialregister befindlichen Schleifenzählers ctr und des Summenregisters r1 wird in einer Schleife jeweils der Inhalt des Schleifenzählers auf die bisher berechnete Summe addiert. Hierbei muss der Schleifenzähler ctr zuvor jeweils in das Register r31 kopiert werden, da es nicht möglich ist, mit der Addition den Inhalt eines Spezialregisters direkt zu verknüpfen. In Zeile 6 wird der Schleifenzähler schließlich dekrementiert und, falls dieser ungleich Null ist, zur Sprungmarke loop verzweigt.

Die etwas unhandliche Schreibweise des Schleifensprungbefehls bc ist erforderlich, weil es insgesamt 1024 Befehlsvarianten gibt, die über zwei Parameter unterschieden werden. Die hier angegebenen Parameter bewirken, dass der Sprungbefehl statisch als verzweigend vorhergesagt wird (jtaken), der Sprungbefehl die Bedingungsbits nicht berücksichtigt (nocc) und verzweigt, solange der Inhalt des Schleifenzählers ctr ungleich Null ist, wobei mit jedem Sprung ctr dekrementiert wird (ctrnz)[2]. Da die Schleife in Bild 2.28 zehnmal ausgeführt wird, ist die statische Sprungvorhersage

---

1. Untersucht wurden 26 Traces aus den Gebieten Compiler, Business, Wissenschaft und Betriebssystemen, die in C, Cobol und Fortran geschrieben waren und auf der IBM/System 370, der PDP11 und der CDC6400 ausgeführt wurden.

2. Die im Programm verwendeten Symbole jtaken, ctrnz und nocc müssen explizit vom Programmierer definiert werden.

„verzweigen" in 90% der Fälle korrekt. Dies bedeutet jedoch nicht, dass hier in 90% der Fälle kein Kontrollflusskonflikt mehr auftritt. Wie eingangs erwähnt, ist das Zeitverhalten des PowerPC bei Ausführung eines Sprungbefehls nämlich von vielen weiteren Faktoren abhängig.

```
1:  sum:   li     r31, 10              // Schleifenzähler initialisieren    (r31 = 10)
2:         mtctr  r31                  // Schleifenzählregister initialisieren   (ctr = r31)
3:         li     r1, 0                // Summenregister initialisieren      (r1 = 0)
4:  loop:  mfctr  r31                  // Zählregister umspeichern           (r31 = ctr)
5:         add    r1, r31, r1          // Summe bilden                       (r1 = r1 + r31)
6:         bc     jtaken I ctrnz, nocc, loop   // Schleifensprung            (siehe Text)
```

Bild 2.28. Befehlsfolge für den PowerPC von Motorola oder IBM als Beispiel für die statische Sprungvorhersage. Es wird die Summe der Zahlen von 1 bis 10 berechnet   ◄

Dynamische Sprungvorhersage

Die Häufigkeit, mit der bei Ausführung von Sprungbefehlen bestimmte endliche Verzweigungsfolgen auftreten, ist von Lee und Smith statistisch mit dem Resultat untersucht worden, dass Sprungbefehle häufig ein vom Programm unabhängiges Sprungverhalten aufweisen [97]. So wurde ermittelt, dass die Verzweigungsfolge n-n-n-n etwa 18 mal häufiger als die Verzweigungsfolge n-n-n-n-t auftritt, wobei verzweigende Sprungbefehle mit „t" (branch taken) und nichtverzweigende Sprung-befehle mit „n" (branch not taken) abgekürzt sind. Mit anderen Worten: es ist mög-lich, einen Sprungbefehl nach einer Verzweigungsfolge n-n-n-n mit etwa 95%iger Wahrscheinlichkeit als nichtverzweigend vorherzusagen. Ähnlich wird ein Sprung-befehl nach einer Verzweigungsfolge t-t-t-t mit hoher Wahrscheinlichkeit verzwei-gen. Ebenfalls bemerkenswert ist, dass die Verzweigungsfolge t-n-t-n-t (bzw. n-t-n-t-n) bis zu 16 mal häufiger auftritt als die Verzweigungsfolge t-n-t-n-n (bzw. n-t-n-t-t). Die Ergebnisse dieser Untersuchung lassen sich nutzen, um Sprungentscheidun-gen mit einer Wahrscheinlichkeit von über 90% korrekt vorherzusagen.

Im einfachsten Fall speichert man die Historie der Sprungentscheidungen in einem sog. *Sprungvorhersagecache* (*branch prediction cache*), der jeweils mit den Befehlsadressen der Sprungbefehle adressiert wird (zu Caches siehe Abschnitt 2.3.1). Mit jedem auszuführenden Befehl durchsucht man den Sprungvorhersageca-che. Lässt sich zu der entsprechenden Befehlsadresse kein Eintrag finden, handelt es sich entweder nicht um einen Sprungbefehl oder es ist keine Historie zu dem Sprungbefehl gespeichert. Im letztgenannten Fall wird eine statische Sprungvorher-sage durchgeführt und für eine erneute Ausführung des Sprungbefehls ein Eintrag im Sprungvorhersagecache erzeugt. Falls jedoch zu dem Sprungbefehl bereits ein Eintrag existiert, lässt sich der jeweilige Sprung entsprechend dieses Eintrags vor-hersagen. Im Prinzip ist es auf diese Weise möglich, zu einer alternierenden Ver-zweigungsfolge t-n-t-n eine korrekte Vorhersage t zu erzeugen. Allerdings ist dies davon abhängig, welches Verfahren zur Sprungvorhersage verwendet wird.

Dynamische Sprungvorhersage mit einstufiger Historie. Dieses Verfahren kann alternierende Verzweigungsfolgen zwar noch nicht vorhersagen, hat jedoch den Vor-teil, sehr einfach realisierbar zu sein. Es ist in Bild 2.29 als Graph dargestellt: Falls ein Sprungbefehl bei seiner Ausführung verzweigt, wird im Sprungvorhersagecache der Zustand T gespeichert und der Sprungbefehl als verzweigend vorhergesagt (die Vorhersage ist in den Zuständen jeweils unterhalb des Querstrichs angegeben). Stellt sich heraus, dass der Sprungbefehl tatsächlich verzweigt ist, wird der Zustand T nicht verlassen. Falls der Sprungbefehl jedoch tatsächlich nicht verzweigt ist, wird über die obere Kante in den Zustand N gewechselt und der Sprungbefehl in nächster Zukunft als nichtverzweigend vorhergesagt.

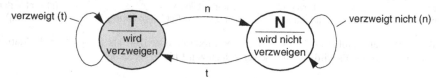

Bild 2.29. Dynamische Sprungvorhersage mit einstufiger Historie. Die Zustände sind jeweils mit einem Zustandsnamen (T und N) und der nächsten Vorhersage beschriftet (wobei Zustände, in denen eine Verzweigung vorhergesagt wird, grau unterlegt sind). Die Kanten werden abhängig vom tatsächlichen Sprungverhalten durchlaufen

Das Verfahren ist in modernen Prozessoren nicht mehr im Einsatz, wurde aber in älteren Prozessoren, wie dem Alpha 21064 von DEC oder dem PowerPC 604 von Motorola (der gleichzeitig jedoch noch andere Techniken zur Sprungvorhersage verwendet) realisiert [31, 130]. Beim Alpha 21064 wird die Information, ob ein Sprungbefehl verzweigt oder nicht verzweigt ist, in einem einzelnen Bit zusammen mit den Befehlen im Befehlscache des Prozessors gehalten. Einen separaten Sprungvorhersagecache gibt es hier also nicht. Beim PowerPC 604 werden nur Sprungbefehle protokolliert, die verzweigt sind. Ein Sprungbefehl wird also nur als verzweigend vorhergesagt, wenn er in dem dafür vorgesehenen Cache gespeichert ist.

Dynamische Sprungvorhersage mit zweistufiger Historie. Die vorangehend beschriebene dynamische Sprungvorhersage mit einstufiger Historie ermöglicht es, ausschließlich Verzweigungsfolgen zuverlässig vorherzusagen, in denen das Sprungverhalten sich nicht ändert, der jeweilige Sprungbefehl also entweder immer verzweigt oder immer nicht verzweigt. Jeder Wechsel des Sprungverhaltens führt hingegen zu einer Fehlvorhersage, weshalb alternierende Sprungentscheidungsfolgen, d.h. Sprungfolgen der Form t-n-t-n usw. zu 100% falsch vorhergesagt werden. Um die Zuverlässigkeit der Vorhersage bei diesen häufig auftretenden Verzweigungsfolgen zu verbessern, lässt sich das Verfahren in der Weise abwandeln, dass es auf eine Änderung der tatsächlichen Sprungentscheidung nicht sofort mit einer Änderung der Vorhersage reagiert.

Erreicht wird dies z.B., indem nicht nur die letzte, sondern die letzten beiden Sprungentscheidungen bei der Vorhersage berücksichtigt werden. Der entsprechende Graph ist in Bild 2.30 dargestellt. Jeder der vier Zustände repräsentiert eine mögliche Vergangenheit des betrachteten Sprungbefehls. Im Zustand TT ist der Sprungbefehl tatsächlich zweimal aufeinander folgend verzweigt und wird demzufolge als verzweigend prognostiziert. Entsprechend wird im Zustand NN der Sprungbefehl als nichtverzweigend vorhersagen. In den Zuständen TN bzw. NT wurde schließlich genauso häufig verzweigt, wie nicht verzweigt, weshalb man zur Vorhersage hier den statisch wahrscheinlicheren Fall „wird verzweigen" verwendet.

Bei Ausführung einer alternierenden Verzweigungsfolge ist nach einer möglicherweise zu durchlaufenden Einschwingzeit einer der beiden Zustände TN oder NT
aktiv und es wird mit Ausführung weiterer Sprungbefehle jeweils zwischen diesen
beiden Zuständen hin- und hergewechselt. Da der Sprungbefehl hierbei immer als
verzweigend vorhergesagt wird, jedoch nur jedes zweite Mal tatsächlich verzweigt,
werden die Sprungentscheidungen hierbei nur zu 50% falsch und nicht wie bei einer
dynamischen Sprungvorhersage mit einstufiger Historie entsprechend Bild 2.29 zu
100% falsch vorhergesagt. Dafür ist jedoch ein geringer Mehraufwand für die Realisierung in Kauf zu nehmen.

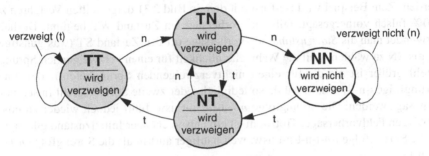

Bild 2.30. Dynamische Sprungvorhersage mit zweistufiger Historie. Die Zustandsnamen geben
jeweils das tatsächliche Sprungverhalten der letzten beiden Ausführungen des jeweiligen Sprungbefehls an

Dynamische Sprungvorhersage durch Gewichtung. Die dynamische Sprungvorhersage mit zweistufiger Historie ist in ihrer Funktionalität direkt aus der dynamischen Sprungvorhersage mit einstufiger Historie ableitbar, kommt jedoch kaum zur
Anwendung. Statt dessen ist in realen Prozessoren oft die ähnlich effektive dynamische Sprungvorhersage durch Gewichtung realisiert (z.B. im ColdFire MFC5407
von Motorola [125], im PowerPC MPC750 von Motorola [128] oder im einfachen
Pentium von Intel [16]). Der zur Sprungvorhersage verwendete Graph ist in Bild
2.31 dargestellt. Die einzelnen Zustände repräsentieren nicht direkt, sondern in einer
abstrakten Art und Weise die unmittelbare Historie der Sprungentscheidungen. In
den Zuständen ST (strongly taken) und WT (weakly taken) wird ein Sprungbefehl
als verzweigend, in den Zuständen SN (strongly not taken) und WN (weakly not
taken) als nichtverzweigend vorhergesagt.

Falls ein Sprungbefehl über längere Zeit ein konstantes Sprungverhalten, also nur
verzweigend oder nur nichtverzweigend, aufweist, ist einer der beiden Zustände ST
oder SN aktiv. Eine Fehlvorhersage führt zwar dazu, dass man in den Zustand WT
bzw. WN wechselt, das Vorhersageergebnis wird so jedoch nicht verändert. Dies
gewährleistet, dass eine Sprungfolge der Form t-t...t-n-t... nicht zwei, sondern nur
eine Fehlvorhersage verursacht. Erst wenn sich in den Zuständen WT oder WN die
Sprungvorhersage erneut als falsch erweist, kehrt sich das Vorhersageergebnis um.

▸ Bemerkung. Von seiner Wirkungsweise her ist das Verfahren einer Waage mit drei Gewichten
vergleichbar: Immer wenn ein Sprungbefehl verzweigt, wird ein Gewicht von der rechten in die
linke Waagschale, immer wenn er nicht verzweigt, von der linken in die rechte Waagschale gelegt.

Schlägt die Waage links aus, sagt man den Sprungbefehl als verzweigend, sonst als nichtverzweigend vorher. Technisch lässt sich eine solche Waage als Sättigungszähler realisieren, der im Gegensatz zu einem herkömmlichen Zähler nicht überläuft, wenn der maximale oder minimale Zählerstand erreicht ist. Er wird bei diesen Zählerständen also nicht weiter inkrementiert bzw. dekrementiert.   ◀

Obgleich sowohl die dynamische Sprungvorhersage mit zweistufiger Historie als auch die dynamische Sprungvorhersage durch Gewichtung das Verhalten von Sprungbefehlen mit einer Wahrscheinlichkeit von über 90% vorhersagen [97] (nach [102] mit über 85%), gibt es Sprungfolgen, die grundsätzlich falsch prognostiziert werden. Zum Beispiel wird t-n-t-n-t mit dem in Bild 2.31 dargestellten Verfahren zu 100% falsch vorhergesagt, falls die Vorhersage im Zustand WT beginnt. Deshalb verwendet man als *Startzustand* der Vorhersage oft den Zustand ST (was günstiger ist, als SN zu wählen, weil die Wahrscheinlichkeit für einen verzweigenden Sprungbefehl größer ist als die für einen nichtverzweigenden Sprungbefehl). Bei einer Sprungfolge t-n-t-n-t usw. würde so lediglich jeder zweite Sprungbefehl falsch vorhergesagt werden. Die Sprungfolge *n-n*-t-n-t-n-t usw. führt jedoch wieder zu einer 100%igen Fehlvorhersage. Trotzdem ist ein entsprechender Initialzustand günstiger, da die Sprungfolge *t-n*-t-n-t-n-t usw. weit häufiger auftritt als die Sprungfolge *n-n*-t-n-t-n-t usw.

verzweigt (t)   verzweigt nicht (n)

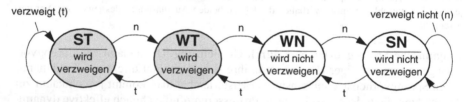

Bild 2.31. Dynamische Sprungvorhersage durch Gewichtung

Modifizierte dynamische Sprungvorhersage durch Gewichtung. Natürlich besteht die Möglichkeit, die mit dem Startzustand bei dynamischer Sprungvorhersage durch Gewichtung verbundenen Probleme durch eine Modifikation des Verfahrens zu lösen. In Bild 2.32 ist ein entsprechend abgewandelter Graph dargestellt. Unabhängig vom Startzustand wird eine alternierende Sprungfolge immer zu 50% korrekt vorhergesagt, selbst dann, wenn man als Startzustand LT (*likely taken*) oder LN (*likely not taken*) verwendet, und zwar deshalb, weil jeder Übergang aus den „schwachen" Zuständen LT bzw. LN in einen „starken" Zustand ST oder SN führt.

Zum Vergleich: In Bild 2.31 wird durch eine Fehlvorhersage der jeweils komplementäre „schwache" Zustand WN oder WT aktiviert. Das modifizierte Verfahren ist z.B. im ARM-Kompatiblen XScale von Intel [83] oder im UltraSPARC IIi von Sun [171] realisiert. Als Startzustand wird von Letzterem einer der beiden Zustände LT oder LN verwendet, abhängig davon, ob der Sprungbefehl bei seiner ersten Ausführung verzweigt ist (in diesem Fall wird der Zustand LT verwendet) oder nicht verzweigt ist (in diesem Fall wird der Zustand LN verwendet).

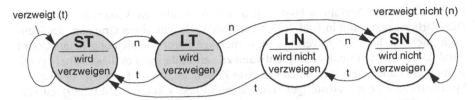

verzweigt (t)   verzweigt nicht (n)

Bild 2.32. Modifizierte dynamische Sprungvorhersage durch Gewichtung

Adaptive Sprungvorhersage

Mit den zuvor beschriebenen Verfahren lassen sich Sprungentscheidungen mit im
Durchschnitt über 90%iger Sicherheit vorhersagen, indem man häufig auftretende
Sprungfolgen vollständig oder teilweise erkennt. Um die Zuverlässigkeit der
Sprungvorhersage zu verbessern, müssen jedoch auch selten auftretende Sprungfolgen, die oft vom konkreten Programm abhängig sind, korrekt vorhersagt werden
können. Dies ist mit Hilfe der sog. adaptiven Sprungvorhersage möglich, die zur
Vorhersage nicht einzelne Sprungentscheidungen in ihrer Folge berücksichtigt, sondern *Sprungmuster*. Das Verhalten eines Sprungbefehls wird dabei über eine vorgegebene Anzahl von Durchgängen protokolliert und das so erzeugte Sprungmuster
zur Indizierung einer sog. *Sprungmustertabelle* (*pattern history table*) verwendet. In
ihr ist zu jedem Sprungmuster in einer abstrakten Form eingetragen, mit welcher
Sprungentschcidung es in der Vergangenheit fortgesetzt wurde. Entsprechend dieser
Information lässt sich der Sprungbefehl schließlich als verzweigend oder nichtverzweigend vorhersagen [201, 102, 98, 110].

**Lokale adaptive Sprungvorhersage mit globaler Sprungmustertabelle (local
predictor).** Die prinzipielle Funktionsweise der adaptiven Sprungvorhersage soll
anhand von Bild 2.33 beschrieben werden. In einer als Cache organisierten sog.
Sprunghistorientabelle (*branch history table*) sind zu den Adressen der Sprungbefehle, jeweils die letzten *n* Sprungentscheidungen (hier mit n gleich Drei) gespeichert (Pfeil a). Falls ein Sprungbefehl zu Ausführung kommt, zu dem ein Eintrag in
der Sprunghistorientabelle existiert, wird das ermittelte Sprungmuster zur Adressierung der Sprungmustertabelle verwendet (Pfeil b). In ihr ist, abhängig von der Implementierung, zu einzelnen oder zu allen Sprungbefehlen, ein Zustand gespeichert,
mit einer zu einer Statistik vergleichbaren Bedeutung, der Auskunft darüber gibt, ob
das entsprechende Sprungmuster bisher häufiger durch einen verzweigenden oder
einen nichtverzweigenden Sprungbefehl fortgesetzt wurde.

Dabei kann die Vorhersage in den Zuständen ST (strong taken) und SN (strong not
taken) als sehr zuverlässig, in den Zuständen WT (weakly taken) und WN (weakly
not taken) als wenig zuverlässig eingestuft werden: Eine als sehr zuverlässig einge-
stufte Vorhersage wird nur geändert, wenn sie sich wenigstens zweimal hintereinander als falsch erweist. Eine wenig zuverlässige Vorhersage wird geändert, wenn eine
einzelne Fehlvorhersage auftritt. Für zukünftige Sprungvorhersagen ist schließlich
nur noch der in der Sprungmustertabelle gespeicherte Zustand (Pfeil f) und das zum
Sprungbefehl gespeicherte Sprungmuster in der Sprunghistorientabelle (Pfeil g) zu
aktualisieren.

Das beschriebene Verfahren lässt sich in unterschiedlichen Varianten realisieren. Der Vorhersagezustand in Bild 2.33 bezieht sich z.B. auf einen Graphen, der identisch auch zur nicht adaptiven Sprungvorhersage durch Gewichtung benutzt wird (Bild 2.31). Um den Realisierungsaufwand zu vermindern, ist es daher naheliegend, statt eines Graphen mit vier, einen mit zwei Zuständen, wie er für die nicht adaptive Sprungvorhersage mit einstufiger Historie zum Einsatz kommt (Bild 2.29), zu verwenden [98]. Die Anzahl der in der Sprungmustertabelle zu speichernden Bits wird dadurch halbiert. Nachteilig ist jedoch, dass sich auch die Sicherheit, mit der Sprungbefehle korrekt vorhergesagt werden, vermindert.

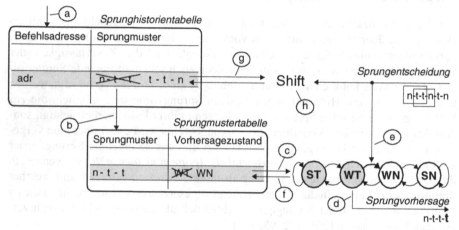

Bild 2.33. Prinzipielle Funktionsweise der adaptiven Sprungvorhersage

Eine weitere Möglichkeit, das in Bild 2.33 dargestellte Verfahren zu variieren, besteht darin, die Sprunghistorie von den konkreten Gegebenheiten zu abstrahieren. Statt des Shift-Schaltnetzes (h) wird ein Graph, ähnlich wie z.B. in Bild 2.31 dargestellt, benutzt. Aus dem Zustand WN (siehe Bild 2.31) wird z.B. durch Zusammenführung mit der aktuellen Sprungentscheidung „verzweigen" der neue Zustand WT. Die Zustände beschreiben jeweils eine Historie, abstrahieren jedoch von konkreten Gegebenheiten. So ist es nicht möglich, aus dem aktuellen Zustand WT auf die jeweils letzte Sprungentscheidung zu schließen. Dennoch ist im Zustand WT bekannt, dass der Sprungbefehl bisher etwas häufiger verzweigte als nicht verzweigte. Das Verfahren wurde an der TU Berlin in dem als Nemesis C bezeichneten Prozessor mit guten Erfahrungen erprobt[1] [114, 198].

▶ Beispiel 2.5. *Adaptive Sprungvorhersage.* In Bild 2.33 ist zum Sprungbefehl mit der Adresse adr das Sprungmuster n-t-t gespeichert, dem in der Sprungmustertabelle der Zustand WT (weakly taken) zugeordnet ist (Pfeil a und b) und der sich dementsprechend als verzweigend mit geringer Zuverlässigkeit vorhersagen lässt (Pfeil c und d). Bei Auflösung der Sprungentscheidung wird entweder die Zuverlässigkeit der Vorhersage erhöht, nämlich durch Wechsel in den Zustand ST, oder der Sprungbefehl bei seiner nächsten Ausführung als nichtverzweigend vorhergesagt, nämlich

---

1. Mangels eines Hochsprachenübersetzers konnten jedoch nur kleine wenig repräsentative Assemblerprogramme untersucht werden.

durch Wechsel in den mit geringer Zuverlässigkeit einstufbaren Zustand WN. Wegen der im Bild tatsächlich nicht verzweigenden und somit falsch vorhergesagten Sprungentscheidung (Pfeil e) wird hier der Zustand WN in die Sprungmustertabelle eingetragen (Pfeil f). Zum Abschluss ist nur noch die Sprunghistorientabelle zu aktualisieren, und zwar, indem man das zum betrachteten Sprungbefehl gespeicherte Sprungmuster n-t-t um die tatsächliche Sprungentscheidung n zu n-t-t-n erweitert, die letzten drei Sprungentscheidungen extrahiert und das Ergebnis t-t-n als neues Sprungmuster speichert (mit g markierte Pfeile). ◄

Lokale adaptive Sprungvorhersage mit lokalen Sprungmustertabellen. Bild 2.33 im vorangehenden Abschnitt stellt die prinzipielle Funktionsweise der adaptiven Sprungvorhersage dar. Eine Registertransferschaltung lässt sich davon ableiten, indem die Sprunghistorientabelle als Cache und die Sprungmustertabelle als nachgeschalteter Speicher realisiert wird. Der Nachteil einer solchen direkten Umsetzung ist, dass alle in der Sprunghistorientabelle gespeicherten Sprungbefehle dieselbe Sprungmustertabelle verwenden, was eine geringe Zuverlässigkeit der Vorhersage von Sprungentscheidungen zur Folge hat. Eine bessere, aber auch deutlich aufwendigere Lösung ist es, jedem Sprungbefehl in der Sprunghistorientabelle eine eigene lokale Sprungmustertabelle zuzuordnen, nämlich, indem man die Sprunghistorientabelle und die einzelnen Sprungmustertabellen zu einer Einheit, hier als *adaptiver Sprungvorhersagecache* bezeichnet, zusammenfasst.

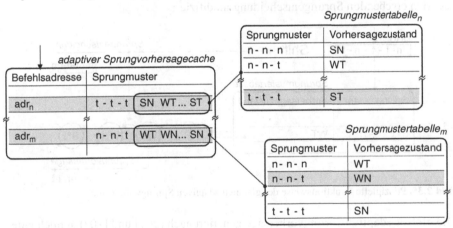

Bild 2.34. Lokale adaptive Sprungvorhersage. In jedem Eintrag des adaptiven Sprungvorhersagecaches ist eine lokale Sprungmustertabelle gespeichert

Das Prinzip der Zusammenschaltung von Sprunghistorien- und Sprungmustertabelle ist in Bild 2.34 dargestellt. In den mit Hilfe der Befehlsadressen der jeweiligen Sprungbefehle adressierten Einträge des adaptiven Sprungvorhersagecaches sind neben der Sprunghistorie zu jedem möglichen Sprungmuster die aktuellen Vorhersagezustände gespeichert. Für eine drei Sprungentscheidungen enthaltende Sprunghistorie und einen Sprungvorhersagegraphen mit vier Zuständen werden somit insgesamt 19 Bits benötigt: drei Bits für die Sprunghistorie und acht mal jeweils zwei Bits für die Vorhersagezustände (der Speicherbedarf lässt sich auf 11 Bits reduzieren, wenn zur Sprungvorhersage der Graph in Bild 2.29 verwendet wird). – Nach [201] sind mit der adaptiven Sprungvorhersage Sprungentscheidungen mit einer

Sicherheit von bis zu 97% korrekt vorhersagbar[1]. Damit ist dieses Verfahren im Durchschnitt zwischen 3% und 5% besser als alle im vorangehenden Abschnitt beschriebenen Sprungvorhersageverfahren.

Globale adaptive Sprungvorhersage (global predictor). Eine ungewöhnliche Abwandlung der in Bild 2.33 dargestellten Technik ergibt sich, wenn auf eine individuelle Zuordnung von Sprungbefehlen und Sprungmustern verzichtet und das Sprungverhalten aller Sprungbefehle zu einem Sprungmuster zusammengefasst wird. Die prinzipielle Funktionsweise des Verfahren ist in Bild 2.35 dargestellt. Statt der Sprunghistorientabelle gemäß Bild 2.33, in der zu einzelnen Sprungbefehlen separate Sprungmuster gespeichert sind, ist hier ein einfaches Schieberegister vorhanden, in dem die letzten n (hier 5) tatsächlichen Sprungentscheidungen, unabhängig von einzelnen Sprungbefehlen, also global gehalten werden. Es ist somit möglich, dass jede einzelne Sprungentscheidung im Schieberegister das Ergebnis der Ausführung eines anderen Sprungbefehls ist. Die weitere Verarbeitung des Sprungmusters entspricht der, wie sie zu Bild 2.33 bereits beschrieben wurde: Das Sprungmuster wird in der Sprungmustertabelle gesucht und die nächste Sprungentscheidung entsprechend des eingetragenen Zustands vorhergesagt. Abschließend wird der Vorhersagezustand entsprechend der sich bei Ausführung des Sprungbefehls tatsächlich ergebenden Sprungentscheidung modifiziert.

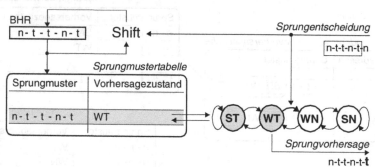

Bild 2.35. Prinzipielle Funktionsweise der globalen adaptiven Sprungvorhersage

Die globale adaptive Sprungvorhersage generiert nach [201] und [102] ähnlich gute, teilweise sogar bessere Vorhersagen als die lokalen adaptiven Sprungvorhersageverfahren, wobei die Vorhersagezuverlässigkeit mit der Anzahl der berücksichtigten Sprungentscheidungen steigt. Nachteilig wirkt sich jedoch aus, dass Sprungmuster, wie z.B. n-n-...-n häufig die Historie unterschiedlicher Sprungbefehle bilden, von denen einige verzweigen, andere nicht verzweigen. Da für die unterschiedlichen Sprungentscheidungen nur ein einzelner Eintrag in der Sprungmustertabelle zur Verfügung steht, kommt es zu Konflikten und damit verbunden zu Fehlvorhersagen.

Um dieses sog. *aliasing* in seiner Wirkung zu vermindern, wurde von Pan, So und Rahmeh die sog. *Indexselektion* (*index selection*) vorgeschlagen [136], bei der man

---

1. Messergebnisse dieser Art variieren abhängig von den Randbedingungen der jeweiligen Untersuchung und sollten deshalb nur als Tendenz verstanden werden.

die Sprungmuster im *Sprunghistorienregister* (*branch history register*, BHR) mit den unteren Bits der Befehlsadressen der Sprungbefehle konkateniert (Bild 2.36a). Falls mehrere Sprungbefehle dieselbe Sprunghistorie aufweisen, besteht die prinzipielle Möglichkeit, dass bei einer Sprungvorhersage unterschiedliche Einträge der Sprungmustertabelle referenziert werden und sich unterschiedliche Vorhersagen generieren lassen. Die Anzahl der Bits die man vom Befehlszähler berücksichtigt, bestimmt dabei die maximale Anzahl von Einträgen die identische Sprungmuster in der Sprungmustertabelle aufweisen dürfen, wobei Kollisionen auftreten, wenn bei gleicher Sprunghistorie die Befehlsadressen unterschiedlicher vorherzusagender Sprungbefehle in den unteren Bits übereinstimmen.

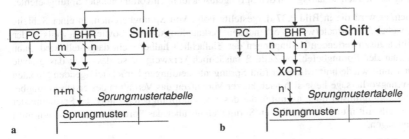

Bild 2.36. Indexerzeugung für die globale adaptive Sprungvorhersage. **a** Indexselektion. **b** Indexteilung

Nachteilig an der in Bild 2.36a dargestellten Indexselektion ist, dass Sprungmuster die sehr selten auftreten, trotzdem mehrere Einträge der Sprungmustertabelle belegen, obwohl möglicherweise nur ein einzelner Sprungbefehl eine entsprechende Historie aufweist. Deshalb ist in [102] das Verfahren entsprechend Bild 2.36b modifiziert worden. Bei der sog. *Indexteilung* (*index sharing*) wird die n Sprungentscheidungen enthaltende Sprunghistorie im Register BHR mit den unteren n Bits des Befehlszählers exclusiv-oder verknüpft (das Verfahren wird oft auch als *gshare* bezeichnet [85, 102]). So ist es prinzipiell möglich (wenn auch nicht wahrscheinlich), dass die gesamte Sprungmustertabelle nur Einträge mit identischer Sprunghistorie enthält.

In der Literatur finden sich noch andere Verfahren zur Vermeidung möglicher Konflikte. Sie basieren oft darauf, dass die Sprunghistorie (im Register BHR) und die Befehlsadresse im Befehlszähler PC mit Hilfe einer Hashfunktion zu einem Tabellenindex gewandelt werden. Erwähnenswert ist auch der in [85] beschriebene Ansatz, bei dem die Hashfunktion durch ein Bit im Sprungbefehl beeinflusst wird. Konflikte werden hier vermieden, indem man vom Übersetzer mit Hilfe eines Profilers Informationen in die Sprungbefehle codiert, die für eine optimale Ausnutzung der Sprungmustertabelle sorgen.

Die globale adaptive Sprungvorhersage findet in vielen modernen Prozessoren Verwendung, oft in Kombination mit weiteren Sprungvorhersageverfahren. Vorteilhaft wirkt sich vor allem die im Vergleich zu anderen Verfahren deutlich einfachere Realisierbarkeit aus. Insbesondere wird ein aufwendig zu implementierender Cache nicht benötigt (siehe auch Abschnitt 2.3.1). Die Registertransferschaltung ist leicht aus Bild 2.35 ableitbar. Im Wesentlichen muss nur die Sprungmustertabelle durch einen Speicher ersetzt und dabei beachtet werden, dass zwischen Sprungvorhersage und tatsächlicher Sprungentscheidung ein von der Fließbandstruktur des Prozessors abhängiger Zeitversatz auftritt, weshalb man den Speicher mit getrennten Ports für Lese- und Schreiboperationen realisieren muss.

▶ Beispiel 2.6. *Globale Pfade.* Das die globale adaptive Sprungvorhersage in den unterschiedlichen Varianten die Sprungentscheidungen eines bestimmten Sprungbefehls abhängig von den Sprungentscheidungen anderer Sprungbefehle vorhersagen kann, liegt daran, dass in einem Programm normalerweise einem stetigen Pfad (trace), mit den immer selben Verzweigungen und Nichtverzweigungen gefolgt wird. Mit anderen Worten: Das Sprungverhalten eines bedingten Sprungbefehls ist vielfach abhängig von den Sprungentscheidungen vorangehender Sprungbefehle.

Angenommen, es wird die in Bild 2.37 dargestellte Folge von Sprungbefehlen, in einer Schleife ausgeführt, wobei die normalerweise vorhandenen Verknüpfungsbefehle sowie die jeweils in den Sprungbefehlen auszuwertenden Bedingungen der Einfachheit halber nicht dargestellt sind, dann wird i.Allg. nur der Sprungbefehl in Zeile 3 tatsächlich verzweigen, so dass sich das globale Sprungmuster n-n-t wiederholt. Mit einer fünf Sprungentscheidungen berücksichtigenden globalen adaptiven Sprungvorhersage ließe sich nach kurzer Vorlaufzeit das Verhalten des ersten Sprungbefehls über das Sprungmuster n-t-n-n-t mit n, das des zweiten Sprungbefehls über das Sprungmuster t-n-n-t-n ebenfalls mit n und das des dritten Sprungbefehls über das Sprungmuster n-n-t-n-n mit t korrekt vorhersagen.

```
loop:   bcc₁    stop1    // Abbruch der Schleife
        bcc₂    stop2    // Abbruch der Schleife
        bcc₃    loop     // Sprung zum Schleifenanfang
```

Bild 2.37. Schleife mit drei Sprungbefehlen. Nur der letzte bedingte Sprungbefehl wird bei wiederholter Schleifenausführung als verzweigend ausgeführt ◀

Adaptive Sprungvorhersage mit neuronalen Netzen (perseptron predictor).

Zum Abschluss soll noch ein Verfahren beschrieben werden, bei dem die Vorhersage eines Sprungbefehls mit Hilfe eines aus einem sog. *Perceptron* gebildeten *neuronalen Netzes* erfolgt. Die prinzipielle Funktionsweise ist in Bild 2.38 dargestellt. Zunächst wird die im Register BHR befindliche Historie der letzten n Sprungentscheidungen in einen Eingangsvektor für das Perceptron gewandelt, und zwar derart, dass Verzweigungen durch +1 und Nichtverzweigungen durch −1 ersetzt werden. Das im Bild als grau unterlegter Kasten dargestellte Perceptron generiert anschließend das Vorhersageergebnis, indem die Elemente des Eingangsvektors zunächst mit den zum Sprungbefehl in der Perceptrontabelle gespeicherten Gewichten (w_1 bis w_n) multipliziert und die Ergebnisse akkumuliert werden. Als Vorgabewert wird dabei außerdem der Wert +1 mit dem Gewicht w_0 berücksichtigt.

Für die eigentliche Vorhersage ist das Ergebnis mit Null zu vergleichen. Ist es positiv, also größer oder gleich Null, wird der Sprungbefehl als verzweigend, sonst als nichtverzweigend vorhergesagt. Nach Ausführung des Sprungbefehls ist das Perceptron noch entsprechend der Sprungentscheidung in dem als „Learn" bezeichneten Schaltnetz zu trainieren: Bei einer korrekten Sprungvorhersage werden die Gewichte w_0 bis w_n verstärkt, bei einer falschen Sprungvorhersage abgeschwächt.

Das Verfahren kann sowohl auf einer globalen Historie, wie in Bild 2.38 dargestellt, als auch auf einer lokal zum jeweiligen Sprungbefehl gespeicherten Historie angewandt werden. Bei der lokalen adaptiven Sprungvorhersage mit neuronalen Netzen lässt sich z.B. in der als Cache realisierten Perceptrontabelle neben den Gewichten jeweils zusätzlich die zugehörige Sprunghistorie speichern. Die verschiedenen Varianten des Verfahrens sind detailliert in [85, 86] beschrieben. Dieselben Veröffentlichungen enthalten auch einige Simulationsergebnisse. Demnach sagt die globale adaptive Sprungvorhersage mit neuronalen Netzen Sprungentscheidungen mit einer Zuverlässigkeit von 98% korrekt voraus[1]. Somit ist das Verfahren 53% besser als eines, das bei gleichem Hardware-Aufwand eine globale adaptive Sprungvorhersage mit Indexteilung (gshare) verwendet.

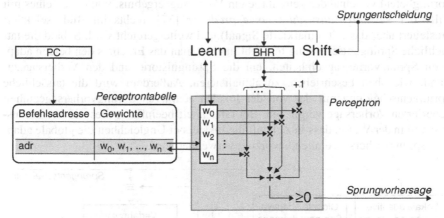

Bild 2.38. Prinzipielle Funktionsweise der globalen adaptiven Sprungvorhersage mit neuronalen Netzen

Kombinierte Sprungvorhersage (hybrid branch prediction, bi-mode)

Die Zuverlässigkeit, mit der Sprungentscheidungen vorhergesagt werden können, ist einerseits vom Verfahren, andererseits jedoch auch von der jeweiligen Situation abhängig. Für jedes dynamische Sprungvorhersageverfahren lässt sich daher auch eine Sprungfolge angeben, die schlechter oder besser als von anderen dynamischen Sprungvorhersageverfahren prognostiziert wird. Zum Beispiel hat die einfache dynamische Sprungvorhersage mit einstufiger Historie entsprechend Bild 2.29 den Vorteil, auf Änderungen des Sprungverhaltens sehr schnell zu reagieren, weshalb sich die Sprungfolge n-n-...-n-t-t-...-t usw. mit einer geringeren Anzahl von Fehlern vorhersagen lässt als von irgend einem anderen Sprungvorhersageverfahren.

Es sollte somit möglich sein, die Vorhersagezuverlässigkeit unterschiedlicher Sprungvorhersageverfahren dadurch zu verbessern, dass sie miteinander kombiniert werden, wobei situationsabhängig jeweils das am besten geeignete Verfahren für die Vorhersage verwendet wird. Im Allgemeinen kombiniert man zwei Verfahren miteinander, die sich möglichst gut ergänzen. Bewährt hat sich z.B. eine der beiden

---

1. Die Zahl beruht auf Simulationen der SPECint2000 für den Alpha 21264, wobei eine Historie von 24 Sprungentscheidungen und eine Perceptrontabelle mit 163 Einträgen zugrundegelegt wurde. Die Gewichte waren acht Bit breit.

lokalen und das unmittelbar zuvor beschriebene globale Sprungvorhersageverfahren [102]. Sie werden bevorzugt verwendet, weil der hohe Aufwand der Kombination unterschiedlicher Verfahren sich nur dadurch rechtfertigen lässt, dass die Vorhersagezuverlässigkeit besser ist als mit dem leistungsfähigsten nichtkombinierten Sprungvorhersageverfahren (also einem der adaptiven Sprungvorhersageverfahren).

In Bild 2.39 ist die prinzipielle Funktionsweise der kombinierten Sprungvorhersage dargestellt, hier mit einer Einheit zur *lokalen* (Kasten links im Bild) und einer zur *globalen adaptiven Sprungvorhersage*. Die beiden Einheiten generieren bei einem Sprungbefehl voneinander getrennt je ein Vorhersageergebnis, von denen eines mit Hilfe der *Verfahrensauswahl* (*choice predictor* [37], rechts im Bild) selektiert (gesteuert über das mit a markierte Signal) und weitergereicht wird. Sobald die tatsächliche Sprungentscheidung feststeht, meldet man das Ergebnis den beiden adaptiven Sprungvorhersageeinheiten, um die Sprunghistorie und den Vorhersagezustand, wie oben beschrieben, zu aktualisieren. Außerdem wird die tatsächliche Sprungentscheidung mit der von der lokalen adaptiven Sprungvorhersageeinheit generierten Vorhersage verglichen. Bei Gleichheit beeinflusst dies die Verfahrensauswahl in der Weise, dass in Zukunft die lokale, bei Ungleichheit die globale adaptive Sprungvorhersageeinheit bevorzugt verwendet wird.

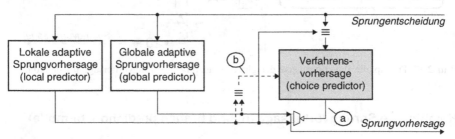

Bild 2.39. Sprungvorhersage durch Kombination unterschiedlicher Verfahren. Das jeweils zu verwendende Verfahren wird mit Hilfe der Verfahrensvorhersage ausgewählt

Die Verfahrensauswahl lässt sich genau wie eine herkömmliche Sprungvorhersageeinheit realisieren. Statt einer Sprungentscheidung „verzweigen" oder „nicht verzweigen" sagt man jeweils das zu benutzende Verfahren „lokal" oder „global" vorher. Mit der in Bild 2.39 dargestellten Umsetzung und einem Graphen entsprechend Bild 2.31 wird dabei die Verfahrensauswahl zugunsten der lokalen Sprungvorhersage beeinflusst, wenn sich bei Auswertung der tatsächlichen Sprungentscheidung herausstellt, dass die lokale adaptive Sprungvorhersageeinheit ein korrektes Ergebnis geliefert hat. Dabei spielt es keine Rolle, ob von der globalen Sprungvorhersage ebenfalls eine korrekte Vorhersage generiert wurde oder nicht.

Das Verfahren bevorzugt somit die lokale adaptive Sprungvorhersage. Aus diesem Grund schlug McFarling in [102] vor, den Vorhersagezustand der Verfahrensauswahl nur dann zu ändern, wenn die globale und die lokale adaptive Sprungvorhersageeinheit unterschiedliche Vorhersagen generiert haben. Dies erfordert, dass die Verfahrensauswahl einen zweiten Eingang erhält, über den sich das Vergleichser-

gebnis der beiden Sprungvorhersagen auswerten lässt (in Bild 2.39 gestrichelt ein-
gezeichnet und mit b markiert).

Die kombinierten Sprungvorhersageverfahren werden wegen des hohen Aufwands
vor allem in Prozessoren verwendet, die ein sehr langes Fließband besitzen und bei
denen ein Kontrollflusskonflikt eine erhebliche Zeitstrafe verursacht, wie z.B. dem
Alpha 21264 von Compaq [28]. Neben einer lokalen adaptiven Sprungvorhersage
mit globaler Sprungmustertabelle (die Sprunghistorientabelle enthält 1024 Einträge,
in der zu den einzelnen Sprungbefehlen jeweils 10 Sprungentscheidungen gespeichert sind, und eine Sprungmustertabelle mit ebenfalls 1024 Einträgen und jeweils 3
Bit Sättigungszählern) ist eine globale adaptive Sprungvorhersage mit Indexteilung
vorhanden (die Sprungmustertabelle enthält 4K Einträge mit 2 Bit Sättigungszählern und wird über eine 12 Bit globale Sprunghistorie indiziert). Die Verfahrensauswahl geschieht durch ein globales adaptives Verfahren (ebenfalls mit einer Sprungmustertabelle, die 4K Einträge zu je 2 Bit enthält und über eine 12 Bit Sprunghistorie indiziert wird). Ein bemerkenswertes Detail der Implementierung ist, dass für
den für die lokale adaptive Sprungvorhersage benötigten Cache auf einen *Tag-Vergleich* verzichtet wurde (siehe Abschnitt 2.3.1). Damit ist der Zugriff auf den
Sprungvorhersagecache zwar nicht eindeutig, dies kann jedoch in Kauf genommen
werden, da eine Vorhersage ohnehin nur eine Empfehlung darstellt, die bei Ausführung des Sprungbefehls ggf. revidiert wird.

Hierarchische Organisation von Sprungvorhersageverfahren

Mit den zuvor beschriebenen Verfahren zur Sprungvorhersage können Sprungentscheidungen mit hoher Zuverlässigkeit vorhergesagt werden. Einige der Verfahren
sind jedoch sehr aufwendig zu realisieren. Dies wird in Kauf genommen, da selbst
geringe Verbesserungen der Vorhersagezuverlässigkeit deutliche Auswirkungen auf
die Gesamtlaufzeit eines Programms haben können. Zum Beispiel besitzt der Pentium 4 ein 20-stufiges Fließband, so dass eine falsch vorhergesagte Sprungentscheidung die Ausführungszeit des jeweiligen Sprungbefehls signifikant auf bis zu 20
Takte verlängert. Falls sich die Rate der Fehlvorhersagen von 7% auf 4% vermindern lässt, verkürzt dies die mittlere Ausführungszeit der Befehle (IPS, instructions
executed per second) um insgesamt 11% [85].

Voraussetzung ist jedoch, dass das Vorhersageergebnis bereits am Ende des ersten
Takts zur Verfügung steht, was ohne Verlängerung des kritischen Pfands nur mit
wenig komplexen Vorhersageverfahren erreichbar ist. So ist das Vorhersageergebnis
von dem im Alpha 21264 realisierten kombinierten adaptiven Sprungvorhersageverfahren erst am Ende der zweiten Fließbandstufe verfügbar, weshalb verzweigende
Sprungbefehle auch bei korrekter Vorhersage einen zusätzlichen Takt für die Ausführung erfordern. Die hohe Zuverlässigkeit der komplexen Sprungvorhersageverfahren wird aus diesem Grund mit der kurzen Latenzzeit einfacher Verfahren in sog.
hierarchisch organisierten Sprungvorhersageverfahren kombiniert.

▶ Bemerkung. Die Zuverlässigkeit einer Sprungvorhersage ist auch für die Parallelverarbeitung auf
Befehlsebene von Bedeutung. *Superskalare Prozessoren* verarbeiten die Befehle nämlich nicht entsprechend ihrer Reihenfolge im Programm, sondern gemäß der bestehenden Abhängigkeiten zwi-

schen Ergebnissen und Operanden. Der Grad der Parallelverarbeitung hängt dabei von der Anzahl der berücksichtigten Befehle ab. Für einen möglichst hohen Parallelitätsgrad ist es deshalb erforderlich, Sprungbefehle spekulativ auszuführen. Stellt sich dabei heraus, dass eine falsche Sprungvorhersage durchgeführt wurde, sind alle auf den Sprungbefehl folgenden Befehle zu annullieren. Die Anzahl der zu verwerfenden Befehle kann hierbei die der existierenden Fließbandstufen weit übertreffen (siehe Kapitel 3). ◢

Latenzzeitverkürzung durch Caches. Diese Technik ist in Bild 2.40 dargestellt. Um eine Sprungentscheidung vorherzusagen, wird, vom jeweiligen Verfahren abhängig, der Befehlszähler, die globale Sprunghistorie oder beides verwendet, um zunächst auf einen *Vorhersagezustandscache* zuzugreifen (a). Falls zu dem jeweiligen Sprungbefehl ein Eintrag existiert (durch hit angezeigt), wird entsprechend des gespeicherten Zustands eine Vorhersage generiert und über die mit b markierte Leitung ausgegeben. Stellt sich dagegen heraus, dass im Vorhersagezustandscache kein zum Sprungbefehl passender Eintrag vorhanden ist (kein hit), wird die Vorhersage von einem zweiten, sehr einfachen und schnell arbeitenden Verfahren durchgeführt (c) und über einen Multiplexer ausgegeben. Dabei muss natürlich eine geringere Vorhersagezuverlässigkeit in Kauf genommen werden.

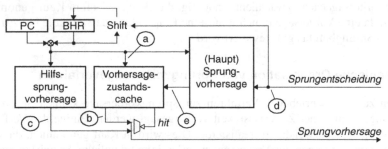

Bild 2.40. Latenzzeitverkürzung der Sprungvorhersage durch die Verwendung eines Cache

Sobald kurze Zeit später die tatsächliche Sprungentscheidung feststeht (d), wird sie an die (Haupt-)Sprungvorhersageeinheit gemeldet und dort zur Modifikation des zugehörigen Vorhersagezustands verwendet (e). Zum Abschluss ist der Vorhersagezustandscache nur noch zu aktualisieren, wobei ggf. ein neuer Eintrag erzeugt und ein alter verdrängt wird (siehe Abschnitt 2.3.1).

Vorausschauende Sprungvorhersage (lookahead prediction). Im Prinzip sagt man bei diesem Verfahren statt der aktuellen Sprungentscheidung die des darauf folgenden Sprungbefehls vorher (dabei wird ähnlich wie bei einer globalen adaptiven Sprungvorhersage ausgenutzt, dass die Sprungentscheidungen aufeinander folgender Sprungbefehle i. Allg. miteinander korrelieren). Selbst wenn für eine komplizierte Sprungvorhersage zwei Takte benötigt werden, ist es so möglich, aufeinander folgende Sprungbefehle verzögerungsfrei vorherzusagen, wobei hier vorausgesetzt werden muss, dass die Sprungvorhersageeinheit in Fließbandtechnik arbeitet und pro Takt eine Vorhersage durchführen kann. Mangels Relevanz soll die vorausschauende Sprungvorhersage hier nicht weiter beschrieben werden. Details sind in [155, 200] zu finden.

Verfeinernde Sprungvorhersage (overriding branch prediction). Hierbei wird von einem einfachen, schnell arbeitenden Sprungvorhersageverfahren eine Sprungentscheidung zunächst vorläufig – möglichst in der ersten Fließbandstufe – vorhergesagt und mit Hilfe eines zweiten, in Fließbandtechnik aufgebauten komplexen Sprungvorhersageverfahrens in einer nachfolgenden – möglichst der zweiten Fließbandstufe – die Sprungvorhersage verfeinert (in jedem Fall sollte die Verfeinerung vor der tatsächlichen Ausführung des Sprungbefehls erfolgen). Stellt sich heraus, dass die beiden Sprungvorhersageverfahren unterschiedliche Sprungentscheidungen vorhergesagt haben, wird zu Gunsten des präziseren Verfahrens entschieden, wobei man die auf den Sprungbefehl im Fließband folgenden Befehle annulliert und die Befehlsverarbeitung neu entsprechend der revidierten Sprungentscheidung aufsetzt.

Hierbei muss in Kauf genommen werden, dass bei korrekter Vorhersage des schnellen und falscher Vorhersage des präziseren Sprungvorhersageverfahrens die im Fließband auf den Sprungbefehl folgenden Befehle erneut zu annullieren sind, sobald der Sprungbefehl ausgeführt wird. Dies ist jedoch selten der Fall, so dass i. Allg. keine oder nur wenige Befehle neu in das Fließband geladen werden müssen, abhängig davon, ob die Vorhersage durch das schnellere oder das präzisere Sprungvorhersageverfahren erfolgt.

Nach Ausführung des Sprungbefehls wird die tatsächliche Sprungentscheidung an die beiden Sprungvorhersageeinheiten gemeldet, deren Zustände entsprechend aktualisiert werden. Da bei einer korrekten Vorhersage des schneller arbeitenden Sprungvorhersageverfahrens eine Verfeinerung nicht erforderlich ist, lässt sich der entsprechende Eintrag in der präziser arbeitenden Sprungvorhersageeinheit löschen [33]. Die eingesparten Ressourcen sind dann zur Vorhersage anderer Sprungbefehle nutzbar. Nachteilig ist jedoch, dass bei komplexen Sprungfolgen Einträge entfernt werden können, die in Zukunft noch relevant sind.

Die verfeinernde Sprungvorhersage findet z.B. im PowerPC 604 von Motorola [130] und im Alpha 21264 von Compaq [28] Einsatz. Im PowerPC 604 wird zuerst ein sog. *Sprungzielcache* (branch target cache) ausgelesen, indem die Zieladressen von Sprungbefehlen, die verzweigen, eingetragen sind (siehe Abschnitt 2.2.5). Wenn zu einem Sprungbefehl ein Eintrag existiert, sagt man ihn als verzweigend, sonst als nichtverzweigend vorher. Diese vorläufige Sprungvorhersage wird etwas später durch eine dynamisch arbeitende Sprungvorhersageeinheit durch Gewichtung entsprechend Bild 2.31 verfeinert. Beim Alpha 21264 führt man in der ersten Fließbandstufe eine sog. *Cache-Zeilen-Vorhersage* (*line predictor*) durch, mit der die jeweils nächste zu bearbeitende Cache-Zeile ausgewählt wird. In der zweiten Fließbandstufe folgt dann eine präzise kombinierte adaptive Sprungvorhersage (*bi-mode*) [85].

Mehrfach-Sprungvorhersage (multiple branch prediction)

Bei der sequentiellen Verarbeitung von Befehlen in Fließbandtechnik reicht die Vorhersage einer einzelnen Sprungentscheidung pro Takt aus, um Kontrollflusskonflikte zu vermeiden. Dies gilt jedoch nicht unbedingt für parallel arbeitende Prozessoren, da hier möglicherweise mehrere Sprungbefehle parallel ausgeführt werden (zu operationsparallel arbeitenden Prozessoren siehe Kapitel 3). Um sequentielle Sprungentscheidungen gleichzeitig vorherzusagen, benötigt man eine Einheit zur mehrfachen Sprungvorhersage, deren prinzipielle Struktur in Bild 2.41 wiedergegeben ist, wobei hier drei Sprungentscheidungen vorhersagbar sind. Abhängig vom Inhalt des Befehlszählers und der Sprunghistorie im Register BHR wird, z.B. mit Hilfe eines der zuvor beschriebenen Verfahren, zunächst der erste Sprungbefehl in gewohnter Weise prognostiziert (mit a markiert). Das Vorhersageergebnis wird einerseits ausgegeben (bp_1), andererseits verwendet, um die Sprunghistorie zunächst spekulativ zu erweitern und diese anschließend der zweiten Sprungvorhersageeinheit zuzuführen (b).

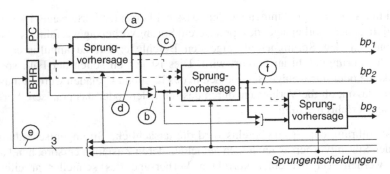

Bild 2.41. Dreifach-Sprungvorhersage durch Hintereinanderschaltung mehrerer einfacher Sprung-vorhersageeinheiten

Die für die zweite Vorhersage ggf. benötigte Befehlsadresse kann entweder zusammen mit dem Vorhersagezustand in der ersten Sprungvorhersageeinheit gespeichert sein – wobei für zwei alternative Pfade auch zwei Befehlsadressen benötigt werden, von denen jedoch nur die entsprechend der ersten Vorhersage zutreffende weitergereicht wird (c) – oder die Vorhersage des zweiten Sprungbefehls geschieht mit Hilfe der Befehlsadresse des ersten Sprungbefehls (d). Letzteres ist möglich, weil Fehlvorhersagen die Befehlsverarbeitung zwar verzögern, jedoch keine weiteren Konsequenzen haben und insbesondere die Semantik des verarbeiteten Programms nicht verändern. In derselben Weise wie der zweite wird auch der dritte Sprungbefehl vorhergesagt, wobei die Sprunghistorie hierzu zusätzlich um das Vorhersageergebnis des zweiten Sprungbefehls (bp_2) erweitert wird. Sobald schließlich die tatsächlichen Sprungentscheidungen bekannt sind, werden sie in den jeweiligen Sprungvorhersageeinheiten und dem Sprunghistorienregister BHR protokolliert (e).

Ein Nachteil des hier dargestellten Verfahrens ist, dass die einzelnen Sprungvorhersageeinheiten sequentiell durchlaufen werden müssen, was in einem langen kritischen Pfad resultiert (im Bild durch eine stark ausgezeichnete Linie angedeutet). Es ist jedoch möglich, die Sprungvorhersageeinheiten parallel anzusteuern, wenn man nämlich auf die mit c und f markierten Verbindungen verzichtet. Die zweite und dritte Sprungvorhersageeinheit werten dabei entweder die jeweils spekulativ erweiterten Sprunghistorien allein oder in Kombination mit der Befehlsadresse des *ersten*

Sprungbefehls aus. In Bild 2.42 ist die prinzipielle Struktur einer solchen dreifachen Sprungvorhersageeinheit dargestellt, die global adaptiv arbeitet (vergleiche Bild 2.35) und somit die Befehlsadressen der Sprungbefehle nicht berücksichtigt.

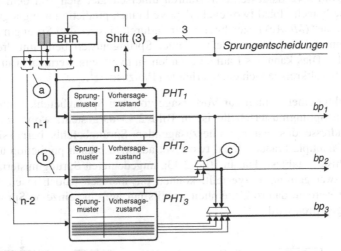

Bild 2.42. Mehrfach-Sprungvorhersage mit drei Sprungmustertabellen und nachträglicher Auswahl der Vorhersageergebnisse. Der kritische Pfad durchläuft die Sprungmustertabelle ein einziges Mal

Die im Register BHR befindliche tatsächliche Sprunghistorie wird verwendet, um die Sprungmustertabelle PHT_1 (pattern history table) zu adressieren und auf diese Weise die Sprungentscheidung des ersten Sprungbefehls vorherzusagen (bp_1). Zur Vorhersage des zweiten Sprungbefehls muss die Sprunghistorie zunächst gealtert werden, was hier durch Extraktion der unteren n – 1 Bits aus dem Register BHR geschieht (a). Die Sprunghistorie wird jedoch nicht durch das Ergebnis der Vorhersage des ersten Sprungbefehls ergänzt, sondern zunächst undefiniert belassen, weshalb man entsprechend der potentiell möglichen Sprungentscheidungen zwei direkt aufeinander folgende Einträge der Sprungmustertabelle PHT_2 adressiert (b). Die nach dem Zugriff erforderliche Auswahl zwischen den Einträgen geschieht durch den mit c markierten Multiplexer, der dazu mit dem Vorhersageergebnis des ersten Sprungbefehls (bp_1) angesteuert wird.

Die Vorhersage des dritten Sprungbefehls erfolgt auf ähnliche Weise, nur dass nun die Sprunghistorie um zwei Positionen gealtert wird (es werden die unteren n – 2 Bits des Registers BHR abgegriffen) und in der Sprungmustertabelle PHT_3 aus diesem Grund vier statt zwei direkt aufeinander folgende Einträge adressiert werden müssen (jeweils entsprechend der Sprungfolgen t-t, t-n, n-t und n-n der ersten beiden Sprungbefehle). Dementsprechend besitzt der nachgeschaltete Multiplexer auch vier Eingänge, von denen einer mit Hilfe der Vorhersageergebnisse bp_1 und bp_2 auf den Ausgang durchgeschaltet wird. Da sich die Sprungmustertabellen zeitgleich adressieren lassen, wird der kritische Pfad im Vergleich zur einfachen globalen adaptiven Sprungvorhersage (entsprechend Bild 2.35) nur um die Laufzeiten durch die beiden Multiplexer verlängert (der wahrscheinliche kritische Pfad ist als dicke Linie hervorgehoben).

Das in Bild 2.42 dargestellte Verfahren unterscheidet sich von dem in [200] als „multiple branch global two-level adaptive branch prediction using a global pattern history table" (*MGAg*) bezeichneten nur dadurch, dass es drei Sprungmustertabellen mit je einem Leseport anstelle von einer Sprungmustertabelle mit drei Leseports verwendet. Dies kann aus Laufzeitgründen sinnvoll sein, verursacht in einem integrierten Schaltkreis jedoch einen erhöhten Platzbedarf[1].

Die Struktur einer Einheit zur Vorhersage von drei Sprungbefehlen mit Hilfe einer einzelnen Sprungmustertabelle ist in Bild 2.43 dargestellt, wobei zusätzlich die Befehlsadresse des ersten vorherzusagenden Sprungbefehls berücksichtigt wird (MGAs, multiple branch global two-level adaptive branch prediction using per-set pattern history tables). Die in Bild 2.43a angedeuteten Sprungmustertabellen sind logisch zwar getrennt dargestellt, können physikalisch jedoch in einem Speicher realisiert werden, da pro Zeiteinheit jeweils nur auf eine einzelne Sprungmustertabelle zugegriffen wird.

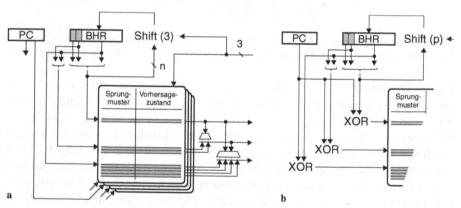

Bild 2.43. Mehrfach-Sprungvorhersage unter Nutzung der globalen Sprunghistorie. **a** Nach dem Verfahren MGAs [200]. **b** Nach dem Verfahren Mgshare [196]

Die Auswahl zwischen den logischen Sprungmustertabellen geschieht dabei durch *Indexselektion* (vergleiche Bild 2.36a), wobei jedem Sprungbefehl eine logische Sprungmustertabelle fest zugeordnet ist, und zwar abhängig von den unteren Bits der dabei berücksichtigten Befehlsadressen. Unter ungünstigen Umständen kann dies dazu führen, dass sämtliche Sprungbefehle eines Programms mit Hilfe derselben logischen Sprungmustertabelle vorhergesagt werden müssen, während die anderen logischen Sprungmustertabellen ungenutzt bleiben.

---

1. Der Platzbedarf eines integrierten Speichers wächst quadratisch mit der Anzahl seiner Ports [174], so dass drei Speicher mit je einem Lese- und drei Schreibports (zum Protokollieren der tatsächlichen Sprungentscheidungen) insgesamt $3 \cdot 4^2$ gleich 48 mal mehr Platz erfordern als ein 1-Port-Speicher mit derselben Kapazität. Ein einzelner 6-Port-Speicher (drei Leseports, drei Schreibports) benötigt hingegen nur 6^2 gleich 36 mal mehr Platz als der 1-Port-Speicher.

Dieser Nachteil ist durch *Indexteilung* vermeidbar (vergleiche Bild 2.36b). Das entsprechend modifizierte als *Mgshare* bezeichnete Verfahren ist in Bild 2.43b dargestellt. Insbesondere steht nun jedem Sprungbefehl die gesamte Kapazität der Sprungmustertabelle zur Verfügung. Als Nachteil muss hier in Kauf genommen werden, dass ein bestimmter Sprungbefehl, der innerhalb einer vorherzusagenden Sprungfolge an unterschiedlichen Positionen auftritt, in der Sprungmustertabelle auch mehrere Einträge belegt.

2.2.5 Sprungzielvorhersage

Bei korrekter Vorhersage einer Sprungentscheidung wird der *Kontrollflusskonflikt* nur dann vermieden, wenn der Sprungbefehl in der ersten Fließbandstufe, bzw. bei verzögerter Verzweigung und ohne Parallelverarbeitung der Befehle (delayed branch; siehe Seite 100) in der zweiten Fließbandstufe, ausgeführt werden kann. Dies ist jedoch nur möglich, wenn im Falle eines verzweigenden Sprungbefehls auch die Zicladresse bekannt ist, die sich erst durch Decodierung, normalerweise in der zweiten oder einer späteren Fließbandstufe, aus dem Befehlscode extrahieren lässt.

Falls die Zieladresse direkt im Sprungbefehl codiert ist, kann sie ggf. am Ende der ersten Fließbandstufe durch *Vordecodierung* des Befehlscodes ermittelt werden. Allerdings verlängert sich dadurch möglicherweise der kritische Pfad, da in der ersten Fließbandstufe der Befehl nicht nur geladen, sondern zusätzlich als Sprungbefehl identifiziert und die darin codierte meist relative Zieladresse im Falle des Verzweigens auf die Befehlsadresse des Sprungbefehls addiert werden muss. In Prozessoren, die man mit sehr hohen Taktfrequenzen betreibt, ist der Befehlscode oft erst in der zweiten oder einer nachfolgenden Fließbandstufe verfügbar (z.B. benötigt der Alpha 21264 von Compaq zwei Takte für Zugriffe auf den Befehlscache [102]). Auch ist eine Extraktion des Sprungziels nur möglich, wenn eine direkte und keine indirekte Adresse verwendet wird, da Letztere erst zum Zeitpunkt der tatsächlichen Befehlsausführung bekannt ist.

Sprungzielcache (branch target cache, branch target buffer)

In einem Sprungzielcache werden zu den Befehlsadressen von bereits ausgeführten Sprungbefehlen die jeweils verwendeten Zieladressen gespeichert. Bei erneuter Ausführung eines Sprungbefehls, z.B. innerhalb einer Schleife, lässt sich auf diese Weise die potentielle Zieladresse bereits in der ersten Fließbandstufe ermitteln, und zwar, indem der Sprungzielcache mit Hilfe des Befehlszählers adressiert wird. Der Sprungzielcache kann verwendet werden, um die Zieladressen von direkten und von indirekten Sprungbefehlen zu bestimmen. Bei *indirekten Sprungbefehlen* ist jedoch zusätzlich zu überprüfen, ob die zur Laufzeit ermittelte tatsächliche Zieladresse mit der im Sprungzielcache gespeicherten und bei der spekulativen Ausführung des Sprungbefehls verwendeten Zieladresse übereinstimmt. Falls dies nicht der Fall ist, müssen alle auf den Sprungbefehl folgenden, bereits im Fließband befindlichen Befehle annulliert werden – entsprechend dem Vorgehen bei einer Fehlvorhersage der Sprungentscheidung bedingter Sprungbefehle. Die Zuverlässigkeit der Vorhersage *indirekter* Sprungziele mit einem in dieser Art realisierten Sprungzielcache ist gering [22, 21], weshalb man ihn in einigen Prozessoren nur für Vorgriffe auf direkte Sprungziele verwendet.

Verzögerte Eintragsersetzung in Sprungzielcaches. Mit Einführung der objektorientierten Programmierung hat der Einfluss korrekter Vorhersagen von indirekten Sprungzielen auf die Gesamtlaufzeit entsprechender Programme deutlich an Bedeutung gewonnen, da die oft verwendeten virtuellen Methoden indirekt über Tabellen aufgerufen werden, die den einzelnen Klassen statisch zugeordnet sind [22, 15]. Die Verwendung eines einfachen Sprungzielcaches ist hier vorteilhaft, wenn ein bestimmter Sprungbefehl vorrangig zu immer derselben Zieladresse indirekt verzweigt. Sobald jedoch ein von diesem Hauptsprungziel abweichender Sprung ein einzelnes Mal ausgeführt wird, kommt es zu zwei Fehlvorhersagen: eine, wenn zum neuen Sprungziel, und eine, wenn zum Hauptsprungziel verzweigt wird. Letzteres deshalb, weil mit der vom Hauptsprungziel abweichenden zuvor verwendeten Zieladresse der Sprungzielcache aktualisiert wurde.

Calder, Grunwald und Lindsay schlugen in [21] deshalb vor, eine im Sprungzielcache eingetragene Zieladresse nur dann zu ändern, wenn sie sich mehrere Male hintereinander als falsch erwiesen hat (siehe auch [33]). Dies lässt sich ähnlich wie bei der dynamischen Sprungvorhersage durch Gewichtung mit Hilfe eines auf- und abwärts zählenden *Sättigungszählers* erreichen. Bei jeder Fehlvorhersage wird der Zähler inkrementiert, bei jeder korrekten Vorhersage dekrementiert. Falls der Zählwert einen Maximalwert erreicht, wird das neue Sprungziel in den Sprungzielcache eingetragen, sonst nicht.

Pfad- oder Entscheidungshistorie in Sprungzielcaches. Die Zieladressen indirekter Verzweigungen sind genau wie die Entscheidungen bedingter Sprungbefehle von der Vorgeschichte des aktuell ausgeführten Programms abhängig. Deshalb ist es möglich, *indirekt* codierte Sprungziele abhängig von den Zieladressen vorangehend ausgeführter Sprungbefehle vorherzusagen (sie werden zusammengefasst als *Sprungpfad* bezeichnet).

Die prinzipielle Funktionsweise des Verfahrens ist in Bild 2.44 dargestellt. Ein indirekt codiertes Sprungziel wird vorhergesagt, indem man zunächst den im Register PHR (*path history register*) gespeicherten Sprungpfad benutzt, um auf die als Cache realisierte *Pfadhistorientabelle* zuzugreifen (a). Der dort gespeicherte Eintrag wird direkt für die Vorhersage des Sprungziels verwendet (b). Steht das tatsächliche Sprungziel kurze Zeit später fest, kommt es zur Aktualisierung der Pfadhistorientabelle und des im Register PHR gespeicherten Sprungpfads (c). Letzteres geschieht, indem die tatsächliche Zieladresse oder ein Teil davon, meist die unteren ein bis drei relevanten Bits, in das als Schieberegister realisierte Register hineingeschoben werden. Mit den im Bild angegebenen Einträgen adr_1 bis adr_3 wird z.B. nach Aktualisierung als nächstes das Sprungziel adr_2 vorhergesagt (d).

Genau wie die Verfahren zur adaptiven Sprungvorhersage lassen sich auch hier zahlreiche Modifikationen vornehmen, um Detailverbesserungen zu erreichen. So kann die *Pfadhistorie* über alle Sprungbefehle gemeinsam (*global*) oder separat zu jedem einzelnen Sprungbefehl (*lokal*) gespeichert werden. Sie lässt sich durch

Zusammenfassen der Zieladressen aller direkten und indirekten Sprungbefehle oder ausschließlich der indirekten Sprungbefehle bilden. Kollisionen in der Pfadhistorientabelle sind vermeidbar, indem die Pfadhistorie mit dem Inhalt des Befehlszählers verknüpft wird, ähnlich wie dies zur globalen adaptiven Sprungvorhersage in Bild 2.36 dargestellt ist. Auch ist es möglich, statt der Pfadhistorie die Sprungentscheidungshistorie bedingter Sprungbefehle zu verwenden. Dies ist deshalb gerechtfertigt, weil die dynamische Auswahl einer Zieladresse oft durch Ausführung bedingter Sprungbefehle erfolgt.

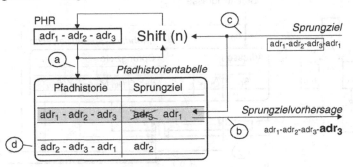

Bild 2.44. Prinzipielle Funktionsweise einer Einheit zur Vorhersage indirekter Sprungziele anhand der globalen Pfadhistorie im Register PHR (path history register)

Ein entsprechender Ansatz wurde in [22] erfolgreich getestet. Bei einem an der TU Berlin entwickelten weiteren Ansatz, der im Nemesis C realisiert ist, werden sowohl die Pfadhistorie als auch die Sprungentscheidungshistorie für die Sprungzielvorhersage verwendet, und zwar, indem man sie durch Exclusives-Oder miteinander verknüpft [114, 198]. Ein kommerzieller Prozessor mit einer Einheit zur Vorhersage indirekt codierter Sprungziele ist schließlich der Pentium M (Banias) von Intel als Komponente der sog. Centrino Mobiltechnologie [68]. Die restriktive Informationspolitik der Firma erlaubt es jedoch nicht, das Verfahren genau zu klassifizieren.

Mehrfach-Sprungzielcache

Die Vorhersage eines Sprungziels mit Hilfe eines einfachen Sprungzielcaches reicht aus, wenn die Befehle sequentiell, ggf. auch in Fließbandtechnik ausgeführt werden. Bei paralleler Arbeitsweise, wie z.B. in *superskalaren Prozessoren* (Abschnitt 3.2), kann es jedoch erforderlich sein, die Befehle des auszuführenden Programmpfads über Sprungbefehle hinweg in das Fließband einzuspeisen, was eine Vorhersage von mehr als einem Sprungziel erforderlich macht. Statt der Befehlsadresse eines bestimmten Sprungbefehls eine einzelne Zieladresse zuzuordnen, wird die Startadresse des nächsten zu verarbeitenden sog. Basisblocks mit einer Menge von Startadressen nachfolgender Basisblöcke assoziiert, von denen die relevanten mit Hilfe einer *Mehrfach-Sprungvorhersage* ausgewählt werden (ein Basisblock ist eine Befehlsfolge, die eine Startadresse besitzt und mit einem Sprungbefehl endet[1]).

Angenommen, die in Bild 2.45a durch stark ausgezeichnete Linien hervorgehoben dargestellten Basisblöcke sollen parallel ausgeführt werden, dann lassen sich die

Startadressen ermitteln, indem der in Bild 2.45b dargestellte Mehrfach-Sprungziel-cache mit der Adresse A_0 angesprochen wird. Der auf diese Weise ermittelte Eintrag enthält die Startadressen aller *Basisblöcke*, die durch zwei aufeinander folgende Sprungbefehle erreichbar sind und die wenigstens einmal ausgeführt wurden. Über zwei nachgeschaltete Multiplexer werden schließlich zwei der sechs gespeicherten Startadressen ausgewählt, und zwar abhängig von der zuvor durchgeführten Mehr-fach-Sprungvorhersage.

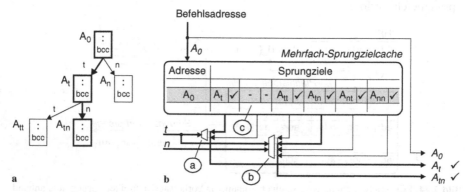

Bild 2.45. Wirkungsweise und Struktur eines Mehrfach-Sprungzielcaches. Die Adressen der in Teilbild **a** hervorgehoben dargestellten Basisblöcke werden durch den Zugriff auf den grau unter-legten Eintrag des Mehrfach-Sprungzielcaches in Teilbild **b** ermittelt

Neben der als Vorgabe verwendeten Startadresse A_0 lassen sich auf diese Weise die Adressen A_t und A_{tn} ermitteln. Sie werden verwendet, um zeitgleich die auszufüh-renden Basisblöcke aus dem Befehlscache zu lesen. Bei einer Organisation des Befehlscaches in Zeilen fester Breite ist es i. Allg. nicht erforderlich, die Anzahl der jeweils zu lesenden Befehle zu kennen. Vielmehr werden die einzelnen Cache-Zei-len jeweils nach den abschließenden Sprungbefehlen durchsucht, die überzähligen Befehle verworfen, die extrahierten Basisblöcke zu der zu verarbeitenden Basis-blockfolge (dem sog. *Hot Trace*) zusammengesetzt und diese zur Verarbeitung in das Fließband des Prozessors weitergereicht.

Falls beim Zugriff auf den Mehrfach-Sprungzielcache eine Zieladresse nicht defi-niert sein sollte, wird man normalerweise alle untergeordneten Basisblockadressen verwerfen und auf den Befehlscache sequentiell zugreifen. Werden z.B. in Bild 2.45b die Sprungbefehle beide als nichtverzweigend vorhergesagt, ist wegen des leeren, mit c markierten Eintrags A_n auch A_{nn} zu verwerfen und statt dessen nur mit A_0 auf eine, zwei oder drei aufeinander folgende Zeilen des Befehlscaches zuzugrei-fen. Insbesondere wird dabei auch die Startadresse A_{nn} ermittelt und für die nächste Sprungzielvorhersage in den Mehrfach-Sprungzielcache eingetragen.

---

1. Der Begriff des Basisblocks stammt aus dem Übersetzerbau und bezeichnet eine statische Befehlsfolge mit einer Startadresse und einem abschließenden Sprungbefehl bzw. Übergang zu einem anderen Basisblock [8]. Im vorliegenden Fall sind Basisblöcke hingegen dynamisch definiert. Da es nicht möglich ist, Einsprungmarken zur Laufzeit zu identifizieren, besteht ein solcher „dynamischer" Basisblock möglicherweise aus mehreren „statischen" Basisblöcken.

▶ Bemerkung. Der parallele Zugriff auf mehrere Zeilen im Befehlscache ist technisch aufwendig zu verwirklichen. Deshalb bieten sich als Alternative die sog. *Trace-Caches* an, in denen man die auszuführenden Basisblockfolgen unter der Adresse des ersten auszuführenden Basisblocks speichert. Trace-Caches werden in Abschnitt 3.2.4 beschrieben. ◀

Rücksprungstapel (return stack)

Eine eigene Gruppe von Sprungbefehlen, die zu einem indirekten Sprungziel meist unbedingt verzweigen, sind die *Rücksprungbefehle*. Zur Vorhersage einer *Rücksprungadresse* (normalerweise die auf einen Unterprogrammaufruf folgende Befehlsadresse) lässt sich eines der zuvor beschriebenen Verfahren verwenden. Bessere Vorhersageergebnisse sind jedoch erzielbar, wenn die Rücksprungadressen von einer separaten Einheit vorhergesagt werden, die die Schachtelungsstruktur von Unterprogrammen berücksichtigt.

Bei einem Unterprogrammaufruf wird hierbei die Rücksprungadresse nicht nur für den Programmierer sichtbar abgelegt, z.B. auf dem Parameter- und Variablenstapel, sondern zusätzlich auf einem im Prozessor realisierten Rücksprungstapel. Mit Ausführung eines Rücksprungbefehls wird die dort abgelegte Adresse zur Vorhersage des *indirekten Sprungziels* verwendet und der entsprechende Eintrag entfernt. In den allermeisten Fällen erweist sich die vorhergesagte Rücksprungadresse als korrekt. Falls dies jedoch nicht der Fall ist, z.B. weil auf dem Rücksprungstapel nicht genügend viele Adressen speicherbar sind, wird dies nach Ausführung des Rücksprungbefehls erkannt und dabei alle falsch in das Fließband geladenen Befehle annulliert. Einer der ersten Prozessoren, der einen Rücksprungstapel besaß, ist der 6x86 von Cyrix [29].

2.2.6 Daten- und Kontrollflusskonfliktlösung durch Wertvorhersage

Mit den in Abschnitt 2.2.3 beschriebenen Verfahren können die meisten Datenflusskonflikte verzögerungsfrei gelöst werden. Eine Ausnahme bilden Ladebefehle, die einen Operanden lesen, der von einem nachfolgenden Befehl verarbeitet wird, da hier die Latenzzeit bei Zugriffen auf den Hauptspeicher abgewartet werden muss. Insbesondere ist die Verwendung von Bypässen nicht möglich. Das Problem lässt sich jedoch durch die Vorhersage der Zugriffsadresse lösen, so dass es möglich ist, den Zugriff auf den Hauptspeicher vollständig durchzuführen, bevor der Ladebefehl die Execute-Stufe des Fließbands tatsächlich erreicht und davon abhängige Befehle auf den zu lesenden Wert zugreifen.

Es ist klar, dass die Vorhersage von *Operanden* bzw. deren Gegenstück, den *Ergebnissen* auch dazu geeignet ist, die Entscheidungen von Sprungbefehlen vorherzubestimmen, indem nämlich die von einem bedingten Sprungbefehl ausgewertete Bedingung als Wert prognostiziert wird. So könnte etwas gelingen, was mit keinem der zuvor beschriebenen Verfahren möglich ist: die Vorhersage eines nichtverzweigenden Sprungbefehls am Ende einer häufig wiederholten Schleife.

Verfahren zur Wertvorhersage

Die Vorhersage eines Werts ist vergleichbar mit der einer Sprungentscheidung: Aus der Adresse des wertverarbeitenden oder -erzeugenden Befehls, dem Pfad, der zu diesem Befehl geführt hat, dem Operationscode oder auch der zum Wert gehörenden Registeradresse usw. wird vom realisierten Verfahren abhängig ein Wert extrapoliert, bevor er im Fließband tatsächlich zur Verfügung steht. Die drei wichtigsten Verfahren, nämlich die konstante Wertvorhersage (last value prediction), die differentielle Wertvorhersage (stride prediction) und die kontextbasierte Wertvorhersage (context based prediction), werden nachfolgend beschrieben.

Mögliche Einsatzgebiete lassen wir dabei zunächst noch außer Acht. Die Verwendung der Wertvorhersage zur Verkürzung der effektiven Latenzzeit bei Cache- und Hauptspeicherzugriffen bzw. zur Verbesserung der Zuverlässigkeit bei der Vorhersage von Sprungentscheidungen werden gesondert ab Seite 136 behandelt. Weitere Einsatzfelder sind das Laden einer Cache-Zeile, noch bevor darauf zugegriffen wird (Abschnitt 2.3.1) und die spekulative Parallelausführung von Befehlsfolgen, bevor die jeweils benötigten Operanden verfügbar sind.

Konstante Wertvorhersage (last value prediction). Beim einfachsten Verfahren zur Wertvorhersage wird ausgenutzt, dass bei wiederholter Ausführung einiger Befehle immer wieder dieselben Werte verarbeitet oder generiert werden [148, 50]. Zum Beispiel ist die Adresse, mit der man auf einen im Stapel befindlichen Eingangsparameter einer Funktion zugreift, oft konstant, ebenso wie der durch einen Ladebefehl als Ergebnis gelesene Wert (*Eingangsparameter* sind unveränderlich).

Zur Vorhersage solcher konstanten Werte wird z.B. mit der Befehlsadresse des den Wert verarbeitenden oder erzeugenden Befehls eine cache-ähnlich organisierte Tabelle, die sog. *Wertvorhersagetabelle* (*value prediction table*, *VPT*), durchsucht. Befindet sich der entsprechende Eintrag nicht darin, wird der Befehl in herkömmlicher Weise ausgeführt und, sobald der vorherzusagende Wert verfügbar ist, dieser für zukünftige Vorhersagen in die Wertvorhersagetabelle eingetragen. Falls sich jedoch ein passender Eintrag findet, wird der darin gespeicherte Wert zur Vorhersage genutzt, um z.B. den Lesezugriff eines Ladebefehls zu bearbeiten, bevor die jeweilige Adresse im Fließband berechnet wurde. Natürlich ist mit der Verfügbarkeit der tatsächlichen Adresse zu überprüfen, ob die Wertvorhersage korrekt war. Gegebenenfalls müssen die mit einem falsch vorhergesagten Wert gestarteten Aktionen rückgängig gemacht sowie erneut, nun mit der korrekten Adresse, ausgeführt werden. Bei der Vorhersage der Zugriffsadresse eines Ladebefehls ist in diesem Fall also der Lesezugriff zu wiederholen.

Die spekulative Ausführung eines Befehls und dessen wiederholte Bearbeitung im Falle einer Fehlvorhersage kann mehr Zeit in Anspruch nehmen, als würde man den Befehl herkömmlich abarbeiten. Deshalb ist es wichtig, eine Wertvorhersage nur dann durchzuführen, wenn möglichst sichergestellt ist, dass das Ergebnis der Vorhersage auch korrekt sein wird. Falls in einem Eintrag der Wertvorhersagetabelle nur ein einzelner Wert gespeichert werden kann, ist die Vorgehensweise ähnlich, wie zur dynamischen Sprungvorhersage durch Gewichtung bereits beschrieben wurde:

Zu jedem Eintrag ist ein *Vorhersagezustand* gespeichert, der in codierter Form die Häufigkeit angibt, mit der sich der zugehörige Wert bisher korrekt vorhersagen ließ (Bild 2.46). Falls man einen Wert häufiger als korrekt und seltener als falsch vorhergesagt hat, ist einer der beiden Zustände HA (highly agreed) oder LA (likely agreed) aktiv und der in der Wertvorhersagetabelle gespeicherte Wert wird für die Vorhersage verwendet. Dies geschieht hingegen nicht in den Zuständen HD (highly disagreed) oder LD (likely disagreed). Der Wechsel zwischen den Zuständen erfolgt, sobald der tatsächliche Wert vorliegt und sich mit ihm die Vorhersage als richtig (success, s) oder falsch (failure, f) herausstellt. Wegen der möglichen Strafe einer Fehlvorhersage wird der *Initialzustand* so definiert, dass der in der Wertvorhersagetabelle eingetragene Wert für die Vorhersage ungeeignet ist (also Zustand LD oder HD in Bild 2.46).

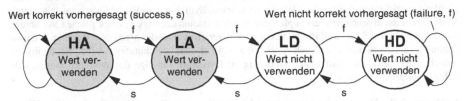

Bild 2.46. Verfahren zur Bestimmung der Zuverlässigkeit einer Wertvorhersage [50]

Weicht der vorhergesagte vom tatsächlichen Wert ab, muss eine Entscheidung getroffen werden, welcher der beiden Werte für zukünftige Vorhersagen verwendet, ob also der in der Wertvorhersagetabelle gespeicherte durch den tatsächlichen Wert ersetzt oder nicht ersetzt werden soll. Hat sich die Vorhersage in der Vergangenheit bereits bewährt, ist eine Ersetzung nicht sinnvoll. Falls jedoch andererseits der gespeicherte Wert häufig zu Fehlvorhersagen geführt hat, ist das Ersetzen ratsam. Häufige Fehlvorhersagen lassen sich z.B. daran erkennen, dass vom Zustand LD nach Fehlvorhersage in den Zustand HD gewechselt wird. In einem eingeschwungenen System ist der Zustand LD nämlich nur dann aktiv, wenn zuvor bereits häufiger Fehlvorhersagen als korrekte Vorhersagen generiert wurden.

Die Güte des neu in die Wertvorhersagetabelle eingetragenen Werts bleibt dabei natürlich unberücksichtigt. Mit dem als *2-Delta* bezeichneten Verfahren wird deshalb ein neuer Vorhersagewert nur dann in die Wertvorhersagetabelle aufgenommen, wenn er wenigstens zweimal hintereinander aufgetreten ist [148, 147]. Hierzu ist es selbstverständlich erforderlich, neben dem Vorhersagewert den jüngsten bei Ausführung des Befehls benutzten bzw. generierten Wert zu speichern. Tritt er ein zweites Mal auf, was sich durch Vergleich mit dem gespeicherten Wert ermitteln lässt, kommt es zur Ersetzung des Vorhersagewerts.

Es ist möglich, dass zu einem Befehl mehrere potentielle Werte gespeichert sind. In einem solchen Fall ist nicht nur zu entscheiden, ob ein Wert, sondern auch, welcher Wert für die Vorhersage verwendet werden soll. Das in [148, 147] beschriebene Verfahren sieht hier einen Zähler vor, der bei einer korrekten Vorhersage inkrementiert und bei einer falschen Vorhersage dekrementiert wird (dies entspricht im Prinzip dem Graphen aus Bild 2.46). Zur Wertvorhersage verwendet man jeweils den Wert, zu dem der größte Zählerstand gespeichert ist, wobei es nur dann zu einer Wertvorhersage kommt, wenn ein vorgegebener Schwellwert überschritten ist. Zählerüberläufe werden dabei vermieden, indem man immer dann, wenn ein Zähler den möglichen Maximalwert erreicht, sämtliche Zählerinhalte halbiert. Das Verfahren lässt sich auch benutzen, um zu entscheiden, welcher der gespeicherten Werte zu ersetzen ist. Im einfachsten Fall wird der Eintrag überschrieben, zu dem der kleinste Zählerstand gespeichert ist, wobei nur solche Einträge berücksichtigt werden sollten, deren Zählerstände einen vorgegebenen Schwellwert unterschreiten.

▶ Bemerkung. Statt zu jedem Befehl mehrere Werte zu speichern ist es auch möglich, die Zuordnung der Einträge der Wertvorhersagetabelle so zu gestalten, dass zu einem Befehl unterschiedliche Einträge existieren dürfen. Dies lässt sich z.B. erreichen, indem zur Adressierung nicht allein die jeweilige Befehlsadresse verwendet wird, sondern zusätzlich der Pfad, der zu diesem Befehl geführt hat (siehe Abschnitt Seite 119). Beide können, ähnlich wie in Bild 2.36b dargestellt, durch XOR-Operation miteinander verknüpft werden. Die Funktionstüchtigkeit eines solchen Verfahrens ist deshalb gewährleistet, weil die in einem Befehl verarbeiteten oder erzeugten Werte auch davon abhängig sind, was zuvor geschehen ist, also welcher Pfad durchlaufen wurde. Nachteilig ist jedoch, dass Werte, die vom Pfad unabhängig sind, mehrere Einträge der Wertvorhersagetabelle belegen können.   ◀

Differentielle Wertvorhersage (stride prediction). Bei der differentiellen Wertvorhersage wird der nächste Wert durch lineare Extrapolation der beiden letzten tatsächlich aufgetretenen Werte ermittelt. Damit eignet sich das Verfahren z.B. für die Vorhersage von *Schleifenzählerinhalten* oder *Indexwerten*, lässt sich aber auch für die Vorhersage von konstanten Werten verwenden. Realisiert wird das Verfahren i. Allg., indem statt der letzten beiden tatsächlich aufgetretenen Werte nur der letzte tatsächlich aufgetretene Wert sowie eine *Schrittweite* (*stride*: schreiten) gespeichert werden. Genau wie bei der konstanten Wertvorhersage muss zusätzlich noch ein Vorhersagezustand oder alternativ eine zweite Schrittweite (beim 2-Delta Verfahren) zu jedem Eintrag gespeichert sein, damit entschieden werden kann, ob ein Vorhersagewert zu verwenden bzw. ob ein gespeicherter Eintrag zu ersetzen oder nicht zu ersetzen ist.

Wie sich eine Einheit zur differentiellen Wertvorhersage mit Vorhersagezustand realisieren lässt, ist in Bild 2.47 dargestellt. Die Wertvorhersagetabelle wird dabei allein über die Befehlsadresse angesprochen. Soll für den Zugriff der zu einem Befehl führende Pfad oder andere Statusinformationen ggf. auch kombiniert verwendet werden, sind geringe Modifikationen bei der Ansteuerung der Wertvorhersagetabelle erforderlich [37].

Zur Funktion: Bei einer Wertvorhersage verwendet man zur Selektion eines Eintrags in der cache-ähnlich organisierten *Wertvorhersagetabelle* die Adresse des Befehls, der einen Wert als Operand verarbeitet (z.B. die Zugriffsadresse eines Ladebefehls) bzw. als Ergebnis erzeugt (z.B. die bei einem Vergleich erzeugte Bedingung) (a). Befindet sich kein passender Eintrag in der Tabelle, wird der notwendige Platz reserviert und der sich ergebende Wert darin gespeichert. Vorhersageschrittweite und Vorhersagezustand werden dabei mit Null bzw. HD initialisiert. Durch Addition des eingetragenen Werts und der Vorhersageschrittweite (b) lässt sich ein erster Vorhersagewert bestimmen, der jedoch wegen des Vorhersagezustands HD zunächst noch verworfen wird (Hit deaktiv, markiert mit c).

Trotzdem verwendet man den Wert, um nämlich die Vorhersageschrittweite zu überprüfen und den Vorhersagezustand ggf. zu modifizieren. Stellt sich heraus, dass der tatsächliche Wert nicht mit dem vorhergesagten übereinstimmt, wird dies über das mit d markierte Rücksignal Succ (success) gemeldet und der Zustand HD beibehalten (e). Solange er aktiv ist, aktualisiert man die Schrittweite des entsprechenden Eintrags mit der Differenz aus tatsächlichem und vorhergesagtem Wert (f). Erst wenn sich eine Vorhersage als richtig erweist, wird der Vorhersagezustand HD verlassen und die gespeicherte Schrittweite nicht weiter genutzt. Der vorhergesagte Wert findet Verwendung, wenn der Zustand LA (likely agreed) aktiv und das Signal Hit gesetzt ist (c). Unabhängig davon ob eine Vorhersage korrekt oder fehlerhaft war, wird die Spalte „letzter Wert" (g) grundsätzlich aktualisiert.

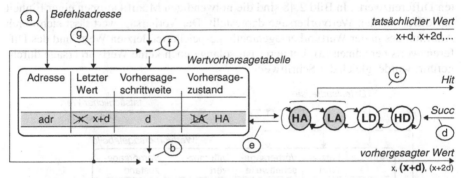

Bild 2.47. Prinzipielle Funktionsweise einer differentiellen Wertvorhersage. Das Vorhersageergebnis findet nur Verwendung, wenn einer der beiden Vorhersagezustände HA (highly agreed) oder LA (likely agreed) aktiv ist. Ein neuer Eintrag wird jeweils im Zustand HD übernommen

▶ Beispiel 2.7. *Vorhersage einer Wertfolge.* Angenommen, es erfolgt ein Zugriff auf den im Bild dargestellten Eintrag zur Befehlsadresse adr, wobei als Vorhersagewert zunächst x und als Vorhersagezustand zunächst LA gespeichert sind, dann wird als nächstes der Wert x+d vorhergesagt, der sich durch Addition des letzten tatsächlich aufgetretenen Werts und der Vorhersageschrittweite ergibt (b). Wegen des aktiven Vorhersagezustands LA lässt sich x+d als erfolgreiche Vorhersage klassifizieren (c). Stellt sich etwas später heraus, dass der Wert tatsächlich korrekt vorhergesagt wurde, wird dies über das Signal Succ gemeldet und dadurch von LA in den Zustand HA (highly agreed) gewechselt (d). Zusammen mit dem neuen „letzten Wert" (g) wird der Vorhersagezustand (e) schließlich in die Wertvorhersagetabelle eingetragen. Der nächste Vorhersagewert ist demzufolge gleich x+2d, der nächste Vorhersagezustand bei korrekter Vorhersage gleich HA. – Die vorhergesagte Wertfolge x, x+d, x+2d, usw. lässt sich z.B. im Zusammenhang mit Schleifen häufig beobachten. ◀

Ein spezielles Problem der differentiellen Wertvorhersage tritt auf, wenn *innerhalb der Zeitspanne* zwischen Vorhersage und Vorliegen des tatsächlichen Werts eine zweite Vorhersage zum entsprechenden Befehl durchgeführt werden muss, z.B. weil sich eine Schleife in Bearbeitung befindet. Angenommen, die Schrittweite, mit der ein Wert tatsächlich modifiziert wird, ist gleich d und die Wertvorhersagetabelle ist entsprechend dieser Schrittweite konfiguriert, dann lässt sich zwar der nächste auftretende Wert, nicht jedoch der Folgewert korrekt vorhersagen, weil nämlich der dazu benötigte letzte Wert in der Wertvorhersagetabelle erst aktualisierbar ist, wenn er vorliegt – nach Voraussetzung zu spät für eine korrekte Vorhersage.

Wiederholte Fehlvorhersagen diese Art bewirken, dass der Zustand HD aktiviert und die Schrittweite in der Wertvorhersagetabelle verändert wird. Dies ermöglicht zwar wieder eine korrekt Vorhersage, sie wird aber wegen des Vorhersagezustands HD bzw. LD nicht akzeptiert. Alles in allem führt dies dazu, dass in einer entsprechenden Situation *kein* Wert mehr korrekt vorhersagbar ist, obwohl es wegen der konstanten Schrittweite im Prinzip möglich sein müsste, alle Werte vorherzusagen.

Die Lösung des Problems besteht darin, einen *Differenzwert* in der Wertvorhersage-tabelle zu codieren, der jeweils entsprechend der Schrittweite initialisiert bzw. bei jeder Wertvorhersage inkrementiert und beim Vorliegen des tatsächlichen Werts dekrementiert wird. Die eigentliche Vorhersage geschieht dann anhand des generier-ten Differenzwerts. In Bild 2.48 sind die notwendigen Modifikationen einer Einheit zur differentiellen Wertvorhersage dargestellt. Der Vorhersagewert lässt sich durch Addition des in der Wertvorhersagetabelle gespeicherten letzten Werts und des Dif-ferenzwerts berechnen (a). Letzterer ist, solange noch keine Wertvorhersage durch-geführt wurde, gleich der Schrittweite.

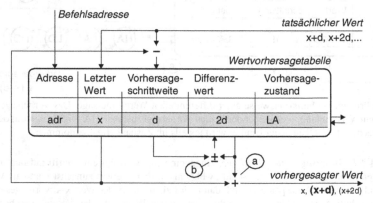

Bild 2.48. Erweiterungen zur differentiellen Wertvorhersage, um überlappende Wertvorhersagen korrekt durchführen zu können

Wegen der Verzögerung, mit der der letzte Wert in die Wertvorhersagetabelle geschrieben wird, ist der Differenzwert bei jeder neuen Wertvorhersage entspre-chend der Schrittweite zu inkrementieren (b). Diese Modifikation ist rückgängig zu machen, sobald der tatsächliche Wert vorliegt und in die Wertvorhersagetabelle als letzter Wert eingetragen wird. So lässt sich z.B. x+2d in der Wertfolge x, x+d, x+2d usw. vorhersagen, indem man entweder auf den letzten Wert x+d den Differenzwert d addiert, wenn nämlich x+d als letzter Wert bereits bekannt ist, oder indem man den letzten gespeicherten Wert x und den Differenzwert 2d addiert, wenn nämlich x+d als letzter Wert noch nicht bekannt ist.

Kontextbasierte Wertvorhersage (context based prediction). Die zuvor beschrie-benen Verfahren setzen voraus, dass die von einem Befehl verarbeiteten Operanden bzw. erzeugten Ergebnisse ein lineares Verhalten besitzen. Wertfolgen, die scheinbar chaotisch, tatsächlich aber periodisch auftreten, lassen sich so jedoch nicht vorhersagen. Dies ist erst mit der deutlich aufwendiger zu realisierenden, adaptiv arbeitenden, kontextbasierten Wertvorhersage möglich, die zu jeder n Werte langen Wertfolge speichert, wie sie in der Vergangenheit fortgesetzt wurde und entsprechend in Zukunft wahrscheinlich fortgesetzt werden wird.

Die prinzipielle Funktionsweise einer kontextbasierten Wertvorhersage ist in Bild 2.49 dargestellt. Mit der Adresse des Befehls, der einen Wert verarbeitet oder erzeugt, wird zunächst eine cache-ähnlich organisierte *Werthistorientabelle* (*value history table*, *VHT*) adressiert (a), in der die zum Befehl aufgetretene Wertfolge gespeichert ist. Sie wird benutzt, um eine nachgeschaltete, ebenfalls cache-ähnlich organisierte *Wertvorhersagetabelle* zu adressieren (b), in der zu jeder bisher aufgetretenen Wertfolge protokolliert ist, wie sie in der Vergangenheit fortgesetzt wurde und sich dementsprechend vorhersagen lässt (c). Um Fehlvorhersagen zu vermeiden, ist, ähnlich wie bereits bei der konstanten und differentiellen Wertvorhersage beschrieben, in jedem Eintrag der Wertvorhersagetabelle neben dem Vorhersagewert noch ein *Vorhersagezustand* gespeichert. Eine Vorhersage wird nur akzeptiert, wenn einer der beiden Zustände LA oder HA aktiv ist.

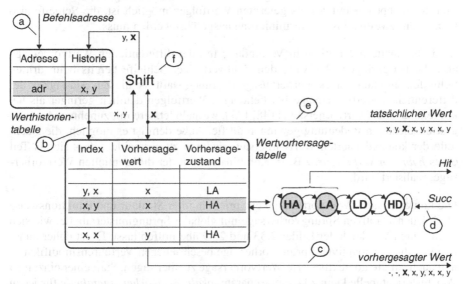

Bild 2.49. Prinzipielle Funktionsweise einer kontextbasierten Wertvorhersage. Der vorhergesagte Wert ist abhängig von der Wertfolge in der Vergangenheit

In jedem Fall kommt es zu einem Vergleich des vorhergesagten mit dem tatsächlichen Wert, wobei das Vergleichsergebnis auf der Signalleitung Succ verwendet wird, um den Vorhersagezustand ggf. zu modifizieren (d). Falls ein aktiver Vorhersagezustand HD anzeigt, dass der aktuell gespeicherte Wert sehr selten die zugeordnete Wertfolge fortsetzt, wird außerdem der neue tatsächliche Wert in der Wertvorhersagetabelle eingetragen (e). Unabhängig davon kommt es zu einer Modifikation der Vorhersagehistorientabelle, und zwar, indem das mit f markierte Shift-Schaltnetz die bisherige Wertfolge um den tatsächlichen Wert ergänzt und den ältesten Wert verwirft. Aus dem Eintrag x, y und dem tatsächlichen Wert x kann so die neue *Wertfolge* y, x generiert werden (die sich fortan mit x vorhersagen lässt).

Der Leser mache sich klar, dass es mit den im Bild verwendeten Einträgen möglich ist, die tatsächliche Wertfolge x, y, x, x, y, x, usw. zu 100% vorherzusagen. In realen Anwendungen wird diese hohe Sicherheit natürlich nicht erreicht. Nach [148] ist es aber möglich, die in der SPEC95 (einem zur Untersuchung der Geschwindigkeit von Prozessoren verbreitetes Benchmark-Programm) auftretenden Werte theoretisch mit einer Wahrscheinlichkeit von bis zu 90% korrekt zu prognostizieren (mit einer drei Werte umfassenden Historie im Durchschnitt in 78% aller Fälle), wobei eine unbegrenzt große Werthistorien- und Wertvorhersagetabelle vorausgesetzt wurde.

Bei einer realen Umsetzung ist diese Voraussetzung selbstverständlich nicht erfüllt, weshalb die Zuverlässigkeit der Vorhersage deutlich geringer ausfällt. Die Grenzen des Verfahrens treten zu Tage, wenn der Inhalt eines Schleifenzählers vorhergesagt werden soll: Für jeden Zählwert ist dann ein eigener Eintrag in der Wertvorhersagetabelle erforderlich, so dass bei Bearbeitung sich häufig wiederholender Schleifen die Wertvorhersagetabelle schnell gefüllt ist. Hinzu kommt, dass eine Wertvorhersage überhaupt nur mit bereits gelernten Wertfolgen möglich ist, die Schleife also wenigstens zweimal bis zur Terminierung ausgeführt werden muss.

Beide Nachteile treten nicht in Verbindung mit der differentiellen Wertvorhersage auf, die bei geringem Aufwand den Zählwert einer Schleife bereits beim dritten Schleifendurchlauf korrekt vorherzusagen vermag. Dafür ist die Zuverlässigkeit der differentiellen Wertvorhersage bei beliebigen Wertfolgen deutlich geringer als bei kontextbasierter Wertvorhersage [148, 147], weshalb letztere mit zunehmender Integrationsdichte an Bedeutung gewinnen dürfte. Außerdem ist es möglich, die Nachteile der kontextbasierten Wertvorhersage dadurch zu vermeiden, dass sie als Teil eines *hybriden Verfahrens*, z.B. in Kombination mit der differentiellen Wertvorhersage, realisiert wird.

Die kontextbasierte Wertvorhersage entspricht in ihrer Struktur und Funktionsweise der lokalen adaptiven Sprungvorhersage mit globaler Sprungmustertabelle, wie sich leicht durch Vergleich der Bilder 2.33 und 2.49 überprüfen lässt. Es ist daher naheliegend, die zur adaptiven Sprungvorhersage beschriebenen Verfahrensmodifikationen auch auf die kontextbasierte Wertvorhersage zu übertragen. Statt einer einzelnen Werthistorientabelle kann z.B. eine separate *lokale Wertvorhersagetabelle* für jeden einzelnen Befehl verwendet werden. Jedoch ist dieses zur lokalen adaptiven Sprungvorhersage mit lokaler Sprungmustertabelle vergleichbare Verfahren (Bild 2.34) aufgrund des hohen Speicherbedarfs für die einzelnen Wertvorhersagetabellen in realen Anwendungen ohne Bedeutung. Eine andere Möglichkeit ist, nicht die *Werthistorie* für jeden Befehl separat, sondern für alle Befehle gemeinsam zu speichern – vergleichbar mit der globalen adaptiven Sprungvorhersage in Bild 2.35. Wegen der großen Menge möglicher Wertkombinationen, die in praxisrelevanten Anwendungen auftreten können, werden bei gleichem Aufwand jedoch weniger zuverlässige Vorhersagen als mit einer lokaler Werthistorientabelle generiert.

In Anlehnung an das, was bereits zur Sprungvorhersage beschrieben wurde, lassen sich auch hier die für Werthistorien- bzw. Wertvorhersagetabelle verwendeten Caches vereinfachen, indem man in ihnen keine *Tags* vorsieht (siehe Abschnitt 2.3.1). Zwar ist eine eindeutige Zuordnung eines Eintrags zur jeweils angelegten Befehlsadresse bzw. als Index verwendeten Werthistorie auf diese Weise nicht möglich, allerdings hat dies keinen Einfluss auf die Funktionstüchtigkeit der Wertvorhersage. Schließlich ist ohnehin zu überprüfen, ob der vorhergesagte Wert den tatsächlichen Gegebenheiten entspricht oder nicht. Nachteilig ist, dass einem Eintrag des Caches möglicherweise verschiedene Inhalte zugeordnet werden, die sich gegenseitig aus dem Cache verdrängen (*aliasing*).

Bezogen auf die Werthistorientabelle, auf die normalerweise mit den unteren n Bits der Befehlsadresse zugegriffen wird, gilt: Je häufiger es zu Verdrängungen kommt, desto geringer ist die Kapazität des Caches, da weit auseinander liegende Befehle, deren Adressen sich in den unteren n Bits entsprechen, seltener in einem Zeitabschnitt ausgeführt werden als eng beieinander liegende Befehle. Ob es vorteilhafter ist, die Werthistorientabelle ohne Tags und großer Kapazität oder mit Tags und entsprechend geringerer Kapazität zu realisieren, lässt sich nur durch Simulation entscheiden. In [56] wird z.B. eine Werthistorientabelle mit Tag, in [147] eine Werthistorientabelle ohne Tags beschrieben.

Die Wertvorhersagetabelle ist i. Allg. ohne Tag realisiert, da man für die Tags eine größere Speicherkapazität benötigt als für die eigentlichen Nutzdaten, bestehend aus Vorhersagewert und -zustand. Zum Beispiel würden mit einer drei Werte umfassenden Historie von 32 Bit breiten Werten und einer Wertvorhersagetabelle mit 64K Einträgen für jedes Tag wenigstens 80 Bits benötigt ($3 \cdot 32 - 16$ mit einem direkt assoziativen Cache), wo hingegen die Nutzdaten selbst nur 34 Bits erfordern. Wird auf die Speicherung eines Tags verzichtet, muss die gesamte Werthistorie auf einen wenige Bit breiten Index reduziert werden. Dies geschieht normalerweise durch Anwendung einer Hashfunktion, die zu jedem in der Werthistorie gespeicherten Wert sowie der Befehlsadresse des zugehörigen Befehls einzelne Bits extrahiert und die generierten Zwischenergebnisse durch Shift und Exclusiv-Oder zu einem Index verknüpft [147]. Das entsprechende Schaltnetz ist zwischen Werthistorien- und Wertvorhersagetabelle zu positionieren (in Bild 2.49 durch b markiert).

Durch geeignete Wahl einer Hashfunktion lässt sich auch der für die Werthistorientabelle benötigte Speicherbedarf reduzieren. Das Verfahren ist in Bild 2.50 angedeutet. Statt der vollständigen Werthistorie ist in der entsprechenden Tabelle ein Hashwert gespeichert, der sich durch sukzessive Verknüpfung im Schaltnetz $Hash_1$ (a) mit dem zuletzt berechneten, tatsächlich von einem Befehl verarbeiteten oder erzeugten Wert und ggf. der jeweiligen Befehlsadresse ergibt. Im Allgemeinen wird die Bitbreite h (siehe Bild) deutlich kleiner sein als die normalerweise zu speichernde Werthistorie mit n Werten zu je w Bits (also $n \cdot w$). Im Prinzip ist es möglich, den gespeicherten Hashwert direkt zur Adressierung der Wertvorhersagetabelle zu verwenden. Etwas allgemeiner ist es jedoch, wenn der Index, wie im Bild dargestellt, durch erneute Anwendung einer Hashfunktion $Hash_2$ generiert wird (b). Insbesondere lässt sich so die Bitbreite des in der Werthistorie gespeicherten Hashwerts auf die zur Adressierung der Wertvorhersagetabelle benötigte Bitzahl reduzieren.

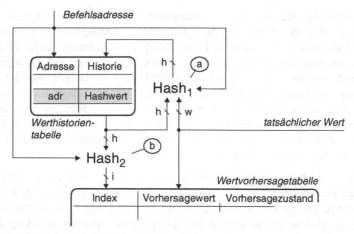

Bild 2.50. Adressierung einer Wertvorhersagetabelle ohne Tag. Der Index für die Wertvorhersagetabelle wird durch Verknüpfung der in der Werthistorientabelle gespeicherten abstrakten Werthistorie mit einer Hashfunktion generiert (Hash$_2$)

▶ **Beispiel 2.8.** *Bildung von Hash-Werten.* Angenommen, zur Berechnung des Indexes für die Wertvorhersagetabelle werden jeweils die unteren acht Bits jedes in der Werthistorientabelle gespeicherten Werts verwendet, dann ist es sinnvoll, nur die benötigten Bits in der Werthistorientabelle zu halten. Statt also drei Werte zu je 32 Bits sind drei Werte zu je acht Bits, d.h. insgesamt 24 Bits, zu
sichern. Ein neuer Wert wird hinzugefügt, indem aus dem tatsächlichen Wert die relevanten Bits
extrahiert und durch Shift in den Hashwert eingefügt werden. Diese Funktionalität ist im Bild durch
das Schaltnetz Hash$_1$ realisiert.

Für die eigentliche Wertvorhersage ist die in codierter Form vorliegende 24 Bit breite Werthistorie
aus der Werthistorientabelle noch in einen Index umzuwandeln, der die Adressierung aller Einträge
der Wertvorhersagetabelle ermöglicht. Um z.B. einen 16 Bit Index zu erhalten, können die drei je 8
Bit breiten Werte aus der Werthistorientabelle um 0, 4 und bzw. 8 Bit verschoben und die Ergebnisse anschließend durch Exclusiv-Oder verknüpft werden. Häufiges Verdrängen von Einträgen aus
der Wertvorhersagetabelle (aliasing) lässt sich vermeiden, indem man dieses Ergebnis anschließend
noch mit den unteren 16 Bits des Befehlszähler exclusiv-oder-verknüpft.   ◀

Wertvorhersage bei Ladebefehlen

Der Zugriff auf ein einzelnes zu lesendes Datum erfordert i. Allg. mehrere Takte für
die Bearbeitung. Zwar sind die normalerweise vorhandenen Datencaches oft in
Fließbandtechnik realisiert, so dass pro Takt ein Zugriff ausgeführt werden kann,
allerdings ist dies nur möglich, wenn sich das Datum bereits im Cache befindet. Ist
dies nicht der Fall, wird ein zeitaufwendiger Zugriff auf den Hauptspeicher erforderlich. Aber selbst wenn der Cache das adressierte Datum bereits enthält, lassen sich
zum jeweiligen Ladebefehl datenabhängige Befehle erst ausführen, wenn der benötigte Operand verfügbar ist, d.h. wenn der entsprechende Lesezugriff auf den Cache
abgeschlossen wurde. Insbesondere ist es hierbei nicht möglich, Bypässe zu verwenden (Abschnitt 2.2.3). Durch eine korrekte Wertvorhersage des zu ladenden
Werts bzw. der wahrscheinlich zu verwendenden Adresse ist die ohne eine Wertvor-

hersage erforderliche Verzögerung von zum Ladebefehl datenabhängigen Befehlen teilweise oder vollständig vermeidbar.

Vorhersage des Ergebnisses. Im einfachsten Fall wird der zu ladende Wert frühzeitig vorhergesagt, so dass alle auf den Ladebefehl folgenden abhängigen Befehle den entsprechenden Wert verzögerungsfrei als Operand verarbeiten können. Sobald der Zugriff des Ladebefehls abgeschlossen ist, muss der vorhergesagte Wert mit dem gelesenen Datum verglichen werden. Bei Gleichheit lässt sich die Verarbeitung aller nachfolgenden Befehle verzögerungsfrei fortsetzt. Bei Ungleichheit müssen jedoch alle im Fließband auf den ersten abhängigen Befehl folgenden Befehle in den Zustand zurückversetzt werden, der bestanden hat, bevor der vorhergesagte Wert das erste Mal verwendet wurde. Bei einer korrekten Wertvorhersage wird der Ladebefehl somit schneller, bei einer Fehlvorhersage genauso schnell ausgeführt wie ohne eine Wertvorhersage. Im Durchschnitt ergibt sich somit ein Gewinn für die Geschwindigkeit, mit der die Befehle bearbeitet werden. Allerdings werden die zur spekulativen Ausführung der abhängigen Befehle benötigten Funktionseinheiten eine Zeit lang überflüssigerweise blockiert.

Die von einem Ladebefehl generierten Ergebnisse hängen davon ab, auf welche Adressen zugegriffen wird. Paarweise betrachtet sind sie konstant, wenn skalare Variablen, und veränderlich, wenn Einträge zusammengesetzter Datenstrukturen, wie Felder oder verkettete Listen, gelesen werden. Für die gesamte Laufzeit eines Programms sind vor allem Ladebefehle, die innerhalb von Schleifen häufig ausgeführt werden, von Bedeutung. Meist wird mit ihnen auf zusammengesetzte Datenstrukturen, wie z.B. Felder, zugegriffen, da es durch Codeoptimierung möglich ist, den Zugriff auf skalare Variablen aus den Schleifen herauszuziehen (z.B. indem die entsprechende Variable vor dem ersten Schleifendurchlauf in ein Register kopiert und der Registerinhalt nach Schleifenbearbeitung wieder in die Variable zurückkopiert wird). Die Daten, die von einem Ladebefehl, dessen Adresse bei jedem Zugriff modifiziert wird, gelesen werden, weisen als Folge betrachtet i.Allg. keine konstante Schrittweite auf und lassen sich demzufolge nur schlecht durch eine konstante oder differentielle Wertvorhersage im Voraus bestimmen. Die hier besser geeignete kontextbasierte Wertvorhersage ist jedoch sehr aufwendig zu realisieren.

Vorhersage der Zugriffsadresse. Wesentlich einfacher als die Vorhersage der durch Ladebefehle gelesenen Werte ist die Vorhersage der beim Zugriff jeweils benutzten Adressen. Zum Beispiel wird sich die effektive Adresse eines Ladebefehls bei Zugriffen auf skalare Variablen gar nicht und bei Zugriffen auf Feldelemente oft mit konstanter Schrittweite ändern, so dass in vielen Fällen eine einfache differentielle Wertvorhersage ausreicht, um korrekte Ergebnisse zu erzielen.

Die bei Datenabhängigkeiten zwischen Ladebefehlen und nachfolgenden Befehlen erforderliche Verzögerung lässt sich vermeiden, indem das jeweils benötigte Datum anhand der vorhergesagten Adresse im Vorgriff geladen wird und somit rechtzeitig zur Verfügung steht, um nachfolgende Befehle verzögerungsfrei bearbeiten zu können. Voraussetzung ist natürlich, dass die vorhergesagte und die tatsächliche Adresse übereinstimmen und dass in der Zeitspanne zwischen Vorhersage und Vorliegen der tatsächlichen Adresse kein Schreibzugriff auf die jeweilige Speicherzelle durchgeführt wurde. Außerdem muss die durch den Vorgriff gewonnene Zeitspanne ausreichen, um das Datum vollständig zu laden, was vor allem bei Zugriffen auf den Hauptspeicher meist nicht der Fall sein wird.

Damit auch im Hauptspeicher befindliche Daten rechtzeitig vorliegen, kann das angedeutete Verfahren modifiziert werden. Normalerweise lässt sich der Zugriff auf die vorhergesagte Adresse erst beim Holen des Ladebefehls aus dem Befehlsspeicher beginnen, da die Befehlsadresse Grundlage der Wertvorhersage ist. Von Chen und Baer wurde in [24] jedoch vorgeschlagen, für die Vorhersage der Zugriffsadresse nicht den Inhalt des Befehlszählers, sondern den eines *vorauseilenden Befehlszählers* LA-PC (*look ahead program counter*) zu verwenden.

Dieser muss in derselben Weise modifiziert werden wie der eigentliche Befehlszähler, wobei eine Verzweigung durch Sprungvorhersage erkannt und die hierbei benötigte Zieladresse aus einem Sprungzielcache ermittelt wird. Zu berücksichtigen ist, dass man im Falle einer falsch vorhergesagten Sprungentscheidung den Inhalt des vorauseilenden Befehlszählers korrigieren muss, z.B., indem die Summe aus dem Inhalt des Befehlszählers und einem Offset verwendet wird. Es sei angemerkt, dass das Verfahren nur anwendbar ist, wenn die Befehle des Programmiermodells eine einheitliche Breite aufweisen, damit bei nichtverzweigenden Befehlen der vorauseilende Befehlszähler korrekt inkrementiert werden kann.

Eine andere Möglichkeit Verzögerungszeiten bei Zugriffen auf den Hauptspeicher zu vermeiden, ist in [52] beschrieben. Statt einer einzelnen Zugriffsadresse werden zu jedem Ladebefehl die nächsten *beiden* Zugriffsadressen vorhergesagt, und zwar durch eine differentielle Wertvorhersage, bei der die Schrittweite einmal einfach und einmal doppelt auf den in der Wertvorhersagetabelle gespeicherten letzten Wert addiert wird. Die sich auf den nächsten tatsächlichen Zugriff beziehende Adresse verwendet man wie gewohnt, z.B. um die Latenzzeit des ggf. notwendigen Hauptspeicherzugriffs zu verkürzen. Die sich auf den übernächsten Zugriff beziehende Adresse wird genutzt, um das entsprechende Datum im Vorgriff zu laden und es anschließend in der Wertvorhersagetabelle zwischenzuspeichern.

Falls der Ladebefehl erneut zur Ausführung gelangt, erkennt die Wertvorhersageeinheit die Verfügbarkeit eines bereits gelesenen Datums, dass sich direkt zur Ergebnisvorhersage verwenden lässt. Auch hierbei reicht es nicht aus zur Verifikation der Vorhersage, die mit dem vorhergesagten Ergebnis ebenfalls verfügbare Zugriffsadresse mit der tatsächlichen zu vergleichen, da zwischen dem Laden des Datums und dessen Verwendung ein Speicherebefehl den Inhalt der entsprechenden Speicherzelle modifiziert haben kann. Im einfachsten Fall muss der Zugriff daher ein zweites Mal ausgeführt und das gelesene mit dem vorhergesagten Datum verglichen werden, wobei datenabhängige Befehle sich noch vor Ende des zweiten Zugriffs starten lassen.

Zur Vorhersage von Adressen sind alle im vorangehenden Abschnitt ab Seite 128 beschriebenen Verfahren geeignet, wobei auch hier die konstante und differentielle Wertvorhersage seltener korrekte Vorhersagen liefert als die kontextbasierte Wertvorhersage. So können z.B. Adressfolgen, wie sie beim Durchwandern dynamisch erzeugter Datenstrukturen, also bei Listen, Bäumen oder Graphen auftreten, prinzipiell nur durch eine kontextbasierte Wertvorhersage im Voraus bestimmt werden.

Eine gänzlich andere Möglichkeit bietet sich in Prozessoren, deren Programmiermodell über Befehle zur Berechnung von Adressen verfügen, wie z.B. der Itanium 2 von Intel [78], der ARM7TDMI von ARM [10] (siehe auch [83]) und der Nemesis C der TU Berlin [114, 198]. Bei all diesen Prozessoren ist es möglich, mit dem Laden eines Operanden die jeweils verwendete Adresse für den nächsten Zugriff durch Addition oder Subtraktion mit einem konstanten oder variablen Offset zu modifizieren. Somit ist bereits bei Ausführung eines entsprechenden Ladebefehls bekannt, auf welche Adresse in nächster Zukunft wahrscheinlich zugegriffen werden wird. Dies lässt sich nutzen, um entweder das jeweilige Datum im Voraus zu laden oder die Adresse des nächsten Zugriffs vorherzusagen.

▶ Beispiel 2.9. *Vorhersage von Ladeadressen.* In Bild 2.51 ist ein Programm für den Nemesis C dargestellt, mit dem die Anzahl der Elemente einer nullterminierten Liste gezählt werden kann, dessen erstes Element durch r1 adressiert wird (wobei der Einfachheit halber die Liste wenigstens ein Element enthalten muss). Das Ergebnis der Zählung befindet sich nach Ausführung der Schleife im Register r2. Obwohl im Nemesis C keine Einheit zur Wertvorhersage realisiert ist, sind im Programmiermodell des Prozessors bereits Befehle vorgesehen, die eine spätere Erweiterung vereinfachen.

```
1:              mov     r2, 0           // r2 = 0; Schleifenzähler initialisieren (Pseudobefehl)
2:      loop:   add     r2, r2, 1       // r2 = r2 + 1; Schleifenanzahl zählen
3:              ldp     r1, [r1 + 4]    // r1 = r1->next; Nächstes Element adressieren
4:              bregnz  r1, loop        // Wiederholen, bis r1 gleich Null ist
```

Bild 2.51. Programm zum Zählen der Elemente einer nullterminierten verketteten Liste

Der Befehl *ldp* (load pointer) dient z.B. ausschließlich dazu, eine Adresse aus dem Datenspeicher in ein Register zu laden. So ist es möglich, bereits den Zugriff auf den im nächsten Schleifendurchlauf zu adressierenden Datenbereich anzustoßen und diesen z.B. in den Datencache zu übertragen. Im zweiten und allen folgenden Schleifendurchläufen ist dann für die Zugriffe nur noch die kurze Latenzzeit des Datencaches abzuwarten. Falls man die Reihenfolge der Befehle geringfügig verändert, lässt sich diese Zeit zum Teil noch eleminieren: Indem nämlich die Addition in Zeile 2 mit dem Ladebefehl in Zeile 3 vertauscht wird, kann in der Zeit des Zugriffs auf den Datencache bereits die Addition in Fließbandtechnik ausgeführt werden. Mit dem Sprungbefehl ist dies jedoch nicht möglich, weil eine echte Datenabhängigkeit zum Ladebefehl besteht. ◀

Sprungvorhersage durch Wertvorhersage

Bei einer Sprungvorhersage durch Wertvorhersage bestimmt man nicht direkt die wahrscheinliche Sprungentscheidung, sondern die vom bedingten Sprungbefehl bzw. einem Vergleichsbefehl auszuwertenden Operanden, und mit ihrer Hilfe, ob es zu einer Verzweigung kommen wird oder nicht. In Abschnitt 2.2.4 wurden einige Verfahren beschrieben, mit denen sich bei geringem Aufwand Sprungentscheidungen mit einer Zuverlässigkeit von deutlich über 90% korrekt vorhersagen lassen. Kein Verfahren zur Vorhersage nichtboolescher Werte erreicht eine ähnlich hohe Zuverlässigkeit. Zum Beispiel sind nach [148] von einer kontextbasierten Wertvorhersage unter idealen Voraussetzungen (unbegrenzter Speicherkapazität für Werthistorien- und Wertvorhersagetabellen) im Durchschnitt lediglich 78% der Werte korrekt vorhersagbar (als Benchmark wurde ein Teil der SPEC95 verwendet). Mit anderen Worten: Eine Wertvorhersage kann eine Sprungvorhersage ergänzen, sie aber nicht ersetzen.

Der prinzipielle Aufbau einer Einheit zur Sprungvorhersage, unterstützt durch eine Einheit zur Wertvorhersage, ist in Bild 2.52 dargestellt. Zur Adressierung lässt sich der Befehlszähler des jeweiligen Sprungbefehls, der Pfad, der zum Sprungbefehl geführt hat, eine Kombination beider usw. verwenden (a). Über den mit b markierten Multiplexer wird ausgewählt, ob die Sprungvorhersage herkömmlich oder durch Wertvorhersage erfolgen soll. Letzteres geschieht nur dann, wenn die benötigten Werte mit hoher Zuverlässigkeit vorhersagbar sind.

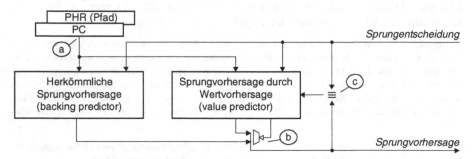

Bild 2.52. Sprungvorhersage mit Hilfe einer Wertvorhersage

Sobald die tatsächliche Sprungentscheidung feststeht, passt man die beiden Einheiten zur Sprungvorhersage an die neuen Gegebenheiten an (*training*). Der Zustand der Einheit zur Sprung- durch Wertvorhersage sollte möglichst nur verändert werden, wenn die herkömmliche Sprungvorhersage kein korrektes Ergebnis erzeugt hat. Dies lässt sich durch Vergleich der vorhergesagten und der tatsächlich aufgetretenen Sprungentscheidung erkennen, wobei berücksichtigt wird, welche der beiden Einheiten für die Vorhersage verantwortlich gewesen ist (c). Da durch ein herkömmliches Verfahren zur Sprungvorhersage in den meisten Fällen korrekte Ergebnisse generiert werden, ist es nur selten notwendig, einen neuen Eintrag in der Wertvorhersagetabelle zu erzeugen. Letztere sind daher einfacher, d.h. mit einer geringeren Anzahl von Einträgen realisierbar, als müsste jede tatsächliche Sprungentscheidung auch gespeichert werden. – Es folgen Beschreibungen unterschiedlicher Verfahren zur Sprungvorhersage durch Wertvorhersage.

Sprungvorhersage beliebiger Sprungbefehle durch Wertvorhersage. Als Voraussetzung sei angenommen, dass Operandenvergleiche zusammen mit den Sprungbefehlen ausgeführt werden, also ein Prozessor mit einem Programmiermodell wie dem des MIPS64 20Kc von MIPS [106] verwendet wird. Für die Vorhersage einer Sprungentscheidung sind maximal zwei Operanden zu bestimmen. Diese können zusammen in einem Eintrag der Wertvorhersagetabelle gespeichert und mit Hilfe der Adresse des Sprungbefehls ausgelesen oder, was geschickter ist, getrennt vorhergesagt werden, indem auf die Wertvorhersagetabelle jeweils mit den Adressen der Befehle zugegriffen wird, die den benötigten Operanden *als Ergebnis* erzeugt haben (siehe Bild 2.53).

Falls sich die Operanden ausschließlich in Registern befinden, können die ergebnis-erzeugenden Befehle dadurch ermittelt werden, dass zu jedem Register die Adresse des Befehls, mit dem die aktuell letzte Schreiboperation darauf ausgeführt wurde, in einer sog. *Abhängigkeitstabelle* (*input information table*) gespeichert wird. Sobald die Vorhersagewerte für die Operanden verfügbar sind, kann der Vergleich entspre-chend des Operationscodes (b) ausgeführt und das Ergebnis zur Vorhersage der Sprungentscheidung verwendet werden (c). Die hier angedeutete Technik ist in [51] detailliert beschrieben.

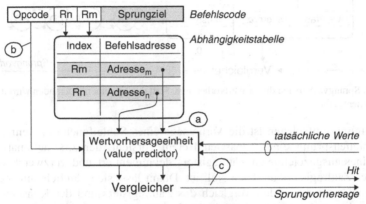

Bild 2.53. Sprungvorhersage durch Wertvorhersage. Die in einem bedingten Sprungbefehle codier-ten Operanden lassen sich anhand der Adressen der ergebniserzeugenden Befehle vorhersagen

Ein Nachteil dieses Verfahrens ist der hohe Realisierungsaufwand. Zum Beispiel muss die Wertvorhersageeinheit sämtliche Ergebnisse prognostizieren können, da die Operanden eines bedingten Sprungbefehls potentiell von jedem Befehl erzeugt werden können. Insbesondere ist es nicht möglich, die Vorhersage auf solche Werte zu beschränken, die im Zusammenhang mit Sprungbefehlen stehen und sich nicht von einer herkömmlichen Sprungvorhersageeinheit besser bestimmen lassen.

Eine bezüglich des Realisierungsaufwands optimierte Einheit zur Sprung- durch Wertvorhersage ist in Bild 2.54 dargestellt. Statt einzelner Operanden wird deren Differenz vorhergesagt, was deshalb sinnvoll ist, weil der arithmetische Vergleich zweier Operanden a und b auch durch den Vergleich der Differenz a – b und Null ersetzt werden kann [56]. Da sich die Differenzen mit den Adressen der Sprungbe-fehle assoziieren lassen, ist eine Abhängigkeitstabelle wie in Bild 2.53 nicht erfor-derlich. Auch entfällt die Notwendigkeit, die Ergebnisse aller Befehle in der Wert-vorhersagetabelle zu protokollieren, so dass nur die Differenzen zu bedingten Sprungbefehlen in der Wertvorhersagetabelle, deren Sprungentscheidung nicht auf herkömmliche Weise vorhergesagt werden können, zu speichern sind.

Vorhersage des Schleifenendes (loop termination prediction). Die herkömmli-chen Verfahren zur Sprungvorhersage sind i. Allg. nicht in der Lage, ein Schleifen-ende korrekt vorherzusagen, da es hierzu notwendig ist, eine Historie zu berücksich-tigen, die sämtliche Iterationen der entsprechenden Schleife überdeckt. Zwar gelingt die Vorhersage eines Schleifensprungs mit den zuvor beschriebenen Verfahren zur

Sprung- durch Wertvorhersage, diese sind jedoch sehr aufwendig zu realisieren. Wesentlich einfacher ist es, wenn die Vorhersage von einer darauf spezialisierten Einheit vorgenommen wird.

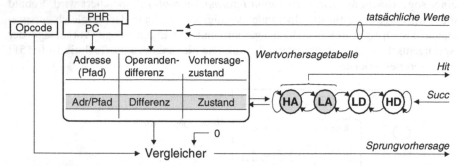

Bild 2.54. Sprungvorhersage durch Wertvorhersage. Statt der einzelnen Operanden wird deren Differenz vorhergesagt

Am technisch einfachsten ist die Vorhersage eines Schleifenendes, wenn man für den Schleifensprung einen separaten Befehl vorsieht, der z.B. automatisch den Inhalt eines ausgezeichneten Zählregisters dekrementiert und verzweigt, falls der Inhalt des Zählregisters ungleich Null ist. Damit lässt sich nämlich zum Zeitpunkt der Decodierung durch den Vergleich des Zählregisters und der Konstanten Eins bereits vorherbestimmen, ob der Schleifenbefehl verzweigen oder nicht verzweigen wird. Ein ausgezeichnetes Zählregister ist z.B. in den Prozessoren mit PowerPC-Architektur von IBM und Motorola realisiert [67, 128]. Es findet jedoch keine Verwendung für die Vorhersage von Schleifensprüngen.

Eine Variante desselben Verfahrens ist im Nemesis C der TU Berlin umgesetzt [114, 198]. Der Prozessor verfügt über einen Schleifenbefehl loop, bei dessen Ausführung der Inhalt eines *beliebigen* Register dekrementiert wird und der zum Sprungziel verzweigt, solange das verwendete Register den Wert Null noch nicht erreicht hat. Die prinzipielle Funktionsweise der hier realisierten Einheit zur Vorhersage von Schleifensprüngen ist in Bild 2.55 dargestellt. Bei Ausführung eines Schleifenbefehls wird der tatsächliche Inhalt des noch nicht dekrementierten Registers zuerst verwendet, um den zugehörigen Eintrag der sog. *Schleifenzählvorhersagetabelle* (*loop count prediction table*) mit den um zwei verminderten Zählwert zu initialisieren (a)[1]. Da der aktuelle Schleifenbefehl bei seiner Ausführung den Registerinhalt um Eins vermindert, befindet sich anschließend in der Schleifenzählvorhersagetabelle der für den nächsten Schleifendurchlauf erwartete Zählwert.

Das Ende einer Schleife lässt sich durch Vergleich des gespeicherten Zählwerts mit Null vorhersagen (b). Mit dem ermittelten Vergleichsergebnis wird über das XOR-Gatter (c) das von einem herkömmlichen Verfahren vorhergesagte Sprungverhalten unverändert – nämlich wenn das Schleifenende noch nicht erreicht ist – oder inver-

---

1. Tatsächlich wird der Wert Zwei nur dann verwendet, wenn nicht weitere Schleifenbefehle in Ausführung befindlich sind. Es wird also der Versatz zwischen Vorhersage und Ausführung des Schleifenbefehls berücksichtigt.

tiert – wenn das Schleifenende erreicht ist – weitergegeben. Nach dem letzten Schleifendurchlauf ist der zum Register gespeicherte Eintrag gleich dem maximal möglichen Zählwert $2^{32} - 1$. Das Sprungverhalten jedes nachfolgend ausgeführten, darauf basierenden Schleifenbefehls wird deshalb zunächst auf herkömmliche Art und Weise vorhergesagt. – Ein vergleichbares Verfahren dürfte im Itanium [73, 74, 75, 76] bzw. Itanium 2 [78] von Intel realisiert sein.

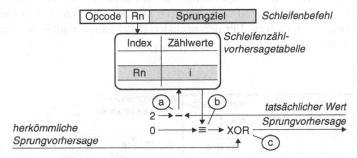

Bild 2.55. Prinzipielle Funktionsweise einer Einheit zur Vorhersage eines Schleifenendes

Das in Bild 2.55 dargestellte Verfahren setzt voraus, dass im Programmiermodell des Prozessors Schleifenbefehle explizit definiert sind. Falls dies jedoch nicht der Fall ist, z.B. aus Gründen der Kompatibilität, wird ein erhöhter Aufwand notwendig. In [157] ist ein vom Programmiermodell unabhängig arbeitendes Verfahren beschrieben, dass in leicht vereinfachter Form in Bild 2.56 dargestellt ist. In der cache-ähnlich organisierten *Schleifenendvorhersagetabelle* (*loop termination buffer*) wird zur Adresse der für Schleifen verwendeten Sprungbefehle gespeichert, wie häufig sie in der Vergangenheit ausgeführt wurden, bevor eine Fehlvorhersage aufgetreten ist. Dies lässt sich nutzen, um bei erneuter Ausführung der Schleife deren Ende vorherzusagen.

Da die für die Schleifenterminierung relevanten Befehle nicht durch einen speziellen Befehlscode von anderen Sprungbefehlen unterscheidbar sind, verwendet man zu deren Erkennung eine Heuristik. Im einfachsten Fall werden nur solche Sprungbefehle berücksichtigt, deren befehlszählerrelativen Zieladresse negativ sind (Rückwärtssprünge). Sprungbefehle, mit denen aus einer Schleife herausgesprungen wird, lassen sich so jedoch nicht identifizieren. Besser ist es, die für die Terminierung einer Schleife relevanten Sprungbefehle daran zu erkennen, dass sie abgesehen vom Schleifenende ein konstantes Sprungverhalten aufweisen, also permanent verzweigen oder permanent nicht verzweigen.

Das Verhalten der für die Schleifenterminierung relevanten Sprungbefehle wird zunächst in derselben Weise vorhergesagt wie das aller Sprungbefehle, also z.B. durch eines der in Abschnitt 2.2.4 beschriebenen Verfahren. Um das Schleifenende vorhersagen zu können, ist es zuerst erforderlich, die Anzahl der Schleifendurchläufe zu ermitteln. Hierzu wird im Moment der Fehlvorhersage eines für die Schleifenterminierung relevanten Sprungbefehls – also dem wahrscheinlichen Schleifenende – ein neuer Eintrag in der Schleifenendvorhersagetabelle erzeugt und darin der aktuelle sowie der letzte Zählwert mit Null initialisiert. Als Vorhersagezustand wird D (disagree) eingetragen.

Bei erneuter Bearbeitung der Schleife muss mit jedem Schleifendurchlauf der aktuelle Zählwert über den Addierer (a) inkrementiert werden, und zwar, bis eine erneute Fehlvorhersage das Schleifenende anzeigt (ein Ereignis was in diesem Durchgang noch nicht vorhergesagt werden kann). Die Anzahl der gezählten Schleifendurchläufe wird anschließend über die mit b markierte Verbindung in die Spalte „letzter Zählwert" eingetragen. Für den nächsten Durchgang ist außerdem der aktuelle Zählwert auf Null zurückzusetzen.

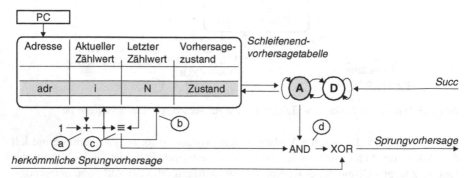

Bild 2.56. Vorhersage eines Schleifenendes durch Zählen der Schleifendurchläufe

Falls die Schleife ein drittes Mal ausgeführt wird, lässt sich das Schleifenende prinzipiell über den Vergleicher c erkennen. Da als Vorhersagezustand jedoch D aktiv ist, wird das Ergebnis noch nicht verwendet. Erst wenn sich die Vorhersage erneut bestätigt, wird in den Vorhersagezustand A (agree) gewechselt und mit dem vierten Schleifendurchlauf über das AND- und XOR-Gatter dafür gesorgt, dass die herkömmliche und normalerweise richtige Sprungvorhersage rechtzeitig negiert wird. – Eine Einheit zur programmiermodellunabhängigen Vorhersage von Schleifenenden ist z.B. im Pentium M (Banias) als Teil der sog. Centrino Mobiltechnologie von Intel realisiert [68].

2.2.7 Grenzen der Fließbandverarbeitung

Prozessoren, die in Fließbandtechnik realisiert sind, erreichen einen signifikant höheren Befehlsdurchsatz als Prozessoren, die nicht in Fließbandtechnik arbeiten. Dabei gilt: Je mehr Stufen vorhanden sind, desto mehr Befehle lassen sich pro Zeiteinheit prinzipiell beenden. Allerdings wird hierbei vorausgesetzt, dass keine *Konflikte* auftreten, die den Verarbeitungsfluss durch das Fließband hemmen, da die Anzahl der Straftakte i.Allg. mit der Anzahl der Fließbandstufen zunimmt (z.B. verursacht ein in der zweiten Fließbandstufe ausgeführter, falsch vorhergesagter bedingter Sprungbefehl einen Straftakt und ein in der zehnten Fließbandstufe ausgeführter, falsch vorhergesagter bedingter Sprungbefehl neun Straftakte).

Sei f_n die Taktfrequenz eines mit einem n-stufigen Fließband realisierten Prozessors und s die Anzahl der Takte, die ein konfliktverursachender Befehl für seine Bearbeitung benötigt, dann ergibt sich der Befehlsdurchsatz IPS_n (instructions per second) zu:

$$IPS_n = \begin{cases} f_n & \text{Falls kein Konflikt auftritt} \\ f_n/s & \text{mit } s \geq 2 \quad \text{Sonst} \end{cases} \qquad \text{Gl 2.1}$$

Weiter sei q die Wahrscheinlichkeit dafür, dass ein Befehl bei seiner Verarbeitung einen Konflikt verursacht und $p = (1 - q)$ die Wahrscheinlichkeit dafür, dass ein Befehl bei seiner Verarbeitung keinen Konflikt verursacht, dann gilt:

$$IPS_n = f_n p + \frac{f_n}{s} q = f_n \frac{ps + q}{s} \qquad \text{mit } s \geq 2 \qquad \text{Gl 2.2}$$

Mit T_k gleich der Laufzeit durch den kritischen Pfad kann die Taktfrequenz, mit der der Prozessor betrieben wird, näherungsweise durch $f_n = 1 / (T_k / n + t_r)$ ersetzt werden, wobei t_r gleich der Laufzeit durch ein einzelnes Fließbandregister ist. Aus Gl.2.2 folgt daher:

$$IPS_n = \frac{1}{T_k/n + t_r} \frac{ps + q}{s} = \frac{nsp + nq}{sT_k + nst_r} \qquad \text{mit } s \geq 2 \qquad \text{Gl 2.3}$$

Die Verlängerung eines Fließbands ist genau dann von Vorteil, wenn dadurch eine Durchsatzerhöhung bei der Befehlsausführung erreicht wird, wenn also gilt $IPS_n < IPS_{n+1}$. Wird in IPS_{n+1} die Anzahl der Takte s eines konfliktverursachenden Befehls konservativ mit $s = n+1$ nach oben abgeschätzt, folgt:

$$IPS_n = \frac{nsp + nq}{sT_k + nst_r} < \frac{np + 1}{T_k + nt_r + t_r} = IPS_{n+1}\Big|_{s = n+1} \qquad \text{mit } s \geq 2 \qquad \text{Gl 2.4}$$

und nach kurzer Umrechnung:

$$\frac{t_r}{T_k} < \frac{s/(nq) - 1}{n - (s - 1)} \qquad \text{mit } s \geq 2 \qquad \text{Gl 2.5}$$

Diese Relation muss erfüllt sein, wenn sich die Vergrößerung der Anzahl der Fließbandstufen in einem Prozessor lohnen soll. Sie ist erfüllt, wenn die Bedingung durch Verkleinerung des rechten Terms verschärft wird, was sich durch Vergrößerung des Zählers erreichen lässt. Es folgt:

$$\frac{t_r}{T_k} < \frac{s/(nq) - 1}{n} \qquad \text{mit } s \geq 2 \qquad \text{Gl 2.6}$$

Wird T_k/n gleich t_p der Laufzeit durch eine Fließbandstufe gesetzt, ergibt sich nach kurzer Umrechnung schließlich:

$$1 + \frac{t_r}{t_p} < \frac{s}{nq} \qquad \text{mit } s \geq 2 \qquad \text{Gl 2.7}$$

Bild 2.57. Herleitung einer Relation, die erfüllt sein muss, damit sich eine Verlängerung der Fließbandstufenzahl lohnt. Als Vorgabe wird ein Prozessor vorausgesetzt, der n Fließbandstufen besitzt

Aus diesem Grund bezeichnen viele Autoren Konflikte als begrenzenden Faktor der Länge eines Fließbands. Diese Aussage ist jedoch zu allgemein, um hier bestätigt werden zu können, was leicht anhand eines idealisierten Fließbandprozessors mit verzögerungsfrei arbeitenden Fließbandregistern plausibel gemacht werden kann: Falls nämlich die Anzahl der Fließbandstufen verdoppelt wird, ist es möglich auch die Taktfrequenz, mit der sich der theoretische Prozessor betreiben lässt, zu verdoppeln. Verursacht ein Befehl einen Konflikt, wird zwar die zweifache Anzahl von Straftakten fällig, die Ausführung ist jedoch wegen der doppelt hohen Taktfrequenz, nicht langsamer, als wenn derselbe Befehl von dem ursprünglichen Prozessor mit kurzem Fließband verarbeitet worden wäre. Insgesamt ergibt sich durch die Verdopplung der Fließbandstufenzahl daher eine Durchsatzerhöhung, weil Befehle, die keinen Konflikt verursachen, mit einer höheren Taktfrequenz verarbeitet werden.

Genauer (und nicht idealisiert) wird dieser Sachverhalt durch die Relation Gl.2.7 beschrieben, deren Herleitung in Bild 2.57 angegeben ist (jedoch für die nachfolgenden Abschnitte keine weitere Bedeutung hat). Die Relation ist als eine Bedingung zu verstehen, die erfüllt sein muss, damit sich in einem Prozessor mit n Fließbandstufen eine Verlängerung um eine Stufe bezogen auf den Befehlsdurchsatz lohnt. Darin ist t_r gleich der Laufzeit durch ein Register (Summe der sog. hold-time und setup-time), t_p gleich der Laufzeit durch eine Fließbandstufe, s gleich der Anzahl der Takte, die ein konfliktverursachender Befehl benötigt, um ausgeführt zu werden und q gleich der Wahrscheinlichkeit für das Auftreten eines entsprechenden Befehls im Befehlsstrom (sie sollte geringer sein als die Wahrscheinlichkeit für das Auftreten eines Kontrollflusskonflikts).

Eine Erhöhung der *Stufenzahl* ist demnach umso schwieriger, je näher die Laufzeiten t_p und t_r beieinander liegen, je kleiner s, je größer n und je größer die Wahrscheinlichkeit q für konfliktverursachende Befehle ist. Ungewöhnlich mag erscheinen, dass sich die Relation umso leichter erfüllen lässt, je größer s, die Anzahl der Takte ist, die ein konfliktverursachender Befehl benötigt, um verarbeitet zu werden. Dies liegt daran, weil s sich auf den als Vorgabe verwendeten Prozessor mit n Fließbandstufen bezieht und nicht auf den daraus abgeleiteten Prozessor mit $n + 1$ Fließbandstufen.

Bei geringer Fließbandstufenzahl ist t_p deutlich größer als t_r, so dass die linke Seite der Relation in erster Näherung gleich Eins ist. Um so größer die Anzahl der Fließbandstufen, desto kleiner wird t_p und desto größer wird der Einfluss des Quotienten t_r / t_p. Aber selbst bei extrem langem Fließband ist die Laufzeit durch eine Fließbandstufe i. Allg. größer als die durch ein Register. Nach [85] wird erwartet, dass in Zukunft die Laufzeit durch eine Fließbandstufe 6 FO4 erreicht, wobei ein FO4 gleich der Laufzeit durch einen Inverter ist, dem vier andere Inverter nachgeschaltet sind (FO4, fanout-of-four, siehe auch [63]). Ein solcher Prozessor wäre mit einer Taktfrequenz entsprechend einer Laufzeit von 8 FO4 betreibbar, was bedeuten würde, dass t_r / t_p gleich 1 / 3 wäre. – Ob es Sinn ergibt, die Anzahl der Fließbandstufen zu erhöhen, ist natürlich nicht nur vom Befehlsdurchsatz abhängig. Weitere Aspekte sind z.B. der mit der Taktfrequenz steigende Strombedarf und die bei steigendem Strombedarf zusätzlich erzeugte Abwärme. Eine Diskussion dieser Thematiken soll jedoch den Technologen vorbehalten sein.

2.3 Speicherkopplung

Viele der bereits erläuterten und später noch zu beschreibenden Prinzipien dienen der Erhöhung des Befehlsdurchsatzes, d.h. der Steigerung der Ausführungsgeschwindigkeit von Programmen. Damit man dem theoretisch möglichen Befehlsdurchsatz eines Fließbandprozessors möglichst nahe kommt, muss jedoch eine leistungsfähige Schnittstelle zum Speicher existieren, über die mit ausreichender Geschwindigkeit – sowohl auf die auszuführenden Befehle als auch auf die zu verarbeitenden Daten – zugegriffen werden kann.

Von zentraler Bedeutung für die Zugriffsgeschwindigkeit sind die nachfolgend diskutierten Caches und Speicherpuffer. Die ebenfalls in diesem Abschnitt beschriebenen Speicherverwaltungseinheiten dienen hingegen hauptsächlich der Systemsicherheit. Sie werden in modernen Betriebssystemen benötigt und müssen möglichst so realisiert sein, dass sich Zugriffe auf den Speicher oder Cache verzögerungsfrei bearbeiten lassen. Die in diesem Abschnitt erläuterten Prinzipien finden vor allem hinsichtlich ihrer Bedeutung für die Auslegung einer Prozessorarchitektur Berücksichtigung. Details, die weniger den Prozessor und mehr das Gesamtsystem betreffen, werden nicht untersucht. Für eine hervorragende Beschreibung vieler dieser Aspekte sei der Leser auf [46] verwiesen.

2.3.1 Cache

Ein Cache ist ein Zwischenspeicher für Befehle und (oder) Daten, auf den sich transparent, also ohne dass er explizit im Programm berücksichtigt werden muss, wesentlich schneller zugreifen lässt als auf den Hauptspeicher. Beim ersten Zugriff auf einen Befehl oder ein Datum wird zunächst ein Eintrag im Cache reserviert und diesem die adressierte Speicherzelle zugeordnet. Gegebenenfalls ist ein vorhandener Eintrag dabei zu überschreiben. Alle folgenden Zugriffe auf bereits im Cache befindliche Inhalte werden automatisch darauf umgeleitet und somit schneller ausgeführt als Zugriffe auf den Hauptspeicher. Wegen der geringen Kapazitäten von Caches werden möglichst nur solche Speicherinhalte zwischengespeichert, die man in der aktuell bearbeiteten Befehlsfolge häufig benötigt. Hierbei wird ausgenutzt, dass sich Daten und Befehle durch eine hohe sog. *zeitliche Lokalität* auszeichnen, was bedeutet, dass innerhalb einer kurzen Zeitspanne häufig nur relativ wenige Speicherzellen adressiert werden.

Cache-Hierarchie

Die Geschwindigkeit, mit der auf einen Cache zugegriffen werden kann, ist u.a. von seiner *Speicherkapazität* abhängig, wobei gilt, dass ein Cache mit geringer Kapazität schneller als einer mit hoher Kapazität reagiert. Andererseits ist jedoch der Nutzen eines Caches umso geringer, je weniger er zwischenspeichern kann. Es ist daher einleuchtend, statt eines einzelnen, mehrere aufeinander aufsetzende Caches zu verwenden, die in einer Cache-Hierarchie zwischen Prozessor und Hauptspeicher angeordnet sind. Die einzelnen Caches werden hierbei zur Identifikation üblicherweise entsprechend ihrer Anordnung nummeriert. Der direkt mit dem Prozessor verbundene Cache wird dabei als *Ebene-1-* bzw. *L1-Cache* (*level 1 cache*), der ihm untergeordnete als *Ebene-2-* bzw. *L2-Cache* usw. bezeichnet. Die logische Struktur eines Rechners mit (1.) für Befehle und Daten separaten, sog. *split* L1- und L2-Caches, (2.) einem für Befehle und Daten gemeinsamen, sog. *unified* L3-Cache sowie (3.) einem Hauptspeicher ist in Bild 2.58 dargestellt.

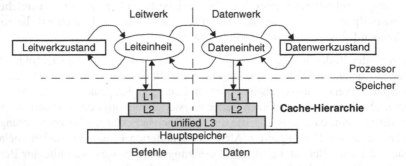

Bild 2.58. Logische Sicht auf ein System bestehend aus einem Prozessor (Leit- und Datenwerk), Caches und einem für Befehle und Daten gemeinsamen Hauptspeicher

Die Verwendung separater Caches für das Leit- und Datenwerk liegt nahe, weil in einem Fließbandprozessor parallel auf Befehle und Daten zugegriffen werden muss. Allerdings wird für jeden Cache eine separate Anbindung an den Prozessor oder dem übergeordneten Cache benötigt, weshalb Split-Caches normalerweise nur verwendet werden, wenn es möglich ist, sie zusammen mit dem Prozessor auf einem Chip unterzubringen. Im Umkehrschluss sind Caches, die nicht zusammen mit dem Prozessor auf einem Chip realisiert werden können, normalerweise als unified verwirklicht.

Die Art und Weise, in der sich ein Cache in ein reales System einbetten lässt, kann von der in Bild 2.58 dargestellten logischen Struktur abweichen. Als *Front-Side-Cache* bezeichnet man einen Cache, der über denselben Bus wie der Hauptspeicher an den Prozessor angebunden ist. Dabei wird der Cache normalerweise zwischen Prozessor und Hauptspeicher platziert, was den Vorteil hat, dass der Prozessor ein Programm über lange Zeitabschnitte hinweg bearbeiten kann, ohne auf den Hauptspeicher zugreifen zu müssen (in einem Multimastersystem ermöglicht dies den ungehinderten Zugriff anderer Prozessoren auf den Hauptspeicher). Nachteilig am Front-Side-Cache ist, dass die Anbindung über einen für einen langsamen Hauptspeicher konzipierten Bus erfolgt. Beim sog. *Back-Side-Cache* wird deshalb ein separater Bus verwendet, der als Punkt-zu-Punkt-Bus eine höhere Übertragungsbandbreite ermöglicht.

Organisationsformen

Um die geringe Kapazität eines Caches optimal zu nutzen, werden möglichst solche Inhalte aus dem Hauptspeicher zwischengespeichert, auf die man Zugriffe erwartet. Die Abbildungsvorschrift, nach der die Hauptspeicheradressen den Einträgen eines

Caches zugeordnet werden, ist durch die Organisationsform festgelegt. Von den vielen möglichen Varianten haben sich drei prinzipielle Organisationsformen durchgesetzt: der vollassoziative, der direkt zuordnende und der n-fach assoziative Cache. Sie unterscheiden sich deutlich in ihrer Komplexität und Flexibilität (d.h. an wie vielen unterschiedlichen Positionen ein bestimmter Eintrag aus dem Hauptspeicher im Cache zwischenspeicherbar ist). Nachfolgend werden Caches entsprechend dieser drei Organisationsformen beschrieben. Es finden 32 Bit breite Adressen Verwendung, mit denen als kleinste Einheit ein Byte adressiert wird. Zur besseren Vergleichbarkeit besitzen alle nachfolgend dargestellten Caches eine Kapazität von 64 Zeilen (lines) zu je acht Byte.

Vollassoziativer Cache (full associative cache). Beim vollassoziativen Cache lässt sich ein Block aus dem Hauptspeicher in jedem Eintrag des Caches zwischenspeichern. Eine entsprechende Struktur ist in Bild 2.59 dargestellt. Bei einem Zugriff werden die oberen 29 Bit der Hauptspeicheradresse mit allen im Cache gespeicherten sog. *Tags* verglichen. Wird ein passender Eintrag gefunden, der zusätzlich durch V (*valid*) gleich Eins als gültig gekennzeichnet sein muss, übernimmt die diesem Eintrag zugeordnete Zeile (line) für den aktuellen Zugriff die Funktion des Hauptspeichers. Die Position der adressierten Einheit innerhalb der Zeile wird durch den mit b markierten Multiplexer ausgewählt, der hierzu den in den unteren Bits der Adresse enthaltenen *Byteindex* (c) und ein vom Prozessor generiertes Signal in dem die Breite des Zugriffs codiert ist (d), auswertet. Es sei angemerkt, dass im Bild nicht die für Schreiboperationen erforderlichen Steuersignale dargestellt sind. Falls Bytezugriffe erlaubt sein sollen, ist pro Byte ein Steuersignal notwendig.

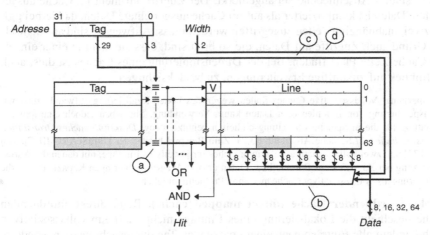

Bild 2.59. Struktur eines vollassoziativen Caches mit 64 Zeilen (lines) zu je acht Byte (in Anlehnung an [46])

Das Signal *Hit* zeigt einen erfolgreichen Zugriff auf den Cache an. Es wird durch Oder-Verknüpfung der Vergleichsergebnisse und anschließender Und-Verknüpfung mit dem Valid-Bit des ausgewählten Eintrags generiert. Ein deaktives Hit-Signal zeigt an, dass sich bei einem Zugriff kein passender Eintrag im Cache identifizieren ließ. In einem solchen als *Cache-Miss* bezeichneten Fall muss der Zugriff direkt auf dem Hauptspeicher ausgeführt und der Cache ggf. aktualisiert werden, indem ein Eintrag ausgewählt (Ersetzungsstrategien Seite 153) und der Hauptspeicherblock, auf den sich der Zugriff bezieht in die entsprechende Zeile geladen wird. Bei Lesezugriffen verfährt man hierbei möglichst so, dass zuerst das zu verarbeitende Datum, im Bild z.B. die zwei grau unterlegten Bytes der ausgewählten untersten Zeile, gelesen werden. Das Laden der restlichen Bytes geschieht dann parallel, während der Prozessor die Befehlsausführung fortsetzt. Ob dies tatsächlich geschieht, ist jedoch von zahlreichen technischen Randbedingungen abhängig, wie der Datenbusbreite, der verwendeten Speichertechnik usw.

Einen Cache mit mehreren Byte breiten *Zeilen*, wie in Bild 2.59 dargestellt, zu realisieren, hat Vorteile: Im Allgemeinen folgen nämlich auf einen ersten Zugriff mit großer Wahrscheinlichkeit weitere Zugriffe auf dieselbe oder auf benachbarte Speicherzellen (man bezeichnet dies als *örtliche Lokalität*), weshalb sich das vorsorgliche Laden einer vollständigen Zeile schnell rentiert [47, 144]. Dies gilt insbesondere, wenn berücksichtigt wird, dass die meist zur Realisierung des Hauptspeichers verwendeten Bausteine auf einen ersten Zugriff zwar langsam, auf unmittelbar folgende, sich auf benachbarte Speicherzellen beziehende Zugriffe aber sehr schnell reagieren (n einzelne Bytes werden also langsamer geladen als ein n Byte großer Block [46]).

Ein weiterer Vorteil ist, dass ein vollassoziativer Cache mit breiten Zeilen einfacher zu realisieren ist als einer mit schmalen Zeilen, da die Anzahl der benötigten Vergleicher und die Anzahl der zu vergleichenden Bits umso geringer ist, je breiter die Zeilen sind. – Abschließend sei angemerkt: Der Zugriff auf nicht im Cache ausgerichtete Daten ist komplizierter als auf im Cache ausgerichtete Daten, da hierbei ggf. auf zwei unabhängige Zeilen zugegriffen werden muss. Aufwendig sind aus demselben Grund auch Zugriffe auf Daten, die so breit sind, dass sie nicht in einer einzelnen Cache-Zeile Platz finden. Bei der Dimensionierung eines Caches ist dies, auch in Hinblick auf zukünftige Erweiterungen, zu berücksichtigen.

▸ Bemerkung. Vollassoziative Caches finden wegen des hohen Realisierungsaufwands zur Zwischenspeicherung von Befehlen oder Daten kaum Verwendung. Sie haben jedoch eine gewisse Bedeutung für die in Speicherverwaltungseinheiten benutzten sog. *Deskriptorcaches* (*translation look-aside buffer*, *TLB*, siehe Abschnitt 2.3.2). Zum Beispiel besitzt der UltraSPARC III Cu von Sun [172] u.a. zwei vollassoziative Deskriptorcaches für jeweils 16 Einträge, mit denen die Adressumsetzung bei Zugriffen auf Befehle bzw. Daten erfolgt. Wegen der geringen Kapazitäten ist die Realisierung als vollassoziativer Cache hier ohne Probleme möglich.   ◂

Direkt zuordnender Cache (direct mapped cache). Beim direkt zuordnenden Cache geschieht die Lokalisierung eines Eintrags nicht wie beim vollassoziativen Cache, indem alle Einträge nach einem passenden Tag durchsucht werden, sondern, indem die Adresse zunächst durch eine Hashfunktion zu einem *Zeilenindex* (im Bild Index) gewandelt und damit auf einen herkömmlichen wahlfrei adressierbaren Speicher zugegriffen wird. Da der Cache eine geringere Kapazität als der Hauptspeicher besitzt, ist die mit der Hashfunktion implementierte Abbildungsvorschrift nicht eindeutig, so dass durch einen *Tag-Vergleich* in einem zweiten Schritt überprüft werden muss, ob sich das adressierte und als gültig gekennzeichnete Datum tatsächlich im Cache befindet oder nicht.

Die Struktur eines direkt zuordnenden Caches ist in Bild 2.60 dargestellt. Für den Zugriff auf den wahlfreien Speicher wird der sechs Bit breite Zeilenindex unmodifiziert aus der Hauptspeicheradresse herausgelöst. Dies hat zur Folge, dass alle Hauptspeicheradressen, die sich in den Bits 3 bis 8 nicht unterscheiden, dem jeweils selben Cache-Eintrag zugeordnet werden. Bei einem Zugriff muss deshalb durch einen Vergleich der oberen für den Hauptspeicherzugriff verwendeten Adressbits überprüft werden, ob sich der adressierte Eintrag tatsächlich im Cache befindet, was unabhängig von der Cache-Größe mit nur einem einzelnen Vergleicher möglich ist (b). Als ungültig gekennzeichnete Einträge werden dabei, wegen des dem Vergleicher nachgeschalteten Und-Gatters, ignoriert (c). Zum Vergleich: Für die 64 Einträge des vollassoziativen in Bild 2.59 dargestellten Caches sind insgesamt 64 Vergleicher erforderlich.

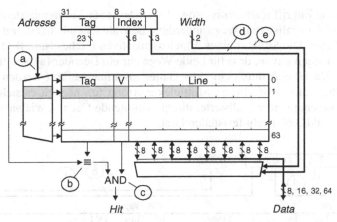

Bild 2.60. Struktur eines direkt zuordnenden Caches mit 64 jeweils acht Byte breiten Einträgen (in Anlehnung an [46])

Die weitere Bearbeitung eines erfolgreichen Zugriffs ist ähnlich, wie zum vollassoziativen Cache bereits beschrieben: Mit Hilfe des *Byteindex* (d) und der codierten Zugriffsbreite (e) wird ein Zugang zur adressierten Einheit innerhalb der ausgewählten Cache-Zeile hergestellt (im Bild z.B. die grau unterlegte 16 Bit breite Zugriffseinheit) und schließlich der Zugriff durchgeführt. Ebenfalls ähnlich wie beim vollassoziativen Cache wird verfahren, wenn sich der adressierte Eintrag nicht im direkt zuordnenden Cache befindet. Da der neu zu ladende Inhalt nur in einer bestimmten Cache-Zeile gespeichert werden kann, entfällt dabei die Auswahl des zu ersetzenden Eintrags. Dies ist ein weiterer Grund dafür, weshalb sich direkt zuordnende Caches deutlich einfacher realisieren lassen als vollassoziative oder die nachfolgend beschriebenen n-fach-assoziativen Caches.

Nachteilig am direkt zuordnenden Cache ist, dass alternierende Zugriffe auf unterschiedliche Speicherbereiche, die im selben Eintrag des Caches gespeichert werden, laufend zum Neuladen der entsprechenden Cache-Zeile führen (es kommt zu *Kollisionen*). Der Cache verliert bei solchen Zugriffsfolgen seine Wirkung. Es ist sogar möglich, dass ein Programm langsamer bearbeitet wird, als wäre kein Cache vorhanden, und zwar, weil bei jedem Zugriff nicht nur das benötigte Datum, sondern eine vollständige Cache-Zeile aus dem Hauptspeicher geladen werden muss.

N-fach assoziativer Cache (n way set associative cache). Die Nachteile des hohen Realisierungsaufwands vollassoziativer Caches einerseits und die häufigen Kollisionen, die bei Zugriffen auf einen direkt zuordnenden Cache auftreten können andererseits, lassen sich durch einen Kompromiss vermeiden. Der n-fach assoziative Cache besteht im Prinzip aus n im Verbund arbeitenden, einzelnen, direkt zuordnenden Caches. Bemisst man den Realisierungsaufwand von Caches anhand der Menge der benötigten Vergleicher, so werden beim n-fach assoziativen Cache unabhängig von der Zeilenanzahl n Vergleicher benötigt, im Gegensatz zu einem einzelnen Vergleicher beim direkt zuordnenden und einer der Zeilenanzahl entsprechenden Menge von Vergleichern beim vollassoziativen Cache.

Da bei einem Zugriff n alternative sog. *Wege* (*ways*) zur Verfügung stehen, sinkt mit der Anzahl der realisierten Wege außerdem die Wahrscheinlichkeit, mit der Kollisionen auftreten. Die Struktur eines 2-fach assoziativen Caches ist in Bild 2.61 dargestellt. Abgesehen davon, dass für beide Wege nur ein Decoder (a) benötigt wird, die einzelnen *Hit-Signale* durch ein Oder-Gatter zusammengeführt werden (b) und der Zugriff über einen zusätzlichen Multiplexer erfolgt (c), handelt es sich tatsächlich um zwei nebeneinander realisierte, direkt zuordnende Caches, wie sich durch Vergleich mit Bild 2.60 leicht feststellen lässt.

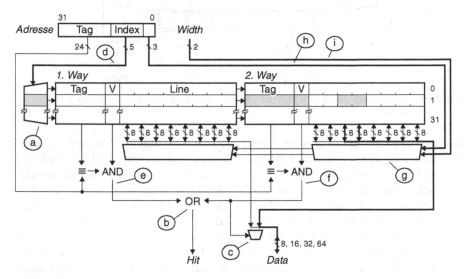

Bild 2.61. Struktur eines 2-fach assoziativen Caches mit 32 Sätzen bestehend aus zwei Zeilen zu je acht Byte. Deutlich zu erkennen ist, wie hier zwei direkt zuordnende Caches nebeneinander angeordnet sind (vergleiche Bild 2.60)

Zur Funktion: Mit Hilfe des sog. *Satzindex* (d) wird ein aus zwei Zeilen bestehender Satz (set) indiziert. Statt sechs Bit für die Zeilenauswahl in Bild 2.60 werden hier nur fünf Bit benötigt, weil bei gleicher Gesamtkapazität in einem Weg nur halb so viele Einträge enthalten sein dürfen (32 statt 64 wie in Bild 2.60). Nach Auswahl des Satzes wird durch *Tag-Vergleich* und Auswertung der Gültigkeit jeweils überprüft, ob sich der adressierte Eintrag in einem der beiden Wege befindet. Die so erzeugten Suchergebnisse (e und f) werden anschließend durch Veroderung (b) zu einem einzelnen *Hit-Signal* zusammengefasst. Da sich ein Eintrag nur in einem der beiden Wege befinden kann (weil man nur dann einen Eintrag im Cache erzeugt, wenn er nicht bereits darin enthalten ist), wird bei einem Cache-Hit auch nur eines der beiden Signale e oder f den Erfolg der Suche anzeigen. Sie verhalten sich also jeweils invers zueinander, weshalb es ausreicht, den zur Wegeauswahl erforderlichen Multiplexer (c) nur mit dem Suchergebnis aus einem der beiden Wege (hier f) anzusteuern.

Bei einem Zugriff auf das im Bild grau unterlegte Datum, wird über den Multiplexer c eine Verbindung zum Multiplexer g und über diesen zum adressierten Datum innerhalb der Zeile hergestellt. Letzteres geschieht, genau wie bei den zuvor beschriebenen Caches, indem zur Byteauswahl die unteren Bits der Adresse (h) und zur Definition der Zugriffsweite das vom Prozessor in codierter Form gelieferte Width-Signal (i) ausgewertet werden. – Der n-fach assoziative Cache impliziert alle andere Cache-Organisationsformen. Falls n gleich Eins gewählt wird, reduziert sich der n-fach auf einen einfach assoziativen oder direkt zuordnenden Cache. Falls man umgekehrt n gleich der Anzahl der vorhandenen Zeilen annimmt, ergibt sich statt des n-fach assoziativen ein vollassoziativer Cache.

▶ Beispiel 2.10. *Einsatz n-fach assoziativer Caches.* Die n-fach assoziativen Caches werden in vielen realen Prozessoren bevorzugt für die Zwischenspeicherung von Daten und Befehlen verwendet. Oft sind diese 4-fach (z.B. beim MIPS64 20Kc von MIPS [106]) oder 8-fach assoziativ organisiert (z.B. der PowerPC MPC750 von Motorola [128]). Eine ungewöhnliche Ausnahme bildet der nicht mehr gefertigte Transputer T9000 von Inmos [84], der über einen für Daten und Befehle gemeinsamen 256-fach assoziativen Cache mit insgesamt 16 KByte Kapazität verfügt, wobei jede Zeile jeweils 16 Byte breit ist[1]. Die hohe Weganzahl ist hier deshalb sinnvoll, weil der Prozessor für die Ausführung von Programmen mit mehreren parallelen Kontrollflüssen (threads) optimiert ist und deshalb Kollisionen in einzelnen Cache-Zeilen häufiger erwartet werden müssen als bei Ausführung von Programmen, in denen nur einem einzelnen Kontrollfluss gefolgt wird [96]. ◀

Ersetzungsstrategien

Eine Zeile im Cache repräsentiert im geladenen Zustand einen begrenzten Bereich des Befehls-, Daten- oder Hauptspeichers. Im Folgenden wird dieser Bereich als Speicherblock bezeichnet. Die Zuordnung der Cache-Zeile zu einem Speicherblock ist, wie zuvor beschrieben wurde, von der Organisationsform abhängig. Beim direkt zuordnenden Cache wird jedem Speicherblock eindeutig eine bestimmte Zeile des Caches zugeordnet, so dass eine Zeilenauswahl entfällt. Beim vollassoziativen oder n-fach assoziativen Cache kann hingegen ein bestimmter Speicherblock in unterschiedlichen Zeilen gespeichert werden, und zwar beim vollassoziativen Cache in allen verfügbaren Zeilen und beim n-fach assoziativen Cache in den n Zeilen der n möglichen Wege.

---

1. Tatsächlich spricht man bei Inmos von einem vollassoziativen Cache, der in vier Bänken organisiert ist. Die vier Bänke entsprechen in ihrer Funktion aber vier Sätzen eines n-fach assoziativen Caches.

Die sog. Ersetzungsstrategie legt fest, in welcher Zeile der neu in den Cache zu ladende Speicherblock einzutragen ist. Im Allgemeinen werden dabei zunächst die als ungültig gekennzeichneten Zeilen belegt. Falls jedoch alle Zeilen gültig sind, muss eine belegte Zeile durch den zu ladenden Speicherblock verdrängt werden. Nach Möglichkeit wird hier die Zeile verwendet, auf die in Zukunft die längste Zeit nicht zugegriffen werden wird. Da ein Blick in die Zukunft technisch nicht realisierbar ist, werden Heuristiken zur Auswahl der zu ersetzenden Zeile verwendet, die im Durchschnitt das angestrebte nichtkausale Verhalten gut nähern.

LRU (least recently used). Normalerweise ändert sich die Weise, in der auf Inhalte im Cache zugegriffen wird, nicht sprunghaft, sondern langsam über die Zeit. Deshalb lässt sich das Zugriffsverhalten in der Vergangenheit nutzen, um das in der Zukunft zu extrapolieren. Beim LRU-Verfahren wird jeweils die Zeile im Cache, auf die zuvor die längste Zeit kein Zugriff erfolgte, ersetzt. Hierzu ordnet man jedem Zeilenpaar eines Satzes (beim n-fach assoziativen Cache) bzw. des gesamten Caches (beim vollassoziativen Cache) ein Bit zu, dass die Altersrelation zwischen den Zeilen anzeigt, d.h. auf welche der beiden Zeilen die längere Zeit nicht zugegriffen wurde. Für einen 2-fach assoziativen Cache ist z.B. pro Satz nur ein einzelnes Bit erforderlich, das bei jedem Zugriff ggf. modifiziert wird und das die jeweils am längsten nicht angesprochene Zeile des Satzes indiziert. Je mehr Zeilen berücksichtigt werden müssen, desto höher ist der Realisierungsaufwand.

So werden für einen 4-fach assoziativen Cache bereits sechs Bit pro Satz benötigt, die sich in einer *Dreiecksmatrix*, wie sie z.B. in Bild 2.62a dargestellt ist, zusammenfassen lassen [98]. Die zu klassifizierenden Zeilen des Caches sind in der vertikalen (zur Begriffsabgrenzung wird im Folgenden von Reihen gesprochen), die als Bezug zu verwendenden Zeilen in der horizontalen Ausrichtung dargestellt. Zum Beispiel gibt das in Reihe 0 Spalte 1 befindliche Bit die Altersrelation zwischen den Zeilen 0 und 1 an. Falls es gesetzt ist, bedeutet dies, dass auf Zeile 0 längere Zeit nicht zugegriffen wurde als auf Zeile 1 (Zeile 0 ist älter als Zeile 1). Falls es umgekehrt gelöscht ist, wurde auf Zeile 0 später als auf Zeile 1 zugegriffen (Zeile 0 ist jünger als Zeile 1). Bemerkt sei, dass in der in Bild 2.62a dargestellten Matrix die Altersrelation zwischen den Cache-Zeilen 0 und 1 auch in Reihe 1 Spalte 0 codiert werden könnte. Das entsprechende Bit würde jedoch immer den inversen Inhalt zu dem in Reihe 0 Spalte 1 codierten Bit aufweisen und lässt sich deshalb als redundant einsparen.

In Bild 2.62a bis 2.62d ist dargestellt, wie sich die Dreiecksmatrix aus dem Initialzustand mit ausschließlich gelöschten Bits durch Adressierung der Zeilen 1, 3, 0 und 2 stückweise verändert. Beim Zugriff auf Cache-Zeile 1 in Bild 2.62a kommt es zunächst zur Alterung der Cache-Zeilen 0, 2 und 3, und zwar, indem die Bits in Spalte 1 gesetzt und die in Reihe 1 gelöscht werden (im Bild die hellgrau unterlegten, fett umrahmten Bits). Inhaltlich bewirkt diese Modifikation, dass das Alter von Zeile 0 bezogen auf Zeile 1 erhöht und dass der Zeile 1 bezogen auf die Zeilen 2 und 3 vermindert wird. Demzufolge ist der jüngste Eintrag eines Satzes identifizierbar, indem man jeweils nach genau der Zeile im Cache sucht, die in der zugeordneten Spalte nur gesetzte und in der zugeordneten Reihe nur gelöschte Bits enthält.

Umgekehrt lässt sich der Eintrag, auf den die längste Zeit nicht mehr zugegriffen wurde, dadurch ermitteln, dass nach einer Zeile im Cache gesucht wird, die in der zugeordneten Spalte nur Nullen und in der zugeordneten Reihe nur Einsen enthält. Dies gilt in Bild 2.62a für Cache-Zeile 3, wobei Einsen hier nicht berücksichtigt werden müssen, weil die Reihe 3 der Dreiecksmatrix keine Bits enthält. – Weitere Modifikationen sind in Bild 2.62b bis 2.62d dargestellt. Der jeweils älteste Eintrag ist am oberen Bildrand durch einen beschrifteten Pfeil gekennzeichnet.

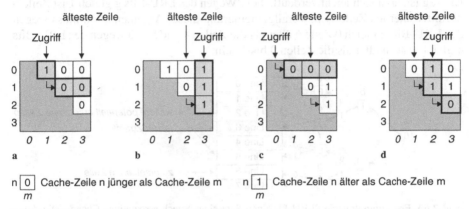

Bild 2.62. LRU-Dreiecksmatrix für einen einzelnen Satz eines 4-fach assoziativen Caches, dargestellt jeweils nach Zugriffen auf die Zeilen 2, 4, 1 und 3 (von links nach rechts)

▸ Bemerkung. Das LRU-Verfahren besitzt einen quadratischen Realisierungsaufwand und ist deshalb schlecht geeignet, wenn die Anzahl der gleichzeitig zu berücksichtigenden Zeilen sehr groß ist. So werden für einen vollassoziativen Cache mit 256 Zeilen z.B. 32640 Bits benötigt. Aus diesem Grund wird das LRU-Verfahren vor allem in n-fach assoziativen Caches mit n zwischen Zwei und Acht verwendet, wobei mit n gleich Acht bereits 28 Bit pro Satz benötigt werden.

Eine Verminderung des Speicherbedarfs lässt sich für $n \geq 4$ erreichen, indem man die Bits der Dreiecksmatrix umcodiert. Zum Beispiel sind für einen 4-fach assoziativen Cache entsprechend Bild 2.62 pro Satz sechs Bit erforderlich, so dass theoretisch 64 Altersrelationen codierbar sind. Tatsächlich können zwischen vier unterschiedlichen Zeilen jedoch nur 4!, also 24 mögliche Altersrelationen auftreten, die in fünf Bit vollständig codierbar wären. Pro Satz kann also ein Bit eingespart werden. Bei einem 8-fach assoziativen Cache reduziert sich der Speicherbedarf pro Satz sogar von 28 auf 16 Bits. Allerdings ist die Ansteuerung der Bits in der codierten Dreiecksmatrix deutlich komplexer als bei einer direkten Umsetzung des Verfahrens (weitere Codierungsmöglichkeiten werden in [98, 46] beschrieben). ◂

PLRU (pseudo least recently used). Das LRU lässt sich durch das PLRU-Verfahren mit deutlich geringerem Realisierungsaufwand in seinem Verhalten näherungsweise nachbilden. Hierzu fasst man jeweils zwei Zeilen zu Gruppen zusammen, von denen man sukzessive zwei zu neuen Gruppen zusammenfasst usw., bis schließlich nur noch eine Gruppe verbleibt. Jede dieser Gruppen bekommt ein *LRU-Bit* zugeordnet, dass anzeigt, auf welche der untergeordneten Gruppen bzw. Zeilen zuletzt zugegriffen wurde.

Ein in dieser Weise realisierter Baum ist für einen Satz eines 8-fach assoziativen Caches in Bild 2.63 dargestellt. Bei einem Zugriff werden alle LRU-Bits, die zwischen der Wurzel des Baums und der angesprochenen Zeile liegen, entsprechend des durchlaufenen Pfads definiert. Falls z.B. auf Zeile 3 zugegriffen wird, sind die LRU-Bits (a, b, e) entsprechend des fett gezeichneten Pfads auf (0, 1, 1) zu setzen.

Um die jeweils zu ersetzende Zeile zu identifizieren, müssen die inversen Inhalte aller LRU-Bits betrachtet werden. Der sich einstellende Pfad führt im Bild vom LRU-Bit a über c und g zur Zeile 6. Dass dies wirklich der möglicherweise älteste Eintrag ist, lässt sich leicht verdeutlichen: Wegen des LRU-Bits g gleich 1 ist Zeile 6 definitiv älter als Zeile 7. In Verallgemeinerung dieser Argumentation muss wegen des LRU-Bits c gleich 0 Zeile 6 älter als die Zeilen 4 und 5 und wegen des LRU-Bits a gleich 0 auch älter als die Zeilen 0 bis 3 sein.

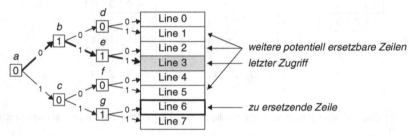

Bild 2.63. Ersetzungsstrategie PLRU für einen Satz eines 8-fach assoziativen Caches. Die Zeile, auf die zuletzt zugegriffen wurde, und die Zeile, die als nächstes ersetzt werden wird, sind durch beschriftete Pfeile gekennzeichnet

Tatsächlich ist dies jedoch lediglich eine Annahme und der Grund dafür, weshalb das PLRU-Verfahren nicht immer dieselben Ergebnisse wie das LRU-Verfahren generiert. Der Leser möge sich davon überzeugen, dass mit den im Bild dargestellten LRU-Bits, neben Zeile 6 auch die Zeilen 1, 2 und 5 potentielle Kandidaten für den am längsten nicht adressierten Eintrag des Satzes sind. – Das PLRU-Verfahren wird in vielen Prozessoren, z.B. dem PowerPC MPC750 von Motorola [128] und dem Pentium 4 von Intel [80] verwendet.

FiFo (first-in, first out; auch als round robin bezeichnet). Dieses sehr einfache Verfahren basiert darauf, dass auf Zeilen, die später in den Cache geladen wurden, häufiger zugegriffen wird als auf solche, die früher in den Cache geladen wurden. Dementsprechend kann man jeweils die Zeile im Cache ersetzen, die bereits die längste Zeit darin befindet. Das Verfahren lässt sich sehr einfach mit Hilfe eines *Modulo-Zählers* realisieren, der für einen Satz eines 8-fach assoziativen Caches z.B. 3 Bit breit sein muss. Dieser indiziert jeweils die am längsten im Cache verweilende und als nächstes zu ersetzende Zeile. Nach dem Laden eines neuen Eintrags inkrementiert man den Zähler um 1, wobei ein Überlauf das Zurücksetzen zum Startwert 0 bewirkt (Modulo-Operation). Enthält der Zähler den Zahlenwert 7, muss zuvor Zeile 6 des Caches geladen worden sein. Mit dem nächsten Ladevorgang wird Zeile 7 ersetzt und dabei der Zähler auf 0 zurückgesetzt. In diesem Zustand enthält Zeile 7 den jüngsten, Zeile 6 den zweitjüngsten und Zeile 0 den als nächstes zu ersetzenden ältesten Eintrag. – Das FiFo-Verfahren ist z.B. im XScale von Intel realisiert [83].

Random. Bei den bisher beschriebenen Verfahren versucht man, das zukünftige Zugriffsverhalten auf die Zeilen eines Satzes oder des vollständigen Caches durch Extrapolation des vergangenen Zugriffsverhaltens vorherzusagen. Die Ergebnisse sind vom Programm abhängig. Insbesondere kann es vorkommen, dass es immer gerade zur Ersetzung der Zeilen kommt, auf die als nächstes Zugegriffen werden soll. Mit dem Zufallsverfahren lässt sich dieser Effekt vermeiden. Die zu ersetzende Zeile wird ohne Rücksicht darauf, wie häufig in jüngster Vergangenheit darauf zugegriffen wurde, zufällig ausgewählt. Dies geschieht z.B. mit Hilfe eines mit dem Prozessortakt betriebenen Modulo-Zählers, dessen Inhalt zum Zeitpunkt des Ladens eines Eintrags verwendet wird, um die zu ersetzende Zeile zu indizieren. Da sich der Zähler für alle Sätze eines Caches benutzen lässt, ist das Zufallsverfahren noch einfacher zu realisieren als das FiFo-Verfahren. Es findet z.B. in dem nicht mehr gefertigten Am29000 von AMD Verwendung [1].

Random-PLRU. Im Rahmen des Nemesis-Projekts wurden an der TU Berlin auch verschiedene Ersetzungsstrategien entwickelt und erprobt [114]. Das Random-PLRU-Verfahren kombiniert bei geringstem Mehraufwand die Vorteile des PLRU-Verfahrens mit denen des Random-Verfahrens. Wie beschrieben ist das PLRU-Verfahren eine Heuristik, die das Verhalten des LRU-Verfahrens bei geringem Aufwand annähert. Der jeweils ersetzte Eintrag ist daher auch nicht unbedingt der, auf den zuvor die längste Zeit nicht zugegriffen wurde, sondern einer aus einer Menge möglicher Kandidaten, in der sich der älteste Eintrag jedoch definitiv befindet.

In Bild 2.63 besteht diese Menge z.B. aus den Zeilen 1, 2, 5 und 6. Das PLRU-Verfahren ersetzt in dieser Situation Zeile 6, was nur in einem Viertel aller Fälle optimal ist, nämlich dann, wenn das Verfahren zufällig auf den tatsächlich ältesten Eintrag im Satz trifft. Da die Auswahl der zu ersetzenden Zeile zwar deterministisch, aber willkürlich geschieht, kann jede andere Zeile aus der Menge der potentiell ältesten Einträge ebenso gut verwendet werden, und zwar ohne Nachteile für die Effektivität mit dem das Verfahren arbeitet.

Beim Random-PLRU-Verfahren wird dies genutzt, um, nach einer Vorauswahl durch das PLRU-Verfahren, die tatsächlich zu ersetzende Zeile zufällig zu selektieren. Das Verfahren kann nach dieser Argumentation nicht schlechter arbeiten als das PLRU-Verfahren, das eine deterministische Auswahl trifft. Es ist aber einfacher zu realisieren (die PLRU-Bits a, b und c in Bild 2.63 werden nicht benötigt) und besitzt einen weiteren wichtigen Vorteil: Falls man den Cache zyklisch anspricht, wird nämlich beim PLRU-Verfahren möglicherweise immer gerade der Eintrag ersetzt, auf den sich der Folgezugriff bezieht, so dass im Extremfall der Cache seine Wirkung vollständig verliert. Durch die Zufallsauswahl lässt sich in drei Vierteln aller Fälle eine bessere Wahl treffen.

Aktualisierungsstrategien

Damit Zugriffe auf Befehle oder Daten schnell ausgeführt werden können, übernehmen Caches für alle in ihnen gespeicherten Einträge partiell die Funktion des Hauptspeichers. Als Konsequenz sind den Einträgen wenigstens zwei Orte zuzuordnen, nämlich eine Zeile des Caches (ggf. mehrere Zeilen unterschiedlicher Caches, siehe den Abschnitt zu Cache-Hierarchien auf Seite 147) und dem jeweiligen Bereich des Hauptspeichers. Die sog. *Datenkonsistenz* oder *-kohärenz* zwischen Cache und Hauptspeicher wird bei den kritischen Schreiboperationen, bezogen auf den Cache, durch die im Folgenden beschriebenen Aktualisierungsstrategien gewährleistet.

Nicht berücksichtigt werden dabei Inkonsistenzen zwischen Cache und Hauptspeicher, die z.B. in Multimastersystemen auftreten können, wenn ein Prozessor einen Cache- oder Hauptspeicherinhalt modifiziert, zu dem sich eine Kopie im Cache eines anderen Prozessors befindet. Die zur Lösung dieser Problematik erforderlichen Techniken, wie z.B. die permanente Überwachung sämtlicher Hauptspeicherzugriffe durch alle angeschlossenen Caches (*bus snooping*) und die zur Synchronisation der Cache-Inhalte erforderlichen Handshake-Protokolle (u.a. das *MESI-Protokoll*) sind detailliert z.B. in [46] erläutert.

Ein in diesem Zusammenhang zu nennender Sonderfall kann auch in Einzelmastersystemen auftreten, falls ein für Befehle und Daten gemeinsamer Hauptspeicher verwendet wird, jedoch getrennte Caches zum Einsatz kommen. Schreibzugriffe auf den Befehlsspeicher, z.B. um ein Programm zu laden oder Befehle unmittelbar vor ihrer Ausführung zu modifizieren (selbstmodifizierender Code), erfordern nämlich die Synchronisation des Befehlscaches mit dem Datencache. Im Falle des Ladens eines Programms kann dies programmiert geschehen, z.B. indem der Befehlscache unmittelbar vor dem Programmstart vollständig geleert wird (*cache-flush*).

Bei Ausführung *selbstmodifizierenden Codes* ist dies jedoch nicht ratsam, da das erforderliche (automatische) Neuladen des Caches normalerweise sehr zeitaufwendig ist. Außerdem reicht es i. Allg. nicht aus, nur den Cache zu leeren, da möglicherweise ein Befehl modifiziert wird, dessen Bearbeitung im Fließband bereits begonnen wurde. Deshalb und wegen der schlechten Wartbarkeit selbstmodifizierenden Codes wird in vielen Prozessoren dessen Ausführung verboten, allerdings auf Kosten der wenigen Anwendungen, in denen sich diese Technik sinnvoll einsetzen lässt, z.B. zur dynamischen Optimierung von Programmen oder um Programme für Angreifer schwer rückentwickelbar zu machen.

Write-through-Verfahren. Die einfachste Aktualisierungsstrategie, um Cache und Hauptspeicher konsistent zueinander zu halten, ist das sog. Write-through-Verfahren. Befindet sich ein Eintrag im Cache, wird er bei einem Schreibzugriff zusammen mit dem im Hauptspeicher befindlichen Original aktualisiert, so dass zu jedem Zeitpunkt Cache- und korrespondierender Hauptspeicherinhalt konsistent zueinander sind. Befindet sich der Eintrag, auf den schreibend zugegriffen werden soll, nicht im Cache, sind zwei mögliche Vorgehensweisen gebräuchlich:

- Beim einfachen *Write-through-without-write-allocation-Verfahren* wird der Cache unverändert belassen und die Schreibaktion nur auf dem Hauptspeicher ausgeführt. Da sich der Zugriff auf eine Speicherzelle bezieht, die nicht im Cache zwischengespeichert ist, kommt es zu keiner Beeinträchtigung der Konsistenz von Cache und Hauptspeicher.

- Beim im Vergleich deutlich komplizierter zu realisierenden *Write-through-with-write-allocation-Verfahren* wird für das zu schreibende Datum zuerst eine Zeile im Cache reserviert, der entsprechende Speicherbereich geladen und schließlich der Zugriff auf Cache und Hauptspeicher durchgeführt (dabei wird ein Teil der geladenen Zeile modifiziert).

In beiden Fällen lassen sich Schreibzugriffe auf dem Cache nicht schneller als auf den Hauptspeicher ausführen. Da die meisten Befehle zwei Operanden (Lesezugriff) zu einem Ergebnis (Schreibzugriff) verknüpfen, erreicht man in zwei Dritteln aller Fälle eine Verkürzung der Zugriffszeit, nämlich bei jedem Lesezugriff auf einen Eintrag im Cache. Wie später beschrieben wird, lässt sich auch die Zugriffszeit bei Schreiboperationen verkürzen, nämlich durch Verwendung eines sog. *Schreibpuffers* (*write-buffer*, *store-buffer*). Die Anzahl der Schreibzugriffe auf den Hauptspeicher kann dadurch jedoch nicht unbedingt vermindert werden, was vor allem in Multimastersystemen ein Nachteil ist.

Copy-back-Verfahren. Beim im Vergleich zum Write-Through-Verfahren deutlich aufwendiger zu realisierenden Copy-back-Verfahren führt man einen Schreibzugriff zunächst nur auf dem Cache aus, wobei der zum adressierten Eintrag gehörige Speicherbereich ggf. zuvor in eine freie bzw. freigeräumte Zeile des Caches geladen wird. Mit dem Schreibzugriff kommt es kurzzeitig zu einer Inkonsistenz zwischen der adressierten Zeile und dem zugeordneten Bereich des Hauptspeichers, die jedoch unkritisch ist, solange sich sämtliche Zugriffe auf den Cache beziehen.

Falls sich eine Zeile nicht länger im Cache halten lässt, z.B. weil der belegte Platz benötigt wird, muss sie natürlich in den Hauptspeicher zurückkopiert werden. Dies ist jedoch nur erforderlich, wenn ein Eintrag zuvor modifiziert wurde, weshalb jeder Cache-Zeile ein sog. *Dirty-Bit* angeheftet ist, dass bei Schreibzugriffen automatisch gesetzt wird und die Ungültigkeit des zugeordneten Bereichs im Hauptspeicher anzeigt. Ist das Dirty-Bit gelöscht, kann auf ein Zurückschreiben der Zeile aus dem Cache in den Hauptspeicher verzichtet werden. Vorteile des Copy-Back- im Gegensatz zum Write-Through-Verfahren sind, dass sich auch Schreibzugriffe mit der kurzen Zugriffszeit des Caches bearbeiten lassen und der Hauptspeicher seltener angesprochen wird. Letzteres ist z.B. in Multimastersystemen von Bedeutung.

Ergänzende cache-bezogene Maßnahmen

Zum Schluss sollen einige Techniken beschrieben werden, mit denen sich der Nutzen eines Caches vergrößern lässt. Beim nachfolgend erläuterten sog. Prefetching liest man eine Cache-Zeile, bevor tatsächlich darauf zugegriffen wird, wodurch sich die sonst für das Laden erforderliche Wartezeit verdecken lässt. Eine Verkürzung der Latenzzeit bei Zugriffen auf nicht im Cache befindliche Inhalte ist durch die sog. Schreibpuffer erreichbar. Sie ermöglichen es, beim Neuladen einer Cache-Zeile den erforderlichen Lesezugriff vor dem Schreibzugriff auszuführen. Das Streaming wird schließlich benutzt, um Cache-Speicherplatz einzusparen, indem auf selten adressierte Inhalte des Hauptspeichers zugegriffen werden kann, ohne sie in eine Zeile des Caches laden zu müssen. Im Zusammenhang mit dieser Technik wird auch das sog. Write-Combinig beschrieben, einem Verfahren bei dem man mehrere Schreib-zugriffe auf kleine Speichereinheiten zu einem einzelnen Schreibzugriff auf eine größere Einheit zusammenfasst.

Prefetching. Beim Prefetching wird eine Cache-Zeile geladen, bevor der erste Zugriff auf eine Speicherzelle innerhalb des zugeordneten Speicherblocks erfolgt. Am einfachsten zu realisieren ist ein explizites, durch spezielle Befehle ausgelöstes Prefetching, wobei hier Zugriffe auf den Befehls- und den Datenspeicher zu unter-scheiden sind. Zum Beispiel verfügt der Itanium 2 von Intel [78, 75] für das voraus-schauende Laden von Befehlen über einen Modifizierer für Sprungbefehle „.many", der bewirkt, dass ausgehend von der Zieladresse des Sprungbefehls alle sequentiell folgenden Speicherblöcke in den Cache geladen werden. Dabei wird pro Takt eine Anforderung an eine automatisch agierende Prefetch-Einheit weitergereicht, und zwar bis zum Erkennen einer sog. *Stopp-Bedingung* (*stop condition*), also einem verzweigenden bzw. falsch vorhergesagten Sprungbefehl oder den Befehl brp (*branch prediction*). Für das Prefetching von Daten verfügt der Prozessor weiterhin über den Befehl *lfetch* (*line prefetch*), dem als Argument die Adresse eines erwarte-ten Zugriffs und ein Hinweis übergeben wird, auf welche Cache-Ebenen sich das vorausschauende Laden beziehen soll. Ein ähnlicher Befehl „prefetch" ist im Pen-tium 4 von Intel [82] bzw. im Athlon64 von AMD [2, 3, 4, 5, 6] implementiert.

Beim statischen, expliziten Prefetching muss vorausgesetzt werden, dass bereits zur Übersetzungszeit bekannt ist, wie sich das Programm zur Laufzeit wahrscheinlich verhalten wird. Insbesondere ist es ohne zusätzliche bedingungsauswertende Befehle i.Allg. nicht möglich, das sich ändernde Laufzeitverhalten eines Pro-gramms beim Prefetching einzubeziehen. Ein dynamisches Verfahren zum voraus-schauenden Laden von Cache-Zeilen hat diesen Nachteil nicht, ist dafür jedoch auf-wendiger zu realisieren. Beim Prefetching von Befehlen kann z.B. mit dem Zugriff auf einen einzelnen Befehl bereits die Cache-Zeile geladen werden, die bei streng sequentieller Ausführung des Programms als nächstes benötigt wird. Das Verfahren hat jedoch keine praktische Relevanz, da mit ihm häufig Speicherbereiche in den Cache geladen werden, die aufgrund verzweigender bedingter oder unbedingter Sprungbefehle tatsächlich nicht zur Ausführung kommen. So ist z.B. in Kauf zu nehmen, dass (1.) der Hauptspeicherzugriff den externen Prozessorbus belegt, er also in der entsprechenden Zeit nicht für andere Aufgaben zur Verfügung steht und (2.) beim Laden einer Cache-Zeile möglicherweise ein noch benötigter Inhalt aus dem Cache verdrängt wird (was sich allerdings durch Verwendung eines cache-ähn-lich organisierten kleinen zusätzlichen Prefetch-Buffers vermeiden lässt [65]).

Ein dynamisches Verfahren zum vorausschauenden Laden von Cache-Zeilen, das den Kontrollfluss berücksichtigt, ist im Nemesis C der TU Berlin realisiert [114, 198]. Es arbeitet ähnlich einer globalen adaptiven Sprungvorhersage (Bild 2.35) mit Indexteilung (Bild 2.36), wobei im Historienregister nicht die Sprungentscheidun-gen einzelner Sprungbefehle protokolliert werden, sondern die Reihenfolge der Zugriffe auf die im Befehlscache gehaltenen Speicherblöcke.

Die prinzipelle Funktionsweise ist in Bild 2.64 dargestellt. Das mit a markierte *Zei-lenhistorienregister* (*LHR, line history register*) wird jeweils beim Verlassen des in einer Cache-Zeile gespeicherten Adressbereichs um einen neuen Eintrag erweitert. Ein n (not taken) zeigt hierbei an, dass die Befehlsausführung in dem unmittelbar auf den aktuell folgenden Speicherbereich, und ein t (taken), dass die Befehlsausführung in einem beliebigen anderen Speicherbereich fortgesetzt wird (also weder dem aktuell adressierten noch dem unmittelbar folgenden Speicherbereich). Dabei spielt es keine Rolle, ob man im erstgenannten Fall den unmittelbar folgenden Speicherbereich durch einfache, sequentielle Befehlsbearbeitung oder durch einen verzweigenden Sprungbefehl erreicht. Die in dieser Weise generierte Historie wird mit der Adresse des aktuell vom Befehlszähler adressierten Speicherblocks exclusiv-oder-verknüpft (b) und das Ergebnis verwendet, um die *Zeilenvorhersagetabelle* zu adressieren (die unteren Bits des Befehlszählers werden hierbei ignoriert). Das Prefetching erfolgt, wenn sich ein Eintrag findet und der Vorhersagezustand eine ausreichende Zuverlässigkeit anzeigt.

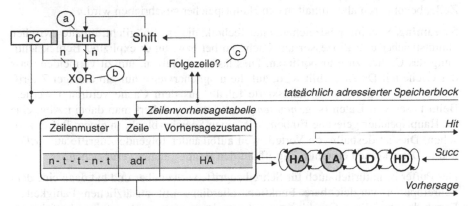

Bild 2.64. Prinzipielle Darstellung einer Einheit zur Vorhersage der als nächstes zu ladenden Befehlscache-Zeile

Sobald der tatsächlich als nächstes bearbeitete Speicherblock feststeht, wird die Basisadresse mit der Vorhersage verglichen und der Vorhersagezustand entsprechend angepasst (gesteuert über das Signal Succ). Bei aktivem Zustand HD aktualisiert man ggf. außerdem die Zeilenvorhersagetabelle. Schließlich wird noch überprüft, ob der tatsächlich adressierte Speicherblock auf den aktuell über den Befehlszähler adressierten Speicherblock folgt oder nicht (c) und das Zeilenhistorienregister entsprechend des Ergebnisses aktualisiert.

Ähnlich wie der Befehlscache basierend auf einer Sprungvorhersage im Vorgriff geladen werden kann, lässt sich auch der Datencache basierend auf der Vorhersage der jeweils nächsten Zugriffsadresse füllen, wobei zur Vorhersage eines der in Abschnitt 2.2.6 beschriebenen Verfahren zum Einsatz kommen kann. Eine Modifikation der Verfahren ist nicht notwendig, weshalb hier auf eine detaillierte Beschreibung verzichtet wird (siehe auch [24, 52, 65]).

Schreibpuffer (write buffer). Ein Schreibpuffer ist mit einem *Ringpuffer* (*FiFo*) vergleichbar, in dem sich Schreibzugriffe auf den Hauptspeicher für kurze Zeit zwischenspeichern lassen. Damit ist es möglich, die in Bearbeitung befindlichen oder anstehenden Lesezugriffe vorzuziehen und die Ausführung der vom Ladebefehl abhängigen nachfolgenden Befehle zu beginnen, bevor die zwischengespeicherten Schreibzugriffe wirklich zur Ausführung gelangen.

Im Gegensatz zu einem Ringpuffer muss ein Schreibpuffer auch Leseanforderungen bearbeiten können, nämlich dann, wenn auf einen Hauptspeicherinhalt zugegriffen werden soll, zu dem ein Schreibzugriff im Schreibpuffer eingetragen ist. Zur Erkennung eines solchen „Konflikts" vergleicht man die zu den Daten im Schreibpuffer gespeicherten mit den für einen Lesezugriff benutzten Hauptspeicheradressen. Bei Gleichheit wird die Bearbeitung des Lesezugriffs entweder verzögert, bis der Inhalt des Schreibpuffers in den Hauptspeicher übertragen wurde, oder der Zugriff wird auf den gefundenen Eintrag im Schreibpuffer umgeleitet. Es sei noch angemerkt, dass Schreibpuffer insbesondere in Caches verwendet werden, in denen die Aktualisierungsstrategie Copy-Back realisiert ist. Dies ermöglicht das Laden einer Cache-Zeile, bevor deren alter Inhalt in den Hauptspeicher geschrieben wird.

Streaming. Streaming bezeichnet eine Technik, die es ermöglicht, Inhalte zwischen Hauptspeicher und Prozessor am Cache vorbei bzw. unter expliziter Berücksichtigung des Caches zu transportieren. Dies lässt sich nutzen, um zu vermeiden, dass der Cache mit Daten gefüllt wird, auf die möglicherweise nur ein einziger Zugriff erfolgt und so ggf. häufig adressierte Inhalte aus dem Cache verdrängt werden. Beim Lesen von Daten (sog. *non temporal datas*) speichert man dabei i.Allg. eine im Hauptspeicher gelesene Einheit, z.B. einen Speicherblock, in einem Puffer zwischen. Dies ist deshalb von Vorteil, weil aufeinander folgende Zugriffe auf *örtlich lokale* Daten keinen erneuten Zugriff auf den Hauptspeicher verursachen.

Der Puffer ist natürlich auch für Schreibzugriffe verwendbar und hat dann eine dem Schreibpuffer vergleichbare Funktion, allerdings mit zusätzlichen Fähigkeiten: Durch das sog. *Write-Combining* werden mehrere sequentiell aufeinander folgende Schreibzugriffe zunächst nur auf dem Puffer (den man oft auch als *Write-Combining-Buffer* oder *WC-Buffer* bezeichnet) ausgeführt und dessen Inhalt später, falls er für andere Zwecke benötigt wird, in einem Schritt in den Hauptspeicher übertragen.

Durch das sog. *Write-Collapsing* werden mehrere Schreibzugriffe auf dieselbe Adresse zusammengefasst, so dass aus Sicht des Hauptspeichers nur der jeweils letzte Zugriff sichtbar ist. Sollte dies unerwünscht sein, z.B. weil auf Peripherie-Bausteine zugegriffen wird oder weil Programme parallel auf den entsprechenden Daten arbeiten, sind entweder Befehle zu verwenden, die nicht durch den hier beschriebenen Puffer führen, oder es ist explizit dafür zu sorgen, dass sein Inhalt rechtzeitig in den Hauptspeicher übertragen wird. Zu diesem Zweck besitzt z.B. der Pentium 4 von Intel [77] bzw. der Athlon64 von AMD [2, 3, 4, 5, 6] den Befehl sfence (*store fence*).

2.3.2 Speicherverwaltung (memory management)

In modernen Anwendungen werden von einem einzelnen Prozessor mehrere Programme *quasiparallel* unter Regie eines Betriebssystems ausgeführt. Jedem Programm ordnet man hierzu Bereiche des realen Hauptspeichers zu, in denen sich

Befehle oder Daten speichern lassen. Da nicht im Voraus bekannt ist, welche Programme gleichzeitig auszuführen sind, kann die Zuordnung der einzelnen Speicherbereiche nicht statisch durch den Übersetzer, sondern muss dynamisch zur Laufzeit oder kurz bevor ein Programm gestartet wird, erfolgen.

Im einfachsten Fall werden z.B. alle absoluten oder indirekten Adressen (nicht jedoch die befehlszählerrelativen Adressen) zum Zeitpunkt des Ladens eines Programms durch Addition mit den Basisadressen für Befehle oder Daten an die aktuellen Gegebenheiten angepasst, wobei die zu adaptierenden Adressen in einer speziellen, dem Programm angehefteten sog. *Relokationstabelle* eingetragen sind. Ein Umstrukturieren des Hauptspeichers, z.B. um Platz für weitere parallel auszuführende Programme zu schaffen, ist jedoch nur sehr aufwendig durchführbar, da ggf. die absoluten und indirekten Adressen aller gespeicherten Programme modifiziert werden müssen. Ein weiterer Nachteil ist, dass jedes Programm auf die für andere Programme reservierten Speicherbereiche zugreifen kann. Dies sollte aus Gründen der *Systemsicherheit* (ein abstürzendes Programm führt zum Absturz des Gesamtsystems) oder *Datensicherheit* (ein Programm späht die geheimen Daten eines anderen Programms aus) verhinderbar sein.

Die genannten Nachteile treten nicht auf, wenn eine in Hardware realisierte sog. *Speicherverwaltungseinheit* (memory management unit, MMU) zum Einsatz kommt. Sie ist zwischen Prozessor und Speicher eingefügt und setzt bei jedem Zugriff dynamisch mit Hilfe von Tabellen die im Programm benutzten sog. *virtuellen* in *reale* Adressen um (Bild 2.65). Jedem Adressbereich ist dazu ein Tabelleneintrag zugeordnet, der als *Deskriptor* (descriptor) bezeichnet wird und in dem neben der jeweils zu verwendenden Abbildungsvorschrift die gültigen Zugriffsrechte, die Verfügbarkeit des verwalteten Speicherbereichs usw. codiert sind. Um einen verzögerungsfreien Zugriff auf Deskriptoren zu ermöglichen, werden diese in einem meist vollassoziativ arbeitenden sog. *Deskriptorcache* (translation lookaside buffer, TLB) zwischengespeichert. In Fließbandtechnik ist es so möglich, pro Takt eine reale (im Bild mit a markiert) in eine virtuelle Adresse umzuwandeln (b) und, falls der entsprechende Hauptspeicherinhalt sich im Cache befindet, pro Takt einen Zugriff durchzuführen.

Da der Cache logisch gesehen dem Hauptspeicher zugerechnet werden kann, ist es sinnvoll, ihn mit realen Adressen anzusprechen (b). Allerdings hat dies den Nachteil, dass die Latenzzeit eines Zugriffs gleich der Summe der Latenzzeiten für die Adressumsetzung und den Cache-Zugriff ist. Die Zeit lässt sich verkürzen, indem der Cache virtuell adressiert wird (c). Jedoch steigert dies signifikant den erforderlichen Aufwand, um z.B. den Zugriff parallel arbeitender Prozessoren auf den Cache zu ermöglichen.

Problematisch ist auch, dass bei einem *Prozesswechsel* der Cache vollständig geleert werden muss (*cache-flush*), da es nicht möglich ist zu unterscheiden, zu welchem Prozess ein Cache-Eintrag gehört. Zwar kann die virtuelle Adresse um eine *Prozessnummer* (process identification, PID) erweitert und so eine eindeutige Zuordnung erreicht werden, jedoch ist dies mit zusätzlichem Aufwand verbunden. Als Kompromiss bietet sich an, den Cache mit virtuellen Adressen zu indizieren, den Tag-Vergleich jedoch mit realen Adressen durchzuführen (b und c), wie dies z.B. im UltraSPARC III Cu von Sun realisiert ist [172].

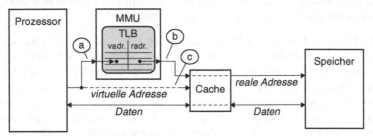

Bild 2.65. Dynamische Adressumsetzung durch eine Speicherverwaltungseinheit. Der Cache wird entweder mit realen (b) oder virtuellen Adressen (c) angesprochen

In Bild 2.65 sind der Prozessor, der Cache und der Hauptspeicher über einen einzelnen Pfad miteinander gekoppelt. Wie in Abschnitt 2.3.1 beschrieben, werden oft separate L1-Caches für Befehle und Daten verwendet. Es ist daher naheliegend, Speicherverwaltungseinheiten ebenfalls separat für Befehle und Daten zu realisieren. Wegen der unterschiedlichen Anforderungen, die dabei auftreten, können die beiden Speicherpfade natürlich auch asymetrisch aufgebaut sein. So besitzt der MIPS64 20Kc von MIPS [106] z.B. einen virtuell adressierten Befehls- und einen real adressierten Datencache, was sinnvoll ist, weil auf Befehle ausschließlich lesend, auf Daten jedoch auch schreibend zugegriffen wird. Daher ist explizit nur dafür Sorge zu tragen, dass die Inhalte unterschiedlicher Datencaches in einem Mehrprozessorsystem konsistent zueinander bleiben. Wie bereits beschrieben, ist dies einfacher, wenn man einen Cache real adressiert. Nachfolgend werden die Organisationsformen von Speicherverwaltungseinheiten diskutiert. Für eine detailliertere Abhandlung der Thematik sei der Leser noch auf [46], für eine Beschreibung der Bedeutung für Betriebssysteme auf [164] verwiesen.

Segmentierung (segmentation)

Bei der Segmentierung verwaltet man den Hauptspeicher in logischen Einheiten, z.B. Programmcode, Daten oder Konstanten. Die als Segmente bezeichneten Einheiten werden mit Hilfe einer *Segmentnummer* eindeutig identifiziert. Bei einem Zugriff wird die in der virtuellen Adresse codierte Segmentnummer mit Hilfe einer *Segmenttabelle* in eine reale Segmentbasis gewandelt und so der Speicherbereich adressiert, der der korrespondierenden logischen Einheit zugeordnet ist. Auf die Speicherzelle erfolgt der Zugriff schließlich relativ zur *Segmentbasis*, wobei man als Offset die in der virtuellen Adresse codierte Bytenummer verwendet.

Die Wirkungsweise einer segmentierenden Speicherverwaltung ist in Bild 2.66 dargestellt. Durch Addition der Segmentnummer und der normalerweise in einem Register gehaltenen *Segmenttabellenbasisadresse* (Basis) wird der für den Zugriff benötigte Deskriptor ermittelt[1] (a). In ihm sind neben der Segmentbasis die Größe des Segments (*Limit*) und die für Zugriffe zu berücksichtigenden *Attribute* gespeichert. Die reale Adresse lässt sich anschließend durch Addition der Segmentbasis und der virtuellen Bytenummer ermitteln (b). Da hierbei die Obergrenze eines Segments möglicherweise überschritten wird, muss die Gültigkeit der realen Adresse durch Vergleich der Segmentgröße mit der virtuellen Bytenummer überprüft werden (c). Gegebenenfalls führt dies zur Aktivierung eines Fehlersignals „Bereichüberschreitung".

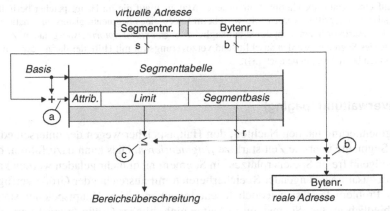

Bild 2.66. Segmentierende Speicherverwaltung. Die Segmentnummer indiziert eine im Hauptspeicher befindliche Tabelle, in der sich die reale Basisadresse (Bytenummer) und die Größe der zugeordneten Einheit befindet

Die in jedem Deskriptor gespeicherten Attribute werden nicht für die Adressumsetzung benötigt, sondern dienen der Zugriffsüberwachung bzw. dem Halten von Statusinformationen. Zum Beispiel lässt sich hier festlegen, ob ein Segment lesend oder schreibend zugreifbar ist und ob es ausgeführt werden darf, wobei man normalerweise zwischen hoch- und niedrigpriorisierten Zugriffen unterscheidet (siehe Abschnitt 1.4.3). Weitere Attribute legen fest, ob es möglich ist, die Inhalte eines Segments in den Cache zu laden oder nicht (z.B. bei Zugriffen auf Peripheriebausteine), ob ein Segment vom Prozessor nur exklusiv oder in einem Mehrprozessorsystem von anderen Prozessoren adressiert werden darf usw. – Die von einer Speicherverwaltungseinheit im Deskriptor gespeicherten Statusbits zeigen z.B. an, ob auf ein Segment zugegriffen bzw. ob es durch einen Schreibzugriff modifiziert wurde. Letzteres lässt sich vom Betriebssystem zur Speicherung *persistenter* (dauerhaft verfügbarer) Inhalte auf der Festplatte nutzen.

▶ Beispiel 2.11. *Die Segmentierung des Pentium 4.* Die Segmentnummer der virtuellen Adresse ist entweder explizit im Befehl codiert oder wird in Registern der Speicherverwaltungseinheit gehalten. Zum Beispiel ist im Pentium 4 von Intel u.a. eine segmentierende Speicherverwaltungseinheit implementiert, die über sechs *Segmentregister* verfügt [80]. Die Auswahl des zu verwendenden Segmentregisters geschieht automatisch in Abhängigkeit von der vom Prozessor bearbeiteten

---

1. Der Übersichtlichkeit halber wird die Adresse des Deskriptors hier durch Addition mit der Basisadresse der Segmenttabelle ermittelt. Tatsächlich ist natürlich zu berücksichtigen, dass ein Deskriptor mehrere Byte breit ist und bei Verwendung von Byteadressen die Segmentnummer entsprechend dieser Breite multipliziert werden muss.

Aktion. So wird die Segmentnummer bei Zugriffen auf auszuführende Befehle aus dem *Code-Segment-Register* (CS) und bei Zugriffen auf den Stapel aus dem *Stack-Segment-Register* (SS) gelesen.

Von den 16 Bit breiten Segmentregistern stehen 13 Bit für die eigentliche Segmentnummer und ein Bit für einen sog. *Tabellenindikator* (*table indicator*, *TI*) zur Verfügung (die verbleibenden zwei Bits enthalten die Privilegebene, die zum Zeitpunkt der Definition des Segmentregisters gültig gewesen ist). Insgesamt können somit zwei Segmenttabellen mit je 8192 Segmenten verwaltet werden (die *Local-Descriptor-Table LDT* und die *Global-Descriptor-Table GDT*). Weil bei einem Zugriff auf einen Hauptspeicherinhalt nicht jedes Mal auch auf die im Hauptspeicher befindliche Segmenttabelle zugegriffen werden soll, wird beim Laden eines Segmentregisters automatisch der zugehörige Deskriptor in ein nicht direkt zugängliches *Segmentdeskriptorregister* geladen. Zugriffe auf Inhalte des Segments werden anschließend verzögerungsfrei mit Hilfe der darin gespeicherten Informationen bearbeitet (siehe auch [3]).   ◢

Seitenverwaltung (paging)

Die Segmentierung hat den Nachteil, den Hauptspeicher wegen der unterschiedlich großen Segmente über die Zeit stark zu *fragmentieren*. Dies kann dazu führen, dass trotz genügend freien Speicherplatzes ein Segment nicht mehr geladen werden kann, weil kein zusammenhängender Speicherbereich mit ausreichender Größe verfügbar ist. Das Problem lässt sich jedoch lösen, indem man den Hauptspeicher statt in unterschiedlich großen Segmenten in *Seiten* einheitlicher Größe (*pages*) verwaltet. Die Umsetzung virtueller Adressen geschieht hierbei ähnlich, wie in Bild 2.66 dargestellt, wobei auf die Speicherung eines Limits wegen der einheitlichen Seitengröße verzichtet werden kann. Die Adressumsetzung lässt sich außerdem vereinfachen, wenn die Seitengröße eine Zweierpotenz ist und die einzelnen Seiten im Hauptspeicher entsprechend der Seitengröße ausgerichtet (*aligned*) und disjunkt zueinander gehalten werden.

Die Funktionsweise einer entsprechend modifizierten einstufigen *Speicherverwaltungseinheit* veranschaulicht Bild 2.67. Mit Hilfe der in der virtuellen Adresse codierten *Seitennummer* wird auf eine *Seitentabelle* zugegriffen (a) und aus dem gelesenen Deskriptor neben den *Zugriffsattributen* die sog. *Rahmennummer* (*frame number*) extrahiert. Sie entspricht der Basisadresse einer Seite im Hauptspeicher, wobei man als Einheit für die Adressierung statt eines Bytes die *Seitengröße* (bzw. *Rahmengröße*) verwendet. Die Adresse der Speicherzelle ergibt sich schließlich, indem die *Bytenummer* an die Rahmennummer angehängt wird, was einer Addition der Basisadresse, der vom Deskriptor ausgewählten Seite und der Bytenummer entspricht (b).

Der Nachteil der in Bild 2.67 dargestellten einstufigen Seitenverwaltung ist, dass die Seitentabelle immer vollständig im Hauptspeicher gehalten werden muss. Dies kann abhängig von der Breite der virtuellen Adresse einen erheblichen Speicherplatz erfordern (mit 64 Bit Adressen und einer Seitengröße von 4 KByte werden z.B. 2^{52} Deskriptoren benötigt). Deshalb benutzt man statt einer einzelnen Tabelle meist mehrere hierarchisch angeordnete Tabellen. Das Prinzip einer zweistufigen Speicherverwaltung verdeutlicht Bild 2.68. Mit Hilfe der in der virtuellen Adresse codierten Verzeichnisnummer wird auf das im Hauptspeicher befindliche *Seitenverzeichnis* relativ zur Adresse „Basis" zugegriffen (a). Der gelesene *Seitentabellendes-*

kriptor dient der Adressierung der hierarchisch untergeordneten Seitentabelle (b), wobei man als Index die Seitennummer nutzt, die Teil der virtuellen Adresse ist. Der auf diese Weise ermittelte Deskriptor (c) lässt sich schließlich für den Hauptspeicherzugriff verwenden, wobei die reale Adresse durch Konkatenation der Rahmennummer und der in der virtuellen Adresse codierten Bytenummer erzeugt wird (d).

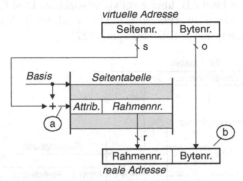

Bild 2.67. Einstufige Seitenverwaltung des Hauptspeichers. Jeder virtuellen Seitennummer ist ein Speicherbereich fester Größe zugeordnet

Die mehrstufige Verwaltung des Hauptspeichers hat Vorteile: So müssen neben der Verzeichnistabelle maximal die tatsächlich benötigten Seitentabellen im Hauptspeicher gehalten werden, wodurch sich Speicherplatz einsparen lässt. Zugriffe auf nicht vorhandene Seitentabellen sind jeweils erkennbar, indem in den Attributen der Verzeichnistabelle zu jedem Seitentabellendeskriptor codiert ist, ob die jeweilige Tabellenbasis der untergeordneten Seitentabelle definiert oder nicht definiert ist. Als ein weiterer Vorteil lässt sich anführen, dass die Änderung von Attributen einer logischen Einheit, die mehrere Seiten umfasst, nicht notwendigerweise in allen betroffenen Deskriptoren der Seitentabellen durchgeführt werden muss, sondern ebenso gut in den übergeordneten Scitentabellendeskriptoren des Seitenverzeichnisses[1]. Natürlich setzt dies voraus, dass ein gesetztes Attribut in einem Seitentabellendeskriptor ein gelöschtes Attribut in den Deskriptoren der Seitentabellen überdeckt.

Damit nicht bei jeder Adressumsetzung auf die im Hauptspeicher befindliche Verzeichnis- und Seitentabelle zugegriffen werden muss, ist normalerweise ein *Deskriptorcache* vorhanden. Beim ersten Ansprechen der Seite wird die Adresse herkömmlich umgewandelt, d.h., indem die hierarchisch gegliederten Tabellen im Hauptspeicher nacheinander adressiert und ausgewertet werden (*table walk*). Sobald die Rahmennummer bekannt ist, wird im Deskriptorcache ein Eintrag erzeugt, der die Verzeichnis- und Seitennummer der virtuellen Adresse mit der Rahmennummer der realen Adresse assoziiert. So ist es möglich, alle folgenden Zugriffe auf dieselbe Seite mit der geringen Durchlaufverzögerung des Deskriptorcaches umzusetzen.

---

1. Eine weitere Vereinfachung ergibt sich, wenn einer Seiten- eine Segmentverwaltung vorgeschaltet ist. So müssen bei einer Attributänderung für eine logisch zusammenhängende Einheit nicht mehrere Seitentabellendeskriptoren geändert werden, sondern nur ein Segmentdeskriptor. Die kombinierte Verwaltung des Speichers in Segmenten und Seiten ist z.B. im Pentium 4 von Intel [80] oder im Athlon64 von AMD [3] realisiert.

Es sei abschließend noch angemerkt, dass die in jedem Eintrag des Deskriptorcaches gespeicherten Attribute sich durch Zusammenfassung der entsprechenden Informationen im Seitenverzeichnis und der adressierten Seitentabelle ergeben. – In den meisten Prozessoren sind Deskriptorcaches getrennt für Befehle (*Instruction TLB, ITLB*) und Daten (*Data-TLB, DTLB*) realisiert und besitzen eine geringe Kapazität. So verfügt der XScale von Intel z.B. über zwei vollassoziative Deskriptorcaches mit je 32 Einträgen [83] und der PowerPC MPC7451 von Motorola über zwei 2-fach assoziative Deskriptorcaches mit je 128 Einträgen [127].

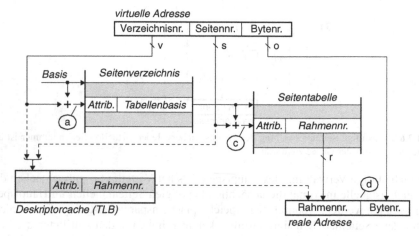

Bild 2.68. Mehrstufige Seitenverwaltung des Hauptspeichers. Eine schnelle Adressumsetzung wird mit Hilfe des Deskriptorcaches erreicht

▶ Bemerkung. Auch mit mehreren hierarchisch angeordneten Tabellen bedarf es eines erheblichen Speicherplatzes, wenn sehr breite virtuelle Adressen umgesetzt werden sollen. Die minimal zwei notwendigen Tabellen einer zweistufigen Seitenverwaltung (Verzeichnistabelle und Seitentabelle) benötigen z.B. $2 \cdot 2^{26}$ Einträge zu je 64 Bits, wenn die virtuelle Adresse 64 Bit breit ist. Dies entspricht einem Speicherbedarf von 1 GByte. Eine Möglichkeit zur Lösung dieses Problems ist die Verwendung zusätzlicher Tabellenhierarchieebenen, allerdings mit dem Nachteil, dass für jede zusätzlich zu durchlaufende Tabelle ein weiterer Speicherzugriff notwendig wird, falls der Deskriptorcache den benötigten Eintrag nicht enthält.

Eine Alternative ist die Verwendung sog. *invertierter Verzeichnis-* bzw. *Seitentabellen.* Sie enthalten möglichst nur die für die Adressumsetzung relevanten Einträge. Die Adressierung eines Deskriptors geschieht hierbei, indem die Verzeichnis- oder Seitennummer durch eine Hashfunktion in einen Tabellenindex gewandelt wird. Natürlich ist hierbei das für Hashtabellen typische Problem der Kollision unterschiedlicher Verzeichnis- bzw. Seitennummern in einem Eintrag der Hashtabelle zu lösen. Invertierte Tabellen werden z.B. in den Speicherverwaltungseinheiten des PowerPC 604 und PowerPC MPC750 von Motorola verwendet [130, 128].   ◀

Virtueller Speicher

Als virtuell bezeichnet man ein von einem Programm adressierbaren Speicher, dessen Gesamtkapazität die des real verfügbaren Hauptspeichers übersteigt. Erreicht wird dies, indem direkt auf einem großen Hintergrundspeicher, z.B. der Festplatte gearbeitet und mit Hilfe einer Speicherverwaltungseinheit der Hauptspeicher zu einem cache-ähnlich wirkenden Zwischenspeicher umfunktioniert wird.

Damit unterschieden werden kann, ob sich ein Speicherbereich im Hauptspeicher (also dem Zwischenspeicher) befindet oder nicht, lassen sich die in den Deskriptoren jeweils definierten Adressabbildungen durch ein Attribut als gültig bzw. ungültig (*valid*) kennzeichnen. Bei einem Zugriff auf einen Speicherbereich, dessen Deskriptor eine ungültige Adressabbildung enthält (der Speicherbereich befindet sich nicht im Hauptspeicher), löst die Speicherverwaltungseinheit einen *Seitenfehler* (*page fault*) aus, der den Prozessor veranlasst, den diesen Fehler verursachenden Befehl abzubrechen und in eine dafür zuständige Seitenfehlerbehandlungsroutine (page fault handler) zu verzweigen.

Der virtuell adressierte Speicherbereich wird daraufhin programmiert aus dem Hintergrund- in den Hauptspeicher geladen, wobei bereits vorhandene Inhalte ggf. verdrängt werden (swap). Anschließend muss man nur noch den Deskriptor modifizieren, und zwar so, dass die virtuelle auf die reale Adresse des neu geladenen Speicherbereichs verweist und als gültig gekennzeichnet ist. Die Seitenfehlerbehandlungsroutine kann schließlich beendet werden, indem in das durch den Seitenfehler unterbrochene Programm zurückgekehrt und dabei der den Seitenfehler auslösende Befehl wiederholt wird. Da nun der Deskriptor eine gültige Adressabbildung enthält, lässt sich der Zugriff fehlerfrei ausführen.

Selbstverständlich werden beim Laden aus dem Hintergrundspeicher zunächst Hauptspeicherbereiche verwendet, die bisher nicht belegt sind. Falls jedoch kein freier Speicher mehr existiert, kommt es zur Verdrängung belegter Speicherbereiche aus dem Hauptspeicher. Bevorzugt finden dabei solche Segmente oder Seiten Verwendung, auf die möglichst lange Zeit nicht zugegriffen wurde. Sie werden meist mit Hilfe teilweise in Software realisierter *Heuristiken* erkannt. Zum Beispiel geht man hier so vor, dass bei einem Zugriff auf den Hauptspeicher in den beteiligten Deskriptoren befindliche Zähler inkrementiert und in festen Zeitintervallen halbiert werden. Letzteres, damit lang zurückliegende große Zählstände an Bedeutung verlieren. Der kleinste in einem Deskriptor gespeicherte Zählerstand zeigt jeweils den Speicherbereich an, auf den in jüngster Zeit am seltensten zugegriffen wurde [181].

Sobald man einen zu ersetzenden Speicherbereich ausgewählt hat, muss sein alter Inhalt ggf. in den Hintergrundspeicher übertragen werden. Dies ist jedoch nur erforderlich, wenn zuvor ein schreibender Zugriff auf den durch einen Deskriptor repräsentierten Speicherbereich erfolgte. Damit sich die zu sichernden von den nicht zu sichernden Speicherbereichen unterscheiden lassen, wird z.B. so verfahren, dass Schreiboperationen in einem Attribut (*modified* oder *dirty*) der beteiligten Deskriptoren protokolliert werden. – Ein virtueller Speicher ist normalerweise in Seiten organisiert. Zwar ist die Verwendung von Segmenten prinzipiell möglich, aber nicht sinnvoll, da es wegen des häufigen Ein- und Auslagerns unterschiedlich großer Speicherbereiche zu einer starken Fragmentierung des Hauptspeichers kommen würde.

▸ Bemerkung. Beim Entwurf eines Prozessors ist vor allem zu berücksichtigen, dass Seitenfehler zu sehr unterschiedlichen Zeitpunkten auftreten können. So muss es z.B. möglich sein, einen zur

Hälfte bereits bearbeiteten Befehl abzubrechen und alle bereits am Zustand des Prozessor vorgenommenen Änderungen rückgängig zu machen. Außerdem muss ein Prozessor in der Lage sein, den fehlerauslösenden Befehl nach Bearbeitung der Seitenfehlerbehandlungsroutine erneut auszuführen. Dies ist z.B. bei Befehlen kompliziert, die im Delayslot eines Sprungbefehls stehen (siehe Abschnitt 2.2.4). Auf andere im Zusammenhang mit der Bearbeitung von Seitenfehlern stehende Probleme wird zu gegebenem Zeitpunkt hingewiesen.   ◄

3 Operationsparallel arbeitende Prozessoren

Die im letzten Kapitel beschriebenen Prozessoren führen Befehle streng sequentiell entsprechend der vom Programm vorgegebenen Reihenfolge aus. Dies gilt auch für die Fließbandprozessoren, bei denen sich zwar mehrere Befehle gleichzeitig in Bearbeitung befinden, die die einzelnen Verarbeitungsschritte, wie z.B. Decodierung oder Ausführung, jedoch weiterhin sequentiell durchführen. Dieses Kapitel enthält Beschreibungen zu parallel arbeitenden Prozessoren. Als Einheit für die Parallelverarbeitung werden statt der Befehle die *Operationen* betrachtet, was deshalb sinnvoll ist, weil in einzelnen Befehlen mehrere Operationen codiert sein können.

Wie bereits erwähnt ist die Bedeutung des Begriffs Operation nicht klar umgrenzt. Zum Beispiel lassen sich die Additionen und Shifts eines Multiplikationsbefehls als Operationen bezeichnen, so dass jeder Prozessor, in dessen Programmiermodell ein einschrittig arbeitender Multiplikationsbefehl definiert ist, auch als parallelverarbeitend zu klassifizieren wäre. Für die folgenden Betrachtungen wird die Grenze deshalb so gezogen, dass Operationen, die in Hochsprachen elementar sind, als nicht-parallel gelten, mithin keine Operationsparallelität aufweisen. Dies gilt z.B. für die Multiplikation (a · b), nicht jedoch für die in vielen Signalprozessoren verfügbare akkumulierende Multiplikation (a · b + akku).

Als Maß für die Operationsparallelität sei die Anzahl der Operationen definiert, die pro Zeiteinheit maximal den Decoder verlassen (*issue*). Eine solche Definition ist gerechtfertigt, weil erst nach der Befehlsdecodierung feststeht, wie viele Operationen in den einzelnen Befehle tatsächlich codiert sind. Bemerkenswert ist, dass die Operationsparallelität nicht entsprechend der Anzahl der parallel in Ausführung befindlichen Operationen bemessen wird, die nämlich wegen Unterschieden in den Ausführungszeiten partiell größer als die vom Decoder ausgegebene Anzahl von Operation sein kann, im Durchschnitt jedoch identisch ist.

Welche Operationen parallel zu bearbeiten sind, ist dabei entweder statisch in den Befehlen codiert oder wird dynamisch bestimmt. Abschnitt 3.1 beschreibt zunächst die Prinzipien der statischen, Abschnitt 3.2 die der dynamischen Operationsparallelität. Letztere werden in superskalaren Prozessoren verwendet, um im Vergleich zu den im vorangehenden Kapitel behandelten skalaren Prozessoren einen erhöhten Befehlsdurchsatz zu erreichen. Das Kapitel schließt mit Ausführungen zur pseudoparallelen Verarbeitung von Operationen, dem sog. Multi- bzw. Hyperthreading.

3.1 Statische Operationsparallelität

Bei der statischen Operationsparallelität sind in einem Befehl die parallel auszuführenden Operationen explizit oder implizit codiert. *Explizit* bedeutet, dass jede der parallel auszuführenden Operationen einen eigenen Operationscode besitzt, *implizit*, dass alle parallel auszuführenden Operationen durch einen gemeinsamen Operationscode repräsentiert werden. Ebenfalls möglich ist eine kombinierte explizite und implizite Codierung parallel auszuführender Operationen, z.B. indem in zwei Operationscodes insgesamt vier Operationen codiert sind.

Die statische Operationsparallelität, explizit oder implizit, muss im Gegensatz zu der in Abschnitt 3.2 zu beschreibenden dynamischen Operationsparallelität bei der Erzeugung eines Programms ausdrücklich berücksichtigt werden. Dies ist i.Allg. Aufgabe eines *optimierenden Übersetzers*, da die Assemblerprogrammierung aufgrund der im Vergleich zur Hochsprachenprogrammierung schlechteren Wartbarkeit und Portierbarkeit sowie der längeren Programmentwicklungszeit heute eine nur noch sehr geringe Bedeutung hat. Zwar sind automatisch erzeugte Programme i.Allg. langsamer als Hochsprachenprogramme, aufgrund der hohen Leistungsreserven moderner Prozessoren ist dies jedoch tolerierbar.

Entsprechend der *Taxonomie von Flynn* lässt sich ein Rechnersystem etwas grob nach der Anzahl der parallel ausgeführten Befehle und verarbeiteten Daten unterscheiden [47, 54]. Hierbei klassifiziert man die Verarbeitung eines einzelnen Befehlsstroms durch SI (*single instruction*) und die Verarbeitung mehrerer Befelsströme durch MI (*multiple instruction*). Weiter wird das Operieren auf einem einzelnen Datensatz als SD (*single data*), das auf mehreren Datensätzen als MD (*multiple data*) bezeichnet. Es ergeben sich insgesamt vier Kombinationen: In *SISD-Rechnern* wird ein Befehlsstrom ausgeführt und mit jedem Befehl ein Datensatz bearbeitet. In *SIMD-Rechnern* wird ein Befehlsstrom ausgeführt und gleichzeitig auf mehreren Datensätzen operiert. In *MISD-Rechnern* wird mit mehrere Befehlsströmen parallel auf einem Datensatz gearbeitet. In *MIMD-Rechnern* werden schließlich mehrere Befehlsströme und unterschiedliche Datensätzen bearbeitet. Entsprechend dieser Taxonomie lässt sich ein Einprozessorrechner als SISD, ein Parallelrechner als MIMD bezeichnen.

Ähnlich lassen sich auch Prozessoren oder Funktionseinheiten nach Flynn klassifizieren. Da jedoch ein Prozessor bzw. eine Funktionseinheit nur einen einzelnen Befehlsstrom verarbeitet, wird dabei statt der Anzahl parallel ausgeführter Befehle besser die Anzahl der in einem Befehl explizit codierten Operationen berücksichtigt. Ein Datensatz besteht dementsprechend aus den Operanden und Ergebnissen, die bei Ausführung einer implizit oder explizit codierten Operation benötigt bzw. erzeugt werden, wobei möglicherweise auch unterschiedliche Operationen auf einem gemeinsamen Datensatz operieren können.

Gemäß dieser Festlegung lassen sich die skalaren Prozessoren aus Kapitel 2 klar dem SISD-Verarbeitungsprinzip zuordnen. Die in den nachfolgenden Abschnitten 3.1.1 bis 3.1.3 beschriebenen Multimedia-Einheiten, Feld- und Vektorrechner sind hingegen als SIMD zu klassifizieren. Als MIMD dürfen schließlich die in Abschnitt

3.1.4 und 3.1.5 diskutierten Signal- bzw. VLIW-Prozessoren bezeichnet werden. Rechner, Prozessoren oder Funktionseinheiten, die nach dem MISD-Verarbeitungsprinzip arbeiten, finden keine Berücksichtigung.

3.1.1 Multimedia-Einheiten (SIMD-Einheiten)

Neben den herkömmlichen Einheiten zur Verarbeitung von Integer- und Gleitkommazahlen sind in leistungsfähigen Prozessoren oft Multimedia- oder SIMD-Einheiten vorhanden. Mit ihnen lassen sich *Vektoren*, meist 64 oder 128 Bit breit, in einem Schritt entsprechend einer im Befehl codierten Operation verknüpfen bzw. erzeugen. Die Unterteilung der Vektoren ist vom verwendeten Elementtyp abhängig. Zum Beispiel können von der SSE2 Einheit (streaming SIMD extension) des Pentium 4 von Intel [81] 128 Bit breite Vektoren verarbeitet oder erzeugt werden, in denen 16, 8, 4 oder 2 ganze Zahlen der Breite 8, 16, 32 bzw. 64 Bit oder 4 Gleitkommazahlen einfacher bzw. 2 Gleitkommazahlen doppelter Genauigkeit entsprechend IEEE 754-1985 enthalten sind[1].

Die Breite eines Vektors, seine Elementzahl und der Elementtyp bezeichnet man zusammengenommen als *Vektortyp*. Für die Operanden mehrstelliger Operationen muss er meist identisch sein, wobei das Ergebnis einen abweichenden Vektortyp besitzen kann. Zur Verarbeitung von Vektoren stehen Operationen zum Aufbau von Vektoren, zur Typumwandlung, zur Permutation der Vektorelemente und zur Verknüpfung von Vektoren zur Verfügung.

Der Vergleich von Vektoren erfolgt gewöhnlich elementweise. Die einzelnen booleschen Bedingungsergebnisse werden z.B., wie in der AltiVec-Einheit des PowerPC 970 von IBM [66], durch Und- bzw. Oder-Verknüpfung zu einem Ergebnis zusammengefasst, das durch einfache bedingte Sprungbefehle auswertbar ist. Eine individuelle Zuordnung der einzelnen Bedingungsergebnisse des elementweisen Vergleichs ist so jedoch nicht möglich. Deshalb verfügen einige Prozessoren, z.B. der Pentium 4, über Vergleichsoperationen, mit denen sich ein Bedingungsvektor erzeugen lässt. Falls die Elemente der Operandenvektoren die in der Operation codierte Bedingung nicht erfüllen, werden die entsprechenden Bits im Ergebnisvektor gelöscht, sonst gesetzt. Das Ergebnis ist z.B. nutzbar, um aus den Operandenvektoren durch bitweises Und-Verknüpfen die der Bedingung genügenden Elemente herauszufiltern. Es ist jedoch nicht möglich, das Ergebnis direkt zur Kontrollflusssteuerung zu verwenden.

Bedingungsvektoren lassen sich im Prinzip auch dazu benutzen, Zahlenbereichsüber- bzw. -unterschreitungen bei Ausführung arithmetischer Operationen zu detektieren. Wegen des Aufwands bei der Überprüfung entsprechender Bedingungsvektoren wird i.Allg. jedoch anders verfahren. So existieren oft Varianten arithmetischer Operationen, bei deren Ausführung eine mögliche Zahlenbereichsüber- bzw. unterschreitung entweder ignoriert oder das Ergebnis auf den Maximal- bzw. Minimalwert begrenzt wird (die sog. *Sättigung* oder *Saturation*).

---

1. Tatsächlich können auch „Vektoren" mit nur einem Element, also Skalare, verarbeitet werden.

Zum Beispiel kann der Pentium 4 von Intel Vektoren mit 16 Bit breiten ganzzahligen Elementen durch die Befehle paddw (add packed word integers), paddsw (add packed signed word integers with signed saturation) und paddusw (add packed unsigned word integers with unsigned saturation) verknüpfen, wobei die beiden letzten Varianten das Ergebnis ggf. auf den Maximal- bzw. Minimalwert begrenzen. Dass hier zwei Varianten mit Sättigung existieren, liegt daran, dass sich die Zahlenbereiche vorzeichenloser und -behafteter Zahlen voneinander unterscheiden.

▶ *Beispiel 3.1. Vektoraddition.* Zur Berechnung der Summe der 32-Bit-Zahlen a bis h ist in Bild 3.1 ein Assemblerprogramm für den Pentium 4 dargestellt, jeweils mit den Inhalten der verwendeten Vektorregister xmm0 bis xmm3 und dem Intergerregister eax. Zunächst befinden sich die zu addierenden Zahlen in den beiden Vektorregistern xmm0 und xmm1 (oben im Bild). Durch die erste Addition paddd (add packed doubleword integers) werden die jeweils untereinander stehenden Elemente der Vektoren addiert und mit dem Ergebnis der Inhalt des ersten Operandenregisters überschrieben. Da die Addition jeweils nur elementweise möglich ist, wird als nächstes mit dem Befehl pshufd (*shuffle* packed doublewords) in xmm2 ein Vektor generiert, dessen obere und untere zwei Elemente vertauscht sind.

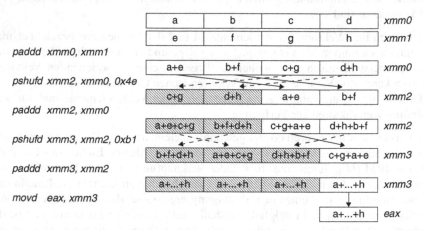

Bild 3.1. Assemblerprogramm für den Pentium 4 von Intel, mit dem die Summe der 32-Bit-Zahlen a bis h berechnet wird, wobei SIMD-Befehle verwendet werden. Die nicht benutzten Teile eines Vektors sind schraffiert dargestellt (Bild in Anlehnung an [98]).

Die nachfolgende Addition generiert jeweils zwei identische Teilergebnisse a+e+c+g und b+h+d+f, und zwar einmal in der oberen und einmal in der unteren Hälfte des Zielregisters xmm2. Die beiden oberen Vektorelemente können somit ignoriert werden. Durch erneutes Vertauschen der Elemente und anschließender Addition wird das abschließende Ergebnis insgesamt vier Mal erzeugt. Zur Weiterverarbeitung muss man schließlich nur noch das unterste Element des Vektors durch den Befehl movd in das Intergerregister eax übertragen.

Das dargestellte Programm ist zwar in seiner Aufgabenstellung untypisch und daher auch wenig effizient (sechs Befehle zur Addition von acht Operanden), es ist aber in seinem grundsätzlichen Aufbau charakteristisch für die Programmierung mit SIMD-Befehlen. So muss z.B. die Berechnung des endgültigen Ergebnisses immer wieder durch Befehle unterbrochen werden, die die Vektoren geeignet anordnen. Dies gilt insbesondere auch für die Operanden zu Beginn einer Berechnung, was im Bild z.B. nicht dargestellt ist. Eine Verbesserung ist hier erreichbar, indem das Umordnen von Vektoren mit arithmetischen Operationen kombiniert wird. Die Anzahl der Befehle in Bild 3.2 ist dadurch von insgesamt Sechs auf Vier reduzierbar.

Allerdings ist es erforderlich, einen zusätzlichen Operanden in arithmetischen Vektorbefehlen vorzusehen, um anzugeben, wie wenigstens einer der beiden Quellvektoren umzuordnen ist, bevor die eigentliche Operation ausgeführt wird. Problematisch ist, dass für die Codierung der Elementanordnung z.B. beim Pentium 4 maximal 64 Bit erforderlich sind, nämlich dann, wenn mit 128-Bit-Vektoren in denen 16 Elemente zu je acht Bit enthalten sind, gearbeitet wird (je vier Bit für jedes der 16 Elemente).

Besser ist, nicht beliebige Anordnungen von Elementen, sondern nur eine Auswahl der wichtigsten Anordnungen zu unterstützen. Dies ist z.B. in der als Coprozessor definierten SIMD-Einheit des Nemesis C der TU Berlin möglich, der über Befehle verfügt, mit denen sich die Elemente des ersten Operandenvektors optional um N rotieren und ggf. in der Reihenfolge vertauschen lassen. Für 128-Bit-Vektoren mit 16 Elementen zu je acht Bit ist dies in fünf Bit codierbar [114, 198]. Ein entsprechendes Assemblerprogramm zur Additionen der Zahlen a bis h ist in Bild 3.2 dargestellt.

```
1:    vaddw    v0, v0, v1          // Vektoraddition v0 = [a, b, c, d] + [e, f, g, h]
2:    vaddw    v2, v1 rot 2, v1    // Vektoraddition v2 = [-, -, a + e, b + f] + [-, -, c + g, d + h]
3:    vaddw    v3, v2 rot 1, v2    // Vektoraddition v3 = [-, -, -, a + e + c + g] + [-, -, -, b + f + d + h]
4:    vmvw     r0, v3 rot 0        // Ergebniszuweisung r0 = a+...+h
```

Bild 3.2. Assemblerprogramme zur Berechnung der Summe der Zahlen a bis h für eine als Coprozessor realisierte SIMD-Einheit des Nemesis C [114, 198]   ◢

3.1.2 Feldrechner

Mit den zuvor beschriebenen Multimedia-Einheiten ist es bei geringem Aufwand möglich, den Durchsatz der Operationen zu verbessern, indem die Menge der in einem Vektor enthaltenen Elemente vergrößert wird. Natürlich steigt hierdurch der Speicherbedarf und es sinkt die Zugriffsgeschwindigkeit, was vor allem deshalb von Nachteil ist, weil Vektoren, die eine große Anzahl an Elementen besitzen, nur selten benötigt werden. Zwar ist es prinzipiell möglich, mehrere Objekte in einem Vektor zu kombinieren (z.B. zwei dreielementige Vektoren in einem sechselementigen Vektor), jedoch ist deren Verarbeitung i.Allg. komplizierter, als würden sie separat gespeichert. So kann es z.B. notwendig sein, vor einer Berechnung die beteiligten Vektoren zu zerlegen und die erzeugten Ergebnisse anschließend wieder zu Vektoren zusammenzusetzen. Die Verarbeitung einer großen Anzahl gleichförmiger oder auch unterschiedlicher Objekte sollte deshalb besser auf andere Weise erfolgen, nämlich von einer aus *Recheneinheiten*, den sog. *PEs* (*processing elements*) bestehenden Matrix (array), die durch einen einzelnen Operationsstrom gesteuert wird.

Die Objekte werden hierbei jeweils lokal in den den einzelnen Recheneinheiten zugeordneten Speichern gehalten. Die Summe der Recheneinheiten und lokalen Speicher formt die sog. Rechenmatrix (computing array), die vergleichbare Eigenschaften wie eine Multimedia-Einheit besitzt: Während die Rechenmatrix eine einzelne Operation auf N Daten in N unterschiedlichen Recheneinheiten ausführt, wirkt in einer Multimedia-Einheit eine Operation auf N Elemente eines einzelnen Vektors.

Allerdings lassen sich die Recheneinheiten eines Feldrechners, anders als bei den Multimedia-Einheiten, individuell an den bearbeiteten Operationsstrom koppeln bzw. ablösen. Zunächst sind dabei sämtliche Recheneinheiten der Matrix aktiv. Die Auswahl der für eine Berechnung zu verwendenden Einheiten geschieht, indem Vergleichsoperationen auf lokalen, ggf. auch globalen Daten ausgeführt und die Ergebnisse miteinander verknüpft werden. Die ermittelten Wahrheitswerte können schließlich benutzt werden, um durch Ausführung einer einzelnen Operation die Menge der aktiven Recheneinheiten einzuschränken. Da dies einer Assoziation von Rechenelementen mit dem nachfolgend zu bearbeitenden Operationsstrom entspricht, wird hier von sog. *assoziativen Rechenmatrizen* (*associative computing array, ACA*) gesprochen, die ein wesentlicher Bestandteil des Datenwerks eines Feldrechners sind.

Sobald festgelegt ist, welche Recheneinheiten aktiv und welche inaktiv sein sollen, beginnt die Bearbeitung des problemlösenden Operationsstroms. Hierbei kann es vorkommen, dass einzelne zunächst aktive oder inaktive Recheneinheiten deaktiviert bzw. aktiviert werden müssen, was genau wie zum Anfang der Verarbeitung eines Programms durch Ermittlung eines Wahrheitswerts, der den Aktivierungsstaties der einzelnen Recheneinheiten zugewiesen wird, geschieht. Um dies auch für inaktive Recheneinheiten zu ermöglichen, lassen sich Operationen als unbedingt ausführbar, also vom *Aktivierungszustand* unabhängig, kennzeichnen. – Für die Kommunikation zwischen den Recheneinheiten wird i. Allg. entweder ein gemeinsamer globaler Speicher oder, was häufiger ist, ein *Kommunikationsnetz* verwendet, das z.B. benachbarte Einheiten der assoziativen Rechenmatrix jeweils miteinander verbindet. Ebenfalls gebräuchlich ist die Anordnung der Recheneinheiten in einem sog. *Hyperkubus* (*hypercube*), also einem mehrdimensionalen Würfel [165].

In Bild 3.3 ist links dargestellt, wie sich eine assoziative Rechenmatrix prinzipiell realisieren lässt. Damit die einzelnen Operationen von allen aktiven Recheneinheiten PE_1 bis PE_N gleichzeitig ausgeführt werden können, verteilt man den Operationscode zunächst über die mit a markierte Verbindung. Für Operanden und Ergebnisse wird ggf. auf die lokalen Speicher zugegriffen, die hierzu mit den im Befehl codierten Adressen parallel anzusteuern sind (b). Alternativ kann ein Operand auch über das Kommunikationsnetz gelesen werden, welches je zwei benachbarte Recheneinheiten miteinander verbindet (c).

Für die Kommunikation mit dem Gesamtsystem sind zwei alternative Schnittstellen vorgesehen: (1.) können die einzelnen Recheneinheiten über die mit d markierte Verbindung einen gemeinsamen globalen Speicher ansprechen, der insbesondere auch durch den die Rechenmatrix enthaltenden Prozessor adressierbar ist, und (2.) ist es möglich über die mit e markierte Verbindung Inhalte aus dem Hauptspeicher des Systems mit Inhalten in einzelnen oder mehreren lokalen Speichern auszutauschen, und zwar oft vom Prozessor unabhängig mit Hilfe eines sog. *DMA-Controllers*[1] (*direct memory access controller* [46, 98, 47]).

Der prinzipielle Aufbau einer einzelnen Recheneinheit ist in Bild 3.3 rechts dargestellt. Die ALU kann jeweils Operanden aus dem lokalen Speicher und alternativ

---

1. Ein DMA-Controller ist eine auf Datenübertragung spezialisierte Einheit, die ohne Mithilfe des Prozessors autonom auf Peripherie und Speicher zugereifen kann. Für die Adressierung verfügt er über eine eigene Adressgenerierungseinheit, von der insbesondere auch das Ende eines Blocktransfers erkannt wird. Ein DMA-Controller transportiert Daten i. Allg. schneller als ein Prozessor. Außerdem agiert er normalerweise parallel zum Prozessor, wodurch ebenfalls Rechenzeit gespart wird. DMA-Controller werden in dieser Arbeit nicht weiter beschrieben.

aus dem lokalen oder globalen Speicher sowie dem Ergebnisregister benachbarter Recheneinheiten miteinander verknüpfen. Die Auswahl des zweiten Operanden geschieht dabei durch den mit f markierten Multiplexer. Das Ergebnis wird in den lokalen Speicher oder über das mit g markierte Ergebnisregister in den globalen Speicher geschrieben bzw. an die benachbarten Recheneinheiten übertragen. Parallel dazu generiert die ALU ein Bedingungsergebnis, dass sich in einem von N jeweils ein Bit breiten Bedingungsregistern speichern lässt (h). Eine ausgezeichnete Bedeutung hat das als *Tag* beschriftete Bedingungsregister. Falls es gesetzt ist, werden die der Recheneinheit zugeführten Operationen unbedingt bearbeitet, falls nicht, werden nur solche Operationen ausgeführt, die entsprechend gekennzeichnet sind.

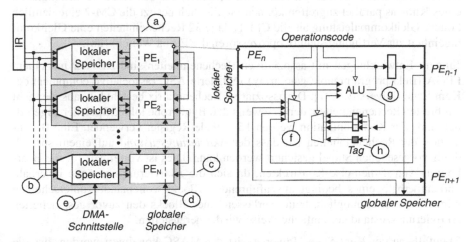

Bild 3.3. Prinzipieller Aufbau einer assoziativen Rechenmatrix. Die Operationen werden in allen Rechenelementen PE_n, deren Tags gesetzt sind, gleichzeitig ausgeführt

Assoziative Rechenmatrizen sind in vielen Varianten realisiert worden – wegen des hohen Aufwands zunächst jedoch nur in Großrechnern. Bereits 1962 begann die Entwicklung der Illiac IV an der University of Illinois. Der Rechner war ursprünglich mit vier Quadranten zu je 8 · 8, also insgesamt 256 Recheneinheiten geplant, von denen jedoch nur ein Quadrant mit 64 Recheneinheiten tatsächlich realisiert wurde. Zur Kommunikation sind die Recheneinheiten in einer zweidimensionalen Matrix als sog. 2D-Torus vernetzt. Jede Recheneinheit verarbeitet 64 Bit breite Daten und kann auf einen lokalen, 2048 Worte großen Speicher zugreifen. Die Kosten für das Gesamtsystem wurden anfangs mit 8 Millionen US-Dollar kalkuliert, betrugen am Ende jedoch 31 Millionen US-Dollar. Dies, sowie die geringe Rechenleistung von 150 statt der avisierten 1000 MFlops waren Gründe, weshalb Feldrechner in der Folgezeit sehr unpopulär wurden [179]. Erst deutlich später, nämlich Mitte der 70er Jahre, folgte mit dem STARAN von Goodyear Aerospace ein weiterer kommerzieller Feldrechner [143].

Die Firma Thinking Machines Corporation TMC präsentierte 1985 mit der Connection-Machine CM-1 den wahrscheinlich bekanntesten Feldrechner. Die insgesamt 65536 Recheneinheiten sind in vier Matrizen organisiert, die sich getrennt nutzen lassen. Die Kommunikation erfolgt über einen 12-dimensionalen Hyperkubus, der je 4196 Knoten verbindet sowie ein sog. NEWS-Netz (north-east-west-south), das je 16 benachbarte Recheneinheiten miteinander koppelt. Die einzelnen Recheneinheiten arbeiten bitseriell, wobei eine ALU drei 1-Bit-Operanden zu zwei unabhängigen 1-Bit-Ergebnissen beliebig verknüpfen kann. Zwischenergebnisse werden in sog. Flag-Registern, Variablen in je 4 KBit großen lokalen Speichern gehalten.

Der Nachfolger der CM-1 wurde 1987 mit verbesserter Architektur fertiggestellt. Der lokale Speicher der CM-2 hat eine Kapazität von je 64 KBit. Außerdem wurde die Kommunikationsfähigkeit verbessert, und zwar durch Ersetzen des langsamen NEWS-Netzes durch einen gemeinsamen Speicher, auf den je 16 Recheneinheiten eines Knotens parallel zugreifen können. Schließlich besitzt die CM-2 eine deutlich höhere Gleitkommaleistung als die CM-1, da je 32 Recheneinheiten eine Gleitkommaeinheit zur Verfügung steht (Coprozessoren der Firma Weitek) [88].

Jüngere Entwicklungen mit assoziativen Recheneinheiten sind z.B. der mit einem FPGA (field programmable gate array) realisierte ASC (associative computer) der Kent State University [197]: Die assoziative Rechenmatrix besteht hier aus vier acht Bit breiten Recheneinheiten, denen jeweils 256 Byte große lokale Speicher zugeordnet sind. Zur Kommunikation werden 16 globale Register verwendet. Eine Besonderheit der Recheneinheiten ist, dass der *Aktivierungszustand* auf einem speziell dafür vorgesehenen Stapel gesichert werden kann. Dies ist vorteilhaft für die Bearbeitung von if-then-else-Konstrukten, da sich die Aktivierungszustände innerhalb und außerhalb eines bedingt auszuführenden Blocks voneinander unterscheiden können. So ist es möglich, beim Verlassen eines Blocks den zuvor gespeicherten Aktivierungszustand auf einfache Weise wieder herzustellen.

Ebenfalls an der Kent State University ist der MASC konzipiert worden, der die besondere Eigenschaft hat, mehrere Operationsströme parallel bearbeiten zu können. Er verfügt hierzu über eine skalierbare Anzahl von Rechenmatrizen, die sich über speziell dafür vorgesehene *Fork*- und *Join-Abweisungen* an unterschiedliche Operationsströme koppeln lassen [150].

In der bisher beschriebenen Form sind assoziative Rechenmatrizen nur zur Lösung spezieller Aufgaben geeignet, nämlich solcher, bei denen eine einzelne Berechnung auf vielen Daten ausgeführt werden muss (siehe Beispiel 3.2). Für allgemeine Anwendungen sind Feldrechner jedoch ungeeignet, weshalb es naheliegend ist, assoziative Rechenmatrizen nur zur Ergänzung herkömmlicher Prozessoren zu verwenden. So verfügt der MiMagic 6 von NeoMagic z.B. neben dem Prozessorkern ARM926EJ über eine sog. APA-Einheit (accosiative processing array) [131]. Sie besteht aus 512 jeweils bitseriell arbeitenden Recheneinheiten, mit denen Daten aus 160 Bit breiten lokalen Speichern verarbeitbar sind.

Zur Kommunikation lassen sich Inhalte der lokalen Speicher benachbarter Recheneinheiten transferieren (z.B. vertauschen). Des Weiteren ist es möglich, den Aktivierungszustand über Shift-Operationen von einer Recheneinheit zur nächsten weiterzureichen. Der Austausch von Daten zwischen den lokalen Speichern und dem Hauptspeicher geschieht mit Hilfe eines DMA-Controllers, der parallel zu den Recheneinheiten arbeitet, sie jedoch nicht behindert [132]. Neben der hohen

Rechenleistung von einer Milliarde Operationen pro Sekunde, bei einer Taktfrequenz von 100 MHz, ist der geringe Stromverbrauch des MiMagic 6 als vorteilhaft zu nennen (z.B. für batteriebetriebene Geräte). Er wird laut Hersteller erreicht, weil sich die Anzahl der Datentransporte mit der APA-Einheit sehr gering halten lässt. Im Idealfall befinden sich die Daten nämlich jeweils dort, wo sie auch benötigt werden.

► **Beispiel 3.2.** *Tonwertkorrektur mit einem Feldrechner.* Die Arbeitsweise einer assoziativen Rechenmatrix soll am Beispiel der *Tonwertkorrektur* eines Graustufenbildes beschrieben werden. Dabei wird die Menge der in einem Bild tatsächlich enthaltenen auf die der codierbaren Graustufen ausgeweitet (z.B. sind in alten Bildern statt eines strahlenden Weiß und eines tiefen Schwarz nur weniger ausgeprägte Grautöne enthalten). Wie in Bild 3.4a dargestellt, muss zunächst ein Histogramm aller im zu bearbeitenden Bild tatsächlich auftretenden Graustufen ermittelt und die Grenzwerte festgelegt werden, die nach der Transformation Weiß bzw. Schwarz ergeben sollen (im Bild sind die Werte durch A und B gekennzeichnet). Anschließend wird die Transformation Bildpunkt für Bildpunkt entsprechend des Gleichungssystems in Bild 3.4c durchgeführt. Das Ergebnis ist in Bild 3.4b veranschaulicht. Zu berücksichtigen ist, dass Graustufen, die nach der Transformation „heller" als Weiß und" dunkler" als Schwarz sein müssten, auf die Maximalwerte Weiß und Schwarz zu begrenzen sind.

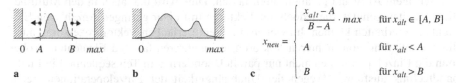

$$x_{neu} = \begin{cases} \dfrac{x_{alt} - A}{B - A} \cdot max & \text{für } x_{alt} \in [A, B] \\[2mm] A & \text{für } x_{alt} < A \\[2mm] B & \text{für } x_{alt} > B \end{cases}$$

a   **b**   **c**

Bild 3.4. Einfaches Verfahren zur Tonwertkorrektur. **a** Graustufenhistogramm vor der Tonwertkorrektur. **b** Graustufenhistogramm nach der Tonwertkorrektur. **c** Transformationsgleichungen

Das Problem lässt sich mit Hilfe einer assoziativen Rechenmatrix wie folgt lösen: Zunächst transferiert man die einzelnen Bildpunkte zu den verfügbaren Recheneinheiten und aktiviert alle Recheneinheiten, deren Bildpunkte einen Grauwert kleiner A aufweisen. Durch Zuweisen des Ergebnisses A werden Bildpunkte, die nach der Transformation rein rechnerisch dunkler als Schwarz sein müssten, auf Schwarz begrenzt. In derselben Weise wird mit den Weiß darzustellenden Bildpunkten verfahren. Schließlich werden die Recheneinheiten aktiviert, denen ein Bildpunkt mit einem Grauwert zwischen A und B zugeordnet ist und entsprechend der in Bild 3.4c wiedergegebenen obersten Gleichung transformiert (dabei lässt sich die Division und anschließende Multiplikation durch eine Multiplikation mit einer Festkommazahl ersetzen).

Je nach Realisierung der Recheneinheiten kann eine einzelne solche Berechnung sehr zeitaufwendig sein. Zum Beispiel bearbeitet der MiMagic 6 eine 12 Bit Multiplikation in 200 Taktzyklen [132]. Wegen der insgesamt 512 parallel arbeitenden Recheneinheiten werden im Durchschnitt jedoch nur 0,4 Taktzyklen benötigt, falls dabei nämlich alle Recheneinheiten aktiv sind. Zum Abschluss der Berechnung sind die Ergebnisse nur noch in den Hauptspeicher zu übertragen. Da die Anzahl der verfügbaren Recheneinheiten meist geringer ist als die Anzahl der Bildpunkte, ist es notwendig, den gesamten Vorgang mehrere Male zu wiederholen. Beim MiMagic 6 ist es jedoch möglich, den Datentransfer, also das Laden von je 512 Bildpunkten und das abschließende Sichern des Ergebnisses parallel zur Tonwertkorrektur auszuführen, so dass für die Bearbeitung von 512 Bildpunkten unter idealen Voraussetzungen nur 1024 Takte, also nur 2 Takte pro Bildpunkt erforderlich sind.   ◄

3.1.3 Vektorprozessoren

Die Verwendung von Vektoren hat für Prozessoren verschiedene Vorteile. So besitzen Programme, in denen Vektoren verarbeitet werden, oft eine höhere Codedichte als solche, die ausschließlich auf Skalaren arbeiten, da sich mit jedem Vektorbefehl mehrere Vektorelemente verknüpfen lassen. Der daraus resultierende geringere Speicherbedarf wirkt sich insbesondere positiv auf den Nutzen eines normalerweise vorhandenen Befehlscaches aus. Ein weiterer Vorteil ist, dass die Anzahl der benötigten Verbindungen zwischen Befehlsdecoder und Verarbeitungseinheiten bei Ausführung von Vektorbefehlen, die parallel auf mehreren Vektorelementen operieren, geringer ist als bei Parallelausführung mehrerer beliebiger und voneinander unabhängiger Operationen (wie z.B. bei den in Abschnitt 3.1.5 beschriebenen VLIW-Prozessoren). Dies vermindert die Kosten, mit denen sich ein Prozessor realisieren lässt. Weiter kann mit Vektorbefehlen oft auf Schleifen verzichtet werden, da hier bereits implizit über die Elemente der beteiligten Vektoren iteriert wird. So lassen sich mögliche Kontrollflusskonflikte vermeiden.

Wichtigster Vorteil der Verwendung von Vektoren ist jedoch, dass die Operationen auf den Vektorelementen unabhängig voneinander ausführbar sind und sich daher mit geringem Aufwand parallelisieren lassen. Dies wird u.a. auch in den Multimedia-Einheiten genutzt, die jedoch nur Vektoren mit einer geringen Anzahl von Elementen verarbeiten können. Im Gegensatz hierzu erlauben Vektorprozessoren auch die Verknüpfung von mehreren Vektoren mit mehreren tausend Elementen, wobei man die Einzeloperationen nicht nur parallel, sondern zum Teil sequentiell in Fließbandtechnik ausführt[1]. Wegen der Unabhängigkeit der Einzeloperationen treten Datenflusskonflikte hierbei nicht auf, so dass keine Bypässe vorgesehen werden müssen. Dies vermindert nicht nur den Aufwand und die Kosten einer Realisierung, sondern wirkt sich oft auch positiv auf den kritischen Pfad und damit auf die maximale Taktfrequenz eines Vektorprozessors aus.

Bis heute werden Vektorprozessoren vor allem in *Groß-* bzw. *Superrechnern* eingesetzt. Dies ist naheliegend, weil Superrechner oft zur Lösung wissenschaftlicher Probleme verwendet werden, die gut vektorisierbar sind. Nach dem Vektorprinzip arbeitende Superrechner unterscheiden sich zwar in vielen Details ihrer Realisierung, besitzen aber oft eine einheitliche Grundstruktur [166, 167]. Als Beispiel ist in Bild 3.5 ein Vektorrechner dargestellt, dessen Struktur weitgehend dem des VPP5000[2] von Fujitsu entspricht [49, 117] und der Ähnlichkeiten zum SX-6[2] von NEC [18, 134] oder der Cray-1, einem der ersten Vektorrechner von Cray [203] aufweist. Er besteht aus mehreren Vektorprozessoren (bei Fujitsu auch als Processing Elements, PEs bezeichnet), die über einen gemeinsamen Hauptspeicher miteinander kommunizieren können. Der Hauptspeicher stellt außerdem die Verbindung zu

---

1. Tatsächlich waren frühe Vektorrechner, z.B. die Cray-1, nicht in der Lage, mehrere Vektorelemente parallel zu verknüpfen, so dass das Hauptmerkmal von Vektorrechnern die Fließbandverarbeitung ist.

2. Genau genommen handelt es sich hierbei nicht um einzelne Vektorrechner, sondern um Familienbezeichnungen für unterschiedliche Vektorrechner, die sich in der Kapazität des verfügbaren Speichers, der Anzahl der Prozessoren usw. voneinander unterscheiden.

einem *Kreuzschienenverteiler* her, der die Kommunikation mit identisch aufgebauten Vektorrechnerknoten ermöglicht. Interaktionen mit Benutzern oder Peripheriekomponenten, wie Massenspeichern oder Netzwerken, werden schließlich autonom von sog. *Ein-/Ausgabeprozessoren* bearbeitet, die ebenfalls auf den zentralen Hauptspeicher zugreifen.

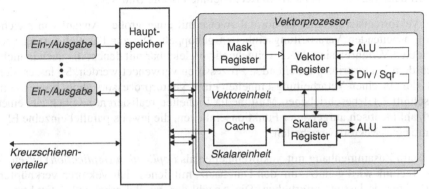

Bild 3.5. Vektorrechner in Anlehnung an den VPP5000 von Fujitsu [49, 117]

Der Aufbau des Gesamtsystems hat verständlicherweise Auswirkungen auf die Struktur der einzelnen Vektorprozessoren. So werden in klassischen Vektorrechnern Unterbrechungen bereits von den Ein-/Ausgabeprozessoren verarbeitet, wodurch sich die Realisierung der auf höchste Geschwindigkeit optimierten Vektorprozessoren signifikant vereinfacht. Die prinzipielle Struktur eines einzelnen Vektorprozessors ist ebenfalls in Bild 3.5 veranschaulicht. Neben einer Vektoreinheit ist eine *Skalareinheit* vorhanden, die für die Verarbeitung nicht vektorieller Daten und Adressen erforderlich ist. Sie wird auch zur Steuerung des Kontrollflusses benötigt und kann als der Vektoreinheit übergeordnet angesehen werden (die Vektoreinheit ist also eine Art Coprozessor). Angemerkt sei noch, dass die Skalareinheit normalerweise wie ein herkömmlicher superskalar oder in VLIW-Technik arbeitender Prozessor aufgebaut ist, weshalb hier auf eine gesonderte Beschreibung verzichtet wird (siehe dazu Abschnitt 3.1.5 bzw. Abschnitt 3.2).

Vektoreinheit

Die zentrale Instanz einer Vektoreinheit ist der *Vektorregisterspeicher*, in dem mehrere Vektoren mit einigen zehn bis tausend i.Allg. 64 Bit breiten Elementen – meist Gleitkommazahlen doppelter Genauigkeit – speicherbar sind (nicht immer konform zum Gleitkommaformat IEEE 754-1985). Je nach Implementierung ist es möglich, in den Vektorregistern eine feste oder eine dynamisch konfigurierbare Elementanzahl zu speichern. So verfügt z.B. der VPP5000 über 256 Vektorregister mit jeweils 64 Elementen, die sich zu maximal acht Vektoren mit jeweils 2048 Einträgen konkatenieren lassen (*register concatenation*).

Des Weiteren ist es möglich, die Anzahl der in den Vektorregistern codierbaren Elemente beliebig einzuschränken, so dass z.B. dreidimensionale Raumkoordinaten in

Vektorregistern speicherbar sind, die mehr als drei Elemente aufnehmen können. Eine Einschränkung der bei einer Operation zu berücksichtigenden Elemente ist schließlich durch die sog. *Maskierung* erreichbar. Dabei werden nur solche Elemente verknüpft, die durch ein Bit in einem implizit oder explizit im Befehl adressierten Maskenregister gekennzeichnet sind. In seiner Wirkung entspricht ein Maskenbit dem Tag einer assoziativen Recheneinheit (siehe Bild 3.3).

Der Vektorregisterspeicher ist normalerweise mit einer großen Anzahl von gleichzeitig arbeitenden Verarbeitungseinheiten gekoppelt. Die zur Parallelisierung verwendeten Verfahren sind dabei weitgehend vergleichbar mit denen, die auch in nicht nach dem Vektorprinzip arbeitenden Prozessoren verwendet werden. So lassen sich z.B. die einzelnen Verarbeitungseinheiten eines Vektorprozessors ähnlich wie die in Abschnitt 3.1.1 beschriebenen Multimedia-Einheiten realisieren, nämlich aus einer Vielzahl identisch aufgebauter Funktionseinheiten, die jeweils parallel einzelne Elemente eines Vektors verarbeiten.

Diese im Zusammenhang mit Vektoreinheiten als *Replikation* (*replication*) bezeichnete Technik wird genutzt, um den Durchsatz, mit denen sich Vektoren verknüpfen bzw. erzeugen lassen, zu erhöhen. Die Anzahl der parallel arbeitenden Funktionseinheiten einer Verarbeitungseinheit (die sog. *Wege, lanes*) wird als Replikationsfaktor (replication factor) bezeichnet. Sie ist z.B. beim SX-6 von NEC gleich Acht [18], beim VPP5000 von Fujitsu gleich 16 [117] und bei der ursprünglich für den Alpha EV8 von Compaq geplanten Erweiterung Tarantula gleich 32 [40].

Neben der Replikation sind auch andere Techniken zum parallelen Betrieb von Verarbeitungseinheiten gebräuchlich. Zum Beispiel kann der als VLIW-Prozessor arbeitende VPP5000 gleichzeitig bis zu vier beliebige, in einem 128 Bit breiten Befehl explizit codierte Operationen ausführen (siehe Abschnitt 3.1.5). Noch leistungsfähiger ist der superskalar arbeitende Alpha EV8, der ebenfalls bis zu vier Operationen parallel ausführen kann, die Parallelisierung aber eigenständig unter Berücksichtigung der bestehenden Abhängigkeiten und verfügbaren Ressourcen durchführt (siehe Abschnitt 3.2).

Ein speziell für Vektoreinheiten verwendetes Verfahren ist das *Verketten* von Verarbeitungseinheiten (*chaining*). Vektoroperationen, die die Ergebnisse anderer Vektoroperationen verarbeiten, werden dabei nicht verzögert, bis die benötigten Vektoren *vollständig* verfügbar sind, sondern nur, bis die jeweils ersten Elemente der benötigten Vektoren bereitstehen. Der Abschluss der Berechnung eines Elements des Operandenvektors eilt somit im Extremfall nur einen einzelnen Takt dem Beginn nachfolgender Berechnungen voraus, die dieses Element benötigen. Die Wirkungsweise des Verkettens von Verarbeitungseinheiten ist in Bild 3.6 anhand eines einfachen Beispiels für die Cray-1 und die Cray Y-MP veranschaulicht.

Die Berechnung der links stehenden Formel erfordert insgesamt fünf Vektoroperationen, deren sequentielle Bearbeitung wie in Bild 3.6a dargestellt erfolgt. Da sich hinter jeder Vektoroperation eine Vielzahl skalarer Operationen verbirgt, die in *Fließbandtechnik* bearbeitet werden, sind die zeitlichen Verläufe nicht als Rechteck, sondern als Parallelogramm dargestellt, wobei die schrägen Kanten jeweils die

Latenzzeiten zur Berechnung eines Vektorelements symbolisieren. Sie sind in Bild 3.6a für alle Vektoroperationen als einheitlich lang idealisiert.

Die Vektoroperationen werden gemäß Bild 3.6a verzögerungsfrei bearbeitet, weil Abhängigkeiten zwar über die Vektoren, nicht jedoch über deren Elemente bestehen. So ist es möglich, die Multiplikation $s \cdot \underline{X}$ mit den ersten Vektorelementen zu beginnen, während die letzten Vektorelemente noch aus dem Hauptspeicher gelesen werden. Voraussetzung ist natürlich, dass die Anzahl der Takte für das Laden eines Vektorelements multipliziert mit dem Replikationsfaktor geringer ist als die Anzahl der Elemente, die der zu ladende Vektor enthält. Falls dies nicht sicherzustellen ist, sind die auftretenden Datenflusskonflikte wie in nicht nach dem Vektorprinzip arbeitenden Prozessoren zu lösen.

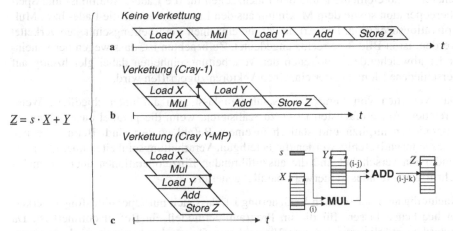

Bild 3.6. Darstellung des zeitlichen Verlaufs der Bearbeitung einer einfachen Berechnung (in Anlehnung an [202]). **a** Ohne Verkettung. **b** Durch Verkettung von Lade- und arithmetisch-logischen Operationen (entsprechend Cray-1). **c** Durch Verkettung aller auszuführenden Operationen (entsprechend Cray Y-MP)

In Bild 3.6b ist, ebenfalls idealisiert, dargestellt, in welcher Weise dieselbe Vektoroperationsfolge durch die Cray-1 von Cray, die eine Verkettung von Verarbeitungseinheiten unterstützt, bearbeitet wird. Die Multiplikation kann begonnen werden, sobald das erste Element des Operandenvektors $\underline{X}$ geladen wurde. Das erste Element des Multiplikationsergebnisses ist somit bereits nach Ablauf der Latenzzeiten der Lade- und Multiplikationseinheit verfügbar. Der vollständige Ergebnisvektor steht nach n Takten bereit, wobei n der Anzahl der Elemente des Vektors $\underline{X}$ entspricht (bei einem Durchsatz von einer Skalaroperation pro Takt). Falls n sehr groß ist, können die Latenzzeiten vernachlässigt werden, so dass sich der Operationsdurchsatz durch Verkettung von z.B. zwei Verarbeitungseinheiten nahezu verdoppelt.

Da die Cray-1 nur über eine einzelne Speicherzugriffseinheit verfügt, müssen die noch fehlende Lade- bzw. Speicheroperation im weiteren zeitlichen Verlauf sequentiell ausgeführt werden. Die in Anlehnung an [202] auftretende Lücke zwischen den beiden Ladeoperationen ist nach Ansicht des Autors vermeidbar. Eine mögliche Erklärung für deren Existenz könnte sein, dass der sequentiell arbeitende

Befehlsdecoder die Ladeoperation erst starten kann, wenn die Multiplikation das Fließband verlässt.

Während die Cray-1 pro Zeiteinheit nur auf maximal einen Vektor im Hauptspeicher zugreifen kann, lassen sich von der Cray Y-MP bis zu vier Speicherzugriffe durchführen [23]. Die fünf Vektoroperationen zur Berechnung der in Bild 3.6 angegebenen Formel sind daher wie in Bild 3.6c links angedeutet, parallel bearbeitbar (abgesehen von einem durch die Latenzzeiten bedingten Versatz). Die Multiplikation lässt sich sogar versatzlos parallel zum Laden des Vektors Y ausführen, da die beiden Operationen keinerlei Abhängigkeiten zueinander aufweisen.

Die Gesamtbearbeitungszeit in Takten ergibt sich somit als Summe der zu verknüpfenden Vektorelemente n und den Latenzzeiten für die Lade-, Additions- und Speichereoperation sowie dem Maximum aus den Latenzzeiten für die Lade- bzw. Multiplikationsoperation. Die Art, in der die einzelnen Verarbeitungseinheiten verkettet werden, ist in Bild 3.6c rechts angedeutet. Zu beachten ist, dass wegen der voneinander abweichenden Laufzeiten der Verarbeitungseinheiten dabei gleichzeitig auf verschiedene Elemente der einzelnen Vektoren zugegriffen wird.

Das Verketten von Verarbeitungseinheiten lässt sich auf unterschiedliche Weise erreichen. Am einfachsten ist es zu realisieren, wenn die parallel auszuführenden Operationen implizit und statisch in einem Befehl codiert sind. Beim Erkennen eines solchen Befehls, werden die beteiligten Verarbeitungseinheiten über Querverbindungen verschaltet und die auszuführenden Einzeloperationen über ein mehrschrittig arbeitendes Steuerwerk parallel generiert.

Nachteilig an einer solchen Realisierung ist, dass sich nur Operationsfolgen verkettet bearbeiten lassen, für die im Programmiermodell ein Befehl definiert ist. Da außerdem möglicherweise eine Vielzahl von Operanden benötigt wird, muss der Decoder in der Lage sein, ein komplexes Befehlsformat zu analysieren. Dies kann die Geschwindigkeit, mit der der Vektorprozessor insgesamt arbeitet, verlangsamen. Schließlich ist die Codeerzeugung durch einen Übersetzer aufwendiger zu implementieren als ohne entsprechende Befehle, da automatisch erkannt werden muss, in welchen Situationen sich die zusammengesetzten Befehle verwenden lassen.

Die aufgezählten Nachteile sind durch eine *dynamische Verkettung* vermeidbar. Zunächst werden hierzu in der Decodierphase die Registeradressen der zu verknüpfenden Operanden mit den Ergebnisadressen aller in Ausführung befindlichen Vektoroperationen verglichen. Bei Übereinstimmung wird die im Decoder verweilende Operation verzögert, bis das erste Element des benötigten Ergebnisses verfügbar ist. Anschließend startet die Ausführung der Operation, wobei die Elemente des zu verarbeitenden Vektors über eine vom Decoder geschaltete Querverbindung (vergleichbar mit Bypässen) in die zuständige Verarbeitungseinheit geführt werden.

Falls in der Decodierphase festgestellt wird, dass die benötigten Operanden entweder keine Abhängigkeiten zu in Ausführung befindlichen Operationen aufweisen oder dass zwar Abhängigkeiten bestehen, die entsprechenden Vektoren jedoch bereits zum Teil erzeugt wurden, lässt sich die Operation sogar verzögerungsfrei starten. Voraussetzung ist natürlich, das genügend Registerports zur Verfügung stehen. Da die Querverbindungen zwischen den Verarbeitungseinheiten hierbei nicht benötigt werden, ist dies keine physikalische, sondern eine logische Verkettung, die tatsächlich der dynamischen Parallelisierung superskalarer Prozessoren entspricht. Für eine genaue Abhandlung des hier angedeuteten Verfahrens sei erneut auf Abschnitt 3.2 verwiesen (siehe auch [40, 42, 95]).

Ein Nachteil der statischen und dynamischen Verkettung von Verarbeitungseinheiten ist der recht komplizierte Umgang mit *Ausnahmeanforderungen* (interrupts bzw. exceptions). Falls z.B. während der Verarbeitung der in Bild 3.6c dargestellten Operationsfolgen beim Lesen des letzten Elements von Y ein *Seitenfehler* ausgelöst wird, muss nicht nur die Ladeoperation, sondern auch die von Y abhängige Additions- und Speichereoperation abgebrochen werden. Das spätere Wiederaufsetzen all dieser Vektoroperationen gestaltet sich sehr aufwendig, weshalb man die drei Operationen nach Bearbeitung des Seitenfehlers am einfachsten vollständig wiederholt.

Dies ist jedoch problematisch, weil ein Teil des Ergebnisvektors Z vor dem Seitenfehler bereits geschrieben worden sein kann und prinzipiell z.B. Y und Z identische Adressen aufweisen können, weshalb einer der benötigten Operanden nicht mehr vollständig zur Verfügung steht. Eine Möglichkeit zur Lösung des Problems besteht darin, Ergebnisse zwischenzuspeichern und sie erst sichtbar zu machen, wenn die jeweiligen Berechnungen fehlerfrei abgeschlossen sind. Beachtenswert ist, dass der hierzu erforderliche Aufwand mit der Anzahl der parallel erzeugten Ergebnisse steigt. Während bei statischer Verkettung nur ein einzelner Ergebnisvektor erzeugt wird, sind dies bei dynamischer Verkettung fünf Ergebnisvektoren (je ein Ergebnis pro Operation).

In Superrechnern überlässt man die Verarbeitung von Unterbrechungen oft den peripheren *Ein-/Ausgabeprozessoren*. Dies ist sinnvoll, weil die jeweiligen Ausnahmebehandlungen i. Allg. zeitaufwendig sind und daher in einem auf hohe Ausführungsgeschwindigkeit optimierten Vektorrechner möglichst nicht auftreten sollten. Seitenfehler bilden hier jedoch einen Sonderfall. Zwar lassen sie sich prinzipiell durch einen Ein-/Ausgabeprozessor bearbeiten, der Vektorprozessor müsste in der Zwischenzeit jedoch passiv warten. Aus diesem Grund wird in Superrechnern meist auf einen virtuell adressierbaren Speicher verzichtet, was wegen der erheblichen realen Speicherkapazitäten unproblematisch möglich ist (z.B. bis zu 2 TByte beim VPP5000 von Fujitsu bzw. 16 GByte bei dem mit nur einem Vektorprozessor ausgestatteten VPP5000U).

Falls Ausnahmeanforderungen nicht bearbeitet werden können, sind natürlich auch keine *Prozesswechsel* durchführbar. Dies ist ebenfalls tolerierbar, weil Superrechner für Aufgabenstellungen konzipiert sind, die höchste Anforderungen an die Geschwindigkeit stellen und nicht, um eine große Anzahl von Aufgabenstellungen mit durchschnittlicher Geschwindigkeit zu bearbeiten. – Vektorprozessoren, die auch mit Ausnahmeanforderungen umzugehen vermögen, gewinnen seit einiger Zeit jedoch deutlich an Bedeutung. Einerseits sollen die Möglichkeiten moderner Betriebssysteme ausgeschöpft werden, andererseits finden Vektoreinheiten zunehmend in herkömmlichen Prozessoren Verwendung. Dies zeichnet sich z.B. mit der für den Alpha EV8 von Compaq geplanten Erweiterung Tarantula ab [40].

Speicherkopplung (verschränkter Speicher)

Ein Vektorprozessor ist in der Lage eine große Anzahl an Operationen in kurzer Zeit zu verarbeiten. Damit es zu keinem Engpass kommt, müssen Operanden bzw. Ergebnisse genauso schnell zugreifbar sein, wie sich die Elementaroperationen ausführen lassen. Die Verwendung von Caches ist zwar prinzipiell möglich, in Vektorprozessoren jedoch nicht unbedingt sinnvoll, da die einzelnen Vektoren oft sehr viel Speicherplatz benötigen und es daher schnell zu Cache-Überläufen kommt.

In vielen Realisierungen wird aus diesem Grund darauf verzichtet, Vektoreinheiten mit Datencaches auszustatten. Damit trotzdem verzögerungsfrei gearbeitet werden kann, muss die Kopplung an den Hauptspeicher jedoch so leistungsfähig sein, dass sich darüber, zumindest im Durchschnitt, ein Zugriff pro Takt abwickeln lässt. Erreicht wird das mit Hilfe eines technischen Tricks, der sog. Speicherverschränkung (*interleaving*). Dabei unterteilt man den Hauptspeicher in möglichst viele identisch aufgebaute *Bänke*, auf die dann zeitversetzt überlappend zugegriffen wird.

In Bild 3.7a ist die Registertransferschaltung eines vierfach verschränkten Speichers exemplarisch dargestellt. Er ist so organisiert, dass aufeinander folgende Adressen jeweils unterschiedliche Speicherbänke referenzieren. Die Auswahl geschieht, indem man die unteren n Bits, hier konkret die unteren zwei Bits der Wortadresse, durch D_1 decodiert und eine der 2^n (4) Selektionsleitungen, z.B. die mit a markierte, setzt. Zusammen mit dem Signal strobe (b), das einen Zugriff des Prozessors anzeigt, wird durch einen zur jeweils selektierten Speicherbank gehörenden Controller das mit c markierte Steuersignal aktiviert und so die Zwischenspeicherung der verbleibenden Adressbits, eines ggf. auszugebenden Datums und der Transferrichtung, also ob der Speicher schreibend oder lesend zu adressieren ist, veranlasst.

Der möglicherweise mehrere Takte benötigende eigentliche Zugriff erfolgt autonom, d.h. ohne Zutun des Prozessors, der in der Zwischenzeit parallel z.B. andere Speicherbänke ansprechen kann. Auftretende Konflikte werden hierbei gelöst, indem der Prozessor ggf. durch den zuständigen Controller über das Rücksignal wait (d) angehalten wird, und zwar so lange, bis die den Konflikt verursachende Speicherbank einen weiteren Zugriff bearbeiten kann.

Während aus Sicht eines Prozessors ein Schreibzugriff im Moment der Weitergabe an die zuständige Speicherbank abgeschlossen ist, muss bei einem Lesezugriff ggf. gewartet werden, bis das adressierte Datum verfügbar ist. Falls sich die aufeinander folgenden Zugriffe auf unterschiedliche Speicherbänke beziehen, kann die erforderliche Wartezeit durch eine überlappende Arbeitsweise überbrückt werden. In seiner Wirkung entspricht dies der in Abschnitt 2.2 beschriebenen Fließbandverarbeitung. Statt jedoch die Teileinheiten in einem Fließband hintereinander anzuordnen, werden nun mehrere parallel realisierte vollständige Einheiten zeitversetzt angesteuert.

Damit hierbei über den Multiplexer M_1 (e) jeweils die Speicherbank durchgeschaltet wird, auf die sich der einige Takte zuvor gestartete Lesezugriff bezieht, ist es erforderlich, die für die Speicherbankauswahl verwendeten unteren Adressbits über eine Kette von Registern zu verzögern (f). Die Länge dieser Kette ist so bemessen, dass sie nicht schneller durchlaufen wird, als sich ein Lesezugriff bearbeiten lässt.

Außerdem muss die Anzahl der Speicherbänke größer oder gleich der Anzahl der hintereinander geschalteten Register sein, damit über längere Zeiträume ein Durchsatz von einem gelesenen Datum pro Takt erreicht werden kann.

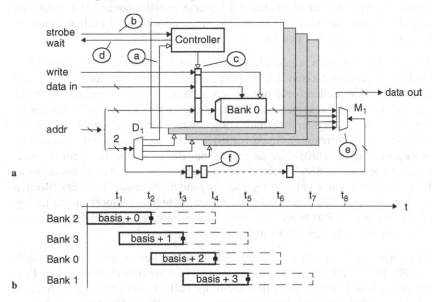

Bild 3.7. Vierfach verschränkter Speicher. **a** Registertransferschaltung einer möglichen Realisierung. **b** Zeitlicher Ablauf einer Zugriffsfolge mit aufeinander folgenden Adressen

Der zeitliche Ablauf bei Zugriffen auf verschränkter Speicher entsprechend Bild 3.7a mit unmittelbar aufeinander folgenden Wortadressen ist in Bild 3.7b dargestellt. Nach dem ersten Zugriff auf Speicherbank 2 kann trotz der Latenzzeit von hier angenommenen zwei Takten bereits einen Takt später, nämlich zum Zeitpunkt t_1, mit der inkrementierten Adresse basis+1 auf Speicherbank 3 zugegriffen werden. Im Prinzip könnte sich der Zugriff auch auf die Speicherbänke 0 oder 1 beziehen, da lediglich Speicherbank 2 durch den zuvor gestarteten Zugriff blockiert ist.

Unter den gegebenen Voraussetzungen ist es also möglich, jede Adressfolge verzögerungsfrei zu bearbeiten, die die Eigenschaft hat, dass zwei aufeinander folgende Zugriffe sich nicht auf dieselbe Speicherbank beziehen. Statt die Adresse also jeweils um 1 zu inkrementieren, könnte sie auch um 2, 3, 5, 6 oder allgemein um jede Schrittweite inkrementiert werden, die in den unteren beiden Bits ungleich 00_2 ist. Die Verhältnisse ändern sich, wenn die Latenzzeit eines einzelnen Speicherzugriffs statt zwei z.B. vier Takte beträgt, was in Bild 3.7b als gestrichelte Balken dargestellt ist. In diesem Fall ist eine Adressfolge nur dann verzögerungsfrei bearbeitbar, wenn sich die letzten vier Zugriffe auf unterschiedliche Speicherbänke beziehen, wie z.B. mit unmittelbar aufeinander folgenden Adressen.

Die Verwendung eines verschränkten Speichers ist prinzipiell in jedem Rechner, also unabhängig von der Prozessorarchitektur, möglich. In Vektorrechnern wirkt sich jedoch positiv aus, dass die einzelnen Elemente meist in benachbarten Zellen des Hauptspeichers gehalten werden und ein Zugriff darauf sich somit automatisch auf die maximale durch Verschränkungsgrad und Vektor beschränkte Anzahl von Speicherbänken verteilen und verzögerungsfrei bearbeiten lässt. Selbst wenn durch *Replikation* der Speichereinheit mehrere Elemente parallel adressiert werden, ist dies möglich, solange der Hauptspeicher über einen entsprechend breiten Datenbus an den Vektorprozessor gekoppelt ist.

Sobald jedoch auf Vektoren zugegriffen wird, deren Elemente nicht in unmittelbar aufeinander folgenden Adressen des Hauptspeichers gehalten werden, wie z.b. auf Spaltenvektoren einer zeilenweise organisierten Matrix, treten vermehrt Zugriffs-konflikte auf (für solche Vektoren sind i.Allg. Adressierungsarten verfügbar, die es erlauben, die Adresse um eine innerhalb vorgegebener Grenzen beliebigen *Schritt-weite* – stride – zu modifizieren). So ist für jeden Vektorrechner bei aufeinander fol-genden Zugriffen eine Schrittweite angebbar, bei der eine einzelne Speicherbank innerhalb der Speicherlatenzzeit mehr als einmal adressiert wird. Verschärfend wirkt sich dabei aus, dass mit nicht aufeinander folgenden Adressen bei Schrittweiten ungleich Eins das parallele Lesen oder Schreiben mehrerer Vektorelemente i.Allg. nicht über einen breiten Bus bearbeitbar ist, sondern entsprechend des Replikations-faktors mehrere Zugriffe parallel ausgeführt werden müssen.

Konflikte treten trotzdem selten auf, und zwar deshalb, weil in mehr als vier Fünf-teln der Fälle (87%) auf die Vektorelemente mit einer Schrittweite von genau Eins zugegriffen wird [41]. Selbst wenn dies nicht der Fall ist oder man den Hauptspei-cher mit einer veränderlichen Schrittweite adressiert – z.B. um Elemente von Vekto-ren wahlfrei ansprechen zu können (siehe Bemerkung) bzw. parallelen Einheiten den zeitgleichen unabhängigen Zugriff auf den Hauptspeicher zu gewähren – lässt sich die Wahrscheinlichkeit für Konflikte reduzieren, nämlich, indem die Anzahl der verschränkten Speicherbänke vergrößert wird. Aus diesem Grund verfügt z.B. ein einzelner Vektorprozessor des VPP700 von Fujitsu über 512 Speicherbänke die par-allel ansprechbar sind. Die maximal erreichbare Speicherbandbreite beträgt hierbei 18,2 GByte pro Sekunde [192]. Nachteil eines derart extrem verschränkten Spei-chers ist die hohe Komplexität der Realisierung, was unproblematisch in Superrech-nern, jedoch problematisch in leistungsstarken Arbeitsplatzrechnern ist.

▸ Bemerkung. Zur Kompression bzw. Expansion von mit vielen Nullen besetzten Vektoren verfü-gen Vektorprozessoren i.Allg. über speziell dafür vorgesehene *Transformationsoperationen*. Die gebräuchlichsten sind in Bild 3.8 dargestellt. Bei einer *Kompression* werden aus dem Operanden-vektor die Nullen entfernt und zusätzlich zum eigentlichen Ergebnis ein Vektor erzeugt, der Auf-schluss darüber gibt, an welchen Positionen im Operandenvektor die einzelnen Elemente codiert sind. Bei einer Kompression mit Bitmaske entsprechend Bild 3.8a werden z.B. die im Operanden-vektor mit Werten ungleich Null besetzten Positionen durch gesetzte Bits in einer Maske gekenn-zeichnet (die drei Grau unterlegten Elemente gehören jeweils zum selben Eintrag). Das Verfahren hat den Vorteil, dass neben dem komprimierten Vektor nur eine hier acht Bit breite Maske gespei-chert werden muss.

Bei der Kompression mit Indexvektor entsprechend Bild 3.8c (dem sog. *scattering*), wird neben dem komprimierten Vektor ein Indexvektor erzeugt, in dem die Positionen der einzelnen Elemente im Operandenvektor gespeichert sind. So ist die grau unterlegte Sieben im Operandenvektor an Position Zwei codiert, was im als Ergebnis erzeugten Indexvektor entsprechend eingetragen ist. Zur Expansion von Vektoren existieren jeweils zum Kompressionsverfahren passende Umkehroperationen. Sie sind in Bild 3.8b (Expansion unter Verwendung eines Bitvektors) bzw. Bild 3.8d (Expansion unter Verwendung eines Indexvektors – das sog. *gathering*) dargestellt.

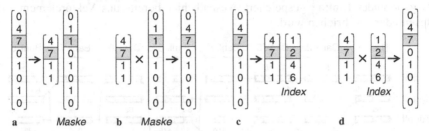

a   Maske   b   Maske   c   d

Bild 3.8. Verschiedene Verfahren zur Kompression bzw. Expansion von Vektoren. **a** Kompression mit Bitmaske. **b** Expansion mit Bitmaske. **c** Kompression mit Indexvektor (scatter). **d** Expansion mit Indexvektor (gather). Darstellung in Anlehnung an [202]   ◀

Reorganisation von Speicherzugriffen

In herkömmlichen Prozessoren haben Vektoreinheiten bisher deshalb eine geringe Bedeutung, weil die Speicherkopplung zu komplex ist, um wirtschaftlich zu sein. Mit zunehmender Integrationsdichte könnte sich das in Zukunft jedoch ändern. Zumindest zeichnet sich dies für die ursprünglich für den Alpha EV8 von Compaq geplante Erweiterung Tarantula ab [40]. Die mit einem Replikationsfaktor von 16 arbeitende Vektoreinheit ist nicht direkt an den Hauptspeicher angekoppelt, sondern über einen mit 16 MByte großzügig dimensionierten 8-fach assoziativen L2-Cache.

Er ist in 16 Bänken aufgebaut, die jeweils pro Takt einen Zugriff in Fließbandtechnik ermöglichen, um die parallel arbeitenden 16 Verarbeitungseinheiten der Vektoreinheit bei Speicherzugriffen auslasten zu können. Daher ist das Laden oder Speichern eines 128 Elemente enthaltenden Vektorregisters nach Ablauf der Latenzzeit in nur acht Takten möglich, und zwar zum Teil auch dann, wenn die Elemente mit einer Schrittweite ungleich Eins aufeinander folgen. Bemerkenswert hieran ist, dass für einen Zugriff auf einen 128 Elemente enthaltenden Vektor innerhalb von acht Takten in jedem Takt alle 16 Bänke angesprochen werden müssen.

Dies ist möglich, weil auf die Elemente je nach *Schrittweite* ggf. abweichend von der durch den Vektor vorgegebenen Reihenfolge zugegriffen wird. Die für eine Schrittweite von Fünf erforderliche *Adressreorganisation* ist in Bild 3.9 dargestellt. Der Übersichtlichkeit halber wurden die Verhältnisse – im Vergleich zu denen, wie sie im Alpha EV8 herrschen – etwas vereinfacht. Statt 16 Bänke besitzt der dort angenommene Cache acht Bänke und speichert pro Zeile vier statt acht Vektorelemente. Des Weiteren wird ein mit einem Replikationsfaktor von Acht arbeitender Vektorprozessor zu Grunde gelegt, der einen 32 elementigen Vektor verarbeitet.

Bild 3.9a beschreibt den Zugriff auf den Cache. Die grau unterlegten Kästen entsprechen den zu lesenden oder zu schreibenden Vektorelementen. Jeweils darüber ist die zugehörige Elementadresse im Hauptspeicher angegeben (beginnend mit Adresse 0). Die anzusprechenden Cache-Zeilen sind stark umrahmt gekennzeichnet. Die dazwischen eingebetteten nicht stark umrahmten Kästen symbolisieren Cache-

Zeilen, auf die wegen der Schrittweite Fünf nicht zugegriffen werden muss. So ist während des ersten Zugriffs in Bank 5 kein zu den ersten acht Elementen des Vektors gehörender Eintrag gespeichert, weshalb hier bereits das Vektorelement 145 gelesen oder geschrieben wird.

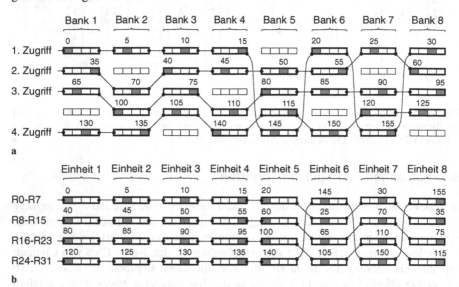

Bild 3.9. Adressreorganisation für einen Zugriff auf einen Vektor, dessen Elemente jeweils im Abstand von fünf Worten aufeinander folgen. Der Einfachheit halber wird ein in acht Bänken organisierter Cache vorausgesetzt, in dem sich ein Vektor mit 32 Elementen befindet. **a** Zugriff auf den Cache. **b** Zugriff auf die in den Einheiten verteilten Register

Mit dem ersten Zugriff werden Inhalte in allen acht Bänken des Caches durch Adressierung der Vektorelemente 0, 5, 10, 15, 145, 20, 155, 30 angesprochen. Ungewöhnlich mag dabei erscheinen, dass in Bank 7 nicht auf das Vektorelement 25, sondern auf 155 zugegriffen wird. Dies ist notwendig, weil die Vektorelemente zwischen Cache und Verarbeitungseinheiten übertragen werden müssen und zu jeder Verarbeitungseinheit nur ein einzelner 64 Bit breiter Datenbus vorhanden ist. Würde hier auf Vektoreintrag 25 zugegriffen, wäre der Datenbus zur Einheit 6 doppelt belegt, nämlich durch die Vektoreinträge 145 und 25.

Die Zuordnung der Vektorelemente zu den verschiedenen Einheiten ist in Bild 3.9b dargestellt. Natürlich muss sichergestellt sein, dass der Eintrag 25 die Einheit 6 dennoch erreicht, nur geschieht dies eben nicht mit dem ersten, sondern verzögert mit dem zweiten Zugriff. Als Konsequenz werden die der Einheit 6 zugeordneten Vektorelemente in einer vom Original abweichenden Reihenfolge transferiert: zuerst das Vektorelement 145 und anschließend die Vektorelemente 25, 65 und 105.

Die Reorganisation von Adressen ist technisch sehr einfach zu realisieren, indem man die Nummern der zu verwendenden Einträge in Tabellen speichert und mit der Basisadresse des Vektors und der zu verwendenden Schrittweite indiziert. Eine entsprechende Registertransferschaltung ist in Bild 3.10 skizziert. Die darin angegebenen Werte beziehen sich auf den in Bild 3.9 für die sechste Verarbeitungseinheit beschriebenen Zugriff.

In einem ersten Schritt wird durch Aktivierung des Signals init für die Zwischenspeicherung der Vektorbasisadresse sowie der zu verwendenden Schrittweite gesorgt. Dabei löscht man gleichzeitig auch das mit a markierte Zählregister. Es ist erforderlich, um die zwischen den Elementregistern der Verarbeitungseinheit und dem Cache zu transportierenden Elementnummern nacheinander aus der *Reorganisationstabelle* zu lesen. Für den Zugriff auf den Cache müssen die Elementnummern noch in absolute Hauptspeicheradressen umgewandelt werden. Dies geschieht, indem sie zuerst mit der Schrittweite multipliziert (b) und anschließend die so erzeugten basisrelativen Hauptspeicheradressen (145, 25, 65 und 105) auf die Vektorbasisadresse addiert werden (c).

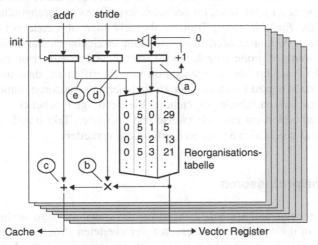

Bild 3.10. Einfache Registertransferschaltung zur Erzeugung reorganisierter Adressen

Selbstverständlich sind die zu verwendenden Elementnummern von der Schrittweite abhängig, mit der auf einen Vektor zugegriffen wird. Trotzdem ist es nicht notwendig die Schrittweite vollständig an die Reorganisationstabelle zu führen, da sich die Zugriffsmuster wiederholen, wenn man die Schrittweite um ein Vielfaches der entlang der Bänke des Caches speicherbaren Elementanzahl vergrößert. Im konkreten Fall müssen z.B. nur die unteren fünf Bits der Schrittweite berücksichtigt werden.

Unerwartet mag erscheinen, dass auch ein Teil der Vektoradresse für die Eintragsauswahl benötigt wird (e). Das Zugriffsmuster entsprechend Bild 3.9 ist nämlich davon abhängig, mit welchem Wortindex man innerhalb einer Cache-Zeile das erste Element des Vektors adressiert. Bei einem Wortindex von Eins verändern sich die Verhältnisse z.B. so, als würde mit dem dritten Zugriff begonnen, wobei die relative Hauptspeicheradresse 65 für das erste Vektorelement durch 0 zu ersetzen ist. Für die sechste Verarbeitungseinheit bedeutet dies, dass statt der relativen Hauptspeicheradressen 145, 25, 65 und 105 nun 0, 40, 80 und 120 zu generieren sind, was den in der Reorganisationstabelle zu speichernden Elementnummern 5, 13, 21, und 29 entspricht. Der Leser möge sich von der Richtigkeit dieser Behauptung überzeugen.

Eine noch offene Frage ist, ob eine Reorganisation für beliebige Schrittweiten möglich ist, und zwar in der Weise, dass in jedem Takt auf alle zur Verfügung stehenden Bänke zugegriffen wird. Dies muss verneint werden, da die hier als perfekt bezeichnete Reorganisation offensichtlich genau dann misslingt, wenn die Schrittweite z.B. gleich der doppelten Anzahl der in einer Cache-Zeile speicherbaren Elemente ist[1]. Hierbei wird nämlich nur jede zweite Bank adressiert, so dass sich entweder die Bänke mit geraden oder die mit ungeraden Nummern bei einer Reorganisation nicht mit einbeziehen lassen.

Zur Berücksichtigung solcher Sonderfälle sind die in den Reorganisationstabellen gespeicherten Elementnummern um ein Gültigkeits- und Endebit zu erweitern. Das *Gültigkeitsbit* zeigt jeweils an, ob der selektierte Transfer durchgeführt werden soll oder nicht, das *Endebit*, ob der Transfer abgeschlossen ist. Letzteres ist erforderlich, weil für einen Vektortransfer, abhängig vom erreichbaren Parallelitätsgrad, eine mehr oder weniger große Anzahl von Takten benötigt wird. Ein abschließend zu erwähnender Nachteil der Reorganisation von Zugriffen ist, dass unabhängig von der Elementzahl der zu ladenden oder zu speichernden Vektoren immer die gesamte in der Reorganisationstabelle gespeicherte Elementfolge bearbeitet werden muss, da das erste Vektorelement möglicherweise erst im letzten Takt transferiert wird. Aus diesem Grund lassen sich Speicherzugriffe nicht verketten.

3.1.4 Signalprozessoren

Signalprozessoren sind speziell dafür entwickelt, analoge Signale digital zu verarbeiten. Da an die von Signalprozessoren verarbeiteten Programme normalerweise *Echtzeitanforderungen* gestellt werden, müssen sie eine hohe Verarbeitungsgeschwindigkeit aufweisen. Dies wird in vielen Realisierungen erreicht, indem man in einem Befehl mehrere Operationen implizit codiert, die statisch parallel ausgeführt werden. Zum Beispiel verfügen nahezu alle Signalprozessoren über einen Befehl zur kombinierten Multiplikation zweier Operanden und Akkumulation der erzeugten Ergebnisse (*mac-Befehl*, multiply and accumulate), mit dessen Hilfe sich die oft in signalverarbeitenden Algorithmen benötigte *Produktsumme* berechnen lässt (siehe Beispiel 3.3). Neben den beiden Operationen Multiplikation und Addition sind dabei meist zusätzliche Adressmanipulationen in den Befehlen codiert, um die zu verarbeitenden Operanden iterativ lesen zu können. In Bild 3.11 ist exemplarisch für den Signalprozessor TMS320C55x von Texas Instruments [184] veranschaulicht, wie sich mehrere Operationen, hier zwei Multiplikationen, zwei Additionen und drei Adressmanipulationen in einem Befehl kombinieren lassen.

---

1. Für den Alpha EV8 wird die Frage etwas differenzierter in [40] beantwortet. Demnach ist eine perfekte Reorganisation für den in 16 Bänken organisierten Cache genau dann möglich, wenn die Schrittweite S der Bedingung $S = \sigma \cdot 2^s$ mit σ gleich einer beliebigen, ungeraden ganzen Zahl und $s \leq 4$ genügt.

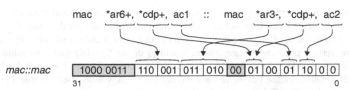

Bild 3.11. Codierung eines zwei Multiplikationen und Akkumulationen enthaltenden Befehls für den Signalprozessor TMS320C55x von Texas-Instruments (Operationscode grau unterlegt)

▼ Beispiel 3.3. *Produktsumme.* Die meisten Signalprozessoren verfügen neben den Befehlen zur statisch impliziten Parallelverarbeitung von Operationen oftmals über die Möglichkeit zur wiederholten Ausführung von Befehlen oder Befehlsfolgen, ohne Zeit für den hierbei notwendigen Sprung zu benötigen. In Bild 3.12a ist für den TMS320C55x ein Assemblerprogramm zur Berechnung der Produktsumme $\sum a_i \cdot b_i$ für i von 0 bis 255 dargestellt. Nach der Initialisierung des Akkumulators AC0 in Zeile 1 wird wegen des *rpt-Befehls* (repeat) in Zeile 2 die akkumulierende Multiplikation in Zeile 3 256 Mal wiederholt, wobei die Koeffizienten a_i und b_i indirekt über die Register AR0 und AR4 adressiert werden.

Das Programm benötigt für seine Bearbeitung insgesamt 258 Takte: je einen Takt für die Initialisierung und den rpt-Befehl und 256 Takte für die Schleife. Im Prinzip wird hierbei der zu wiederholende Befehl solange im Instruktionsregister gehalten, wie der im rpt-Befehl angegebene Zählwert festschreibt, wobei die Schleifendurchläufe in einem signalprozessorinternen Register gezählt werden. Als Nachteilig ist hierbei in Kauf zu nehmen, dass sich nur ein einziger Befehl wiederholt ausführen lässt. In vielen Signalprozessoren ist deshalb zusätzlich ein Befehl realisiert, der auch für beliebig lange Befehlsfolgen verwendbar ist und nur bei der Schleifeninitialisierung Zeit zur Ausführung benötigt.

```
1:    mov    #0, ac0          1:    clr    a         x:(r0)+, x0   y:(r4)+, y0
2:    rpt    #256             2:    do     #256, loop
3:    mac    *ar0+, *ar4+, ac0  3:    mac    x0, y0, A   x:(r0)+, x0   y:(r4)+, y0
                              4: loop: ...

a                            b
```

Bild 3.12. Programme zur Berechnung der Produktsumme. **a** für den Signalprozessor TMS320C55x von Texas Instruments, **b** für den Signalprozessor DSP563xx von Motorola

Wie die Produktsumme mit einem solchen Befehl berechnet werden kann, ist in Bild 3.12b für den DSP563xx von Motorola [119] angegeben. Nach der Initialisierung des Akkumulators a (clr a) wird in Zeile 2 die Schleife durch einen do-Befehl eingeleitet. Der Befehl bewirkt, dass die Zahl der Wiederholungen (256), die Befehlsadresse des letzten Schleifenbefehls (loop) und die Befehlsadresse des auf den *do-Befehl* folgenden Befehls (sie ist zum Zeitpunkt der Ausführung im Befehlszähler gespeichert) auf einem signalprozessorintern realisierten *Stapel* gesichert werden. Solange sich ein Eintrag darauf befindet, wird nach Ausführung jedes Befehls überprüft, ob der Befehlszähler das Schleifenende erreicht hat und, wenn dies der Fall ist, der Schleifenzähler dekrementiert. Die Schleife terminiert bei einem Zählwert von Eins.

Solange der Zählwert jedoch ungleich Eins ist, wird der Schleifenrumpf durch Setzen des Befehlszählers mit der auf dem Stapel gesicherten Startadresse wiederholt durchlaufen. Da dies bereits möglich ist, bevor der Prozessor den auf das Schleifenende folgenden Befehl lädt (fetch), benötigt die Bearbeitung des Sprungs effektiv null Takte. Falls die Schleife schließlich terminiert, wird der entsprechende Eintrag vom Stapel entfernt. Gegebenenfalls führt dies dazu, dass ein vor Schleifenbeginn darauf befindlicher, für eine übergeordnete Schleife zuständiger Eintrag sichtbar wird. So ist es möglich, ineinander geschachtelte Schleifen zu verarbeiten.

In Bild 3.12a befindet sich im Rumpf der Schleife nur ein einziger Befehl, in dem u.a. eine mac-Operation codiert ist. Da sie nicht direkt auf dem Speicher arbeiten kann, sondern nur auf den Inhalten weniger Spezialregister, hier x0 und y0, ist es notwendig, die benötigten Operanden zuvor durch move-Operationen in die jeweiligen Register zu laden. Dies geschieht hier parallel zur clr- bzw. mac-Operation. So wird durch x:(r0)+, x0 z.B. der durch r0 adressierte Zelleninhalt im x-Speicher (der Signalprozessor verfügt über zwei Adressräume x und y) in das Spezialregister x0 transportiert. Da gleichzeitig zwei solcher move-Operationen bearbeitet werden können, lässt sich das Programm in Bild 3.12b genauso schnell bearbeiten wie das in Bild 3.12a, vorausgesetzt, beide Signalprozessoren werden mit derselben Taktfrequenz betrieben.   ◀

3.1.5 VLIW-Prozessoren

Die mit Signalprozessoren verwandten VLIW-Prozessoren (Very-Long-Instruction-Word-Prozessoren) führen ebenfalls mehrere Operationen, die in einem Befehl jedoch explizit codiert sind, parallel aus. Die Operationen enthalten jeweils einen Operationscode und die zur Ausführung benötigten Operanden oder Operandenadressen. Da dies für jede Operation innerhalb eines Befehls gilt, sind die Befehle sehr breit, was dieser Architekturform den Namen gegeben hat. Einfach aufgebaute VLIW-Prozessoren verarbeiten Befehle konstanter Breite mit einer immer gleichbleibenden Anzahl von Operationen. Jeder Operation im Befehl ist hierbei eine Verarbeitungseinheit fest zugeordnet, wobei Spezialisierungen möglich sind. Bild 3.13 zeigt eine solche auf wesentliche Merkmale reduzierte Struktur eines, in Fließbandtechnik arbeitenden VLIW-Prozessors. Sie hat Ähnlichkeiten mit der des skalar arbeitenden Prozessors entsprechend Bild 2.19, nur dass hier drei parallel arbeitende Verarbeitungseinheiten vorgesehen sind, nämlich eine ALU für arithmetisch-logische Befehle und Speicherzugriffe, eine FPU (floating point unit) für Gleitkommabefehle und eine BPU (branch processing unit) für Sprungbefehle.

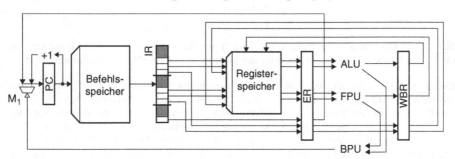

Bild 3.13. Einfacher VLIW-Prozessor ohne Datenspeicher, der in einem vierstufigen Fließband drei Operationen pro Takt bearbeitet (vgl. Bild 2.19). Es sind nur die Datenpfade dargestellt

Der im Bild dargestellte VLIW-Prozessor hat einige Nachteile, die in realen Prozessoren normalerweise vermieden werden. Zum Beispiel muss der Befehlsspeicher über einen Bus an den Prozessor gekoppelt sein, über den pro Takt ein Befehl geladen werden kann. Da dies aus Kostengründen oft nicht möglich ist, kommen in VLIW-Prozessoren normalerweise Befehlscaches zum Einsatz, die einen schmalen Bus zum Hauptspeicher und einen breiten Bus zum Prozessor besitzen. Weiter gilt für den dargestellten VLIW-Prozessor, dass die Befehle immer genauso viele Operationen enthalten müssen, wie Verarbeitungseinheiten vorhanden sind, und zwar auch dann, wenn dies bei einer gegebenen Aufgabenstellung nicht sinnvoll ist. Gegebenenfalls müssen in den Befehlen nops codiert werden, die jedoch Platz im Befehlsspeicher bzw. -cache belegen. Daher realisiert man in nahezu allen modernen VLIW-Prozessoren Prinzipien, die eine komprimierte Speicherung von Befehlen erlauben. Dies wird im nächsten Abschnitt genauer erläutert.

▶ Bemerkung. An die *Registerspeicher* von Prozessoren, die mehrere Operationen parallel bearbeiten können, werden hohe Anforderungen gestellt. Zum Beispiel muss mit der Anzahl der parallel verarbeitbaren Operationen einerseits die Anzahl der Register vergrößert werden, damit die einzelnen gleichzeitig auszuführenden Operationen auf unterschiedlichen Registern arbeiten können und andererseits muss die Anzahl der Registerports erhöht werden, um Parallelverarbeitung überhaupt erst zu ermöglichen. Zusammengenommen steigt also mit dem Parallelitätsgrad der Realisierungsaufwand, was wiederum bewirkt, dass die Zugriffsgeschwindigkeit auf den Registerspeicher sinkt und sich dadurch möglicherweise der kritische Pfad durch den Prozessor verlängert.

In realen VLIW-Prozessoren wird der Registerspeicher deshalb oft in *Bänken* realisiert, auf die parallele Zugriffe möglich sind. Zum Beispiel kann der TMS320C62x bis zu acht Operationen gleichzeitig ausführen und benötigt daher wenigstens 24 Ports, um auf Operanden- und Ergebnisregister zuzugreifen (nicht mitgerechnet sind die für Speicherzugriffe oft zusätzlich vorhandenen Ports). Tatsächlich unterteilt sich der Prozessor jedoch in zwei sog. Datenpfade, die jeweils vier Operationen parallel bearbeiten können und getrennte 16-Port-Registerspeicher ansprechen. Zur Kommunikation zwischen den Datenpfaden, ist es außerdem möglich, pro Takt einen Operanden aus dem jeweils gegenüberliegenden Registerspeicher zu lesen. Wie für VLIW-Prozessoren typisch, geschieht dies natürlich explizit und ist somit für den Benutzer sichtbar [185].

Nachteilig an einer solchen Aufteilung des Reisterspeichers ist, dass sie bei der Programmierung explizit berücksichtigt werden muss, was vor allem den Aufwand bei Realisierung eines Hochsprachenübersetzers vergrößert. Außerdem ist die Kommunikation zwischen den Datenpfaden ein potentieller Engpass, da sich im Prinzip alle benötigten Operanden im jeweils gegenüberliegenden Registerspeicher befinden können. Aus diesem Grund werden Registeraufteilungen, wie im TMS320C62x, möglichst vermieden, und zwar entweder, indem man das Maß an Parallelität, mit dem der Prozessor arbeitet, vermindert, oder indem die Unterteilung in mehrere Registerspeicher für den Benutzer unsichtbar geschieht, wie z.B. beim Nemesis X der TU Berlin [108] bzw. beim nicht nach dem VLIW-Prinzip arbeitenden Alpha 21264 von Compaq [27].

Der Nemesis X führt pro Takt maximal drei Operationen aus und greift dabei auf einen Registerspeicher mit vier Lese- und drei Schreibports zu. Für eine Realisierung sind in dem verwendeten FPGA (field programmable gate array) hingegen nur Registerspeicher mit maximal zwei Ports verfügbar, deren Zugriffszeit jedoch ausreichend kurz ist, um innerhalb eines Fließbandtakts zwei Zugriffe zeitsequentiell bearbeiten zu können. Auf diese Weise ist es möglich, einen 4-Port-Registerspeicher aufzubauen. Der 7-Port-Registerspeicher (tatsächlich sind es acht Ports, von denen einer jedoch unbenutzt bleibt) lässt sich schließlich davon ableiten, indem man drei identische 4-Port-Registerspeicher so miteinander verschaltet, dass Schreibzugriffe auf den Registerspeichern gleichzeitig durchgeführt und die Inhalte der Registerbänke auf diese Weise jeweils synchron zueinander gehalten werden. Die Struktur ist in Bild 3.14a dargestellt.

Der Alpha 21264 ist ähnlich aufgebaut, wobei hier zwei Registerspeicher gespiegelt verwendet werden, die sechs Schreibports und vier Leseports besitzen (Bild 3.14b). Jeweils zwei Schreibports sind für die Bearbeitung ausstehender Ladebefehle vorgesehen (a). Ihre genaue Verschaltung wird im Handbuch nicht erläutert, ebenso wenig wie die zur Synchronisation der beiden Registerspeicher abzuwartende Latenzzeit von einem Takt. Die Bedeutung der durch b und c markierten Register ist dem Autor daher nicht bekannt. Eine mögliche Erklärung könnte sein, dass ohne diese Register die Last an den die Schreibports treibenden Verarbeitungseinheiten verdoppelt werden würde. Da außerdem die Registerbänke mit einer räumlichen Distanz aufgebaut sein müssen, könnte dies zusammengenommen den kritischen Pfad verlängern.

Trotz der durch die Register verursachten Verzögerung ist die Ausführungsgeschwindigkeit von Programmen nach [92] nur unwesentlich geringer als mit einem echten 14-Port-Registerspeicher. Dies liegt zum Teil auch daran, dass bei der dynamischen Umordnung der Befehle durch den superskalaren Prozessor die zusätzliche Verzögerung durch Ausführung unabhängiger Befehle überbrückt wird (siehe auch Abschnitt 3.2).

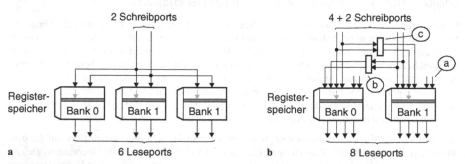

Bild 3.14. Vergrößerung der Anzahl an Leseports durch Registerspiegelung. **a** für den Nemesis X der TU Berlin. **b** für den Alpha 21264 von Compaq   ◀

Befehlscodierung

Bei der bereits erwähnten Kompression von Befehlen wird einerseits die explizite Codierung von nops vermieden und andererseits die Breite der einzelnen Operationen reduziert. Bild 3.15a bis f zeigt die Befehlsformate einiger verbreiteter VLIW-Prozessoren. Zu Vergleichszwecken ist in Bild 3.15a zunächst das feste Befehlsformat des VLIW-Prozessors aus Bild 3.13 angegeben. Nops sind darin, wie beliebige andere Operationen auch, explizit und unkomprimiert zu codieren.

- *Trace 7/300.* In Bild 3.15b ist das Befehlsformat der Trace 7/300 von Multiflow, einem der ersten nach dem VLIW-Prinzip arbeitenden Rechner dargestellt [101]. Er verarbeitet aus einem 8 KWort großen Befehlscache jeweils 256 Bit breite Befehle, in denen sieben Operationen enthalten sind (ein Sprungbefehl, vier arithmetisch-logische Befehle und zwei Gleitkommabefehle). Jeder Operation ist eine Verarbeitungseinheit fest zugeordnet. Folglich sind nops, genau wie andere Operationen auch, explizit und unkomprimiert im Befehl anzugeben. Im Befehlsspeicher werden die Befehle jedoch komprimiert gehalten, indem einer Gruppe von je vier Operationen eine Maske vorangestellt ist, in der die hinzuzufügenden nops codiert sind. Dies ist beispielhaft in Bild 3.15b dargestellt: Das komprimierte Befehlswort (oben) wird zu einem unkomprimierten Befehlswort (unten) ausgeweitet. Die schraffierten Felder kennzeichnen dabei die mit Hilfe der Maske hinzugefügten nops.

- *Nemesis X.* Anders als bei der Trace 7/300 wird bei dem an der TU Berlin zur Untersuchung der dynamischen Binärübersetzung (siehe Abschnitt 4.2) entwickelten Nemesis X nicht die Codierung von nops vermieden, sondern ein sehr kompaktes Befehlsformat verwendet, in dem, wie Bild 3.15c zeigt, alternativ zwei oder drei Operationen codiert sein können [108]. Ein Befehl ist insgesamt 64 Bit, eine Operation zwischen 20 und 42 Bit breit. Die Zuordnung der Operationen und Verarbeitungseinheiten ist beim drei Operationen enthaltenden Befehlsformat fest definiert. Beim zwei Operationen enthaltenden Befehlsformat geschieht sie derart, dass die 22 Bit breite Operation OP1 fest einer einzelnen Verarbeitungseinheit und die 42 Bit breite Operation OP2 alternativ von einer der beiden verbleibenden Verarbeitungseinheiten ausgeführt wird.

Neben der einfachen Realisierung ist das für VLIW-Prozessoren ausgesprochen kompakte Befehlsformat von Vorteil. Während z.B. der Nemesis X im Idealfall 12 Operationen in einem 256 Bit umfassenden Bereich codieren kann, sind dies acht Operationen beim TMS320C62x von Texas Instruments, einem Prozessor, der ebenfalls ein sehr kompaktes Befehlsformat aufweist [185]. Allerdings besteht dieser Vorteil nur, wenn es möglich ist, wenigstens zwei sinnvolle Operationen in einem Befehl zu codieren.

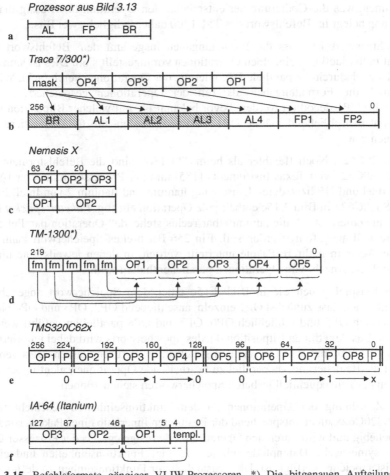

Bild 3.15. Befehlsformate gängiger VLIW-Prozessoren. *) Die bitgenauen Aufteilungen der Befehle des Trace 7/300 von Multiflow und des TM-1300 von Philips sind dem Autor unbekannt. Die Teilbilder b und d sind daher als grundsätzlich zu verstehen (vgl. [101] und [39])

- *TriMedia TM-1300.* Auch beim TriMedia TM-1300 von Philips sind die im Befehl codierten Operationen fest bestimmten Verarbeitungseinheiten, die jeweils aus mehreren Funktionseinheiten bestehen, zugeordnet [141] (siehe auch [39, 142]). Bild 3.15d stellt zu diesem Prozessor den prinzipiellen Aufbau eines bis zu 220 Bit breiten Befehlswortes dar. Jede der maximal fünf parallel ausführbaren Operationen ist um eine zwei Bit breite Formatangabe erweitert, die dem Befehlswort vorangestellt ist und durch die sich die Funktionalität der Operationen erweitern bzw. einschänken lässt.

  Zum Beispiel sind Operationen abhängig vom Inhalt eines allgemein nutzbaren Registers ausführbar. Mit Hilfe der Formatangabe kann eine Operation jedoch als unbedingt gekennzeichnet und auf diese Weise der sonst zur Codierung der Bedingung benötigte Speicherplatz eingespart werden. Insbesondere ist es dadurch möglich, eine Operation auch als unbedingt *nicht* ausführbar zu kennzeichnen, was die Codierung der entsprechenden Operation überflüssig macht. Ein nop belegt im Befehlswort des TM-1300 daher lediglich zwei Bits.

  Beachtenswert ist, dass die Formatangaben insgesamt dem Befehlswort und nicht individuell den einzelnen Operationen vorangestellt sind. Dies ist sinnvoll, weil sich dadurch die parallele Decodierung der Operationen vereinfacht. Wären nämlich die Formatangaben als Teil der Operationen gespeichert, müsste zunächst OP1 decodiert werden, bevor bekannt ist, mit welcher Bitposition OP2 beginnt. Anschließend müsste OP2 decodiert werden, um OP3 adressieren zu können usw.

- *TMS320C62x.* Noch flexibler als beim TM-1300 sind die Befehlsformate des TMS320C62x von Texas Instruments [185] und der Prozessorarchitektur IA-64 von Intel und HP bzw. deren Umsetzung Itanium und Itanium 2 von Intel. Beim TMS320C62x in Bild 3.15e enthält jede Operation ein sog. *Paketbit* (*packet bit*), in dem codiert ist, ob die „unmittelbar rechts stehende" Operation parallel oder sequentiell ausgeführt werden soll. Ein 256 Bit breites Speicherwort kann auf diese Weise in mehrere Pakete unterteilt werden, in denen jeweils eine unterschiedliche Anzahl von Operationen parallel enthalten sind.

  Zum Beispiel geben die in Bild 3.15e unter dem Speicherwort angegebene Paketbits an, dass zunächst OP1 einzeln, anschließend OP2, OP3 und OP4 parallel, danach OP5 und schließlich OP6, OP7 und OP8 parallel ausgeführt werden sollen. Das Paketbit an Bitposition 0 jedes Speicherworts wird dabei ignoriert, so dass sich maximal acht Operationen gleichzeitig ausführen lassen. Dies vereinfacht die Realisierung, da parallel zu bearbeitende Operationen nicht in benachbarten nur zeitsequentiell lesbaren Speicherworten stehen können.

  Die Zuordnung der Operationen zu den Funktionseinheiten geschieht beim TMS320C62x nicht entsprechend der Positionen innerhalb eines Pakets, sondern ist beliebig und wird durch den Operationscode festgelegt. Da der Prozessor über zwei symetrische Datenpfade mit jeweils vier Funktionseinheiten und einen Registerspeicher verfügt, ist dabei zusätzlich zur Funktionseinheit zu definieren, in welchem Datenpfad die Operation bearbeitet werden soll. Dies geschieht mit Hilfe der in den Operationen codierten Registeradressen.

• *IA-64 (Itanium 2)*. Das Befehlsformat des TMS320C62x weist Ähnlichkeiten mit dem der Prozessorarchitektur IA-64 entsprechend Bild 3.15f auf. In einem 128 Bit breiten Speicherwort sind drei Operationen codiert, die parallel oder sequentiell ausgeführt werden können, und zwar abhängig von einem als *Template* bezeichneten Feld, mit dessen Hilfe das Ende jedes Operationspakets definiert ist (die sog. stops). Zusammengenommen entspricht das Template den Paketbits des TMS320C62x. Jedoch können von einem Prozessor mit IA-64-Architektur auch Operationen gleichzeitig ausgeführt werden, die in benachbarten Speicherworten codiert sind. Daher ist das Maß an maximal erreichbarer Parallelität nicht durch das zugreifbare Speicherwort begrenzt, sondern implementierungsabhängig skalierbar (siehe hierzu den nachfolgenden Abschnitt).

Die Zuordnung der im Befehl codierten Operationen und der Funktionseinheiten geschieht i.Allg. durch eine Batterie von Multiplexern. Für die Trace 7/300 ist das entsprechende Schaltnetz in Bild 3.16 angedeutet. Die im komprimierten Befehl codierte Operation OP1 wird nur dann an die Funktionseinheit f_1 weitergeleitet, wenn in der assoziierten Maske nicht festgelegt ist, dass die Funktionseinheit ein nop ausführen soll (hier willkürlich durch eine Null codiert). Für die nächste Funktionseinheit f_2 gilt, dass sie entweder ein nop verarbeitet, wenn dies in dem entsprechenden Maskenbit codiert ist, oder eine der Operationen OP1 bzw. OP2, je nachdem, ob OP1 bereits der Funktionseinheit f_1 zugeordnet wurde oder nicht.

In ähnlicher Weise wird mit allen anderen Funktionseinheiten verfahren, wobei mit jedem zusätzlichen Multiplexer ein zusätzliches Maskenbit berücksichtigt werden muss. Ein etwas höherer Aufwand ist bei Prozessoren wie dem TM-1300, dem TMS320C62x oder dem Itanium 2, zu treiben, da die zu verarbeitenden Operationspakete an unterschiedlichen Bitpositionen innerhalb eines Speicherworts beginnen oder die Operationen unterschiedliche Breiten aufweisen können. Der grundsätzliche Aufbau einer Schaltung zur Dekompression der Befehle ist hierbei jedoch mit der in Bild 3.16 dargestellten vergleichbar.

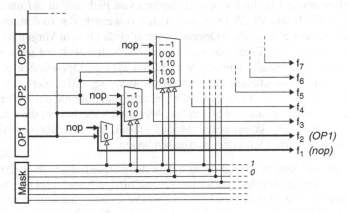

Bild 3.16. Mögliche Realisierung des Schaltnetzes zur Zuordnung der Operationen und Funktionseinheiten in der Trace 7/300 von Multiflow

Kompatibilität und Skalierbarkeit

Neben der Ausführungsgeschwindigkeit, den Kosten und dem Strombedarf gibt es zahlreiche andere Kriterien, die den Entwurf einer Prozessorarchitektur beeinflussen. Hierzu zählen die Kompatibilität und die Skalierbarkeit. Eine Prozessor B ist kompatibel (compatible) zu einem zweiten Prozessor A, wenn B sämtliche Programme ausführen kann, die sich für A codieren lassen. Falls zusätzlich A in der Lage ist, alle für B codierbaren Programme auszuführen, werden A und B als *voll kompatibel* zueinander bezeichnet.

Benutzerkompatibel (*user compatible*) sind schließlich alle Prozessoren B, deren Kompatibilität zu A auf den Benutzermodus beschränkt ist (siehe Abschnitt 1.4.3). Zwar sind sie in der Lage, die meisten für A codierten Programme auszuführen, i. Allg. gilt dies jedoch nicht für Betriebssysteme, deren Ressourcenverwaltung gewöhnlich in einem höherprivilegierten Betriebszustand bearbeitet wird (z.B. Zugriffe auf die geschützte Seitentabelle einer Speicherverwaltungseinheit). Als Konsequenz sind mit der Entwicklung eines zu einem Vorgänger A benutzerkompatiblen Prozessors B die existierenden Betriebssysteme zu portieren.

Eine Technik, mit deren Hilfe es auf einfache Weise gelingt, Kompatibilität zu erreichen, ist die in Abschnitt 2.1.7 beschriebene *Mikroprogrammierung*. Zum Beispiel ist es möglich, die Multiplikation einmal als aufwendiges, dafür jedoch mit einem Durchsatz von einer Operation pro Takt arbeitendes Schaltnetz zu realisieren und ein anderes mal mikroprogrammiert, indem die Multiplikation auf Additionen und Shift-Operationen abgebildet wird. Dies ist z.B. in den System/360-Rechnern von IBM in den 60er Jahren genutzt worden, um unterschiedliche Systeme anbieten zu können, die sich in Preis und Geschwindigkeit erheblich voneinander unterschieden, jedoch voll kompatibel zueinander waren [58].

In modernen Prozessoren hat die Mikroprogrammierung an Bedeutung verloren, da sich selbst komplizierteste Funktionseinheiten höchster Geschwindigkeit kostengünstig integrieren lassen. Kompatibilität wird heute demzufolge nicht durch Einsatz einer bestimmten Technik erreicht, sondern von Fall zu Fall auf unterschiedliche Weise. Soll z.B. ein VLIW-Prozessor realisiert werden, der zu dem in Bild 3.13 kompatibel ist, aber eine größere Operationsparallelität als sein Vorgänger aufweist, dann muss sich der neue Prozessor nach dem Einschalten zunächst genauso verhalten, als könnte er ebenfalls wie das Vorbild nur wenige Operationen gleichzeitig bearbeiten. Durch Umschalten der Interpretationsweise, z.B. indem ein Steuerbit gesetzt oder gelöscht wird, kann später die Operationsparallelität bei Aufruf entsprechend codierter Programme erhöht werden. Wesentlich hierbei ist, dass der Prozessor zunächst in einem kompatiblen Modus startet, da sich nur so existierende Anwendungen weiterhin fehlerfrei bearbeiten lassen.

Während sich die Kompatibilität meist auf in der Vergangenheit realisierte Prozessoren bezieht, stehen bei der *Skalierbarkeit* zukünftige Entwicklungen im Vordergrund. Komponenten oder Eigenschaften einer Prozessorarchitektur werden als skalierbar bezeichnet, wenn es möglich ist, kompatible Erweiterungen vorzunehmen, durch die sich vorhandene Programme mit höher Geschwindigkeit bearbeiten lassen. Entsprechend dieser freien Definition bezieht sich die Skalierbarkeit auf einzelne Merkmale und nicht auf eine Prozessorarchitektur insgesamt. Eine solche Einschränkung ist sinnvoll, weil in einer als skalierbar geltenden Prozessorarchitektur i. Allg. nicht sämtliche darin enthaltenen Komponenten bzw. verwirklichten Eigenschaften skalierbar sind. Hinzu kommt, dass die Verfahren zum Erreichen von Skalierbarkeit als von den Komponenten und Eigenschaften abhängig, besser separat betrachtet werden sollten, was im Folgenden geschieht.

Es ist möglich, Skalierbarkeit zu erreichen, ohne dies explizit beim Entwurf einer Prozessorarchitektur berücksichtigen zu müssen, nämlich dann, wenn das Vorhandensein einer Komponente bzw. Eigenschaft nicht oder nur rudimentär auf das jeweilige Programmiermodell wirkt, aus Programmierersicht also *transparent* ist. Zum Beispiel zeichnen sich Caches durch eine gute Skalierbarkeit aus, da sich allein durch Vergrößerung der jeweiligen Speicherkapazität die Geschwindigkeit, mit der ein entsprechend ausgestatteter Prozessor arbeitet, vergrößern lässt. Die auszuführenden Programme müssen hierzu weder modifiziert noch neu codiert werden.

Im Allgemeinen ist beim Entwurf der Komponenten einer Prozessorarchitektur jedoch explizit auf Skalierbarkeit zu achten. Die Umsetzung geschieht dabei mit denselben Techniken, die auch zum Erreichen von Kompatibilität verwendet werden. Zum Beispiel lässt sich die Mikroprogrammierung nutzen, um eine zeitsequentiell arbeitende skalierbare Multiplikationseinheit zu realisieren, die mit steigender Integrationsdichte durch ein einschrittig arbeitendes Multiplikationsschaltnetz ersetzt werden kann, um so die Ausführungsgeschwindigkeit von existierenden Programmen, die die Multiplikation verwenden, zu verbessern. Voraussetzung ist natürlich, dass ein Multiplikationsbefehl von Anfang an im Befehlssatz des Prozessors vorgesehen, die Skalierbarkeit also geplant wird.

Das Beispiel ist insofern unglücklich, weil die Realisierung einer zeitsequentiell arbeitenden Multiplikationseinheit oft einen anderen Sinn als eine gute Skalierbarkeit hat, nämlich den, die Programmierung des entsprechenden Prozessors zu vereinfachen. Interessanter sind Techniken, die den ausschließlichen Zweck haben, Skalierbarkeit zu erreichen. Im Zusammenhang mit VLIW-Prozessoren sind hier vor allem Verfahren zu nennen, mit denen sich das Maß an Operationsparallelität skalieren lässt. Im Idealfall sollte dabei die Ausführungsgeschwindigkeit von Programmen durch das zukünftige Hinzufügen parallel arbeitender Verarbeitungseinheiten proportional steigen.

Da in VLIW-Prozessoren die Operationsparallelität explizit codiert ist, bedeutet dies jedoch auch, dass aktuelle Programme bereits mit einem Maß an Parallelität codiert sein müssen, das erst in zukünftigen Realisierungen der Prozessorarchitektur tatsächlich nutzbar ist. Für einen aktuellen Prozessor hat dies schließlich zur Folge, dass die Semantik parallel auszuführender Operationen sequentiell nachgebildet werden muss. Die notwendigen Modifikationen sollen anhand der in Bild 3.17a dargestellten Registertransferschaltung beschrieben werden. Das Bild zeigt einen in drei Fließbandstufen unterteilten Datenpfad, der als Teil eines VLIW-Prozessors eine Operation verarbeitet. Datenflusskonflikte zu bereits erzeugten, jedoch noch nicht in den Registerspeicher geschriebenen Ergebnissen werden mit Hilfe der

Bypässe x und *w* gelöst (siehe Abschnitt 2.2.3). Dabei wurde hier der Übersichtlichkeit halber darauf verzichtet, die von anderen Datenpfaden kommenden Bypässe darzustellen.

Angenommen die Operation r0 = r1 wird vom dargestellten Datenpfad bearbeitet, dann ist das Ergebnis von r0 erst in der Rückschreibpfase im Registerspeicher verfügbar, so dass eine nachfolgende Operation r1 = r0 bei sequentieller Ausführung nur deshalb den erwarteten Operanden verarbeitet, weil er über einen Bypass verfügbar gemacht wird. Falls die beiden Operationen jedoch gleichzeitig ausgeführt werden, muss die zweite Operation nicht das unmittelbar zuvor erzeugte Ergebnis, sondern den Inhalt des noch nicht überschriebenen Registers r0 lesen. Dies lässt sich durch Deaktivierung des entsprechenden Bypasses erreichen. In der Konsequenz sind nach den beiden Operationen die Inhalte der Register r0 und r1 vertauscht. Insgesamt wird also dasselbe Ergebnis erzeugt, als würden die Operationen tatsächlich parallel ausgeführt.

Der zeitliche Verlauf der Bearbeitung eines aus mehreren Operationen bestehenden und als parallel zu interpretierenden Operationspakets veranschaulicht Bild 3.17b. Die Operation OP1 wird zunächst aus dem Befehlsspeicher gelesen und in das Instruktionsregister IR geladen. Mit dem Folgetakt wird wie gewohnt auf die zu verarbeitenden Operanden zugegriffen, und zwar entweder durch direkte Adressierung des Registerspeichers oder – falls Datenabhängigkeiten bestehen – durch Verwendung der Bypässe. Die eigentliche Ausführung der Operation beginnt zum Zeitpunkt t_3. Gleichzeitig erfolgt bereits der Zugriff auf die Operanden der Operation OP2, die sich entweder im Registerspeicher oder in der Write-Back-Stufe des Fließbands befinden, wobei ggf. der mit *w* (write back) beschriftete Bypass aktiviert wird.

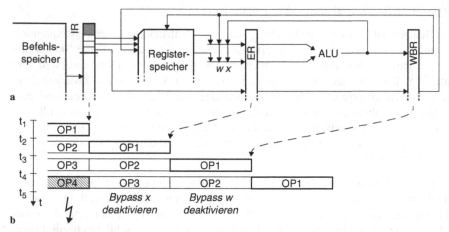

Bild 3.17. Steuerung der Bypässe, um die Semantik parallel auszuführender Operationen sequentiell nachzubilden. **a** Registertransferstruktur eines Datenpfads durch einen VLIW-Prozessor mit vierstufigem Fließband. **b** Zeitlicher Fluss eines aus vier Operationen bestehenden Befehls durch das Fließband

Da parallel auszuführende Operationen keine Datenabhängigkeiten aufweisen können, muss durch den Decoder dafür gesorgt werden, dass der mit *x* (execute)

beschriftete Bypass in dieser Verarbeitungsphase nicht schaltet. Falls also die Operationen r0 = r1 und r1 = r0 unmittelbar aufeinander folgend gestartet werden, wird mit der zweiten Operation nicht das Ergebnis der ersten Operation weiterverarbeitet, sondern der „alte" Inhalt von r0. Im Endeffekt werden die Registerinhalte also nach Bearbeitung des Operationspakets vertauscht im Registerspeicher erscheinen. In derselben Art und Weise lässt sich mit der dritten regulär parallel auszuführenden Operation OP3 verfahren, wobei nun zusätzlich auch der mit einem w beschriftete Bypass deaktiviert wird.

Falls eine vierte Operation OP4 mit paralleler Semantik ausgeführt werden soll, ist dies hier nicht mehr möglich, da OP1 zum Zeitpunkt t_5 sein Ergebnis in den Registerspeicher überträgt und OP4 erst nach t_5 auf den Registerspeicher zugreift, mithin der ggf. benötigte Inhalt des überschriebenen Ergebnisregisters nicht mehr zur Verfügung steht. Tritt dieser Fall dennoch auf, kann z.B. eine Ausnahmebehandlung angestoßen und das vollständige Operationspaket durch ein Programm emuliert werden. Der damit verbundene Geschwindigkeitsverlust ist tolerierbar, wenn die Anzahl der als parallel codierten maximal bearbeitbaren Operationen so groß ist, dass Ausnahmesituationen nur mit geringer Häufigkeit auftreten. – Der in Bild 3.13 dargestellte VLIW-Prozessor, erweitert um die hier beschriebene Funktionalität, verarbeitet z.B. Operationspakete mit neun Operationen, ohne eine Ausnahmebehandlung zu verursachen. Unter realistischen Voraussetzungen sollten Operationspakete mit mehr als 30 Operationen auf diese Weise verarbeitbar sein.

Neben einer geänderten Bypasssteuerung sind noch weitere Modifikationen erforderlich, um die Semantik operationsparalleler Verarbeitung sequentiell nachahmen zu können. Zum Beispiel dürfen Operationen, bei denen Datenabhängigkeiten normalerweise nicht über Bypässe, sondern durch Sperren des Fließbands (*interlock*) gelöst werden, innerhalb eines Operationspakets gerade nicht dazu führen, dass das Fließband gesperrt wird. Des Weiteren sind Verzweigungen und zum Teil auch *Ausnahmeanforderungen* in ihrer Bearbeitung solange zu verzögern, bis das Ende eines Operationspakets erreicht ist. Falls die Operationsverarbeitung selbst die Ausnahmesituation verursacht, muss außerdem die laufende Operation in der Weise unterbrochen werden, dass der Zustand des Prozessor vor Bearbeitung des Operationspakets wieder hergestellt ist. Zumindest bezogen auf den Registerspeicher ist dies jedoch sehr einfach realisierbar, da das erste Ergebnis eines Operationspakets erst am Ende der Decodierung der letzten als parallel zu interpretierenden Operation gespeichert wird.

Die beschriebenen Erweiterungen sind im Rahmen von Untersuchungen zur Skalierbarkeit von VLIW-Prozessoren bereits Mitte der 90er Jahre an der TU Berlin entwickelt worden, aber bisher noch nicht veröffentlicht worden. Neben dem geringen Aufwand einer Realisierung ist vor allem die Erhaltung der Semantik einer parallelen Operationsverarbeitung von Vorteil. Nachteilig ist jedoch, dass die Skalierbarkeit auf einen maximalen Wert begrenzt ist, der bei der Codierung von Programmen explizit berücksichtigt werden muss (abhängig von der Fließbandtiefe). Außerdem setzt das Verfahren die Vernetzung der einzelnen Verarbeitungseinheiten mit Bypässen voraus, was nicht immer der Fall ist.

Die Nachteile werden mit einem anderen, sehr einfachen Verfahren vermieden: Hierbei wird das *Programmiermodell* derart definiert, dass es für die in einem Operationspaket enthaltenen Operationen ohne Bedeutung ist, ob sie *sequentiell* oder *parallel* bearbeitet werden. Zum Beispiel ist im Programmiermodell der Prozessorarchitektur IA-64 von Intel und HP [70] vorgegeben, dass aufeinander folgende Operationen als Teil einer sog. *Gruppe* nur dann parallel codierbar sind, wenn weder *echte Datenabhängigkeiten* bestehen, noch mehrere Operationen auf dasselbe Register schreibend zugreifen (somit lässt sich der Tausch von Registerinhalten nicht in einem Befehl codieren).

Außerdem ist festgelegt, dass ein verzweigender Sprung alle in derselben Gruppe enthaltenen nachfolgenden Operationen überspringt, unabhängig davon, ob sie tatsächlich sequentiell oder parallel ausgeführt werden. Allein anhand dieser beiden Regeln lässt sich eine unbegrenzte Skalierbarkeit der Operationsparallelität erreichen. Die zur Prozessorarchitektur unter dem Begriff *„instruction sequencing"* beschriebenen zusätzlichen Regeln definieren Ausnahmen, die durch Hardware unterstützt den erreichbaren Grad an Operationsparallelität verbessern. Zum Beispiel dürfen *Prädikate* und die abhängigen bedingten Operationen trotz der auftretenden Datenabhängigkeit in derselben Gruppe codiert sein.

Durch geeignete Interpretation des Programmiermodells darf z.B. auch der TMS320C62x von Texas Instruments bezüglich der Operationsparallelität als skalierbar bezeichnet werden [185]. Ein Operationspaket endet grundsätzlich mit Bit 0 eines Speicherworts, unabhängig davon, ob das regulär auszuwertende P-Bit gleich Null oder gleich Eins ist. Somit lässt sich prinzipiell das letzte und das erste Operationspaket zweier aufeinander folgender Speicherworte durch das P-Bit als parallel ausführbar kennzeichnen (Bild 3.18a).

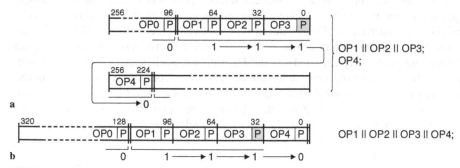

Bild 3.18. Befehle des TMS320C62x. **a** aktuelle Codierung mit maximal acht parallel verarbeitbaren Operationen. **b** Codierung eines möglichen Nachfolgeprozessors mit maximal 10 parallel verarbeitbaren Operationen

Ein Nachfolgeprozessor, der gleichzeitig bis zu 10 Operationen auszuführen vermag, kann nun möglicherweise die ursprünglich sequentiell bearbeiteten Operationspakete parallel ausführen (Bild 3.18b), nämlich dann, wenn die Operationen nach dem Umordnen nicht über zwei benachbarte Speicherworte codiert sind. Dabei ist wichtig, dass die ursprüngliche Semantik erhalten bleibt, d.h. die in Bild 3.18a und 3.18b jeweils rechts dargestellten Operationsfolgen identische Ergebnisse erzeugen. Ausschließlich in diesem Fall darf Bit 0 des ursprünglich ersten Operationspakets gesetzt sein.

Der Nachteil eines solchen, auf freien Konventionen basierenden Verfahrens ist, dass eine von der Funktionalität her sequentiell zu bearbeitende Operationspaketfolge unerlaubter Weise als parallel codiert werden kann. Weist z.B. OP4 eine Datenabhängigkeit zu OP1, OP2 oder OP3 auf und muss daher sequentiell bearbeitet werden, wird tatsächlich das richtige Ergebnis erzeugt, wenn ein Prozessor verwendet wird, dessen Befehle entsprechend Bild 3.18a codiert sind.

Ein Prozessor, der die Befehle entsprechend Bild 3.18b parallel ausführt, generiert hingegen ein falsches Ergebnis. Der Fehler war von Anfang an in dem entsprechenden Programm codiert. Er wirkt sich jedoch erst mit Verfügbarkeit des Nachfolgeprozessors aus. Im ungünstigsten Fall geschieht dies beim Kunden, oft mit der Konsequenz, dass das Fehlverhalten dem neuen Prozessor angelastet wird. Dies kann im Extremfall von einem Konkurrenten ausgenutzt werden, um den Ruf eines Prozessorherstellers zu schädigen und so Marktanteile zu gewinnen.

Die Einhaltung von Konventionen sollte deshalb nicht freiwillig erfolgen, sondern durch geeignete Verfahren zur Laufzeit überprüft werden. Bemerkenswert ist, dass dies weder beim Itanium 2 von Intel noch beim TMS320C62x von Texas Instruments geschieht. Zwar ist die Operationsparallelität bei diesen Prozessoren beliebig skalierbar, weshalb für eine Laufzeitüberprüfung entsprechend des zugrunde liegenden Regelwerks anscheinend unbegrenzte Ressourcen benötigt werden, jedoch sind andere Prozessormerkmale nicht skalierbar und begrenzen die maximale Parallelität im konkreten Fall deutlich.

Zum Beispiel verfügt der Itanium über 128 allgemein nutzbare Integer-Register, so dass maximal 128 Integer-Register-Register-Operationen parallel ausgeführt werden können, ohne eine Datenabhängigkeit zu verursachen. Dementsprechend lässt sich das Einhalten von Datenflussunabhängigkeit innerhalb eines Operationspakets einfach mit Hilfe eines Schreibbits überprüfen, das jedem Integer-Register angeheftet ist. Die Schreibbits werden zu Beginn der Ausführung eines Operationspakets gelöscht und bei Schreibzugriffen gesetzt. Falls ein Lesezugriff auf ein Register erfolgt, dessen Schreibbit gesetzt ist, liegt somit eine Datenabhängigkeit vor, die durch eine Ausnahmeanforderung als Fehler gemeldet werden kann. Das hier angedeutete Verfahren wird ähnlich in superskalaren Prozessoren verwendet, um Operationen dynamisch zu parallelisieren. Eine detaillierte Beschreibung ist unter dem Begriff *Scoreboarding* in Abschnitt 3.2.2 nachzulesen.

Spekulative Ausführung von Operationen

Für das VLIW-Prinzip ist von wesentlicher Bedeutung, dass es einem *Übersetzer* gelingt, möglichst viele Operationen als parallel ausführbar in den Befehlen zu codieren. Da voneinander abhängige Operationen nicht parallelisierbar sind, ist die grundsätzliche Vorgehensweise hierbei die, unabhängige Operationen aufeinander zuzuschieben und auf diese Weise Gruppen zu bilden, die sich in einzelnen Befehlen gemeinsam codieren lassen. Das Verschieben von Operationen ist jedoch nur innerhalb vorgegebener Grenzen erlaubt, die von bedingten Sprüngen (Kontrollflussaufspaltungen), Einsprungstellen (Kontrollflusszusammenführungen) oder Operationen, zu denen Datenabhängigkeiten bestehen, gebildet werden.

Trotzdem ist es möglich, Operationen auch über solche Barrieren hinweg vorzuverlegen, sofern man die bewirkte Änderung der Semantik von Programmen durch geeignete Maßnahmen kompensiert. Die verschobene Operation wird hierbei spekulativ verarbeitet und das erzeugte Ergebnis verworfen, wenn sich herausstellt, dass die Ausführung nie hätte erfolgen dürfen. – Übrigens ist die spekulative Ausführung von Operationen eine der Techniken, die sich hinter dem durch Intel und HP mit dem Akronym *EPIC*[1] (*explicitly parallel instruction computing*) umschriebenen Prinzip verbergen [151, 158].

Bei der sog. *Kontrollflussspekulation* (*control speculation*) wird eine in einem bedingt auszuführenden Kontrollpfad codierte Operation vor den zur Bedingungsauswahl benutzten Sprung verschoben und die von ihr erzeugten Ergebnisse zunächst zwischengespeichert. Stellt sich bei der Verarbeitung der Sprungoperation heraus, dass der die verschobene Operation ursprünglich enthaltende bedingte Kontrollpfad nicht zur Ausführung gelangt, sind weitere Aktionen unnötig, da das spekulativ erzeugte Ergebnis nicht endgültig gespeichert, sondern in einem temporären Register lediglich zwischengespeichert wurde. Stellt sich jedoch heraus, dass der die Operation ursprünglich enthaltende bedingte Kontrollpfad tatsächlich ausgeführt wird, ist das erzeugte Zwischenergebnis entweder dem eigentlichen Ziel zuzuweisen oder direkt für weitere Berechnungen zu verwenden (die sog. Weitergabe von Kopien). Obwohl eine Kontrollflussspekulation mit beliebigen Operationen durchführbar ist, benutzt man sie im Zusammenhang mit Register-Register-Operationen i. Allg. nicht, weil sich eine ähnliche Wirkung durch die *Prädikation* erreichen lässt. Dies wird im nächsten Abschnitt genauer erläutert.

Von besonderer Bedeutung ist die Kontrollflussspekulation jedoch für Ladeoperationen, da es auf diese Weise möglich ist, die mit Speicherzugriffen verbundene *Latenzzeiten* hinter parallel ausführbaren unabhängigen Operationen zu verbergen. Ein aus dem Handbuch der Architekturdefinition IA-64 entlehntes, leicht modifiziertes Anwendungsbeispiel ist in Bild 3.19 dargestellt. Teilbild a zeigt als Vorgabe ein Programm, in dem durch die Operation ld8 in Zeile 4 der Inhalt von r4 aus dem Hauptspeicher geladen und in Zeile 5 durch eine Addition weiterverarbeitet wird (die jeweils in einem Befehl als parallel ausführbar codierten Operationen sind durch zwei Semikolons getrennt). Da der Speicherzugriff mehrere Takte erfordert, ist es wegen der bestehenden Datenabhängigkeit notwendig, die Befehlsverarbeitung vor Ausführung der Addition kurzzeitig, nämlich bis zur Verfügbarkeit des benötigten Operanden in r4 zu stoppen (interlock). Gelingt es, den Ausführungszeit-

---

1. Dahinter verbirgt sich ein Architekturkonzept zur operationsparallelen Verarbeitung von durch einen Übersetzer statisch erzeugten Programmen, wobei der Grad an Parallelität durch spezielle hardware-gestützte Verfahren, wie die spekulative Operationsausführung, die bedingte Operationsausführung, das Software Pipelining usw. verbessert werden. Im Folgenden wird der Begriff nicht weiter verwendet.

punkt der Ladeoperation vorzuverlegen, lässt sich die Speicherlatenzzeit jedoch durch Ausführung paralleler Operationen verdecken. Weil hierbei die Ladeoperation vor die bedingte Sprungoperation in Zeile 3 geschoben werden muss, ist dies jedoch nur spekulativ möglich[1].

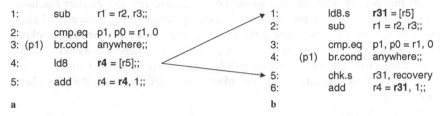

a				b			
1:		sub	r1 = r2, r3;;	1:		ld8.s	r31 = [r5]
2:		cmp.eq	p1, p0 = r1, 0	2:		sub	r1 = r2, r3;;
3:	(p1)	br.cond	anywhere;;	3:		cmp.eq	p1, p0 = r1, 0
4:		ld8	r4 = [r5];;	4:	(p1)	br.cond	anywhere;;
5:		add	r4 = r4, 1;;	5:		chk.s	r31, recovery
				6:		add	r4 = r31, 1;;

Bild 3.19. Kontrollflussspekulation beim IA-64. **a** Ursprüngliches Programm. **b** Programm nach Modifikation: Die Ladeoperation wird vor dem Sprung ausgeführt und später durch die Check-Operation (chk) überprüft

Das entsprechend abgeänderte Programm ist in Bild 3.19b aufgelistet. Die Ausführung der jetzt in Zeile 1 stehenden Ladeoperation erfolgt parallel zur Subtraktion. Dabei wird statt r4 das temporäre Register r31 geladen, um so sicherzustellen, dass beim möglichen Verzweigen zur Sprungmarke anywhere in Zeile 4 (falls r1 gleich 0 ist) der korrekte Inhalt von r4 weiterhin verfügbar bleibt. Natürlich muss der Inhalt von r31, falls die bedingte Sprungoperation nicht verzweigt, regulär nach r4 kopiert werden. Dies lässt sich jedoch vermeiden, indem man statt r4 in dem entsprechenden Programmzweig fortan r31 als Operand verwendet. Die Addition in Zeile 6 ist aus diesem Grund entsprechend abgeändert.

Ein Problem der spekulativen Ausführung von Ladebefehlen wurde bisher noch nicht erwähnt: Es kann dabei nämlich zu *Ausnahmeanforderungen* kommen, die nur bearbeitet werden dürfen, wenn feststeht, dass die Ladeoperation definitiv ausgeführt wird, wenn also in Bild 3.19b der Sprungbefehl nicht verzweigt. Durch das der Ladeoperation angeheftete Attribut „s" wird aus diesem Grund dafür gesorgt, dass Ausnahmeanforderungen nicht unmittelbar bearbeitet, sondern deren Auftreten zunächst nur in einem dem Zielregister zugeordneten Bit protokolliert werden (dem sog. *Not-a-Thing-*, *NaT-Bit*).

Die Auswertung des Bits geschieht durch die *Check-Operation* (chk), und zwar an der Stelle im Programm, an der ursprünglich die Ladeoperation codiert war (weil kein weiteres Ergebnis erzeugt wird, lässt sie sich im Gegensatz zur ursprünglichen Ladeoperation parallel zur nachfolgenden Addition bearbeiten). Falls das NaT-Bit des Registers r31 gelöscht, also keine Ausnahmesituation eingetreten ist, werden von der Check-Operation weitere Aktionen nicht veranlasst. Falls jedoch das NaT-Bit gesetzt ist, wird zur Sprungmarke recovery verzweigt. Dort kann z.B. die Ladeoperation ohne das Attribut „s" wiederholt ausgeführt und so dafür gesorgt werden, dass die nun auftretende Ausnahmeanforderung wie gewohnt bearbeitet wird.

---

1. Die Funktionsweise des Vergleichsbefehls cmp.eq und des bedingten Sprungbefehls br.cond wird im nächsten Abschnitt erläutert. Für den Moment reicht es aus zu wissen, dass hier zur Sprungmarke anywhere verzweigt wird, wenn r1 gleich 0 ist.

Ein ähnliches Verfahren ist bereits Mitte der 80er Jahre in der Trace 7/300 von Multiflow realisiert worden. Da man dort die Ausnahmeanforderung nicht in einem separaten Bit, sondern als reguläres Ergebnis Null im Zielregister protokolliert, ist eine Ladeoperation, die *keine* Ausnahmesituation verursacht, mit der jedoch auf den Wert Null zugegriffen wird, unnötig wiederholt zu bearbeiten. Ein zweiter Nachteil dieser Implementierungsvariante ist, dass sich das spekulative Ergebnis einer Ladeoperation nicht spekulativ weiterverarbeiten lässt, wie bei der Prozessorarchitektur IA-64, wobei das NaT-Bit jeweils von den Operanden zum Ergebnis weitergereicht wird. So kann eine längere Berechnungsfolge spekulativ bearbeitet und mit nur einer einzigen Check-Operation die Gültigkeit des endgültigen Ergebnisses überprüft werden.

Das nicht spekulative Umordnen von Ladeoperationen wird auch durch Speichereoperationen begrenzt. Es kann nämlich nicht ausgeschlossen werden, dass sich aufeinander folgende Schreib- und Lesezugriffe auf den Datenspeicher jeweils auf dieselbe Speicherzelle beziehen und somit eine echte Datenabhängigkeit besteht, die für das korrekte Funktionieren eines Programms zu berücksichtigen ist. Bei der sog. *Datenflussspekulation* (*data speculation*) wird die Reihenfolge von Speichere- und Ladeoperation dennoch verändert und, um ein Fehlverhalten zu vermeiden, anschließend überprüft, ob das Umordnen erlaubt war. Gegebenenfalls muss der Zugriff wiederholt werden.

Ein ebenfalls dem Handbuch zur Prozessorarchitektur IA-64 entlehntes Beispiel hierzu ist in Bild 3.20 dargestellt [70]. Teilbild a zeigt eine Operationsfolge ohne die sog. Datenflussspekulation. Falls in r1 und r4 unterschiedliche Adressen gespeichert sind, besteht zwischen der Speichereoperation st8 in Zeile 1 und der Ladeoperation ld8 in Zeile 2 keine Datenabhängigkeit, so dass ein Umordnen erlaubt ist. Falls jedoch die Inhalte von r1 und r4 übereinstimmen, sind die beiden Operationen voneinander abhängig und lassen sich daher nicht in ihrer Reihenfolge verändern, ohne eine Änderung der Wirkungsweise des Programms zu verursachen (der Inhalt von r3 wird in diesem Fall gleich dem von r2 sein).

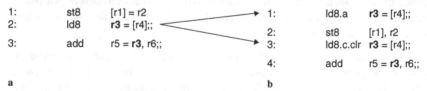

1:	st8	[r1] = r2		1:	ld8.a	**r3** = [r4];;
2:	ld8	**r3** = [r4];;		2:	st8	[r1], r2
3:	add	r5 = **r3**, r6;;		3:	ld8.c.clr	**r3** = [r4];;
				4:	add	r5 = **r3**, r6;;

a   b

Bild 3.20. Datenflussspekulation beim IA-64. **a** Ursprüngliches Programm. **b** Programm nach Modifikation: Die Ladeoperation wird vor der Speichereoperation ausgeführt und anschließend überprüft, ob der zuvor geladene Operand dabei überschrieben wurde

Trotz der potentiellen Datenabhängigkeit kann die Ladeoperation spekulativ vor der Speichereoperation ausgeführt werden. Eine entsprechende, aus Bild 3.20a hergeleitete Operationsfolge ist in Bild 3.20b dargestellt. Wegen des der Ladeoperation ld8 in Zeile 1 angehefteten Attributs „.a" wird zusätzlich zum Lesezugriff auf den Datenspeicher ein Eintrag in einer als Advanced Load Address Table (*ALAT*) bezeichneten cache-ähnlich organisierten Tabelle reserviert, um darin jeweils zum verwendeten Zielregister die Datenspeicheradresse sowie das Zugriffsformat zu protokollieren[1]. Mit jedem nachfolgenden Speicherezugriff wird die ALAT entsprechend der für den Schreibzugriff verwendeten realen Adresse und des Zugriffsformats durchsucht. Falls sich dabei ein passender Eintrag findet, bedeutet dies, dass die zum Eintrag gehörende spekulativ ausgeführte Ladeoperation eine Datenabhängigkeit zur Speichereoperation aufweist, das gelesene Datum also ungültig ist. Als Folge wird der entsprechende Eintrag aus der ALAT gelöscht.

In Zeile 3 kommt es wegen der *Load-Check-Operation* (ld8.c) erneut zu einer Durchsuchung der ALAT, diesmal jedoch nach dem verwendeten Zielregister. Falls ein Eintrag gefunden wird, ist dies ein Beleg dafür, dass keine Speichereoperation ausgeführt wurde, die das spekulativ gelesene Datum hätte verändern können. Die Ladeoperation in Zeile 3 lässt sich daher, ohne erneut auf den Datenspeicher zugreifen zu müssen, abschliessen. Sollte jedoch kein passender Eintrag in der ALAT identifiziert werden, so wurde dieser entweder durch eine Speichereoperation entfernt oder der verfügbare Platz in der Tabelle hat nicht ausgereicht. In beiden Fällen wird der Lesezugriff auf den Datenspeicher wiederholt.

Bemerkt sei, dass das in Zeile 3 zusätzlich angegebene Attribut „.clr" das Löschen des in der ALAT stehenden Eintrags bewirkt. Dies ist sinnvoll, wenn sich nicht mehrere Zugriffe auf denselben spekulativ gelandenen Operanden beziehen. Ohne dieses Attribut wird der bestehende Eintrag ggf. automatisch gelöscht, sobald die ALAT vollständig gefüllt ist und, wegen einer spekulativ auszuführenden Ladeoperation, ein neuer Eintrag reserviert werden soll. Natürlich hat dies zur Konsequenz, dass möglicherweise ein Lesezugriff auf den Datenspeicher zu wiederholen ist, auf dessen Zugriffsadresse zwischenzeitlich nicht zugegriffen wurde, für den diese Wiederholung also unnötig ist. Die Semantik des Programms bleibt dabei in jedem Fall sicher erhalten.

Sprungoperationen und bedingte Operationsausführung

Die durch Sprungoperationen in Fließbandprozessoren verursachten Probleme sind bereits in Abschnitt 2.2.4 eingehend erläutert worden. Im Folgenden seien jedoch noch einige im Zusammenhang mit VLIW-Prozessoren stehende Besonderheiten behandelt: Genau wie bei skalaren Fließbandprozessoren können Sprungoperationen Konflikte verursachen, bei deren Auftreten bereits in Bearbeitung befindliche Operationen abgebrochen werden müssen. Wegen der Parallelverarbeitung ist jedoch die Anzahl der in einem VLIW-Prozessor zu verwerfenden Operationen um ein Vielfaches höher als in einem bezüglich der Fließbandaufteilung ähnlich realisierten skalaren Prozessor.

Aus diesem Grund ist die Sprungvermeidung durch bedingte Operationsausführung, also die Prädikation, im Programmiermodell der meisten VLIW-Prozessoren definiert, so z.B. im TriMedia TM-1300 von Philips [141], im TMS320C62x von Texas

---

1. Tatsächlich wird im ersten Takt zunächst nur die aus der virtuellen Adresse extrahierbare Bytenummer gespeichert. Sie wird jedoch um die Rahmennummer ergänzt, sobald die Adressumsetzung der Speicherverwaltungseinheit vollständig durchlaufen wurde.

Instruments [185] und im Itanium 2 von Intel [70, 75, 78]. Als Nebeneffekt lässt sich dabei vorteilhaft nutzen, dass durch das Entfernen der Sprungoperationen Kontrollflussspekulationen unnötig werden und somit die Prädikation auch eine Technik ist, um das Maß an durchschnittlicher Operationsparallelität in den Befehlen zu erhöhen.

Bild 3.21a bis c zeigt hierzu ein Beispiel für die im Itanium 2 realisierte Prozessorarchitektur IA-64[1]. Ohne bedingte Operationsausführung lässt sich das C-Programm links zu dem in Bild 3.21b dargestellten Assemblerprogramm übersetzen. Mit r1 gleich Null wird durch die Vergleichsoperation cmp.eq das Prädikatsbit p1 gelöscht und die im then-Zweig stehenden Operationen in den Zeilen 3 und 4 ausgeführt. Mit r1 ungleich Null wird zur Sprungmarke else verzweigt und die Operationen in den Zeilen 7 und 8 bearbeitet. Die Sprungmarke end kennzeichnet das Ende des gesamten if-then-else-Konstrukts.

Eine durch Anwendung der bedingten Operationsausführung optimierte Variante des Programms ist in Bild 3.21c aufgelistet. Durch die Vergleichsoperation in Zeile 1 werden zunächst die Prädikatsbits p1 und p2 entsprechend der zu prüfenden Bedingung bzw. komplementär dazu gesetzt. Die Operationen des then- und des else-Zweigs lassen sich anschließend parallel bedingt bearbeiten. Mit r1 ungleich Null wird z.B. p1 gesetzt und p2 gelöscht, so dass die Operationen des else-Zweigs in den Zeilen 4 und 5, nicht jedoch die des then-Zweigs in den Zeilen 2 und 3 ausgeführt werden. Mit r1 gleich Null kehrt sich die Situation ins Gegenteil.

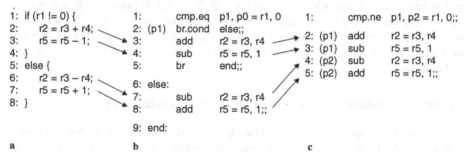

Bild 3.21. Bedingte Ausführung von Operationen beim IA-64. **a** Ursprüngliches C-Programm. **b** Assemblerprogramm ohne bedingte Operationsausführung. **c** Assemblerprogramm mit bedingter Operationsausführung

Die fünf Operationen sind hierbei in zwei sequentiell zu bearbeitenden Befehlen codiert. Dies ist deshalb erforderlich, weil die Bedingungsergebnisse in p1 und p2 zuerst erzeugt werden müssen, bevor sie sich durch die im zweiten Befehl parallel codierten Operationen auswerten lassen. Es gibt jedoch einen Sonderfall, der es ermöglicht, Operationen trotz Datenabhängigkeit als parallel ausführbar zu codie-

---

1. Der Itanium 2 wird hier deshalb verwendet, weil dasselbe Beispiel für den TriMedia TM-1300 bzw. den TMS320C62x wegen der großen Anzahl von zu berücksichtigenden Verzögerungsstufen (Delayslots) von Sprungoperationen sehr unübersichtlich wäre. Der TriMedia TM-1300 führt nach einer Sprungoperation die drei, der TMS320C62 sogar die fünf unmittelbar folgenden Befehle unbedingt aus.

ren, nämlich eine Kombination aus Vergleichs- und davon abhängiger Sprungoperation. Dies ist der Grund, weshalb sich die ersten beiden Operationen im Assemblerprogramm aus Bild 3.21b in einem Befehl codieren lassen.

Ein weiterer im Programmiermodell des IA-64 definierter Sonderfall ist, dass Operationen, die dasselbe Zielregister verwenden und sich aufgrund der Prädikate komplementär verhalten, dennoch parallel ausgeführt werden können (wie dies in Bild 3.21c z.b. mit den Operationen in den Zeilen 2 und 4 geschieht). Hingegen ist dies nicht möglich, wenn die sich gegenseitig ausschließenden Operationen eine gemeinsame Verarbeitungseinheit durchlaufen, und zwar deshalb nicht, weil die Zuordnung der Operationen und der Verarbeitungseinheiten zu einem Zeitpunkt geschieht, zu dem i.Allg. noch nicht bekannt ist, ob die Operationen wirklich ausgeführt werden sollen oder nicht (normalerweise nach dem Decodieren eines Befehls). Falls also im Itanium 2 nur eine Additionseinheit zur Verfügung stehen würde, könnten in Bild 3.21c lediglich die Operationen in den Zeilen 2, 3 und 4 parallel codiert werden, obwohl tatsächlich nur eine der beiden Additionen in den Zeilen 2 und 4 zur Ausführung kommt.

Ein Nachteil der Prädikation im Vergleich zur kombinierten Verwendung unbedingter Verknüpfungs- und bedingter Sprungoperationen ist, dass durch sie zwar die Anzahl der in einem Befehl codierbaren Operationen i.Allg. vergrößert, die Anzahl der effektiv parallel ausführbaren Operationen jedoch möglicherweise sogar vermindert wird. Zum Beispiel werden von den in Bild 3.21c im zweiten Befehl codierten vier Operationen in jedem Fall nur zwei Operationen tatsächlich bearbeitet. Es ist sogar möglich, dass in einem if-then-Konstrukt mit Prädikation bei nicht erfüllter Abfragebedingung die Ausführung des leeren else-Zweigs mehrere Takte Zeit erfordert, weil nämlich die bedingten Operationen des if-Zweigs, ohne Ergebnisse zu erzeugen, dennoch verarbeitet werden müssen. Stellt sich in einem solchen Fall heraus, dass die Abfragebedingung in der Mehrzahl der zur Laufzeit auftretenden Fälle nicht erfüllt ist, muss eine permanente Strafe in Kauf genommen werden. Das Programm würde somit langsamer ausgeführt als unter Verwendung bedingter Sprungoperationen, deren Verhalten sich dynamisch korrekt vorhersagen ließe.

☛ Bemerkung. Eine andere Möglichkeit Sprungoperationen zu vermeiden besteht darin, Operationsfolgen, in denen Verzweigungen auftreten, durch neu definierte Operationen zu lösen. Zum Beispiel verfügt der an der TU Berlin entwickelte Nemesis X über eine Operation, mit der sich der Maximalwert der übergebenen Operanden ermitteln lässt. Von vielen anderen Prozessoren wäre hierzu ein Vergleich, ein bedingter Sprung und eine Zuweisung auszuführen. Ein anderes Beispiel wurde bereits in Abschnitt 1.1.7 (siehe Beispiel 1.4) für Prozessoren mit PowerPC-Architektur von Motorola bzw. IBM beschrieben. Mit Hilfe spezieller Befehle lassen sich zusammengesetzte *Bedingungen* wie z.B. $a = b$ UND $c \neq d$ ohne Sprung berechnen.

Eine ähnliche Möglichkeit ist im Programmiermodell der IA-64-Architektur definiert. Es ist nämlich möglich, mehrere Vergleichsoperationen mit demselben Zielregister parallel auszuführen, wenn die Attribute „.and" oder „.or" an den Befehl angeheftet sind (siehe Bild 3.22). Technisch wird die logische Verknüpfung der Vergleichsergebnisse realisiert, indem man bei einer Und-Operation die Null bei einer Oder-Operation die Eins in das Ergebnisregister schreibt (vergleichbar einem wired-and bzw. wired-or). Der jeweils komplementäre Wert wird dabei ignoriert. Als Konsequenz ist jedoch in Kauf zu nehmen, dass vor Ausführung der Vergleiche das als Ziel verwendete Prädikatsbit initialisiert werden muss.

```
1:      cmp.eq      p1, p0 = r0, r0  ;;  // p1 mit 1 initialisieren
2:      cmp.eq.and  p1, p0 = r1, r2      // Falls r1 = r2 ist, p1 gesetzt lassen
3:      cmp.ne.and  p1, p0 = r3, r4      // Falls zusätzlich auch r3 ≠ r4 ist, p1 gesetzt lassen
4: (p1) pr.cond     anywhere         ;;  // Verzweigen, wenn r1 = r2 UND r3 ≠ r4
```

Bild 3.22. Zusammengesetzte Bedingung bei einem Prozessor mit IA-64-Architektur ◢

Das in Bild 3.21b und erneut in Bild 3.23a aufgelistete Assemblerprogramm lässt sich auch ohne Sprungvermeidung optimiert in zwei Befehlen codieren und ist somit vergleichbar schnell wie das in Bild 3.21c dargestellten Assemblerprogramm ausführbar. Hierzu werden die im if-Zweig stehenden Operationen in den Zeilen 3 und 4 spekulativ vor die bedingte Sprungoperation in Zeile 2 verschoben und anschließend die beiden nun direkt aufeinander folgenden Sprungoperationen aus den Zeilen 2 und 5 zu einer einzelnen Sprungoperation zusammengefasst. Letzteres erfordert, dass die dabei ausgewertete Bedingung komplementiert wird, also r1 und Null nicht auf Gleichheit, sondern auf Ungleichheit überprüft werden.

Das Ergebnis der Optimierung zeigt Bild 3.23b. Falls r1 ungleich Null ist, kommt es zunächst zur Ausführung der Operationen des if-Zweigs in den Zeilen 2 und 3, um anschließend zum Ende des Assemblerprogramms zu verzweigen. Falls r1 umgekehrt gleich Null ist, werden die Operationen des if-Zweigs ebenfalls ausgeführt, die spekulativ erzeugten Ergebnisse jedoch durch die Operationen des else-Zweigs in den Zeilen 5 und 6 überschrieben. Das Assemblerprogramm ist in zwei VLIW-Befehlen codierbar und lässt sich bei korrekter Sprungvorhersage in einem Takt, nämlich wenn der then-Zweig durchlaufen wird, und in zwei Takten, wenn der else-Zweig durchlaufen wird, ausführen (letzteres sollte der seltener auftretende Fall sein). Zum Vergleich: Das in Bild 3.21c dargestellte Assemblerprogramm benötigt immer zwei Takte.

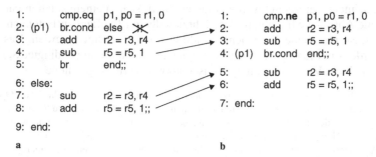

Bild 3.23. Optimierung eines if-then-else-Konstrukts, ohne Sprungoperationen zu vermeiden. **a** Nicht optimiertes Assemblerprogramm (entspricht Bild 3.21b). **b** Optimiertes Assemblerprogramm

In diesem Beispiel wirkt sich positiv aus, dass die Operationen im if- und im else-Zweig jeweils dieselben Zielregister verwenden. Wäre dies nicht der Fall, dürften die spekulativ ausgeführten Operationen die Inhalte der Register r2 und r5 nur dann verändern, wenn andere auf das if-then-else-Konstrukt folgende Operationen nicht lesend darauf zugreifen. Gegebenenfalls müssen die spekulativen Ergebnisse zuerst in temporären Registern zwischengespeichert und später, z.B. im if-Zweig, den eigentlichen Zielregistern zugewiesen werden. Die Bearbeitung eines derart modifizierten Programms erfordert wegen der bestehenden Datenabhängigkeiten natürlich mehr als einen Taktzyklus Zeit und ist somit aufwendiger und ggf. auch langsamer als die des in Bild 3.23a dargestellten nicht optimierten Assemblerprogramms.

Nun ist es möglich, ohne Optimierung eine Wirkung entsprechend Bild 3.23b zu erzielen, wenn man berücksichtigt, dass die Semantik einer Operationsfolge bei Prozessoren mit IA-64-Architektur unabhängig davon ist, ob die einzelnen Operationen streng sequentiell oder teilweise parallel ausgeführt werden. Da es außerdem erlaubt ist, in einem Befehl mehrere Sprungoperationen zu codieren, impliziert dies, dass alle auf eine *verzweigende* Sprungoperation folgenden, in einem Befehl parallel codierten Operationen automatisch in ihrer Bearbeitung annulliert werden. Mit anderen Worten: Das doppelte Semikolon in Zeile 2 des Assemblerprogramms in Bild 3.23a ist nicht erforderlich. Falls die Sprungoperation in Zeile 2 nicht verzweigt, werden parallel die Operationen des if-Zweigs ausgeführt. Falls die Sprungoperation verzweigt, werden die Operationen in den Zeilen 3 bis 5 annulliert und in einem zweiten Takt die Operationen des else-Zweigs bearbeitet.

Das doppelte Semikolon am Ende von Zeile 5 in Bild 3.23a ist selbstverständlich weiterhin erforderlich, weil die Operationen in den Zeilen 3 und 7 auf dieselben Register schreibend zugreifen, wie die Operationen in den Zeilen 7 und 8. Wäre dies jedoch nicht der Fall, ließe sich sogar der else-Zweig parallel zum if-Zweig in einem Befehl codieren. Dass hierbei die Sprungmarke else innerhalb eines Befehls auftreten würde, ist kein Problem. Die einzige für die Adressen von Sprungmarken geltende Restriktion ist, dass sie an den sog. *Bundles*, in denen jeweils drei Operationen codiert sind, ausgerichtet sein müssen (ein Befehl kann mehrere Bundles enthalten).

Die hier beschriebene Definition der Semantik von Sprungoperationen ist ein herausragendes Merkmal von Prozessoren mit IA-64-Architektur, das in anderen nach dem VLIW-Prinzip arbeitenden Prozessoren nicht vorzufinden ist. Der Trace 7/300 von Multiflow oder der Nemesis X der TU Berlin kann z.B. nur eine Sprungoperation pro Befehl ausführen, was den Vorteil hat, einfach realisierbar zu sein. Der TMS320C62x von Texas Instruments oder der TriMedia TM-1300 von Philips können zwar mehrere Sprungoperationen in einem Befehl gleichzeitig bearbeiten, die parallel codierten anderen Operationen werden jedoch unabhängig davon, ob verzweigt oder nicht verzweigt wird, in jedem Fall ausgeführt. Dies gilt auch für die Sprungoperationen selbst, weshalb nur eine von ihnen wirklich verzweigen darf (das Verhalten der Prozessoren ist nicht definiert, wenn mehrere Sprungoperationen gleichzeitig verzweigen).

▶ Bemerkung. Die parallele Ausführung von Operationen, die vor und hinter einem nichtverzweigenden Sprung codiert sind, erfordert normalerweise die spekulative Vorverlegung der auf den Sprung folgenden Operationen. Wie beschrieben, ist eine solche Optimierung für Prozessoren mit IA-64-Architektur unnötig, wenn ein Prozessor mit IA-64-Architektur verwendet wird, da alle Operationen, die zusammen mit einem Sprung als parallel ausführbar codiert sind, zwar gleichzeitig gestartet, die auf einen Sprung folgenden Operationen beim Verzweigen jedoch annulliert werden.

Möchte man umgekehrt Operationen parallelisieren, die nicht auf die Sprungoperation, sondern auf das Sprungziel folgen, ist ein Umordnen von Operationen auch mit einem IA-64-konformen Prozessor nicht vermeidbar. Dabei wird durch Prädikation dafür gesorgt, dass die verschobenen Operationen tatsächlich nur zur Ausführung kommen, wenn die Sprungbedingung erfüllt ist. In Bild 3.24

ist dies an einem Beispiel dargestellt, wobei die Operationsfolge rechts durch eine optimierende Transformation aus der Operationsfolge links erzeugt wurde (das Ergebnis ist nicht optimal, wie sich durch Vergleich mit Bild 3.21c überprüfen lässt).

Eine bessere Möglichkeit des Umgangs mit einer solchen Problemstellung wurde an der TU Berlin entwickelt. Statt die Sprungoperation br.cond in Zeile 2 von Bild 3.24a zu codieren und damit das Ende eines parallel verarbeitbaren Operationspakets zu definieren, wird ein dem Programmiermodell hinzuzufügender Befehl *join.cond* (in Bild 3.24a im Kasten angedeutet) verwendet. Er sorgt dafür, dass die auf das Sprungziel folgenden Befehle ggf. parallel zu denen ausgeführt werden, die im aktuellen Befehlspaket zusammen mit dem bedingten Sprung codiert sind. Durch eine solche Modifikation lässt sich die Entscheidung, ob die Operationen des if- (in den Zeilen 3 bis 5) oder die des else-Zweigs (in den Zeilen 6 bis 8) parallel zum Vergleich bzw. dem bedingten Sprung ausgeführt werden, von der Übersetzungszeit zur Laufzeit verschieben.

Zwar ist die Befehlsfolge wegen des den if-Zweig abschließenden unbedingten Sprungs geringfügig umfangreicher (sieben statt sechs Operationen), sie ist dafür jedoch schneller bearbeitbar, wenn die Sprungentscheidung korrekt vorhergesagt wird (ein Takt statt zwei Takte). Ein wichtiger Nebeneffekt ist außerdem, dass sich der Ressourcen-Bedarf durch Verwendung der join-Operation vermindern lässt. Während nämlich die Operationsfolge in Bild 3.24b für die Additionen und Subtraktionen vier Funktionseinheiten zur Bearbeitung erfordert, sind dies in Bild 3.24a nach Modifikation nur noch zwei Funktionseinheiten. Die Einsparung ist z.B. nutzbar, um das Maß an Parallelverarbeitung in einem Programm zu verbessern.

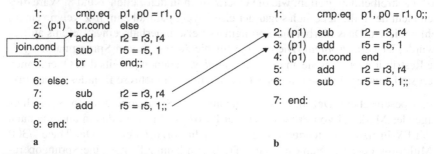

Bild 3.24. Optimierung eines if-then-else-Konstrukts. **a** Das nicht optimierte Assemblerprogramm. **b** Assemblerprogramm nach Optimierung des else-Zweigs

Die Erweiterung existierender Prozessoren um die Fähigkeit zum Umgang mit join-Operationen ist sehr einfach, sofern man berücksichtigt, dass die vor und nach dem Verzweigungspunkt codierten Operationen entsprechend der Definitionen des Programmiermodells der IA-64-Architektur auch sequentiell ausgeführt werden können und somit die Funktionalität der join-Operation dieselbe ist, wie die einer herkömmlichen Sprungoperation. Falls jedoch tatsächlich über mehrere verzweigende Sprünge hinweg parallelisiert werden soll, sind einige komplexe Architekturerweiterungen notwendig: Zum Beispiel müssen mehrere Sprungentscheidungen vorhergesagt und gleichzeitig auf unterschiedliche Adressbereiche zugegriffen werden können, was neben einer Mehrfach-Sprungvorhersageeinheit einen Multiport-Cache oder Trace-Cache erfordert (Abschnitt 2.2.4 ff. und 3.2.4).   ◢

Optimierungstechniken
(trace scheduling, loop unrolling, software pipelining)

Trace-Scheduling. Die Geschwindigkeit, mit der VLIW-Prozessoren arbeiten, wird wesentlich durch das Maß an Parallelität beeinflusst, welches statisch in den Befehlen codiert ist. Es überrascht daher nicht, dass die VLIW-Prozessorarchitektur durch eine Veröffentlichung von Joseph Fisher Anfang der 80er Jahre populär geworden ist, in der der Autor ein Verfahren zur statischen Maximierung der Operationsparallelität in entsprechend realisierten Prozessoren beschrieb – nämlich das sog. Trace Scheduling [45, 101][1].

Zur Vorgehensweise: Zunächst analyisert man statisch oder dynamisch, z.B. durch Anfertigung eines sog. Profiles, das Laufzeitverhalten eines zu optimierenden Programms, und wählt entsprechend der gewonnenen Erkenntnisse einen zyklenfreien Teilpfad (also eine Befehlsfolge) aus, der möglichst häufig zur Ausführung gelangt (trace). Durch Verschieben der Sprungoperationen und Sprungmarken zu den Enden des Teilpfads wird dafür gesorgt, dass sich die verbleibenden Operationen unter Beachtung der Datenabhängigkeiten umordnen lassen. Dabei werden unabhängige Operationen so verschoben, dass sie in den Befehlen parallel codierbar sind. Wegen der im Vergleich zum ursprünglichen Programm deutlich größeren Anzahl von für die Optimierung verfügbaren Operationen lässt sich so das erreichbare Maß an Operationsparallelität steigern.

Bild 3.25a bis c verdeutlicht die Vorgehensweise beim Trace-Scheduling. Zunächst zeigt Bild 3.25a, wie sich eine bedingte Sprungoperation in drei Schritten verschieben und die in dieser Weise neu angeordneten Operationen parallelisieren lassen. Im ersten Schritt wird der zu optimierende Programmpfad A bis E (trace) *separiert* (im Bild grau unterlegt), wobei zur bedingten Sprungoperation C nur das wahrscheinlichere, z.B. durch Messungen (*profiling*) ermittelte Sprungziel, berücksichtigt wird. Anschließend werden die Operationen A und B in die auf die bedingte Sprungoperation folgenden Pfade kopiert und so die Sprungoperation C an den Anfang des separierten Programmpfads verschoben. Dies ist nur möglich, wenn C keine Abhängigkeiten zu A oder B aufweist, was hier jedoch angenommen werden soll.

Weil verzweigende Sprungoperationen komplizierter zu verarbeiten sind als nichtverzweigende Sprungoperationen, wird C außerdem in seiner Wirkung invertiert, so dass eine Verzweigung innerhalb des separierten Programmpfads nicht mehr erforderlich ist (Bild 3.25a Mitte). Im letzten Schritt werden schließlich die auf die Verzweigung folgenden Operationen paarweise vertauscht, und zwar in der Weise, dass aufeinander folgende Operationen möglichst keine Abhängigkeiten zueinander aufweisen. Die gebildeten Gruppen lassen sich schließlich in Befehlen parallel codieren. So sind nach diesem Schritt die Operationen A und D sowie B und E parallel ausführbar, was zu Beginn der Optimierung nicht möglich gewesen ist.

In Bild 3.25b ist exemplarisch dargestellt, wie sich eine Sprungmarke zum Ende eines separierten Programmpfads verschieben lässt. Dabei werden zuerst die Operationen C und D jeweils in die von A und X ausgehenden Teilpfade kopiert und der transformierte Programmpfad anschließend so umgeordnet, dass sich die hier als unabhängig angenommenen Operationen A, C und D parallel in einem Befehl codieren lassen. Im Prinzip ist es möglich, auch C' und D' in dem von X ausgehenden Programmpfad als parallel ausführbar zu codieren. Dies ist jedoch unnötig, wenn die entsprechende Operationsfolge nur selten ausgeführt wird.

---

1. Das Verfahren wurde zuvor bereits zur Optimierung von Mikroprogrammen verwendet [44].

Es sei noch angemerkt, dass B aus dem optimierten Programmpfad entfernt werden kann, wenn es sich hierbei um eine unbedingte Sprungoperation handelt. Der ursprünglich aus fünf Operationen bestehende, separierte Programmpfad lässt sich somit in nur zwei Befehlen codieren. – Als Ergänzung zu den vorangehenden Ausführungen ist in Bild 3.25c ein etwas komplexeres Beispiel dargestellt, in dem eine Sprungmarke und eine Sprungoperationen aneinander vorbeigeschoben werden. (Die einzelnen Schritte sollten bei strikter Anwendung der vorangehend beschriebenen Regeln leicht nachvollziehbar sein.)

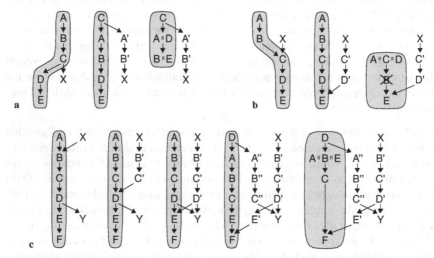

Bild 3.25. Optimierung eines sequentiellen Operationsfolge durch Trace Scheduling (in Anlehnung an [101]). **a** Verschieben einer bedingten Sprungoperation an den Anfang eines Pfads. **b** Verschieben einer Sprungmarke an das Ende eines Pfads. **c** Überlappendes Verschieben einer Sprungoperation und -marke

Schleifenabrollen (loop unrolling). Beim Trace-Scheduling endet die Separation eines Programmpfads wegen der zu erfüllenden Voraussetzung nach Zyklenfreiheit definitiv dann, wenn ein Sprung zu einer zuvor separierten Operation erkannt wird. Dies ist z.B. am Ende einer im separierten Programmpfad liegenden *Programmschleife* der Fall. Beim Trace-Scheduling ist somit das maximal erreichbare Maß an Operationsparallelität innerhalb einer Schleife durch die Anzahl der Operationen im Schleifenrumpf begrenzt.

Die Anzahl der berücksichtigbaren Operationen kann jedoch erhöht werden, indem eine Schleife teilweise oder vollständig abgerollt wird, wie in Bild 3.26a bis c angedeutet. Aus der als Vorgabe dargestellten Schleife in Bild 3.26a – die hier etwas ungewöhnlich mit einer Anweisung zur Überprüfung der Schleifenabbruchbedingung beginnt[1], in der optional auch der Schleifenzähler dekrementiert wird (durch „--" symbolisiert) – lässt sich durch Abrollen von jeweils drei Schleifendurchläufen

---

1. Normalerweise würde am Ende der Schleife nicht unbedingt zur Zeile 1, sondern bedingt zur Zeile 2 gesprungen werden. Der Einfachheit halber wurde diese Optimierung hier jedoch weggelassen.

das in Bild 3.26b skizzierte Programm erzeugen. Ein für das Trace-Scheduling daraus separierter Programmpfad enthält eine deutlich höhere Anzahl parallelisierbarer Operationen als ein vor Abrollen der Schleife separierter Programmpfad.

Die mehrfache Überprüfung der Schleifenabbruchbedingung in Bild 3.26b lässt sich vermeiden, wenn die Anzahl der Schleifendurchläufe vor Eintritt in die Schleife bekannt ist. Ein entsprechend optimiertes Programm zeigt Bild 3.26c. Innerhalb des Schleifenrumpfs zwischen den Zeilen 5 und 9 wird die Schleifenabbruchbedingung ein einziges Mal überprüft. Die Semantik der in Bild 3.26a dargestellten Schleife bleibt dabei trotzdem erhalten, wenn die Anzahl der Schleifendurchläufe hier durch Drei teilbar ist, was jedoch nicht immer gilt. Aus diesem Grund wird vor dem Schleifeneintritt in den Zeilen 1 und 3 die Abbruchbedingung auf Teilbarkeit durch Drei überprüft und der ursprüngliche Schleifenrumpf ggf. ein oder zweimal außerhalb der Schleife, nämlich in Zeile 2 bzw. Zeile 4 ausgeführt.

Die Überprüfung der Teilbarkeit durch Drei vor Bearbeitung der abgerollten Schleife bezeichnet man als *Präkonditionierung* [101]. Bei der ebenfalls möglichen sog. *Postkonditionierung* werden unbearbeitete Schleifendurchgänge im Anschluss an die abgerollte Schleife ausgeführt. Es sei angemerkt, dass die durch Nutzung der Prä- oder Postkonditionierung abgerollten Schleifen nicht schneller bearbeitet werden müssen als ein Programm, das entsprechend Bild 3.26b optimiert ist, da sich die bedingten Sprungoperationen oft parallel zu Operationen des Schleifenrumpfs ausführen lassen.

```
1:    loop:  if -- goto end       1:    loop:  if -- goto end        1:            if mod -- goto loop
2:           body                 2:           body                   2:            body
3:           goto  loop           3:           if -- goto end         3:            if mod -- goto loop
4:    end:                        4:           body'                  4:            body'
                                  5:           if -- goto end         5:    loop:   if -- goto end
                                  6:           body"                  6:            body"
                                  7:           goto  loop             7:            body'''
                                  8:    end:                          8:            body''''
                                                                      9:            goto  loop
                                                                      10:   end:

a                                 b                                   c
```

Bild 3.26. Optimierung einer Schleife durch Abrollen. **a** Die nichtoptimierte Schleife. **b** Die über drei Iterationsschritte einfach abgerollte Schleife. **c** Die über drei Iterationsschritte abgerollte präkonditionierte Schleife

Software-Fließbandverarbeitung (software-pipelining). Ein weiteres Verfahren zur Erhöhung der in Schleifen codierbaren Operationsparallelität ist die sog. Software-Fließbandverarbeitung, bei der man aufeinander folgende Schleifenrümpfe überlappend parallel ausführt. Bild 3.27 zeigt hierzu ein aus dem Handbuch zur Prozessorarchitektur IA-64 von Intel und HP stammendes Beispiel [70]. Die Operationen in den Zeilen 1 bis 3 von Bild 3.27a sind, wegen der über r4 und r7 bestehenden Datenabhängigkeiten, nicht parallel ausführbar. Sobald jedoch das Ergebnis der Ladeoperation des ersten Schleifendurchlaufs feststeht, kann gleichzeitig zur Addition bereits ein in einem späteren Schleifendurchlauf benötigter Operand aus dem Hauptspeicher gelesen und auch verarbeitet werden. Das in dieser Weise realisierte

Software-Fließband ist schließlich gefüllt, wenn mit dem nächsten Takt die letzte Operation des ersten Schleifendurchlaufs ausgeführt wird, wobei parallel dazu die Addition des zweiten und die Ladeoperation eines dritten Schleifendurchlaufs bearbeitet werden. Mit jedem zusätzlichen Takt wird ein Schleifendurchlauf beendet und ein weiterer begonnen. Die maximal erreichbare Operationsparallelität ist somit gleich der Anzahl der im Schleifenrumpf codierten Operationen, was einem Durchsatz von einem Schleifendurchgang pro Takt entspricht.

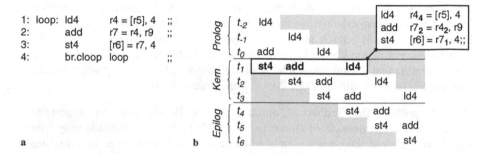

Bild 3.27. Optimierung einer Schleife durch Software-Fließbandverarbeitung. **a** Die zu optimierende Schleife. **b** Zeitliche Abfolge der einzelnen Operationen. Zu jedem Zeitpunkt werden parallel Operationen aus unterschiedlichen Iterationsschritten der Schleife ausgeführt

Der zeitliche Verlauf bei Verarbeitung der in Bild 3.27a dargestellten Schleife ist für sechs Wiederholungen in Bild 3.27b angedeutet, wobei vorausgesetzt wird, dass zwei gleichzeitige Zugriffe auf den Datenspeicher bzw. -cache möglich sind und die Ladeoperation eine Latenzzeit von zwei Takten aufweist. Der erste Schleifendurchlauf wird zwischen t_{-2} und t_1, alle weitere Schleifendurchläufe werden jeweils um einen Takt zeitversetzt, ausgeführt. Die Bearbeitung der gesamten Schleife lässt sich in drei grundsätzliche Phasen unterteilen:

- In der ersten, als *Prolog* bezeichneten Phase wird das Software-Fließband mit Operationen gefüllt. Sie endet, sobald die Ausführung der letzten Operation des ersten Schleifendurchlaufs beginnt (in Bild 3.27b zum Zeitpunkt t_1).

- In der sich anschließenden zweiten Phase, dem *Kern* (*kernel*), erreicht man die maximale Operationsparallelität, wobei in jedem Takt ein Schleifendurchlauf beendet und ein neuer begonnen wird.

- In der letzten Phase, dem *Epilog*, werden schließlich die gestarteten Schleifendurchläufe abgeschlossen, jedoch keine weiteren gestartet. Die in den Befehlen codierbare Operationsparallelität nimmt in dieser Phase wieder ab, bis schließlich die letzte Operation des letzten Schleifendurchlaufs ausgeführt worden ist.

Da die parallel codierten Operationen unterschiedlichen Schleifendurchläufen zuzuordnen sind, müssen überall dort, wo im ursprünglichen Programm *Datenabhängigkeiten* bestehen, unterschiedliche Register benutzt werden. In Bild 3.27b ist dies für den vierten Schleifendurchlauf in dem Kasten oben rechts angedeutet. So bezieht sich die Ladeoperation auf den vierten und die Addition auf den zweiten Schleifendurchlauf, weshalb die Register r4_4 und r4_2 verwendet werden. Sie sind bei einer Codierung durch reale Register zu ersetzen.

Weil der Kern normalerweise als Schleife programmiert ist, muss nach einem überlappenden Schleifendurchlauf selbstverständlich dafür gesorgt werden, dass die Quelloperanden in den jeweils verwendeten Registern verfügbar sind. Hierzu können entweder die Register umkopiert (z.B. bekommt r7_2 den Inhalt von r7_1 zugewiesen, so dass mit dem nächsten Schleifendurchlauf das Ergebnis der aktuellen Addition in den Speicher geschrieben wird) oder die verwendeten Indizes verändert werden. Letzteres erfordert, dass der Prozessor die Modifikation von Registeradressen in Hardware unterstützt, was leicht durch Registerverwaltungseinheiten, ähnlich denen, die in Abschnitt 2.1.5 beschrieben sind, erreichbar ist.

Das Prinzip der sog. *Registerrotation* veranschaulicht Bild 3.28a. Mit Ausführung der Pseudooperation rotate_reg werden die Indizes aller beteiligen Register um Eins dekrementiert. Der unmittelbar zuvor in das Register r4_4 geladene Operand befindet sich nach der Registerrotation dementsprechend in r4_3, der in einem vorangehenden Schleifendurchlauf geladene Operand r4_3 in r4_2 usw. Das Verfahren ist z.B. in Prozessoren mit IA-64-Architektur realisiert, wobei sich eine Registerrotation als optionaler Seiteneffekt einer Sprungoperation ausführen lässt. Neben einem in Grenzen frei programmierbaren Bereich des Integerregisterspeichers sind die *Prädikatsregister* p16 bis p63 und die Gleitkommaregister f32 bis f127 rotierbar. Dabei werden die Registeradressen jeweils inkrementiert bzw. bei einem Überlauf auf das erste rotierbare Register zurückgesetzt. Der Inhalt des Gleitkommaregisters f32 ist daher nach einer Registerrotation über f33 und der von f127 über f32 zugreifbar. Wie sich das in Bild 3.28a dargestellte Programm für einen Prozessor mit IA-64-Architektur umsetzen lässt, zeigt Bild 3.28b.

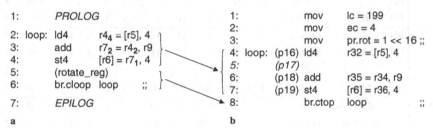

Bild 3.28. Registerrotation. **a** Prinzipielle Verwendung für Software-Fließbänder. **b** Programm für die Prozessorarchitektur IA-64

Der Kern der Operationsfolge zwischen den Zeilen 4 und 8 ist direkt von dem in Bild 3.28a skizierten Programm ableitbar, indem die mit Indizes versehenen Registernamen ersetzt werden und statt der beiden Operationen rotate_reg und br.cloop die spezialisierte Sprungoperation br.ctop verwendet wird. Die zusätzlich in den Zeilen 4 bis 7 angegebenen Prädikatsregister sind für den Prolog und den Epilog erforderlich. Durch die Initialisierung der Prädikatsregister in Zeile 3, bei der p16 gleich Eins und p17 bis p63 gleich Null gesetzt werden, wird nämlich dafür gesorgt, dass mit dem ersten Schleifendurchlauf zunächst nur die Lade- und Sprungoperation, nicht jedoch die Addition und Speichereoperation ausgeführt werden. Dies entspricht dem, was im ersten Schritt des Prologs zu bearbeiten ist (siehe Tabelle 3.1; vgl. auch Bild 3.27b zum Zeitpunkt t_{-2}).

Durch die Sprungoperation br.ctop werden als Seiteneffekt die Registerinhalte rotiert und zum Anfang der Schleife verzweigt, und zwar, solange der im Spezialregister lc (loop counter) befindliche Schleifenzähler einen Wert ungleich Null enthält. Insbesondere übernimmt dabei r33 den Inhalt von r32 und p17 den Inhalt von p16. Außerdem wird p16 implizit gesetzt und auf diese Weise dafür gesorgt, dass im zweiten Schleifendurchlauf die in den Zeilen 4 und 5 stehenden Operationen sowie die Sprungoperation ausgeführt werden (siehe den zweiten Zyklus in Tabelle 3.1 und vgl. Bild 3.27b zum Zeitpunkt t_{-1}). Die Leeroperation in Zeile 5 ist dabei nur der besseren Verständlichkeit halber angegeben und in einem realen Programm unnötig. Mit dem dritten Schleifendurchlauf wird in gleicher Weise dafür gesorgt, dass p16 bis p18 gesetzt sind und deshalb neben der Lade- und Sprungoperation noch die Addition ausgeführt wird. Sie verarbeitet mit r34 den Inhalt, des zuvor in r33 befindlichen, im ersten Schleifendurchlauf aus dem Hauptspeicher geladenen Operanden (in Tabelle 3.1 wird angenommen, dass in r9 der Wert 10 gespeichert ist). Mit dem nächsten Sprung, der zum Anfang der Schleife führt, endet der Prolog.

Tabelle 3.1. Zeitlicher Ablauf bei Bearbeitung der in Bild 3.28b dargestellten Operationsfolge. Der Übersichtlichkeit halber werden gelöschte Prädikatsregister durch leere Felder repräsentiert

Zyklus	Befehle		Zustand vor Ausführung von br.ctop										
			r32	r33	r34	r35	r36	p16	p17	p18	p19	lc	ec
1	ld4	br.ctop	0	-	-	-	-	1				199	4
2	ld4	br.ctop	1	0	-	-	-	1	1			198	4
3	ld4 ‖ add	br.ctop	2	1	0	10	-	1	1	1		197	4
4	ld4 ‖ add ‖ st4	br.ctop	3	2	1	11	10	1	1	1	1	198	4
5	ld4 ‖ add ‖ st4	br.ctop	4	3	2	12	11	1	1	1	1	197	4
...	...				...				...			...	...
200	ld4 ‖ add ‖ st4	br.ctop	199	198	197	207	206	1	1	1	1	0	4
201	add ‖ st4	br.ctop	-	199	198	208	207		1	1	1	0	3
202	add ‖ st4	br.ctop	-	-	199	209	208			1	1	0	2
203	st4	br.ctop	-	-	-	-	209				1	0	1
...			-	-	-	-	-					0	0

In der sich anschließenden Kernphase werden mit jedem Zyklus alle in Bild 3.28b zwischen den Zeilen 4 bis 8 dargestellten Operationen parallel bearbeitet, und zwar so lange, bis der Inhalt des Schleifenzählregister lc den Zählwert Null erreicht und die Sprungoperation br.ctop erneut ausgeführt wird. Dies kennzeichnet den Beginn des Epilogs, der sich vom Prolog insbesondere dadurch unterscheidet, dass nach der Registerrotation das Prädikatsregister p16 nicht mehr gesetzt, sondern gelöscht wird. Demzufolge bearbeitet man mit weiteren Schleifendurchläufen nach und nach eine immer geringere Anzahl von Operationen – das Fließband läuft leer. Das Bear-

beitungsende ist schließlich erreicht, wenn der in der Epilogphase durch die Sprungoperation br.ctop dekrementierte Epilog-Zähler ec (epilog counter) Null erreicht.

Eine abschließende Anmerkung: Die Bearbeitung einer sog. while-Schleife unterscheidet sich von der hier beschriebenen Zählschleife darin, dass das Ende der Kernphase nicht durch Erreichen eines Zählwerts Null, sondern durch das explizite
Löschen eines Prädikatsregisters angezeigt wird. Im Programm ist dies zu berücksichtigen, indem man statt der Sprungoperation br.ctop die Sprungoperation
br.wtop, verwendet.

3.1.6 Prozessoren mit kontrollflussgesteuertem Datenfluss

Die bis hierher beschriebenen Prozessoren verarbeiten Operanden, die i. Allg.
Ergebnisse vorangehend ausgeführter Operationen sind und in Registern oder Speicherzellen übergeben werden. Für eine einschrittige Operationsverarbeitung ist es
daher notwendig, gleichzeitig auf die zu verknüpfenden Operanden und das zu
schreibende Ergebnis zuzugreifen, weshalb z.B. die Registerspeicher mit wenigstens drei unabhängigen Ports ausgestattet sein müssen. Dies gilt für streng sequentiell arbeitende Prozessoren, insbesondere aber auch für skalare Fließbandprozessoren, bei denen die Lese- und Schreibzugriffe zwar zeitversetzt, jedoch parallel zu je
einer anderen Operation ausgeführt werden. Insgesamt ist der hierfür erforderliche
Realisierungsaufwand jedoch gering, selbst wenn man berücksichtigt, dass weitere
Maßnahmen notwendig sind, um z.B. Kontroll- oder Datenflusskonflikte zu lösen.

Das ändert sich, wenn Operationen parallel verarbeitet werden sollen. Mit einer statischen Operationsparallelität von Vier müssen z.B. wenigstens 12 Registerports
und bei einer einfachen Fließbandstruktur, wie sie in Bild 3.17a dargestellt ist, 64
Bypässe realisiert werden (zur Rückführung von je zwei Operanden aus der Exe-
cute- oder Write-Back-Stufe von vier separaten Verarbeitungseinheiten) – ein Aufwand, der insbesondere deshalb erforderlich ist, weil Zwischenergebnisse über temporäre Register weitergereicht werden, anstatt sie direkt in die zuständigen Verarbeitungseinheiten zu übertragen.

An der TU Berlin wurde bereits Anfang der 90er Jahre ein alternatives Verarbeitungsprinzip entwickelt, dass aktuell in Form des Zen-1 als FPGA verwirklicht wird
[113]. Anders als bei herkömmlichen Prozessoren werden die Aktionen „Operanden
lesen", „Operanden verknüpfen" und „Ergebnis schreiben" hier nicht geschlossen in
den einzelnen Operationen codiert, sondern die zu verknüpfenden Operanden durch
Transportoperationen zu den Verarbeitungseinheiten übertragen, die daraus autonom Ergebnisse generieren, sobald die benötigten Operanden verfügbar sind. Eine
zu herkömmlichen Prozessoren vergleichbare Geschwindigkeit lässt sich erreichen,
indem mehrere Transportoperationen parallel ausgeführt werden.

Weil die statisch explizit in einem Befehl codierten Operationen den Datenfluss
eines Teilproblems beschreiben, die Ausführung der Befehle jedoch nach dem Kontrollflussprinzip geschieht, spricht man von kontrollflussgesteuertem Datenfluss[1].
Die Registertransferschaltung eines in dieser Weise arbeitenden Prozessors, der pro
Takt sechs Transportoperationen verarbeiten kann, zeigt Bild 3.29. Neben dem

Registerspeicher sind drei Verarbeitungseinheiten dargestellt, die je nach angestrebter Leistungsfähigkeit ggf. auch mehrfach implementiert sein können (für Registerspeicher, ALU und Speicherzugriffseinheit MEM ist das als Schatten angedeutet).

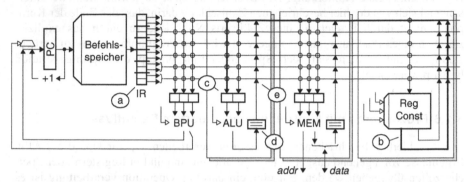

Bild 3.29. Prozessor mit kontrollflussgesteuertem Datenfluss. Pro Takt können bis zu sechs Transportoperationen ausgeführt werden

Ähnlich wie bei den meisten Kontrollflussprozessoren wird in einem ersten Schritt der zu verarbeitende Befehl aus dem Befehlsspeicher in das mit a markierte Instruktionsregister IR geladen (die Anbindung des Befehlsspeichers ist der Einfachheit halber ohne die normalerweise vorhandene Speicherverwaltungseinheit, den Cache, eine Sprungvorhersageeinheit und eine Einheit zum Lesen variabel breiter Befehle dargestellt). Die im Befehl codierten sechs Transportoperationen enthalten je zwei Adressen zur Auswahl einer Quelle und einer Senke, die bei Ausführung über einen der Transportoperation fest zugeordneten Bus miteinander verbunden werden. So ist in Bild 3.29 z.B. – stark ausgezogen und mit b markiert – dargestellt, wie sich der Inhalt eines Registers zum linken Eingang der ALU transportieren lässt. Welches Register dabei gelesen wird, ist in der Quelladresse der entsprechenden Transportoperation festgelegt. Ebenso muss in der Zieladresse ggf. codiert sein, welche Operation von der ALU bearbeitet werden soll. Bei Ausführung mehrstelliger Operationen ist dies jedoch nur mit der Adresse eines einzelnen, z.B. des am weitesten links stehenden Operanden erforderlich.

Die Bearbeitung einer Operation beginnt, sobald alle benötigten Operanden verfügbar sind, d.h. am Ende der Ausführung des Befehls, mit dem der letzte Operand zur jeweiligen Verarbeitungseinheit transportiert wird. Im günstigsten Fall steht das erzeugte Ergebnis einen Takt später am Ausgang der Verarbeitungseinheit bereit. Dies bedeutet jedoch nicht, dass es unmittelbar im nächsten Takt gelesen werden muss, da es ggf. in einem Ringpuffer (FiFo) zwischengespeichert wird (im Bild zur ALU mit d markiert). Dabei sind drei Sonderfälle zu berücksichtigen:

---

1. Ein ähnliches Konzept ist mit ADARC in [169, 59] beschrieben. Der zu verarbeitende Datenfluss wird jedoch nicht durch eine Folge von Transportoperationen, wie im vorliegenden Fall, sondern durch in 3-Adressoperationen codierte Kennungen formuliert. Abhängigkeiten werden gelöst, indem man die Kennungen der zu konsumierenden Operanden mit denen der erzeugten Ergebnisse vergleicht und bei Übereinstimmung mit Hilfe eines assoziativen Kommunikationsnetzes eine Verbindung zwischen den entsprechenden Verarbeitungseinheit herstellt.

1.) Bei einem Lesezugriff auf einen *leeren* Ringpuffer, der die Ergebnisse einer zu diesem Zeitpunkt aktiven Funktionseinheit entgegennimmt, kommt es zur Verzögerung des Befehls, bis das in Bearbeitung befindliche Ergebnis verfügbar ist.

2.) Falls lesend auf einen *leeren* Ringpuffer zugegriffen wird, der die Ergebnisse einer zu diesem Zeitpunkt *nicht* aktiven Funktionseinheit entgegennimmt, weist dies auf einen Fehler im Programm hin, der sich z.B. durch eine Ausnahmeanforderung (exception) signalisieren lässt.

3.) Soll schließlich ein Ergebnis in einen *vollen* Ringpuffer eingetragen werden, weist dies ebenfalls auf einen Fehler des Programms hin, der durch eine Ausnahmeanforderung quittierbar ist.

▶ Beispiel 3.4. *Skalarprodukt ohne Verkettung.* Die Programmierung eines Prozessors mit kontrollflussgesteuertem Datenfluss, der zwei ALUs, eine Multiplikationseinheit, eine Speicherzugriffseinheit MEM (memory unit), einen Registerspeicher und eine Sprungverarbeitungseinheit BPU (branch processing unit) besitzt, im übrigen jedoch entsprechend Bild 3.29 realisiert ist, wird im Folgenden am Beispiel des Skalarprodukts zweier 100-elementiger Vektoren beschrieben. Der Algorithmus ist Bild 3.30b als Assemblerprogramm und in Bild 3.30a zu Vergleichszwecken als C-Programm dargestellt.

Zunächst werden in Zeile 1 des Assemblerprogramms durch parallele Transportoperationen die Ausgänge der beiden ALUs mit Null initialisiert. Sie repräsentieren innerhalb der Schleife das Akkumulationsergebnis sum (alu1) und den Schleifenzähler i (alu2). Die in Zeile 2 stehende erste Zuweisung beschreibt tatsächlich zwei Transportoperationen, mit denen die Konstante x (aus dem Register-Konstanten-Speicher Reg / Const) und der in alu2 befindliche Wert zur Speichereinheit MEM transportiert und auf diese Weise ein Lesezugriff auf den Datenspeicher initiiert wird (der Einfachheit halber sei angenommen, dass mit dem Zugriff eine Skalierung des Indexes entsprechend des verwendeten Formats erfolgt). Der hinter alu2 angegebene Stern bewirkt dabei, dass der Operand nicht aus dem der Quelle zugeordneten Ringpuffer entfernt wird und somit für weitere Zugriffe verfügbar bleibt.

```
1: sum = 0;                          1:       alu1 = 0        alu2 = 0 ;
2: for (i = 0; i < 100; i++)         2: loop: ld = (x, alu2*)  bne = (-, 99, loop) ;
3:    sum = sum + x[i] * y[i];       3:       ld = (y, alu2)   add2 = (alu2, 1)
                                     4:             mul1.l = ld   bne.l = alu2 ;
                                     5:       mul1.r = ld       add1.l = alu1;
                                     6:       add1.r = mul1 ;
                                     7:       r0 = alu1         alu2 ;
```

a   b

Bild 3.30. Skalarprodukt zweier Vektoren. **a** Als C-Programm. **b** Als Assemblerprogramm für einen Prozessor mit kontrollflussgesteuertem Datenfluss

Die Zuweisung an die Sprungeinheit in Zeile 2 ist zunächst noch unvollständig, weshalb es zwar zur Übertragung der Operanden kommt, die Ausführung der Operation jedoch nicht startet. Dies ist hier deshalb erforderlich, weil pro Befehl maximal sechs Transportoperationen codierbar sind und diese Anzahl in Zeile 3, in der die Sprungoperation regulär begonnen werden muss, bereits erreicht ist. In Zeile 3 wird der Zugriff auf y[i] gestartet, der in alu2 gehaltene Schleifenzähler zur Inkrementierung an alu2 übertragen, der erste bereits aus dem Datenspeicher gelesene Wert x[i] zum linken Eingang der Multiplikationseinheit transportiert und die Sprungoperation begonnen. Außerdem wird der in alu2 gespeicherte Schleifenzählwert konsumiert.

Da i (alu2) noch ungleich 99 ist, verzweigt der Kontrollfluss zur Sprungmarke loop. Dies geschieht jedoch nicht unmittelbar, sondern mit zwei Takten Verzögerung, weshalb noch vor dem nächsten Schleifendurchlauf die Befehle in den Zeilen 4 und 5 ausgeführt werden können[1]. In Zeile 4 wird der zweite Operand zur Multiplikationseinheit gebracht und damit die Multiplikation begonnen sowie die Akkumulation der Ergebnisse durch die Rückführung des in alu1 gespeicherten Werts auf dessen linken Eingang vorbereitet. Die Addition startet in Zeile 5 mit dem Transport des Multiplikationsergebnisses zum rechten Eingang der alu1. Nach vollständiger Bearbeitung der Schleife wird schließlich in Zeile 6 das Ergebnis in das Register r0 übertragen und der noch in alu2 gespeicherte Schleifenzählwert konsumiert.   ◢

Befehlscodierung

Der in Bild 3.29 dargestellte Prozessor verarbeitet Befehle fester Breite, in denen eine konstante Anzahl von Transportoperationen codiert sind (hier 6). Jede Transportoperation enthält eine Quell- und eine Zieladresse. Da die Verarbeitungseinheiten i.Allg. eine größere Anzahl von Ein- als von Ausgänge besitzen und außerdem über die Eingänge vorgegeben wird, welche Operationen in den Verarbeitungseinheiten auszuführen sind, müssen die Zieladressen breiter als die Quelladressen sein. Bei der Aufteilung des Zieladressraums ist weiter zu berücksichtigen, dass die Festlegung der auszuführenden Operation nur über einen einzelnen Eingang erfolgen muss, wodurch sich Bits einsparen lassen.

Eine Vereinfachung der Operationscodierung ist außerdem erreichbar, indem bestimmte Quellen und Ziele nicht über beliebige *Busse* miteinander verbunden werden können, sondern nur über eine Teilmenge der verfügbaren Busse. Wenn z.B. der Ausgang der ALU fest an den im Bild untersten Bus gekoppelt ist (e), muss in einer entsprechenden Transportoperation keine Quelladresse codiert sein. Falls außerdem der Ausgang der ALU ausschließlich über diesen Bus zugreifbar ist, braucht er auch nicht über andere Busse adressiert werden zu können.

Vorteilhaft an einer festen Bindung von Ausgängen und Bussen ist auch, dass sich auf diese Weise der schaltungstechnische Aufwand vermindern und die kapazitiven Lasten auf den einzelnen Bussen senken lassen. Dies wirkt sich positiv sowohl auf die maximale Taktfrequenz als auch den Strombedarf eines Prozessors aus. Soll es dabei jedoch weiterhin möglich sein, einen Ausgang zeitgleich mit mehreren Eingängen zu verbinden, muss entweder mehr als ein Bus verwendet oder das zu übertragende Ergebnis über einen einzelnen Bus auf unterschiedliche Eingänge verteilt werden.

Letzteres erfordert, dass der Decoder die Transportoperationen nicht länger fest, sondern variabel den verfügbaren Bussen zuordnet. Falls sich hierbei mehrere Transportoperationen eines Befehls auf einen gemeinsamen Ausgang beziehen, der fest mit einem Bus verbunden ist, sind die entsprechenden Transportoperationen durch den Decoder diesem Bus zuzuordnen, wobei jeweils nur die Zieladressen der Transportoperationen auszuwerten sind. – Als Nebeneffekt einer solchen Codierung könnten die Befehle variabel breit sein. Die zur Extraktion eines Befehls zu verwen-

---

1. Die hier angenommene Verzögerung ist durch geeignete technische Maßnahmen, wie z.B. einer Sprungvorhersage, natürlich vermeidbar.

deten Prinzipien entsprechen dabei denen, die in Abschnitt 3.1.5 zu VLIW-Prozessoren beschrieben wurden.

Verkettung (chaining)

Ein besonderes Merkmal der hier beschriebenen Prozessoren ist, dass sich Verarbeitungseinheiten durch Ausführung von Transportoperationen auf unterschiedliche Art und Weise direkt miteinander verbinden lassen. Bei der befehlsgesteuerten, sog. *weichen Verkettung* (*soft-chaining*) wird, durch Transportoperationen initiiert, eine Verbindung über einen der expliziten Busse hergestellt und am Ende der Ausführung eines Befehls wieder aufgelöst. Neben den bisher beschriebenen expliziten Transporten ist es dabei auch möglich, eine Verbindung als Seiteneffekt einer Transportoperation zu erzeugen, und zwar über zusätzliche, in Bild 3.29 nicht gezeichnete Verbindungen. Zum Beispiel lässt sich eine am zentralen Bussystem vorbeiführende Rückkopplung einer arithmetisch-logischen Einheit verwenden, um häufig auftretende akkumulierende Berechnungen durchzuführen. Aktiviert wird eine solche Verbindung z.B., wenn dies in der Zieladresse des zweiten zu verarbeitenden Operanden codiert ist.

Natürlich können solche *Direktverbindungen* auch befehlsübergreifend „hart" (*hard-chaining*) etabliert werden, um auf diese Weise mehrstufige Verarbeitungseinheiten dynamisch zu verschalten (im Prinzip eine Synthetisierung). Neben den bereits erwähnten Rückkopplungen sind Direktverbindungen, z.B. zwischen Speicherzugriffs- und anderen Verarbeitungseinheiten oder zwischen Multiplikations- und Additionseinheiten, sinnvoll. Letztere, um die in vielen Algorithmen auftretende *Produktsumme* berechnen zu können, ohne einen für andere Transportoperationen nutzbaren Bus zu belegen. Die harte Verkettung einer *Konstanteneinheit* (in Bild 3.29 ist sie kombiniert mit dem Registerspeicher dargestellt) mit einer beliebigen anderen Verarbeitungseinheit ist sogar ohne einen zusätzlichen Bus realisierbar, nämlich, indem die jeweilige Konstante in das *Eingangsregister* der Zieleinheit transportiert und als permanent zu halten gekennzeichnet wird.

Harte Verkettungen, die auf realen Verbindungen basieren, lassen sich z.B. über ein Steuerregister schalten. Bei einer Verkettung von Konstanten muss dabei berücksichtigt werden, dass neben dem Zugriff auf das Steuerregister zusätzlich der eigentliche Wert in das Operandenregister der Zieleinheit zu übertragen ist, dementsprechend also insgesamt zwei Transportoperationen auszuführen sind. Da man mit einem Zugriff auf das Steuerregister mehrere Verbindungen gleichzeitig schalten kann, ist der zu erwartende Zusatzaufwand innerhalb eines Programms jedoch gering. Das Lösen von Verbindungen ist ebenfalls durch einen Zugriff auf das genannte Steuerregister möglich. Zusätzlich kann eine Verbindung jedoch auch implizit gelöst werden, z.B. indem durch eine Transportoperation schreibend auf ein hart verkettetes Operandenregister zugegriffen wird. Im Folgenden soll an einem Beispiel beschrieben werden, wie sich die weiche und harte Verkettung bei der Programmierung nutzen lassen.

◤ Beispiel 3.5. *Skalarprodukt mit Verkettung.* Das in Bild 3.30b aufgelistete Assemblerprogramm verdeutlicht die Programmierung eines Prozessors mit kontrollflussgesteuertem Datenfluss, nicht aber dessen Fähigkeit zur Parallelverarbeitung, weil der Schleifenrumpf wegen der zahlreichen Datenabhängigkeiten größtenteils sequentiell bearbeitet werden muss. So lassen sich innerhalb der Schleife pro Takt nur 1,5 dyadische Operationen ausführen (zwei Ladeoperationen, zwei Additionen, eine Multiplikation und ein Vergleich, also sechs Operationen die in insgesamt vier Befehlen codiert sind), statt der zwei dyadischen Operationen, die erwartet werden könnten, wenn, wie hier, sechs Busse zum gleichzeitigen Transport von Operanden und Ergebnissen zur Verfügung stehen.

Die Parallelität lässt sich für die gegebene Problemstellung jedoch signifikant erhöhen, und zwar mit Hilfe der in Abschnitt 3.1.5 beschriebenen *Software-Fließbandverarbeitung*. Wie der Schleifenrumpf hierbei zu unterteilen ist, zeigt der *Datenflussgraph* in Bild 3.31a: In der ersten Stufe werden die Vektorelemente geladen und der Schleifenzähler inkrementiert. In der zweiten Stufe wird das Produkt der Vektorelemente gebildet. In der letzten Stufe werden schließlich die Produkte sukzessive akkumuliert. Die Umsetzung des Software-Fließbands in ein (sehr schwer verstehbares) Assemblerprogramm ist in Bild 3.31b dargestellt.

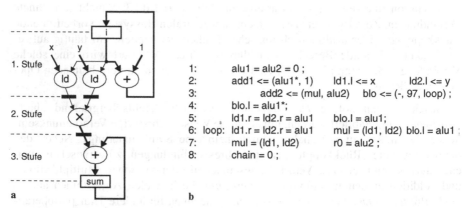

a   b

Bild 3.31. Skalarprodukt zweier Vektoren. **a** Datenfluss innerhalb der Schleife. **b** Assemblerprogramm für den Zen-1

Ähnlich wie in Beispiel 3.4 werden der Schleifenzähler i und das Akkumulationsergebnis sum nicht in Registern, sondern in den Verarbeitungseinheiten alu1 und alu2 gehalten, deren Initialisierung mit Null das Assemblerprogramm einleitet. Anschließend werden in Zeile 2 die vom Übersetzer erkannten, im Datenflussgraphen als dicke Kanten hervorgehobenen harten Verkettungen aktiviert. Die verwendete Schreibweise abstrahiert von den tatsächlich codierten Operationen, ist aber besser lesbar. Neben einem Schreibzugriff auf das Steuerregister chain sind mehrere Transportoperationen für die Konstanten 1, x, y und 97 codiert.

Als vorbereitende Maßnahme wird in Zeile 3 die Ausführung der Schleifensprungoperation blo (branch lower) das erste Mal initiiert. Dies ist erforderlich, weil ein entsprechend Bild 3.29 realisierter Prozessor Verzweigungen mit zwei Takten Verzögerung bearbeitet. Mit dem in Zeile 4 beginnenden und auch endenden *Prolog* wird das Laden der ersten beiden Vektorelemente angestoßen, sowie der zweite Schleifendurchlauf vorbereitet. Wegen der harten Verkettung von Multiplikations- und Additionseinheit sind weitere Aktionen nicht erforderlich.

Der *Kern* des Software-Fließbands ist vollständig in Zeile 5 codiert. Pro Takt wird hier das Lesen der jeweils nächsten beiden Vektorelemente initiiert, die zuvor geladenen Vektorelemente werden durch weiche Verkettung zur Multiplikationseinheit transportiert und dort verknüpft. Das Produkt wird schließlich automatisch akkumuliert. Bemerkenswert ist, dass die Ladeoperation sogar mehrere Takte Latenzzeit aufweisen darf und trotzdem nach dem Füllen des Software-Fließbands in jedem Takt ein Akkumulationsergebnis generiert wird.

Nach vollständiger Ausführung der Schleife leitet der in Zeile 6 codierte Befehl den *Epilog* ein, und zwar mit Übertragung der letzten noch aus dem Hauptspeicher geladenen Vektorelemente zur Multiplikationseinheit und – sobald verfügbar – Transport des endgültigen Akkumulationsergebnisses in das Register r0. Die Auflösung aller harten Verkettungen geschieht mit der Zuweisung in Zeile 7, wobei die in den Operandenregistern der Verarbeitungseinheiten noch gespeicherten Werte als Seiteneffekt gelöscht werden. Zusammenfassend lässt sich feststellen, dass innerhalb der Schleife im Durchschnitt pro Takt sechs herkömmliche dyadische Operationen (eine pro explizit nutzbaren Bus) zur Ausführung kommen. Für das gesamte Programm wird dabei nur ein einzelnes Register, nämlich für das Endergebnis, benötigt. ◢

Ausnahmebehandlungen

Prozessoren mit kontrollflussgesteuertem Datenfluss sind, den Umgang mit synchronen oder asynchronen Ausnahmeanforderungen betreffend, sehr kompliziert. Anders als bei herkömmlichen Prozessoren wird der zu sichernde *Kontext* nämlich nicht vollständig in den Arbeitsregistern, sondern zusätzlich auch in den Verarbeitungseinheiten, u.a. den Operandenregistern und Ringpuffern, gehalten. Solange *Ausnahmeprogramme* (*exception handler*) selbst nicht unterbrechbar sein müssen, ist es am einfachsten, die Inhalte aller technischen Register und Puffer im Bedarfsfall in sog. *Schattenregistern* zwischenzuspeichern, erstere anschließend in den Initialzustand zu versetzen und die Ausnahmebearbeitung schließlich zu beginnen. Der ursprüngliche Zustand lässt sich wieder herstellen, indem man die gesicherten Inhalte in die Originalregister bzw. Puffer zurückkopiert. Falls auch der Inhalt des Befehlszählers mit der Ausnahmeanforderung in einem Schattenregister gesichert wurde, ist auf diese Weise sogar der Rücksprung aus dem Ausnahmeprogramm mit dem Wiederherstellen des ursprünglichen Programmzustands durchführbar.

Dieses ähnlich z.B. auch im MC88100 von Motorola realisierte Verfahren [122] ist insbesondere geeignet, korrigierbare Fehler, die durch die reguläre Befehlsausführung verursacht werden, zu bearbeiten. So kann bei einem Seitenfehler innerhalb des Ausnahmeprogramms die fehlende Seite geladen, mit dem Rücksprung erneut der in den Schattenregistern gespeicherte Zustand des unterbrochenen Zugriffs aktiviert und damit der Zugriff auf die geladene Seite fehlerfrei wiederholt werden.

Komplizierter ist der Umgang mit Ausnahmesituationen, wenn das Ausnahmeprogramm selbst *unterbrechbar* sein muss, wie z.B. bei einem *Prozesswechsel*. Hierbei sind nämlich die in den Schattenregistern gespeicherten Zustände explizit, also befehlsgesteuert innerhalb des Ausnahmeprogramms, in den Hauptspeicher zu übertragen. Natürlich ist vor dem Rücksprung in das unterbrochene Programm für die Wiederherstellung der Zustände in den Schattenregistern zu sorgen, was ebenfalls explizit z.B. durch Ladezugriffe auf den Datenspeicher geschehen kann.

3.2 Dynamische Operations- bzw. Befehlsparallelität

Bei den im vorangehenden Abschnitt beschriebenen, statischen Verfahren werden die Operationen durch den Übersetzer parallelisiert. Selbstverständlich ist es möglich, die dabei zum Einsatz kommenden Techniken auch in Hardware zu realisieren und den sequentiellen Strom von Befehlen zur Laufzeit zu parallelisieren. Dieses den sog. *superskalaren Prozessoren* zugrunde liegende Konzept hat den Vorteil, dass sich dabei Informationen nutzen lassen, die definitiv erst bei Ausführung eines Programms zur Verfügung stehen. Zum Beispiel können Befehle, die vor und hinter einem bedingten Sprung codiert sind, parallelisiert werden, ohne sich dabei bereits bei der Übersetzung auf eine möglich Sprungrichtung festlegen zu müssen.

Von Vorteil ist außerdem, dass es möglich ist, superskalare Prozessoren kompatibel zu ihren skalaren Vorgängern zu realisieren. So konnten Anfang der 90er Jahre die skalaren Prozessoren der 80x86 Familie von Intel durch die deutlich leistungsfähigeren superskalaren Prozessoren der Pentium-Familie abgelöst werden, ohne dass eine für Kunden normalerweise nicht durchführbare Neuübersetzung von Applikationen und Betriebssystemen erforderlich gewesen ist. Ein günstiger Nebeneffekt einer Technik zum Erreichen von Kompatibilität ist, dass sie i. Allg. auch Skalierbarkeit gewährleistet.

Den genannten Vorteilen stehen jedoch auch wesentliche Nachteile gegenüber: (1.) sind superskalare Prozessoren deutlich aufwendiger zu realisieren als statisch operationsparallel arbeitende Prozessoren, weshalb sie höhere Kosten sowohl in der Entwicklung als auch in der Fertigung verursachen (zumindest wenn eine vergleichbare Verarbeitungsgeschwindigkeit wie von einem konkurrierenden statisch operationsparallel arbeitenden Prozessor erreicht werden soll). (2.) sind die zur Parallelisierung benötigten Ressourcen stark begrenzt, weshalb sich nur Befehle parallelisieren lassen, die innerhalb eines kleinen, als *Befehlsfenster* bezeichneten Adressbereichs codiert sind. Relativierend sei jedoch angemerkt: Durch optimierende Übersetzung ist es möglich die Befehle in einer Weise zu codieren, bei der das durch superskalare Befehlsverarbeitung erreichbare Maß an Parallelität nicht hinter dem eines statisch operationsparallel arbeitenden Prozessors zurückstehen muss. Verständlicherweise setzt dies voraus, dass die Programme unter Berücksichtigung der maximal möglichen Parallelität und nicht für einen skalaren Vorgänger übersetzt wurden.

▶ Bemerkung. Von den in Abschnitt 3.1 beschriebenen Prozessoren werden sequentiell Befehle verarbeitet, in denen jeweils mehrere Operationen statisch codiert sind. Das erreichbare Maß an Parallelität ist somit gleich der maximalen Anzahl an Operationen, die sich in einem Befehl codieren lassen. In superskalaren Prozessoren wird hingegen auf *Befehlsebene* parallelisiert. Somit ist das erreichbare Maß an Parallelität gleich der maximalen Anzahl parallelisierbarer Befehle multipliziert mit der maximalen Anzahl an Operationen, die in einem Befehl codiert sind. Dies bedeutet jedoch nicht, dass die superskalare Befehlsverarbeitung ein höheres Maß an Parallelität ermöglicht als die statisch operationsparallele Verarbeitung. Vielmehr ist die Zuordnung der zu verarbeitenden Einheiten unterschiedlich: Im einen Fall werden viele Operationen in einem Befehl codiert, im anderen Fall einzelne Operationen in vielen Befehlen.   ◀

Die Verarbeitung von Befehlen durch superskalare Prozessoren lässt sich in drei Phasen unterteilen (nicht zu verwechseln mit den Stufen eines Fließbands):

•   In der ersten, der sog. *Decodierphase* werden die Befehle parallel aus dem Befehlsspeicher (bzw. -cache) gelesen, decodiert und die enthaltenen Operationen den einzelnen Verarbeitungseinheiten zugeordnet. Normalerweise liest man in dieser Phase auch die zu verknüpfenden Operanden aus dem Registerspeicher.

- In der zweiten, der sog. *Ausführungsphase* werden die Operationen parallel in den Verarbeitungseinheiten ausgeführt, wobei auch der Datenspeicher ggf. lesend angesprochen wird. Außerdem holt man spätestens jetzt die Quelloperanden aus dem Registerspeicher, falls dies nicht bereits in der Decodierphase geschehen ist.

- In der dritten, der sog. *Rückschreibphase* werden schließlich die erzeugten Ergebnisse in den sichtbaren Maschinenstatus übernommen, indem z.B. schreibend auf den Registerspeicher zugegriffen wird.

Die dynamische Parallelisierung der sequentiell codierten Befehle geschieht in der Decodierphase, und zwar anhand eines klar umgrenzten Regelwerks: Befehle lassen sich nur dann parallelisieren, wenn ausreichend viele *Verarbeitungseinheiten* verfügbar sind, es also keinen *Ressourcenkonflikt* gibt. Des Weiteren müssen die zu verarbeitenden Operanden zugreifbar sein, d.h., der aktuelle Befehl darf keine *Datenabhängigkeiten (data dependencys*; auch *Read-after-Write-* oder *RAW-Abhängigkeiten)* zu vorangehenden, gleichzeitig auszuführenden Befehlen aufweisen.

Falls wegen bestehender Konflikte die Verarbeitung eines Befehls verzögert werden muss, lässt sich die Ausführung unabhängiger, sequentiell folgender Befehle im Prinzip bereits starten – vorausgesetzt, dass hierbei keine noch benötigten Operanden überschrieben werden. Die entsprechende Abhängigkeit wird als *Gegenabhängigkeit (anti dependency*, auch *Write-after-Read-* oder *WAR-Abhängigkeit)* bezeichnet. Schließlich ist die sog. *Ergebnisabhängigkeit (output dependency*; auch *Write-after-Write-* oder *WAW-Abhängigkeit)* zu berücksichtigen. Sie tritt auf, wenn zwei Befehle schreibend auf dieselbe Ergebnisadresse zugreifen. Würde sie nicht beachtet, bestünde die Gefahr, dass durch die Ergebnisse eines Befehls die eines nachfolgenden Befehls überschrieben werden.

Zur Verdeutlichung ist in Bild 3.32 ein Assemblerprogramm mit den darin auftretenden Abhängigkeiten dargestellt. Angenommen, ein superskalarer Prozessor kann pro Zeiteinheit vier Befehle parallel starten, dann ließen sich, sofern keine Konflikte bzw. Datenabhängigkeiten auftreten würden, alle vier Befehle parallel bearbeiten (ähnlich wie z.B. beim PowerPC 604 von Motorola [130]). Tatsächlich besteht jedoch zwischen den Befehlen in den Zeilen 1 und 2 eine Datenabhängigkeit und zwischen den Befehlen in den Zeilen 1 und 3 ein Ressourcenkonflikt. Falls es nicht möglich ist, Befehle in veränderter Reihenfolge zu bearbeiten, kann somit zunächst nur die Multiplikation in Zeile 1 ausgeführt werden. Die restlichen Befehle lassen sich anschließend mit Verfügbarkeit des Ergebnisses in r1 parallel beginnen.

Sollen des Weiteren die Befehle auch in veränderter Reihenfolge bearbeitet werden können, sind zusätzlich die Gegen- und Ergebnisabhängigkeiten zu berücksichtigen. Wegen der echten Datenabhängigkeit wird hierbei zunächst die Subtraktion verzögert, bis das Ergebnis der Multiplikation in Zeile 1 bereitsteht, wobei sich die Wartezeit durch Bypässe verkürzen lässt. Außerdem muss mit der Bearbeitung des Befehls in Zeile 3 gewartet werden, bis die Multiplikationseinheit einen weiteren Befehl entgegennehmen kann. Zunächst kommt es somit nur zur Ausführung der Befehle in den Zeilen 1 und 4.

Unter der i.Allg. korrekten Annahme, dass die Ausführung einer Multiplikation mehr als einen Takt erfordert und in Fließbandtechnik pro Takt ein Ergebnis erzeugt werden kann, ließe sich zunächst nur das Ergebnis der Addition in das Register r1 schreiben. Dies kann erlaubt werden oder nicht. In jedem Fall ist sicherzustellen, dass die Subtraktion mit dem noch nicht durch die Addition modifizierten Inhalt von r1 auszuführen begonnen wird (WAR-Abhängigkeit). Sollte das Additionsergebnis in das Register r1 geschrieben werden, ist zusätzlich zu berücksichtigen, dass nach Ausführung der Multiplikation in Zeile 1 der Inhalt von r1 nicht überschrieben werden darf, wenn das Ergebnis einige Takte später zur Verfügung steht (WAW-Abhängigkeit). Des Weiteren darf die Subtraktion nicht den Inhalt von r1 verarbeiten, sondern muss entweder das Ergebnis direkt von der Multiplikationseinheit abgreifen oder aus einem anderen sog. *Renaming-Register* lesen (siehe Abschnitt 3.2.3). Der Leser mag sich davon überzeugen, dass durch das Umordnen der Befehle die Verarbeitungsgeschwindigkeit erhöht wird, da sich der durch die Multiplikation verursachte Ressourcenkonflikt nach einem Takt löst, der durch die Datenabhängigkeit bestehende Datenflusskonflikt jedoch mehrere Takte besteht.

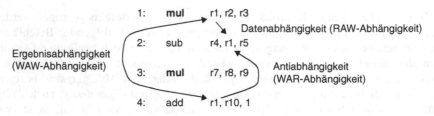

Bild 3.32. Datenabhängigkeit, Gegenabhängigkeit, Ergebnisabhängigkeit und Ressourcenkonflikt (im Fettdruck) in einem einfachen Assemblerprogramm. Das jeweils erste Argument bezeichnet die Ergebnisadresse

3.2.1 Parallelisierung unter Beibehaltung der Befehlsreihenfolge

Wie bereits erwähnt, gibt es unterschiedliche Verfahren zur dynamischen Parallelisierung von Befehlen. In der einfachsten Variante werden nur die unmittelbar aufeinander folgenden Befehle parallelisiert. Die Reihenfolge, in der diese den Decoder verlassen, entspricht dabei der vom Programm vorgegebenen, weshalb man von *In-der-Reihe-Starten* (*in-order issue*) spricht [111]. In Bild 3.33 ist das Fließband eines entsprechenden superskalaren Prozessors, der zwei Befehle parallel ausführen kann, schematisch dargestellt. Zu sehen sind die Fließbandregister und die in den Fließbandstufen arbeitenden ungetakteten Einheiten. Zur Funktion: Zunächst werden maximal zwei Befehle in das Befehlsregister IR geladen, in der zweiten Fließbandstufe decodiert und daraufhin überprüft, ob sie parallel ausführbar sind. Dies ist genau dann der Fall, wenn sie keine RAW-Abhängigkeiten zu anderen zuvor abzuschließenden Befehlen besitzen und keine aktuell belegten Ressourcen benötigen.

Im Allgemeinen wird dabei auch überprüft, ob WAW-Abhängigkeiten zu allen vorangehenden und noch in Bearbeitung befindlichen Befehlen existieren, und zwar deshalb, weil es ansonsten möglich ist, dass nach Ausführung eines „langsamen" Befehls das Ergebnis eines im sequentiellen Programm folgenden „schnellen"

Befehls fälschlicherweise überschrieben wird. Zwar kann man durch eine Vorrangregelung prinzipiell dafür sorgen, dass unerlaubte Schreibzugriffe annulliert werden, dies ist jedoch i. Allg. überflüssig, da WAW-Abhängigkeiten gewöhnlich in Kombination mit RAW-Abhängigkeiten auftreten – eine Parallelverarbeitung also ohnehin nicht möglich ist. Für die seltenen Fälle, in denen WAW-Abhängigkeiten alleine auftreten, wird eine parallele Verarbeitung daher meist verboten[1].

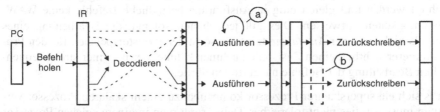

Bild 3.33. Prinzipielle Darstellung des Fließbands eines superskalaren Prozessors, der eine dynamische Parallelisierung unter Berücksichtigung der Befehlsreihenfolge vornimmt

Im Decoder wird außerdem entschieden, in welchem Fließband die einzelnen Befehle ausgeführt werden sollen. So können z.B. die beiden in IR befindlichen Befehle die Fließbänder tauschen, was im Bild durch die gestrichelten Linien angedeutet ist. Falls eine Parallelverarbeitung der in den Befehlen codierten Operationen nicht erlaubt werden kann, verbleibt der im sequentiellen Befehlsstrom zweite Befehl im Instruktionsregister IR. Da es nur zur Hälfte belegt ist, lässt sich im Prinzip bereits der nächste Befehl laden, was jedoch im Normalfall nicht geschieht, weil die Bearbeitung der Befehlspaare oft als Einheit geschieht.

Je nachdem, ob die im Instruktionsregister IR befindlichen Befehle sequentiell oder parallel zu bearbeiten sind, wird entweder der nächste auszuführende Befehl zusammen mit einem automatisch generierten nop oder beide im Instruktionsregister befindlichen Befehle in das auf den Decoder folgende Fließbandregister geschrieben und die Verarbeitung der beiden Befehle begonnen. Weil die Verarbeitungseinheiten oft nicht identisch aufgebaut, sondern auf bestimmte Aufgaben spezialisiert sind, ist es möglich, dass sie unterschiedlich schnell arbeiten und sich ggf. in der Anzahl der Fließbandstufen unterscheiden. Beides ist im Bild dargestellt: Die Rückkopplung im oberen Fließband (a) deutet eine zeitsequentielle Arbeitsweise über mehrere Takte an, das gestrichelt gezeichnete Register im unteren Fließband (b) eine unterschiedliche Anzahl von Fließbandstufen.

Wie man verfährt, wenn parallel zu bearbeitende Operationen[2] verschieden schnell ausgeführt werden, ist vom jeweiligen Prozessor abhängig. Zum Beispiel lassen sich Ergebnisse, unabhängig davon, in welcher Reihenfolge sie erzeugt werden müssen,

---

1. Dieser Fall tritt z.B. auf, wenn ein Befehl zwei Wirkungen hat, von denen man jedoch nur eine tatsächlich benötigt (z.B. Addieren und Bedingungsregister setzen). Aber auch, wenn ein Befehl einen WAW-Konflikt ohne RAW-Konflikt verursacht, also allem Anschein nach sinnlos ist, darf dessen Ausführung die sequentielle Semantik eines Programms nicht beeinflussen.

2. Zur Erinnerung: Nach der Decodierung eines Befehls werden im Prozessor Operationen verarbeitet. Insbesondere ist es dabei möglich, dass in einem Befehl mehrere Operationen codiert sind.

verzögerungsfrei in den Registerspeicher schreiben. Da möglicherweise das Ergebnis einer Operation vor dem einer vorangehend zu bearbeitenden Operation vorliegt, wird hier von *Außer-der-Reihe-Beendigung* (*out-of-order completion*) gesprochen.

Die Reihenfolge, in der man die Ergebnisse z.B. in den Registerspeicher schreibt, ist für den regulären Betrieb eines Prozessors ohne Bedeutung. Die Semantik eines Programms bleibt in jedem Fall erhalten, wenn echte Datenabhängigkeiten berücksichtigt werden und gleichzeitig in Ausführung befindliche Befehle keine WAW-Abhängigkeiten aufweisen. Dies gilt jedoch nur, solange die Bearbeitung eines Befehls nicht zu einer *Ausnahme* führt, da sonst der Registerspeicher, für den Programmierer sichtbar, einen Zustand einnehmen könnte, der bei einer streng sequentiellen Bearbeitung der Befehle nie auftreten dürfte.

Falls sich ein superskalarer Prozessor kompatibel zu einem skalaren Prozessor verhalten muss, ist dies nicht tolerierbar. Daher sorgt man in einem solchen Prozessor dafür, dass die Ergebnisse immer in der richtigen Reihenfolge, höchstens jedoch parallel in den Registerspeicher geschrieben werden. Am einfachsten lässt sich dies erreichen, indem die gleichzeitig auszuführenden Befehle das Fließband im Gleichtakt durchlaufen, einander also nicht überholen. Dies bezeichnet man als *In-der-Reihe-Beendigung* (*in-order completion*). Eine Realisierung ist jedoch aufwendiger, als würden die Befehle außer-der-Reihe beendet werden. Einerseits, weil das Steuerwerk den Gleichtakt kontrollieren muss, andererseits, weil die Fließbänder alle die gleiche Länge besitzen müssen, ggf. also extra Fließbandregister und zur Vermeidung von Datenflusskonflikten zusätzliche *Bypässe* vorzusehen sind.

Superskalare Prozessoren, die die ursprüngliche Befehlsreihenfolge beim Decodieren beibehalten und deren Architektur nicht durch Kompatibilitätsanforderungen beschränkt ist, erlauben daher oft die Außer-der-Reihe-Beendigung der Befehle. Im Falle einer Ausnahmeanforderung wird dann die Adresse des ersten noch nicht ausgeführten Befehls für den Rücksprung verwendet. Da es möglich ist, dass von den parallel gestarteten Befehlen, die vor dieser Adresse hätten ausgeführt werden müssen, einige, nämlich die für die Ausnahmesituation verantwortlichen Befehle noch nicht bearbeitet wurden, wird hier von einer unpräzisen Ausnahmeanforderung (imprecise interrupt, imprecise exception) gesprochen. Im Allgemeinen können die für die Ausnahmesituation verantwortlichen Befehle hierbei nicht identifiziert werden. Problematisch ist dies für Seitenfehler, die deshalb nach Möglichkeit erkannt werden sollten, solange die Befehlsadresse noch eindeutig zuzuordnen ist, z.B. bevor die Befehle den Decoder passiert haben.

Die Parallelisierung von Befehlen unter Beibehaltung der Reihenfolge ist wegen des geringen Aufwands vor allem in älteren Prozessoren, wie dem einfachen Pentium von Intel [79] oder dem Alpha 21064 von DEC [31] implementiert. Zum Beispiel verarbeitet der Alpha 21064 pro Takt bis zu zwei Befehle in drei parallelen Verarbeitungseinheiten: einer Gleitkommaeinheit, einer Integereinheit und einer Lade-/Speichereinheit. Unpräzise Ausnahmeanforderungen werden u.a. von der Gleitkommaeinheit ausgelöst, die ein im Vergleich zu den anderen Einheiten längeres Fließband besitzt. Falls eine präzise Bearbeitung einer Ausnahmeanforderung erforderlich ist, lässt sich dies erzwingen, indem ein spezieller Trap-barrier-Befehl ausgeführt wird, der das vollständige Leerlaufen des Fließbands bewirkt. Es ist klar, dass dies den durchschnittlichen Befehlsdurchsatz negativ beeinflusst.

In modernen Prozessoren ist das In-der-Reihe-Starten von Befehlen nicht gebräuchlich. Dies ist insofern überraschend, weil der Realisierungsaufwand signifikant geringer und der kritische Pfad ggf. kürzer ist als für superskalare Prozessoren, die die Befehle *außer-der-Reihe* starten können. Selbst bei Zugrundelegung gleicher Taktfrequenzen, sollten ähnliche Ausführungsgeschwindigkeiten erreichbar sein, sofern die auszuführenden Programme statisch optimiert werden (z.B. wie dies in Abschnitt 3.1.5 zu den VLIW-Prozessoren beschrieben wurde).

▶ Bemerkung. Der Umfang, in dem ein superskalarer Prozessor Befehle parallel ausführen kann, ist davon abhängig, in welchem Maße die einzelnen Fließbandstufen Parallelverarbeitung unterstützen. Das schwächste Glied der Kette ist hier maßgebend. So kann ein superskalarer Prozessor, der zwar 10 Operationen gleichzeitig bearbeiten, aber nur zwei Ergebnisse pro Takt in den Registerspeicher schreiben kann, im Durchschnitt nicht mehr als zwei Operationen pro Takt ausführen. Normalerweise sind jedoch nicht die verfügbaren Verarbeitungseinheiten und Rückschreibports des Registerspeichers für die maximal erreichbare Parallelität verantwortlich, sondern der Befehlsdecoder. Es ergibt nämlich keinen Sinn, dass der Decoder eine größere Anzahl von Operationen parallel in die Verarbeitungseinheiten entlässt, als Verarbeitungseinheiten vorhanden sind und als sich Ergebnisse in den Registerspeicher schreiben lassen. ◀

3.2.2 Parallelisierung durch Umordnung der Befehlsreihenfolge

Die beiden bekanntesten Verfahren zur Befehlsparallelisierung, bei denen die Befehle in einer zum sequentiellen Programm veränderten Reihenfolge ausgeführt werden, sind bereits in den sechziger Jahren, damals für Großrechner, konzipiert worden. Das aus dem Jahre 1964 stammende ältere sog. *Scoreboarding* (etwa Anschreiben) wurde bei Control Data von J.E. Thornton für die CDC 6600 entwickelt und auch realisiert [64]. Es wird im Folgenden beschrieben. Das bei der IBM von R. Tomasulo entwickelte zweite Verfahren wurde drei Jahre später in der IBM 360/91 verwirklicht [186, 47]. Es verwendet sog. Reservierungsstationen (reservation stations) zur Lösung von Abhängigkeiten und wird in den meisten modernen Prozessoren, wie dem Pentium 4 von Intel [80], dem Athlon64 von AMD [2, 3, 4, 5, 6], dem PowerPC 970 von IBM [67], dem UltraSPARC IIIi von Sun [173] u.a. verwendet. Das Verfahren wird im Anschluss an das Scoreboarding beschrieben.

Parallelisierung mit Scoreboard

Falls für einen einfachen superskalaren Prozessor, der die Befehle in-der-Reihe startet, nicht bereits bei der Programmierung berücksichtigt wird, welche Befehle zur Laufzeit parallel ausgeführt werden sollen, sinkt der Befehlsdurchsatz in Bereiche, die sich auch von rein skalar arbeitenden Prozessoren erreichen lassen. Normalerweise sind nämlich die aufeinander folgenden Befehle eines sequentiell formulierten Programms voneinander datenabhängig und können daher nur sequentiell ausgeführt werden. Der Befehlsdurchsatz lässt sich in einem solchen Fall jedoch verbessern, indem man Befehle parallel ausführt, die nicht unmittelbar aufeinander folgend codiert sind. Dies entspricht einer Optimierung des Programms zur Laufzeit, und zwar, indem der Decoder die Befehle in eine Reihenfolge bringt, die für eine Parallelverarbeitung geeignet ist. Beim Scoreboarding werden hierzu die zu berücksichtigenden Abhängigkeiten im Registerspeicher protokolliert und Befehle bzw. Operationen nur dann gestartet, wenn dies aufgrund der Eintragungen möglich ist.

Im einfachsten Fall gibt es zu jedem Register ein Scoreboard-Bit, das anzeigt, ob der in einem Register gespeicherte Operand gültig ist oder nicht. Beim Starten einer über mehrere Takte zu bearbeitenden Operation wird das Zielregister als ungültig gekennzeichnet. Nachfolgende Operationen, die lesend auf den ungültigen Operanden zugreifen (RAW-Abhängigkeit), werden verzögert, bis die vorangehende Operation ein Ergebnis in das Zielregister überträgt und dabei das Register wieder als gültig kennzeichnet. Ein superskalarer Prozessor, der diese einfache Form des Scoreboardings verwendet, arbeitet jedoch noch nach dem In-der-Reihe-Starten-Prinzip. Um die Operationen unabhängig von der Befehlsreihenfolge, also außer-der-Reihe zu parallelisieren, muss das Verfahren erweitert werden. Die dabei auftretenden Auswirkungen auf die eingangs erwähnten drei Arbeitsphasen eines superskalaren Prozessors sind nachfolgend erläutert:

- In der Decodierphase werden die Befehl einzeln analysiert und die darin enthaltenen Operationen freien Verarbeitungseinheiten zugeordnet. Falls dies wegen eines Ressourcenkonflikts nicht möglich ist, wird die Bearbeitung weiterer Befehle bis zur Lösung des Konflikts gestoppt. Außerdem werden im Scoreboard der Zieloperand als ungültig gekennzeichnet und alle Quelloperanden mit einer Kennung markiert, mit deren Hilfe sich die verantwortliche Verarbeitungseinheit identifizieren lässt. Die Kennung ist erforderlich, um einerseits im Falle einer RAW-Abhängigkeit die entsprechende Verarbeitungseinheit zu starten, sobald das jeweilige Ergebnis erzeugt wurde, und andererseits, um bei WAR-Abhängigkeiten den Inhalt eines Registers nicht zu überschreiben, solange dessen alter Inhalt noch benötigt wird.

- In der Ausführungsphase werden die Quelloperanden einer Operation unter Berücksichtigung der im Scoreboard eingetragenen Abhängigkeiten zu vorangehenden und noch in Ausführung befindlichen Operationen gelesen und miteinander verknüpft. Gegebenenfalls wird solange gewartet, bis keine Abhängigkeiten mehr bestehen. Mit dem Erzeugen des letzten benötigten Ergebnisses wird anhand der im Scoreboard eingetragenen Kennung die auf den Operanden wartende Verarbeitungseinheit benachrichtigt und – sobald die Operanden gelesen wurden – die im Scoreboard eingetragene Kennung gelöscht.

- In der Rückschreibphase wird das Ergebnis schließlich gespeichert und im Scoreboard als gültig gekennzeichnet.

In Bild 3.34a und b sind Beispiele für die Funktionsweise eines Scoreboards dargestellt. Es wird vorausgesetzt, dass die einzelnen Befehle (die hier direkt einzelnen Operationen entsprechen) in verschiedenen Einheiten bearbeitet werden, die Operanden U bis Z direkt verfügbar sind und die Division so zeitaufwendig ist, dass alle nachfolgenden Befehle vor ihr beendbar wären, wenn keine Abhängigkeiten existieren würden. Rechts neben den Befehlen sind die relevanten Einträge des Scoreboards zu den Registern A, B und C angegeben.

Unter den genannten Annahmen wird die Ausführung der Division in Zeile 1 des in Bild 3.34a links dargestellten Assemblerprogramms sofort begonnen und das Zielregister A (rechts daneben) dabei als ungültig gekennzeichnet (0 im Feld valid). Aufgrund der bestehenden RAW-Abhängigkeit wird die in Zeile 2 folgende Subtraktion zunächst noch nicht begonnen, sondern bis zur Verfügbarkeit des Divisionsergebnisses in der Subtraktionseinheit zwischengespeichert. Des Weiteren wird in den Read-Tags des Scoreboards zu beiden Quelloperanden eingetragen, dass sie später noch benötigt werden (sub im Feld rd-tag). Zur Erinnerung: Diese Einträge sind einerseits erforderlich, um die Subtraktionseinheit zu starten, sobald das fehlende Divisionsergebnis verfügbar ist, andererseits um die Variablen nicht durch nachfolgende Befehle zu überschreiben, solange deren alte Inhalte noch nicht verarbeitet wurden.

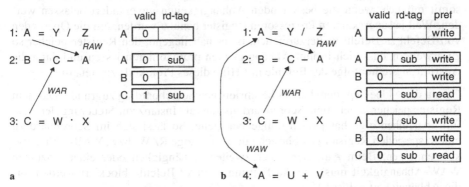

Bild 3.34. Exemplarische Darstellung der Funktionsweise eines Scoreboards. Neben den Befehlen sind die relevanten Einträge im zeitlichen Verlauf angegeben. **a** Scoreboard ohne, **b** Scoreboard mit Preference-Bit

Mit der Multiplikation in Zeile 3 tritt eine WAR-Abhängigkeit auf, die sich über das Read-Tag von C erkennen lässt. Obwohl die Quelloperanden der Multiplikation nicht von vorangehenden Befehlen abhängig und somit verfügbar sind, ist bei dieser einfacheren Variante des Scoreboardings die weitere Befehlsbearbeitung solange zu blockieren, bis die Subtraktion gestartet wurde. Es ließe sich ansonsten nicht mehr unterscheiden, ob C zuerst gelesen und anschließend geschrieben werden soll oder umgekehrt (wie das z.B. für den Inhalt von A der Fall ist). In Bild 3.34b ist zur Lösung dieses Problems deshalb ein *Preference-Bit* hinzugefügt worden, in dem codiert ist, ob der entsprechende Operand zuerst gelesen oder geschrieben werden muss. Die Ausführung der Addition in Zeile 4 lässt sich mit dieser Modifikation zwar beginnen, jedoch nicht beenden. Das Ergebnis darf nämlich erst gespeichert werden, wenn die Subtraktion gestartet und die Lesepräferenz dadurch aufgehoben wurde. Tatsächlich wird die Addition deshalb zunächst ebenfalls verzögert.

Im weiteren Verlauf führt die WAW-Abhängigkeit dazu, dass keine nachfolgenden Befehle mehr bearbeitet werden, und zwar solange, bis die Division in Zeile 1 abgeschlossen ist, dadurch der Operand A als gültig gekennzeichnet und die Subtraktionseinheit gestartet wird, die ihrerseits die benötigten Operanden A und C liest und dabei die entsprechenden Read-Tags löscht. Weil die Quelloperanden für die Subtraktion nunmehr gelesen sind, müssen ggf. gesetzte *Lesepräferenzen* in *Schreibprä-*

ferenzen geändert werden. Schließlich wird die Addition in Zeile 4 gestartet (da A als gültig gekennzeichnet und die WAW-Abhängigkeit dadurch gelöst wurde), und die Multiplikation in Zeile 3 beendet (da C von der Additionseinheit gelesen und die WAR-Abhängigkeit gelöst wurde). Die Befehle werden in diesem Beispiel also in der Reihenfolge der Zeilen 1, 3, 2, 4 ausgeführt.

Parallelisierung mit Reservierungsstationen

Die Semantik eines Programms wird nicht durch die Reihenfolge der auszuführenden Operationen, sondern von den Operationen und den zwischen ihnen bestehenden *Datenabhängigkeiten* bestimmt. Eine Änderung der Ausführungsreihenfolge ist somit möglich, wenn die bestehenden Abhängigkeiten unverändert belassen werden. Weil in superskalaren Prozessoren Register benutzt werden, um die Operanden von Befehl zu Befehl weiterzureichen, ist es naheliegend, den Registerspeicher so zu erweitern, dass sich in ihm Abhängigkeiten protokollieren lassen und dann die Ausführungsreihenfolge der Befehle mit Hilfe dieses Protokolls zu steuern.

Genau diese Idee liegt dem bereits beschriebenen Scoreboarding zugrunde. Das dem Registerspeicher angeheftete Scoreboard als zentrale Instanz zur Steuerung der Ausführungsreihenfolge hat jedoch einige Nachteile: So lässt sich im Scoreboard zu einem speziellen Register gewöhnlich nur eine einzige RAW- bzw. WAR-Abhängigkeit eintragen. Beim Auftreten einer zweiten Abhängigkeit oder einer einzelnen WAW-Abhängigkeit muss die Ausführung weiterer Befehle blockiert werden, bis die Abhängigkeit gelöst ist.

Die Beschränkungen sind vermeidbar, wenn die Abhängigkeiten nicht mehr zentral anhand der zur Übergabe der Ergebnisse verwendeten Register, sondern dezentral anhand der Verarbeitungseinheiten, die ein Ergebnis produzieren, verwaltet werden. Bei dem von Tomasulo vorgeschlagenen Verfahren verzögert man einen abhängigen Befehl nur noch, bis das benötigte Ergebnis von einer Verarbeitungseinheit erzeugt und zur Verfügung gestellt wird und nicht bis der benötigte Operand in einem Register auftaucht [186]. Dies hat z.B. den Vorteil, dass WAW-Abhängigkeiten nicht zur Blockade der weiteren Befehlsverarbeitung führen, da die Ergebnisse direkt von Verarbeitungseinheit zu Verarbeitungseinheit übergeben werden. Tatsächlich lassen sich bei dem Verfahren nach R. Tomasulo Befehle nur dann nicht mehr parallel starten, wenn ein *Ressourcenkonflikt* vorliegt. Um dessen Häufigkeit zu vermindern, ist es jedoch möglich, zusätzliche Verarbeitungseinheiten vorzusehen, und zwar auch, indem man physikalische Verarbeitungseinheiten mehrfach zeitsequentiell nutzt.

Die Funktionsweise des Verfahrens ist in Bild 3.35 exemplarisch dargestellt. Jeder Verarbeitungseinheit ist zumindest eine sog. Reservierungsstation vorgeschaltet (dünn umrandet), mit sog. *Reservierungsregistern* für jeden einzelnen Quelloperanden. In den Reservierungsregistern kann entweder direkt der zu verarbeitende Operand oder indirekt eine Referenz auf die zur Erzeugung des Operanden verantwortliche Verarbeitungseinheit gespeichert sein.

Ganz ähnlich müssen auch in Arbeitsregistern Operanden oder Referenzen auf Verarbeitungseinheiten gespeichert werden können. Verallgemeinert ist ein Arbeitsre-

gister daher nichts anderes als ein Reservierungsregister, dem eine Verarbeitungseinheit nachgestellt ist, die den Inhalt des entsprechenden Reservierungsregisters als
Ergebnis *unverändert* weitergibt. Im Gegensatz zu den „echten" Verarbeitungseinheiten, die als aktive Komponenten ihre Ergebnisse von sich aus bereitstellen,
sobald diese vorliegen, geben die den Arbeitsregistern zuzuordnenden fiktiven Verarbeitungseinheiten als passive Komponenten ein Ergebnis jedoch nur weiter, wenn
sie dazu aufgefordert werden.

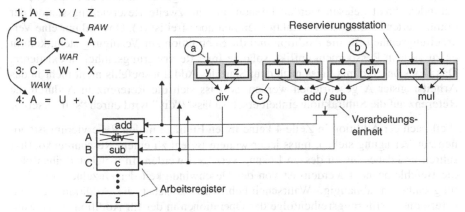

Bild 3.35. Funktionsweise des Tomasulo-Algorithmus

Der dem Bild zugrunde liegende Prozessor verfügt über Verarbeitungseinheiten zur
Ausführung von Divisionen, Multiplikationen, Additionen und Subtraktionen.
Additionen und Subtraktionen werden in einer einzelnen zeitsequentiell arbeitenden
Verarbeitungseinheit ausgeführt, der insgesamt zwei Reservierungsstationen vorge-
schaltet sind. Als Beispielprogramm wird die ebenfalls im Bild dargestellte und
schon bei der Beschreibung des Scoreboardings benutzte Befehlsfolge verwendet,
wobei im letzten Abschnitt die Addition in Zeile 4 die parallele Ausführung weiterer
Befehle blockiert hat, bis die WAW-Abhängigkeit zum Befehl in Zeile 1 gelöst war.
Wie wir sehen werden, führt dies hier zu keiner Blockade.

Die Bearbeitung der Division in Zeile 1 beginnt damit, die in den Arbeitsregistern Y
und Z gespeicherten Werte zu lesen und in die Reservierungsregister der Verarbeitungseinheit zu übertragen (markiert mit a). Da beide Operanden verfügbar sind,
lässt sich die Ausführung der Operation verzögerungsfrei starten. Außerdem wird
im Arbeitsregister A eingetragen, dass darin das Ergebnis der Divisionseinheit
gespeichert werden soll, sobald es berechnet ist (durchgestrichenes „div").

In derselben Weise verfährt man mit der Subtraktion in Zeile 2. Anstelle des Inhalts
wird jedoch die im Arbeitsregister A gespeicherte Referenz auf die Divisionseinheit
in das rechte Reservierungsregister der kombinierten Additions-/Subtraktionseinheit
übertragen, die daher warten muss, bis das benötigte Ergebnis erzeugt ist (b). Um
bis zum Ende der Ausführung der Subtraktion die Nichtverfügbarkeit des Ergebnisses anzuzeigen, wird in das Arbeitsregister B die Referenz auf die Subtraktionseinheit eingetragen.

Die Multiplikation in Zeile 3 lässt sich ähnlich wie die Division in Zeile 1 behandeln. Bemerkenswert ist, dass das Arbeitsregister C überschrieben werden darf, obwohl die Subtraktionseinheit (entsprechend Zeile 2) noch auf das Ergebnis der Division wartet und als zweiten Operanden den alten Wert von C benötigt. Dies ist möglich, weil der Wert von C bereits beim Beginn der Addition in das entsprechende Reservierungsregister kopiert wurde.

Der letzte Befehl in Zeile 4 ist ebenfalls verzögerungsfrei startbar, da beide Quelloperanden direkt gelesen werden können und die zweite Reservierungsstation der kombinierten Additions-/Subtraktionseinheit noch frei ist (c). Obwohl nur eine Verarbeitungseinheit für die Addition und die Subtraktion zur Verfügung steht, kommt es zu keinem Ressourcenkonflikt, solange freie Reservierungseinheiten existieren. Das Divisionsergebnis muss nach dem Start des Additionsbefehls nicht mehr in das Arbeitsregister A geschrieben werden, so dass sich die Referenz in A durch die Referenz auf die Subtraktionseinheit ersetzen lässt ("div" wird durch "sub" ersetzt).

Weil nach der Addition in Zeile 4 keine freien Einträge in den Reservierungsstationen zur Verfügung stehen, muss jeder weitere Befehl zu einem Ressourcenkonflikt führen und daher bis zu dessen Lösung verzögert werden. In welcher Reihenfolge die Befehle beendet werden, ist von der Geschwindigkeit der einzelnen Verarbeitungseinheiten abhängig. Wahrscheinlich wird zunächst die Addition beendet, sofern die Ausführungsreihenfolge der Operationen in der für Additionen und Subtraktionen gemeinsamen Verarbeitungseinheit nicht von der Reihenfolge mit der die Operanden in die beiden getrennten Reservierungseinheiten geschrieben wurden, abhängt. Nach der Addition folgen mit großer Wahrscheinlichkeit die Multiplikation, die Division und zum Schluss die Subtraktion, die auf das Ergebnis der Division warten musste. Die Befehle werden also in der Reihenfolge der Zeilen 4, 3, 1, 2 ausgeführt.

▶ Bemerkung. Reservierungseinheiten werden oft zur dynamischen Operationsparallelisierung verwendet. In realen Prozessoren sind einige Details jedoch anders als hier beschrieben implementiert. Zum Beispiel sind die Reservierungsstationen den Verarbeitungseinheiten nicht fest zugeordnet, sondern in einem zentralen, sog. *Befehlspuffer (instruction queue)* vereint. Tritt z.B. in dem obigen Beispiel ein Ressourcenkonflikt auf, wenn zwei Divisionen nacheinander ausgeführt werden, geschieht dies mit einem Befehlspuffer deshalb nicht, weil sich die zweite Division in einer der freien Reservierungsstationen, die den Verarbeitungseinheiten nicht mehr fest zugeordnet sind, speichern lässt. Eine zweites Detail, das oft auf andere Weise als hier beschrieben realisiert wird, ist, dass in den Reservierungsstationen statt der unmittelbaren Operanden Referenzen auf die jeweiligen *Renaming-Register* gespeichert werden. Diese Änderung vereinfacht die technische Umsetzung bei gleichbleibender Wirkung des Verfahrens.   ◀

3.2.3 Befehlsbeendigung

In einem sequentiellen Programm wird implizit vorausgesetzt, dass bei Ausführung eines Befehls alle vorangehenden Befehle in ihrer Bearbeitung vollständig abgeschlossen sind. In einem superskalaren Prozessor muss dies, unabhängig davon, ob die Befehlsausführung in-der-Reihe oder außer-der-Reihe erfolgt, nicht unbedingt der Fall sein, was jedoch immer dann ein Problem darstellt, wenn eine Änderung des Befehlsflusses bewirkt werden soll. So ist z.B. die Erzeugung von Ergebnissen oder die Veränderung von Registerinhalten zu vermeiden, wenn nicht sichergestellt ist, dass der ergebniserzeugende Befehl wirklich ausgeführt wird, wie z.b. in Situationen, in denen aufgrund von Abhängigkeiten die Bearbeitung eines *bedingten Sprungbefehls* hinter die Bearbeitung des auf den Sprungbefehl regulär folgenden Befehls verzögert wird. Es ist zwar prinzipiell möglich, Sprungbefehle in-der-Reihe auszuführen und auf diese Weise dafür zu sorgen, dass nachfolgende Befehle nicht vor dem Sprungbefehl beendet werden können. Allerdings ist das folgende im Zusammenhang mit Befehlsflussänderungen stehende Problem so nicht lösbar.

Angenommen, die Befehlsfolge in Bild 3.36 wird von einem Prozessor bearbeitet, der aufgrund seiner superskalaren Arbeitsweise bisher nur die nicht kursiv dargestellten Befehle beenden konnte, und angenommen, es kommt genau zu diesem Zeitpunkt zu einer Ausnahme, weil mit dem Befehl in Zeile 4 versucht wurde, eine Division durch Null auszuführen, dann müssten nach der Ausnahmebehandlung die Befehle in den Zeilen 3, 6 und ggf. 4 erneut gestartet werden, nicht jedoch der Befehl in Zeile 5, der bereits vor Auftreten der *Ausnahmeanforderung* bearbeitet wurde. Das Problem tritt übrigens nur bei synchronen, also durch Befehle ausgelöste Ausnahmeanforderungen auf[1], und zwar deshalb, weil die beteiligten Befehle unter Umständen voneinander abhängig sind. So werden die Befehle in den Zeilen 3 und 6 hier deshalb verzögert bearbeitet, weil sie von der Division in Zeile 4 abhängig sind (wie durch die Pfeile im Bild angedeutet).

```
1:   add   r1, r2, r3
2:   sub   r2, r9, 1
3:   mul   r3, r2, r2      angenommener
4:   div   r4, r5, r6      Ressourcenkonflikt
5:   add   r5, r5, 1
6:   and   r6, r4, r8      RAW-Abhängigkeit
```

Bild 3.36. Bearbeitung einer synchronen Ausnahmeanforderung in einem superskalaren Prozessor

In superskalare Prozessoren werden die im Zusammenhang mit Befehlsflussänderungen stehenden Unzulänglichkeiten normalerweise gelöst, indem die Befehle in genau der Reihenfolge *beendet* werden, in der sie im Programm codiert sind. Die Befehle in den Zeilen 1, 2 und 5 lassen sich zwar gleichzeitig ausführen, zunächst werden jedoch nur die Ergebnisse der Befehle aus den Zeilen 1 und 2 in den Registerspeicher geschrieben. Das Ergebnis der Addition in Zeile 5 wird zwischengespeichert, bis die Multiplikation und Division in den Zeilen 3 und 4 beendet wurden.

Ebenso werden synchrone Ausnahmeanforderungen erst dann bearbeitet, wenn alle Befehle ausgeführt sind, die regulär vor dem die Ausnahmeanforderung stellenden Befehl stehen. Kommt es also mit der Division in Zeile 4 zu einer Ausnahmeanforderung, so würden alle Befehle bis zur Zeile 3 beendet, der gestartete Befehl in Zeile 6 würde abgebrochen und das bereits berechnete Ergebnis der Addition in Zeile 5 verworfen. – Zur Wiederherstellung der ursprünglichen Befehlsreihenfolge gibt es die zwei im Folgenden beschriebenen verbreiteten Techniken.

---

1. Bei asynchronen Ausnahmeanforderungen, also Interrupts, können alle decodierten Befehle vollständig beendet werden, bevor die zugehörige Service-Routine aufgerufen wird.

Reorder-Buffer, Renaming-Register

Um die Befehlsreihenfolge in der Rückschreibphase wiederherstellen zu können, müssen die Befehle bereits in der Decodierphase entsprechend gekennzeichnet werden. Hierzu wird jedem Befehl eine Position in dem als eine Art Ringpuffer realisierten sog. *Reorder-Buffer* (*Neuordnungspuffer*) zugewiesen. Sobald der Befehl die Ausführungsphase passiert hat, speichert man das erzeugte Ergebnis in einem Extra-Register zwischen und vermerkt dies an der zugeordneten Position im Reorder-Buffer. Ein Ergebnis wird erst dann in den Registerspeicher übertragen und dabei die belegte Position des Reorder-Buffers freigegeben, wenn alle zuvor zu bearbeitenden Befehle ausgeführt wurden, was daran zu erkennen ist, dass die jeweils „älteren" Positionen des Reorder-Buffers als gefüllt markiert sind.

Die erwähnten Extra-Register heißen Renaming-Register. Sie sind assoziativ adressierbar, damit mehrere Ergebnisse, die für dasselbe Zielregister bestimmt sind, gespeichert und unter derselben Adresse abgerufen werden können. Solange ein Ergebnis noch nicht in den Registerspeicher übertragen wurde, müssen nachfolgende sich auf dieses Ergebnis beziehende Befehle, auf das entsprechende Renaming-Register zugreifen. Angemerkt sei noch, dass die Steuerung des Reorder-Buffers und der Renaming-Register durch die sog. *Retirement-* oder auch *Completion-Unit* geschieht. Sie ist im Falle einer *Ausnahmeanforderung* insbesondere für das Löschen aller noch im Reorder-Buffer eingetragenen Befehle verantwortlich.

Angenommen, die in Bild 3.37 dargestellte Befehlsfolge wird von einem superskalaren Prozessor bearbeitet (die Ergebnisse der Befehle sind unter der ersten Adresse verfügbar). Wegen der Abhängigkeit der Addition vom Divisionsergebnis in r7 lassen sich zunächst nur die Division, die Multiplikation und die Subtraktion starten (Ausführungsphase). Die zeitaufwendige Division blockiert jedoch während ihrer Ausführung den vollständigen Abschluss aller nachfolgenden Befehle. Deshalb werden die Ergebnisse der Multiplikation und der Subtraktion – sobald verfügbar – z.B. unter $r9_a$ und $r9_b$ in die Renaming-Register eingetragen.

Nachfolgende Befehle beziehen sich ab jetzt auf $r9_b$. Trotzdem muss auch $r9_a$ weiterhin in einem Renaming-Register gespeichert bleiben, da sich prinzipiell zwischen der Multiplikation und der Subtraktion ein Befehl befinden könnte, der eine Ausnahmeanforderung stellt. In einem solchen Fall würde nach der Ausnahmebehandlung nämlich erwartet, dass in r9 das Multiplikationsergebnis $r9_a$ und nicht das Subtraktionsergebnis $r9_b$ gespeichert ist.

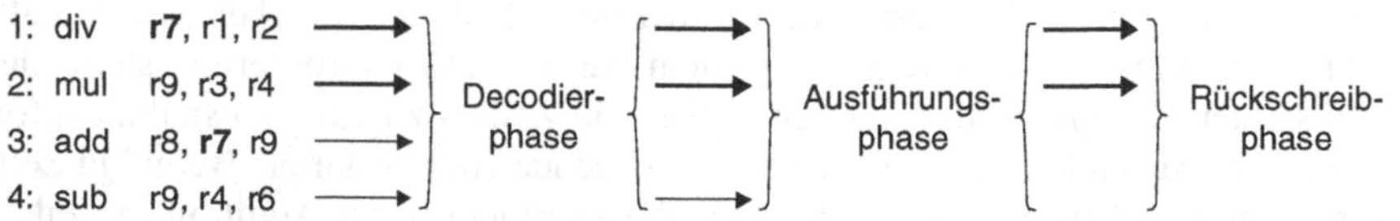

```
1: div   r7, r1, r2  ────▶ ⎤            ⎡ ───▶ ⎤            ⎡ ───▶ ⎤
2: mul   r9, r3, r4  ────▶ ⎬ Decodier-  ⎨ ───▶ ⎬ Ausführungs- ⎨ ───▶ ⎬ Rückschreib-
3: add   r8, r7, r9  ────▶ ⎟   phase    ⎟ ───▶ ⎟   phase    ⎟ ───▶ ⎟   phase
4: sub   r9, r4, r6  ────▶ ⎦            ⎣ ───▶ ⎦            ⎣ ───▶ ⎦
```

Bild 3.37. Bearbeitung einer Befehlsfolge in einem superskalaren Prozessor

Sobald das Ergebnis der Division vorliegt, kann es unter $r7_a$ in die Renaming-Register eingetragen werden. Genau wie beim Abschluss der Ausführung von Multiplikation und Subtraktion ist auch der Abschluss der Division im Reorder-Buffer zu vermcrkcn. Die für die Beendigung der Befehle verantwortliche Einheit kann jetzt das Ergebnis der Division und der Multiplikation in den Registerspeicher schreiben. Die restlichen Ergebnisse dürfen jedoch noch nicht übertragen werden, weil der auf die Multiplikation folgende Befehl wegen der Abhängigkeit zum Divisionsergebnis bisher noch nicht ausgeführt wurde. Erst wenn das Additionsergebnis berechnet ist, kann man die Ergebnisse der restlichen Befehle in den Registerspeicher schreiben. – Die Renaming-Register haben die Aufgabe, einerseits Ergebnisse so lange zwischenzuspeichern, bis sie sich in den Registerspeicher übertragen lassen, und andererseits, die Operanden für nachfolgende Befehle bereitzustellen. Letzteres ist nutzbar, um *WAR-* und *WAW-Abhängigkeiten* zu lösen und so die Aufgabe der Reservierungsstationen zu vereinfachen.

In der in Bild 3.38 dargestellten Befehlsfolge sind jeweils die physikalischen Bezüge auf Renaming-Register durch tiefergestellte Buchstaben kenntlich gemacht. Die Division in Zeile 1 teilt regulär den Inhalt des Arbeitsregisters r3 durch Drei. Der Dividend befindet sich zum Zeitpunkt der Ausführung jedoch nicht im entsprechenden Arbeitsregister, sondern im Renaming-Register $r3_a$, was auch bedeutet, dass er als Ergebnis eines vorangehenden Befehls noch nicht in den Registerspeicher übertragen wurde. Da, wie beschrieben, $r3_a$ nicht verändert werden darf, speichert man das Ergebnis in einem neuen Register $r3_b$ (*Einmalzuweisungsprinzip*). Alle nachfolgenden Befehle, z.B. auch die Addition in Zeile 2, greifen bei Bedarf auf das Register $r3_b$ zu, und zwar so lange, bis entweder $r3_b$ in das Arbeitsregister r3 übertragen oder bis ein weiteres Ergebnis für r3 erzeugt und ein neues Renaming-Register reserviert wird. Letzteres geschieht z.B. mit der Multiplikation in Zeile 4.

$$
\begin{array}{rlll}
1: & r3_b & = & r3_a \ / \ 3 \\
2: & r4_b & = & r3_b \ + \ r2_a \\
3: & r2_b & = & r5_a \ - \ 1 \\
4: & r3_c & = & r3_b \ \cdot \ r4_b
\end{array}
$$

Bild 3.38. Befehlsfolge zur Verdeutlichung der Funktion von Renaming-Registern

WAR- oder WAW-Abhängigkeiten treten normalerweise auf, wenn ein Befehl auf ein Register schreibend zugreift, auf das vorangehend lesend oder schreibend zugegriffen wurde. Durch die laufende Umbenamung der Zielregister kann dieser Fall jedoch nicht mehr eintreten. So ist z.B. die Multiplikation in Zeile 4 weder zur Division WAW- noch zur Addition WAR-abhängig. Daraus resultiert jedoch auch, dass WAW- und WAR-Abhängigkeiten nicht mehr mit Hilfe der Reservierungsstationen gelöst werden müssen. Somit reicht es aus, in den Reservierungsregistern statt 32 oder 64 Bit breiter Werte 5 bis 7 Bit breite *Referenzen* auf Funktionseinheiten oder Renaming-Register zu halten. Das Verfahren nach Tomasulo gleicht sich durch diese Änderung dem Scoreboarding an.

▶ Beispiel 3.6. *Funktionsweise eines Reorder-Buffers.* Bild 3.39 zeigt die prinzipielle Funktionsweise eines superskalaren Prozessors, der die Befehle außer-der-Reihe startet und in-der-Reihe beendet, wobei sich maximal zwei Befehle pro Takt verarbeiten lassen und der Reorder-Buffer maximal vier Einträge aufnehmen kann. Es ist also möglich, dass sich bis zu vier Befehle in Ausführung befinden, die innerhalb eines Befehlsfensters liegen, das mit Beendigung der Befehle über den zu bearbeitenden Befehlsstrom hinweg wandert (mit a markiert).

Im ersten Schritt der Verarbeitung werden zwei Befehle aus dem Befehlsspeicher gelesen, decodiert, die Registerumbenamung durchführt, die benötigten Operanden, falls verfügbar, aus den
Renaming- oder Arbeitsregistern geladen und ggf. die Operationsausführung begonnen (im Bild
durch die ausgezeichneten mit b markierten Pfeile symbolisiert). Außerdem werden die Befehle
zyklisch entsprechend ihrer Reihenfolge im Reorder-Buffer protokolliert (c) und jeweils als „in
Bearbeitung befindlich" gekennzeichnet (im Bild durch einen Bindestrich zu den Einträgen der
Positionen 3 und 0 dargestellt).

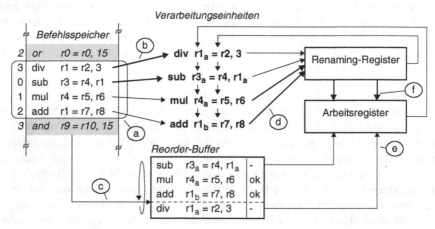

Bild 3.39. Prinzipielle Funktionsweise eines Reorder-Buffers. Die Befehle innerhalb eines Befehlsfensters werden parallel bearbeitet (Befehlsfenster durch a markiert)

Nach Verteilung der Operationen lässt sich wegen der bestehenden RAW-Abhängigkeit zunächst
nur die Ausführung der Division starten. Da diese i. Allg. sehr langsam bearbeitet wird, ist es wahrscheinlich, dass vor ihrem Abschluss als nächstes die zwei folgenden Befehle an die zuständigen
Verarbeitungseinheiten verteilt und im Reorder-Buffer an den Positionen 1 und 2 vermerkt werden.
Das Starten weiterer Befehle ist wegen des nun vollständig gefüllten Reorder-Buffers nicht möglich. Hierzu muss man warten, bis die Division beendet und die älteste Position des Reorder-Buffers
freigeräumt ist.

Unter realistischen Annahmen wird von den vier begonnenen Befehlen zuerst die Addition und
danach die Multiplikation beendet. Sobald dies geschehen ist, werden die erzeugten Ergebnisse in
den Renaming-Registern $r1_b$ und $r4_b$ gespeichert (d). Dort warten sie darauf, dass sie entweder in
die Arbeitsregister übertragen oder im Falle einer Ausnahmesituation verworfen werden. Außerdem wird im Reorder-Buffer zu den entsprechenden Befehlen vermerkt, dass ihre Ausführung
beendet und die erzeugten Ergebnisse in den jeweiligen Renaming-Registern gespeichert sind (ok).

Mit der Division verfährt man zunächst in derselben Weise: Das erzeugte Ergebnis wird in $r1_a$
gespeichert[1] und der Befehl im Reorder-Buffer als abgeschlossen gekennzeichnet. Als ältester in
Bearbeitung befindlicher Befehl lässt sich die Division jedoch vollständig beenden. Hierzu wird mit
Hilfe der im Reorder-Buffer gespeicherten Informationen (e) der Inhalt des Renaming-Registers $r1_a$
in das Arbeitsregister r1 übertragen (f) und der entsprechende Eintrag schließlich aus dem Reorder-
Buffer gelöscht.

---

1. Zu diesem Zeitpunkt sind in den assoziativen Renaming-Registern $r1_a$ und $r1_b$ zwei für r1
    bestimmte Werte gespeichert. Maximal müssen sogar vier Werte zu einem Arbeitsregister
    gespeichert werden, nämlich dann, wenn die in Ausführung befindlichen Befehle alle dasselbe
    Zielregister verwenden.

Der freie Platz lässt sich sofort wieder füllen, indem der nächste sequentiell zu bearbeitende Befehl gestartet und im Reorder-Buffer protokolliert wird. Im weiteren Verlauf kommt es zum Abschluss der Ausführung der nun die Kopfposition innehabenden Subtraktion. Dabei werden über zwei Ports die Ergebnisse der an Position 0 und 1 im Reorder-Buffer vermerkten Befehle beendet und die Inhalte von $r3_a$ sowie $r4_b$ in die entsprechenden Arbeitsregister übertragen. Im letzten Schritt wird schließlich das Ergebnis der Addition (möglicherweise zusammen mit dem bereits erzeugten Ergebnis des and-Befehls) in die Arbeitsregister kopiert. – Abschließend sei angemerkt, dass ein Bezug auf einen Operanden $r1_a$ nicht zwangsläufig einen Zugriff auf das Renaming-Register zur Folge hat. Falls dieses nämlich nicht mehr existiert, weil sein Inhalt mittlerweile in ein Arbeitsregister übertragen wurde, wird natürlich direkt das entsprechende Arbeitsregister angesprochen. ◢

History-Buffer

Eine Alternative zum Reorder-Buffer ist der sog. History-Buffer (*Ablaufpuffer*). Hierbei werden die Befehle, statt in ihrer ursprünglichen Reihenfolge, zunächst ungeordnet beendet. Bei einer Ausnahmeanforderung müssen daher alle Befehle, die fälschlicherweise bereits vollständig ausgeführt wurden, in ihrer Wirkung auf den sichtbaren Maschinenstatus rückgängig gemacht und so ein Zustand hergestellt werden, als wären die Befehle in der ursprünglichen Reihenfolge beendet worden. – Um dies zu erreichen, wird im History-Buffer protokolliert, auf welche Register schreibend zugegriffen wurde und welcher Wert zuvor in dem entsprechenden Register gespeichert war. Außerdem muss, ähnlich wie beim Reorder-Buffer, bekannt sein, in welcher Reihenfolge die Befehle regulär im Programm codiert sind.

In Bild 3.40 ist die Funktionsweise des History-Buffers an einem Beispiel dargestellt (in Anlehnung an den MC88110 von Motorola [123]). Jeder Befehl wird bei Ausführungsbeginn zunächst in den History-Buffer eingetragen, der ähnlich dem Reorder-Buffer als Ringpuffer realisiert ist[1]. Die Reihenfolge, mit der die Befehle bearbeitet werden, entspricht dabei den Positionen im History-Buffer. Sobald die Ausführung eines Befehls abgeschlossen ist, wird dessen Ergebnis verzögerungsfrei in den Registerspeicher übertragen. Befinden sich vorangehende Befehle noch in Bearbeitung, ist außerdem der zuvor im jeweiligen Zielregister stehende Wert im History-Buffer zu protokollieren.

Angenommen, die Division erfordert mehr Zeit zur Ausführung, als alle anderen hier im History-Buffer eingetragenen Befehle insgesamt benötigen, dann wird zuerst das Additionsergebnis 143 in r2 eingetragen und dabei der alte Registerinhalt 22 in den History-Buffer übertragen (a). Die nachfolgende Subtraktion überschreibt r2 erneut und bewirkt das Sichern des Additionsergebnisses 143 im History-Buffer. Mit dem and-Befehl wird in derselben Art und Weise verfahren. Die so ausgeführten Befehle verbleiben schließlich im History-Buffer, bis die Division beendet ist.

Abhängig davon, ob die Division eine *Ausnahmeanforderung* stellt oder nicht, wird mit den Einträgen des History-Buffers unterschiedlich verfahren. Falls keine Ausnahmeanforderung auftritt, werden alle bearbeiteten Befehle am Kopf des History-Buffers gelöscht. Falls jedoch eine Ausnahmeanforderung gestellt wird, werden die

---

1. In der beschriebenen Anwendung kann man sich seine Wirkung als Fenster variabler Größe vorstellen, das über das Programm wandert.

im History-Buffer gespeicherten Werte in umgekehrter Reihenfolge wieder in den
Registerspeicher übertragen (c). Dies kann parallel oder sequentiell geschehen.

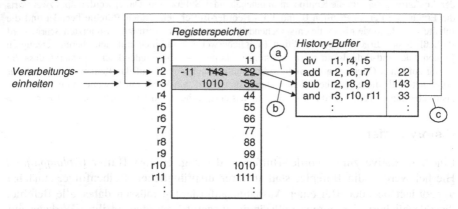

Bild 3.40. Funktionsweise eines History-Buffers. Mit jedem Schreibzugriff auf den Registerspeicher wird der alte Registerinhalt im History-Buffer eingetragen

Falls sich z.B. pro Takt zwei Werte aus dem History-Buffer in den Registerspeicher
übertragen lassen, würden in diesem Beispiel zunächst 33 und 143 in die Register r3
und r2 geschrieben und anschließend 22 in das Register r2. Das Beispiel verdeutlicht die Grenzen des Verfahrens. Um im Extremfall alle Einträge eines großen History-Buffers in den Registerspeicher zurückzuschreiben, wird möglicherweise eine
erhebliche Zeit in Anspruch genommen. Solange nur Ausnahmeanforderungen auf
diese Weise bearbeitet werden, geht dies zu Lasten der Ausnahmelatenzzeit, was
tolerierbar ist. Bei der spekulativen Ausführung von Sprungbefehlen muss jedoch zu
jedem falsch vorhergesagten Sprung eine möglicherweise signifikante Strafzeit in
Kauf genommen werden.

Speicherzugriffe (Datenflussspekulation)

Ein Speicherzugriff kann in einer vom programmierten Befehlsfluss abweichenden
Reihenfolge erfolgen, wenn sichergestellt ist, dass sich die dabei erzielte Wirkung
auf den sichtbaren Maschinenstatus rückgängig machen lässt. Besonders einfach ist
dies mit Ladeoperationen, deren Ergebnis z.B. in einem Renaming-Register gespeichert und bei Bedarf jederzeit verworfen bzw. in ein Arbeitsregister übertragen werden kann. Zum Erhalt der Semantik des sequentiellen Befehlsstroms darf letzteres
natürlich erst geschehen, wenn der Ladebefehl den Kopf des *Reorder-Buffers*
erreicht hat, somit die Bearbeitung aller vorangehender Befehle abgeschlossen ist.

Dabei ist auch zu überprüfen, ob der Zugriff auf den Datenspeicher eine *Ausnahmeanforderung*, z.B. einen Seitenfehler, gestellt hat. Die Ausnahmeanforderung darf
dabei nicht mit dem eigentlichen Lesezugriff, sondern muss verzögert bearbeitet
werden, weshalb sie zunächst nur im Reorder-Buffer protokolliert wird. Dies ist vergleichbar mit der Kontroll- bzw. Datenflussspekulation von VLIW-Prozessoren, bei
der ein Lesezugriff spekulativ vor einer Sprung- oder Speichereoperation ausgeführt

wird und die Überprüfung der Fehlerfreiheit zu einem späteren Zeitpunkt erfolgt (siehe Abschnitt 3.1.5).

Im Gegensatz zu Lesezugriffen sind Schreibzugriffe auf den Datenspeicher erst ausführbar, wenn sie den Kopf des Reorder-Buffers erreicht haben, und zwar deshalb, weil die durch den Zugriff bewirkte Speicherzellenänderung nicht ohne weiteres rückgängig gemacht werden kann. Zwar lässt sich prinzipiell der alte Inhalt einer Speicherzelle vor der Modifikation in einem History-Buffer sichern, dies erfordert jedoch die Realisierung des Datencaches mit einem separaten Leseport, sofern der Zugriff ohne Zeitverlust erfolgen soll.

Wegen des hohen Aufwands wird daher gewöhnlich so verfahren, dass die eigentlichen Schreibzugriffe in der richtigen, d.h. programmierten Reihenfolge ausgeführt werden. Vorbereitende Aktionen, wie z.B. die Berechnung der effektiven Adresse, lassen sich selbstverständlich bereits vor der In-der-Reihe-Beendigung des Befehls bearbeiten. Insbesondere ist es möglich, die i. Allg. erforderliche Umsetzung der virtuellen in reale Adressen unmittelbar nach dem Start des Speicherebefehls durchzuführen. Hierbei sind Ausnahmeanforderungen, genau wie bei Ladebefehlen üblich, im Reorder-Buffer zu protokollieren und deren Bearbeitung zu verzögern, bis alle vor dem Speicherebefehle codierten Befehle fehlerfrei abgeschlossen sind.

Obwohl man die Reihenfolge sequentiell aufeinander folgender Schreibzugriffe nicht verändern darf, ist dies mit Lesezugriffen möglich und auch sinnvoll, wenn die Operanden des nächsten sequentiell auszuführenden Ladebefehls noch nicht verfügbar sind. Des Weiteren können Ladebefehle, die regulär nach einem Speicherebefehl auszuführen sind, sogar davor bearbeitet werden, sofern sie nicht auf dieselbe Speicherzelle zugreifen. Dies ist, wie in Abschnitt 2.3.1 bereits beschrieben wurde, deshalb vorteilhaft, weil die Ausführung von Befehlen, die das zu lesende Datum verarbeiten, nicht unnötig verzögert werden muss.

Um zu erkennen, ob das Vorziehen eines Ladebefehls erlaubt ist, wird oft so verfahren, dass man die verwendete effektive Adresse mit den Adressen aller bereits gestarteten Schreibzugriffe auf Nichtübereinstimmung vergleicht. Kompliziert wird diese Abhängigkeitsüberprüfung dadurch, dass die in den Befehlen codierten virtuellen Adressen nicht eineindeutig auf reale Adressen abgebildet sein müssen. Zur Einsparung der für die Adressumsetzung benötigten Zeit werden daher oft nur die Bytenummern der virtuellen Adressen verglichen, die i. Allg. unverändert in den zugehörigen realen Adressen enthalten sind (siehe Abschnitt 2.3.2). Als Konsequenz ist jedoch in Kauf zu nehmen, dass die Reihenfolge mit der Zugriffe ausgeführt werden, in einigen Fällen nicht verändert wird, obwohl dies möglich wäre, da die realen Adressen unterschiedlich, die Bytenummern jedoch identisch sind.

Das Umordnen von Leseoperationen, mit denen man auf den Datenspeicher zugreift, ist unproblematisch, falls die hier beschriebenen Details berücksichtigt werden. Beim Ansprechen von *Peripheriebausteinen* ist die Reihenfolge der lesenden und schreibenden Zugriffe jedoch strikt einzuhalten, weil dadurch das Verhalten eines Bausteins oft ebenso beeinflusst wird, wie z.B. durch die Daten, die in die Peripherieregister geschrieben werden. Zum Beispiel ist eine Unterbrechungsanforderung bei einigen Bausteinen durch Lesen eines Statusregisters zurücknehmbar (wohl gemerkt: durch Lesen, nicht durch Schreiben).

Um zu erzwingen, dass auf Peripherieregister in der im Programm codierten Reihenfolge zugegriffen wird, gibt es unterschiedliche Verfahren. Einige Prozessoren, z.B. der Pentium 4 von Intel [81], verfügen z.B. über einen separaten Ein-/Ausgabeadressraum, auf den mit Hilfe spezieller Befehle zugegriffen wird, die nicht umgeordnet werden. Ebenfalls möglich ist es, den die Peripherieregister enthaltenden Adressraum mit Hilfe einer Speicherverwaltungseinheit zu identifizieren und bei Zugriffen darauf das Umordnen der entsprechenden Befehle zu verhindern. Als eine weitere gebräuchliche Vorgehensweise kann man einen Befehl vorsehen, der bei seiner Ausführung erzwingt, dass alle zuvor gestarteten Speicherzugriffe beendet werden, bevor ein neuer Zugriff begonnen wird. So verfügen z.B. die Prozessoren der PowerPC-Familie von Motorola und IBM über den Befehl eieio (enforce in-order execution of I/O) mit genau dieser Semantik [128, 67].

Sprungbefehle (Kontrollflussspekulation)

Das Vorziehen von Ladebefehlen entspricht in seiner Wirkung prinzipiell der in Abschnitt 3.1.5 beschriebenen Datenflussspekulation, mit dem einzigen Unterschied, dass für superskalare Prozessoren die Befehle zur Laufzeit, für VLIW-Prozessoren jedoch zum Zeitpunkt der Übersetzung eines Programms, umgeordnet werden. Im Zusammenhang mit bedingten Sprungbefehlen existiert eine ähnliche Analogie. Sollen zur Erhöhung der Operationsparallelität Befehle, die regulär auf einen bedingten Sprung folgen, davor ausgeführt werden, ist zu berücksichtigen, dass nicht feststeht, ob es wegen der sequentiellen Semantik des Programms überhaupt zu einer Ausführung dieser Befehle kommen darf. Die auf einen bedingten Sprung folgenden Befehle lassen sich zwar ausführen, die erzielten Wirkungen auf den Status der Maschine müssen ggf. jedoch rückgängig gemacht werden können, falls sich nämlich herausstellt, dass der Sprungbefehl sich anders verhält, als z.B. durch eine *Sprungvorhersage* ermittelt wurde (siehe Abschnitt 2.2.4). Der erforderliche Aufwand ist vergleichsweise gering, sofern die erzeugten Ergebnisse zunächst in *Renaming-Register* gespeichert werden und zur Wiederherstellung der Befehlsreihenfolge ein Reorder-Buffer zur Anwendung kommt.

Das Prinzip lässt sich leicht anhand der in Bild 3.41 dargestellten Befehlsfolge (links) beschreiben. Angenommen, durch eine Sprungvorhersage wird ermittelt, dass von den in der Befehlsfolge codierten Sprungbefehlen der erste in Zeile 2 verzweigt, die beiden anderen in den Zeilen 5 und 8 nicht verzweigen, dann werden die entlang des so definierten Pfads codierten Befehle sequentiell oder parallel decodiert, die Operanden bzw. Ergebnisse umbenamt, hierzu ggf. Renaming-Register reserviert, die Befehle im Reorder-Buffer protokolliert und deren Ausführung gestartet (selbstverständlich unter Berücksichtigung der Abhängigkeiten).

Um Fehlvorhersagen erkennen und die bereits erzeugten Ergebnisse ggf. verwerfen zu können, wird zusätzlich im Reorder-Buffer das Vorhersageergebnis (z.B. „Taken" in Eintrag 4) und in den reservierten Renaming-Registern jeweils die Position des Eintrags aus dem Reorder-Buffer protokolliert, in dem der ergebnisproduzierende Befehl gespeichert ist. Zum Beispiel erzeugt die in Eintrag 5 des Reorder-Buffers eingetragene Subtraktion ein Ergebnis in $r3_a$, weshalb in $r3_a$ die Position 5 vermerkt ist (Bild 3.41).

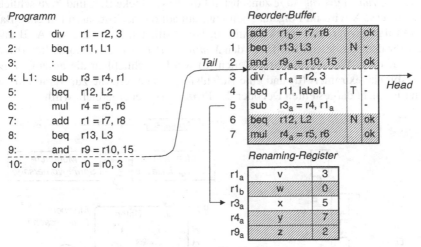

Bild 3.41. Kontrollflussspekulation in superskalaren Prozessoren

Im weiteren Verlauf der Verarbeitung werden die Befehle außer-der-Reihe ausgeführt. Sobald das Ergebnis eines Befehls verfügbar ist, wird es im Reorder-Buffer wie gehabt als abgeschlossen gekennzeichnet (ok). Bedingte Sprungbefehle sind dabei zusätzlich daraufhin zu überprüfen, ob die vermerkte Vorhersage mit der tatsächlichen Sprungentscheidung übereinstimmt. Ist dies der Fall, wird gewartet, bis der Eintrag mit dem Sprungbefehl den Kopf des Reorder-Buffers erreicht, um schließlich daraus entfernt zu werden. Ist dies jedoch nicht der Fall, annulliert man alle sequentiell folgenden Befehle in ihrer Wirkung. Sollte sich z.B. in Bild 3.41 die Vorhersage des über Eintrag 6 des Reorder-Buffers verwalteten Sprungbefehls als falsch erweisen, werden alle darauf folgenden Einträge bis hin zu der durch Tail repräsentierten Position gelöscht (indem Tail zwischen Eintrag 5 und 6 gesetzt wird) und alle zu diesen Einträgen gehörenden Renaming-Register freigegeben (im Bild als schraffierte Flächen dargestellt).

3.2.4 Trace-Cache

Die Kontrollflussspekulation in superskalaren Prozessoren ermöglicht es, eine Parallelisierung über Sprungbefehle hinweg durchzuführen. Es ist daher prinzipiell möglich, die Ausführung unterschiedlicher *Basisblöcke* parallel zu beginnen, falls eine entsprechende Anzahl an Verarbeitungseinheiten zur Verfügung steht. Voraussetzung ist natürlich, dass sich die potentiell pro Takt startbaren Befehle auch schnell genug laden lassen, und zwar insbesondere dann, wenn die am Ende eines Basisblocks codierten Sprungbefehle verzweigen.

Wie dies mit Hilfe einer Einheit zur Vorhersage mehrerer Sprungziele erreicht werden kann, veranschaulicht Bild 3.42b. Angenommen ein superskalarer Prozessor soll die in Bild 3.42a grau unterlegte Basisblockfolge parallel ausführen, dann ist mit Hilfe der bekannten Startadresse A durch eine *Mehrfach-Sprungvorhersage* sowie *-Sprungzielvorhersage* zunächst auf die Basisblöcke B, C und X zu schließen. Die Adresse X wird im Folgetakt benötigt, um auf die nächste auszuführende Basisblockfolge zuzugreifen (markiert mit a). Die restlichen drei Adressen A, B und C sind für den parallelen Zugriff auf den *Multiport-Befehlscache* erforderlich (b). Aus den auf diese Weise ermittelten Zeilen (c) werden schließlich die auszuführenden Basisblöcke extrahiert (d) und eine Befehlsfolge generiert, die zur Verarbeitung an den hier nicht dargestellten Decoder des Prozessors weitergereicht wird.

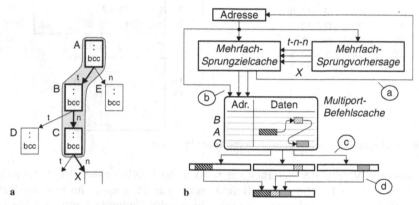

Bild 3.42. Einheit für den parallelen Zugriff auf mehrere Basisblöcke. **a** Ausschnitt aus dem zu verarbeitenden Kontrollfluss. **b** Blockstruktur der Einheit

Das im Bild dargestellte Verfahren hat einige signifikante Nachteile: Ein Befehlscache mit drei unabhängigen Leseports belegt nach [174] etwa die neunfache Chipfläche wie einer mit nur einem Leseport und wird Zugriffe i. Allg. auch langsamer verarbeiten. Der kritische Pfad der dargestellten Struktur enthält neben dem Befehlscache noch den Mehrfach-Sprungzielcache und zahlreiche Multiplexer sowie Shift-Netze (für Extraktion und Zusammenführung der gelesenen Basisblöcke) und dürfte somit ein Hauptkandidat für den kritischen Pfad des gesamten Prozessors sein. Zwar ist eine Realisierung in Fließbandtechnik möglich, jedoch nicht wünschenswert, da sich dadurch die Latenzzeit beim Wiederaufsetzen der Befehlsverarbeitung, z.B. nach einem Kontrollflusskonflikt, verlängert. Die genannten Nachteile lassen sich jedoch vermeiden, wenn logisch aufeinander folgende Basisblöcke auch physikalisch aufeinander folgend speicherbar wären. Genau diese Idee liegt dem Konzept des sog. Trace-Caches zugrunde, dessen Funktionsweise im Folgenden anhand der Struktur in Bild 3.43 getrennt für Lese- und Schreibzugriffe beschrieben wird.

Lesezugriff auf einen Trace-Cache

Die Verarbeitung einer Basisblockfolge (entsprechend Bild 3.42a) beginnt mit dem Anlegen der Startadresse des ersten zu lesenden Basisblocks A an den Trace-Cache.

Befindet sich ein passender Eintrag darin (in Bild 3.43 mit a markiert), wird dieser ausgelesen und einer *Selektionslogik* zugeführt. Parallel dazu bestimmt eine Einheit zur Mehrfach-Sprungvorhersage, wie sich die am Ende der gelesenen Basisblöcke codierten Sprungbefehle jeweils verhalten. Durch Vergleich des Vorhersageergebnisses (hier sei t-t-n angenommen) mit der der gelesenen Basisblockfolge zuzuordnenden Sprungfolge (t-n) wird entschieden, welche der Basisblöcke durch die Selektionslogik zur Ausführung weitergereicht werden sollen (b und c).

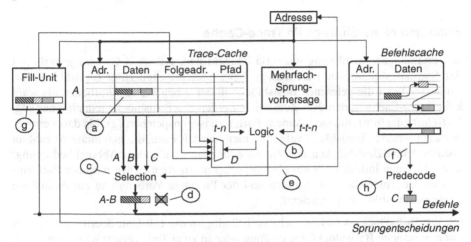

Bild 3.43. Struktur einer Einheit zum Laden von Befehlen aus einem Trace-Cache

Wie dabei mit den überzähligen Basisblöcken verfahren wird, ist implementierungsabhängig. Entweder werden sie verworfen (c), was den Vorteil hat, dass die nicht benötigten Ressourcen anderen Befehlen zur Verfügung stehen, oder sie werden gekennzeichnet zur Ausführung weitergereicht. Die Kennzeichnung beim inaktiven Starten von Befehlen (inactive issue) ist hierbei erforderlich, um mit dem nächsten Takt parallel auch die Befehle des zweiten, wahrscheinlicheren Pfads vorrangig ausführen zu können [48]. So ist es möglich, dass sich bei der hier angenommenen Basisblockfolge A-B-D gleichzeitig Befehle des gespeicherten Basisblocks C und des vorhergesagten Basisblocks D in Bearbeitung befinden.

Um zu bestimmen, mit welcher Adresse der nächste Zugriff durchzuführen ist, müssen zu den Nutzdaten noch die *Folgeadressen* aller aus der jeweiligen Basisblockfolge herausführenden Pfade gespeichert werden. Für drei Basisblöcke sind insgesamt vier Adressen erforderlich, je eine für die innerhalb der Basisblockfolge auftretenden Sprungbefehle und zwei für den am Ende des letzten Basisblocks C codierten Sprungbefehl (von denen eine der unmittelbar auf den bedingten Sprungbefehl folgenden Adresse entspricht). Die Auswahl der zu verwendenden Adresse geschieht ähnlich wie die Selektion der auszuführenden Basisblöcke, nämlich basierend auf einem Vergleich der gespeicherten und der prognostizierten Sprungfolge. So wird in Bild 3.43 z.B. vorhergesagt, dass von der gespeicherten Basisblockfolge A-B-C voraussichtlich nur A und B ausgeführt werden und daher die zu B gespeicherte Folgeadresse D für den nächsten Zugriff auf den Trace-Cache zu verwenden ist (markiert mit e).

▶ Bemerkung. Bei der hier gewählten Struktur sind die Folgeadressen einer Basisblockfolge im Trace-Cache gespeichert. Alternativ kann jedoch auch eine separate sog. Trace-Cache-Zeilen-Vorhersageeinheit (trace cache line predictor) verwendet werden, die u.a. auch die Aufgabe der Mehrfach-Sprungvorhersageeinheit übernimmt. Entsprechende Realisierungen sind z.B. in [146] beschrieben. Sie unterscheiden sich von den hier vorgestellten Strukturen nur in der Sichtweise auf das Problem. ◢

Erzeugen eines Eintrags im Trace-Cache

Bei erstmaliger Ausführung einer Basisblockfolge, z.B. A-B-C, wird jeweils mit den Startadressen auf den Befehlscache bzw. -speicher zugegriffen (in Bild 3.43 mit f markiert) und die gelesenen Basisblöcke in derselben Weise verarbeitet, als wäre kein Trace-Cache vorhanden. Zusätzlich werden die Basisblöcke jedoch einer sog. *Fill-Unit* zugeführt, die sie in einem Puffer zwischenspeichert (g), bis darin entweder kein weiterer Basisblock aufgenommen werden kann, die maximale Anzahl an speicherbaren Basisblöcken erreicht ist oder man eine andere Abbruchbedingung, wie z.B. einen indirekten Sprungbefehl, erkennt. In allen Fällen wird der Pufferinhalt in den Trace-Cache übertragen und der Puffer in Vorbereitung zur Aufnahme weiterer Basisblockfolgen geleert.

Ob ein Basisblock, der nicht mehr vollständig an die Fill-Unit übertragen werden kann, eine neue Basisblockfolge eröffnet oder in zwei Teile zerlegt wird, von denen der erste den verbleibenden Platz des Puffers ausfüllt (das sog. *trace packing* [138]), ist implementierungsabhängig (wobei ein Basisblock, der größer ist, als in einer Trace-Cache-Zeile gespeichert werden kann, natürlich immer unterteilt werden muss). Es ist aber durchaus sinnvoll, nur vollständige Basisblöcke zu speichern und den auftretenden Verschnitt zu tolerieren. So belegt die Schleife in Bild 3.44a in einem Trace-Cache, der pro Zeile 16 Befehle aufnehmen kann, z.B. drei Einträge, wenn Basisblöcke als unteilbare Einheiten (Bild 3.44b), jedoch acht Einträge, wenn sie über zwei Einträge verteilt gespeichert werden (Bild 3.44c).

Das enge *Packen* von Basisblockfolgen hat dennoch Vorteile, da sich die Anzahl der durchschnittlich pro Trace-Cache-Zeile gelesenen Befehle auf diese Weise vergrößern lässt. So können bei einer Speicherung der Basisblockfolgen entsprechend Bild 3.44b innerhalb der Schleife lediglich 12,7 Befehle und bei einer Speicherung entsprechend Bild 3.44c 15,2 Befehle pro Takt gelesen und ausgeführt werden. Dieser Effekt ist umso ausgeprägter, je größer die Basisblöcke im Mittel sind. Deshalb ist die gepackte Speicherung von Basisblockfolgen vor allem in Kombination mit Verfahren von Bedeutung, durch die sich die Anzahl der Befehle innerhalb eines gespeicherten Basisblocks effektiv vergrößern lässt, wie z.B. durch die später noch zu beschreibende Branch-Promotion [138].

Die Auswahl einer Trace-Cache-Zeile zur Speicherung einer neu zu ladenden Basisblockfolge geschieht in ähnlicher Weise wie in einem herkömmlichen Befehlscache, z.B. indem die Zeile innerhalb des selektierten Satzes ersetzt wird, auf die die längste Zeit nicht mehr zugegriffen wurde. Falls man für den *Tag-Vergleich*, wie in

Bild 3.43 angedeutet, allein die Startadresse einer Basisblockfolge verwendet, können sich unterschiedliche Basisblockfolgen, mit jeweils denselben Startadressen, gegenseitig verdrängen (z.B. A-B-C und A-B-D). Im Idealfall sollte jedoch die jeweils relevanteste Basisblockfolge gespeichert werden. Dies ist erreichbar, indem eine neu hinzukommende Basisblockfolge, zu deren Startadresse bereits eine Eintrag existiert, zunächst in einem Ringpuffer zwischengespeichert und ausschließlich bei mehrfacher Ausführung in den Trace-Cache übertragen wird.

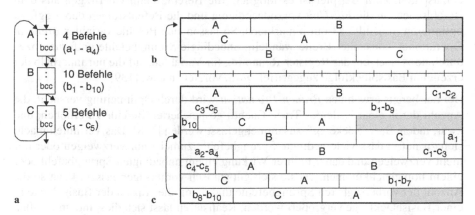

Bild 3.44. Speicherplatzbedarf in einem Trace-Cache bei Verarbeitung einer Schleife. **a** Angenommene Struktur der Schleife. **b** Ungepackte Speicherung von Basisblöcken. **c** Gepackte Speicherung von Basisblöcken

Als Alternative zu diesem Verfahren lässt sich die Häufigkeit, mit der eine Basisblockfolge bearbeitet wird, auch aus der Zuverlässigkeit ableiten, mit der die enthaltenen Sprungbefehle vorhergesagt wurden. Hierbei wird zu jedem Eintrag im Trace-Cache ein Zuverlässigkeitswert gespeichert (erzeugt z.B. durch eine entsprechend der Reihenfolge gewichteten Addition der in Zahlen abgebildeten Vorhersagezustände aller Sprungbefehle), der mit dem gleicherweise erzeugten Zuverlässigkeitswert der aktuell generierten Basisblockfolge verglichen wird. Eine Ersetzung findet statt, wenn der gespeicherte Zuverlässigkeitswert kleiner als der berechnete ist. Natürlich lassen sich unterschiedliche Basisblockfolgen, die alle dieselbe Startadresse besitzen, auch parallel in unterschiedlichen Einträgen des Trace-Caches speichern. Hierzu muss beim Tag-Vergleich nur das Ergebnis der Mehrfach-Sprungvorhersage einbezogen werden. Wegen der hohen zu erwartenden Redundanz wird diese Möglichkeit meist jedoch nicht in Betracht gezogen.

Vorübersetzung von Basisblockfolgen

Von den zuvor beschriebenen Aktionen „Befehle aus dem Trace-Cache lesen" und „neuen Eintrag in den Trace-Cache schreiben" sind nur die Lesezugriffe für die Geschwindigkeit, mit der ein Prozessor arbeitet, von Bedeutung, da sie deutlich häufiger als Schreibzugriffe auftreten (der relevante Pfad ist in Bild 3.43 als stark ausgezeichnete Linie dargestellt). Es ist daher tolerierbar, wenn die Erzeugung eines neuen Eintrags mehr Zeit in Anspruch nimmt als das Lesen der jeweils auszuführenden Befehle. So lässt sich der Befehlscache in Bild 3.43 als L2-Cache mit großer Kapazität, jedoch langen Zugriffszeiten realisieren.

Des Weiteren können Aktionen, die normalerweise nach dem Lesen der Befehle notwendig sind, nun vor dem Erzeugen eines neuen Trace-Cache-Eintrags ausgeführt werden, um bei einem erfolgreichen Trace-Cache-Zugriff auf diese Weise Zeit einzusparen. Zum Beispiel ist es möglich, die Befehle beim Übertragen aus dem Befehlscache in die *Fill-Unit* vorzudecodieren und die Befehlsfolgen dabei ggf. zu optimieren (in Bild 3.43 mit h markiert). So lassen sich Befehle variabler Breite in Operationen konstanter Breite wandeln, unbedingte Sprungbefehle entfernen bzw. durch nops ersetzen, das Register-Renaming für Variablen, auf die nur innerhalb der erzeugten Basisblockfolge zugegriffen wird, vorziehen usw. [139].

Bei der bereits erwähnten *Branch-Promotion* wird durch Optimierung versucht, die Anzahl der in einer Zeile des Trace-Caches gespeicherten Befehle zu erhöhen, und zwar, indem Basisblöcke ggf. zusammengefasst werden [138]. Das Verfahren macht sich zu nutze, dass viele bedingte Sprungbefehle zumeist nur verzweigen oder nur nicht verzweigen und daher in ihrer Wirkung einem unbedingten Sprungbefehl oder einem nop gleichkommen. Da sie sich gut statisch vorhersagen lassen, kann so die Anzahl der vorhersagbaren Sprungbefehle und damit die Anzahl der Basisblöcke in einer Basisblockfolge vergrößert werden. Realisieren lässt sich dies, indem zu allen im Trace-Cache gespeicherten Sprungbefehlen die Anzahl aufeinander folgender sich nicht verändernder Sprungentscheidungen gezählt und bei Überschreiten eines Grenzwerts der entsprechende Sprungbefehl als statisch vorherzusagen gekennzeichnet wird, und zwar entsprechend der wahrscheinlicheren Sprungrichtung.

Da auf diese Weise die Anzahl der dynamisch vorherzusagenden Sprungentscheidungen innerhalb der gespeicherten Basisblockfolge sinkt, kann dem Eintrag ein zusätzlicher Basisblock hinzugefügt werden. Dies geschieht tatsächlich jedoch nur, wenn die gespeicherte Basisblockfolge bis zu ihrem Ende ausgeführt wird. Ob außerdem der als statisch vorherzusagende Sprungbefehl aus allen ihm zugeordneten Einträgen der Mehrfach-Sprungvorhersageeinheit gelöscht wird oder nicht, ist implementierungsabhängig. Gegebenenfalls sind kurzzeitig einige Fehlvorhersagen zu tolerieren.

▸ Bemerkung. Ein Trace-Cache ist z.B. im Pentium 4 von Intel realisiert [60, 199]. Er ist in acht Wegen organisiert und nimmt bis zu 12K vordecodierte Mikrooperationen fester Breite auf. Die meisten der variabel breiten Befehle des Programmiermodells IA-32 werden direkt durch einzelne Mikrooperationen nachgebildet. Falls dies jedoch nicht möglich ist, wie für einige komplexe Befehle, wird mit Hilfe eines Mikrocode-ROMs eine *Mikrooperationsfolge* generiert, die die Funktion des jeweiligen Befehls emuliert. Hierbei ist im Trace-Cache trotzdem nur ein einzelner Eintrag – eine Kennung der zu startenden Mikrooperationsfolge – gespeichert. Pro Takt lassen sich bis zu drei Mikrooperationen aus dem Trace-Cache lesen.   ◂

3.2.5 Superspekulative Befehlsverarbeitung

In superskalaren Prozessoren wird ein Trace-Cache benötigt, um sequentiell codierte Befehle über Verzweigungen hinweg zu parallelisieren und auf diese Weise die Anzahl der pro Takt ausführbaren Befehle (*instructions per cycle, IPC*) zu steigern. Eine darüber hinausgehende Verbesserung des Befehlsdurchsatzes lässt sich erreichen, indem zusätzliche Techniken zur spekulativen Verarbeitung von Befehlen sowie zur Vorhersage von Adressen, Operanden und Ergebnissen verwendet werden. Durch deren kombinierten Einsatz lässt sich die Anzahl der spekulativ in Ausführung befindlichen Befehle über die der aktuell nichtspekulativ bearbeiteten Befehle steigern [100], weshalb man auch von superspekulativer Befehlsverarbeitung spricht. Die hierbei benutzten Techniken, wurden in den vorangehenden Abschnitten bereits weitgehend erläutert. Im Folgenden wird nur die grundsätzliche Arbeitsweise der als superspekulativ bezeichneten Prozessoren beschrieben.

In Bild 3.45a ist zunächst eine zu verarbeitenden sequentielle Befehlsfolge angedeutet, in der logische Befehle (al), Ladebefehle (ld), Speicherebefehle (st) und bedingte bzw. unbedingte Sprungbefehle (br) codiert sind. Die durchgezogenen Pfeile stehen dabei für echte Datenabhängigkeiten, die gestrichelten Pfeile für *potentielle Datenabhängigkeiten* (*ambiguous dependency*). Letztere treten nur zwischen Speichere- und Ladebefehlen auf, sofern die Adressen unbekannt sind, d.h. nicht feststeht, ob eine echte Datenabhängigkeit besteht oder nicht besteht. Falls die Befehlsfolge von einem superskalaren Prozessor ohne Spekulationen bearbeitet wird, lassen sich nur die in Bild 3.45b hervorgehoben umrahmten Befehle in den Zeilen 1, 2 und 4 ausführen. Insbesondere ist zu diesem Zeitpunkt wegen der Datenabhängigkeit zum arithmetisch-logischen Befehl in Zeile 4 nicht entscheidbar, ob der Sprungbefehl verzweigt oder nicht verzweigt, weshalb die auf Zeile 5 folgenden Befehle zunächst noch unbearbeitet bleiben.

Der Parallelitätsgrad ist verbesserbar, indem mit Hilfe eines *Trace-Caches* und der darin enthaltenen Einheit zur *Mehrfach-Sprungvorhersage* eine *Kontrollflussspekulation* durchgeführt wird. Wie in Bild 3.45c dargestellt, lassen sich neben den Sprüngen nur solche Befehle ausführen, die keine echten Datenabhängigkeiten aufweisen, vorausgesetzt, die dabei erzeugten Ergebnisse werden noch nicht in den sichtbaren Maschinenstatus übernommen. Stellt sich nämlich heraus, dass ein Sprungbefehl falsch vorhergesagt wurde, sind die Ergebnisse aller spekulativ bearbeiteten Befehle zu verwerfen (siehe hierzu auch Abschnitt 3.2.3). In Bild 3.45c ist dies durch Kreuze in den Zeilen 11 bis 13 symbolisiert.

Eine weitere Parallelisierung ist erreichbar, indem zusätzlich zur Kontrollfluss- eine *Datenflussspekulation* erfolgt. Zur Erinnerung: Regulär dürfen Ladebefehle nur ausgeführt werden, wenn feststeht, dass sich vorangehende unbearbeitete Speicherebefehle nicht auf identische Adressen beziehen. Bei einer Datenflussspekulation wird der Lesezugriff dennoch ausgeführt und erst mit dem Speicherebefehl geprüft, ob dies zulässig war. Gegebenenfalls ist das erzeugte Ergebnis zu annullieren und der Ladebefehl zu wiederholen.

Bild 3.45d zeigt, wie sich die Datenflussspekulation auf die dargestellte Befehlsfolge auswirkt. Zunächst wird die Bearbeitung der Speicherebefehle in den Zeilen 3 und 9 verzögert, bis die Abhängigkeiten zu den jeweils vorangehenden Befehlen gelöst sind. Dessen ungeachtet werden die Ladebefehle in den Zeilen 6 und 10 spekulativ ausgeführt und die gelesenen Werte bis zur Verfügbarkeit der von den Speicherebefehlen verwendeten Adressen zwischengespeichert. Stellt sich dabei heraus, dass z.B. der Speicherebefehl in Zeile 3 und der Ladebefehl in Zeile 6 dieselbe Adresse verwenden, die potentielle in Bild 3.45a mit a markierte Abhängigkeit also echt ist, wird das Ergebnis des Ladebefehls verworfen. In Bild 3.45d ist dies erneut durch ein Kreuz gekennzeichnet.

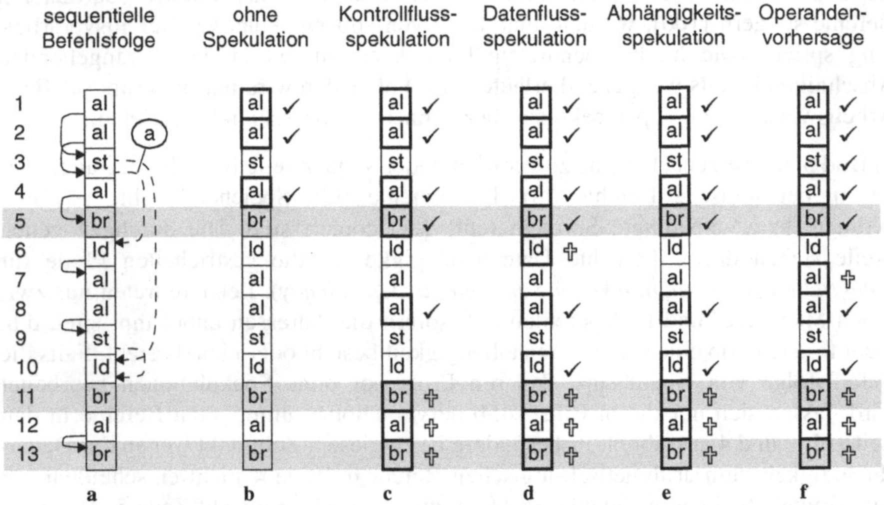

	sequentielle Befehlsfolge	ohne Spekulation	Kontrollfluss-spekulation	Datenfluss-spekulation	Abhängigkeits-spekulation	Operanden-vorhersage
1	al	al ✓	al ✓	al ✓	al ✓	al ✓
2	al (a)	al ✓	al ✓	al ✓	al ✓	al ✓
3	st	st	st	st	st	st ✓
4	al	al ✓	al ✓	al ✓	al ✓	al ✓
5	br	br	br ✓	br ✓	br ✓	br ✓
6	ld	ld	ld	ld ✤	ld	ld
7	al	al	al	al	al	al ✤
8	al	al	al ✓	al ✓	al ✓	al ✓
9	st	st	st	st	st	st
10	ld	ld	ld	ld ✓	ld ✓	ld ✓
11	br	br	br ✤	br ✤	br ✤	br ✤
12	al	al	al ✤	al ✤	al ✤	al ✤
13	br	br	br ✤	br ✤	br ✤	br ✤
	a	b	c	d	e	f

Bild 3.45. Superspekulative Verarbeitung einer sequentiellen Befehlsfolge. **a** Sequentielle Befehlsfolge. **b** Befehlsverarbeitung ohne Spekulation, **c** mit einer Kontollflussspekulation, **d** mit einer Datenflussspekulation, **e** mit einer Abhängigkeitsspekulation, **f** mit einer Wertvorhersage der Operanden

Das Annullieren eines Befehls sollte natürlich grundsätzlich vermieden werden, da es (1.) zeitaufwendig ist und (2.) Ressourcen belegt, die in einem superspekulativen Prozessor, der eine große Anzahl von Befehlen parallel ausführen kann, sinnvoller nutzen lassen. Durch eine sog. *Abhängigkeitsspekulation* (*dependence speculation*) versucht man deshalb Datenabhängigkeiten zu detektieren, ohne dass hierzu die beteiligten Ergebnis- bzw. Operandenadressen bekannt sein müssen [118]. Erkennt eine entsprechende Einheit z.B. die mit a markierte potentielle Datenabhängigkeit als echt, braucht der Ladebefehl in Zeile 6 des Bildes 3.45e weder gestartet noch annulliert werden.

Die maximale Ausführungsgeschwindigkeit wird schließlich erreicht, indem man, wie in Bild 3.45f dargestellt, auch echte Datenabhängigkeiten durch eine Wertvorhersage der nicht verfügbaren Operanden löst. Das unnötige Starten eines Befehls lässt sich dabei durch Einbeziehung eines Zuverlässigkeitswerts vermeiden (siehe Abschnitt 2.2.6). Trotzdem müssen Fehlspekulationen, wie z.B. beim arithmetisch-logischen Befehl in Zeile 7, auch weiterhin toleriert werden. – Es sei angemerkt, dass es nach [100] unter realistischen Bedingungen möglich ist, die Anzahl der pro Takt parallel ausführbaren Befehle durch Superspekulation um einen Faktor größer Drei zu verbessern.

3.3 Multithreading (vielfädige Verarbeitung)

Die beiden wichtigsten Basistechniken zur Erhöhung des Befehlsdurchsatzes in Prozessoren sind nach den vorangehenden Ausführungen die Fließbandverarbeitung und die parallele Ausführung mehrerer Operationen. Beide Techniken werden jedoch in ihrer Wirkung durch Operationen mit langen Latenzzeiten beschränkt. In Bild 3.46 ist dies für skalare Prozessoren (a), VLIW-Prozessoren (b) und superskalare Prozessoren (c) in einer abstrakten Form dargestellt.

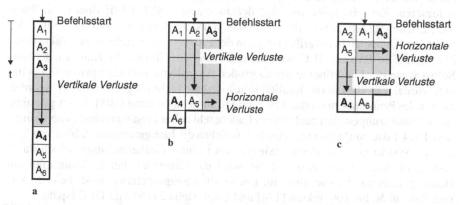

Bild 3.46. Zeitlicher Ablauf bei Verarbeitung einer Befehlsfolge, **a** durch einen skalaren Prozessor, **b** durch einen VLIW-Prozessor, **c** durch einen superskalaren Prozessor.

Angenommen, ein *skalarer Prozessor*, der pro Takt prinzipiell einen Befehl starten kann, soll eine optimierte Befehlsfolge A_1 bis A_6 ausführen (den sog. *Thread*, deutsch: *Faden*), wobei A_3 insgesamt vier Takte benötigt, um ein weiterverarbeitbares Ergebnis zu erzeugen (z.B. ein Ladebefehl) und A_4 dieses Ergebnis benötigt, um gestartet zu werden, dann hat die Befehlsfolge den Decoder nach neun Takten verlassen, was einem durchschnittlichen Befehlsdurchsatz von etwa 0,3 Befehlen pro Takt entspricht (Bild 3.46a). Zwar lässt sich der auftretende sog. *vertikale Verlust* (*vertical waste*, *vertical penalty*), also die Wartezeit zwischen A_3 und A_4 im Prinzip verkürzen, indem Befehle ausgeführt werden, die keine Abhängigkeiten zu A_3 aufweisen, da jedoch eine optimierte Befehlsfolge vorausgesetzt wurde, ist dies hier nicht möglich.

Die in Bild 3.46a dargestellte Befehlsfolge wird, wie in Bild 3.46b angedeutet, durch einen *VLIW-Prozessor* zwar mit insgesamt sechs Takten schneller verarbeitet, die vertikalen Verluste sind jedoch mit drei Takten unverändert vorhanden. Tatsächlich verschärft sich die Situation sogar, weil zusätzlich zu den vertikalen nun die sog. *horizontalen Verluste* (*horizontal waste*, *horizontal penalty*) in Kauf genommen werden müssen [191]. Dies reduziert den effektiven Nutzen eines Prozessors und vergrößert die *Gesamtverluste* (*opportunity cost* [194]).

Ähnliches gilt für *superskalare Prozessoren*, die eine entsprechende Befehlsfolge verarbeiten (Bild 3.46c). Durch das Umordnen der Befehle zur Laufzeit lassen sich jedoch einige der horizontalen und vertikalen Verluste möglicherweise vermeiden.

So wird der Befehl A_5 als von A_4 unabhängig erkannt und daher in direkter Folge
von A_3 ausgeführt (eine solche Laufzeitoptimierung ist bei einer statisch optimierten Befehlsfolge z.B. dann möglich, wenn A_5 von A_1 abhängig ist und A_1 eine von
den verarbeiteten Operanden abhängige maximal vier Takte, minimal einen Takt
während Latenzzeit aufweist). Im Vergleich zum VLIW-Prozessor vermindert dies
die Gesamtverluste von 10 auf nunmehr acht.

Trotz der Möglichkeit des Umordnens von Befehlen gelingt es in vielen Fällen
nicht, die durch lange *Latenzzeiten* entstehenden Gesamtverluste signifikant zu
reduzieren. Zum Beispiel benötigt der in einem ASUS-P4PE-Board mit Intel-
845PE-Chipsatz arbeitende, mit 3,08 GHz getaktete Pentium 4 von Intel 380 Takte
für einen Hauptspeicherzugriff [199]. Da der Prozessor drei Befehle pro Takt starten
kann, sind im Extremfall Gesamtverluste von 1140 Takten in Kauf zu nehmen.
Selbst wenn das Umordnen einer so großen Anzahl von Befehlen prinzipiell gelingen würde, wäre dies in der Realität schon deshalb nicht möglich, weil der Reorder-
Buffer des Pentium 4 maximal 126 Einträge aufnehmen kann [103]. Unter günstigsten Voraussetzungen sind nach einem Ladebefehl daher Gesamtverluste von wenigstens 1014 Takte zu tolerieren. Natürlich weichen die hier genannten Zahlen von System zu System voneinander ab. Sie werden in ihrer Größenordnung jedoch durch
andere Untersuchungen bestätigt. So wird die Latenzzeit bei Ladezugriffen auf
Hauptspeicherinhalte, die nicht im Cache zwischengespeichert sind, beim MAJC
von Sun mit 50 bis 100 Takten [174] und beim Alpha 21164 von DEC (später Compaq [26]) mit 80 Takten beziffert [14].

Eine einfache Technik zur Vermeidung vertikaler Verluste ist das sog. Multithreading (vielfädige Verarbeitung), bei dem mehrere Befehlsfolgen, die Threads, alternierend ausgeführt werden. Da zwischen den zu unterschiedlichen Programmen
gehörenden Befehlsfolgen i.Allg. keine Abhängigkeiten auftreten, ist eine „Buch-
führung", wie in superskalaren Prozessoren, hier nur innerhalb der einzelnen pseudoparallel bearbeiteten Befehlsfolgen notwendig.

Je nach verwendetem Verfahren wird zwischen den einzelnen Befehlsfolgen entweder taktweise (Abschnitt 3.3.1) oder blockweise umgeschaltet (Abschnitt 3.3.2).
Letzteres sinnvollerweise dann, wenn ein Befehl mit einer langen Latenzzeit ausgeführt werden soll. Beide Techniken lassen sich sowohl für skalare Prozessoren als
auch für statisch operationsparallel arbeitende Prozessoren (z.B. VLIW-Prozessoren) einsetzen. Werden sie folgerichtig auf superskalare Prozessoren übertragen,
gelangt man zum sog. simultanen Multithreading (SMT), das unter Berücksichtigung einiger Voraussetzungen umgekehrt auch auf statisch operationsparallel arbeitende Prozessoren übertragbar ist. Das simultane Multithreading wird in Abschnitt
3.3.3 beschrieben.

3.3.1 Verschränktes Multithreading (interleaved multithreading, IMT)

Bei dem sehr einfach zu realisierenden verschränkten Multithreading (auch *fine
grained multithreading*) wird zyklisch, ohne Rücksicht auf die Latenzzeiten der einzelnen Befehle, zwischen den aufzuführenden Befehlsfolgen hin und her geschaltet.

Damit die Programme verschränkt nicht langsamer verarbeitet werden als sequentiell aufeinander folgend, müssen *Kontextwechsel* innerhalb von null Takten möglich sein. Erreicht wird dies, indem man die Kontexte aller auszuführenden Programme im Prozessor speichert und über Multiplexer jeweils zeitgleich zum Start eines Befehls umgeschaltet.

Falls die Anzahl der verschränkt auszuführenden Programme größer ist als die Fließbandstufenanzahl, werden in jeder Fließbandstufe Befehle anderer Programme bearbeitet. Da fließbandkonfliktverursachende *Abhängigkeiten* zwischen diesen Befehlen nicht auftreten, kann z.B. auf eine *Sprungvorhersage* zur Lösung von Kontrollflusskonflikten und auf *Bypässe* zur Lösung von Datenflusskonflikten verzichtet werden. Die daraus resultierenden Vereinfachungen der Struktur mindern die Kosten und verkürzen möglicherweise den kritischen Pfad, so dass sich ein entsprechender Prozessor mit einer höheren Taktfrequenz betreiben lässt, als einer, der die Programme nichtverschränkt verarbeitet. (Insbesondere kann man die Anzahl der Fließbandstufen erhöhen, ohne den Aufwand nennenswert zu vergrößern).

In Bild 3.47 ist der zeitliche Ablauf bei Ausführung der Befehlsfolgen A, B und C durch einen sequentiellen nicht verschränkt arbeitenden (a), einen sequentiellen verschränkt arbeitenden (b) und einen ebenfalls verschränkt, jedoch operationsparallel arbeitenden Prozessor (c) dargestellt. Bei einer Hintereinander-Ausführung der Befehlsfolgen sind für sieben Befehle, wegen der drei Takte Latenzzeit des Divisionsbefehls A_1, insgesamt neun Takte erforderlich (Bild 3.47a). Die Zeit lässt sich auf sieben Takte reduzieren, wenn die vertikalen Verluste durch Verschränkung verborgen werden (Bild 3.47b).

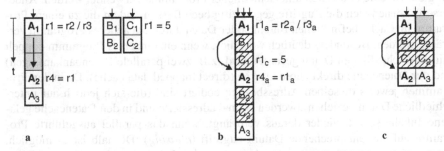

Bild 3.47. Zeitlicher Ablauf bei Verarbeitung von drei unabhängigen Befehlsfolgen A, B und C. **a** Separate Verarbeitung. **b** Verschränkte Verarbeitung durch einen skalaren Prozessor. **c** Verschränkte Verarbeitung durch einen VLIW-Prozessor

Anstatt mit A_2 auf das Ergebnis der Division A_1 zu warten, werden zunächst die definitiv unabhängigen Befehle B_1 und C_1 ausgeführt. Damit dies möglich ist, müssen zwei Voraussetzungen erfüllt sein: (1.) dürfen zwischenzeitlich erzeugte Ergebnisse sich nicht gegenseitig beeinflussen, weshalb im Bild die Zuweisung r1 = 5 auf einem zur Befehlsfolge C *lokalen Register* durchgeführt werden muss (hier auf $r3_c$), und (2.) dürfen die Befehle A_1, B_1 und C_1 keinen *Ressourcenkonflikt* verursachen. Letzteres ist dann sichergestellt, wenn die Verarbeitungseinheiten in *Fließbandtechnik* realisiert sind. Weil jedoch in den meisten realen Prozessoren die Division zeitsequentiell bearbeitet wird und sich daher in jedem Takt nur eine Divisionsoperation in Ausführung befinden darf, muss zusätzlich gelten, dass B_1 und C_1 nicht von der Divisionseinheit zu verarbeiten sind. Im Konfliktfall ist also ggf. zu warten.

Genauso wie die Befehle in einem skalaren Prozessor verschränkt ausgeführt werden können, ist dies auch mit einem VLIW-Prozessor möglich. Falls pro Takt zwei Operationen startbar sind, lassen sich die Befehlsfolgen, z.B. wie in Bild 3.47c dargestellt, verschränkt ausführen und dadurch die ursprünglich auftretenden vertikalen Verluste vermeiden. Aufgrund der Abhängigkeit zwischen A_1 und A_2 ist es jedoch nicht möglich, die beiden Operationen in einem Befehl zu codieren, weshalb horizontale Verluste in Kauf zu nehmen sind.

Ein Nachteil des hier beschriebenen verschränkten Multithreadings ist, dass bei einem taktweisen Kontextwechsel die Mindestanzahl der pseudoparallel auszuführenden Befehlsfolgen N gleich der Taktanzahl sein muss, die zur Lösung von beliebigen Konflikten abzuwarten ist. Nur so kann auf konfliktlösende Maßnahmen, wie Sprungvorhersage oder Bypässe verzichtet werden. Falls im Extremfall also nur eine einzelne Befehlsfolge ausgeführt wird, darf aufgrund von potentiellen Abhängigkeiten jeweils nur ein Befehl pro N Takte gestartet werden. In Bild 3.47 mindert dies den Befehlsdurchsatz um zwei Drittel dessen, was durchschnittlich maximal erreichbar wäre (die entsprechenden Befehle sind schraffiert dargestellt).

Ein Nachteil aller, also nicht nur der verschränkt arbeitenden Multithread-Architekturen ist, dass sich die Wirkung des *Daten-* bzw. *Befehlscaches* vermindert. Einerseits müssen die beschränkt verfügbaren Kapazitäten zur gleichzeitigen Speicherung der Befehle und Daten unterschiedlicher Programme verwendet werden. Andererseits können sich die Zugriffe gegenseitig beeinflussen, indem die zu einem Programm im Cache befindlichen Befehle oder Daten durch ein anderes Programm verdrängt werden. Besonders deutlich wird dies, wenn ein einzelnes Programm doppelt mit unterschiedlichen Daten gestartet wird (z.B. zwei parallele Datenbankanfragen) und der Datencache direkt zuordnend ist (direct mapped data cache). Da in den Programmen jeweils dieselben Adressbezüge codiert sind (die sich jedoch auf unterschiedliche Daten beziehen), werden einmal adressierte und in den Datencache geladene Inhalte sofort wieder daraus verdrängt, wenn das parallel ausgeführte Programm auf das entsprechende Datum zugreift (*aliasing*). Deshalb ist es möglich, dass die Programme langsamer bearbeitet werden als bei einer streng sequentiellen Ausführung. Der angedeutete Effekt lässt sich jedoch mindern, wenn man möglichst große Caches mit möglichst vielen Wegen verwendet.

▶ Beispiel 3.7. *Heterogenous Element Processor.* Einer der ersten Rechner mit verschränktem Multithreading ist der 1982 erschienene Heterogenous Element Processor HEP von Denelcor, dessen Entwicklung durch Burden Smith bereits 1974 begonnen wurde. In Maximalkonfiguration besteht der Rechner aus 16 als *Process Execution Moduls* (PEM) bezeichneten Prozessoren, 128 Datenspeichermodulen und vier IO-Prozessoren. Ein einzelnes Process Execution Module kann bis zu 128 Prozesse quasiparallel ausführen. Maximal 64 Prozesse sind in einer Task zusammengefasst und werden durch ein 64 Bit breites *Task-Statuswort* TSW beschrieben, in dem die zu verwendenden Basisadressen und Limits des Befehls-, Daten- und Registerspeichers sowie die Basisadresse des Konstantenspeichers codiert sind. Jeder einzelne Prozess wird außerdem durch ein *Prozessstatuswort* PSW beschrieben.

Die Verarbeitung eines Befehls beginnt damit, dass ein Prozessstatuswort aus der PSW-Queue entfernt und die darin u.a. codierte 20 Bit breite Adresse verwendet wird, um den nächsten auszuführenden Befehl aus dem Programmspeicher (Program Memory) zu lesen (Bild 3.48). Prozessstatuswort und Befehl werden anschließend an die Operandenzugriffseinheit (*Operand Fetch Unit*) weitergereicht. Sie greift zur Ermittlung der benötigten Operanden auf einen 2048 Worte großen Registerspeicher oder einen 4096 Worte großen Konstantenspeicher zu [64]. Die Ausführung eines Befehls erfolgt entweder synchron in einem achtstufigen Fließband (z.B. durch die Integer Function Unit IFU) oder asynchron zeitsequentiell (durch die Divisionseinheit DIV und die für Speicherzugriffe zuständige Scheduler Function Unit SFU).

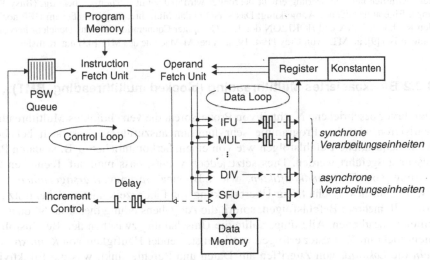

Bild 3.48. Strukturbild eines der bis zu 16 sog. Process Execution Modules (PEM) des Heterogenous Element Processor HEP von Denelcor (in Anlehnung an [64])

Bei der synchronen Verarbeitung wird in jedem Takt ein Befehl eines anderen Prozesses gestartet, so dass sich in den Fließbandstufen der einzelnen Verarbeitungseinheiten i. Allg. zeitgleich Befehle unterschiedlicher Prozesse befinden. Abhängigkeiten zwischen den Befehlen und dadurch bedingte Fließbandkonflikte treten nicht auf, solange sichergestellt ist, dass die Daten in der Datenschleife (*data loop*) wenigstens genauso schnell kreisen, wie die Prozessstatusworte in der Kontrollschleife (*control loop*). Aus diesem Grund werden letztere verzögert (Delay), bevor sie die Inkrementiereinheit (*Increment Control*) erreichen [193]. Die Verarbeitung eines einzelnen Befehls endet schließlich, indem die im Prozessstatuswort codierte Befehlsadresse modifiziert und das Prozessstatuswort in die PSW-Queue zur erneuten Verarbeitung eingetragen wird.

Wegen der zu erwartenden langen Latenzzeiten werden Speicherzugriffe durch die asynchrone Speicherzugriffseinheit SFU anders verarbeitet: Die Ausführung der Befehle beginnt zunächst wie gewohnt. Jedoch wird das Prozessstatuswort aus der Kontrollschleife entfernt und in einem zur Funktionseinheit SFU lokalen Ringpuffer zwischengespeichert. Solange sich der Speicherzugriff in Bearbeitung befindet, verbraucht der Prozess somit keine Rechenzeit. Erst mit dem Abschluss des Speicherzugriffs wird ein ggf. gelesenes Datum in den Registerspeicher geschrieben und der suspendierte Prozess schließlich durch erneutes Übertragen des zwischengespeicherten Prozessstatusworts in die PSW-Queue reaktiviert.

Da der Speicher auch für die Kommunikation verwendet wird, ist die maximale Zeit bis zur Wiederaufnahme eines Prozesses nicht unbedingt gleich der Speicherzugriffszeit. Optional lassen sich nämlich Lesezugriffe bzw. Schreibzugriffe verzögern, bis die adressierte Speicherzelle als gefüllt (full) bzw. leer (empty) gekennzeichnet ist. Das den Zustand einer Speicherzelle beschreibende *Synchronisationsbit* wird dabei jeweils ggf. invertiert, d.h. ein Lesezugriff kennzeichnet die Speicherzelle nach Ausführung als leer, ein Schreibzugriff als gefüllt. Eine ähnliche Funktionalität steht auch für den Registerspeicher zur Verfügung. Weil ein einzelner Befehl gleichzeitig zwei Registerinhalte verarbeiten und ein Ergebnis erzeugen kann, wird zur Sicherstellung der Unteilbarkeit der Operation jedoch ein dritter Synchronisationszustand „reserviert" (reserved) benötigt. Er kennzeichnet verfügbare jedoch noch nicht konsumierte Operanden.

Ein in diesem Zusammenhang zu nennender Nachteil des HEP ist, dass das Prozessstatuswort eines aufgrund fehlender Operanden unausführbaren Befehls nicht aus der Kontrollschleife entfernt, sondern lediglich mit Verzögerung erneut bearbeitet wird und somit Rechenzeit benötigt (Busy-Waiting). Eine abschließende Anmerkung: Das verschränkte Multithreading ist außer im HEP noch in den Rechnern TERA und HORIZON der Tera Computer Cooperation (die aus Denelcor hervorgegangen ist) [9], im MTA von Cray [194, 195], in der M-Machine des MIT [43] u.a. realisiert. ◢

3.3.2 Blockbasiertes Multithreading (blocked multithreading, BMT)

Der zuvor beschriebene Nachteil von Prozessoren, die verschränktes Multithreading realisieren, einzelne Programme sehr langsam auszuführen, lässt sich beheben, wenn sequentielle Befehlsfolgen wie von einem herkömmlichen, z.B. skalaren Prozessor ausgeführt werden. Dies setzt jedoch voraus, dass man auf Techniken zur Lösung von *Fließbandkonflikten*, wie z.B. eine *Sprungvorhersageeinheit* oder *Bypässe*, nicht verzichtet. Zur Überbrückung von Latenzzeiten ist es dabei trotzdem sinnvoll, mehrere Befehlsfolgen, sofern die Aufgabenstellung dies erlaubt, quasiparallel zu bearbeiten. Allerdings sollte die Umschaltung zwischen den Befehlsfolgen nicht mehr im Taktraster erfolgen, weil mit steigender Häufigkeit von *Kontextwechseln* die *Lokalität* von Zugriffen auf Daten und Befehle sinkt, was die Effektivität der entsprechenden Caches vermindert.

Beim blockbasierten Multithreading (auch *coarse grain multithreading*) wird ein Kontextwechsel ereignisgesteuert initiiert, z.B. dann, wenn ein Befehl ausgeführt werden soll, der eine lange Latenzzeit aufweist. Im Gegensatz zum verschränkten Multithreading ist es dabei prinzipiell möglich, für den Kontextwechsel Zeit in Anspruch zu nehmen, so dass sich der Inhalt des Registerspeichers z.B. über mehrere Takte hinweg in einem schnellen Hintergrundspeicher sichern bzw. neu laden lässt (zur Erinnerung: Beim verschränkten Multithreading muss ein Kontextwechsel in null Takten erfolgen). Dies ist sinnvoll, wenn man dadurch die Registerspeicherkapazität vermindern und den kritischen Pfad des Prozessors verkürzen kann.

Bild 3.49b zeigt, wie drei Befehlsfolgen A, B und C (Bild 3.49a) durch einen skalaren Prozessor mit blockbasierten Multithreading verarbeitet werden. Nach dem Starten des drei Takte zur Ausführung benötigenden Befehls A_1 wird ohne Zeitverlust die Befehlsfolge B begonnen, und zwar bis mit B_3 erneut ein Ereignis eintritt, das einen Kontextwechsel zur Befehlsfolge C auslöst usw. A_2 wird in diesem Beispiel erst fünf Takte nach A_1 gestartet, weshalb die in der ursprünglichen Befehlsfolge auftretenden *vertikalen Verluste* vollständig vermieden werden.

Die quasiparallele Ausführung der drei Befehlsfolgen durch einen zwei Operationen pro Takt verarbeitenden VLIW-Prozessor ist in Bild 3.49c dargestellt. Dabei wird angenommen, dass die in der ursprünglichen Befehlsfolge unmittelbar aufeinander folgenden Befehle keine Abhängigkeiten zueinander aufweisen und daher parallel ausführbar sind. Genau wie bei sequentieller Arbeitsweise werden vertikale Verluste vermieden. Ebenso wie bei verschränktem Multithreading treten jedoch weiterhin *horizontale Verluste* auf, weshalb sich die Befehlsfolge in Bild 3.49c gerade nicht doppelt so schnell wie die in Bild 3.49b ausführen lässt.

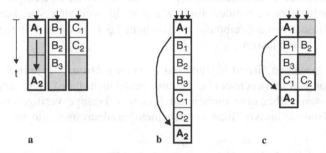

Bild 3.49. Zeitlicher Ablauf bei Verarbeitung von drei unabhängigen Befehlsfolgen A, B und C. **a** Sequentielle Verarbeitung durch einen skalaren Prozessor. **b** Blockbasiertes Multithreading in einem skalaren Prozessor. **c** Blockbasiertes Multithreading in einem VLIW-Prozessor

Die Reihenfolge, mit der die einzelnen Befehlsfolgen ausgeführt werden, darf implementierungsabhängig natürlich von der hier angenommen abweichen, z.B. dann, wenn man die einzelnen Befehlsfolgen mit unterschiedlichen Prioritäten bearbeitet. Falls in Bild 3.49b die Befehlsfolge A z.B. eine höhere Priorität besitzt als B und C, kann nach dem Start von B_3 möglicherweise die Verarbeitung von A wieder aufgenommen werden, ohne zuvor einen Befehl der Befehlsfolge C auszuführen. Das permanente Nichtzuteilen von Rechenzeit an eine zu bearbeitende Befehlsfolge lässt sich vermeiden, wenn z.B. jeweils bei einem Kontextwechsel die Prioritäten aller *nicht bearbeiteten* Befehlsfolgen dynamisch angehoben werden. Hierbei wird die initiale Priorität wieder hergestellt, sobald es zur Ausführung einer Befehlsfolge kommt. Andere Verfahren zur priorisierten Verarbeitung unterschiedlicher Befehlsfolgen sind aus dem Betriebssystembau bekannt und lassen sich leicht auf Prozessoren mit blockorientiertem Multithreading übertragen. Eine Beschreibung dieser Verfahren ist z.B. in [164] unter dem Stichwort Prozessverwaltung nachzulesen.

Die Ereignisse, die zu einem Kontextwechsel führen, sind bisher noch nicht genannt worden. In [194, 195] unterscheidet man statische und dynamische Verfahren zum Auslösen (trigger) eines Kontextwechsels: Statische Auslöser werden zum Zeitpunkt der Übersetzung im Programm codiert und lassen sich in einer frühen Fließbandstufe, spätestens nach dem Decodieren der Befehle, erkennen. Ein Kontextwechsel kann statisch explizit durch eine Spezialoperation oder statisch implizit durch Ausführung von Befehlen einer bestimmter Befehlsklasse ausgelöst werden, wobei ersteres für einen Kontextwechsel einen Takt Zeit erfordert, wenn nämlich in einem sequentiell arbeitenden Prozessor die Spezialoperation exklusiv in einem Befehl codiert ist. Die statisch impliziten Verfahren lassen sich darüber hinaus noch in drei häufig realisierte Kategorien unterteilen:

- Beim *Switch-on-load-Verfahren*, verursacht die Ausführung einer Ladeoperation einen Kontextwechsel. Dies ist deshalb sinnvoll, weil vertikale Verluste zu einem großen Teil durch Lesezugriffe auf den Hauptspeicher verursacht werden. Nachteilig hieran ist, dass verzögerungsfreie Zugriffe auf den Cache unnötigerweise ebenfalls einen Kontextwechsel auslösen.

- Das als Gegenstück zu nennende *Switch-on-store-Verfahren* ist weniger geeignet, vertikale Verluste zu vermeiden, und zwar deshalb, weil sich Speicherebefehle durch den Einsatz von Schreibpuffern (Abschnitt 2.3.1) in vielen Fällen verzögerungsfrei bearbeiten lassen.

- Aus einem ähnlichen Grund ist auch das *Switch-on-branch-Verfahren*, also das Auslösen von Kontextwechseln bei Sprungoperationen, meist nicht sinnvoll, da viele Prozessoren über eine Einheit zur Sprungvorhersage verfügen und daher die durch Kontrollflusskonflikte verursachten Verzögerungen nur selten auftreten.

Verbreiteter als die statischen sind die *dynamischen Verfahren* zum Auslösen eines Kontextwechsels. Weil die entsprechenden Ereignisse i. Allg. in einer der hinteren Fließbandstufen erkannt werden, sind dabei deutlich mehr Befehle zu verwerfen als bei einem statischen Verfahren. Zur Vermeidung der damit verbundenen Zeitstrafen ist es jedoch möglich, sämtliche Befehle, die auf den den Kontextwechsel auslösenden Befehl im Fließband folgen, in einem prozessorinternen Puffer zu sichern. Falls die Bearbeitung der suspendierten Befehlsfolge zu einem späteren Zeitpunkt fortgesetzt wird, muss dessen Inhalt lediglich in die Fließbandregister zurück kopiert werden. Als Konsequenz wird so die Zeit für das Leeren und Neuladen der Fließbandregister eingespart. – Einige besonders verbreitete Verfahren zum dynamischen Auslösen von Kontextwechseln sind in [195, 194] beschrieben:

- Beim *Switch-on-cache-Miss* ist hierfür ein Lesezugriff auf einen nicht im Datencache befindlichen und aus dem Hauptspeicher (oder L2-Cache) zu ladenden Zelleninhalt verantwortlich.

- Dies ist ähnlich wie beim *Switch-on-Use*, bei dem der Kontextwechsel jedoch verzögert ausgelöst wird, wenn ein aus dem Hauptspeicher zu lesender, jedoch noch nicht verfügbarer Wert verarbeitet werden soll[1].

- Beim *Switch-on-Signal* ist ein synchrones oder asynchrones Ereignis, wie z.B. eine Unterbrechung, der Empfang einer Nachricht, der Abschluss eines Befehls einer suspendierten Befehlsfolge usw. für das Auslösen eines Kontextwechsels verantwortlich.

- Als letztes noch zu nennendes Verfahren ist das *Conditional-Switching* zu nennen, bei dem eine explizit auszuführende Operation abhängig von einer Bedingung einen Kontextwechsel auslöst.

---

1. Um dies zu erkennen, werden die als Ziel einer Ladeoperation verwendeten Register als ungültig gekennzeichnet, bis der Zugriff abgeschlossen ist (siehe hierzu auch die Beschreibungen zum Scoreboarding in Abschnitt 3.2.2).

Das blockorientierte Multithreading ist in zahlreichen Prozessoren realisiert worden. Der Sparcle des MIT ist ein als Forschungsprojekt entstandener Rechner, der auf dem SPARC von Sun basiert [195]. Die regulär für Unterprogrammaufrufe vorgesehenen Registerfenster des verwendeten Prozessors werden zur Speicherung unterschiedlicher Kontexte verwendet, zwischen denen dynamisch umgeschaltet wird, wenn der externe Cache ein adressiertes Datum nicht enthält (switch on cache miss) oder eine Synchronisation fehlschlägt (switch on signal). Ebenfalls als Forschungsprojekt ist der als Rhama bezeichnete Prozessor der Universität von Karlsruhe entstanden [195]. Er verfügt über getrennte Einheiten für Berechnungen und Speicherzugriffe, die parallel auf unterschiedlichen Befehlsfolgen arbeiten. Kontextwechsel werden statisch jeweils beim Erkennen von Lade-, Speichere- oder Sprungbefehlen ausgelöst.

Der MAJC-5200 von Sun ist ein Beispiel für einen kommerziellen Prozessor mit blockorientiertem Multithreading [170, 189]. Er verfügt über zwei VLIW-Prozessorkerne, die pro Befehl bis zu vier Operationen und jeweils quasiparallel bis zu vier Befehlsfolgen ausführen können. Abschließend sei der RS64 IV von IBM genannt: ein auf Serveranwendungen optimierter superskalarer Prozessor mit blockorientiertem Multithreading, der zum PowerPC kompatibel ist und zwei Befehlsfolgen quasiparallel ausführen kann [20]. Kontextwechsel werden bei Bedarf ausgelöst (gesteuert über ein Register), wenn ein Zugriff auf den L1- bzw. L2-Daten- oder -Befehls-Cache fehlschlägt, wenn eine vorgegebene Zeitschranke überschritten wird, wenn die Priorität der laufenden geringer als die der zu aktivierenden Befehlsfolge ist usw.

3.3.3 Simultanes Multithreading (simultanious multithreading, SMT)

Mit den zuvor beschriebenen Verfahren des verschränkten und blockorientierten Multithreadings lassen sich vertikale Verluste durch Ausführung unabhängiger Befehle verbergen. In beiden Fällen ist es jedoch nicht möglich, horizontale Verluste, wie sie bei Verarbeitung in statisch oder dynamisch operationsparallel arbeitenden Prozessoren auftreten, zu vermeiden. Eine Lösung dieses Problems ist jedoch sehr einfach, sofern es gelingt, pro Takt nicht nur die Ausführung der Befehle einer Befehlsfolge, wie beim verschränkten oder blockorientierten Multithreading, sondern mehrerer Befehlsfolgen zu beginnen. Genau diese Idee liegt dem simultanen Multithreading zugrunde.

Der dabei angestrebte zeitliche Ablauf bei Verarbeitung der in Bild 3.50a angegebenen Befehlsfolgen A, B und C ist in Bild 3.50b dargestellt, wobei ein Prozessor vorausgesetzt wird, der pro Takt vier Befehle (bzw. Operationen) parallel ausführen kann. Während beim verschränkten oder blockorientierten Multithreading aufgrund der bestehenden Abhängigkeit im ersten Takt nur A_1 ausführbar ist, werden beim simultanen Multithreading die horizontalen Verluste durch Befehle anderer Befehlsfolgen, hier B_1, B_2 und C_1, vermieden. Dennoch sind horizontale Verluste weiterhin möglich, wenn sich nämlich in keiner der quasiparallel auszuführenden Befehlsfolgen ein zu bereits in Bearbeitung befindlichen Befehlen unabhängiger Befehl finden lässt. Dies ist hier z.B. im dritten Takt der Fall, in dem A_2 und C_6 nicht ausgeführt werden können, weil beide Befehle drei Takte zur Ausführung benötigen, und B_6, weil zu B_5 eine Abhängigkeit besteht.

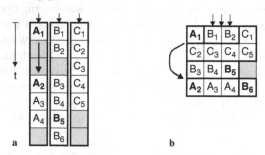

a   b

Bild 3.50. Zeitlicher Ablauf bei Verarbeitung von drei unabhängigen Befehlsfolgen A, B und C. **a** Sequentielle Verarbeitung durch einen skalaren Prozessor. **b** Parallele Verarbeitung der Befehle durch einen Prozessor mit simultanem Multithreading

Das simultane Multithreading ist sehr einfach zu realisieren, sofern als Basis ein *superskalarer Prozessor* verwendet wird, der die Befehle außer-der-Reihe startet (out of order issue). Grundsätzlich werden in einem solchen Prozessor nämlich die Befehle zunächst in eine zentrale, allen Verarbeitungseinheiten gemeinsame *Reservierungsstation*, die oft als *Befehlspuffer* (*instruction queue*) bezeichnet wird, eingetragen und entsprechend der bestehenden Abhängigkeiten ausgeführt. In dem Befehlspuffer lassen sich selbstverständlich auch Befehle einer zweiten Befehlsfolge problemlos verwalten, falls sichergestellt ist, dass keine Abhängigkeiten zur ersten bestehen. Erreichbar ist dies, indem den Befehlsfolgen jeweils eigene Registerspeicher oder eigene Bereiche innerhalb eines großen Registerspeichers zugeordnet werden. Die grobe Struktur eines in dieser Form arbeitenden Prozessors zeigt Bild 3.51. Der Übersichtlichkeit halber wurde hierbei auf die Darstellung vieler für das Verständnis des simultanen Multithreadings unnötiger Details, wie Decoder, Renaming-Register, Reorder-Buffer usw., verzichtet.

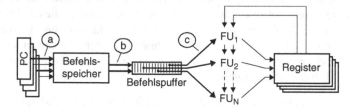

Bild 3.51. Grobes Strukturbild eines superskalaren Prozessors mit simultanem Multithreading. Es werden pro Takt Befehle unterschiedlicher Befehlsfolgen adressiert, decodiert und gestartet

Die Verarbeitung beginnt damit, Befehle zu einer vorgegebenen Anzahl von Befehlsfolgen zu adressieren (a) und aus dem Befehlsspeicher bzw. -Cache in den Befehlspuffer zu übertragen (b). Am einfachsten ist es, wenn mit jedem Takt auf eine andere Befehlsfolge zugegriffen wird. Aufgrund bestehender Abhängigkeiten führt dies im zeitlichen Mittel dazu, dass Befehle aller auszuführenden Befehlsfolgen im Befehlspuffer verweilen und sich daher mit jedem Takt, ähnlich wie zu Bild 3.50b beschrieben, auch starten lassen (in Bild 3.51 mit c markiert).

Da der Füllstand des Befehlspuffers rasch mit der Anzahl der Befehle zunimmt, die gleichzeitig zu einer *einzelnen* Befehlsfolge aus dem Befehlsspeicher bzw. -Cache gelesen werden, ist als Nachteil jedoch in Kauf zu nehmen, dass der Befehlspuffer, bei bestehenden Abhängigkeiten zu Befehlen mit langen Latenzzeiten, innerhalb kürzester Zeit blockiert. Es ist daher günstiger, pro Takt mehrere Befehlsfolgen zu adressieren. Allerdings ist dies auch aufwendiger, da der *Befehlscache* hierbei mit einer entsprechend großen Anzahl an Leseports ausgestattet sein muss. Dies lässt sich z.B. durch eine Organisation in Bänken realisieren, auf die verschränkt zugegriffen wird (ähnlich wie in Abschnitt 3.1.3 beschrieben).

Wie viele Befehle zu jeder parallel adressierten Befehlsfolge gelesen werden, ist implementierungsabhängig. Im einfachsten Fall wird eine konstante Befehlsanzahl adressiert. Mit langen *Latenzzeiten* und untereinander existierenden Abhängigkeiten besteht jedoch die Gefahr, dass einige Befehle, ähnlich wie oben beschrieben, sehr lange im Befehlspuffer verweilen und ihn ggf. blockieren. Günstiger ist es daher, eine Befehlsfolge jeweils nur bis zum nächsten Befehl, der eine lange Latenzzeit erwarten lässt, zu laden.

Wie dabei verfahren wird, ist in Bild 3.52 angedeutet. Es sei angenommen, dass pro Takt zweimal acht Befehle aus dem Befehlscache gelesen und acht Befehle in den Befehlspuffer geschrieben werden können. Nach dem Lesen der beiden Befehlsfolgen A und B wird A zunächst nach dem ersten Befehl durchsucht, der eine lange Latenzzeit vermuten lässt. Dies ist im Bild der schraffierte Befehl A_5. Anschließend werden A_1 bis A_5 in den Befehlspuffer übertragen. Da insgesamt acht Befehle zu lesen sind, entnimmt man die noch fehlenden drei Befehl aus der Befehlsfolge B. Dabei wird ignoriert, dass B_2 ebenfalls eine lange Latenzzeit aufweist. Es muss also in Kauf genommen werden, dass B_3, falls es abhängig von B_2 ist, einen Eintrag des Befehlspuffers blockiert.

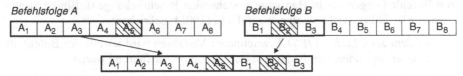

Bild 3.52. Paralleler Zugriff auf zwei Befehlsfolgen A und B, wobei A bis zum ersten Befehl gelesen wird, der eine lange Latenzzeit erwarten lässt (schraffiert) und die restlichen Befehle der Befehlsfolge B entnommen werden

Falls wie im Strukturbild 3.51 die Anzahl der verarbeitbaren Befehlsfolgen größer ist als die Anzahl der Zugriffe, die auf dem Befehlsspeicher bzw. -cache ausführbar sind, muss mit jedem Takt entschieden werden, auf welche der zur Auswahl stehenden Befehlsfolgen zuzugreifen ist. In [190] sind hierzu vier unterschiedliche Heuristiken beschrieben worden:

- Bei dem als *BRCOUNT* bezeichneten Verfahren wird zu jeder Befehlsfolge die Anzahl der ungelösten, in Bearbeitung befindlichen Sprünge gezählt und auf die

Befehlsfolge mit der geringsten dabei ermittelten Anzahl zugegriffen. Das Verfahren reduziert die Wahrscheinlichkeit dafür, wegen eines falsch vorhergesagten Sprungs zahlreiche spekulativ ausgeführte Befehle verwerfen zu müssen.

- Beim zweiten Verfahren, dem sog. *MISSCOUNT* wird als nächstes jeweils die Befehlsfolge mit der geringsten Anzahl an Fehlzugriffen auf den Cache (cache miss) adressiert. Da solche Fehlzugriffe sehr lange Latenzzeiten zur Folge haben, lässt sich auf diese Weise vermeiden, dass abhängige Befehle in den Befehlspuffer geladen werden, die nicht verarbeitbar wären.

- Eine ähnliche Motivation liegt dem als *IQPOSN* bezeichneten Verfahren zugrunde, bei dem jeweils die Befehlsfolge mit einer geringen Priorität bearbeitet wird, zu der der älteste im Befehlspuffer stehende Befehl gehört. Verweilt ein Befehl nämlich sehr lange im Befehlspuffer, weist ein vorangehender in Bearbeitung befindlicher Befehl vermutlich eine lange Latenzzeit auf. Somit ist das Laden weiterer Befehle nicht sinnvoll, da diese mit hoher Wahrscheinlichkeit ebenfalls warten müssten und den Befehlspuffer blockieren könnten.

- IQPOSN ist deutlich besser als BRCOUNT oder MISSCOUNT, jedoch geringfügig schlechter als das sog. *ICOUNT-Verfahren*, bei dem jeweils auf die Befehlsfolge zugegriffen wird, zu der sich die geringste Anzahl an Befehlen im Befehlspuffer befindet [180, 38]. Das Verfahren bewirkt eine ausbalancierte Nutzung des Befehlspuffers, d.h., es wird zu allen bearbeiteten Befehlsfolgen im zeitlichen Mittel dieselbe Anzahl an Befehlen gehalten. Bei einer Blockade einer Befehlsfolge führt dies somit nicht zur Blockade des gesamten Befehlspuffers, sondern nur zu der desjenigen Teils, der dieser Befehlsfolge zuzuordnen ist.

In derselben Weise, wie sich die Leistungsfähigkeit eines Prozessors durch die Strategie zum Füllen des Befehlspuffers beeinflussen lässt, ist sie durch die Strategie beeinflussbar, mit der dieser geleert wird. Bei Ausführung mehrerer Befehlsfolgen steigt nämlich die Wahrscheinlichkeit dafür, dass die Anzahl der auf Ausführung wartenden Befehle im Befehlspuffer größer ist als die Anzahl der tatsächlich startbaren Befehle (wegen der in Hardware bestehenden Beschränkungen). Einige Strategien zur Befehlsauswahl werden ebenfalls in [190] beschrieben:

- Bei dem als *OLDES_FIRST* bezeichneten Verfahren wird jeweils der Befehl als nächster begonnen, der die längste Zeit auf seine Ausführung wartet.

- Beim sog. BRANCH_FIRST werden Sprungbefehle bevorzugt behandelt, um die Anzahl der spekulativ in Ausführung befindlichen Befehle so zu vermindern.

- Beim SPEC_LAST bzw. OPT_LAST werden spekulativ ausführbare Befehle solange wie möglich verzögert, um die Ergebnisse bei einer Fehlspekulation nicht verwerfen zu müssen.

Keines dieser Verfahren besitzt signifikante Vorteile gegenüber den anderen, weshalb i. Allg. das einfache OLDEST_FIRST bevorzugt zur Anwendung kommt.

Das simultane Multithreading ist im Xeon sowie einigen anderen zum Pentium 4 kompatiblen Prozessoren von Intel unter dem Namen *Hyperthreading* realisiert, wobei sich jeweils zwei Befehlsfolgen parallel verarbeiten lassen (je eine durch einen sog. virtuellen Prozessor) [103]. Daneben ist die simultane Verarbeitung von Befehlsfolgen für einige weitere Prozessoren angekündigt: Der Alpha 21464 von Compaq (Codename EV8), der nach dem Verkauf an Intel wohl nicht mehr gefertigt werden wird, sollte vier Befehlsfolgen ausführen können und dabei achtfach superskalar sein [195]. Der zum PowerPC kompatible Power5 von IBM soll zwei echte fünffach superskalare Prozessorkerne besitzen, mit denen es jeweils möglich ist, zwei Befehlsfolgen quasiparallel zu verarbeiten [89, 135].

Nach Aussage von Intel sollte auch der Montecito, ein Nachfolger des Itanium 2, ursprünglich simultanes Multithreading unterstützen. Tatsächlich wird nun jedoch das blockbasierte Multithreading verwirklicht [19], was zunächst sinnvoll erscheint, da es sich beim Montecito nicht um einen superskalaren, sondern um einen VLIW-Prozessor handelt. Trotzdem wäre es prinzipiell möglich, simultanes Multithreading zu realisieren. Da nämlich im Programmiermodell des Prozessors definiert ist, dass sich bei sequentieller Verarbeitung der parallel in einem Befehl codierten Operationen die Semantik eines Programms nicht ändert, lassen sich horizontale Verluste leicht vermeiden, indem Befehle parallel auszuführender Befehlsfolgen zerlegt und die Operationen zu neuen Befehlen kombiniert werden.

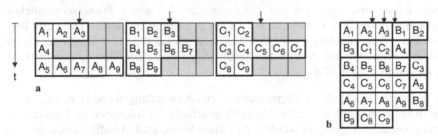

Bild 3.53. Zeitlicher Ablauf bei Verarbeitung von drei unabhängigen Befehlsfolgen A, B und C durch einen VLIW-Prozessor, der ein Programmiermodell ähnlich dem des IA-64 besitzt. **a** Sequentielle Verarbeitung der drei Befehlsfolgen. **b** Verarbeitung durch simultanes Multithreading

Das zugrunde liegende Verarbeitungsprinzip ist in Bild 3.53 für einen VLIW-Prozessor dargestellt, der maximal fünf Operationen parallel ausführen kann. Die drei Befehlsfolgen A, B und C (Bild 3.53a) werden dabei zu der rechts abgebildeten Befehlsfolge (Bild 3.53b) vereint. Im ersten Takt führt man kombiniert zunächst Operationen aus den Befehlsfolgen A und B aus. Da maximal fünf Operationen parallel verarbeitbar sind, ist B_3 um einen Takt zu verzögern. Dies ist unproblematisch, weil, wie eingangs erwähnt, in einem Befehl nur Operationen codiert sein dürfen, die sowohl parallel als auch sequentiell ausgeführt werden können, und zwar ohne das sich die Semantik des Programms ändert. Im weiteren Verlauf wird parallel zu B_3 der erste Befehl der Befehlsfolge C und der zweite Befehl der Befehlsfolge A ausgeführt. Damit aufeinander folgende Befehle der ursprünglichen Befehlsfolgen sequentiell ausgeführt werden, ist es nicht möglich, A_5, B_4 oder C_3 im zweiten Takt zu starten, weshalb es hier zu einem horizontalen Verlust kommt. Die drei Befehlsfolgen werden in der hier beschriebenen Weise insgesamt in sechs statt neun Takten ausgeführt. Dabei nimmt die Häufigkeit horizontaler (und auch vertikaler) Verluste deutlich ab.

4 Prozessorbau im Hardware-Software-Codesign

In den vorangegangenen Kapiteln wurden Prozessoren beschrieben, die vollständig in Hardware realisiert sind. Zwar zeichnen sie sich durch eine hohe Arbeitsgeschwindigkeit aus, verursachen jedoch auch hohe Kosten. Hinzu kommt, dass sie eine geringe Flexibilität besitzen, weshalb es z.B. nicht möglich ist, die Struktur eines *bereits gefertigten* Prozessors zu verändern, um Fehler zu beheben oder Leistungsmerkmale hinzuzufügen. Auch erschwert die starre Bindung des Programmiermodells an die jeweilige Hardware die Implementierung kompatibler Nachfolgeprozessoren. So sind in *kompatiblen* Prozessoren oft mehrere *Programmiermodelle* verwirklicht, nämlich zumindest Eins, um die Kompatibilität zu den Vorgängern zu gewährleisten und Eins, um die Erweiterungen der neuen Prozessorarchitektur zugänglich zu machen. Der Pentium 4 ist ein gutes Beispiel hierfür. Das darin implementierte Programmiermodell IA-32 vereint die Merkmale aller Vorgänger bis hin zu dem bereits im Jahre 1978 erschienenen 16-Bit-Prozessor 8086 bzw. dem 16-/8-Bit-Gegenstück 8088 [80].

Die genannten Nachteile sind vermeidbar, wenn Anwendungen und Hardware durch eine in Software implementierte Abstraktionsschicht, im folgenden als Laufzeitumgebung bezeichnet, getrennt werden. Auf diese Weise sind Modifikationen des nun als virtuell zu bezeichnenden Programmiermodells (es ist ja zum Teil programmiert realisiert) sogar dann noch durchführbar, wenn der Prozessor bereits in einem Rechner eingebaut ist. Zwar lassen sich Fehler der Hardware weiterhin nicht beheben, innerhalb gewisser Grenzen sind sie jedoch umgehbar (*work around*). Ein weiterer Vorteil der hier angedeuteten Technik ist, dass das virtuelle Programmiermodell jederzeit erweitert werden kann. So lässt sich Kompatibilität z.B. erreichen, indem man die *Laufzeitumgebung* entsprechend der jeweiligen Anforderungen anpasst. Im Extremfall ist es sogar möglich, Programmiermodelle verschiedener realer Prozessorarchitekturen nachzubilden, und zwar allein durch Bereitstellung unterschiedlicher Laufzeitumgebungen.

Selbstverständlich erfordert es Zeit, die Laufzeitumgebung auszuführen, weshalb ein in dieser Weise realisiertes Programmiermodell i.Allg. eine geringere Verarbeitungsgeschwindigkeit besitzt als ein vollständig in Hardware realisiertes Programmiermodell. Diese „Reibungsverluste" sind jedoch aus zwei Gründen weit geringer, als zunächst zu vermuten ist. (1.) wird durch die Laufzeitumgebung ein Teil der normalerweise in Hardware implementierten Merkmale nun in Software verwirklicht, wodurch sich der reale Prozessor vereinfachen und die Taktfrequenz erhöhen lässt. (2.) wird der reale Prozessor oft um Merkmale erweitert, die ein schnelles Ausführen der Laufzeitumgebung ermöglichen. Wegen der aufeinander abgestimmten Entwicklung von Hardware und Software spricht man deshalb auch vom sog. Hardware-Software-Codesign.

Die Anpassung der Hardware an die Anforderungen der Laufzeitumgebung ist nicht zwingend erforderlich. Tatsächlich lassen sich beliebige reale Prozessorarchitekturen einsetzen, um virtuelle Programmiermodelle in Software zu implementieren. Dabei steht jedoch eine andere Zielsetzungen im Vordergrund: Während man beim Hardware-Software-Codesign vor allem geringe Kosten und Kompatibilität anstrebt, ist es bei den vom zugrunde liegenden realen Prozessor unabhängigen Laufzeitumgebungen, den sog. virtuellen Prozessoren (auch *virtuelle Maschine, virtual machine*), die Plattformunabhängigkeit. Selbstverständlich sind die Prinzipien für die Programmierung der Laufzeitumgebung in beiden Fällen vergleichbar.

Wegen der Unabhängigkeit von der Hardware werden die Grundlagen dieses Kapitels im Folgenden zunächst anhand der virtuellen Prozessoren beschrieben. Der sich anschließende Abschnitt 4.2 beschäftigt sich mit einer der wichtigsten Techniken zur Realisierung von Prozessoren im Hardware-Software-Codesign: der dynamischen Binärübersetzung (dynamic binary translation). Nach einer Beschreibung, der sich hinter diesem Begriff verbergenden Prinzipien, wird zum Abschluss des Kapitels die sog. Prozessorabstraktionsschicht (processor abstraction layer) diskutiert.

4.1 Grundlagen virtueller Prozessoren

Im Folgenden werden die Prinzipien der Implementierung virtueller Prozessoren einführend erläutert. Abschnitt 4.1.1 beschreibt zunächst die Arbeitsweise sog. Interpreter. Der sich daran anschließende Abschnitt 4.1.2 diskutiert eine hier als Laufzeittransformation bezeichnete Technik, mit der sich bei geringem Ressourcenbedarf hohe Ausführungsgeschwindigkeiten erreichen lassen. Insbesondere wird mit Gironimo ein an der TU Berlin entwickelter, die Laufzeittransformation nutzender virtueller Prozessor vorgestellt. Abschnitt 4.1.3 erläutert die Arbeitsweise der sog. Laufzeitübersetzung (just in time compiling), mit der sich ebenfalls hohe, von der virtuellen Prozessorarchitektur unabhängige Ausführungsgeschwindigkeiten erreichen lassen. Zum Abschluss wird in Abschnitt 4.1.4 ein Kriterienkatalog für die Bewertung virtueller Prozessoren eingeführt. Er eignet sich insbesondere als Grundlage zur Entwicklung neuer leistungsfähiger virtueller Prozessoren.

4.1.1 Interpretation

Virtuelle Prozessoren lassen sich am einfachsten als Interpreter verwirklichen. Dabei werden Befehle in derselben Weise bearbeitet, wie dies auch in realen Prozessoren üblich ist. Bild 4.1 enthält hierzu ein einfaches Beispiel: Der in Abschnitt 2.1.2 beschriebene sequentiell arbeitende Prozessor auf der linken Bildseite wird durch das rechts aufgelistete Programm in seinem Verhalten exakt nachgebildet. Dabei sind Bereiche einheitlich grau unterlegt, die jeweils dieselbe Funktionalität aufweisen.

Zur Arbeitsweise des Programms: Zunächst wird in Zeile 2 der Befehlszähler pc inkrementiert und das erzeugte Ergebnis in npc (next pc) zwischengespeichert. Mit dem noch unveränderten alten Wert des Befehlszählers wird anschließend auf den Befehlsspeicher prog (program) zugegriffen und der gelesene Inhalt in die Variable instr (instruction) kopiert. Die Extraktion der darin codierten Informationen erfolgt in den Zeilen 4 bis 7, und zwar durch Anwendung von Shift- und Maskenoperationen. Dabei werden auch die zu verarbeitenden Operanden aus dem hier nur acht Einträge enthaltenden Datenspeicher data in die Variablen a und b kopiert.

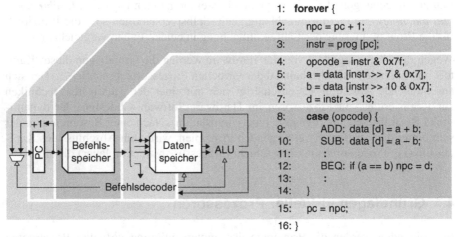

```
1:  forever {
2:      npc = pc + 1;
3:      instr = prog [pc];
4:      opcode = instr & 0x7f;
5:      a = data [instr >> 7 & 0x7];
6:      b = data [instr >> 10 & 0x7];
7:      d = instr >> 13;
8:      case (opcode) {
9:          ADD: data [d] = a + b;
10:         SUB: data [d] = a – b;
11:             :
12:         BEQ: if (a == b) npc = d;
13:             :
14:      }
15:     pc = npc;
16: }
```

Bild 4.1. Interpretation der Funktionsweise eines realen sequentiell arbeitenden Prozessors

Die eigentliche Befehlsausführung geschieht in den Zeilen 8 bis 14. Durch Fallunterscheidung wird der Operationscode analysiert und die Operation ausgeführt, wobei arithmetisch-logische Befehle, z.B. die Addition ADD oder die Subtraktion SUB, direkt den Inhalt des durch d (destination) adressierten Datums verändern. Sprungbefehle, z.B. ein Sprung bei Gleichheit BEQ, modifizieren abhängig von einer Bedingung die zu verwendende Befehlsadresse in npc. Die Verarbeitung *eines* Befehls endet mit der Zuweisung der nächsten Befehlsadresse npc an den Befehlszähler pc. Durch die Endlosschleife forever in Zeile 1 werden weitere Befehle in derselben Weise ausgeführt. Ein Schleifendurchlauf entspricht dabei einem Taktschritt des in Hardware realisierten Prozessors.

Obwohl der virtuelle Prozessor in der hier dargestellten Form nicht praxistauglich ist, verdeutlicht er dennoch gut die Arbeitsweise eines Interpreters. So lässt sich z.B. feststellen, dass die Arbeitsgeschwindigkeit des virtuellen Prozessors wesentlich davon abhängig ist, wie schnell ein Befehl decodiert wird, d.h. die im Befehlscode enthaltenen Informationen extrahiert und durch Fallunterscheidung die notwendigen Aktionen ausgewählt werden. Zum Vergleich: Die für das virtuelle Programm einzig erforderliche Befehlsausführung (bei der Addition z.B. die Anweisung in Zeile 9) beeinflusst die Arbeitsgeschwindigkeit des virtuellen Prozessors nur in geringem Maße, und zwar auch deshalb, weil die hier implementierten virtuellen Befehle sich von den meisten realen Prozessoren in nur einem Takt bearbeiten lassen.

Natürlich ist es möglich, den prozentualen Einfluss der Decodierzeit auf die Arbeits-geschwindigkeit eines virtuellen Prozessors zu vermindern, indem komplexe Befehle, z.B. trigonometrische Funktionen, eine Fast Fourier Transformation usw. vorgesehen werden – die Zeit für die Decodierung fällt hierbei wegen des Aufwands der Ausführung nicht mehr ins Gewicht. Da die entsprechenden Befehle jedoch in den meisten Anwendungen kaum eine Bedeutung haben, lassen sich auf diese Weise vor allem Interpreter verbessern, die auf bestimmte Aufgaben spezialisiert sind, z.B. die Abfrage von Datenbanken (ABAP [91]) oder die Automatisierung einfacher Internet-Anwendungen (perl [153]).

Für die folgenden Betrachtungen von größerer Bedeutung sind Optimierungstechni-ken, die sich auch dann anwenden lassen, wenn ein virtueller Prozessor mit einer zu realen Prozessoren vergleichbaren Funktionalität implementiert werden soll. Zwei grundsätzliche Verfahrensweisen sind unterscheidbar: (1.) die architekturunabhän-gige Programmoptimierung, z.B. unter Nutzung der Möglichkeiten des interpretie-renden realen Prozessors und (2.) die architekturabhängige Programmoptimierung, bei der Änderungen des virtuellen Programmiermodells in Kauf zu nehmen sind.

Das Programm in Bild 4.1 lässt sich z.B. architekturunabhängig durch Zusammen-ziehen der in den Zeilen 2 und 15 stehenden Anweisungen nach vorangehendem Tausch der Zeilen 2 und 3 oder durch Verwendung realer Register optimieren (siehe Beispiel 4.1). Architekturabhängig ist der im Bild dargestellte Interpreter auch durch Verwendung eines 0-Adress- statt eines 3-Adressdatenwerks optimierbar. Da 0-Adressbefehle nur einen Operationscode enthalten, lassen sich so die zwischen den Zeilen 4 und 7 stehenden Anweisungen vermeiden. Dies mag ein Grund dafür sein, weshalb Interpreter oft virtuelle Prozessoren mit 0-Adressarchitektur imple-mentieren. Zu nennen sind z.B. die mit Forth verwendeten Laufzeitumgebungen [204], der P-Code-Interpreter von Pascal [140, 30] und die virtuelle Java-Maschine JVM [99].

▶ Beispiel 4.1. *Optimierung von Interpretern.* Zur Verbesserung der Arbeitsgeschwindigkeit des in Bild 4.1 dargestellten virtuellen Prozessors ist es möglich, die Variablen pc, instr, opcode, a, b, d und, falls nicht durch Umstellung des Programms unnötig geworden, npc in realen Registern zu speichern. Im Allgemeinen ist dies jedoch nicht mit dem Datenspeicher möglich. Zwar verfügen viele reale Prozessoren über einen Registerspeicher mit ausreichender Kapazität, normalerweise kann auf diesen jedoch nicht indirekt (besser indirektindiziert) zugegriffen werden, wie hier in den Zeilen 5, 6, 9 und 10 notwendig. Pro Schleifendurchlauf sind somit drei Datenspeicherzugriffe erforderlich, die zwar vom Datencache bedient, jedoch trotzdem langsamer bearbeitet werden dürf-ten als Zugriffe auf die realen Register. Eine Möglichkeit zur Lösung dieses Problems besteht darin, die indirekte Adressierung des virtuellen Datenspeichers mit Hilfe einer Fallunterscheidung nach-zubilden. Bild 4.2a zeigt ein entsprechend abgewandeltes Programm.

Anstatt den virtuellen 3-Adressbefehl in seine Einheiten zu zerlegen und diese anschließend einzeln zu verarbeiten, wird der Befehl als ganzes decodiert und einer Operation zugeordnet. Die hierbei zu verknüpfenden Operanden und das Ergebnis müssen nicht mehr indirekt, sondern können direkt adressiert werden, wodurch die Verwendung von realen Registern möglich wird (hier data0 bis data7). Als Nachteil muss jedoch eine sehr viele Alternativen berücksichtigende Fallunterscheidung in Kauf genommen werden. Zum Beispiel sind mit 16 Bit breiten Befehlen 65536 Befehlscodes zu differenzieren. Zwar ist dies tolerierbar, wenn der Befehlscache des realen Prozessor ausreichend groß ist, um den Interpreter vollständig aufnehmen zu können, nicht jedoch, wenn mit jedem Schleifendurchlauf Zugriffe auf den prozessorexternen Befehlsspeicher erforderlich sind.

```
1:  forever {                          1:  forever {
2:      instr = prog [pc];             2:      instr = prog [pc];
3:      pc = pc + 1;                   3:      pc = pc + 1;

4:      case (instr) {                 4:      case (instr & 0x1fff) {
5:          ADD_0_0_0:  data0 = data0 + data0;   5:          ADD_0_0:  res = data0 + data0;
6:          ADD_0_0_1:  data0 = data0 + data1;   6:          :
7:          :                          7:      }
8:          ADD_7_7_7:  data7 = data7 + data7;
9:          SUB_0_0_0:  data0 = data0 - data0;   8:      case (instr >> 13) {
10:         :                          9:          R0:   data0 = res;
11:     }                              10:         R1:   data1 = res;
                                       11:         :
12: }                                  12:     }

                                       13: }
a                                      b
```

Bild 4.2. Programme zur Interpretation des in Bild 4.1 dargestellten virtuellen Prozessors. **a** Einschrittige, **b** zweischrittige Decodierung eines Befehls inklusive aller darin codierter Adressen

Ein Kompromiss zwischen dem in Bild 4.1 und dem in Bild 4.2a aufgelisteten Programmen ist in Bild 4.2b dargestellt. Anstatt die Befehle in einem Schritt durch Fallunterscheidung zu decodieren, wird hier zweischrittig verfahren: Im ersten Schritt (Zeile 4 bis 7) werden der Operationscode und die beiden Quelloperanden ausgewertet, die Operation ausgeführt und das Ergebnis in einer temporären Variablen res zwischengespeichert. Im zweiten Schritt (Zeile 8 bis 12) wird das erzeugte Ergebnis dem jeweiligen Zielregister zugewiesen. Statt der insgesamt 65536 sind hierbei nur noch 8200 Fälle zu unterscheiden. Allerdings verlangsamt sich auch die Bearbeitung eines Schleifendurchlaufs. Es sei dem Leser überlassen, die zum Umgang mit Schleifenbefehlen notwendigen Erweiterungen durchzuführen.   ◢

Die zuvor beschriebenen Programme implementieren Interpreter, sie lassen sich aber auch als eine Verhaltenssimulationen des in Bild 4.1 dargestellten realen Prozessors bezeichnen. Während jedoch bei einer *Simulation* die Untersuchung eines exakten Verhaltens im Vordergrund steht, ist es bei der Interpretation bzw. der sog. *Emulation* die semantisch korrekte möglichst schnelle plattformunabhängige Ausführung. Natürlich ist es möglich, das interpretierende Programm und den realen Prozessor zu einer Einheit zu verbinden. Dabei wird der Interpreter z.B. im *Mikroprogramm* codiert und bildet ein normalerweise komplexes Programmiermodell auf ein einfacheres Programmiermodell ab – meist zur Einsparung von Kosten.

Die Technik wurde bereits 1964 von IBM in der 360-Serie verwendet, und zwar, um unterschiedliche, sich in Geschwindigkeit und Kosten deutlich unterscheidende Rechner anbieten zu können. Es verwundert nicht, dass der Begriff der Emulation auf diese Zeit zurück geht. Geprägt wurde er von S. Tucker, der mit der Portierung von Programmen der IBM 7090 betraut war und dabei vorschlug, die Funktionalität der IBM 360 durch Mikroprogrammierung um die Möglichkeit der „schnellen Simulation der alten Programme auf Maschinenebene" zu erweitern [58].

4.1.2 Laufzeittransformation

Ein gut optimierter, z.B. entsprechend Bild 4.2a realisierter Interpreter, wird selbst unter günstigsten Voraussetzungen einen virtuellen Befehl nicht unter acht Taktzyklen des interpretierenden realen Prozessors bearbeiten (je einen Takt für den virtuellen Befehlszugriff, das Inkrementieren des Befehlszählers, das Generieren der für die Fallunterscheidung erforderlichen Sprungzieladresse, die eigentliche Befehlsausführung und einen vorhersagbaren unbedingten Schleifensprungbefehl, sowie drei Takte für den im Zusammenhang mit der Fallunterscheidung stehenden, nicht vorhersagbaren indirekten Sprungbefehl). Lediglich einen Takt benötigt die eigentliche Ausführung des virtuellen Befehls, sodass interpretierte virtuelle Prozessoren kaum mehr als 10% der Leistung realer Prozessoren erreichen.

Nun enthalten reale wie virtuelle Programme oft Passagen, die mehr als einmal ausgeführt werden. Eine Möglichkeit zur Beschleunigung virtueller Prozessoren ist es deshalb, die Decodierung von sich wiederholenden Befehlsfolgen nur ein einziges Mal durchzuführen und dabei ein reales Programm zu generieren, das sich mit der vollen Geschwindigkeit des realen Prozessors ausführen lässt. Diese hier als Laufzeittransformation bezeichnete Technik ermöglicht die Bearbeitung virtueller Programme mit einer nur geringfügig geringeren Geschwindigkeit als sie von sog. *nativen*, also direkt für reale Prozessoren übersetzten Programmen erreichbar ist.

Bild 4.3a zeigt ein von Bild 4.2a abgeleitetes Programm zur Laufzeittransformation. Anstatt wie bei der Interpretation die auszuführenden Befehle zu lesen, zu decodieren und auszuführen und dabei den Befehlszähler jeweils entsprechend des Kontrollflusses zu verändern, werden mit Hilfe eines Iterators lc (location counter) alle Befehle jeweils einmal gelesen (Zeile 2), decodiert (Zeile 3) und in eine reale Befehlsfolge umgesetzt. Aus dem in Bild 4.3b dargestellten virtuellen Programm lässt sich so das in Bild 4.3c gezeigte reale Programm, hier z.B. für die CPU32 von Motorola [120], generieren. In welcher Weise die einzelnen virtuellen in reale Befehle umgesetzt werden, ist für den Schleifenrumpf durch Pfeile gekennzeichnet. So werden z.B. die virtuellen 3-Adressbefehle ADD, MUL und SUBI (Zeile 2, 3 und 4 in Bild 4.3b) auf zwei reale Befehle bzw. einen realen Befehl äquivalent abgebildet. Die Anzahl der tatsächlich erzeugten realen Befehle ist hierbei jeweils davon abhängig, ob das virtuelle Zielregister mit dem ersten Quelloperanden übereinstimmt oder nicht.

Auch der bedingte virtuelle Schleifensprungbefehl BEQI wird zu zwei realen Befehlen gewandelt. Dabei ist jedoch zusätzlich zu berücksichtigen, dass die Transformation der einzelnen virtuellen Befehle eine Verschiebung der Sprungmarken im realen Programm bewirkt. Angenommen, die Zeilennummern der beiden Assemblerprogramme entsprechen den jeweiligen Befehlsadressen (natürlich zu Halbworten), dann verschiebt sich die Sprungmarke L hier von Adresse 3 in Bild 4.3b zur Adresse 4 in Bild 4.3c. Damit die Zieladressen der realen Sprungbefehle mit denen des virtuellen Programms korrespondieren, wird eine mit der Laufzeittransformation zu generierende *Sprungadressumsetzungstabelle* benötigt, in der zu den virtuellen die jeweiligen realen Befehlsadressen gespeichert sind. Diese Sprungadressumsetzungstabelle muss auch nach der Laufzeittransformation noch verfügbar bleiben, um indirekte Sprungbefehle korrigieren zu können. – Die Laufzeittransformation endet mit einem Aufruf des erzeugten realen Programms, hier mit einem unbedingten Sprungbefehl in Zeile 15 des in Bild 4.3a dargestellten Laufzeitprogramms.

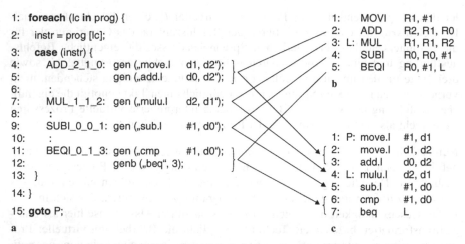

Bild 4.3. Beispiel einer Laufzeittransformation. **a** das transformierende Programm. **b** das zu transformierende virtuelle Programm. **c** Ergebnis der Transformation

Virtueller Prozessor mit realitätsbezogener Architektur (Gironimo)

Die Gesamtzeit bei Ausführung eines virtuellen Programms ergibt sich als Summe der Zeiten für die Laufzeittransformation und für die Ausführung des realen Programms. Eine zu nativen Programmen vergleichbare Ausführungsgeschwindigkeit ist erreichbar, wenn die Architektur des virtuellen auf die des realen Prozessors abgestimmt ist. Bei identischer virtueller und realer Prozessorarchitektur reduziert sich die Laufzeittransformation z.B. auf den Aufruf des bereits transformiert vorliegenden virtuellen Programms.

Umgekehrt ist eine Emulation durch Laufzeittransformation dann besonders ineffektiv, wenn die virtuelle Prozessorarchitektur Merkmale besitzt, die von realen Prozessorarchitekturen nicht direkt unterstützt werden. Die schnelle Emulation einer 0-Adresarchitektur erfordert z.B., dass der reale Registerspeicher indirekt adressierbar ist, da andernfalls der Stapel im langsamen Hauptspeicher untergebracht werden müsste. Auch kann eine virtuelle 3-Adressarchitektur von einer realen 0-Adressarchitektur nur schlecht durch Laufzeittransformation emuliert werden, weil der reale Stapel i.Allg. nicht wahlfrei zugreifbar ist und somit die Register ebenfalls im langsamen Hauptspeicher gehalten werden müssen.

Es ist daher naheliegend, die Architektur eines neu zu entwerfenden virtuellen Prozessors auf die einer möglichst großen Anzahl realer Prozessoren abzustimmen. Selbstverständlich werden dabei die Ausführungsgeschwindigkeiten, abhängig von den für die Emulation verwendeten realen Prozessoren, variieren. Eine maximale Ausführungsgeschwindigkeit sollte sich erreichen lassen, wenn eine reale Prozessorarchitektur verwendet wird, die für die erwarteten virtuellen Anwendungen besonders häufig zum Einsatz kommt.

Gironimo ist eine an der TU Berlin entwickelte virtuelle Prozessorarchitektur, die auf die des realen Pentium 4 von Intel abgestimmt ist, einem in Arbeitsplatzrechnern sehr häufig verwendeten Prozessor [107, 115]. Natürlich wurde Gironimo in einer Weise definiert, die eine Emulation durch andere in Arbeitsplatzrechnern ebenfalls verbreitete Prozessoren, wie z.B. dem PowerPC oder dem UltraSPARC IIIi, einfach ermöglicht. So lassen sich virtuelle Programme mit einer Ausführungsgeschwindigkeit verarbeiten, die der von nativen Programmen sehr nahe kommt, und zwar unabhängig vom emulierenden realen Prozessor.

Definierte Undefiniertheit

Das möglicherweise wichtigste mit Gironimo entwickelte und beim Entwurf der virtuellen Prozessorarchitektur auch benutzte Prinzip ist das der definierten Undefiniertheit. Dabei wird ausgenutzt, dass sich unterschiedliche reale Prozessoren in ihren Programmiermodellen ähneln – die Grundwirkungen der meisten Befehle also unabhängig vom jeweils verwendeten realen Prozessor sind. Eine effektive Emulation durch Laufzeittransformation sollte daher erreichbar sein, indem die Grundwirkung einzelner Befehle im Programmiermodell eines virtuellen Prozessors aufgegriffen wird, mögliche Randwirkungen jedoch als undefiniert festgelegt werden.

Hierzu ein Beispiel: Die meisten realen 32-Bit-Prozessoren verfügen über einen Befehl zur Addition von Registerinhalten. Der Pentium 4 als Basis der Gironimo-Architektur verändert jedoch zusätzlich die Inhalte der Bedingungsbits. Indem festgelegt wird, dass eine virtuelle Addition das Bedingungsregister undefiniert hinterlässt, ist der virtuelle Befehl auch von realen Prozessoren leicht nachbildbar, die über kein oder ein in anderer Weise beeinflusstes Bedingungsregister verfügen.

▶ Bemerkung. Tatsächlich ist der dargelegte Sachverhalt noch etwas komplizierter. Möglicherweise ist nämlich das Setzen des Bedingungsregisters eine zur Lösung einer Aufgabenstellung erforderliche unvermeidbare Maßnahme (zum Begriff der sog. *Problembedingtheit* siehe Abschnitt 4.1.4). Damit nicht die Ausführung zusätzlicher virtueller Befehle erforderlich ist, verfügt Gironimo deshalb über zwei Varianten zur Addition ganzer Zahlen: eine, die das Bedingungsregister definiert undefiniert hinterlässt, und eine, die das Bedingungsregister entsprechend des erzeugten Ergebnisses festlegt.

Die Emulation der zuletzt genannten Befehlsvariante wird durch zwei zusätzliche Definitionen vereinfacht: (1.) sind die Bedingungsregister in ihrer Codierung ebenfalls definiert undefiniert, weshalb reale Prozessoren, die über ein auf abweichende Weise codiertes Bedingungsregister verfügen, dennoch den virtuellen Befehl direkt nachbilden können. (2.) wird das Bedingungsregister durch jeden verfügbaren virtuellen Befehl verändert, weshalb sich das Setzen der Bedingungsbits und deren nachfolgende Auswertung als Einheit decodieren lässt. So ist auf einfache Weise auch eine Emulation durch reale Prozessoren möglich, die über kein Bedingungsregister verfügen, wie z.B. solche mit MIPS64-Architektur [105, 106]. ◀

Befehlskompositionen

Eine zweite Technik, die in Gironimo zum Einsatz kommt, um eine schnelle und dabei vom realen Prozessor unabhängige Emulation durch Laufzeittransformation zu erreichen, ist die Verwendung sog. Befehlskompositionen. Das sind Folgen von virtuellen Befehlen, die eine Einheit bilden und sich als solche übersetzen und ggf. optimieren lassen. Die erlaubten Befehlskompositionen sind im Programmiermodell Gironimos fest vorgegeben. Sie fassen Befehlsfolgen zusammen, die zwar nicht durch einen einzelnen realen Befehl des Pentium 4, möglicherweise jedoch durch einen einzelnen realen Befehl einer anderen Prozessorarchitektur nachbildbar sind.

Zum Beispiel erfordert eine Addition r0 = r1 + r2, wegen der 2-Adressarchitektur Gironimos die Verwendung von zwei virtuellen Befehlen, die sich auf zwei reale Befehle des Pentium 4 oder des ColdFire MFC5407 von Motorola abbilden lassen (Bild 4.4, Zeile 1 und 2). Für einen 3-Adressprozessor, z.B. dem UltraSPARC IIIi von Sun, sind die zwei virtuellen Befehle jedoch in einem realen Befehl nachbildbar. Die Verwendung einer Befehlskomposition hat dabei den Vorteil, dass die Laufzeittransformation kontextfrei erfolgen kann. Allerdings wäre im konkreten Fall eine kontextbehaftete Umsetzung der virtuellen Befehle nicht wesentlich komplizierter. Durch Verwendung einer Befehlskomposition wird jedoch ggf. verhindert, dass bei der Codeerzeugung Befehle, die sich durch eine Laufzeittransformation gut zusammenfassen lassen, auseinandergerissen werden.

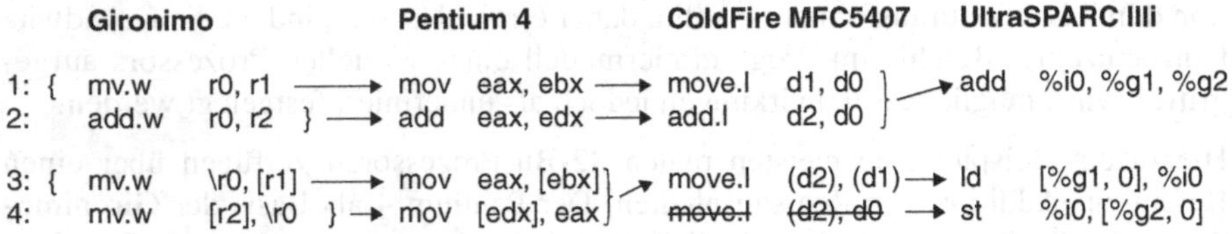

Gironimo			Pentium 4			ColdFire MFC5407		UltraSPARC IIIi	
1: {	mv.w	r0, r1 ⟶	mov	eax, ebx ⟶	move.l	d1, d0	⟶ add	%i0, %g1, %g2
2:	add.w	r0, r2 } ⟶	add	eax, edx ⟶	add.l	d2, d0		
3: {	mv.w	\r0, [r1] ⟶	mov	eax, [ebx]] ⟶	move.l	(d2), (d1) ⟶	ld	[%g1, 0], %i0
4:	mv.w	[r2], \r0 } ⟶	mov	[edx], eax ⟶	~~move.l~~	~~(d2), d0~~ ⟶	st	%i0, [%g2, 0]

Bild 4.4. Codierung einer 3-Adressaddition und eines Speicher-Speicher-Transfers durch virtuelle Befehlskompositionen sowie mögliche Umsetzungen in reale Befehlsfolgen für den Pentium 4 von Intel [80, 81, 82], ColdFire MFC5407 von Motorola [125] und UltraSPARC IIIi von Sun [173]

Ein weiterer Nutzen lässt sich aus Befehlskompositionen ziehen, wenn sog. temporäre Register zum Einsatz kommen, wie dies in Bild 4.4 in den Zeilen 3 und 4 dargestellt ist. Ein Speicher-Speicher-Transfer erfordert mit Gironimo die Ausführung von zwei virtuellen Befehlen: Einer, mit dem der zu übertragende Datenwert aus dem Hauptspeicher in ein Register geladen und einer, mit dem dessen Inhalt weiter in den Datenspeicher übertragen wird. Die Laufzeitumsetzung der virtuellen in eine reale Befehlsfolge für den Pentium 4 oder auch für einen Prozessor mit Lade-Speichere-Architektur, wie dem UltraSPARC IIIi, geschieht dann durch direkte Abbildung der virtuellen Einzelbefehle.

Für einen realen Prozessor, der einen Speicher-Speicher-Transfer direkt verarbeiten kann, z.B. dem ColdFire MFC5407, sind ebenfalls zwei reale Befehle erforderlich, sofern der Inhalt des virtuellen Registers r0 nach Ausführung der Befehlskomposition noch benötigt wird. Ist dies jedoch nicht der Fall, lässt sich ein realer Befehl einsparen. Natürlich muss hierzu dem Laufzeitumsetzer bekannt sein, dass der Inhalt des virtuellen Registers r0 nicht über das Ende der Befehlskomposition hinaus benötigt wird. Dies wird im virtuellen Befehl durch ein die Registeradresse ergänzendes Bit codiert und ist in Assemblerschreibweise durch einen vorangestellten rückwärtsweisenden Schrägstrich (backslash) angegeben.[1]

---

1. Befehlskompositionen haben darüber hinaus für Gleitkommaberechnungen eine wichtige Funktion, um die virtuellen Gleitkommabefehle der 2-Adressarchitektur Gironimo auf die nach dem Stapelprinzip arbeitende Gleitkommaeinheit des Pentium 4 abzubilden [107, 115].

Sprungmarkenbefehle

Wie bereits beschrieben wurde, ist bei einer Umsetzung von Sprungbefehlen eine Anpassung der virtuellen in reale Zieladressen erforderlich. Die hierzu benötigte *Sprungadressumsetzungstabelle* assoziiert jedes potentielle virtuelle Sprungziel mit der entsprechenden realen Befehlsadresse. Da ohne weitere Vereinbarungen jede virtuelle Befehlsadresse ein potentielles Sprungziel ist, muss die Sprungadressumsetzungstabelle auch mit jedem virtuellen Befehl aktualisiert werden, was die Laufzeittransformation verlangsamt und sehr speicherplatzaufwendig ist.

Eine Lösung des hier angedeuteten Problems besteht darin, alle tatsächlich genutzten virtuellen Sprungziele zu kennzeichnen, z.B., indem die Sprungadressumsetzungstabelle mit allen relevanten Sprungzielen im virtuellen Programm codiert wird. Bei der Laufzeittransformation sind darin nur noch die realen zu den virtuellen Sprungadressen einzutragen und die virtuellen Sprungbefehle entsprechend der Tabelleneinträge zu transformieren. Der Ansatz hat jedoch Nachteile: (1.) muss weiterhin zu jedem virtuellen Befehl überprüft werden, ob die virtuelle Befehlsadresse in der Sprungadressumsetzungstabelle enthalten ist, was Zeit kostet, (2.) ist mit Hilfe der Sprungadressumsetzungstabelle eine *Rückentwicklung* des Originalprogramms sehr einfach und (3.) ist der Hauptspeicherbedarf größer als nötig, da die Sprungadressumsetzungstabelle auch Einträge enthalten kann, die z.B. nur lokal gültig sind und nach der Laufzeittransformation der jeweiligen Funktion möglicherweise nicht länger benötigt werden.

Die Nachteile lassen sich vermeiden, wenn man die Sprungziele im virtuellen Programm direkt durch sog. Sprungmarkenbefehle kennzeichnet. Eine Sprungadressumsetzungstabelle ist dann nicht mehr mit jedem virtuellen Befehl zu durchsuchen bzw. zu aktualisieren, sondern nur noch beim Erkennen eines Sprungmarkenbefehls. Des Weiteren lässt sich ein virtuelles Programm *resistent* gegen eine *Rückübersetzung* machen, weil die Sprungmarkenbefehle nicht von eingebetteten Konstanten unterscheidbar sind und somit die erforderlichen Startpunkte für die Rückübersetzung unbekannt bleiben (zum Begriff der Resistenz siehe Abschnitt 4.1.4). Schließlich ist der Hauptspeicherbedarf geringer als bei Verwendung statischer, im virtuellen Programm codierter Sprungadressumsetzungstabellen. Es ist nämlich möglich, Einträge aus einer dynamisch erzeugten Sprungadressumsetzungstabelle zu löschen, wenn diese nicht länger benötigt werden. Ein vorteilhafter Nebeneffekt: Da Sprungmarkenbefehle auch Kontrollflussinformationen vermitteln, sind Optimierungstechniken, z.B. die Schlüssellochoptimierung, einfach anwendbar.

Sprungmarkenbefehle sind z.B. in P-Code einer im Zusammenhang mit Pascal-Programmen benutzten sog. abstrakten Maschine verfügbar [140, 30]. Mit Gironimo ist das Konzept in Hinblick auf eine ressourcensparende und schnelle Laufzeittransformation erweitert worden. Die Definition einer Sprungmarke, die relativ oder absolut, jedoch nicht indirekt adressierbar ist, geschieht durch den virtuellen Befehl *label*, dem als Argument die absolute Anzahl von darauf verweisenden Referenzen übergeben wird (siehe Tabelle 4.1). Dies lässt sich nutzen, um die Sprungadressumsetzungstabelle klein zu halten, und zwar, indem man die Anzahl der auf eine Sprungmarke verweisenden Sprungbefehle zählt und das Zählergebnis mit dem

Referenzzählwert vergleicht. Bei Gleichheit wird der Eintrag aus der Sprungadres-sumsetzungstabelle entfernt. Ebenfalls möglich ist die Angabe des Zählwerts Null, mit der Folge, dass die Sprungmarke bis zum Ende einer Laufzeittransformation nicht aus der Sprungumsetzungstabelle entfernt wird.

Tabelle 4.1. Sprungmarkenbefehle

Mnemon	Operanden	Beschreibung
ilabel		Kennzeichnet ein indirekt adressiertes Sprungziel.
ilabel.call		Kennzeichnet ein indirekt adressiertes Unterprogramm.
label	*refcount*	Kennzeichnet ein absolutes Sprungziel. In *refcount* ist die Anzahl der zu jeweiligen Sprungmarke verzweigenden Sprungbefehle codiert.
label.call	*refcount*	Kennzeichnet ein absolutes Sprungziel. In *refcount* ist die Anzahl der zu jeweiligen Sprungmarke verzweigenden Sprungbefehle codiert.

Indirekte Sprungbefehle sind auf diese Weise nicht handhabbar. Sie können sich nämlich auf unterschiedliche Sprungmarken beziehen, von denen jeweils nur eine referenziert wird, was sich jedoch erst zur Laufzeit entschiedet. Gironimo verfügt deshalb über einen virtuellen Sprungmarkenbefehl *ilabel*, mit dem sich Sprungmar-ken als während der gesamten Laufzeit eines Programms permanent verfügbar defi-nieren lassen. Auf einen Referenzzählwert als Argument des Sprungmarkenbefehls kann dabei natürlich verzichtet werden. Zur Kennzeichnung von Sprungmarken, zu denen sowohl absolut oder relativ als auch indirekt verzweigt wird, ist immer der virtuelle Sprungmarkenbefehl ilabel zu verwenden.

Unterprogramme, d.h. Funktionen, Prozeduren, Methoden usw. müssen eigentlich nicht speziell markiert sein. Trotzdem kann dies vorteilhaft sein, um kontextsi-chernde Maßnahmen, die ein realer Prozessor nicht eigenständig erledigt, explizit veranlassen zu können. Dies ist der Grund, weshalb im Programmiermodell Gironi-mos zu den Sprungmarkenbefehlen label und ilabel jeweils eine Variante mit nach-gestelltem „.call" vorgesehen wurde.

Abschließende Bemerkungen

Neben den hier beschriebenen Merkmalen Gironimos gibt es einige weitere, die wegen ihrer Komplexität hier nicht erläutert werden sollen. Zu nennen sind z.B. die im Zusammenhang mit *Kontextwechseln* stehenden virtuellen Befehle, mit denen es möglich ist, undefiniert definierte Registerinhalte, die vom zugrunde liegenden rea-len Prozessor abhängige Bitbreiten aufweisen können, zu handhaben. Erwähnens-wert ist auch das Konzept der *Arbeitsbereiche* zur Speicherung häufig benötigter Variablen. Arbeitsbereiche sind ausschließlich direkt adressierbar, weshalb sie sich im Hauptspeicher, aber auch im Registerspeicher unterbringen lassen. Letzteres allerdings nur, wenn der reale Prozessor über genügend viele reale Register verfügt. Beachtenswert sind des Weiteren die virtuellen *SIMD-Befehle* Gironimos. Sofern der reale Prozessor die entsprechenden Fähigkeiten besitzt, ist es damit möglich, multimediale Anwendungen zu codieren, die hohe Geschwindigkeitsanforderungen stellen. Für eine detaillierte Beschreibung der Architektur sei der Leser erneut auf [107, 115] verwiesen.

▶ Beispiel 4.2. *Konkatenation von Zeichenketten.* Wie sich aus einem virtuellen Gironimo-Programm reale Programme für den Pentium 4 von Intel bzw. den ARM7TDMI von ARM. generieren lassen, ist in Bild 4.5 dargestellt, und zwar anhand der Konkatenation zweier nullterminierter Zeichenketten. Zunächst zum virtuellen Gironimo-Programm: Nach Übergabe der Startadressen der Zeichenketten in r0 und r1 werden die Registerinhalte mit dem Befehl pushr (push register) auf dem Stapel gesichert (Zeile 2). Der Aufruf des Unterprogramms len verschiebt die Adresse r0 auf die Endekennung der ersten Zeichenkette (Zeile 3). In einer Schleife (Zeile 4 bis 7) wird anschließend die zweite Zeichenkette kopiert, wobei der erforderliche Speicher-Speicher-Transfer als bedingungsregisterverändernde Befehlskomposition codiert ist (ähnlich wie in Bild 4.4 dargestellt, nur dass hier der Befehl mvcc, move and set condition code, zum Einsatz kommt). Wegen der postmodifizierenden indirekten Adressierung der Quelle und des Ziels werden dabei die Adressen in r0 und r1 automatisch inkrementiert (siehe Abschnitt 1.2.3). Die Schleife wird wiederholt, bis das Ende der zweiten Zeichenkette erreicht ist (Zeile 7). Danach werden die alten Registerinhalte r0 und r1 mit Hilfe des Befehls popr (pop register from stack) restauriert (Zeile 8) und mit rts (return from subroutine) schließlich ein Rücksprung ausgeführt (Zeile 9).

	Gironimo			Pentium 4			ARM7TDMI		
1:	cat:	{ label.call	#1	cat:	push	eax	cat:	stmfd	sp!, {r0, r1, r14}
2:		pushr.w	r0-r1 }		push	ebx		bl	len
3:		bsr	len		call	len	l1:	ldrb	r2, [r1], #1
4:	l1:	label	#1	l1:	add	ebx, 1		strb	r2, [r0], #1
5:		{ mv.b	\r2, [r1] += #1		mov	edx, [ebx - 1]		cmp	r2, #0
6:		mvcc.b	[r0] += #1, \r2 }		add	eax, 1		bne	l1
7:		bne	l1		mov	[eax - 1], edx		ldmfd	sp!, {r0, r1, r15}
8:		{ popr.w	r0-r1		jne	l1			
9:		rts }			pop	ebx			
10:					pop	eax			
11:					ret				
12:									
13:	len:	label.call	#1	len:	add	eax, 1	len:	stmfd	sp!, {r14}
14:	l2:	label	#1		cmp	[eax - 1], 0	l2:	ldrb	r8, [r0], #1
15:		tstcc.b	[r0] += #1		jne	len		cmp	r2, #0
16:		bne	l2		ret			bne	l2
17:		rts						ldmfd	sp!, {r15}

Bild 4.5. Gegenüberstellung eines virtuellen Gironimo-Programms mit den daraus generierten realen Programme für den Pentium 4 von Intel [80, 81, 82] und den ARM7TDMI von ARM [10, 11]

Das Programm für den Pentium 4 weicht in zwei wesentlichen Merkmalen vom virtuellen Gironimo-Programm ab. (1.) ist es nicht möglich mit einem realen Befehl des Pentium 4 mehrere Registerinhalte auf dem Stapel zu sichern oder davon zu laden, weshalb die virtuellen Befehle pushr (Zeile 2) und popr (Zeile 8) durch je zwei reale Befehle nachgebildet werden müssen. (2.) verfügt der Pentium 4 nicht über die postmodifizierende indirekte Adressierung, was die Umsetzung der virtuellen Befehle in den Zeilen 5, 6 und 15 zu jeweils einem Additionsbefehl und einen mov- bzw. cmp-Befehl erforderlich macht. Zwar ist das reale Programm etwas länger als das virtuelle Programm, die dargestellte Anwendung ließe sich jedoch auch nativ nicht wesentlich kürzer codieren, sodass eine hohe Ausführungsgeschwindigkeit sichergestellt ist.

Dies gilt auch für den ARM7TDMI. Bei Erzeugung des realen Programms machen sich hier zusätzlich die Befehlskompositionen vorteilhaft bemerkbar. So werden die virtuellen Befehle in den Zeilen 1 und 2 zu einem realen Befehl zusammengefasst, der sowohl die Rücksprungadresse in r14 als auch die zu sichernden Registerinhalte in r0 und r1 auf dem Stapel ablegt. Das Gegenstück, also das Laden der gespeicherten Registerinhalte (Zeile 8) und der Rücksprung aus dem Unterprogramm (Zeile 9) sind ebenfalls in einem realen Befehl zusammenfassbar. Da der ARM7TDMI zwar die prä- und postmodifizierende indirekte Adressierung unterstützt, die Bedingungsbits jedoch bei Speicherzugriffen nicht automatisch gesetzt werden, ist zu den virtuellen Befehlen in den Zeilen 6 und 15 jeweils ein zusätzlicher Vergleich mit dem Befehl cmp (compare) auszuführen.   ◢

4.1.3 Laufzeitübersetzung (just in time compiling)

Die zuvor beschriebene Laufzeittransformation generiert aus virtuellen Befehlen oder Befehlskompositionen kontextfrei reale Befehle, was schnell und ressourcensparend möglich ist. Die maximal erreichbare Ausführungsgeschwindigkeit virtueller Programme ist jedoch davon abhängig, wie ähnlich die virtuelle und die emulierende reale Prozessorarchitektur einander sind. Negativ wirkt sich z.B. aus, wenn die Anzahl der realen und der virtuellen Register voneinander abweicht: Stehen einerseits zu wenige reale Register zur Verfügung, müssen einige der virtuellen Register im langsamen Hauptspeicher untergebracht werden, was die Ausführungsgeschwindigkeit einer Emulation mindert. Falls andererseits zu viele reale Register zur Verfügung stehen, so bedeutet dies, dass Merkmale nicht nutzbar sind, die eine erhöhte Ausführungsgeschwindigkeit zur Folge hätten. Der Vergleich eines virtuellen und eines entsprechenden nativen Programms fällt deshalb zu Ungunsten des virtuellen Programms aus.

Ein zu großer realer Registerspeicher ist durch Tricks, z.B. dem im Zusammenhang mit Gironimo erwähnten Arbeitsbereichen, noch handhabbar. Das ist jedoch nicht mehr möglich, wenn sich die virtuelle und die reale Prozessorarchitektur grundsätzlich voneinander unterscheiden. Zum Beispiel lässt sich eine virtuelle 0-Adressarchitektur wie die der JVM (java virtual machine) von Sun [99] oder die der MSIL (microsoft intermediate language) von Microsoft [104] schlecht durch Laufzeittransformation in ein reales Programm für die heute oft als 2- oder 3-Adressarchitektur realisierten Prozessoren umsetzen, insbesondere, weil die realen Registerspeicher i.Allg. nicht indirekt adressierbar sind. Deshalb übersetzt man in solchen Fällen das 0-Adressprogramm. Die sog. Laufzeitübersetzung (just in time compiling) erzeugt dabei aus einem virtuellen Programm zunächst einen *Syntaxbaum*, der schließlich in eine reale Befehlsfolge für eine beliebige Prozessorarchitektur umgesetzt wird.

Zur Beschreibung der Vorgehensweise ist in Bild 4.6a ein virtuelles Programm für die JVM zur Berechnung eines Polynoms zweiten Grades dargestellt. Die Wirkung der 0-Adressbefehle auf den Stapel ist jeweils im Kommentar angegeben. Zum Beispiel wird ax^2 berechnet, indem a und zweimal x über die Variablenadressen 0 und 1 auf den Stapel geladen (iload, integer load) und anschließend multipliziert (imul, integer multiply) werden.

Der in Bild 4.6b dargestellte Syntaxbaum lässt sich aus dem virtuellen Programm konstruieren, indem man die virtuellen Befehle in Knoten umsetzt. Beim Erzeugen eines neuen Werts auf dem Stapel wird ein äußerer Knoten, beim Verarbeiten von Stapelinhalten ein innerer Knoten generiert. Der Leser überzeuge sich von der Korrektheit des Syntaxbaums. – Welcher virtuelle Befehl zu welchem Knoten gehört, ist anhand der Zeilennummern bzw. der den Knoten angehefteten Zahlen zu erkennen.

Der Syntaxbaum wird im weiteren Verlauf der Codeerzeugung traversiert. Ohne Optimierungen und bei Verwendung einer auf Basisblöcke begrenzten Registerzuteilung lässt sich mit einem Traversierungsdurchgang das in Bild 4.6c dargestellte Programm für einen realen 3-Adressprozessor mit vier Registern erzeugen. – Die einem Knoten zuzuordnenden realen Befehle sind dabei ebenfalls anhand der den Knoten bzw. den Zeilen angehefteten Nummern zu erkennen. So wird der Ladebefehl in „Zeile" 6 des realen Assemblerprogramms in Bild 4.6c z.B. beim Verlassen des mit b beschrifteten Knotens 6 in Bild 4.6b erzeugt.

Problematisch an dieser ressourcensparenden Variante der Laufzeitübersetzung ist, dass Variablen, auf die über mehrere Basisblöcke hinweg zugegriffen wird, zwischen Register- und Hauptspeicher hin- und hertransportiert werden müssen. Dies reduziert wegen der geringen Zugriffsgeschwindigkeit des Hauptspeichers deutlich die Ausführungsgeschwindigkeit des virtuellen Programms im Vergleich zu einem entsprechenden nativen Programm. Bessere Ergebnisse lassen sich durch eine basisblockübergreifende Registerzuteilung erzielen. Dabei ist jedoch in Kauf zu nehmen, dass der Syntaxbaum mehrere Male durchlaufen und ggf. Hilfsstrukturen, wie Datenfluss- oder Kontrollflussgraphen, erzeugt werden müssen, was sehr zeit- und speicherplatzintensiv ist.

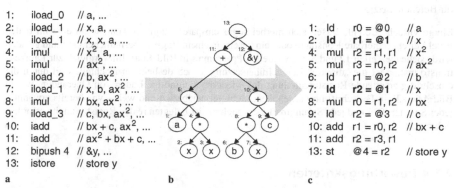

Bild 4.6. Laufzeitübersetzung eines virtuellen Programms zur Berechnung eines Polynoms 2. Grades. **a** virtuelles Assemblerprogramm für die 0-Adressarchitektur JVM von Sun. **b** Syntaxbaum. **c** Assemblerprogramm für eine fiktive reale 3-Adressarchitektur

Durch eine aufwendige Laufzeitübersetzung ist es möglich, ein reales Programm zu erzeugen, das nicht langsamer bearbeitet wird als ein entsprechendes natives Programm, allerdings mit der Konsequenz einer deutlich längeren Übersetzungs- bzw. Startzeit. Diese kann jedoch verkürzt und gleichzeitig der Speicherbedarf für die Laufzeitübersetzung gemindert werden, wenn man das auszuführende virtuelle Programm nicht als Einheit, sondern in kleinen Teilen übersetzt. Zum Beispiel lässt sich die Ausführung eines virtuellen Programms beginnen, sobald das Hauptprogramm als reale Befehlsfolge vorliegt. Unterprogramme, Funktionen oder Methoden müssen zu diesem Zeitpunkt noch nicht übersetzt worden sein. Erst beim Verzweigen zu einer nicht real verfügbaren Befehlsfolge wird die Ausführung des virtuellen Programms unterbrochen, der Laufzeitübersetzer gestartet, die reale Befehlsfolge generiert und aufgerufen.

Das prinzipiell angedeutete Verfahren ist natürlich auf unterschiedliche Weise realisierbar: So lässt sich die Übersetzung (1.) linear, bis zum jeweils nächsten Sprung- oder Rücksprungbefehl, (2.) nicht linear, entlang aller Kontrollpfade, bis diese in Rücksprungbefehlen münden oder (3.) nicht linear, entlang der mit größter Wahrscheinlichkeit auszuführenden Kontrollpfade durchführen. Alle Kontrollpfade, die dabei unberücksichtigt bleiben, werden durch in den Laufzeitübersetzer hinein führende Sprungbefehle ersetzt. Das leistungsfähigste Verfahren, die Laufzeitübersetzung der wahrscheinlichsten Kontrollpfade, wird z.B. in HotSpot von Sun zur Emulation virtueller Programme für die JVM verwendet [178]. Wegen der ausgezeichneten Bedeutung für die im Hardware-Software-Codesign realisierten Prozessoren wird die als dynamische Binärübersetzung (dynamic binary translation) bezeichnete Technik in Abschnitt 4.2 detailliert beschrieben.

▶ Bemerkung. Der Syntaxbaum in Bild 4.6b lässt sich aus dem virtuellen Programm leicht durch Tiefentraversierung generieren, wenn – wie hier der Fall – eine virtuelle 0-Adressarchitektur vorliegt (siehe hierzu das Beispiel 1.11 in Abschnitt 1.3.2). Ist der Code für die reale Zielarchitektur ebenfalls durch einmalige Tiefentraversierung erzeugbar, kann auf den Aufbau eines Syntaxbaums natürlich auch verzichtet werden. So ist das reale Programm in Bild 4.6c direkt aus dem virtuellen Programm in Bild 4.6a ableitbar, indem man ähnlich wie bei einer Laufzeittransformation Befehl für Befehl umsetzt.

Einige virtuelle Befehle lassen sich hierbei sogar einsparen, nämlich dann, wenn eine im realen Befehl direkt codierbare Konstante oder ein bereits in einem Register befindlicher Operand geladen wird (siehe die Zeilen 12 und 3 des virtuellen Programms in Bild 4.6a). Im Vergleich zur Laufzeittransformation ist die „direkte" Laufzeitübersetzung jedoch deshalb im Nachteil, weil durch die einschrittig arbeitende Registerzuteilung das wiederholte unnötige Laden von Operanden, wie in Bild 4.6c z.B. in Fettschrift hervorgehoben, nicht vermeidbar ist und weil – wie bereits erwähnt – jeder Sprungbefehl und jede Sprungmarke das Sichern der belegten realen Registerinhalte erforderlich macht.   ◀

4.1.4 Bewertungskriterien

Im Rahmen der Entwicklung Gironimos (siehe Abschnitt 4.1.2) wurde an der TU Berlin ein Kriterienkatalog definiert, der eine teils quantitative, teils qualitative Bewertung virtueller Prozessorarchitekturen ermöglicht. Eine Auswahl der für den Entwurf und das Verständnis virtueller Prozessoren nützlichen Kriterien ist in Bild 4.7 aufgeführt. Selbstverständlich ist es anhand dieser Kriterien möglich, auch bestimmte Merkmale virtueller Prozessorarchitekturen zu untersuchen. So lässt sich z.B. die Effektivität unterschiedlicher Registerorganisationsformen durch Vergleich der jeweils erreichbaren Emulationsleistungsfähigkeit feststellen. Eine nur auf Teilaspekte bezogene Bewertung kann darüber hinaus mit Hilfe der in Bild 4.8 angegebenen Kriterien durchgeführt werden. – Sowohl die Definitionen in Bild 4.7 als auch die in Bild 4.8 werden für das Verständnis der noch folgenden Ausführungen nicht benötigt und können daher übersprungen werden. Wegen der Bedeutung für reale Prozessoren ist es jedoch empfehlenswert, sich zumindest die Beschreibung der Begriffe Semantikdichte und Problembedingtheit anzuschauen.

Um die Beschreibungen in Bild 4.7 und Bild 4.8 nachvollziehen zu können, seien zuvor noch einige Begriffe definiert. Als *absolute Emulationszeit* wird die Zeit bezeichnet, die ein bestimmter realer Prozessor zur vollständigen Bearbeitung eines bestimmten virtuellen Programms benötigt. Die relative *Emulationszeit* ergibt sich hieraus, indem die absolute Emulationszeit durch die Ausführungszeit eines funktionsidentischen nativen Programms für den emulierenden realen Prozessor dividiert wird. Sie ist normalerweise größer oder gleich Eins. Die *absolute* oder *relative Emulationsgeschwindigkeit* berechnet sich schließlich aus der absoluten oder relativen Emulationszeit durch Kehrwertbildung. Der Wert 0,5 besagt, dass ein spezielles Programm von einem virtuellen Prozessor halb so schnell bearbeitet wird wie vom emulierenden realen Prozessor.

4.2 Dynamische Binärübersetzung (dynamic binary translation)

Die vorangehenden Ausführungen haben verdeutlicht, dass ein Prozessor virtuell, also in Software realisiert werden kann. Durch Laufzeittransformation oder -übersetzung lassen sich auf diese Weise Ausführungsgeschwindigkeiten mit vergleichbarer Größenordnungen realer Prozessoren erreichen. Die im Folgenden vorgestellte dynamische Binärübersetzung (dynamic binary translation) wird, wie bereits erwähnt, für die Implementierung virtueller Prozessoren hoher Emulationsleistungsfähigkeit (siehe Bild 4.7) benutzt. Das Verfahren ist für uns jedoch vor allem deshalb interessant, weil es sich gut für die Realisierung von Prozessoren im *Hardware-Software-Codesign* eignet.

Anders als bei den virtuellen Prozessoren steht hierbei nicht die Plattformunabhängigkeit im Vordergrund, sondern die Verminderung von Kosten, und zwar, indem man teure, in Hardware realisierte Komponenten durch Software nachbildet – i.Allg. unter Wahrung der Kompatibilität. Im Gegensatz zur ebenfalls kostenreduzierend wirkenden *Mikroprogrammierung*, bei der sequentielle Folgen paralleler Aktionen ausgelöst werden, ermöglicht die dynamische Binärübersetzung die Parallelisierung sequentieller Aktionen und trägt damit sogar zu einer Steigerung der Ausführungsgeschwindigkeit bei. Allerdings muss der zugrunde liegende Prozessor die Parallelverarbeitung auch unterstützen, weshalb er im Vergleich zu einem sequentiell arbeitenden Prozessor aufwendiger, d.h. teurer zu realisieren ist. Bezogen auf dynamisch operationsparallel arbeitende Prozessoren (Abschnitt 3.2) lässt sich der Implementierungsaufwand für einen für die dynamische Binärübersetzung optimierten Prozessor jedoch signifikant reduzieren und das bei vergleichbarer Ausführungsgeschwindigkeit.

Bei der dynamischen Binärübersetzung werden Befehlsfolgen nicht spontan, sondern verzögert parallelisiert, nämlich dann, wenn sie genügend häufig ausgeführt wurden. Zunächst wird ein Profil des Laufzeitverhaltens angefertigt, anhand dessen sich oft bearbeitete Befehlsfolgen erkennen lassen. Diese werden durch eine optimierende Binärübersetzung in operationsparallele reale Befehlsfolgen umgesetzt

Emulationsleistungsfähigkeit. Die Emulationsleistungsfähigkeit ergibt sich aus der relativen Emulationsgeschwindigkeit eines möglichst repräsentativen virtuelles Benchmark-Programms, indem das gewichtete Mittel über unterschiedliche reale Prozessoren gebildet wird. Als Gewicht lässt sich z.B. der Marktanteil der dabei verwendeten realen Prozessoren verwenden.

Emulationslatenzzeit. Ein laufzeittransformierender oder -übersetzender Emulator überführt ein virtuelles in ein reales Programm, um dieses nativ auszuführen. Der gewichtete Durchschnittswert für die Umsetzung eines repräsentativen virtuellen Benchmark-Programms durch unterschiedliche reale Prozessoren bezeichnet man als Emulationslatenzzeit, wobei man als Gewichtungsfaktor ähnlich wie bei der Emulationsleistungsfähigkeit z.B. den Marktanteil der betrachteten realen Prozessoren verwenden kann.

Gerechtigkeit. Die Architektur eines virtuellen Prozessors wird als gerecht bezeichnet, wenn die relative Emulationsgeschwindigkeit eines repräsentativen virtuelles Benchmark-Programms vom emulierenden realen Prozessor möglichst unabhängig ist. Ein Maß für die Gerechtigkeit ist die durchschnittliche Abweichung der relativen Emulationsgeschwindigkeit unterschiedlicher realer Prozessoren von der Emulationsleistungsfähigkeit (Standardabweichung).

Semantikdichte. Die Semantikdichte beschreibt, wie kompakt sich ein virtuelles (oder auch reales) Programm codieren lässt. Zu ihrer Ermittlung wird angenommen, dass funktionsgleiche Programme, die für unterschiedliche Prozessoren unter Verwendung derselben Algorithmen programmiert sind, nur deshalb in ihrer Größe voneinander abweichen, weil sie Redundanzen aufweisen, die nicht optimal codiert sind. Indem die einzelnen Programme mit Hilfe eines optimalen Kompressors umcodiert werden, sollten daher Codeblöcke identischer und vom jeweiligen Prozessor unabhängiger Größen entstehen.

Die Semantikdichte lässt sich somit ermitteln, indem das Mittel der Quotienten, gebildet aus dem Speicherplatzbedarf eines optimal komprimierten sowie unkomprimierten repräsentativen Benchmark-Programms, berechnet wird. Die maximale Semantikdichte entsprechend dieser Definition ist Eins. Sie ist realistisch nicht erreichbar, da es hierzu erforderlich wäre, jeden redundant auftretenden Algorithmus im betrachteten Benchmark-Programm als Einzelbefehl zu definieren und entsprechend der Häufigkeiten zu codieren.

Emulatorspeicherbedarf. Der Emulatorspeicherbedarf ergibt sich als gewichtetes Mittel des maximalen Befehls- und Datenspeicherbedarfs bei Verarbeitung eines möglichst repräsentativen virtuellen Benchmark-Programms über unterschiedliche reale Prozessoren. Als Gewicht lässt sich der Marktanteil der betrachteten realen Prozessoren verwenden. Der Emulatorspeicherbedarf berücksichtigt nicht den Befehls- und Datenspeicherbedarf für das Benchmark-Programm selbst.

Sicherheit. Die Sicherheit ist ein nicht quantitativ erfassbares Maß dafür, inwieweit zur Emulationszeit eines virtuellen Programms auf Betriebsmittel und Funktionen einer realen Maschine Zugriff genommen werden darf. Dabei ist von wesentlicher Bedeutung, dass Sicherheitsbeschränkungen nicht umgehbar sind.

Skalierbarkeit. Ein virtueller Prozessor ist in einem hohen Maße skalierbar, wenn dessen Emulationsgeschwindigkeit vergrößerbar ist, indem architektonische Verbesserungen an den emulierenden realen Prozessoren vorgenommen werden. Eine gute Skalierbarkeit der Architektur einer virtuellen Maschine setzt voraus, dass mit dem Entwurf der virtuellen Architektur erwartete Erweiterungen realer Architekturen berücksichtigt werden.

Resistenz. Die Resistenz ist ein nicht quantitativ erfassbares Maß dafür, wie aufwendig es ist, ein virtuelles Programm rückzuentwickeln, also ein Assemblerprogramm oder ein Hochsprachenprogramm daraus zu erzeugen. Ein hohes Maß an Resistenz lässt sich z.B. dadurch erreichen, dass Kontrollflussbefehle vorgesehen werden, deren Ziele durch statische Analyse des virtuellen Programms nicht ermittelbar sind, wie z.B. indirekte Sprungbefehle.

Bild 4.7. Einige wichtige Kriterien zur Bewertung virtueller Prozessoren. Die vollständige Aufstellung der Kriterien ist in [107] nachzulesen

Decodierbarkeit. Die Decodierbarkeit ist ein qualitatives Maß dafür, wie schnell sich ein Befehl programmiert analysieren lässt. So ist z.B. ein Operationscode, der ein Byte breit ist, dessen Bits sich jedoch über das Befehlswort verteilen, langsamer zu verarbeiten, als wäre der Operationscode geschlossen im Befehlswort eingebettet. Außerdem sollte der Operationscode möglichst an Bytegrenzen ausgerichtet sein, da die meisten realen Prozessoren zwar einen direkten Zugriff auf Bytes, nicht aber auf beliebige Bitpositionen unterstützen. Falls die Befehlsdecodierung mit Hilfe von Tabellen geschieht, ist ein einheitlich breiter Operationscode einfacher zu handhaben als einer, mit vom jeweiligen Befehl abhängiger Breite. Des Weiteren sollten die Tabellen eine möglichst hohe Lokalität aufweisen, damit sich die jeweils relevanten Informationen im Datencache unterbringen lassen.

Problembedingtheit. Die Problembedingtheit ist quantitativ nicht erfassbar und beschreibt, inwieweit ein Merkmal eines virtuellen Prozessors zur optimalen Lösung eines Problems unvermeidbar ist. Falls ein virtueller Befehl z.B. ein hohes Maß an Problembedingtheit aufweist, ist es unwichtig, wie aufwendig, langsam oder ungerecht er ist, da er sich nicht vermeiden lässt.

Hierzu ein Beispiel: Angenommen, ein virtueller Prozessor verfügt über einen Befehl zur Akkumulation von Multiplikationsergebnissen (Multiply and Accumulate – MAC), dann können viele reale Signalprozessoren diesen Befehl durch einen einzigen funktionsgleichen realen Befehl emulieren. Sie sind daher relativ gesehen schneller als andere reale Prozessoren, die zur Emulation zwei Befehle, nämlich eine Multiplikation und eine Addition, benötigen. Indem also ein virtueller MAC-Befehl vorgesehen wird, vermindert sich die relative Gerechtigkeit des virtuellen Prozessors, was nicht erwünscht ist.

Allerdings wird der virtuelle Befehl normalerweise nur dann verwendet, wenn die Lösung eines Problems dies erfordert. Wäre er nicht verfügbar, müsste er durch zwei virtuelle Befehle nachgebildet werden. Das bedeutet jedoch, dass ein entsprechendes Programm durch einen virtuellen Prozessor ohne einen MAC-Befehl im Vergleich zu einem virtuellen Prozessor mit einen solchen Befehl entweder unverändert schnell (falls herkömmliche reale Prozessoren betrachtet werden) oder aber langsamer (wenn reale Signalprozessoren betrachtet werden) emuliert werden würde.

Ist also ein virtueller Befehl in einem hohen Maß problembedingt, kann dessen Verwendung die Emulationsgeschwindigkeit verbessern, nicht jedoch verschlechtern. Im Umkehrschluss kann ein virtueller Befehl geringer Problembedingtheit einen negativen Einfluss auf die Emulationsgeschwindigkeit und natürlich auch auf die Gerechtigkeit haben. Falls in einem virtuellen Prozessor z.B. ein MAC-Befehl, nicht jedoch ein Befehl zur einfachen Multiplikation vorgesehen wird, singt die Problembedingtheit des MAC-Befehls, da er nun auch für nicht akkumulierende Multiplikationen zu verwenden ist (wobei der Akkumulator zuerst gelöscht und anschließend der MAC-Befehl ausgeführt werden muss).

Bild 4.8. Einige wichtige Kriterien zur Bewertung einzelner Merkmale virtueller Prozessoren

und anschließend im Bedarfsfall aufgerufen. Nach [94] lassen sich in dieser Weise Ausführungsgeschwindigkeiten erreichen, die vergleichbar mit denen superskalarer Prozessoren sind, und zwar deshalb, weil in 95% der Bearbeitungszeiten von Programmen durchschnittlich nur 10% des jeweiligen Codes zur Ausführung kommt. Indem also diese 10% eines virtuellen Programms zur Laufzeit binärübersetzt werden, ist für 95% der ursprünglichen Ausführungszeit eine Geschwindigkeitssteigerung erreichbar. Die durch die Interpretation verursachte Verlangsamung betrifft hingegen nur 5% der ursprünglichen Ausführungszeit, was toleriert werden kann. – In den folgenden Abschnitten ist das Verfahren im Detail beschrieben.

▶ Bemerkung. Das Attribut virtuell ist im Zusammenhang mit im Hardware-Software-Codesign realisierten Prozessoren etwas irreführend, da die verfügbaren „virtuellen" Befehle normalerweise dem Programmiermodell eines realen Prozessors entsprechen. Zur Begriffsabgrenzung wird im Folgenden trotzdem von virtuellen Befehlen bzw. Programmen gesprochen.   ◢

4.2.1 Profilbildung

Damit sequentielle virtuelle Programme operationsparallel ausgeführt werden können, muss der reale Prozessor natürlich eine explizit parallelverarbeitende Prozessorarchitektur besitzen. Normalerweise kommen hier VLIW-Prozessoren zum Einsatz (z.B. der Efficeon von Transmeta [188] oder Daisy von IBM [34, 35, 36]). Das für die dynamische Binärübersetzung benötigte Laufzeitprofil für ein *sequentielles* virtuelles Programm lässt sich somit nur durch Interpretation erstellen.

Die Verfahrensweise ist hier ähnlich, wie in Abschnitt 4.1.1 bereits erläutert: Jeder Befehl wird explizit als Datum gelesen, decodiert und nach einer Fallunterscheidung bearbeitet. Zusätzlich werden jedoch, falls virtuelle Sprungbefehle zur Ausführung kommen, Profildaten gesammelt, und zwar durch Zählen der Häufigkeiten der jeweils verwendeten Sprungziele in einem sog. *Trace-Cache*[1]. – Das Prinzip lässt sich gut am Beispiel des an der TU Berlin entwickelten Prozessors Nemesis X verdeutlichen. Die in Bild 4.9 dargestellte virtuelle Nemesis-Befehlsfolge (oben) wird durch die Laufzeitumgebung Genesis X interpretiert und in eine reale Befehlsfolge für den als VLIW-Prozessor realisierten Nemesis X umgesetzt (siehe auch [108]).

Die Interpretation der virtuellen Nemesis-Befehlsfolge geschieht zunächst wie gewohnt. Sobald der virtuelle Sprungbefehl in Zeile 5 das erste Mal zur Ausführung gelangt und verzweigt, wird ein Eintrag im Trace-Cache erzeugt und der Zählwert 1 damit assoziiert. Das erneute Ausführen desselben verzweigenden virtuellen Sprungbefehls wird im Trace-Cache durch Inkrementieren des Zählwerts vermerkt und dabei jeweils das Überschreiten eines konstant vorgegebenen Grenzwerts, als Auslöser für eine ggf. durchzuführende Binärübersetzung, überprüft.

Nach kurzer Zeit der Interpretation ergeben sich z.B. die in Bild 4.9 im Trace-Cache eingetragenen Zählwerte, wobei offensichtlich der virtuelle Sprungbefehl in Zeile 9 nie und der in Zeile 11 am häufigsten verzweigt ist. Das mit Letzterem assoziierte Sprungziel L1 überschreitet zuerst den hier mit 3 angenommenen Grenzwert, was schließlich dazu führt, dass die grau unterlegte sequentielle virtuelle Befehlsfolge zu der in Bild 4.9 im Trace-Buffer gespeicherten operationsparallelen realen Befehlsfolge für den Nemesis X übersetzt wird, und zwar auf eine später noch zu beschreibende Weise.

Für die Geschwindigkeit, mit der die *virtuelle* Befehlsfolge letztendlich bearbeitet wird, ist natürlich die Zeit, die man für die Interpretation der Befehle benötigt, von Bedeutung. Zwar sind insgesamt nur wenige virtuelle Befehle zu interpretieren, dies kann aber zeitaufwendiger sein, als die sequentielle virtuelle Befehlsfolge nativ zu bearbeiten. Anders als beim Entwurf virtueller Prozessoren lassen sich beim Hard-

---

1. Dieser hat zwar eine ähnliche Funktion wie die in Abschnitt 3.2.4 beschriebenen Trace-Caches, beide Techniken sollten jedoch nicht verwechselt werden. Insbesondere sind die Trace-Caches hier normalerweise in Software realisiert.

ware-Software-Codesign eines Prozessors jedoch Erweiterungen vornehmen, die eine ausreichend schnelle Interpretation in Hardware möglich machen. Zum Beispiel ließen sich die virtuellen Nemesis-Befehle in Bild 4.9 mikroprogrammiert emulieren, wobei das Laufzeitprofil automatisch in einem Zähler-Cache, ähnlich wie er in Daisy von IBM realisiert ist [34, 35, 36], erstellt werden könnte. Im Vergleich zu einem die sequentiellen Nemesis-Befehle direkt ausführenden realen Prozessor, wie dem Nemesis C, müssten Geschwindigkeitsnachteile hierbei nicht in Kauf genommen werden[1].

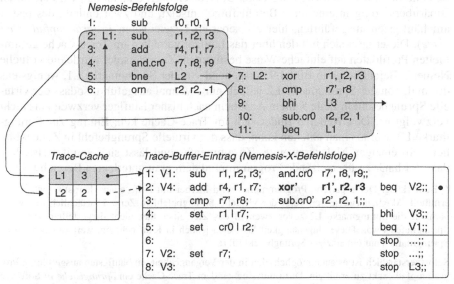

Bild 4.9. Umsetzung einer sequentiellen virtuellen Nemesis-Befehlsfolge in eine reale operationsparallele Befehlsfolge für die VLIW-Architektur Nemesis X

Ein weiterer Parameter, der die Ausführungsgeschwindigkeit eines Programms in der hier beschriebenen Weise beeinflusst, ist der Grenzwert, den die bei der Profilerstellung verwendeten Zähler überschreiten müssen, damit die virtuelle Befehlsfolge durch Binärübersetzung in eine operationsparallele reale Befehlsfolge umgesetzt wird. Ein zu klein gewählter Grenzwert führt dazu, dass die zeitaufwendige dynamische Binärübersetzung mit virtuellen Befehlsfolgen durchgeführt wird, die nur selten zur Ausführung kommen, ein zu groß gewählter Grenzwert, dass häufig bearbeitete virtuelle Befehlsfolgen, z.B. Schleifen, unnötig lange interpretiert werden. Letztendlich lässt sich der Grenzwert nur nichtkausal als Funktion der Zeiten für die sequentielle Interpretation, für die Binärübersetzung und für die endgültige Bearbeitung einer virtuellen bzw. realen Befehlsfolge berechnen. Dies müsste für jede virtu-

---

1. Aus Komplexitätsgründen sind die in Nemesis X für die Interpretation von virtuellen Nemesis-Befehlen vorgesehenen Erweiterungen etwas einfacher gehalten. So verfügt Nemesis X über einen Befehl fetch, mit dem der nächste zu interpretierende Befehl geholt und decodiert werden kann, und einen zweiten Befehl interpr, der abhängig vom zuvor extrahierten und in einem Spezialregister abgelegten Operationscode eine VLIW-Befehlsfolge aufruft.

elle Befehlsfolge einzeln geschehen, wodurch die Interpretation jedoch verlangsamt würde. Im Allgemeinen verwendet man deshalb konstante, durch Messung an Benchmark-Programmen ermittelte Grenzwerte.

4.2.2 Separation

Falls die Laufzeitumgebung mit dem darin eingebetteten Interpreter eine virtuelle Befehlsfolge durch Vergleich des mit der jeweiligen Sprungmarke assoziierten Zählers und des konstanten Grenzwerts als Übersetzenswert erkannt hat, wird sie durch Binärübersetzung in eine reale Befehlsfolge umsetzt, und zwar entlang des bisher am häufigsten ausgeführten, hier als separiert bezeichneten *Programmpfads* (*hot trace*). Dieser lässt sich mit den über das Laufzeitverhalten im Trace-Cache gesammelten Profildaten auf einfache Weise bestimmen. Zum Beispiel wurde die virtuelle Nemesis-Befehlsfolge in Bild 4.9, ausgehend von der Sprungmarke L1, wenigstens dreimal, von der Sprungmarke L2 jedoch nur zweimal ausgeführt, sodass der virtuelle Sprungbefehl in Zeile 5 allem Anschein nach bisher häufiger verzweigt als nicht verzweigt ist. Des Weiteren findet sich im Trace-Cache kein Eintrag zur Sprungmarke L3, woraus man ableiten kann, dass der virtuelle Sprungbefehl in Zeile 9 bisher kein einziges Mal verzweigte. Zusammenfassend lässt sich somit feststellen, dass der binär zu übersetzende Programmpfad dem grau unterlegten Bereich folgt.

▸ Bemerkung. Der separierte Programmpfad wird hierbei mit Hilfe einer Heuristik nicht exakt ermittelt. Möglicherweise verzweigt der virtuelle Sprungbefehl in Zeile 5 tatsächlich nie, wenn nämlich die Sprungmarke L2 zuvor zweimal das Ziel eines hier nicht dargestellten virtuellen Sprungbefehls war. Diese Ungenauigkeit lässt sich jedoch in Kauf nehmen, weil zu den meisten Sprungmarken nur ein einziger Sprungbefehl führt.

Selbstverständlich ist es auch möglich, den in der Vergangenheit am häufigsten ausgeführten Programmpfad exakt zu ermitteln. Dazu muss neben dem Trace-Cache ein *Sprungcache* in Software implementiert werden, in dem die Häufigkeit, mit der Sprungbefehle verzweigen bzw. nicht verzweigen, gezählt wird. Der Programmpfad lässt sich dann sehr einfach separieren, indem man jeweils den bisher häufigeren Sprungentscheidungen folgt. Nachteilig an diesem Verfahren ist jedoch, dass für den Sprungcache zusätzlicher Speicher benötigt wird und sich die zur Profilerstellung notwendige Interpretation verlangsamt. In seiner Funktion entspricht ein Sprungcache übrigens einem in Hardware realisierten Sprungvorhersagecache (siehe Abschnitt 2.2.5).   ◂

Natürlich muss zur Separation eines Programmpfads noch dessen Ende festgelegt werden. Am einfachsten geschieht dies, indem man die Anzahl der virtuellen Befehle, virtuellen Sprungbefehle oder verzweigenden virtuellen Sprungbefehle konstant begrenzt, oder indem die *virtuelle* Befehlsfolge solange binär übersetzt wird, wie sie innerhalb eines vorgegebenen Speicherbereichs liegt. Das letztgenannte u.a. mit Daisy von IBM implementierte Verfahren ist vor allem deshalb von Vorteil, weil sich damit die in virtuellen Programmen codierten Befehlsadressen linear in reale Befehlsadressen umsetzen lassen, was die Binärübersetzung deutlich vereinfacht [34, 35].

Ein weiteres sehr durchdachtes Verfahren beschreibt Gschwind et.al. in [53]: Der Programmpfad endet hierbei, wenn der *letzte* codierte Befehl mit einer Wahrscheinlichkeit zur Ausführung gelangt, die unter einem konstanten Grenzwert größer Null liegt. So berechnet sich z.B. die Wahrscheinlichkeit dafür, dass die in Bild 4.9 auf

Zeile 11 folgende, nicht dargestellte virtuelle Befehlsfolge zur Ausführung gelangt, durch Multiplikation der Einzelwahrscheinlichkeiten, mit denen die Sprungbefehle dem Programmpfad folgen zu 0 ($^2/_3$·1 · 0), was sicher unterhalb jedes erlaubten Grenzwerts liegt. Der virtuelle Sprungbefehl in Zeile 5 verzweigt nämlich in zwei Dritteln der Fälle (das Verzweigen hat die Wahrscheinlichkeit $^2/_3$), der in Zeile 9 nie (das Nichtverzweigen hat die Wahrscheinlichkeit 1) und der in Zeile 11 immer (das Nichtverzweigen hat die Wahrscheinlichkeit 0).

Ein letztes, noch anzusprechendes Verfahren wurde mit dem Nemesis X an der TU Berlin realisiert. Das Ende eines Programmpfads wird dabei bestimmt, indem man den Speicherbedarf der binärübersetzten *realen* Befehlsfolge mit einem Grenzwert vergleicht. Das Verfahren ist aus zwei Gründen von Vorteil: (1.) lassen sich Trace-Buffer-Einträge einheitlicher Größe einfacher verwalten als Einträge unterschiedlicher Größe. (2.) ist es möglich, die Verwaltung des Trace-Buffers in einer Art und Weise zu erweitern, die es erlaubt, nicht länger verfügbare Einträge automatisch zu erkennen. Dieses für die sog. *Speicherbereinigung* wichtige Merkmal wird in Abschnitt 4.2.6 genauer erläutert.

4.2.3 Binärübersetzung

Nach Separation eines Programmpfads wird die Binärübersetzung durchgeführt, wobei hier auch die zur statischen Codeerzeugung benutzten Verfahren zum Einsatz kommen (siehe hierzu Abschnitt 3.1.5). Optimierungen, wie das Entfernen unnötiger Befehle oder die Weitergabe von Kopien, sind dabei ebenfalls möglich [8]. Natürlich lassen sich auch die realen Befehle entlang des separierten Programmpfads verschieben und ggf. spekulativ ausführen, um so den Grad an Operationsparallelität zu erhöhen. Es muss jedoch gewährleistet sein, dass fälschlicherweise erzeugte Ergebnisse nicht ggf. noch benötigte Registerinhalte verändern, weshalb der verwendete reale Prozessor über eine größere Anzahl an Registern verfügen sollte, als das zugrunde liegende virtuelle Programmiermodell vorgibt (die erzeugten Ergebnisse werden jeweils erst nach Auflösung der Spekulation zugewiesen).

Im Zusammenhang mit Lade- bzw. Speicherebefehlen muss der reale Prozessor außerdem die *Kontrollfluss-* und *Datenflussspekulationen* unterstützen, d.h. die in Abschnitt 3.1.5 beschriebenen Prinzipien implementieren (bei einer Fehlspekulation wird hier oft so verfahren, dass die jeweilige reale Befehlsfolge in ihrer Wirkung auf den virtuellen Prozessorzustand gänzlich rückgängig gemacht und die virtuelle Befehlsfolge ein zweites Mal, nun durch Interpretation, ausgeführt wird). – Das Prinzip der Binärübersetzung soll anhand der in Bild 4.9 dargestellten virtuellen Nemesis-Befehlsfolge erläutert werden, wobei als Zielprozessor der Nemesis X zum Einsatz kommt. Er ist in der Lage zwei arithmetisch-logische Operationen und eine Sprungoperation parallel auszuführen.

Übersetzungsprozess

Bei der Binärübersetzung der Befehlsfolge werden die virtuellen Befehle streng sequentiell in reale Operationen umgesetzt und diese in einer Weise angeordnet, dass sie unter Berücksichtigung der Abhängigkeiten möglichst früh zur Ausführung gelangen. So wird die virtuelle Subtraktion aus Zeile 2 in Bild 4.9 der Nemesis-Befehlsfolge z.B. in Zeile 1 des Trace-Buffer-Eintrags codiert. Da die virtuelle Addition in Zeile 3 das Ergebnis der vorangehenden Subtraktion in r1 verknüpft, ist es nicht möglich, Subtraktion und Addition parallel auszuführen, weshalb letztere im zweiten VLIW-Befehl eingetragen werden muss.

Der nachfolgende, virtuelle and-Befehl in Zeile 4 des separierten virtuellen Programmpfads weist keine echten Datenabhängigkeiten zur virtuellen Subtraktion bzw. Addition auf und lässt sich somit parallel zur realen Subtraktion bereits in Zeile 1 des Trace-Buffer-Eintrags codieren. Dabei käme es aufgrund der Antiabhängigkeit über r7 jedoch, falls das Ergebnis in r7 eingetragen würde, zu einem Fehler, weil der alter Registerinhalt von der im zweiten realen VLIW-Befehl auszuführenden Addition noch benötigt wird. Aus diesem Grund verwendet man für das Ergebnis der realen and-Operation in Zeile 1 des Trace-Buffer-Eintrags das sog. Schattenregister r7'.

Der Sprungbefehl in Zeile 5 der virtuellen Befehlsfolge wertet den Inhalt des Bedingungsregisters cr0 aus, das mit dem virtuellen and-Befehl unmittelbar zuvor beeinflusst wurde. Da der separierte Programmpfad an dieser Stelle verzweigt und Nemesis X verzweigende Sprungoperationen langsamer als nicht verzweigende Sprungoperationen verarbeitet, wird im Trace-Buffer-Eintrag die entsprechende Sprungbedingung negiert codiert (ein unbedingter virtueller Sprungbefehl würde auf diese Weise entfernt werden können). Das Verzweigen der realen VLIW-Befehlsfolge zur Sprungmarke V2 ist dabei gleichbedeutend mit dem Verlassen des in der virtuellen Nemesis-Befehlsfolge grau unterlegten Bereichs, wobei die Interpretation mit dem virtuellen orn-Befehl in Zeile 6 neu zu starten ist. Regulär müssten sich hierbei natürlich die bis zu diesem Zeitpunkt erzeugten Ergebnisse in den Registern r0 bis r15 befinden, was jedoch nicht der Fall ist, da die im ersten VLIW-Befehl des Trace-Buffer-Eintrags ausgeführte reale and-Operation ihr Ergebnis in Register r7' ablegt.

Deshalb wird nach dem Sprung zur Sprungmarke V2 mit der *set-Operation* r7' zunächst nach r7 transferiert (wegen der noch zu beschreibenden selektiven Operationsauswahl geschieht dies allerdings nur, wenn dem Schattenregister zuvor ein Ergebnis zugewiesen wurde). Da möglicherweise mehrere Registerinhalte umgespeichert werden müssen, enthält die set-Operation eine Bitmaske, in der alle zu kopierenden Register durch ein gesetztes Bit gekennzeichnet sind (inklusive der Bedingungsregister cr0 bis cr3). Parallel zur set-Operation wird in Zeile 7 des Trace-Buffers noch die Operation stop ausgeführt und dadurch der in der Laufzeitumgebung eingebettete Interpreter mit der als Argument codierten Adresse reaktiviert. Es sei angemerkt, dass sich die benötigte Wirkung statt durch eine spezialisierte Operation auch auf eine andere, im nächsten Abschnitt noch genauer erläuterte Art und Weise erzielen lässt.

Alle weiteren, entlang des separierten Programmpfads noch folgenden virtuellen Befehle weisen eine Kontrollflussabhängigkeit zum virtuellen Sprungbefehl in Zeile 5 auf. Falls also eine reale Operation im Trace-Buffer-Eintrag vor die Sprungoperation in Zeile 2 verschoben werden soll, ist dessen Ergebnis in ein Schattenregister zu schreiben. Dies geschieht z.B. mit dem virtuellen xor-Befehl in Zeile 7 der Nemesis-

Befehlsfolge, der als reale Operation in Zeile 2 des Trace-Buffer-Eintrags parallel zur Sprungoperation codiert ist und ein Ergebnis im Schattenregister r1' erzeugt. Falls die reale Sprungoperation verzweigt, muss das Ergebnis verworfen werden, was leicht zu realisieren ist, indem man es *nicht* in das Register r1 kopiert. Falls es jedoch zu keiner Verzweigung kommt, wird der Inhalt des Schattenregisters r1' in Zeile 4 des Trace-Buffer-Eintrags mittels set-Operation in das Register r1 übertragen.

Selektive Operationsauswahl

Einer besonderen Erklärung bedarf noch die mit einem Hochkomma versehene reale Operation xor' in Zeile 2 des Trace-Buffer-Eintrags (hervorgehoben gesetzt). Normalerweise lässt sich eine reale VLIW-Befehlsfolge immer nur von einer einleitenden Sprungmarke ausgehend verarbeiten (hier V1), und zwar deshalb, weil die realen Operationen bezogen auf die Originalbefehlsfolge umgeordnet wurden und es daher nicht ohne weiteres möglich ist, eine zweite Einsprungstelle zu identifizieren. So ist z.B. eine Verzweigung zur virtuellen Sprungmarke L2 in Bild 4.9 nicht real durch eine Sprungoperation zur Sprungmarke V4 nachbildbar, da hierbei sowohl die add- als auch die beq-Operation ausgeführt werden würde. Gewöhnlich verfährt man deshalb so, dass mit jedem bisher nicht übersetzten Sprungziel (z.B. zur Sprungmarke L2 in der virtuellen Nemesis-Befehlsfolge) zunächst ein neuer Trace-Buffer-Eintrag reserviert und dieser mit VLIW-Befehlen gefüllt wird.

Vorteilhaft hieran ist, dass sich abhängig von der Vorgeschichte unterschiedliche dynamisch angepasste Befehlsfolgen generieren lassen, die kontextabhängig aufgerufen werden und möglicherweise zu einem optimalen Laufzeitverhalten beitragen. Als Nachteil ist jedoch u.a. ein hoher Speicherbedarf in Kauf zu nehmen, was für einfache Systeme, für die die Nemesis-Architektur vorrangig konzipiert wurde, ein Problem darstellen kann. Damit Einsprünge in bereits generierte VLIW-Befehlsfolgen möglich sind, kommt deshalb eine an der TU Berlin für den Nemesis X entwickelte, als selektive Operationsauswahl bezeichnete Technik zum Einsatz: Jede reale Operation eines VLIW-Befehls lässt sich durch ein *Präferenzbit* kennzeichnen. Falls der sog. *Präferenzmodus* inaktiv ist, werden wie gewohnt gekennzeichnete und nicht gekennzeichnete Operationen, andernfalls ausschließlich die mit dem Präferenzbit markierten Operationen ausgeführt.

Der Präferenzmodus wird normalerweise durch eine verzweigende reale Sprungoperation aktiviert und lässt sich explizit mit jedem VLIW-Befehl deaktivieren (in Bild 4.9 z.B. angezeigt durch den Punkt am Ende des VLIW-Befehls in Zeile 2). So kann z.B. mit der selektiven Operationsauswahl bei einer Verzweigung zu L2 die VLIW-Befehlsfolge ab V4 aufgerufen werden, wenn der Präferenzmodus zuvor aktiviert wurde. Im Trace-Cache ist hierzu nur die Adresse V4 zusammen mit der Information, beim Aufruf der realen Befehlsfolge den Präferenzmodus zu aktivieren, einzutragen.

Beachtenswert ist dabei, dass Lesezugriffe auf *Schattenregister*, deren Inhalte möglicherweise noch nicht definiert sind, sich immer auf die Originalregister beziehen.

Zum Beispiel vergleicht die Operation cmp in Zeile 3 der in Bild 4.9 dargestellten VLIW-Befehlsfolge tatsächlich die Registerinhalte r7 mit r8 und nicht r7' mit r8, weil nämlich r7' bei einem Einsprung über die Sprungmarke V4 nicht definiert ist. Um dies zu erkennen, werden die Inhalte der Schattenregister jeweils bei Ausführung einer set-Operation als ungültig definiert. – Die selektive Operationsauswahl wurde u.a. in [108] mit dem Ergebnis untersucht, dass sich zwischen 29% und 50% des sonst erforderlichen Speicherplatzes einsparen lässt.

Lade- und Speicherebefehle

Lade- und Speicherebefehle werden abweichend von der Regel – skalare Nemesis-Befehle immer entsprechend der im Originalprogramm bestehenden Reihenfolge in die VLIW-Befehlsfolge zu übertragen – ggf. dennoch umgeordnet. Oft ist es nämlich besser, Ladebefehle vor Speicherebefehlen auszuführen, da erstere Ergebnisse erzeugen, die von nachfolgenden Befehlen möglicherweise noch benötigt werden, während letztere nur die Aufgabe haben, Endergebnisse in den Hauptspeicher zu übertragen (siehe hierzu auch Abschnitt 2.3.1, Seite 159 ff.).

Das Umordnen von Lade- und Speicherebefehlen ist wesentlich aufwendiger zu realisieren als das einfache Übertragen einzelner Befehle in die VLIW-Befehlsfolge, da hierbei zusätzlich alle abhängigen Operationen berücksichtigt und ggf. verschoben werden müssen. Vereinfachend wirkt sich jedoch aus, dass Nemesis X pro Takt nur einen Lade- bzw. Speicherebefehl verarbeiten kann. Zur Vorgehensweise: Speicherebefehle werden zunächst äquivalent zu allen anderen Befehlen bearbeitet. Sie lassen sich jedoch durch Ladebefehle verdrängen, die in die VLIW-Befehlsfolge übertragen werden, indem man die bereits codierten Speicherebefehle ggf. nach hinten verschiebt und dabei jeweils durch ein Bit als umgeordnet kennzeichnet.

Das Prinzip ist in Bild 4.10 dargestellt: Die skalare Befehlsfolge auf der linken Seite wird in die auf der rechten Seite gewandelt, wobei man alle in ihrer Reihenfolge veränderten Lade- bzw. Speicherebefehle kennzeichnet, was hier durch das jeweils angeheftete .p symbolisiert ist. Bei Bearbeitung der rechts dargestellten Befehlsfolge werden die Zugriffsadressen aller gekennzeichneten Ladebefehle (ld.p) in einem Hardware-Puffer gesichert. Kommt es zur Ausführung eines gekennzeichneten Speicherebefehls, wird die Adresse des Zugriffs mit den gespeicherten Adressen verglichen und bei Gleichheit eines Eintrags eine Ausnahmebehandlung angestoßen. Darin werden die bis zu diesem Zeitpunkt erzeugten Ergebnisse des aktuellen Programmpfads (d.h. des Traces) verworfen[1] und die entsprechenden virtuellen Befehle schließlich streng sequentiell durch Interpretation ausgeführt.

Weil jeder gekennzeichnete Ladebefehl einen Speicherebefehl verdrängt, der dabei gekennzeichnet wird, und weil die Reihenfolge der Lade- bzw. Speicherebefehle unter sich unverändert bleibt, ist es möglich, mit jedem gekennzeichneten Speiche-

---

1. Die Wirkung von Speicherebefehle wird dabei annulliert, indem man die in einem in Hardware realisierten Schreibpuffer gehaltenen Zugriffsaufträge löscht. Normalerweise werden diese beim Verlassen des separierten Programmpfads bearbeitet, d.h. bei Ausführung einer stop- oder Sprungoperation.

rebefehl den ältesten Eintrag aus dem verwendeten Hardware-Puffer zu entfernen. Er darf schließlich vollständig gelöscht werden, wenn ein ungekennzeichneter Speicherzugriffsbefehl zur Ausführung gelangt.

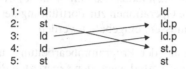

Bild 4.10. Datenspekulation. Die Ladebefehle in den Zeilen 3 und 4 werden vor den Speicherebefehl in Zeile 4 verschoben. Die von Nemesis X ausgeführte Befehlsfolge ist rechts dargestellt

Das Verfahren hat seine Grenzen. Insbesondere sind Zugriffe auf *Peripheriekomponenten* immer in der richtigen Reihenfolge auszuführen. Damit sie während der Binärübersetzung erkannt werden, sind die entsprechenden Lade- bzw. Speicherebefehle deshalb ebenfalls gekennzeichnet, und zwar durch Angabe des für Peripheriezugriffe reservierten *Adressraumkennungsregisters* asi3. In diesem Merkmal unterscheidet sich die aus Laufzeitumgebung Genesis X und VLIW-Prozessor Nemesis X bestehende Einheit von anderen, nach demselben Prinzip arbeitenden Umsetzungen, wie z.B. Crusoe TM5800 von Transmeta [94, 187], Daisy und BOA von IBM [34, 35, 36, 53] sowie Dynamo von HP [12, 13]: Erkennt man bei diesen Umsetzungen in einer binär zu übersetzenden virtuellen Befehlsfolge einen *Peripheriezugriff*, werden *sämtliche* Speicherzugriffsbefehle in der im skalaren Original vorgegeben Reihenfolge codiert. Dass hierbei auch die nicht auf Peripheriekomponenten zugreifenden Lade- und Speicherebefehle in der korrekten Reihenfolge zu bearbeiten sind, liegt daran, dass es andernfalls, wie oben beschrieben, zu einer Ausnahmebehandlung kommen könnte und bei der erneuten, nun interpretierten Bearbeitung des separierten Programmpfads Peripheriezugriffe ggf. unerlaubterweise mehrfach ausgeführt würden.

4.2.4 Codewandlung (code morphing)

Im vorangegangenen Abschnitt wurde beschrieben, wie man eine virtuelle Befehlsfolge binär übersetzen kann. Das zum Einsatz kommende, sehr einfache Verfahren erzeugt in nur einem Durchgang eine reale operationsparallele VLIW-Befehlsfolge. Selbstverständlich lassen sich dabei auch Optimierungen vornehmen, insbesondere um die Ausführungsgeschwindigkeit der einzelnen separierten Programmpfade zu verbessern. Allerdings ist eine solche Codeverbesserung umso zeitaufwendiger, je komplizierter die dabei zum Einsatz kommenden Verfahren sind. Damit die Gesamtbearbeitungszeit eines virtuellen Programms nicht steigt, weil einige nur selten zur Ausführung gelangende virtuelle Befehlsfolgen bei einer möglichen Binärübersetzung unnötig aufwendig optimiert werden, verwendet man z.B. bei Transmeter für den Crusoe TM5800 bzw. den Efficeon ein mehrstufiges Verfahren zur Profilbildung und Binärübersetzung, das sog. Code Morphing [94].

Zunächst werden die virtuellen Befehle hierbei wie gewohnt interpretiert und ein Profil des Laufzeitverhaltens angefertigt. Erkennt der Interpreter eine virtuelle Befehlsfolge als übersetzenswert, wird sie ohne aufwendige Optimierungen für einen niedrigen sog. Ausführungsmodus (*execution mode*) binärübersetzt, wobei in die reale VLIW-Befehlsfolge Operationen zur Fortführung des Laufzeitprofils, ohne den Interpreter aufrufen zu müssen, eingebettet werden.

Stellt sich im weiteren Verlauf der Programmbearbeitung durch Auswertung der Profildaten heraus, dass es von Vorteil wäre, den separierten Programmpfad zu optimieren, wird der Binärübersetzer erneut gestartet und von diesem eine überarbeitete reale VLIW-Befehlsfolge nun für einen höheren Ausführungsmodus erzeugt. Dieser Vorgang lässt sich wiederholen, bis schließlich eine maximal optimierte reale VLIW-Befehlsfolge vorliegt. Ob die Ausführungsmodi dabei immer sequentiell durchlaufen werden müssen oder ob auch „Quereinstiege" möglich sind, ist abhängig von der Implementierung. Im Prinzip lässt sich ein Ausführungsmodus nämlich z.B. mit Hilfe von Heuristiken bereits zum Zeitpunkt der binären Erstübersetzung festgelegen.

4.2.5 Binden (linking)

Nach einer ggf. auch optimierten Binärübersetzung wird ein separierter virtueller Programmpfad mit einer ähnlich hohen Geschwindigkeit ausgeführt, wie er nativ durch einen dynamisch operationsparallel arbeitenden Prozessor verarbeitet würde. Allerdings gilt dies nur, solange der separierte Programmpfad nicht verlassen und die *Laufzeitumgebung* reaktiviert wird, was nach den bisherigen Ausführungen auch dann erforderlich ist, wenn die als nächstes auszuführende virtuelle Befehlsfolge bereits binärübersetzt vorliegt.

Falls z.B. der in Bild 4.11 hervorgehoben dargestellte bedingte Sprungbefehl bhi verzweigt (mit a markiert), wird mit der an der Sprungmarke V2 codierten stop-Operation die Laufzeitumgebung aufgerufen und von diesem der Trace-Cache nach dem *virtuellen Sprungziel* L3 durchsucht (b). Da ein entsprechender Eintrag existiert, kommt es schließlich zum Aufruf der binärübersetzten realen VLIW-Befehlsfolge V4 (c). Der hier angedeutete Umweg über die Laufzeitumgebung ist leicht dadurch vermeidbar, dass sich die bereits binärübersetzten separierten Programmpfade direkt, wie z.B. durch den mit d markierten Sprungbefehl im Bild 4.11 angedeutet, gegenseitig aufrufen. Dieses sog. Binden kann nach [12] die Ausführungsgeschwindigkeit eines virtuellen Programms um bis zu einer Größenordnung steigern.

Direktes Binden

Die Vorgehensweise ist davon abhängig, ob der separierte virtuelle Programmpfad zu einer bereits binärübersetzten oder zu einer bisher noch nicht binärübersetzten Sprungmarke verzweigt. Ersteres bedeutet nämlich, dass sich bei der Binärübersetzung die jeweilige virtuelle Sprungadresse mit Hilfe des Trace-Caches in eine reale Sprungadresse umwandeln und statt der stop-Operation direkt eine unbedingte

Sprungoperation im Trace-Buffer codiert werden kann (d), während letzteres erfordert, dass zunächst eine stop-Operation benutzt wird, die sich nur verzögert durch eine unbedingte Sprungoperation ersetzen lässt. Dies ist selbstverständlich nur möglich, wenn die Laufzeitumgebung die Adresse des realen Befehls, in dem die stop-Operation codiert ist kennt, was zunächst bedeutet, dass der zuletzt bearbeitete Trace-Buffer-Eintrag umständlich durchsucht werden muss. Der zeitaufwendige Schritt ist jedoch vermeidbar, wenn die benötigte Befehlsadresse als Seiteneffekt der stop-Operation, z.B. in einem Spezialregister des *realen* Prozessors, gesichert wird. Allerdings muss der reale Prozessor hierzu über eine entsprechende Funktionalität verfügen.

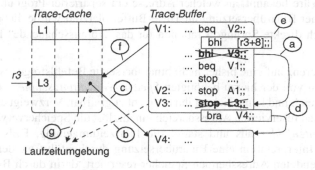

Bild 4.11. Binden von Trace-Buffer-Einträgen. Statt die einzelnen Einträge jeweils aus der Laufzeitumgebung heraus aufzurufen, werden direkte oder indirekte Sprünge darin codiert

Indirektes Binden

Das nachträgliche Ersetzen einer stop-Operation durch eine unbedingte Sprungoperation hat den Nachteil, dass einfache Optimierungen ohne zusätzliche, normalerweise zeitaufwendige Aktionen nicht durchführbar sind. So lässt sich z.B. die hervorgehoben gesetzte bedingte Sprungoperation bhi und die stop-Operation zwar prinzipiell zusammenfassen (sofern keine weiteren Operationen zwischen diesen codiert sind), da die hierbei benötigte Befehlsadresse des bedingten Sprungbefehls bhi der Laufzeitumgebung ohne eine explizite Suche nicht bekannt ist, verzichtet man i.Allg. jedoch darauf.

Als Alternative lässt sich die Optimierung aber bereits mit der Binärübersetzung durchführen, wenn nämlich die realen Befehlsfolgen indirekt aneinander gebunden werden. Angenommen, das reale Arbeitsregister r3 in Bild 4.11 enthält die Adresse des für die Zieladressumsetzung erforderlichen Trace-Cache-Eintrags, dann wird wegen des im grau unterlegten Feld eingetragenen Zeigers g zunächst die Laufzeitumgebung gestartet[1]. Kommt es zu einem späteren Zeitpunkt zu einer Binärübersetzung des separierten Programmpfads, muss nur noch der mit g durch den mit c markierten Zeiger ersetzt werden, um bei erneuter Ausführung des bedingten indirekten

---

1. Der in der indirekten Sprungadresse verwendete Offset 8 ist erforderlich, weil der Zeiger r3 auf den Trace-Cache-Eintrag insgesamt und nicht auf das dritte Element dieses Eintrags verweist.

Sprungbefehls bhi ohne Umweg über die Laufzeitumgebung indirekt die mit V4 beginnende reale VLIW-Befehlsfolge aufzurufen.

Hardware-gestütztes Binden

Nachteilig am Binden mit indirekten Sprungoperationen ist, dass die Zieladresse zunächst geladen werden muss (hier in das Register r3). Zwar kann dies meist parallel zu anderen, der Sprungoperation vorangehenden Operationen geschehen, der Zugriff auf den Datenspeicher benötigt jedoch i.Allg. viel Zeit, was die Ausführungsgeschwindigkeit, mit der das virtuelle Programm bearbeitet wird, negativ beeinflusst. Wäre bekannt, an welcher Adresse ein separierter Programmpfad zum Zeitpunkt seiner Binärübersetzung im Trace-Buffer platziert würde, ließen sich statt indirekter auch direkte Sprungoperationen für das „vorausschauende" Binden verwenden.

Mit jeder Referenz auf eine bisher nicht binärübersetzte Befehlsfolge reserviert man zunächst einen von der hierzu benötigten *Speicherverwaltungseinheit* administrierten Adressbereich und kennzeichnet ihn als nicht zugreifbar. Verzweigt eine Sprungoperation in den reservierten Adressbereich hinein, löst die Speicherverwaltungseinheit einen *Seitenfehler* aus und startet die Laufzeitumgebung. Falls nach einer anfänglichen Interpretation eine Binärübersetzung durchgeführt werden soll, wird zu dem verwendeten Adressbereich Speicher reserviert, darin durch Binärübersetzung die zum separierten Programmpfad gehörende VLIW-Befehlsfolge erzeugt und die Speicherverwaltungseinheit schließlich so umprogrammiert, dass es zu keinen weiteren Seitenfehlern kommt.

Das hier skizzierte Verfahren findet u.a. in Daisy von IBM [34] und im Nemesis X der TU Berlin [108[1]] Anwendung. Bei Daisy übersetzt man das in 4 KByte großen Seiten unterteilte virtuelle Programm in 16 KByte große Seiten des Trace-Buffers, wobei *sämtliche* Adressbezüge linear vom Virtuellen ins Reale transformiert werden. Der einfachen Adressumsetzung steht als wesentlicher Nachteil entgegen, dass die potentiellen Sprungziele eines virtuellen Programms in der realen VLIW-Befehlsfolge linear erhalten bleiben müssen, was aufwendig zu realisieren ist. Deshalb werden beim Nemesis X Sprungbefehle, die zu einer bisher noch nicht binärübersetzten virtuellen Befehlsfolge verweisen, auf einen von der virtuellen Adresse unabhängigen Speicherbereich gelenkt und mit Hilfe des entsprechenden Trace-Cache-Eintrags umgesetzt.

Zum Beispiel würde man bei der Binärübersetzung des mit der Sprungmarke V1 beginnenden Trace-Buffer-Eintrags in Bild 4.11 die mit d markierte unbedingte Sprungoperation auch dann codieren, wenn das Sprungziel noch nicht binärübersetzt vorliegt. Die benutzte Zieladresse V4 wird dabei so festgelegt, dass sie auf einen freien, willkürlich ausgewählten Adressbereich zeigt, dem ein Speicherbereich entsprechender Größe mit Hilfe der Speicherverwaltungseinheit erst zugeteilt wird, wenn der entsprechende Programmpfad ebenfalls binärübersetzt wurde.

---

1. Die durch diesen Literaturhinweis gekennzeichnete Arbeit beschreibt eine Realisierung ohne Befehlsspeicherverwaltungseinheit. Das Binden geschieht hier noch teils direkt, teils indirekt.

Solange dies noch nicht geschehen ist, werden alle virtuellen Sprungziele L3 in die realen Sprungziele V4 umgesetzt, was einen Zugriff auf den Trace-Cache erfordert.

▶ Bemerkung. Eine bisher ungeklärt gebliebene Frage ist die nach dem Umgang mit indirekten virtuellen Sprungbefehlen. Da hier das virtuelle Sprungziel erst zur Laufzeit feststeht, ist das direkte oder indirekte Binden in der zuvor beschriebenen Weise nicht möglich. Die einfachste Lösung besteht in der Verwendung einer stop-Operation, der als Argument das indirekte Sprungziel übergeben wird. Bei Ausführung wird in die Laufzeitumgebung zurückgekehrt und anhand der als Argument übergebenen virtuellen Sprungadresse nach einem geeigneten Trace-Cache-Eintrag gesucht. Falls er gefunden wird, kommt es zum Aufruf der assoziierten realen VLIW-Befehlsfolge. Andernfalls beginnt, wie gewohnt, die Interpretation der an der Zieladresse stehenden virtuellen Befehle.

Problematisch ist dieses Vorgehen im Zusammenhang mit den indirekt arbeitenden virtuellen Unterprogrammrücksprungbefehlen, weil diese nämlich sehr häufig auftreten und daher die Ausführungsgeschwindigkeit signifikant mindern würden. Da hier jedoch oft nur wenige potentielle Sprungziele in Frage kommen, wird normalerweise so verfahren, dass man vor der stop-Operation die virtuelle indirekte Sprungadresse mit bereits bekannten virtuellen Zieladressen vergleicht und bei Gleichheit das assoziierte reale Sprungziel direkt ansteuert. So entspricht die VLIW-Befehlsfolge in Bild 4.12 links z.B. dem indirekten virtuellen Sprungbefehl rechts (mit jeweils zwei parallel auszuführenden Operationen pro Befehl). Die virtuellen Sprungziele L1 und L2 wurden bei der Profilbildung identifiziert und bei der Binärübersetzung direkt an die realen Trace-Buffer-Einträge V1 und V2 gebunden.

Bild 4.12. Umsetzung eines indirekten virtuellen Sprungbefehls in eine VLIW-Befehlsfolge   ◀

4.2.6 Speicherbereinigung (garbage collection)

Damit der Trace-Cache schnell nach einem passenden Eintrag durchsucht werden kann, ist er i.Allg. mit einer konstant begrenzten Anzahl von Einträgen realisiert. Daraus resultiert aber auch, dass größere virtuelle Programme sich nicht vollständig binärübersetzt darin halten lassen. Gegebenenfalls müssen beim Binärübersetzten eines neu hinzukommenden virtuellen Programmpfads deshalb Inhalte aus dem Trace-Cache ersetzt werden. Als Vorteilhaft erweist sich dabei, dass jüngere, durch Binärübersetzung erzeugte reale Befehlsfolgen meist besser an das aktuelle sich dynamisch ändernde Laufzeitverhalten angepasst sind als ältere, durch Binärübersetzung erzeugte reale Befehlsfolgen. Selbst wenn die vorgesehene Kapazität ausreicht, um ein virtuelles Programm vollständig binärübersetzt aufnehmen zu können, ist es oft besser, Inhalte von Zeit zu Zeit aus dem Trace-Cache zu entfernen, anstatt sie dauerhaft darin zu speichern, um nämlich eine Neuübersetzung bereits binärübersetzter Befehlsfolgen nun unter Berücksichtigung eines aktualisierten Laufzeitprofils zu erzwingen.

Programmierte Verfahren

Das Entfernen eines einzelnen Eintrags ist wegen der gebundenen Trace-Buffer-Einträge sehr kompliziert. Angenommen, der grau unterlegte Eintrag des Trace-Buffers

in Bild 4.13a soll gelöscht werden, dann ist dies zwar durch entsprechende Aktualisierung des Trace-Cache möglich, dabei würden jedoch die zwei mit a und b markierten Referenzen in den hervorgehoben umrahmten VLIW-Befehlsfolgen ungültig
werden. Kommt es zur Ausführung einer entsprechenden Sprungoperation, würde
das in den allermeisten Fällen den Absturz des Programms zur Folge haben.

Natürlich ließe sich der gesamte Trace-Buffer nach den offenen Referenzen durchsuchen und diese ggf. durch Aufrufe der Laufzeitumgebung ersetzen. Allerdings
wäre dies sehr zeitaufwendig, weshalb man z.B. bei Dynamo von HP nicht einzelne
Trace-Cache-Einträge, sondern immer den gesamten Trace-Cache löscht [12, 13].
Als Konsequenz muss dafür jedoch in Kauf genommen werden, dass die Häufigkeit,
mit der die Laufzeitumgebung gestartet wird, nach dem Löschen des Trace-Caches
schlagartig ansteigt und die Ausführungsgeschwindigkeit des virtuellen Programms
dadurch kurzzeitig um Größenordnungen einbricht.

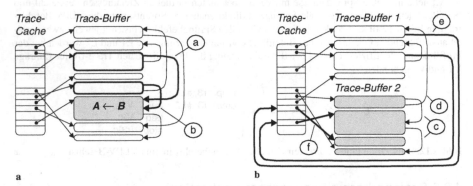

Bild 4.13. Organisation eines Trace-Cache. **a** mit einem Trace-Buffer. **b** mit zwei Trace-Buffern

Im Rahmen des Nemesis-Projekts wurde deshalb das in Bild 4.13b skizzierte Verfahren erprobt (jedoch nicht realisiert). Statt eines einzelnen finden hier mehrere
Trace-Buffer Verwendung, die alternierend gefüllt werden. Das Binden geschieht
jeweils so, dass man direkte Sprungoperationen nur verwendet, wenn sie den jeweiligen Trace-Buffer nicht verlassen (c) oder sie in den jeweils „jüngeren" Trace-Buffer verzweigen (d). Alle anderen Referenzen werden indirekt gelöst (e und f).

Um Platz im Trace-Cache zu schaffen, kennzeichnet man nun alle Einträge als
gelöscht, die auf den „ältesten" Trace-Buffer (hier Trace-Buffer 2) verweisen, wobei
die gespeicherten Startadressen (z.B. mit f markiert) durch Zeiger auf die Laufzeitumgebung zu ersetzen sind. Letzteres garantiert, dass die nach dem Löschen normalerweise offenen Referenzen nicht ins Leere laufen, sondern eine ggf. erneute Interpretation bzw. Binärübersetzung der jeweiligen virtuellen Befehlsfolge initiieren.
Schließlich ist nur noch der durch den Trace-Buffer belegte Speicher freizugeben.

Hardware-gestützte Verfahren

Die individuelle Freigabe eines einzelnen Eintrags im Trace-Cache ist zwar nicht
sinnvoll, wenn eines der zuvor beschriebenen programmieren Verfahren zum Ein-

satz kommt, wohl aber, wenn eine *Speicherverwaltungseinheit* Verwendung findet und jedem Eintrag des Trace-Buffers eine eigene Speicherseite zugeordnet wird. Die Vorgehensweise ist vergleichbar mit der, die bereits in Abschnitt 4.2.5 beschrieben wurde. Zunächst wird der zu löschende Eintrag aus dem Trace-Cache ausgewählt, und zwar mit Hilfe der z.B. auch bei in Hardware realisierten Caches genutzten Strategien (Abschnitt 2.3.1). Statt des naheliegenden *LRU-Verfahrens* verwendet man hier jedoch oft Heuristiken, die leichter programmiert implementierbar sind. So wird z.B. beim Nemesis X eine Zufallsauswahl durchgeführt. Steht der zu löschende Eintrag fest, muss er im Trace-Cache nur noch als leer markiert und die assoziierte Speicherseite im Trace-Buffer als nicht verfügbar gekennzeichnet werden. Zu einem späteren Zeitpunkt ausgeführte Sprungoperationen, die in den gelöschten Trace-Buffer-Eintrag hinein führen, lassen sich schließlich mit Hilfe der Speicherverwaltungseinheit erkennen. Dabei wird jeweils ein Seitenfehler ausgelöst und die Laufzeitumgebung für eine Interpretation oder Binärübersetzung neu gestartet.

Ein Detail ist noch zu klären: Der zu einer freigegebenen Speicherseite gehörende Adressbereich darf nämlich nicht durch eine andere als der ursprünglichen VLIW-Befehlsfolge belegt werden, da sich dann möglicherweise noch im Trace-Buffer existierende Sprungoperationen nicht mehr korrekt auflösen ließen. Zum Beispiel käme es zu einem Programmabsturz, wenn der in Bild 4.13a grau unterlegte Adressbereich nach Freigabe der VLIW-Befehlsfolge A durch die VLIW-Befehlsfolge B ersetzt und der mit a markierte Sprung, der regulär in die VLIW-Befehlsfolge A führen soll, ausgeführt würde. Es gibt jedoch eine Möglichkeit zur Lösung dieses Problems: Ein bestimmter Adressbereich wird fest einer bestimmten VLIW-Befehlsfolge zugeordnet. Gibt man z.B. in Bild 4.13a den grau unterlegte Eintrag mit der VLIW-Befehlsfolge A frei, lässt er sich erneut nur durch dieselbe VLIW-Befehlsfolge A belegen. Referenzen werden also entweder korrekt aufgelöst oder von der Speicherverwaltungseinheit als offen erkannt.

Das Verfahren findet u.a. mit Daisy von IBM [34] und Nemesis X von der TU Berlin [108[1]] Anwendung. Bei Daisy ist es so realisiert, dass jedem Adressbereich des virtuellen Programms ein Adressbereich für die VLIW-Befehlsfolge eineindeutig zugeordnet ist (wie bereits im Zusammenhang mit dem Binden angedeutet). Die Adressbereiche aller belegten und unbelegten Einträge im Trace-Buffer ergeben hierbei ein zum virtuellen Programm vergleichbares Speicherabbild. Die Nachteile des Verfahrens sind, dass sowohl die Binärübersetzung als auch die Optimierung sehr kompliziert sind, da sämtliche Adressbezüge korrekt erhalten bleiben müssen und dieselben virtuellen Befehle nicht in unterschiedlichen VLIW-Befehlsfolgen berücksichtigt werden können.

Beim Nemesis X ist die Zuordnung der separierten virtuellen Programmpfade zu den durch die Speicherverwaltungseinheit administrierten Trace-Buffer-Einträgen deshalb in der Weise realisiert, dass mit jedem neu hinzu kommenden Eintrag ein neuer „virtueller" Adressbereich belegt wird, der sich an die bereits reservierten

---

1. Die durch diesen Literaturhinweis gekennzeichnete Arbeit beschreibt eine Realisierung ohne Befehlsspeicherverwaltungseinheit. Zur Speicherbereinigung kommt dort noch das in Bild 4.13b skizzierte Verfahren zum Einsatz.

Adressbereiche anschließt. (Zur Klärung: Zwar handelt es sich hier um virtuelle Adressen, die von der Speicherverwaltungseinheit umgesetzt werden, diese beziehen sich jedoch auf das reale VLIW-Programm.)

Ein kurioser Effekt hierbei ist, dass der Trace-Buffer den virtuellen Adressraum bis zu einer beliebig festlegbaren Schranke nach und nach durchwandert, wie Bild 4.14 a bis d in zeitlicher Abfolge zeigt. Mit dem Nemesis X ist dies jedoch unproblematisch, weil (1.) jedem Prozess ein eigener virtueller Adressraum zugeordnet ist und somit die durch die Trace-Buffer-Einträge belegten Adressbereiche der verschiedenen Prozesse keine Überschneidungen aufweisen und weil (2.) das Durchwandern des virtuellen Adressraums keine Auswirkungen auf den realen Adressraum hat, der Trace-Buffer sich daher im realen Speicher (nach der Adressumsetzung durch die Speicherverwaltungseinheit) auf einen eng umgrenzten Bereich beschränken lässt. Falls der für die Trace-Buffer-Einträge reservierte Adressbereich vollständig durchlaufen ist, muss man natürlich trotzdem einen neuen Eintrag reservieren können. Die sehr einfache Vorgehensweise hier ist, den gesamten Trace-Buffer in diesem Fall einmal zu löschen.

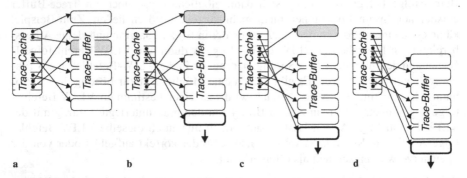

a   b   c   d

Bild 4.14. Der im Nemesis X realisierte Trace-Buffer, der den virtuellen Adressraum durchwandert. Dies ist schrittweise in den Teilbildern angedeutet, wobei die grau unterlegten Einträge des Trace-Buffers jeweils freigegeben und die hervorgehoben umrahmten Einträge neu reserviert werden

▶ Bemerkung. Eine Speicherbereinigung wird nicht nur durchgeführt, wenn man Platz im Trace-Cache benötigt oder das binärübersetzte Programm neu laufzeitoptimieren möchte, sondern auch, wenn sich das virtuelle Programm ändert, d.h. *selbstmodifizierender* Code ausgeführt wird. Die zu Daisy beschriebene Vorgehensweise in einem solchen Fall ist, dass Schreibzugriffe auf das virtuelle Programm von der Speicherverwaltungseinheit erkannt und im *Seitendeskriptor* zum korrespondierenden Trace-Buffer-Eintrag vermerkt werden [34, 35]. Beim Versucht die binärübersetzte Befehlsfolge auszuführen, wird schließlich eine Ausnahmebehandlung angestoßen und die erneute Binärübersetzung der veränderten virtuellen Befehlsfolge initiiert. Es sei darauf hingewiesen, dass ein entsprechendes Verfahren zum Nemesis X nicht realisiert werden musste, da selbstmodifizierender Code hier nicht erlaubt ist.   ◀

4.2.7 Ausnahmeverarbeitung

Bei Verarbeitung von Ausnahmeanforderungen muss, genau wie bei anderen nach dem Kontrollflussprinzip arbeitende Prozessoren auch, die Adresse des Befehls gesichert werden, an der das laufende Programm unterbrochen wurde. Die Rücksprungadresse bezieht sich natürlich auf das virtuelle Programm und kann *präzise* oder *unpräzise* sein. Zur Erinnerung: Bei einer präzisen Ausnahmeanforderung bezeichnet die Rücksprungadresse exakt die Positionen, an der das jeweilige Ereignisse ausgelöst wurde. Präzise Ausnahmeanforderungen treten insbesondere auf, wenn sich ein Befehl nicht fehlerfrei beenden lässt oder wenn Systemaufrufe durchgeführt werden, wobei man zusätzlich unterscheidet, ob der ereignisauslösende Befehl in seiner Verarbeitung unterbrochen oder zu Ende bearbeitet werden kann. Im Gegensatz hierzu steht bei einer unpräzisen Ausnahmeanforderung die Adresse des Befehls, mit dem das laufende Programm unterbrochen wird, nicht in Relation zum Ereignis. Normalerweise werden z.B. (asynchrone) Unterbrechungsanforderungen (interrupts) unpräzise verarbeitet. Selbstverständlich ist es unter Inkaufnahme eines erhöhten Realisierungsaufwands prinzipiell möglich, unpräzise Ausnahmeanforderungen auch präzise zu bearbeiten.

Mit einem die dynamische Binärübersetzung nutzenden Prozessor sind bei der Verarbeitung von Ausnahmeanforderungen drei Fälle zu unterscheiden, je nachdem, ob das Ereignis in der Phase der Interpretation, der Binärübersetzung oder der Ausführung binärübersetzter realer VLIW-Befehlsfolgen auftritt. In der *Interpretationsphase* wird der laufende Befehl beim Erkennen einer Ausnahmeanforderung entweder regulär abgeschlossen oder augenblicklich beendet, wobei man ggf. erzeugte Zwischenergebnisse verwirft. Ersteres hat im Vergleich zu Letzterem den Vorteil, dass bereits bearbeitete Aktionen nach dem Ausnahmeprogramm nicht erneut durchzuführen sind, jedoch auch den Nachteil einer längeren Ausnahmelatenzzeit. In jedem Fall werden unpräzise Ausnahmeanforderungen in der Interpretationsphase präzise bearbeitet.

Ähnlich verfährt man, wenn die Ausnahmeanforderung bei der *Binärübersetzung* eines separierten Programmpfads auftritt, wobei jedoch ausschließlich asynchrone Ereignisse zu berücksichtigen sind, und zwar deshalb, weil man die virtuellen Befehle hier binärübersetzt und nicht ausführt, sie also auch keine Ereignisse auslösen können. Wegen der Unmöglichkeit, mit dem Kontext des *virtuellen* Prozessors den Zustand der Laufzeitumgebung zu sichern, muss die Binärübersetzung dabei vollständig beendet oder abgebrochen werden, bevor in das Ausnahmeprogramm verzweigt wird.

Der am aufwendigsten zu handhabende Fall ist, wenn eine Ausnahmeanforderung die Ausführung einer binärübersetzten VLIW-Befehlsfolge unterbricht, und zwar deshalb, weil die einzelnen Operationen nicht mehr in derselben Reihenfolge bearbeitet werden, wie sie im virtuellen Programm vorgegeben ist und daher eine Unterbrechung den Prozessor in einem Zustand hinterlassen kann, der bei korrekter Abarbeitung der virtuellen Befehlsfolge niemals hätte auftreten dürften. Bild 4.15 verdeutlicht diesen Sachverhalt: Die rechts dargestellte, reale VLIW-Befehlsfolge lässt sich durch Binärübersetzung aus der links dargestellten, virtuellen Befehlsfolge erzeugen. Kommt es mit dem Ladebefehl zu einer Ausnahmeanforderung (z.B. wegen eines Seitenfehlers), müsste das virtuelle Programm präzise unterbrochen werden. Da jedoch der virtuelle and-Befehl (Zeile 3 links) bereits mit dem ersten realen VLIW-Befehl (Zeile 1 rechts) emuliert wurde, befinden sich bei Ausführung des Ausnahmeprogramms im Arbeitsregister r6 und im Bedingungsregister cr0 die zu diesem Zeitpunkt noch nicht erwarteten Ergebnisse der and-Operation.

Darf die Ausnahmeanforderung unpräzise bearbeitet werden, lässt sich das Problem einfach lösen, indem z.B. die VLIW-Befehlsfolge bis zu ihrem Ende abgearbeitet wird, wobei erneut eine lange Ausnahmelatenzzeit zu tolerieren wäre. Natürlich ließe sich eine VLIW-Befehlsfolge auch abbrechen und der *virtuelle Prozessor* in einen Zustand versetzen, als wäre die reale VLIW-Befehlsfolge nicht ausgeführt worden. Allerdings erfordert dies, dass (1.) die Inhalte der Register, wie sie zu Beginn der Ausführung eines binärübersetzten separierten Programmpfads bestanden haben, restauriert und dass (2.) sämtliche Zugriffe auf den Hauptspeicher annulliert werden (siehe hierzu die abschließende Bemerkung). Die bereits erzeugten Ergebnisse gehen dabei selbstverständlich verloren und müssen nach der Ausnahmeverarbeitung erneut berechnet werden.

Virtuelle Befehlsfolge   *Ausnahmeauslösender Befehl*

```
1: L1:   sub      r1, r2, r3  ⌉  ↙  Reale VLIW-Befehlsfolge
2:       ld       r4, [r1, r5] |   ⌈ 1: V1:   sub   r1, r2, r3;   and.cr0   r6, r7, r8;;
3:       and.cr0  r6, r7, r8   |→  ⌊ 2:       ld    r4, [r1, r5];  xor       r1', r2, r3   beq   V2;;
4:       beq      L2           |
5:       xor      r1, r2, r3  ⌋
```

Bild 4.15. Gegenüberstellung einer virtuellen Befehlsfolge und der daraus erzeugten realen VLIW-Befehlsfolge. Falls mit dem Lesezugriff eine Ausnahmeanforderung auftritt, ist der and-Befehl in Zeile 3 der virtuellen Befehlsfolge bereits emuliert worden

Das Wiederherstellen des zu Beginn der Ausführung einer VLIW-Befehlsfolge bestehenden virtuellen Prozessorzustands hat auch für die Bearbeitung von präzisen Ausnahmeanforderungen eine Bedeutung. Nach dem Einstellen des Startzustands werden dabei die einzelnen Befehle durch den Interpreter nacheinander emuliert, bis das die Ausnahme auslösende Ereignis erneut auftritt. Das Verfahren ist z.B. in BOA von IBM realisiert [53]. Es hat den Nachteil, dass eine lange Ausnahmelatenzzeit in Kauf genommen werden muss, die jedoch durch zahlreiche Varianten des Verfahrens versucht wird zu minimieren. Bei Daisy von IBM [34, 35] ist es z.B. möglich, von der Adresse eines VLIW-Befehls direkt auf die Adresse der entsprechenden virtuellen Befehlsfolge zu schließen, sodass man bei Auftreten der Ausnahmeanforderung nur den laufenden VLIW-Befehl in seiner Bearbeitung abbrechen muss. Die darin codierten Operationen werden anschließend interpretiert, bis das jeweilige Ereignis erneut auftritt.

Beim Crusoe TM5800 von Transmeta [94] wird bei einer Ausnahmeanforderung zwar die laufende VLIW-Befehlsfolge auf den Startzustand zurückgespult (*rollback*), der ausnahmeauslösende Befehl jedoch nicht durch Interpretation gefunden, sondern indem man eine binärübersetzte, streng sequentiell codierte Befehlsfolge aufruft. Die Adresse des virtuellen für die Ausnahmeanforderung verantwortlichen Befehls lässt sich schließlich aus der Startadresse der sequentiellen nativen Befehlsfolge, der Startadresse der assoziierten virtuellen Befehlsfolge und der Adresse zum Zeitpunkt der Ausnahmeanforderung der nativen Befehlsfolge berechnen.

Eine weitere Lösung wurde im Rahmen des Nemesis-Projekts verwirklich. Falls während einer Ausnahmebehandlung nicht auf den Zustand des virtuellen Programms Zugriff genommen wird, gibt es auch keinen Grund dafür, weshalb nicht die VLIW-Befehlsfolge direkt unterbrochen und nach Ausführung des Ausnahmeprogramms die Bearbeitung der VLIW-Befehlsfolge auch wieder aufgenommen werden sollte. Hierbei ist dafür Sorge zu tragen, dass der Rücksprung sich auf das reale und nicht auf das virtuelle Programm bezieht, was sich jedoch durch Abstraktion erreichen lässt, nämlich indem man das Ausnahmeprogramm nicht direkt in eine Ausnahmetabelle einträgt (siehe Abschnitt 1.4.1), sondern eine zur Laufzeitumgebung Genesis X gehörende, dafür zuständige sog. *PAL-Funktion* (processor abstraction layer function) aufruft.

Das virtuelle Ausnahmeprogramm wird so in eine native VLIW-Befehlsfolge statisch binärübersetzt, wobei sämtliche virtuellen Rücksprungbefehle durch reale Rücksprungoperationen ersetzt werden. Außerdem überprüft man, ob das Ausnahmeprogramm unerlaubt auf den Zustand des virtuellen Prozessors vor der Ausnahmebehandlung oder direkt auf Befehle des virtuellen Ausnahmeprogramms zugreift (was nicht möglich ist, weil das Ausnahmeprogramm bei Ausführung nur in einer binärübersetzten Variante vorliegt). Gegebenenfalls wird der PAL-Aufruf mit einem Fehler quittiert.

Angenommen, das zur Bearbeitung von *Seitenfehlern* zuständige Programm wurde auf die beschriebene Weise eingebunden. Kommt es bei Ausführung der in der VLIW-Befehlsfolge aus Bild 4.15 codierten Ladeoperation zu einer Ausnahme, wird der entsprechende VLIW-Befehl unterbrochen und *augenblicklich* in das binärübersetzte VLIW-Ausnahmeprogramm verzweigt. Dort lässt sich die benötigte Speicherseite z.B. von einer Festplatte laden und mit dem Rücksprungbefehl der präzise unterbrochene VLIW-Befehl erneut ausführen.

Das einzige Problem besteht darin, dass nach Bearbeitung eines Ausnahmeprogramms nicht immer in die unterbrochene reale Befehlsfolge zurückkehrt wird, wie z.B. bei einem *Prozesswechsel*. Hierbei ist es nämlich erforderlich, den sich i.Allg. auf das virtuelle Programm beziehende Kontext zu sichern. Deshalb sind weitere PAL-Funktionen vorgesehen, mit denen es möglich ist, einen Kontextwechsel abstrakt zu initiieren, und zwar, indem neben dem Zustand des virtuellen Programms der der realen VLIW-Befehlsfolge gesichert wird. Es bleibt anzumerken, dass die hier angedeutete Technik nur zum Einsatz kommen kann, wenn sie bereits beim Entwurf der Prozessorarchitektur vorgesehen wurde, wie beim Nemesis X der Fall.

▶ Bemerkung. In einigen Situationen, z.B. bei im Zusammenhang mit Ladebefehlen auftretenden *Fehlspekulationen*, ist es auch mit Nemesis X notwendig, eine zum Teil bearbeitete reale VLIW-Befehlsfolge in den Zustand zurückzuversetzen, der zu Beginn der Ausführung des separierten Programmpfads bestanden hat, um die virtuellen Befehle anschließend streng sequentiell interpretieren zu können. Hierzu muss es möglich sein, die bereits berechneten Ergebnisse durch die initialen Werte zu ersetzen, und zwar möglichst verzögerungsfrei.

Bezogen auf den Hauptspeicher bedeutet dies, dass Speicheroperationen erst ausgeführt werden dürfen, wenn es definitiv nicht zu einer Wiederherstellung des Startzustands kommen wird, d.h. beim Verlassen des jeweiligen separierten Programmpfads. Speicheroperationen werden von Nemesis X deshalb als Aufträge in einen Schreibpuffer eingetragen und erst abgearbeitet, wenn eine verzweigende Sprungoperation ausgeführt, der separierte Programmpfad also verlassen wird. Solange dies nicht der Fall ist, lässt sich der Startzustand der jeweiligen VLIW-Befehlsfolge bezogen auf den Hauptspeicher jederzeit wieder herstellen, indem sämtliche Speichereaufträge im Schreibpuffer gelöscht werden.

Damit sich auch die Inhalte von Registern in den zu Beginn der Bearbeitung einer VLIW-Befehlsfolge bestehenden Zustand zurück versetzen lassen, werden im Prinzip sämtliche Registerinhalte zunächst in einen Hintergrundspeicher übertragen und im Bedarfsfall daraus in die korrespondierenden Arbeitsregister zurückkopiert. Problematisch daran ist, dass für das einschrittige Kopieren des gesamten Registerspeichers jeweils ein Port pro Register benötigt wird.

In Nemesis X kommt deshalb ein Verfahren zum Einsatz, bei dem man nicht die Inhalte von Registern kopiert, sondern nur deren Benamung verändert. Bei geringem Realisierungsaufwand ermöglicht dies ein schnelles Wiederherstellen des zu Beginn einer VLIW-Befehlsfolge bestehenden Zustands und ermöglicht außerdem das Übertragen beliebig vieler Inhalte von *Schattenregistern* in die assoziierten Arbeitsregister, wie es die *set-Operation* bewirkt. Die prinzipielle Vorgehensweise hierbei ist, dass aktuelle Registerinhalte zwar gelesen werden können, jedoch Schreiboperationen auf eine zweite Registerbank wirken. Die Funktionsweise soll an Bild 4.16 erläutert werden.

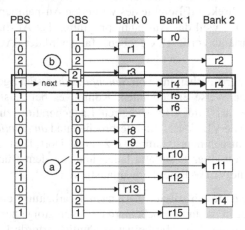

Bild 4.16. Verwaltung der Registerbänke im Nemesis X. Das Auswahlregister CBS (current bank select) legt jeweils fest, in welcher Bank sich ein Arbeitsregister befindet

Das Auswahlregister CBS (current bank select) legt hierzu jeweils fest, in welcher Registerbank ein Arbeitsregister aktuell gespeichert ist. Zur Sicherung sämtlicher Registerinhalte wird CBS zunächst nach PBS (previous bank select) kopiert. Solange nur lesend auf die Arbeitsregister zugegriffen wird, adressiert man jeweils die mit CBS selektierten Registerbänke. Zum Beispiel befindet sich das Arbeitsregister r10 wegen des im Auswahlregister CBS in Bild 4.16 mit a markierten Inhalts aktuell in Bank 1. Bei einem Schreibzugriff wird nun vor Modifikation des Arbeitsregisters jeweils die „nächste" von PBS selektierte Registerbank in das Auswahlregister CBS kopiert (wobei auf Bank 2 Bank 0 folgt). Befindet sich z.B. r4 wie dargestellt in Bank 1, so wird mit dem ersten Schreibzugriff zuerst der Inhalt des mit b markierten Feldes im Auswahlregister CBS modifiziert und auf diese Weise dafür gesorgt, dass das Ergebnis nicht den zu sichernden Inhalt von r4 in Bank 1, sondern in Bank 2 speichert. Da das Auswahlregister PBS nicht weiter verändert wird, beziehen sich alle weiteren Lese- und auch Schreibzugriffe auf das Arbeitsregister r4 in Bank 2. – Um zum anfänglichen Zustand des Registerspeichers zurückzukehren, müssen nur noch die alten Registerinhalte wieder sichtbar gemacht werden, was sich durch einfaches Kopieren von PBS nach CBS erreichen lässt.

Im Prinzip kann das dargestellte Verfahren auch mit zwei Registerbänken realisiert werden. Die dritte Registerbank wird jedoch benötigt, um die von der Prozessorarchitektur Nemesis X vorgesehenen Schattenregisterinhalte r0' bis r15' zu speichern. So befindet sich z.B. r4' in Bild 4.16 aktuell in Bank 0. Ob sich ein Lesezugriff in diesem Fall tatsächlich auf Bank 0 oder auf eine andere Registerbank bezieht, ist zusätzlich noch davon abhängig, ob der Inhalt des Schattenregisters definiert oder nicht definiert ist, also ob seit der letzten Sprungoperation ein Schreibzugriff darauf durchgeführt wurde oder nicht. Der Inhalt von r4' wird bei einem Lesezugriff nämlich ausschließlich verwendet, wenn er definiert ist. Ansonsten bezieht sich ein Lesezugriffe grundsätzlich auf das korrespondierende Arbeitsregister r4 in Bank 1 bzw. Bank 2 (vgl. Abschnitt 4.2.3).

Abschließend bleibt die Arbeitsweise der set-Operation zu klären. Soll der Inhalt eines Schattenregisters in das assoziierte Arbeitsregister kopiert werden, reicht es aus, die Nummer der das Schattenregister haltenden Registerbank nach CBS zu kopieren. Um z.B. r4' nach r4 zu übertragen, muss das mit a markierte Feld nur gleich 0 gesetzt werden, da r4' bis zu diesem Zeitpunkt in Bank 0 gespeichert war. ◢

4.2.8 Prozessorabstraktionsschicht (PAL)

Mit dem im vorangehenden Abschnitt beschriebenen Verfahren ist es möglich, für ein skalares Programmiermodell codierte virtuelle Programme operationsparallel auszuführen. Im Vergleich zu den superskalaren, ebenfalls operationsparallel arbeitenden Prozessoren sind vor allem die geringeren Implementierungskosten als Vorteil zu nennen. Es gibt jedoch noch einen weiteren Grund dafür, weshalb von den realen Gegebenheiten innerhalb eines Prozessors abstrahiert werden sollte, nämlich die Hardware von den darauf laufenden Programmen, speziell dem *Betriebssystem*, zu entkoppeln.

Dies ermöglicht es, einen realen Prozessor über mehrere Generationen hinweg weiterzuentwickeln, ohne dass die notwendigen Modifikationen des Programmiermodells auf die auszuführenden Programme wirken und dort ebenfalls Änderungen erforderlich machen. Da sich die Programmiermodelle unterschiedlicher Generationen eines Prozessors in vielen Details einander entsprechen, muss zur Entkopplung von Hardware und Software jedoch nicht von der gesamten Prozessorarchitektur abstrahiert werden, sondern nur von einigen wenigen Merkmalen, die meist den Status eines Prozessors betreffen und meist in einem *privilegierten Modus* ablaufen.

Genau hier liegt die Aufgabe der sog. Prozessorabstraktionsschicht (processor abstraction layer, PAL). Anstatt auf Ressourcen direkt zuzugreifen, die sich von Prozessorgeneration zu Prozessorgeneration ändern können, sind sog. PAL-Funktionen zu verwenden, um mit deren Hilfe die gewünschte Wirkung programmiert zu erzielen. Ändert sich die Hardware, muss nur die Prozessorabstraktionsschicht modifiziert werden. Die Schnittstelle zu den darauf aufbauenden Programmen, insbesondere dem Betriebssystem, bleibt jedoch unverändert erhalten. Natürlich lassen sich Merkmale eines in seinen Funktionen erweiterten Nachfolgeprozessors, die bei Festlegung der ursprünglichen Schnittstelle zur Prozessorabstraktionsschicht nicht berücksichtigt wurden, auch nicht verwenden. Trotzdem sind die für eine Prozessorarchitektur übersetzten Programme weiterhin unverändert lauffähig.

Die Aufgaben einer Prozessorabstraktionsschicht variieren in den Umsetzungen unterschiedlicher Anbieter. Zum Alpha von Compaq werden z.B. die Initialisierung der Hard- und Software, das Ausführen privilegierter Aktionen, die Emulation komplexer, in Hardware nicht verfügbarer Befehle, die Speicherverwaltung, das Wechseln von Kontexten und die Verwaltung von Ausnahmen und Unterbrechungen genannt [25]. Das Handbuch zur Prozessorarchitektur IA-64 von Intel bzw. HP führt zusätzlich die Bearbeitung von Fehlern, das Powermanagement und das Testen von Hardware auf [74]. Mit der Nemesis-Architektur der TU Berlin wird schließlich noch von Ausnahme- und Unterbrechungsprogrammen abstrahiert (siehe Abschnitt 4.2.7) [114].

▶ Beispiel 4.3. *Abstraktion durch PAL-Funktionen.* Bild 4.17a zeigt ein Statusregister sr, wie es ähnlich in Prozessoren mit MC68000- oder SPARC-Architektur realisiert ist [120, 162]. Neben beliebigen Statusbits x, y und z ist insbesondere ein Feld irq vorhanden, in dem sich eine *Unterbrechungspriorität* eintragen lässt. Dabei gilt, dass Unterbrechungsanforderungen nur dann akzeptiert werden, wenn die jeweiligen Prioritäten größer als der in irq codierte Wert ist. Die in Bild 4.17a ebenfalls dargestellte Befehlsfolge zeigt, wie sich die Unterbrechungspriorität 2 setzen lässt. Zunächst wird der Inhalt des Statusregisters, wegen der darin codierten restlichen Einstellungen gelesen (Zeile 1), der neue Prioritätswert eingetragen (Zeile 2 und 3) und schließlich das Ergebnis in das Statusregister zurückgeschrieben (Zeile 4).

Ein Vorteil der Maskierung von Unterbrechungen anhand ihrer Prioritäten ist, dass nur wenige Bits benötigt werden, um im Prinzip beliebig viele Unterbrechungsquellen verwalten zu können. Nachteilig ist jedoch, dass den Unterbrechungsquellen feste Prioritäten zugeordnet sein müssen und ein individuelles Freischalten nicht möglich ist. Prozessoren einer zweiten Generation könnte man deshalb in einer Weise realisieren, bei der statt einer Unterbrechungspriorität ein *Maskenregister* msk, wie in Bild 4.17b angedeutet, vorgesehen wird. Dadurch ist es nämlich möglich, Unterbrechungen durch Setzen eines einzelnen Bits individuell zu deaktivieren.

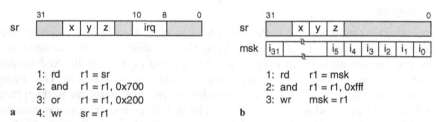

Bild 4.17. Techniken zum Maskieren von Unterbrechungsanforderungen. **a** anhand der Priorität des Unterbrechungssignals. **b** Anhand einzelner Maskenbits

Allerdings müssen als Folge die existierenden Programme z.B. zur Verwaltung von Unterbrechungsanforderungen portiert werden, und zwar, indem man die in Bild 4.17a dargestellte Befehlsfolge durch die in Bild 4.17b dargestellte Befehlsfolge substituiert (der Einfachheit halber sei angenommen, dass die zu maskierenden Unterbrechungen der Prioritäten 0 bis 2 den Unterbrechungsquellen i_0 bis i_{11} entsprechen). Dieser Schritt lässt vermeiden, wenn das Setzen der Unterbrechungspriorität nicht direkt, sondern mit Hilfe einer PAL-Funktion geschieht, die vom Prozessor abhängig eine der beiden in Bild 4.17 dargestellten Befehlsfolgen kapselt.

Selbstverständlich muss in Kauf genommen werden, dass ein individuelles Maskieren von Unterbrechungen zunächst nicht möglich ist, auch wenn ein Prozessor Verwendung findet, der das Maskenregister msk implementiert. Durch kompatible Erweiterung der Prozessorabstraktionsschicht lässt sich dieser Nachteil jedoch in zukünftigen Anwendungen beheben. Beachtenswert ist, dass eine Modifikation, wie sie hier angedeutet ist, oft noch weiterreichende Folgen hat, als man zunächst vermuten mag. So kann es erforderlich sein, bei einem *Kontextwechsel* den Inhalt des Statusregisters inklusive der Unterbrechungspriorität bzw. -maske zu sichern. In der einen, hier angenommenen Variante wird dazu eine 32-Bit-Variable benötigt, in der anderen Variante zwei 32-Bit-Variablen. Dies ist der Grund, weshalb die bei Compaq als Privileged Architecture Library bezeichnete Prozessorabstraktionsschicht auch Funktionen für einen Kontextwechsel enthalten. ◢

Eine Prozessorabstraktionsschicht ist im Prinzip nichts anderes als ein Minimalbetriebssystem, auf dem das eigentliche Betriebssystem aufsetzt. Die im Betriebssystembau verwendeten Prinzipien lassen sich deshalb gut auch für den Entwurf einer Prozessorabstraktionsschicht nutzen [181, 182, 164]. Dabei ist jedoch zu berücksichtigen, dass nicht von Peripheriekomponenten, sondern vom Prozessor allenfalls mit seinen nah gekoppelten Komponenten Cache, Speicherverwaltungseinheit und ggf. dem Hauptspeicher abstrahiert wird. Insbesondere ist ein Treiberkonzept i.Allg. nicht vorgesehen (obwohl denkbar).

Zum Abschluss seien noch einige allgemeine Hinweise gestattet: Größtenteils kapseln PAL-Funktionen Aktionen, die sehr elementar sind. Es ist deshalb für die Leistungsfähigkeit eines späteren Gesamtsystems von essentieller Bedeutung, dass sich die PAL-Aufrufe bzw. -Rücksprünge sowie die dabei notwendigen Kontextwechsel mit hoher Geschwindigkeit bearbeiten lassen. In vielen Prozessorarchitekturen stehen deshalb separate, allein durch die Prozessorabstraktionsschicht zugreifbare Arbeitsregister zur Verfügung.

Damit es bei ihrer Nutzung zu keinem Konflikt kommt, lassen sich PAL-Funktionen i.Allg. nicht schachteln. Dies bedeutet jedoch auch, dass es bei Bearbeitung einer PAL-Funktion zu keinem *Prozesswechsel* kommen darf, weshalb Ausnahme- und Unterbrechungsanforderungen im sog. PAL-Modus normalerweise verhindert werden, meist durch einfaches Setzen eines im Prozessor vorgesehenen Maskenbits. Als Konsequenz ist in Kauf zu nehmen, dass Verfahren, bei denen Ausnahmeanforderungen von Bedeutung sind, wie z.B. die Verwaltung virtuellen Speichers mit den dabei auftretenden Seitenfehler sich in einer Prozessorabstraktionsschicht nicht verwenden lassen.

Die Unabhängigkeit vom zur Speicherung der Prozessorabstraktionsschicht belegten Adressbereich wird trotzdem sichergestellt, indem man den Code *verschiebbar* (*relocatable*) programmiert. Dies ermöglicht es außerdem, die Prozessorabstraktionsschicht, die normalerweise bereits nach dem Rücksetzen des Prozessors verfügbar sein muss und daher z.B. in einem ROM gespeichert ist, ohne große Probleme in den Hauptspeicher zu kopieren, was deshalb sinnvoll ist, weil Zugriffe auf den Hauptspeicher normalerweise mit höherer Geschwindigkeit bearbeitet werden als Zugriffe auf andere Speichermedien.

Eine Prozessorabstraktionsschicht erweitert das Programmiermodell eines Prozessors. Sie wird i.Allg. durch den Prozessorhersteller definiert und z.B. als Binärmodul angeboten. Das heißt jedoch nicht, dass die Prozessorabstraktionsschicht nicht auch unabhängig vom Hersteller realisiert werden kann, um z.B. häufig benötigte PAL-Funktionen effizienter zu realisieren, Fehler im Originalcode zu beheben oder zusätzlichen Anforderungen zu genügen. So ist es bei Compaq z.B. möglich, einzelne Funktionen der Prozessorabstraktionsschicht im Nachhinein auszuwechseln. Problematisch hieran ist, dass unterschiedliche Versionen einer Prozessorabstraktionsschicht möglicherweise zu Inkompatibilitäten führen können, nämlich dann, wenn sich eine Umsetzung nicht exakt an die Schnittstellendefinition des Herstellers hält. Aus diesem Grund ist beim Nemesis X das Ersetzen einzelner PAL-Funktionen nicht vorgesehen.

Anhang A: Nemesis Programmiermodell (Version 1.1)

Nemesis ist eine an der TU Berlin definierte, für den Einsatz in eingebetteten Systemen optimierte Prozessorarchitektur, die in unterschiedlichen Varianten, nämlich Nemesis S (simple), Nemesis C (classic) und Nemesis X (extended) implementiert wurde. Neben dem Prozessorkern sind darin eine skalierbare, sehr einfach zu realisierende Speicherverwaltungseinheit und ein Zeitgeber vorgesehen, also Komponenten, die die Portierung moderner Betriebssysteme wie Linux oder Windows CE vereinfachen. Des Weiteren ist es möglich, den Prozessorkern kundenspezifisch um bis 255 Coprozessoren zu erweitern, und zwar mit sich nahtlos in den Befehlssatz der Nemesis-Architektur einreihenden Coprozessorbefehlen.

Signalverarbeitung. Natürlich lassen sich die Coprozessoren auch zur Signalverarbeitung vorsehen. Jedoch ist dies meist unnötig, da die Nemesis-Architektur einige Merkmale besitzt, die eine effektive Signalverarbeitung ermöglichen. Zum Beispiel stehen Adressierungsarten zur Verfügung, mit denen sich Zeiger automatisch modifizieren und Ringpuffer einfach realisieren lassen (Moduloadressierung). Auch sind Befehle zur Schleifenverarbeitung vorgesehen, die, eine entsprechende Prozessorimplementierung vorausgesetzt, einen Schleifensprung in Null Takten ermöglichen.

Schließlich ist eine akkumulierende Multiplikation zwar nicht in einem Befehl codierbar, aber durch eine dynamische Befehlgruppierung (instruction folding [176, 177], collapsing [149]) auch von nicht superskalar arbeitenden Prozessoren in einem Takt ausführbar (s. u.). (Der Leser sollte sich jedoch darüber im Klaren sein, dass durch die dynamische Befehlsgruppierung die in signalverarbeitenden Algorithmen oft benötigte Produktsumme nicht mit derselben Geschwindigkeit wie von Signalprozessoren berechnet werden kann, nämlich vor allem deshalb nicht, weil man für das Laden der zu verknüpfenden Operanden separate Befehle benötigt.)

Lade-/Speichere-Architektur. Wie für RISC-Architekturen üblich, erlaubt auch Nemesis Zugriffe auf den Hauptspeicher ausschließlich mit Hilfe von Lade- oder Speicherebefehlen. Dabei stehen jedoch deutlich mehr Adressierungsarten zur Verfügung als bei vergleichbaren Architekturen. So kann der Hauptspeicher absolut, indirekt, basisrelativ mit optional skaliertem Index, befehlszählerrelativ und stapelzeigerrelativ angesprochen werden. Bei Verwendung der basisrelativen Adressierung lässt sich der Basiszeiger außerdem vor oder nach den Zugriff automatisch modifizieren (prä- oder postmodifizierende Adressierung). Schließlich ermöglicht es die bereits erwähnte Moduloadressierung, einen im Hauptspeicher befindlichen Ringpuffer anzusprechen.

Durch zusätzliche Befehlsmodifizierer lässt sich die Wirkung der Lade- bzw. Speicherebefehle außerdem verändern. So ist z.B. ein sog. Prefetch codierbar, um eine

Datencachezeile zu laden, bevor ein Zugriff darauf erfolgt oder der Hauptspeicher ist ansprechbar, ohne dabei den Inhalt des Datencaches zu verändern (das sog. Streaming). Mit Lade- bzw. Speicherebefehl kann auf einen aus insgesamt 2^{32} Adressräumen zugegriffen werden, was sich z.b. nutzen lässt, um unterschiedlichen Prozessen unterschiedliche Adressräume zuzuordnen. Ein adressraumübergreifender Zugriff ist natürlich nur in den privilegierten Betriebsmodi erlaubt.

Arbeitsregister. Zu jedem Zeitpunkt kann wahlfrei auf eines von 15 Arbeitsregistern zugegriffen werden (*r0* bis *r14*). Die Arbeitsregister *r0* bis *r7* sind lokal in einem Stapel organisiert, dessen obere Positionen auf dem realen Registerspeicher und dessen untere Positionen auf dem Hauptspeicher in einer für den Benutzer transparenten Weise abgebildet sind. Dies gilt ähnlich auch für die Arbeitsregister *r8* bis *r14,* die sich zusätzlich jedoch auch global benutzen lassen, wobei hier mehrere Registersätze zur Verfügung stehen, die automatisch mit dem Betriebsmodus bzw. der Unterbrechungspriorität sowie manuell mit Hilfe eines Spezialregisters ausgewählt werden.

Zur Codierung einer Arbeitsregisteradresse in den Befehlen sind einheitlich 4 Bit erforderlich. Die Registeradresse 0xf (sie würde dem nicht direkt zugreifbaren Arbeitsregister *r15* entsprechen) hat eine vom Befehl und den Operanden bzw. dem Ergebnis abhängige Bedeutung. In zahlreichen Befehlen darf sie nämlich verwendet werden, um, je nach Operandenposition, die unmittelbaren Werte 0 und 1 zu codieren oder um ein Ergebnis zu ignorieren.

Prozessorabstraktionsschicht. Neben den Arbeitsregistern sind nur noch die den Spezialregistern zuzurechnenden vier Bedingungsregister *cr0* bis *cr3* in allen Betriebsmodi explizit sowie implizit zugreifbar. Die restlichen zur Steuerung bzw. Statusabfrage vorgesehenen Spezialregister lassen sich nach dem Reset explizit nur in den höherprivilegierten Betriebsmodi ansprechen, d.h. im Supervisor- oder im PAL-Modus.

Des Weiteren können Zugriffe auf Spezialregister durch eine programmierte Konfiguration auf den PAL-Modus eingeschränkt werden. Dies lässt sich nutzen, um von den Eigenarten einer Implementierung der Prozessorarchitektur Nemesis zu abstrahieren. So ist es für ein nicht im Supervisor-Modus laufendes Programm, wie z.B. dem Betriebssystem, nicht direkt möglich, auf Spezialregister zuzugreifen, sondern nur über Systemaufrufe, die von der zur Prozessorarchitektur gehörenden sog. Prozessorabstraktionsschicht (processor abstraction layer, PAL) bereitgestellt werden.

Prozessorabstraktionsschichten sind u.a. für die Prozessorarchitekturen IA-64 von Intel und HP sowie Alpha von Compaq bzw. DEC verfügbar. Der Abstraktionsgrad ist hier jedoch geringer, als er mit der Nemesis-Architektur erreicht wird, die z.B. durch eine statische Binärübersetzung sogar von Ausnahme- und Unterbrechungsprogrammen abstrahiert. Vorteilhaft an einem solchen Vorgehen ist, dass sich Ausnahmen und Unterbrechungen unpräzise verarbeiten lassen, was die Hardware bei Wahrung kurzer Latenzzeiten vereinfacht. Eine schnelle Reaktion auf Ereignisse jedweder Art wird außerdem durch den in Hardware realisierten und transparent im Datenspeicher fortgeführten sog. Systemstapel erreicht, der den Kontext eines unterbrochenen Programms aufnimmt.

Codierung. Eine herausragende Besonderheit der Nemesis-Architektur ist, dass die Programme mit einer sehr hohen Codedichte codierbar sind, wobei eine zu anderen Architekturen vergleichbare oder sogar höhere Semantikdichte erreicht wird. Die insgesamt 108 Basisbefehle besitzen eine einheitliche Breite von 16 Bit und lassen sich teils optional, teils obligatorisch durch ebenfalls 16 Bit breite Präfixbefehle erweitern.

Direkt ohne Präfixbefehl sind die Befehle *add*, *sub*, *mul*, *and*, *ldw*, *stw*, *cmp*, *tst*, die bedingten und unbedingten Sprungbefehle und einige andere monadische sowie operandenlose Befehle codierbar (insgesamt 39 Befehle). Diese sog. Befehlsgruppe 1 dürfte somit die am häufigsten in Programmen codierten Befehle enthalten, wie sich mit Hilfe statischer Analysen von MIPS-Programmen auch nachweisen lässt [160]. Neben den 39 präfixfreien stehen weitere 69 mit Präfix zu verwendende Basisbefehle zur Verfügung. Der Präfixbefehl legt dabei durch den implizit oder explizit codierten sog. Gruppencode u.a. die Befehlsgruppe fest, die dem nachfolgenden Befehl zugeordnet ist. Im Prinzip entspricht dies einer Erweiterung des Operationscodes.

Neben dem Gruppencode lassen sich in Präfixbefehlen natürlich noch andere Informationen codieren. Soll z.B. eine unmittelbare Zahlen ungleich 0 oder 1 verarbeitet werden, ist dies mit einem *cpfix* (constant prefix) zu erreichen, der die Interpretation des zweiten Quelloperanden beeinflusst. Die zu verarbeitende unmittelbare Zahl ist dabei statt der Registeradresse im Befehl codiert (4 Bit) und wird linksbündig um 14 Bits erweitert. Durch Mehrfachausführung des entsprechenden Präfixbefehls können so beliebige 32-Bit-Zahlen codiert bzw. direkt verarbeitet werden.

Neben unmittelbaren Operanden lassen sich in einem Präfixbefehl noch die Adresse eines auszuwertenden oder zu definierenden Bedingungsregisters (*cm*) und im Zusammenhang mit Lade- und Speicherebefehle die zu verwendende Adressierungsart bzw. das zu benutzende Adressraumregister (*asin*) codieren. Außerdem stehen spezielle Coprozessorpräfixbefehle zur Verfügung, in denen insbesondere eine Coprozessorkennung codiert ist. Sie sind vor allem für zukünftige Erweiterungen von Bedeutung.

Die Verwendung von Präfixbefehlen ist deshalb von Vorteil, weil es möglich ist, Präfixbefehle als eigenständig zu decodieren und zu verarbeiten. Dabei ist jedoch in Kauf zu nehmen, dass die Ausführung von Präfixbefehlen Zeit erfordert, d.h. die Verarbeitungsgeschwindigkeit eines entsprechend realisierten Prozessors negativ beeinflusst wird. Falls dies nicht tolerierbar ist, müssen die Präfixbefehle und die folgenden eigentlichen Befehle als Einheit decodiert bzw. ausgeführt werden.

Selbstverständlich ist dies aufwendiger zu realisieren, als die Folge aus Präfixbefehlen und Befehlen sequentiell zu bearbeiten. Dafür ist ein entsprechend arbeitender Decoder jedoch in der Weise erweiterbar, dass er beliebige Befehlsfolgen, in denen auch mehrere „echte" Befehle enthalten sein können, als Einheit bearbeiten kann. Zum Beispiel ist es möglich die bereits erwähnte akkumulierende Multiplikation als 32-Bit-Einheit zu codieren und in einem Takt zu bearbeiten, obwohl es sich tatsächlich um zwei Befehle, nämlich eine Multiplikation und eine Addition, handelt.

Prädikation. Die soeben beschriebene Technik findet auch Verwendung, um eine bedingte Befehlsausführung zu erreichen. Statt in jedem Befehl eine Bedingung zu codieren, wie z.B. bei Prozessoren mit ARM-Architektur üblich, werden hier ein bedingter Sprungbefehl und der nachfolgende Befehl bzw. die beiden nachfolgenden Befehle als Einheit decodiert. Verzweigt der Sprungbefehl, d.h. ist die Bedingung erfüllt, wird nicht der Befehlsstrom neu aufgesetzt, sondern es werden bei normalerweise in Fließbandtechnik arbeitenden Prozessoren die auf den Sprungbefehl folgenden ein oder zwei Befehle inklusive der zugehörigen Präfixbefehle annulliert (in der Version 1.0 des Programmiermodells wurde nur ein Befehl berücksichtigt).

Um die Implementierung dieses Merkmals zu vereinfachen, codiert man im Sprungbefehl nicht die tatsächliche Sprungdistanz, sondern eine 0, wenn der nachfolgende Befehl übersprungen werden soll oder eine 1, wenn die beiden nachfolgenden Befehle übersprungen werden sollen. Als Nachteil ist in Kauf zu nehmen, dass die entsprechenden Sprungdistanzen *ohne Präfix* vor dem Sprungbefehl sich nicht codieren lässt. Dies ist aber tolerierbar, da ein Sprungbefehl mit Sprungdistanz 0 einer Endlosschleife und ein Sprungbefehl mit Sprungdistanz 1 einem *nop* entspricht, was selten benötigt wird bzw. auf andere Weise codierbar ist.

Spekulation. Einige Merkmale der Prozessorarchitektur Nemesis wurden ausschließlich vorgesehen, um in zukünftigen Implementierungen Sprünge- oder Daten vorherzusagen. Der Befehl *loop* vereinfacht z.B. die Vorhersage des Endes einer Schleife. Geeignet implementiert ist es möglich, den Befehl in Null Takten zu bearbeiten. Weiter ermöglicht der Befehl *ldp* das vorausschauende Laden von Daten, z.B. beim Durchlaufen einer verketteten Liste (siehe Abschnitt 2.2.6).

Nemesis S

Die Nemesis-Architektur, und zwar in der Version 1.1, ist die Basis mehrerer an der TU Berlin laufender bzw. abgeschlossener Projekte. Nemesis S ist eine aufwandsoptimierte Prozessorarchitektur. Die Befehle werden hier inklusive der Präfixbefehle streng zeitsequentiell bearbeitet, wobei Präfixbefehle typischerweise einen Takt, alle anderen Befehle zwei Takte zu ihrer Ausführung benötigen. Letzteres ist vor allem deshalb notwendig, weil der Registerspeicher aufgrund technologischer Begrenzungen mit nur zwei Ports realisiert ist und die Bearbeitung eines 3-Adressbefehls zwei sequentielle Zugriffe auf den Registerspeicher erfordert.

Komplexe Befehle, wie z.B. die Multiplikation werden durch eine Ausnahmebehandlung emuliert. Dies gilt insbesondere auch für Lade- und Speicherebefehle, wenn eine der komplexeren Adressierungsarten benutzt wird. Eine schnelle Emulation erreicht man dabei, indem bei Erkennen eines zu emulierenden Befehls nicht das mit der Nemesis-Architektur definierte Ausnahmemodell verwendet wird, sondern eines, das einen Kontextwechsel in nur einem Takt ermöglicht. Außerdem stehen Spezialregister zur Verfügung, die z.B. einen Zugriff auf die zu verknüpfenden Operanden ermöglichen.

Nemesis C (Version 1.0)

Die Prozessorarchitektur Nemesis wurde in der Version 1.0 erstmals in dem 4-stufigen Fließbandprozessor Nemesis C umgesetzt. Die Strukturbeschreibung in VHDL ist zunächst für ein FPGA von Xilinx (XCV300) entwickelt worden [198]. Synthetisiert für ein Gatearray 0.13-Micron von TSMC mit sechs Metalllagen besitzt der Prozessor eine Komplexität von 117 652 Gatteräquivalenten und erreicht eine maximale Taktfrequenz von 243 MHz[1].

Die mit Nemesis C gewonnenen Erkenntnisse fanden in der hier vorliegenden Neuauflage der Prozessorarchitekturdefinition Nemesis Version 1.1 Berücksichtigung, in der neben zahlreichen Detailverbesserungen zwei grundlegende Merkmale geändert wurden: (1.) ist ein als PAL bezeichneter Betriebsmodus eingeführt worden, der eine klare Abgrenzung der Prozessorabstraktionsschicht von Anwendungsprogrammen oder Betriebssystemen ermöglicht. (2.) wird der Registerstapel nur noch zum Teil transparent auf dem Hauptspeicher abgebildet. So kann z.B. mit der Prozessorarchitektur Nemesis Version 1.1 nicht mehr über Lade- und Speicherebefehle indirekt auf in realen Registern befindliche Inhalte des Registerstapels zugegriffen werden, wie dies mit Nemesis C noch möglich ist (siehe Abschnitt 1.4.2). Das sehr leistungsfähige Merkmal ließ sich nämlich nur schlecht in FPGAs realisieren.

Nemesis C wurde nicht nur zur Untersuchung der Prozessorarchitektur Nemesis in der Version 1.0, sondern auch zur Untersuchung mehrerer, sich nicht auf das Programmiermodell auswirkenden Techniken verwendet. Zu nennen sind vor allem die beschriebenen Ansätze zur Sprungvorhersage in Abschnitt 2.2.4, zur Sprungzielvorhersage in Abschnitt 2.2.5 und zur Wert- sowie Schleifenendvorhersage in Abschnitt 2.2.6. Des Weiteren wurde die in Abschnitt 2.3.1 vorgestellte Ersetzungsstrategie Random-PLRU für den Datencache realisiert und untersucht.

Nemesis X

Der Nemesis X stellt zur Zeit die komplexeste und auch leistungsfähigste Umsetzung der Prozessorarchitektur Nemesis Version 1.1 dar. Die VLIW-Architektur verarbeitet einheitlich 64 Bit breite Befehle, in denen maximal zwei arithmetisch-logische Operationen und eine Sprungoperation codiert sind. Kompatibilität zur Nemesis-Architektur wird erreicht, indem die auszuführenden skalaren Befehle dynamisch binärübersetzt werden (Abschnitt 4.2.3), und zwar durch den Laufzeitübersetzer Genesis X als Teil der Prozessorabstraktionsschicht.

Eine hohe Ausführungsgeschwindigkeit wird durch Maßnahmen erzielt, wie die sog. Registerfärbung, um fälschlicherweise ausgeführte Befehlsfolgen schnell rückgängig machen zu können, oder spezielle Lade- und Speicherebefehle, die ein spekulatives Umordnen der skalaren Befehlsfolgen erlauben. Um den Speicherbedarf des in Software realisierten Trace-Caches gering zu halten, ist es möglich, einzelne

---

1. Die Logiksynthese wurde mit dem Design Compiler 2003.10 von Synopsys, die Plazierung und Verdrahtung mit SOC Encounter Digital IC Design Platform V3.3 von Cadence durchgeführt.

in VLIW-Befehlen codierte Operationen selektiv auszuführen. Dies ermöglicht es, mitten in eine bereits übersetzte Befehlsfolge (trace) hinein zu verzweigen.

Ein vor allem in eingebetteten Systemen wesentlicher Nachteil der dynamischen Binärübersetzung ist, dass für Ausnahme- oder Unterbrechungsanforderungen i.Allg. lange Latenzzeiten in Kauf genommen werden müssen, und zwar deshalb, weil die zugrunde liegenden skalaren Prozessorarchitekturen normalerweise eine präzise Behandlung der Ausnahmen oder Unterbrechungen verlangen. Die Nemesis-Architektur weist diesen Nachteil nicht auf. Ein Ausnahme- bzw. Unterbrechungsprogramm wird hier durch Aufruf einer PAL-Funktion statisch in ein VLIW-Programm übersetzt, das bei Auftreten des jeweiligen Ergebnisses nahezu verzögerungsfrei aufgerufen werden kann. Insbesondere ist es nicht erforderlich, den zuvor in Bearbeitung befindlichen VLIW-Befehlsstrom rückzuspulen und eine zeitaufwendige Interpretation der skalaren Befehle bis zu dem die Ausnahmeanforderung stellenden Befehl durchzuführen (siehe Abschnitt 4.2.7).

A.1 Arbeitsregister

Nemesis ist eine Lade-Speichere-Architektur und führt die meisten Befehle auf Registern aus. Die hier vorgesehenen vier Bits ermöglichen die Adressierung von 15 Registern (0x0 bis 0xe sowie 0xf mit einer vom jeweiligen Befehl und den einzelnen Operanden abhängigen Sonderfunktion). Der Registeradressraum unterteilt sich in einen lokalen und einen globalen Bereich. Lokale Register lassen sich über die Registeradressen 0x0 bis 0x7 (8 Register) oder, bei deaktivierten globalen Registern, über die Registeradressen 0x0 bis 0xe (15 Register) ansprechen. Globale Register sind, sofern aktiviert, über die Registeradressen 0x8 bis 0xe (7 Register) adressierbar. Im Folgenden wird die Organisation der lokalen und globalen Register nacheinander beschrieben.

Lokale Register

Die Nemesis-Architektur verwendet einen als Stapel organisierten Registerspeicher. Die oberen Einträge befinden sich in realen Registern, die darin nicht unterbringbaren unteren Einträge im Hauptspeicher. Die oberste Adresse des Stapels ist im Spezialregister *lrm.sp* (register stack pointer), die unterste, einem Register gerade nicht mehr zugeordnete Adresse im Spezialregister *lrm.bp* (register stack bottom) gespeichert. Die maximale Anzahl der real verfügbaren Register kann als Konstante im Spezialregister *lrm.sz* (register size) gelesen werden.

Zur Funktion: Nach der Initialisierung referenziert *lrm.sp* gleich *lrm.bp* einen in Richtung niedriger Adressen hin wachsenden Stapel. Mit Hilfe der Befehle *alloc*, *allocshow* oder *allochide* lässt sich darauf Speicherplatz reservieren, wobei *lrm.sp* um einen konstanten Wert vermindert wird (siehe Bild A.1a). Die Wortadresse in *lrm.sp* ordnet einem Eintrag im Hauptspeicher das virtuelle Register *r0* zu (im Bild rechts dargestellt). Die reale Registeradresse von *r0* (in der Bildmitte) ergibt sich hierbei entsprechend der unteren Bits der Hauptspeicheradresse, nämlich durch Und-Verknüpfung mit einer der Bytegröße des Registerspeichers minus 1 errechenbaren Maske. Die Register *r1*, *r2* usw. folgen dann jeweils im Wortabstand, wobei mit Erreichen der letzten realen Registeradresse die Zählung wieder bei 0 beginnt. Falls also z.B. *lrm.sp* die Adresse 0xdfc enthält und der reale Registerspeicher 128 Worte aufnehmen kann, ergibt sich für *r0* die reale Registeradresse 0x1fc (entspricht der Wortadresse 0x7f), für *r1* die reale Registeradresse 0x0, für *r2* die reale Registeradresse 4 usw.

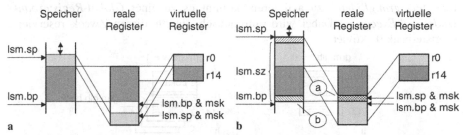

Bild A.1. Organisation des lokalen Registerspeichers als Stapel. **a** vor und **b** nach einem Überlauf

Wächst der Stapel, z.B. bei Ausführung eines *alloc*-Befehls, nimmt auch der im realen Registerspeicher belegte Bereich zu. Dies ist unproblematisch, solange genügend reale Register zur Verfügung stehen. Übersteigt jedoch die Differenz *lsm.bp – lrm.sp* die Anzahl der verfügbaren realen Register *lrm.sz*, ist die Abbildung der Hauptspeicher- und Registeradressen nicht länger eindeutig.

Dieser Fall ist in Bild A.1b durch den mit a markierten kreuzschraffierten Bereich kenntlich gemacht. Solange darauf kein Zugriff erfolgt, sind Aktionen jedweder Art unnötig. Erst wenn ein Register innerhalb des Bereich adressiert wird, müssen die betroffenen Register im Hauptspeicher gesichert (an der mit b markierten Position) und der Zeiger *lrm.bp* anschließend verschoben werden. Dies lässt sich in Hardware realisieren, ist aber auch in Software durchführbar, nämlich indem bei einem Überlauf eine *Register-Stack-Overflow-Exception* ausgelöst wird.

Schrumpft der Stapel, z.B. durch Ausführung des Befehls *free*, müssen zuvor ausgelagerte Inhalte ggf. wieder aus dem Hauptspeicher in den Registerspeicher geladen werden. Dies ist jedoch erst bei einem Zugriff auf einen entsprechenden Bereich erforderlich. Man verfährt hier ähnlich wie bei dem vorgenannten Fall. Zunächst wird das Spezialregister *lrm.sp* vergrößert, bis sein Inhalt dem von *lrm.bp* entspricht. Mit Freigabe weiterer Bereiche kommt es zur parallelen Inkrementierung der Spezialregister *lrm.sp* und *lrm.bp*. Bei einem Registerzugriff werden schließlich die benötigten Inhalte entweder automatisch nachgeladen oder es kommt zu einer *Register-Stack-Underflow-Exception*, in deren Verlauf die maximal zugreifbaren 15 Register geladen werden, der Zeiger *lrm.bp* modifiziert und mit Hilfe des Befehls *retxr* (oder *retpr*) der die Ausnahmeanforderung auslösende Befehl wiederholt wird.

Globale Register

Die Verwaltung der globalen Register geschieht über den Spezialregistersatz *grm* (global register management). Falls *grm.glb.v* (visible) gesetzt ist, sind die globalen Register über die Registeradressen 0x8 bis 0xe entsprechend *r8* bis *r14* ansprechbar (siehe Bild A.2). Ein Zugriff bezieht sich jeweils auf die über *grm.glb.bank* selektierte Registerbank, wobei Registerbank 1 für den Benutzermodus, Registerbank 2 für den Supervisor-Modus, Registerbank 3 für den PAL-Modus und die Registerbänke 4 bis 7 zur Bearbeitung von Unterbrechungen der Prioritäten 1 bis 3 bzw. der nicht maskierbaren Unterbrechung (NMI, non maskable interrupt) reserviert sind. Falls versucht wird eine nicht vorhandene Registerbank durch explizites Setzen des Registers *grm.glb.bank* zu aktivieren, kommt es zu einer *Global-Registerbank-Undefined-Exception*. Dabei wird automatisch die für diesen Zweck reservierte Registerbank 0 aktiviert.

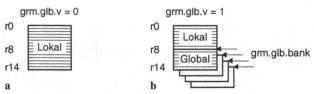

Bild A.2. Unterteilung des Registerspeichers **a** in nur lokale Register (*grm.glb.v* = 0) und **b** in lokale und globale Register (*grm.glb.v* = 1)

A.2 Spezialregister

Spezialregister dienen der Statusabfrage und Steuerung von Prozessoren mit Nemesis-Architektur. Ein expliziter Zugriff darauf ist mit Hilfe der Befehle *rd* und *wr* möglich. Mit Ausnahme des Bedingungsregisters *ccr* sind Spezialregister abhängig vom Abstraktionsgrad entweder im Supervisor- und PAL-Modus oder nur im PAL-Modus ansprechbar, wobei im Normalfall der Zugriff auf die Prozessorabstraktionsschicht eingeschränkt ist. Da ein Betriebssystem oder eine Anwendung im Supervisor- oder Benutzermodus läuft, ist es i.Allg. nicht möglich, Spezialregister direkt zu lesen oder zu verändern, weshalb diese in einem Prozessor mit Nemesis-Architektur auch auf andere Weise realisiert sein dürfen als im Folgenden dargelegt (natürlich mit Ausnahme des Bedingungsregisters ccr).

Bei einem erlaubten Lesezugriff auf ein Spezialregister sind die Inhalte von Feldern, denen keine Funktionen zugeordnet sind, nicht definiert. Um spätere Erweiterungen zu vereinfachen, darf schreibend nur mit einer 0 darauf zugegriffen werden. Gegebenenfalls wird eine *Compatability-Violation-Exception* ausgelöst. Ein Zugriff auf ein Spezialregister mit nicht ausreichenden Benutzerrechten löst eine *Privilege-Violation-Exception* aus, ohne dabei den Inhalt des adressierten Spezialregisters zu verändern. Des Weiteren führt ein Schreibzugriff auf nur lesbare Spezialregister zu einer *Illicit-Special-Register-Write-Access-Exception* und der Zugriff auf ein nicht definiertes Spezialregister zu einer *Special-Register-Undefined-Exception*.

Während mit dem Befehl *wr* das jeweilige Spezialregister explizit adressiert wird, greifen viele Befehle implizit auf Spezialregister zu. Im Einzelnen sind dies: *show*, *hide*, *alloc*, *free*, *allocshow*, *allochide*, *retx*, *retxr*, *retp, retpr* und alle bedingungsregisterauswertenden oder -verändernden Befehle. Darüber hinaus werden Spezialregister auch bei Unterbrechungen, Ausnahmeanforderungen oder PAL-Aufrufen automatisch modifiziert. Implizite Veränderungen sind mit dem jeweils nächsten

Befehl aktiv. Im Gegensatz hierzu ist es notwendig, nach einem *wr* eine Serialisierung explizit zu erzwingen, bevor sich vom neuen Wert abhängige Operationen ausführen lassen. Hierzu kann einer der Befehle *flush.sr, retx, retxr, retp* bzw. *retpr* verwendet oder eine Ausnahmeanforderung gestellt werden.

Ob Befehle zwischen einem *wr* und dem Serialisieren mit dem alten oder dem neuen Spezialregisterinhalt arbeiten, ist mit Ausnahme aufeinander folgender *wr* und *rd* Befehle implementierungsspezifisch: Mehrere *wr*-Befehle schreiben nämlich in der im Programm vorgegebenen Reihenfolge auf die adressierten Spezialregister – ein *rd* liest den jeweils zuletzt mit *wr* geschriebenen Wert.

Implizite Veränderungen dürfen nicht zwischen einem *wr* auf dasselbe Spezialregister und einem serialisierenden Befehl stehen. Zum Beispiel ist der Zustand des *v*-Flags im Spezialregister *grm.glb* undefiniert, wenn *grm.glb* zuerst mit *wr* beschrieben und dann der Befehl *show* ausgeführt wird. Die umgekehrte Reihenfolge ist jedoch problemlos möglich. Die nachfolgende Tabelle enthält eine Aufstellung aller Spezialregister einschließlich der Spezialregisteradressen.

Mnemon	Adresse	Beschreibung
ccr	0x020	Condition Code Register
asi0	0x000	Address Space Identifier – Register #0
asi1	0x001	Address Space Identifier – Register #1
asi2	0x002	Address Space Identifier – Register #2
asi3	0x003	Address Space Identifier – Register #3
asi.usr	0x008	Address Space Identifier – User Mode
asi.super	0x009	Address Space Identifier – Supervisor Mode
asi.pal	0x00a	Address Space Identifier – PAL Mode
asi.cnt	0x010	Address Space Identifier – Address Space Counter
status	0x030	Status Register
ssm.top.stat	0x040	System Stack Management – Top – Status
ssm.top.ip	0x041	System Stack Management – Top – Instruction Pointer
ssm.top.is	0x042	System Stack Management – Top – Instruction Successor
ssm.bot.stat	0x048	System Stack Management – Bottom – Status
ssm.bot.ip	0x049	System Stack Management – Bottom – Instruction Pointer
ssm.bot.is	0x04a	System Stack Management – Bottom – Instruction Successor
ssm.sp	0x050	System Stack Management – Stack Pointer
ssm.bp	0x051	System Stack Management – Bottom Pointer
ssm.ssz	0x052	System Stack Management – Stack Size
ssm.fsz	0x053	System Stack Management – Frame Size
lrm.sp	0x060	Local Register Management – Stack Pointer
lrm.bp	0x061	Local Register Management – Bottom Pointer
lrm.sz	0x062	Local Register Management – Stack Size
grm.glb	0x070	Global Register Management – Global
grm.gbc	0x071	Global Register Management – Global Bank Count
ver.proc	0x080	Version Management - Processor Version

Mnemon	Adresse	Beschreibung
ver.pid	0x081	Version Management – Processor Identification
ver.cop	0x082	Version Management – Coprocessor Version
pal	0x090	Processor Abstraction Layer Register
xm.tb	0x0a0	Exception Management – Trap Base Register
xm.pb	0x0a1	Exception Management – PAL Base Register
xm.msk	0x0a2	Exception Management – Exception Mask Register
irq0	0x100	Interrupt Request Register 0
:	:	:
irq255	0x1ff	Interrupt Request Register 255
irq.cnt	0x200	Interrupt Request Register Counter
pit	0x0b0	Periodic Interrupt Timer
tlb.info	0x380	TLB – Information Register
tlb.pgsz$n$	0x3n0	TLB – Page Size
tlb.sz$n$	0x3n1	TLB – Table Size
tlb.req.vaddr	0x390	TLB – Request – Virtual Address
tlb.req.asi	0x391	TLB – Request – Address Space Identifier
tlb.cur$n$.vaddr	0x3n8	TLB – Current Entry – Virtual Address
tlb.cur$n$.asi	0x3n9	TLB – Current Entry – Address Space Identifier
tlb.cur$n$.paddr	0x3na	TLB – Current Entry – Physical Address

Bedingungsstatusregister (cr0 bis cr3)

Die Nemesis-Architektur sieht vier in allen Betriebsmodi zugreifbare Bedingungsregister $cr0$ bis $cr3$ vor, die in den unteren 16 Bits des 32 Bit breiten Bedingungssta-
tusregisters zusammengefasst sind. Nach dem Reset ist der Zustand der Bedingungsregister undefiniert.

	31	15	12	11		8	7		4	3		0
ccr	undefiniert	n_3 z_3 c_3 v_3	n_2 z_2 c_2 v_2				n_1 z_1 c_1 v_1			n_0 z_0 c_0 v_0		

n_0-n_3:   *Negativ*: Zeigt ein negatives Ergebnis an (jeweils zu $cr0$ bis $cr3$).
z_0-z_3:   *Zero*: Zeigt an, dass das Ergebnis gleich 0 ist (jeweils zu $cr0$ bis $cr3$).
c_0-c_3:   *Carry*: Zeigt einen vorzeichenlosen Überlauf an (jeweils zu $cr0$ bis $cr3$).
v_0-v_3:   *Overflow*: Zeigt einen vorzeichenbehafteten Überlauf an (jeweils zu $cr0$ bis $cr3$).

Adressraumregister (asi$n$)

Die Nemesis-Architektur erlaubt den Zugriff auf maximal 2^{32} unterschiedliche
Adressräume. Die Kennung des bei Befehls- oder herkömmlichen Datenzugriffen
zu verwendenden Adressraums wird abhängig vom Betriebsmodus entweder dem
Spezialregister *asi.usr*, *asi.super* oder *asi.pal* entnommen. Explizit lässt sich auf
einen beliebigen Adressraum mit Hilfe der in den Spezialregister *asi$n$* gespeicherten
Adressraumkennungen zugreifen. Das Spezialregister *asi3* hat dabei die Sonder-
funktion, permanent (unveränderbar) auf den für Peripheriezugriffe zu verwendende
Adressraum 0 zu verweisen. Die maximale Anzahl von Adressräumen ist imple-

mentierungsabhängig dem Spezialregister *asi.cnt* zu entnehmen. – Der Spezialregistersatz *asi* ist vom Abstraktionsgrad abhängig im Supervisor- und PAL-Modus oder nur im PAL-Modus zugreifbar. Nach dem Reset ist *asi3* mit 0, *asi.super* mit 1 und *asi.cnt* entsprechend der maximal erlaubten Adressraumkennung initialisiert.

	31	0
asi*n*		address space identifier register
asi.usr		user mode address space identifier
asi.super		supervisor mode address space identifier
asi.pal		pal mode address space identifier
asi.cnt		address space counter

Statusregister (status)

Das Statusregister enthält den Betriebsmodus des Prozessors. Je nach Abstraktionsgrad ist das Register im Supervisor- und PAL-Modus oder nur im PAL-Modus ansprechbar. Bei einem erlaubten Zugriff im Supervisor-Modus lassen sich jeweils nur die Felder lesen oder modifizieren, von denen nicht abstrahiert wird. So ist auf *bp*, *mp* und *p* niemals und auf *mp*, *ms*, *m* dann kein Zugriff möglich, wenn von der Speicherverwaltungseinheit abstrahiert wird. Nach dem Reset ist das Spezialregister *status* im Supervisor- und PAL-Modus les- und beschreibbar.

31		15 14 13 12 11 10 9	7 6		0
status		sl xmod dmod irq	b m	bp mp bs ms	

b: *Byte-Order.* Legt die Byteordnung bei Datenzugriffen fest (0: little endian, 1: big endian). Nach dem Reset ist $b = 1$.

bs: *Exception-Byte-Order.* Legt die Byteordnung im Supervisor-Modus fest ($b = be$). Nach dem Reset ist $be = 1$.

bp: *PAL-Byte-Order.* Legt die Byteordnung im PAL-Modus fest ($b = bp$). Nach dem Reset ist $bp = 1$.

dmod: *Data-Access-Mode.* Legt die Privilegebene fest, mit der ein Programm auf Daten zugreift (01: Benutzermodus, 10: Supervisor-Modus, 11: PAL-Modus). Nach dem Reset ist der Supervisor-Modus aktiv.

irq: *Interrupt-Mask.* Legt die Prioritätsebene für Unterbrechungsanforderungen fest. Eine Unterbrechung wird akzeptiert, wenn dessen Priorität größer als *irq* ist. Unterbrechungsanforderung der Priorität 4 sind nicht maskierbar. Nach dem Reset ist $irq = 3$.

m: *MMU-Enable.* Legt fest, ob die Speicherverwaltungseinheit eingeschaltet ist oder nicht (0: mmu deaktiv, 1: mmu aktiv). Nach dem Reset ist $m = 0$.

ms: *Exception-MMU-Enable.* Legt fest, ob die Speicherverwaltungseinheit im Supervisor-Modus aktiviert werden soll ($m = ms$). Nach dem Reset ist $ms = 0$.

mp: *PAL-MMU-Enable.* Legt fest, ob die Speicherverwaltungseinheit im PAL-Modus aktiviert werden soll ($m = mp$). Nach dem Reset ist $mp = 0$.

sl: *Stack-Lock.* Dient dazu, den Systemstapel einzufrieren ($sl = 1$). Dabei auftretende Unterbrechungen werden verzögert, während Ausnahme- oder PAL-Anforderung eine *Double-Exception* auslösen. Das Bit wird automatisch gesetzt, wenn versucht wird den letzten Eintrag des Systemstapels zu belegen. Hierbei kommt es zu einer *System-Stack-Overflow-Exception*. Nach dem Reset ist $sl = 1$.

xmod: *Execution-Mode*. Legt die Privilegebene fest, mit der ein Programm ausgeführt wird (01: Benutzermodus, 10: Supervisor-Modus, 11: PAL-Modus). Nach dem Reset ist der Supervisor-Modus aktiv.

Systemstapelverwaltung

Der Systemstapel nimmt bei Unterbrechungs-, Ausnahme- oder PAL-Anforderungen den aktuellen Prozessorzustand auf. Die Verwaltung geschieht mit Hilfe des Spezialregistersatzes *ssm* (*system stack management*). Der über die unteren Bits von *ssm.bp* (*bottom of stack*) indizierte jeweils älteste Eintrag des Systemstapels lässt sich über *ssm.bot* zugreifen. Der über die unteren Bits von *ssm.sp* (*top of stack*) indizierte als nächstes zu belegende Eintrag des Systemstapels ist über *ssm.top* zugreifbar. Sowohl *ssm.sp* als auch *ssm.bp* enthalten 32-Bit-Adressen, über die sich ein im Hauptspeicher befindlicher Stapel verwalten lässt. Der Aufbau des prozessorintern realisierten Systemstapels ist in *ssm.fsz* (*frame size*) und *ssm.ssz* (*stack size*) als Konstante hinterlegt.

Falls der vorletzte freie Eintrag des Systemstapels belegt wird, kommt es zu einer *System-Stack-Overflow-Exception*. Umgekehrt löst die Ausführung eines Ausnahmerücksprungs bei leeren Systemstapel eine *System-Stack-Underflow-Exception* aus. In beiden Fällen wird durch die Ausnahmeanforderung der Prozessorzustand im Systemstapel gesichert, und ggf. der letzte freie Eintrag belegt. Geschachtelte Anforderungen werden dabei durch automatisches Setzen von *status.sl* verhindert. Innerhalb des Ausnahmeprogramms ist es möglich, Stapelspeicherinhalte transparent in den Hauptspeicher aus- oder einzulagern. Der jeweils älteste Eintrag ist über den Spezialregistersatz *System Stack Bottom* (*ssm.bot*) zugreifbar.

In den Einträgen des Systemstapels befinden sich Inhalte aus den Spezialregistern *status, grm.glb, ccr.cr0* sowie die Befehlsadressen des bei einer Anforderung unterbrochenen und darauf unmittelbar folgenden Befehls (ggf. die Adresse des ersten verwendeten Präfixes). – Die Register des Spezialregistersatzes *ssm* lassen sich je nach Abstraktionsgrad im PAL- und Supervisor-Modus oder nur im PAL-Modus zugreifen (abhängig vom Spezialregister *pal*). Nach dem Reset sind nur die konstanten Inhalte in *ssm.fsz* und *ssm.ssz* definiert.

	31	x	16	15	14	13	12	11	10	9	7	6				0
ssm.top.stat	v	bank		sl	xmod	dmod	irq			b	m		n_0	z_0	c_0	v_0
ssm.top.ip	ip (instruction pointer)															0
ssm.top.is	is (instruction successor)															0
ssm.bot.stat	v	bank		sl	xmod	dmod	irq			b	m		n_0	z_0	c_0	v_0
ssm.bot.ip	ip (instruction pointer)															0
ssm.bot.is	is (instruction successor)															0
ssm.sp	sp (stack pointer)													0	0 0	0
ssm.bp	bp (bottom pointer)													0	0 0	0
ssm.fsz										fsz (frame size)						
ssm.ssz									ssz (system stack size)							

b: *Byte-Order.* Gesicherter Inhalt von *status.b.*

bank: *Bank.* Gesicherter Inhalt von *grm.glb.bank.*

bp: *Bottom-Pointer.* Indiziert den ältesten belegten Stapelspeichereintrag.

fsz: *Frame-Size.* Anzahl der Register eines Systemstapeleintrags. Das Register ist nur lesbar und nach dem Reset automatisch initialisiert.

ip: *Instruction-Pointer.* Adresse des abgebrochenen Befehls bzw. des ersten dazu gehörenden Präfixbefehls.

irq: *Interrupt-Mask.* Gesicherter Inhalt von *status.irq.*

is: *Instruction-Successor.* Adresse des folgenden Befehls bzw. des zugehörigen Präfixes.

m: *MMU-Enable.* Gesicherter Inhalt von *status.m.*

n_0, z_0, c_0, v_0:   *Condition-Flags.* Gesicherter Inhalt von *ccr.cr0.*

pmod: *Data-Access-Mode.* Gesicherter Inhalt von *status.dmod.* Beim Rückschreiben darf maximal der aktuelle Betriebsmodus eingetragen werden. Ansonsten wird eine *Privilege-Violation-Exception* ausgelöst.

sl: *Stack-Lock.* Gesicherter Inhalt von *status.sl.*

ssz: *System-Stack-Size.* Anzahl der Einträge im Systemstapel. Das Register ist nur lesbar und nach dem Reset korrekt initialisiert.

sp: *Stack-Pointer.* Indiziert den obersten gerade nicht belegten Stapelspeichereintrag.

v: *Visible.* Gesicherter Inhalt von *grm.glb.v.*

xmod: *Execution-Mode.* Gesicherter Inhalt von *status.xmod.* Beim Rückschreiben darf maximal der aktuelle Betriebsmodus eingetragen werden. Ansonsten wird eine *Privilege-Violation-Exception* ausgelöst.

Lokale Registerverwaltung

Der Spezialregistersatz *lrm* (*local register management*) dient der Verwaltung des lokalen Registerstapels. In *lrm.sp* ist die an Wortgrenzen ausgerichtete Adresse des obersten Registerstapeleintrags (entsprechend *r0*) und in *lrm.bp* die an Wortgrenzen ausgerichtete Adresse des ersten nicht mehr im Registerspeicher befindlichen Eintrags gespeichert. Das Register *lrm.sz* enthält die Anzahl der physikalisch vorhandenen Register (sie ist konstant). Der Registersatz *lrm* ist vom aktuellen Abstraktionsgrad abhängig entweder im Supervisor- und PAL-Modus oder nur im PAL-Modus zugreifbar (siehe Spezialregister *pal*). Nach dem Reset ist nur *rsz* definiert. – Zur Verwaltung des Registerspeichers siehe Abschnitt A.1.

	31	2 0
lrm.sp	register stack pointer	0 0
lrm.bp	register stack bottom	0 0
lrm.sz	register size	0 0

Globale Registerverwaltung

Der Spezialregistersatz *grm* (*global register management*) dient der Verwaltung des globalen Registerspeichers. *grm.glb.v* zeigt jeweils an, ob die globalen Register sichtbar oder nicht sichtbar sind. Die jeweils aktuelle Registerbank wird über *grm.glb.bank* ausgewählt, wobei die Registerbänke 1 bis 7 für den Benutzermodus, den Supervisor-Modus, den PAL-Modus und die Unterbrechungsebenen 1 bis 4 reserviert sind. Beim Aktivieren einer nicht existierenden Registerbank, wird eine *Global-Registerbank-Undefined-Exception* ausgelöst und Registerbank 0 selektiert.

Der Spezialregistersatz *grm* ist vom Abstraktionsgrad abhängig entweder im Supervisor- und PAL-Modus oder nur im PAL-Modus lesbar (siehe Spezialregister *pal*). Nach dem Reset ist Registerbank 2 (Supervisor-Modus) sichtbar. *grm.gbc* ist nur lesbar und entsprechend der Anzahl verfügbarer Registerbänke initialisiert. (Zur Verwaltung des Registerspeichers siehe Abschnitt A.1.)

	31		5	0
grm.glb	undef	bank	undef	v

	31	5	0
grm.gbc	undefiniert	gbc (global bank count)	

bank: *Bank*. Selektor der aktuell gültigen Registerbank.
gbc: *Global-Bank-Count*. Enthält die Anzahl der realisierten Registerbänke.
v: *Visible*. Globaler Registerspeicher ist sichtbar ($v = 1$) oder nicht sichtbar ($v = 0$).

Versionsregister

Der Spezialregistersatz *ver* (*version*) enthält Statusinformationen zum Prozessor und zu ggf. vorhandenen Coprozessoren. Abhängig vom Abstraktionsgrad kann auf die Register entweder im Supervisor- und PAL-Modus oder nur im PAL-Modus zugegriffen werden (siehe Spezialregister *pal*). Mit Ausnahme der Bits *ver.cop.co$_1$* bis *ver.cop.co$_2$* sind die Registerinhalte unveränderbar und mit dem Reset definiert.

	31	24 23	16 15	4 3	0
ver.proc	processor	major	minor	id	co$_3$ co$_2$ co$_1$

ver.pid	pid	

	31	24 23	16 15	8 7	3 2	0
ver.cop	cid$_3$	cid$_2$	cid$_1$	undef.	ce$_3$ ce$_2$ ce$_1$	

co$_1$ - co$_2$:   *Coprocessor-Available*: Zeigt einen vorhandenen Coprozessoren an.
ce$_1$ - ce$_2$:   *Coprocessor-Enable*: Ermöglicht das Ein- ($cid_x = 1$) bzw. Ausschalten ($cid_x = 0$) von Coprozessoren. Die Bits sind nach dem Reset nicht definiert.
cid$_1$ - cid$_2$:   *Coprocessor-ID*: Kennung des entsprechenden Coprozessors. Eine 0 bedeutet, dass kein Coprozessor vorhanden ist.
id: *ID-Defined*: Zeigt an, ob die Prozessorkennung im *ver.pid* definiert ist.
major: *Major-Number*. Hauptversionsnummer der Implementierung.
minor: *Minor-Number*. Unterversionsnummer der Implementierung.
pid: *Processor-ID*: Eindeutige auf die Prozessorversion bezogene Kennung des jeweiligen Prozessors. Das Register ist nur definiert, wenn *ver.proc.id* = 1 ist.
processor: Versionsnummer der Architektur (Nemesis S = 0, Nemesis C = 1, Nemesis X = 2).

Prozessorabstraktionsverwaltung

Das Statusregister *pal* (*processor abstraction register*) definiert den Betriebsmodus mit dem auf Spezialregister zugegriffen werden kann bzw. mit dem Ausnahmeanforderungen bearbeitet werden. Es lässt sich, abhängig vom Zustand des Bits *pal.p*, entweder im Supervisor- und PAL-Modus oder nur im PAL-Modus zugreifen. Nach dem Reset ist *pal.p* gelöscht. Alle anderen Felder sind undefiniert.

	31 30 29 28	24 23 22 21 20 19	11 10 9 8	6 5 4 3 2 1 0
pal	p pit m	b as ar ss gr lr	i x t v	sr be de il pr dz al

al: *Misalignment-Exception-Abstraction.* Legt fest, ob die Ausnahmen *Misaligned-Branch-Target* und *Misaligned-Memory-Reference* im Supervisor-Modus ($al = 0$) oder im PAL-Modus ($al = 1$) bearbeitet werden sollen.

ar: *ASI-Register-Abstraction.* Definiert, ob auf die Adressraumregister *asi0* bis *asi3* sowie *asi.cnt* im Supervisor- und PAL-Modus ($ar = 0$) oder nur im PAL-Modus zugegriffen werden kann ($ar = 1$).

as: *ASI-Specification-Abstraction.* Definiert, ob auf die Modusregister *asi.pal*, *asi.super* und *asi.usr* im Supervisor- und PAL-Modus ($as = 0$) oder nur im PAL-Modus zugegriffen werden kann ($as = 1$).

b: *Byte-Order-Abstraction.* Definiert, ob auf die Statusbits *status.b*, *status.be* und *status.bp* im Supervisor- und PAL-Modus ($b = 0$) oder nur im PAL-Modus zugegriffen werden kann ($b = 1$).

be: *Bus-Error-Exception-Abstraction.* Legt fest, ob die Ausnahme *Bus-Error* im Supervisor-Modus ($be = 0$) oder PAL-Modus ($be = 1$) bearbeitet werden soll.

de: *Double-Exception-Abstraction.* Legt fest, ob die Ausnahme *Double-Exception* im Supervisor-Modus ($al = 0$) oder PAL-Modus ($al = 1$) bearbeitet werden soll.

dz: *Division-By-Zero-Exception-Abstraction.* Legt fest, ob die Ausnahme *Privilege-Violation* im Supervisor-Modus ($al = 0$) oder PAL-Modus ($al = 1$) bearbeitet werden soll.

gr: *Global-Register-Management-Abstraction.* Definiert, ob auf die Register zur Verwaltung der globalen Register im Supervisor- und PAL-Modus ($gr = 0$) oder nur im PAL-Modus zugegriffen werden kann ($gr = 1$). Hierbei auftretende Ausnahmeanforderungen werden im Supervisor- ($gr = 0$) oder PAL-Modus ($gr = 1$) bearbeitet.

i: *Interrupt-Request-Abstraction*: Definiert, ob auf den Spezialregistersatz *irq* und die Unterbrechungsmaske *status.irq* im Supervisor- und PAL-Modus ($i = 0$) oder nur im PAL-Modus zugegriffen werden kann ($i = 1$).

il: *Instruction-Code-Exception-Abstraction.* Legt fest, ob die Ausnahmen *Illegal-Prefix*, *Illegal-Instruction* und *Illegal-Operand* im Supervisor-Modus ($il = 0$) oder im PAL-Modus ($il = 1$) bearbeitet werden sollen.

lr: *Local-Register-Management-Abstraction.* Definiert, ob auf die Register zur Verwaltung der lokalen Register im Supervisor- und PAL-Modus ($lr = 0$) oder nur im PAL-Modus zugegriffen werden kann ($lr = 1$). Hierbei auftretende Ausnahmeanforderungen werden im Supervisor- ($lr = 0$) oder PAL-Modus ($lr = 1$) bearbeitet.

m: *MMU-Abstraction.* Definiert, ob auf die Register der MMU inklusive der Statusbits *status.m*, *status.me* und *status.mp* im Supervisor- und PAL-Modus ($m = 0$) oder nur im PAL-Modus zugegriffen werden kann ($m = 1$). Hierbei auftretende Ausnahmeanforderungen werden im Supervisor- ($m = 0$) oder PAL-Modus ($m = 1$) bearbeitet.

p: *PAL-Abstraction.* Definiert, ob auf die Spezialregister *pal*, *xm.pb* und die anderweitig nicht definierten Felder des Statusregisters *status* im Supervisor- und PAL-Modus ($p = 0$) oder nur im PAL-Modus zugegriffen werden kann ($p = 1$).

pit: *Periodic-Interrupt-Timer-Abstraction.* Definiert, ob auf die Register des Zeitgebers in allen Betriebsmodi ($pit = 01$), im Supervisor- und PAL-Modus ($pit = 10$) oder nur im PAL-Modus zugegriffen werden kann ($pit = 11$). Ausnahmeanforderungen werden in dem Betriebsmodus bearbeitet, der in *irq.0* festgelegt ist.

pr: *Privilege-Violation-Exception-Abstraction.* Legt fest, ob die Ausnahme *Division-By-Zero* im Supervisor-Modus ($al = 0$) oder PAL-Modus ($al = 1$) bearbeitet werden soll.

sr: *Special-Register-Exception-Abstraction.* Legt fest, ob die Ausnahmen *Compatibility-Violation*, *Illicit-Special-Register-Write-Access* und *Special-Register-Undefined* im Supervisor-Modus ($sr = 0$) oder PAL-Modus ($sr = 1$) bearbeitet werden sollen.

ss: *System-Stack-Abstraction.* Definiert, ob auf die Register zur Systemstapelverwaltung inklusive des Statusbits *status.sl* im Supervisor- und PAL-Modus ($ss = 0$) oder nur im PAL-Modus zugegriffen werden kann ($ss = 1$). Hierbei auftretende Ausnahmeanforderungen werden im Supervisor- ($ss = 0$) oder PAL-Modus ($ss = 1$) bearbeitet.

t: *Trap-Base-Abstraction.* Definiert, ob auf das Spezialregister *xm.tb* im Supervisor-
            und PAL-Modus ($t = 0$) oder nur im PAL-Modus zugegriffen werden kann ($t = 1$).

v: *Version-Abstraction.* Definiert, ob auf die Register zur Versionsverwaltung des Pro-
            zessors *ver* im Supervisor- und PAL-Modus ($v = 0$) oder nur im PAL-Modus zuge-
            griffen werden kann ($v = 1$).

x: *Exception-Mask-Abstraction.* Legt fest, ob auf das Ausnahmemaskenregister *xm.msk*
            im Supervisor- und PAL-Modus ($x = 0$) oder nur im PAL-Modus zugegriffen werden
            kann ($x = 1$).

Ausnahmeverwaltung

Der Spezialregistersatz *xm* (*exception management*) dient der Verwaltung von Ausnahmen. Das Spezialregister *xm.tb* (*trap base*) enthält die reale Startadresse eines im
Supervisor-Modus, xm.*pb* (*PAL base*) die reale Startadresse eines im PAL-Modus zu
bearbeitenden Ausnahmeprogramms. Das Spezialregister *xm.msk* (*exception mask
register*) ermöglicht das individuelle Aktivieren bzw. Deaktivieren einiger ausge-
zeichneter Ausnahmen. Der Spezialregistersatz *xm* ist vom Abstraktionsgrad abhängig entweder im Supervisor- und PAL-Modus oder nur im PAL-Modus zugreifbar.
Nach dem Reset ist er undefiniert. (zu Ausnahmen sie auch Abschnitt A.7)

	31	13 12	3 2	0
xm.tb	base	id	0 0 0	
xm.pb	base	id	0 0 0	
xm.msk	undefiniert			div

base: *Base.* Enthält die oberen Bits der realen Basisadresse der jeweilige Ausnahmetabelle.
            Die unteren Bits werden implizit als gleich 0 vorgegeben.

div: *Division*: Legt fest, ob bei einer Division durch 0 eine *Division-By-Zero-Exception*
            ausgelöst (*div* = 1) oder nicht ausgelöst werden soll (*div* = 0).

id: *Exception-ID.* Kennung der jeweiligen Ausnahme.

Unterbrechungsverwaltung

Jedes in einem Prozessor mit Nemesis-Architektur implementierte Unterbrechungssignal lässt sich über ein eigenes Spezialregister *irq*n kontrollieren. Die Anzahl der
realisierten Unterbrechungseingänge und damit auch die Anzahl der Spezialregister
ist in *irq.cnt* als Konstante hinterlegt. Maximal lassen sich 256 Unterbrechungssig-
nale verwalten. Auf den Spezialregistersatz *irq* kann vom Abstraktionsgrad abhängig entweder im Supervisor- und PAL-Modus oder nur im PAL-Modus zugegriffen
werden. Nach dem Reset ist nur *irq.cnt* initialisiert.

	31		12	5 4	3 2	1	0
irq*n*	p	undefined	devpr	irqpr	i	ed	lvl
irq.cnt	undefiniert				count		

count: *Interrupt-Register-Count.* Anzahl der verfügbaren Spezialregister *irq*n.

devpr: *Device-Priority*: Dient der Priorisierung unterschiedlicher Geräte, die einer bestimm-
            ten Unterbrechungspriorität zugeordnet sind (siehe *irqpr*). Beim gleichzeitigen Auf-
            treten mehrerer Unterbrechungen gleicher Priorität, wird jeweils die bevorzugt

behandelt, die eine höhere *Device-Priority* aufweist. Eine Unterbrechung eines bereits laufenden Unterbrechungsprogramms erfolgt jedoch nicht.

ed: *Edge*: Legt fest, ob ein Unterbrechungssignal pegel- (ed = 0) oder flankensensitiv (ed = 1) detektiert werden soll. Flankensensitive Unterbrechungen müssen explizit zurückgesetzt werden (siehe *p*).

i: *Interrupt-Enable*. Ermöglicht es, Unterbrechungsanforderungen individuelle Ein- (i = 1) bzw. Auszuschalten (i = 0).

irqpr: *Interrupt-Priority*: Ordnet dem Unterbrechungssignal eine der Prioritäten 1 bis 4 zu (siehe Statusregister).

lvl: *Level*: Steuert, ob das Unterbrechungssignal low-aktiv (lvl = 0) oder high-aktiv (lvl = 1) sein soll.

p: *Interrupt-Pending*. Zeigt ein aktives Unterbrechungssignal an. Das Bit wird auch gesetzt, wenn die entsprechende Unterbrechung deaktiviert ist. So lässt es sich nutzen, um Signale programmiert abzuprüfen (busy waiting). Um eine flankensensitive Unterbrechungsanforderung zurückzunehmen, muss $p = 1$ geschrieben werden.

Zeitgeber (pit)

Mit dem Periodic-Interrupt-Timer (*pit*) ist es möglich, zyklische Unterbrechungen auszulösen, indem ein nicht direkt zugreifbarer Zähler mit dem Systemtakt dekrementiert und beim Unterschreiten des Zählwerts 0 eine Ausnahmeanforderung gestellt wird (Tick-Interrupt). Der Zähler bekommt dabei automatisch den im Register *pit* gespeicherten Wert zugewiesen. Abhängig vom aktuellen Abstraktionsgrad lässt sich auf *pit* im Supervisor- bzw. PAL-Modus oder nur im PAL-Modus zugreifen (siehe hierzu die Beschreibung des Registers *pal*). Nach dem Reset ist das Register so initialisiert, dass ein Tick einer Millisekunde entspricht (dies lässt sich nutzen, um die Systemfrequenz zu ermitteln).

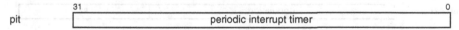

pit   31   periodic interrupt timer   0

▶ Bemerkung. Die vom Periodic-Interrupt-Timer ausgelöste Unterbrechung ist pegel- oder flankensensitiv programmierbar (über das Spezialregister *irq0*). Bei einer Pegeltriggerung wird die jeweilige Anforderung mit dem Aufruf des Ausnahmeprogramms automatisch zurückgesetzt. Bei einer Flankentriggerung muss dies explizit geschehen, und zwar durch Schreiben einer 1 in das Pending-Bit *irq0.p*.   ◀

Speicherverwaltung

Der Speicher wird mit Hilfe einer passiven Einheit verwaltet, die sich vollständig über Spezialregister konfigurieren lässt. Sie enthält implementierungsabhängig maximal acht TLBs (translation look aside buffer), die einzeln über Identifikationsnummern ansprechbar sind. Die Gesamtzahl der TLBs kann durch Summation der Inhalte von *tlb.info.inst* und *tlb.info.data* ermittelt werden. Falls *tlb.info.u* gesetzt ist, bearbeiten alle TLBs sowohl Befehls- als auch Datenzugriffe. Falls andererseits *tlb.info.u* gelöscht ist, bearbeiten die TLBs mit den Identifikationsnummern 0 bis *tlb.info.inst* – 1 Befehlszugriffe und die mit den Identifikationsnummern *tlb.info.inst* bis *tlb.info.inst* + *tlb.info.data* – 1 Datenzugriffe. Ebenfalls möglich ist die Abfrage der für jeden TLB benutzten Seitengrößen und die Anzahl der jeweils vorhandenen Adressumsetzungseinträge, und zwar über die Spezialregister $tlb.pgsz_n$ und $tlb.sz_n$.

Bei eingeschalteter Speicherverwaltung (siehe Spezialregister *status*), wird jede virtuelle Befehls- und Datenadresse mit Hilfe der TLBs in eine reale Adresse übersetzt. Kommt es zu einem Fehler, z.B. weil sich der entsprechende Eintrag nicht in einem der TLBs befindet, wird nach dem deaktivieren der Speicherverwaltungseinheit die virtuelle Zugriffsadresse sowie Adressraumkennung in die lesbaren und schreibbaren Spezialregister *tlb.req.vaddr* bzw. *tlb.req.asi* übergetragen. Die zur potentiellen Umsetzung einer virtuellen Adresse belegten Einträge der TLBs, sind über den Spezialregistersatz *tlb.cur*n zugreifbar. Neben der tatsächlichen virtuellen Adresse und Adressraumkennung in *tlb.cur*n.*vaddr* bzw. *tlb.cur*n.*asi* können die realen Adressen und die Attribute der verwalteten Seiten über die jedem TLB zugeordneten Spezialregister *tlb.cur*n.*paddr* eingesehen werden. Durch einen Schreibzugriff darauf lässt sich zur virtuellen Adresse in *tlb.req.vaddr* und der Adressraumkennung in *tlb.req.asi* ein vorhandener Eintrag verändern oder löschen.

Auf den Spezialregistersatz *tlb* kann man vom Abstraktionsgrad abhängig entweder im Supervisor- und PAL-Modus oder nur im PAL-Modus zugreifen. Nach dem Reset sind nur die konstanten Spezialregister *tlb.info*, *tlb.pgsz* und *tlb.sz* initialisiert. Insbesondere sind die TLBs undefiniert. Bevor man die Speicherverwaltung aktiviert, müssen daher alle Einträge als ungültig gekennzeichnet werden, indem die virtuelle Adresse in *tlb.req.vaddr* für jeden TLB in einer Schleife inkrementiert und dabei *tlb.cur*n.*paddr* jeweils mit 0 beschrieben wird. Die Anzahl der Scheifendurchläufe ist dem Register *tlb.szn* zu entnehmen.

	31	6 5	4 3	2 0
tlb.info	undefiniert	u	inst	data

	31	6 0
tlb.pgsz*n*	undefiniert	pgsz
tlb.sz*n*	undefiniert	sz

	31		1 0
tlb.req.vaddr	vaddr	undefiniert	i/d
tlb.req.asi	undefiniert	asi	
tlb.cur*n*.vaddr	vaddr	undefiniert	
tlb.cur*n*.asi	undefiniert	asi	

	31	9	8	7	6	5	4	3	2	1	0
tlb.cur*n*.paddr	paddr	pol	v	a	d	r	w	x	pr	hit

tlb.info.inst: *Instruction-TLB-Count*. Enthält die Anzahl der für Befehlszugriffe benutzten TLBs.

tlb.info.data: *Data-TLB-Count*. Enthält die Anzahl der für Datenzugriffe benutzten TLBs.

tlb.info.u: *Unified*. Zeigt an, dass die TLBs für Befehls- und Datenzugriffe getrennt ($u = 0$) oder nicht getrennt sind ($u = 1$).

tlb.pgsz*n*: *Page-Size*. Enthält die als Zweierpotenz (2^{pgsz}) codierte Seitengröße des TLBs.

tlb.req.vaddr: *Requested-Virtual-Address*. Enthält die virtuelle Adresse mit der auf die Speicherverwaltungseinheit zugegriffen werden kann, um einen Eintrag auszulesen bzw. neu anzulegen. Bei Auftreten einer *Page-Fault-Exception* ist hier die fehlerverursachende virtuelle Adresse gespeichert.

tlb.req.asi: *Requested-Address-Space-Identifier*. Enthält die Adressraumkennung mit der auf die Speicherverwaltungseinheit zugegriffen werden kann, um einen Eintrag auszulesen bzw. neu anzulegen. Bei Auftreten einer *Page-Fault-Exception* ist hier die Kennung des dabei angesprochenen Adressraums gespeichert.

tlb.req.i/d: *Instruction-/Data-Access.* Gibt an, ob sich die virtuelle Adresse und die Adressraum-kennung in *req.vaddr* und *req.asi* auf den Daten- ($i/d = 0$) oder Befehlsspeicher ($i/d = 1$) beziehen. Das ausschließlich lesbare Bit ist undefiniert, wenn eine für Daten und Befehle gemeinsam zuständige Speicherverwaltungseinheit verwendet wird.

tlb.cur$n$.vaddr: *Current-Virtual-Address.* Enthält zum TLB n die virtuelle Adresse des Eintrags, der ersetzt werden muss, um die in *tlb.req.vaddr* und *tlb.req.asi* gespeicherte virtuelle Adresse und Adressraumkennung aufnehmen zu können.

tlb.cur$n$.asi: *Current-Address-Space-Identifier.* Enthält die Adressraumkennung des Eintrags des TLB n, der ersetzt werden muss, um die in *tlb.req.vaddr* und *tlb.req.asi* gespeicherte virtuelle Adresse und Adressraumkennung aufnehmen zu können.

tlb.cur$n$.paddr: *Current-Physical-Address.* Enthält die zur Adresse *tlb.cur$n$.vaddr* und *tlb.cur$n$.asi* gespeicherte reale Adresse des jeweiligen TLB. Eine Schreiboperation erzeugt einen neuen Eintrag entsprechend *tlb.req.vaddr* und *tlb.req.asi*.

tlb.cur$n$.v: *Valid.* Zeigt einen gültigen Eintrag an. Durch Schreiben einer 0 kann ein TLB-Eintrag gelöscht werden.

tlb.cur$n$.a: *Accessed.* Zeigt an, dass der TLB-Eintrag benutzt wurde.

tlb.cur$n$.d: *Dirty.* Zeigt einen Schreibzugriff auf die entsprechende Seite an.

tlb.cur$n$.r: *Readable.* Legt fest, ob auf die jeweilige Seite lesend zugegriffen werden darf.

tlb.cur$n$.w: *Writeable.* Legt fest, ob auf die jeweilige Seite schreibend zugegriffen werden darf.

tlb.cur$n$.x: *Executable.* Legt fest, ob ein Programm von der jeweiligen Seite ausgeführt werden darf. Hierzu ist es nicht notwendig, dass *tlb.cur$n$.r* ebenfalls gesetzt ist.

tlb.cur$n$.pr: *Priority.* Legt fest, ob die Adressraumkennung *asi* ausgewertet werden soll ($pr = 00$) oder ob Zugriffe auf die jeweilige Seite unabhängig von der Adressraumkennung im PAL-Modus ($pr = 11$), im PAL- oder Supervisor-Modus ($pr = 10$) oder in allen Betriebsmodi ($pr = 01$) erlaubt sind.

tlb.cur$n$.hit: *Hit.* Zeigt an, dass die in *tlb.req.vaddr* und *tlb.req.asi* eingetragene Adresse in dem entsprechenden TLB gefunden wurde. In diesem Fall stimmen *tlb.req.vaddr* und *tlb.cur$n$.vaddr* sowie *tlb.req.asi* und *tlb.cur$n$.asi* überein.

tlb.cur$n$.pol: *Cache-Policy.* Legt fest, ob eine Seite im Cache gehalten werden darf ($pol = 0$) oder nicht ($pol = 01$).

tlb.sz$n$: *Size.* Anzahl der Einträge eines TLBs.

A.3 Adressierungsarten

Unmittelbare Adressierung (immediate)

Bei der unmittelbaren Adressierung wird der zu verarbeitende Operand im Befehl sowie im Präfixbefehl codiert. Ohne Präfixbefehl lassen sich die Zahlen 1 und 0 codieren, indem die Registeradresse 0xf entweder als erster oder zweiter Quelloperand verwendet wird. Mit einem einzelnen Präfixbefehl sind vorzeichenbehaftete Zahlen mit bis zu 18 Bit Breite mit mehreren Präfixbefehlen vorzeichenbehaftete Zahlen beliebiger Breite codierbar.

Registerdirekt Adressierung (register direct)

Der Operand befindet sich in einem Register, dass über eine im Befehl codierte Adresse ausgewählt wird. Die Registeradresse 0xf ist für spezielle Codierungen reserviert: Als Quelladresse 1 repräsentiert sie i.Allg. den unmittelbaren Wert 0, als

Quelladresse 2 repräsentiert sie i.Allg. den unmittelbaren Wert 1. Falls 0xf als Zieladresse in Befehlen verwendet wird, die nicht der Gruppe 1 angehören, geht das
Ergebnis verloren.

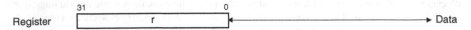

Indirektindizierte Adressierung (base register indexed)

Die Hauptspeicheradresse ergibt sich durch Addition oder Subtraktion einer Basis
und eines optional skalierten Indexes. Als Basis lässt sich Null sowie der Inhalt
eines Arbeitsregister, des Stapelzeigers *lrm.sp* oder des Befehlszählers *pc* verwenden (mit einer Attributierung als Daten- bzw. Befehlszugriff). Als Index ist eine
unmittelbare Zahl oder der Inhalt eines Arbeitsregisters erlaubt. Ein Zugriff bezieht
sich i.Allg. auf den vom Betriebsmodus abhängigen Adressraum. Durch Angabe
eines ASI-Registers sind jedoch auch andere Adressräume ansprechbar.

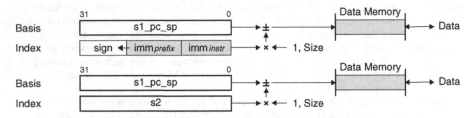

Prämodifizierende Adressierung (pre calculated)

Bei der prämodifizierenden Adressierung wird basisregisterindiziert auf den Datenspeicher zugegriffen. Das als Basis verwendete Arbeitsregister wird anschließend
entsprechend der errechneten Zugriffsadresse modifiziert. Als Basis oder Index
kann der Inhalt eines Arbeitsregisters, als Index auch eine unmittelbare Zahl verwendet werden. Ein Zugriff bezieht sich normalerweise auf den vom Betriebsmodus
abhängigen Adressraum. Durch Angabe eines ASI-Registers lassen sich jedoch
auch andere Adressräume ansprechen.

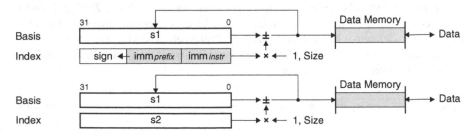

Postmodifizierende Adressierung (post calculated)

Bei der postmodifizierenden Adressierung wird indirekt entsprechend der im Basisregister enthaltenen Adresse auf den Datenspeicher zugegriffen. Das als Basis ver-

wendete Arbeitsregister wird anschließend entsprechend der Summe oder Differenz aus Basis und skaliertem Index modifiziert. Ein Zugriff bezieht sich i.Allg. auf den vom Betriebsmodus abhängigen Adressraum. Durch Angabe eines ASI-Registers sind jedoch auch andere Adressräume ansprechbar.

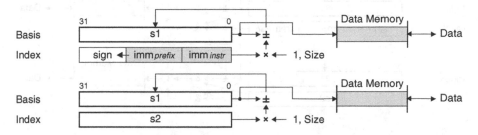

Prämodifizierende Moduloadressierung (pre calulated round robin)

Mit Hilfe der prämodifizierenden Moduloadressierung lässt sich ein Ringpuffer (Fifo) verwalten. Die Basisadresse ergibt sich durch Und-Verknüpfung des Indexes mit einer negierten unmittelbaren oder in einem Register befindlichen Maske (dessen untere n Bits alle gesetzt und dessen obere 32 – n Bits alle gelöscht sein müssen). Die Endadresse berechnet sich durch Addition der Basisadresse und der Maske. Vor einem Zugriff wird der Index jeweils um 1 oder entsprechend des Zugriffstyps inkrementiert bzw. dekrementiert und die erzeugte Adresse ggf. auf den Anfang oder das Ende des Ringpuffers gesetzt. Die berechnete Adresse überschreibt mit dem Zugriff den Inhalt des Indexregisters. Ein Zugriff bezieht sich auf einen vom Betriebsmodus abhängigen Adressraum. Andere Adressräume lassen sich durch Angabe eines ASI-Registers ansprechen.

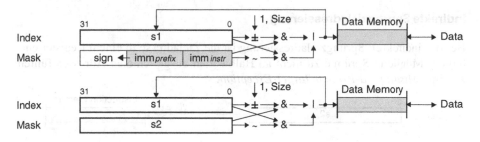

Postmodifizierende Moduloadressierung (post calulated round robin)

Die postmodifizierende Moduloadressierung ist das Gegenstück zur prämodifizierenden Moduloadressierung. Der Zugriff auf den Datenspeicher erfolgt indirekt zum Inhalt des Indexregisters. Anschließend wird der Index um 1 oder entsprechend des Zugriffstyps inkrementiert bzw. dekrementiert. Im Falle eines Überlaufs wird die erzeugte Adresse auf den Anfang oder das Ende des Ringpuffers gesetzt. Ein Zugriff

bezieht sich i.Allg. auf den vom Betriebsmodus abhängigen Adressraum. Durch
Angabe eines ASI-Registers sind jedoch auch andere Adressräume ansprechbar.

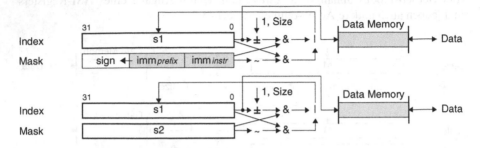

Befehlszählerrelative Sprungzieladressierung

Die befehlszählerrelative Sprungzieladressierung lässt sich nur in Sprungbefehlen
nutzen. Mit ihr wird relativ zur Adresse des jeweiligen Sprungbefehls (nicht zu ggf.
vorhandenen Präfixbefehlen) zu einem an Halbwortgrenzen ausgerichteten Sprungziel verzweigt. Die Sprungdistanzen 0 und 1 haben, sofern *kein* Präfixbefehl verwendet wird, eine Sonderbedeutung: Mit offset gleich 0 wird der auf den Sprungbefehl folgende, mit offset gleich 1 die beiden auf den Sprungbefehl folgenden
Befehle inklusive aller eventuell vorhandenen Präfixbefehle übersprungen. Dies
lässt sich in einer Realisierung der Architektur nutzen, um Befehle bedingt auszuführen.

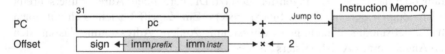

Indirekte Sprungzieladressierung

Bei der indirekten Sprungzieladressierung ist die Zieladresse in einem Register enthalten. Mögliche Sprünge zu nicht an Halbworten ausgerichteten Adressen führen
zu einer *Misaligned-Branch-Target-Exception*.

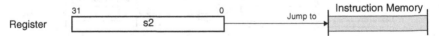

Indizierte Sprungzieladressierung

Die indizierten Sprungzieladressierung erlaubt die Verzweigung zu einer durch
Summation einer Basis und eines Offsets errechneten Adresse. Als Basis kann Null
oder der Inhalt eines Arbeitsregister verwendet werden. Als Offset ist eine unmittel-
bare Zahl oder der Inhalt eines Arbeitsregisters erlaubt (wobei 0xf nicht erlaubt ist).
Mögliche Sprünge zu nicht an Halbworten ausgerichteten Adressen führen zu einer
Misaligned-Branch-Target-Exception.

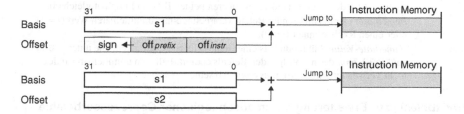

A.4 Präfixbefehle

Die Nemesis-Architektur verarbeitet Befehle der einheitlichen Breite 16 Bit. Da dies nicht ausreicht, um sämtliche Befehlsvariationen zu codieren, wurden die sog. Präfixbefehle vorgesehen. In ihnen sind neben Modusinformationen, Referenzen auf zusätzliche Operanden sowie ein Teil des Operationscodes, der sog. Gruppencode, enthalten. Präfixbcfehle beziehen sich jeweils auf den jeweils unmittelbar folgenden Befehl. Sie können eigenständig ausgeführt werden, wobei sie auf ein internes, für den Programmierer unsichtbares Zustandsregister wirken oder sie werden im Verbund mit dem jeweils nachfolgenden Befehl verarbeitet. Letzteres erhöht die Ausführungsgeschwindigkeit, macht eine Realisierung der Prozessorarchitektur jedoch auch komplizierter.

Der einzige mehrfach aufeinander folgend benutzbare Präfixbefehl ist *cpfix* (constant prefix). Die maximale Anzahl der Präfixbefehle ergibt sich aus der maximalen Breite mit der Daten prinzipiell vom Prozessor oder Coprozessoren verarbeitet werden. Existiert kein Coprozessor sind höchstens drei Präfixbefehle aufeinander folgend erlaubt (z.B. cpfix-cpfix-alpfix). Da die Präfixbefehle bei einer sequentiellen Ausführung eine Zustandsänderung des Prozessors bewirken, werden asynchrone Ausnahmeanforderungen bis nach Verarbeitung des jeweils folgenden Befehls verzögert, was die Latenzzeiten von Ausnahmeanforderungen verlängert. Im Folgenden werden die zur Nemesis-Architektur definierten Präfixbefehle beschrieben. Sie unterscheiden sich sämtlich durch das gesetzte Bit 15 von den in Abschnitt A.6 beschriebenen tatsächlichen Befehlen.

Präfixbefehle zur Erweiterung arithmetisch-logischer Befehle

Der Präfixbefehl *alpfix* ist zur Codierung von Befehlen der Gruppen 2 bis 8 erforderlich und erweitert die Funktionalität des nachfolgenden Befehls um die Möglichkeit zur Verarbeitung eines unmittelbaren Operanden. Der Präfixbefehl *alpfix.ccr* enthält außerdem die Adresse eines zu verändernden Bedingungsregisters (cr0 bis cr3). alpfix.ccr ist nur in Kombination mit Befehlen der Gruppen 1a, 1b und 2 verwendbar. Codierung:

	15	12 11	i	g	8 7	imm	0
alpfix	1 0	1 1	i		g	imm	
alpfix.*ccr*	1 0	0 1	i	ccr	g0	imm	

ccr: *Condition-Code-Register*: Adresse des zu verwendenden Bedingungsregisters.
g: *Group*: Vollständiger Gruppencode.

g_0:   *Group*: Bit 0 des Gruppencodes. Die oberen beiden Bits sind implizit gleich 00.

i: *Immediate*: Der nachfolgender Befehl verarbeitet einen unmittelbaren Wert ($i = 1$) oder einen Registerinhalt ($i = 0$).

imm: *Immediate-Value*: Führende Bits eines unmittelbaren Operanden. Die unteren Bits sind in *s2_imm* des nachfolgenden Befehls codiert. Falls ein unmittelbarer Index nicht verwendet wird ($i=0$), muss *imm* = 0 sein.

Präfixbefehle zur Erweiterung arithmetisch-logischer Coprozessorbefehle

Die Präfixbefehle *alpfixc* und *alpfixc.ccr* sind für die Codierung von Coprozessorbefehlen reserviert. Die Kennung des jeweiligen Coprozessors ist in den unteren beiden Bits der Präfixbefehle enthalten (erlaubt sind die Kennungen 01_2 bis 11_2). Die Funktionalität des Folgebefehls ist vom Coprozessor abhängig. Codierung:

	15	12	10	9		2	1	0
alpfixc	1 0	1 1	0		x			co
alpfixc.ccr	1 0	0 1	0	ccr	x			co

co: *Coprocessor-ID*: Kennung des Coprozessors (muss ungleich 0 sein).

ccr: *Condition-Code-Register*: Legt das zu verwendende Bedingungsregister fest.

x: Felder, mit einer zum Coprozessor spezifischen Bedeutung.

▶ Bemerkung. Die Präfixbefehle werden von *alpfix* bzw. *alpfix.ccr* dadurch unterschieden, dass mit $i = 0$ der unmittelbare Operand ungleich 0 ist. ◀

Präfixbefehle zur Codierung von Konstanten

Dieser Präfixbefehl ist der einzige, der in Kombination mit anderen Präfixbefehlen verwendet werden darf. Er erweitert die Bitanzahl des im Befehl codierten unmittelbaren Operanden. Falls er in Kombination mit Befehlen verwendet wird, die einen unmittelbaren Operanden verarbeiten, aber nicht über ein Bit verfügen, mit dem sich zwischen unmittelbarer und registerdirekter Adressierung unterscheiden lässt, wird implizit die unmittelbare Adressierung vorausgesetzt. Falls im Befehl ein Bit vorgesehen ist, das eine unmittelbare Adresse kennzeichnet, muss dieses Bit gesetzt sein ($i = 1$), damit keine *Illegal-Operand-Exception* ausgelöst wird. Codierung:

	15	14	13		0
cpfix	1 1			imm	

imm: *Immediate-Value*: Erweitert den im nachfolgenden Befehl verwendeten unmittelbaren Operanden um 14 Bits.

Präfixbefehle für Lade- und Speicherebefehle

Die Präfixbefehle *lspfixi*, *lspfixr* und *lspfixa* sind in Kombination mit Lade- und Speicherebefehlen sowie adressberechnenden Befehlen der Gruppen 1 und 5 codierbar und ermöglichen die Verwendung der in Abschnitt A.3 beschriebenen Lade-Speichere-Adressierungsarten (das sind alle nicht im Zusammenhang mit Sprungzielen stehenden Adressierungsarten). Im Einzelnen ist *lspfixi* (immediate) und *lspfixr* (register) vor einem Befehl zu benutzen, wenn indirektindiziert und *lspfixa* (auto), wenn prä- oder postmodifizierend auf den Hauptspeicher zugegriffen werden soll. In Kombination mit *lspfixr* oder *lspfixa* ist es außerdem möglich, am jeweiligen Cache vorbei auf den Hauptspeicher zuzugreifen (streaming). Ein Prefetch ist erreichbar, indem als Zielregister 0xf im jeweiligen Befehl codiert wird. Mögliche Ausnahmen werden dabei ignoriert. Codierung:

	15	12	11		8	7				0

lspfixi

| 1 0 | 0 0 | 1 | g_2 | s | b | | imm | | | |

lspfixr

| 1 0 | 0 0 | 0 | g_2 | s | b | i | + | st | imm | |

lspfixr.*asi*

| 1 0 | 0 0 | 0 | g_2 | s | b | 0 | + | st | 1 | asi | 0 0 |

lspfixa

| 1 0 | 1 0 | r | g_2 | s | p | i | + | st | imm | |

lspfixa.*asi*

| 1 0 | 1 0 | r | g_2 | s | p | 0 | + | st | 1 | asi | 0 0 |

asi: *Address-Space-Identifier*: Index des zu verwendende *ASI*-Registers. Lade- und Speicherbefehle, die in Kombination mit einer Adressraumkennung verwendet werden, sind nur im Supervisor- oder PAL-Modus zugreifbar. Ein Zugriff im Benutzermodus löst eine *Privilege-Violation-Exception* aus.

b: *Base*: Der Zugriff erfolgt relativ zu einem Arbeits- ($c = 0$) oder Basisregister ($c = 1$). Im Feld *s1* des nachfolgenden Befehls ist codiert, ob der Befehlszähler ($s1 = 0xe$) oder der Stapelzeiger *lrm.sp* ($s1 = 0xf$) als Basisregister Verwendung finden soll.

g_2:   *Group*: Bit 2 des Gruppencodes. Die unteren beiden Bits sind implizit gleich 00.

i: *Immediate*: Als Index wird ein Registerinhalt ($i = 0$) oder ein unmittelbarer Wert ($i = 1$) benutzt. Falls ein *cpfix*-Befehl verwendet wird, muss zur Vermeidung eines *Illegal-Operand-Exception* $i = 0$ gesetzt sein.

imm: *Immediate-Value*: Führende Bits eines unmittelbaren Indexes. Die unteren Bits sind in *s2_imm* des nachfolgenden Befehls codiert. Falls ein unmittelbarer Index nicht verwendet wird ($i = 0$), muss *imm* = 0 sein.

p: *Premodification*: Prä- ($p = 1$) bzw. Postmodifikation ($p = 0$).

r: *Round-Robin*: Nutzung ($r = 1$) oder nicht Nutzung ($r = 0$) der Moduloadressierung.

s: *Scale*: Index mit Eins ($s = 0$) oder entsprechend des Zugriffstyps skalieren ($s = 1$).

st: *Streaming*: Zugegriffenes Datum wird in den Cache eingetragen ($st = 0$) oder nicht eingetragen ($st = 1$).

+:   *Basisadresse und Index addieren ($+ = 1$) bzw. subtrahieren ($+ = 0$).*

Präfixbefehle für Coprozessorlade- und -speicherebefehle

Die Präfixbefehle *lspfixcr*, *lspfixca* sind reserviert für Speicherzugriffe von optional vorhandenen Coprozessoren. Mit Ausnahme der Coprozessorkennung *co* (01_2 bis 11_2) sind die definierten Felder bedeutungsgleich mit denen der Präfixbefehle *lspfixr* und *lspfixa*. Die exakte Funktionalität des Befehls ist vom verwendeten Coprozessor abhängig. Codierung:

	15	12	11						4	3	2	1	0

lspfixcr

| 1 0 | 0 0 | 0 | x | s | b | 0 | + | st | 0 | x | co | | |

lspfixcr.asi

| 1 0 | 0 0 | 0 | x | s | b | 0 | + | st | 1 | asi | co | | |

lspfixca

| 1 0 | 1 0 | r | x | s | p | 0 | + | st | 0 | x | co | | |

lspfixca.asi

| 1 0 | 1 0 | r | x | s | p | 0 | + | st | 1 | asi | co | | |

asi: *Address-Space-Identifier*: Index des zu verwendende ASI-Registers. Lade- und Speicherebefehle, die in Kombination mit einer Adressraumkennung verwendet werden, sind nur im Supervisor- oder PAL-Modus zugreifbar (abhängig vom Abstraktionsgrad). Ein Zugriff im Benutzermodus löst eine *Privilege-Violation-Exception* aus.

b: *Base*: Der Zugriff erfolgt relativ zu einem Arbeits- ($c = 0$) oder Basisregister ($c = 1$). Im Feld *s1* des nachfolgenden Befehls ist codiert, ob der Befehlszähler ($s1$ = 0xe) oder der Stapelzeiger *lrm.sp* ($s1$ = 0xf) als Basisregister Verwendung finden soll.

co: *Coprocessor-ID*: Kennung des jeweiligen Coprozessors (00_2 ist nicht erlaubt).

p: Prä- ($p = 1$) bzw. Postmodifikation ($p = 0$).

r: *Round-Robin*: Moduloadressierung verwenden ($r = 1$) oder nicht verwenden.

s: *Scale*: Index mit Eins ($s = 0$) oder entsprechend des Zugriffstyps skalieren ($s = 1$).

st: *Streaming*: Das zugegriffene Datum wird in den Cache eingetragen ($st = 0$) oder nicht eingetragen ($st = 1$).

x: Bitfelder mit einer vom Coprozessor abhängigen Bedeutung.

+: Basisadresse und Index addieren (+ = 1) bzw. subtrahieren (+ = 0).

◤ Bemerkung. Die aufgeführten Präfixbefehle werden von denen, die nicht für Coprozessoren bestimmten sind, dadurch unterschieden, dass Bit 7 (i) gleich 0 ist und die unteren beiden Bits ungleich 0 sind. ◢

A.5 Erlaubte Präfixbefehl-Befehl-Kombinationen

Die folgenden Tabellen enthalten eine Aufstellung aller verfügbaren Befehle, und zwar geordnet nach den zu verwendenden Präfixbefehle.

Ohne Präfix verwendbare Befehle

Gruppe	Code	Gruppe a				Gruppe b		Gruppe c	
		000	001	010	011	100	101	110	111
1	000	add	sub	mul	and	ldw	stw		cmp
		tst				alloc		b*cc* (ordered)	b*cc* (unordered)
						free			bregz / bregnz
						show			bra / bsr
						hide			
						callpal			
						trap			
						retx			
						retxr			
						flush.mem			
						flush.sr			
						reset			
						nop			
						mode			
						allocshow			
						allochide			

Mit *alpfix* oder *alpfix.ccr* zu verwendende Befehle

Gruppe	Code	Gruppe a				Gruppe b		Gruppe c	
		000	001	010	011	100	101	110	111
1	000	add	sub	mul[a]	and			scc	
2	001	adc	sbc		divs[a]	wrpup	wrpdn	loop / loopcc	andn
3	010								wr / rd
4	011	shl	shr	mulhu[a]	mulhs[a]	rol	ror		shra
5	100								
6	101	xor	or	modu[a]	mods[a]	xorn	orn		
7	110								
8	111			divu[a]					

a. Befehl, der ggf. in Software emuliert wird.

Mit *lspfixi, lspfixr, lspfixa, lspfixr.asi, lspfixa.asi* zu verwendende Befehle

Gruppe	Code	Gruppe a				Gruppe b		Gruppe c	
		000	001	010	011	100	101	110	111
1	000		ldstub	leap[a]		ldw	stw	leaw	leah
5	100	ldsb	ldub	ldsh	lduh	ldstw	ldp[a]	stb	sth

a. Befehl, der ggf. in Software emuliert wird.

A.6 Befehlssatz

Dieser Abschnitt enthält eine Kurzbeschreibung der verfügbaren Befehle in tabellarischer Form, jeweils unterteilt nach Funktionen. Zu jedem Befehl ist das empfohlene Mnemon, die Codierung, die Befehlsgruppenzugehörigkeit, die benötigten oder optional verwendbaren Präfixbefehle sowie eine Beschreibung der Funktionalität angegeben. Zu arithmetisch-logischen Befehlen ist außerdem aufgeführt, ob und welche Bedingungsbits modifiziert werden, zu Lade- und Speicherebefehlen, ob ASI-Register verwendbar und Zugriffe ohne Beteiligung des Caches (streaming) möglich sind.

Befehl	Beschreibung	Befehl	Beschreibung
add	Add	leaw	Load Effective Address of Word
adc	Add with Carry	loop	Loop
and	And	loopcc	Loop on Condition
and	And Not	mods	Modulo Signed
bcc	Branch on Condition	modu	Modulo Unsigned
bra	Branch Always	mul	Multiply
bregz	Branch when Register is Zero	mulhs	Multiply Upperhalf Signed
bregnz	Branch when Register is Not Zero	mulhu	Multiply Upperhalf Unsigned

Befehl	Beschreibung	Befehl	Beschreibung
bsr	Branch to Subroutine	or	Or
bsreg*z*	Branch to Subroutine when Register is Zero	orn	Or Not
bsreg*nz*	Branch to Subroutine when Register is not Zero	reset	Reset Peripheral
scc	Set Result on Condition	ret	Return from Subroutine
cmp	Compare	retp*r*	Return from PAL-Code (Repeat)
divs	Divide Signed	retx*r*	Return from Exception (Repeat)
divu	Divide Unsigned	rol	Rotate Left
flush	Flush	ror	Rotate Right
halt	Halt	sbc	Subtract with Carry
hide	Hide Global Register	s*cc*	Set Result on Condition
illegal	Illegal Instruction	shl	Shift Left
ldp	Load Pointer	shr	Shift Right
ldsb	Load Signed byte	shra	Shift
ldsh	Load Signed Half	show	Show Global Register
ldstub	Load and Store Unsigned Byte	stb	Store Byte
ldstw	Load and Store Word 20	sth	Store Half
ldub	Load Unsigned Byte	stw	Store Word
lduh	Load Unsigned Half	sub	Subtract
ldw	Load Word	tst	Test
leab	Load Effective Address of Byte	wrpdn	Wrap Down
leah	Load Effective Address of Half	wrpup	Wrap Up
leap	Load Effective Address of Pointer	xor	Exclusive Or
nop	No Operation	xorn	Exclusive Or Not

Arithmetisch-logische Befehle

	15	12	11	8	7	4	3	0
F1	0	Opcode		@d		@s1$_0$		@s2_imm$_1$

Befehl	Opcode	Gruppe	cpfix	alpfix	alpfix.ccr	c v z n	Operation
add	000	1	[•]			– – – –	$d = s1_0 + s2\_imm_1$
add.ccr	000	1	[•]		•	c v z n	$d = s1_0 + s2\_imm_1$
adc	000	2	[•]	•		– – – –	$d = s1_0 + s2\_imm_1$
adc	000	2	[•]		•	c v z n	$d = s1_0 + s2\_imm_1 + ccr.c$
and	011	1	[•]			– – – –	$d = s1_0 \, \& \, s2\_imm_1$
and	011	1	[•]		•	– – z n	$d = s1_0 \, \& \, s2\_imm_1$

	15	12 11	8 7	4 3	0
F1	0	Opcode	@d	@$s1_0$	@s2_imm$_1$

Befehl	Opcode	Gruppe	cpfix	alpfix	alpfix.ccr	c v z n	Operation
andn	111	2	[•]	•		– – – –	$d = s1_0$ & ~s2_imm$_1$
andn	111	2	[•]		•	– – z n	$d = s1_0$ & ~s2_imm$_1$
divs	011	2	[•]	•		– – – –	$d = s1_0 /$ s2_imm$_1^{(sign)}$
divs	011	2	[•]		•	c v z n	$d = s1_0 /$ s2_imm$_1^{(sign)}$
divu	010	8	[•]	•		– – – –	$d = s1_0 /$ s2_imm$_1^{(unsign)}$
mods	011	6	[•]	•		– – – –	$d = s1_0$ % s2_imm$_1^{(sign)}$
modu	010	6	[•]	•		– – – –	$d = s1_0$ % s2_imm$_1^{(unsign)}$
mul	010	1	[•]	•		– – – –	$d = s1_0$ * s2_imm$_1$
mul	010	1	[•]		•	c v z n	$d = s1_0$ * s2_imm$_1$
mulhs	011	4	[•]	•		– – – –	$d = (s1_0$ * s2_imm$_1) >> 32^{(sign)}$
mulhu	010	4	[•]	•		– – – –	$d = (s1_0$ * s2_imm$_1) >> 32^{(unsign)}$
or	001	6	[•]	•		– – – –	$d = s1_0$	s2_imm$_1$
orn	101	6	[•]	•		– – – –	$d = s1_0$	~s2_imm$_1$
rol	100	4	[•]	•		– – – –	$d = s1_0 <<$ s2_imm$_1$	$s1_0 >> (32 -$ s2_imm$_1)$
ror	101	4	[•]	•		– – – –	$d = s1_0 >>$ s2_imm$_1$	$s1_0 << (32 -$ s2_imm$_1)$
sbc	001	2	[•]	•		– – – –	$d = s1_0 -$ s2_imm$_1$
sbc.ccr	001	2	[•]		•	c v z n	$d = s1_0 -$ s2_imm$_1 -$ ccr.c
shl	000	4	[•]	•		– – – –	$d = s1_0 <<$ s2_imm$_1$
shr	001	4	[•]	•		– – – –	$d = s1_0 >>$ s2_imm$_1$
shra	111	4	[•]	•		– – – –	$d = s1_0 >>>$ s2_imm$_1^{(sign)}$
sub	001	1	[•]			– – – –	$d = s1_0 -$ s2_imm$_1$
sub.ccr	001	1	[•]		•	c v z n	$d = s1_0 -$ s2_imm$_1$
wrpdn	101	2	[•]	•		– – – –	$d = s1_0 > 0?$ $s1_0 - 1$: s2_imm$_1 - 1$
wrpdn.ccr	101	2	[•]		•	c – z n	$d = s1_0 > 0?$ $s1_0 - 1$: s2_imm$_1 - 1$
wrpup	100	2	[•]	•		– – – –	$d = s1_0 <$ s2_imm$_1?$ $s1_0 + 1$: 0
wrpup.ccr	100	2	[•]		•	c – z n	$d = s1_0 <$ s2_imm$_1?$ $s1_0 + 1$: 0
xor	000	6	[•]	•		– – – –	$d = s1_0$ ^ s2_imm$_1$
xorn	100	6	[•]	•		– – – –	$d = s1_0$ ^ ~s2_imm$_1$

c, v, z, n: *Condition-Bits*: ccr.c (carry), ccr.v (overflow), ccr.z (zero), ccr.n (negativ).

ccr: *Condition-Code-Register*: Bedingungsregister (die Registernummer ist im Präfixbefehl codiert).

d: *Destination-Register*: Zielregister (0xf ist in Gruppe 1 nicht erlaubt; entspricht sonst dem NULL-Register).

$s1_0$:   *1. Operand*: Registerinhalt (@0xf entspricht dem Wert 0).

s2_imm$_1$:   *2. Operand*: Registerinhalt (@0xf entspricht dem Wert 1) oder unmittelbarer Wert (falls ein Präfixbefehl verwendet wird).

@:   Bezeichnet die Registeradresse eines Operanden.

Lade- und Speicherebefehle

```
        15              12 11          8 7        4 3          0
F2     | 0 |  Opcode  |      @d       |   @s1_0   |  @s2_imm_1  |
```

Befehl	Opcode	Gruppe	cpfix	lspfixi	lspfixr	lspfixa	.asi	.s	Operation	
ldp	101	5	[•]	•					$d = mem32\,[base_0 + imm * scale]$	(adr)
ldp	101	5	[•]		•		•	•	$d = mem32\,[base_0 \pm s2\_imm_1 * scale]$	(adr)
ldp	101	5	[•]			•	•	•	$d = mem32\,[autoaddr]$	(adr)
ldsb	000	5	[•]	•					$d = mem8\,[base_0 + imm * scale]$	(sign)
ldsb	000	5	[•]		•		•	•	$d = mem8\,[base_0 \pm s2\_imm_1 * scale]$	(sign)
ldsb	000	5	[•]			•	•	•	$d = mem8\,[autoaddr]$	(sign)
ldsh	010	5	[•]	•					$d = mem8\,[base_0 + imm * scale]$	(sign)
ldsh	010	5	[•]		•		•	•	$d = mem16\,[base_0 \pm s2\_imm_1 * scale]$	(sign)
ldsh	010	5	[•]			•	•	•	$d = mem16\,[autoaddr]$	(sign)
ldstub	001	5	[•]	•					$d \Leftrightarrow mem8\,[base_0 + imm * scale]$	(unsign)
ldstub	001	5	[•]		•		•	•	$d \Leftrightarrow mem8\,[base_0 \pm s2\_imm_1 * scale]$	(unsign)
ldstub	001	5	[•]			•	•	•	$d \Leftrightarrow mem8\,[autoaddr]$	(unsign)
ldstw	011	5	[•]	•					$d \Leftrightarrow mem32\,[base_0 + imm * scale]$	(unsign)
ldstw	011	5	[•]		•		•	•	$d \Leftrightarrow mem32\,[base_0 \pm s2\_imm_1 * scale]$	(unsign)
ldstw	011	5	[•]			•	•	•	$d \Leftrightarrow mem32\,[autoaddr]$	(unsign)
ldub	001	5	[•]	•					$d = mem8\,[base_0 + imm * scale]$	(unsign)
ldub	001	5	[•]		•		•	•	$d = mem8\,[base_0 \pm s2\_imm_1 * scale]$	(unsign)
ldub	001	5	[•]			•	•	•	$d = mem8\,[autoaddr]$	(unsign)
lduh	011	5	[•]	•					$d = mem16\,[base_0 + imm * scale]$	(unsign)
lduh	011	5	[•]		•		•	•	$d = mem16\,[base_0 \pm s2\_imm_1 * scale]$	(unsign)
lduh	011	5	[•]			•	•	•	$d = mem16\,[autoaddr]$	(unsign)
ldw	100	1	[•]						$d = mem32\,[s1_0 + s2\_imm_1]$	
ldw	100	1	[•]	•					$d = mem32\,[base_0 + imm * scale]$	
ldw	100	1	[•]		•		•	•	$d = mem32\,[base_0 \pm s2\_imm_1 * scale]$	
ldw	100	1	[•]			•	•	•	$d = mem32\,[autoaddr]$	
leab	110	1	[•]	•					$d = base_0 + imm$	
leab	110	1	[•]		•				$d = base_0 \pm s2\_imm_1$	
leab	110	1	[•]			•			$d = autoaddr$	
leah	111	1	[•]	•					$d = base_0 + imm * scale$	
leah	111	1	[•]		•				$d = base_0 \pm s2\_imm_1 * scale$	
leah	111	1	[•]			•			$d = autoaddr$	
leap	010	1	[•]	•					$d = base_0 + imm * scale$	(adr)
leap	010	1	[•]		•				$d = base_0 \pm s2\_imm_1 * scale$	(adr)
leap	010	1	[•]			•			$d = autoaddr$	(adr)

	15	12 11	8 7	4 3	0
F2	0 Opcode	@d	@$s1_0$	@s2_imm$_1$	

Befehl	Opcode	Gruppe	cpfix	lspfixi	lspfixr	lspfixa	.asi	.s	Operation
leaw	110	1	[•]	•					$d = base_0 + imm * scale$
leaw	110	1	[•]		•				$d = base_0 \pm s2\_imm_1 * scale$
leaw	110	1	[•]			•			$d = autoaddr$
stb	110	5	[•]	•					$mem8\,[base_0 + imm * scale] = d$
stb	110	5	[•]		•		•	•	$mem8\,[base_0 \pm s2\_imm_1 * scale] = d$
stb	110	5	[•]			•	•	•	$mem8\,[autoaddr] = d$
sth	111	5	[•]	•					$mem8\,[base_0 + imm * scale] = d$
sth	111	5	[•]		•		•	•	$mem16\,[base_0 \pm s2\_imm_1 * scale] = d$
sth	111	5	[•]			•	•	•	$mem16\,[autoaddr] = d$
stw	101	1	[•]						$mem32\,[s1_0 + s2\_imm_1] = d$
stw	101	1	[•]	•					$mem32\,[base_0 + imm * scale] = d$
stw	101	1	[•]		•		•	•	$mem32\,[base_0 \pm s2\_imm_1 * scale] = d$
stw	101	1	[•]			•	•	•	$mem32\,[autoaddr] = d$

autoaddr: *Auto-Modification*: Prä- oder postmodifizierende Adressierungsart.

base$_0$:   *Base-Address*: Inhalt eines Arbeitsregisters *r0 - r14*, des Befehlszählers (*pc*) oder des Stapelzeigers (*lrm.sp*).

d: *3. Operand-Register* (bei Store) oder Zielregister (@0xf ermöglicht im Zusammenhang mit Ladebefehlen einen Prefetch. Der Wert ist ohne Präfix jedoch nicht erlaubt).

imm: *Immediate-Value* (2. Operand): Unmittelbarer Operand.

scale: *Scaling-Factor*: Gleich 1 oder der Zugriffsweite (im Präfixbefehl codiert).

s1$_0$:   *1. Operand*: Registerinhalt (@0xf entspricht dem Wert 0).

s2$_1$:   *2. Operand*: Registerinhalt (@0xf entspricht dem Wert 1).

s2_imm$_1$:   *2. Operand*: Registerinhalt (@0xf entspricht dem Wert 1) oder unmittelbarer Wert.

Vergleichsbefehle

	15	13	12 11	8 7	4 3	0
F3	0	Op @ccr	1 1 1 1	@$s1_0$	@s2_imm$_1$	
F4	0	Opcode	@ccr 1 0	@$s1_0$	@s2_imm$_1$	

Befehl	Format	Opcode	Gruppe	cpfix	Operation
cmp	F4	111	1c	[•]	$ccr = condition\,(s1_0 - s2\_imm_1)$
tst	F3	0--	1a	[•]	$ccr = condition\,(s1_0 \,\&\, s2\_imm_1)$

s1$_0$:   *1. Operand*: Registerinhalt (@0xf entspricht dem Wert 0).

s2$_1$:   *2. Operand*: Registerinhalt (@0xf entspricht dem Wert 1).

imm: *Immediate-Value* (2. Operand): Unmittelbarer Wert.

$s2\_imm_1$: *2. Operand*: Registerinhalt (@0xf entspricht dem Wert 1) oder unmittelbarer Wert.

ccr: *Condition-Code-Register*: Bedingungsregister (im Präfixbefehl codiert).

@: Bezeichnet die Registeradresse eines Operanden.

Bedingungsauswertende Befehle

	15	12	11		8	7		0
F5	0	Opcode	0	eq	0 0		@d	1 1 1 1
F6	0	Opcode	1	>	= s		@d	1 1 1 1

Befehl	Format	Opcode	Gruppe	alpfix.ccr	>, eq	=	s	Operation
seq.ccr	F5	110	1c	•	1	–	–	d = (crr is '==')? –1: 0
shes.ccr	F6	110	1c	•	1	1	1	d = (ccr is '>= sign')? –1: 0
sheu.ccr	F6	110	1c	•	1	1	0	d = (ccr is '>= unsign')? –1: 0
shis.ccr	F6	110	1c	•	1	0	1	d = (ccr is '> sign')? –1: 0
shiu.ccr	F6	110	1c	•	1	0	0	d = (ccr is '> unsign')? –1: 0
sles.ccr	F6	110	1c	•	0	1	1	d = (ccr is '>= sign')? –1: 0
sleu.ccr	F6	110	1c	•	0	1	0	d = (ccr is '>= unsign')? –1: 0
slis.ccr	F6	110	1c	•	0	0	1	d = (ccr is '> sign')? –1: 0
sliu.ccr	F6	110	1c	•	0	0	0	d = (ccr is '> unsign')? –1: 0
sne.ccr	F5	110	1c	•	1	–	–	d = (ccr is '!=')? –1: 0

>, =, s, eq: Bits, in denen die auszuwertenden Bedingung codiert ist.

d: *Destination-Register*: Zielregister.

ccr: *Condition-Code-Register*: Bedingungsregister *cr0* bis *cr3* (im Präfixbefehl codiert).

cr0: *Condition-Code-Register*: Bedingungsregister *cr0*.

@: Bezeichnet die Registeradresse eines Operanden.

Registerauswertende bedingte Sprungbefehle

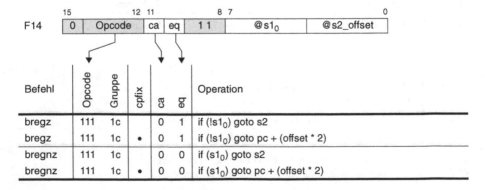

	15	12	11			8	7	0
F14	0	Opcode	ca	eq	1 1		@$s1_0$	@s2_offset

Befehl	Opcode	Gruppe	cpfix	ca	eq	Operation
bregz	111	1c		0	1	if (!$s1_0$) goto s2
bregz	111	1c	•	0	1	if (!$s1_0$) goto pc + (offset * 2)
bregnz	111	1c		0	0	if ($s1_0$) goto s2
bregnz	111	1c	•	0	0	if ($s1_0$) goto pc + (offset * 2)

```
        15              12 11        8 7                            0
F14   │ 0 │  Opcode  │ ca │ eq │ 1 1 │     @s1₀     │   @s2_offset   │
```

Befehl	Opcode	Gruppe	cpfix	ca	eq	Operation
bsregz	111	1c		1	1	r0 = (pc & ~1) I glb.v, if (!s1$_0$) goto s2
bsregz	111	1c	•	1	1	r0 = (pc & ~1) I glb.v, if (!s1$_0$) goto pc + (offset * 2)
bsregnz	111	1c		1	0	r0 = (pc & ~1) I glb.v, if (s1$_0$) goto s2
bsregnz	111	1c	•	1	0	r0 = (pc & ~1) I glb.v, if (s1$_0$) goto pc + (offset * 2)

ca:	*Call-Flag*: Zeigt einen unbedingten Sprung oder Unterprogrammaufruf an.
eq:	*Equal-Flag*: Bit, in dem die auszuwertende Bedingung codiert ist.
glb.v:	*Visible-Flag*: Zeigt an, dass der globale Registerspeicher sichtbar ist.
offset:	Befehlszählerrelative Halbwortsprungdistanz.
pc:	*Program-Counter*: Befehlszähler.
s1$_0$:	*Boolean-Operand*: Auszuwertender Registerinhalt (@0xf entspricht dem Wert 0).
s2:	*Address-Operand*: Registerindirekte Adresse.
s2_offset:	Registerindirekte Adresse oder befehlszählerrelative Halbwortsprungdistanz.
@:	Kennzeichnet die Registeradresse eines Operanden.

Bedingungsregisterauswertende Sprungbefehle

```
       15             12 11        8 7                          0
F7   │ 0 │  Opcode  │ 1 │ eq │ 0 │ 0 │          offset          │
F8   │ 0 │  Opcode  │ 0 │ eq │ 0 │ 0 │ @ccr │       offset       │
F9   │ 0 │  Opcode  │ 1 │ > │ = │ s │          offset          │
F10  │ 0 │  Opcode  │ 0 │ > │ = │ s │ @ccr │       offset       │
```

Befehl	Format	Opcode	Gruppe	cpfix	eq	>,	=	s	Operation
beq	F7	111	1c	[•]	1	–	–		if (cr0 is '==') goto pc + (offset * 2)
beq.ccr	F8	111	1c	[•]	1	–	–		if (crr is '==') goto pc + (offset * 2)
bhes	F9	110	1c	[•]	1	1	1		if (cr0 is '>= sign') goto pc + (offset * 2)
bhes.ccr	F10	110	1c	[•]	1	1	1		if (ccr is '>= sign') goto pc + (offset * 2)
bheu	F9	110	1c	[•]	1	1	0		if (cr0 is '>= unsign') goto pc + (offset * 2)
bheu.ccr	F10	110	1c	[•]	1	1	0		if (ccr is '>= unsign') goto pc + (offset * 2)
bhis	F9	110	1c	[•]	1	0	1		if (cr0 is '> sign') goto pc + (offset * 2)
bhis.ccr	F10	110	1c	[•]	1	0	1		if (ccr is '> sign') goto pc + (offset * 2)
bhiu	F9	110	1c	[•]	1	0	0		if (cr0 is '> unsign') goto pc + (offset * 2)
bhiu.ccr	F10	110	1c	[•]	1	0	0		if (ccr is '> unsign') goto pc + (offset * 2)

Befehl	Format	Opcode	Gruppe	cpfix	>, eq	=	s	Operation
bles	F9	110	1c	[•]	0	1	1	if (cr0 is '>= sign') goto pc + (offset * 2)
bles.ccr	F10	110	1c	[•]	0	1	1	if (ccr is '>= sign') goto pc + (offset * 2)
bleu	F9	110	1c	[•]	0	1	0	if (cr0 is '>= unsign') goto pc + (offset * 2)
bleu.ccr	F10	110	1c	[•]	0	1	0	if (ccr is '>= unsign') goto pc + (offset * 2)
blis	F9	110	1c	[•]	0	0	1	if (cr0 is '> sign') goto pc + (offset * 2)
blis.ccr	F10	110	1c	[•]	0	0	1	if (ccr is '> sign') goto pc + (offset * 2)
bliu	F9	110	1c	[•]	0	0	0	if (cr0 is '> unsign') goto pc + (offset * 2)
bliu.ccr	F10	110	1c	[•]	0	0	0	if (ccr is '> unsign') goto pc + (offset * 2)
bne	F7	111	1c	[•]	1	–	–	if (cr0 is '!=') goto pc + (offset * 2)
bne.ccr	F8	111	1c	[•]	1	–	–	if (crr is '!=') goto pc + (offset * 2)

>, =, s, eq:	Bits, in denen die auszuwertenden Bedingung codiert ist.
pc:	*Program-Counter*: Befehlszähler.
offset:	Befehlszählerrelative Halbwortsprungdistanz.
ccr:	*Condition-Code-Register*: Bedingungsregister *cr0* bis *cr3* (im Präfixbefehl codiert).
cr0:	*Condition-Code-Register*: Bedingungsregister *cr0*.
@:	Bezeichnet die Registeradresse eines Operanden.

Bedingungsregisterauswertende Schleifensprungbefehle

Befehl	Format	Opcode	Gruppe	cpfix	alpfix	alpfix.ccr	>, eq	=	s	Operation
loop	F11	110	2	[•]	•		1	–	–	if (--s1 != 0) goto pc + (offset * 2) *bzw.* goto s2
loopeq.ccr	F12	110	2	[•]		•	1	–	–	if (--s1 != 0) and (ccr is '==') goto pc + (offset * 2) *bzw.* goto s2
loophes.ccr	F13	110	2	[•]		•	1	1	1	if (--s1 != 0) and (ccr is '>= sign') goto pc + (offset * 2) *bzw.* goto s2

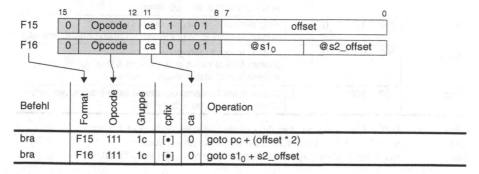

	15	12 11		8 7		0
F11	0	Opcode	0 0 0 1	@s1	@s2_offset	
F12	0	Opcode	0 eq 0 0	@s1	@s2_offset	
F13	0	Opcode	1 > = s	@s1	@s2_offset	

Befehl	Format	Opcode	Gruppe	cpfix	alpfix	alpfix.ccr	>, eq ‖ s	Operation
loopheu.ccr	F13	110	2	[•]		•	1 1 0	if (--s1 != 0) and (ccr is '>= unsign') goto pc + (offset * 2) *bzw.* goto s2
loophis.ccr	F13	110	2	[•]		•	1 0 1	if (--s1 != 0) and (ccr is '> sign') goto pc + (offset * 2) *bzw.* goto s2
loophiu.ccr	F13	110	2	[•]		•	1 0 0	if (--s1 != 0) and (ccr is '> unsign') goto pc + (offset * 2) *bzw.* goto s2
looples.ccr	F13	110	2	[•]		•	0 1 1	if (--s1 != 0) and (cr0 is '>= sign') goto pc + (offset * 2) *bzw.* goto s2
loopleu.ccr	F13	110	2	[•]		•	0 1 0	if (--s1 != 0) and (cr0 is '>= unsign') goto pc + (offset * 2) *bzw.* goto s2
looplis.ccr	F13	110	2	[•]		•	0 0 1	if (--s1 != 0) and (cr0 is '> sign') goto pc + (offset * 2) *bzw.* goto s2
loopliu.ccr	F13	110	1c	[•]		•	0 0 0	if (--s1 != 0) and (cr0 is '> unsign') goto pc + (offset * 2) *bzw.* goto s2
loopne.ccr	F12	110	1c	[•]		•	1 – –	if (--s1 != 0) and (crr is '!=') goto pc + (offset * 2) *bzw.* goto s2

>, =, s, eq: Bits, in denen die auszuwertenden Bedingung codiert ist.
s1: *Counter-Register*: Auszuwertender Registerinhalt.
s2: *Address-Operand*: Registerindirekte Adresse.
offset: Befehlszählerrelative Halbwortsprungdistanz.
s2_offset: Registerindirekte Adresse oder befehlszählerrelative Halbwortsprungdistanz.
pc: *Program-Counter*: Befehlszähler.
ccr: *Condition-Code-Register*: Bedingungsregister *cr0* bis *cr3* (im Präfixbefehl codiert).
@: Bezeichnet die Registeradresse eines Operanden.

Unbedingte Sprungbefehle

	15	12 11		8 7		0
F15	0	Opcode	ca 1	0 1	offset	
F16	0	Opcode	ca 0	0 1	@s1$_0$	@s2_offset

Befehl	Format	Opcode	Gruppe	cpfix	ca	Operation
bra	F15	111	1c	[•]	0	goto pc + (offset * 2)
bra	F16	111	1c	[•]	0	goto s1$_0$ + s2_offset

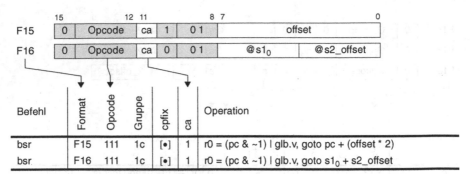

Befehl	Format	Opcode	Gruppe	cpfix	ca	Operation
bsr	F15	111	1c	[•]	1	r0 = (pc & ~1) I glb.v, goto pc + (offset * 2)
bsr	F16	111	1c	[•]	1	r0 = (pc & ~1) I glb.v, goto s1$_0$ + s2_offset

ca: *Call-Flag*: Zeigt einen unbedingten Sprung oder Unterprogrammaufruf an.
glb.v: *Visible-Flag*: Zeigt an, dass der globale Registerspeicher sichtbar ist.
pc: *Program-Counter*: Befehlszähler.
r0:   Register r0 (nimmt die Rücksprungadresse und das Visible-Bit auf).
s1$_0$:   *Base-Register*: Basisregister (@0xf entspricht dem Wert 0).
s2:   *Index-Register*: Registerindirekte Adresse.
offset: Befehlszählerrelative Halbwortsprungdistanz.
s2_offset: Registerindirekte Adresse oder befehlszählerrelative Halbwortsprungdistanz.
@:   Bezeichnet die Registeradresse eines Operanden.

Stapelverwaltende Befehle und Systemaufrufe

Befehl	Opcode	uOpcode	Gruppe	cpfix	Operation
alloc	100	1100	1b		Register auf dem Stapel reservieren: lrm.sp -= imm
allocshow	100	0100	1b		Register auf dem Stapel reservieren und globale Register einblenden: lrm.sp -= imm, glb.v = 1
allochide	100	0101	1b		Register auf dem Stapel reservieren und globale Register ausblenden: lrm.sp -= imm, glb.v = 0
callpal	100	0010	1b	[•]	Aufruf eines PAL-Programms: save (status, glb, pc) status = *pmode*, pc = pb (imm)
free	100	1110	1b		Register auf dem Registerstapel freigeben: lrm.sp += imm, lrm.bp = lrm.sp < lrm.bp? lrm.bp: lrm.sp
mode	100	0011	1b		Betriebsmodus festlegen: if (imm & 0x3) status.dmod = imm & 0x3 if (imm & 0xc) status.xmod = imm >> 2
trap	100	1000	1b	[•]	Aufruf eines Systemprogramms: save (status, glb, pc), status = *smode*, pc = tb (imm)

glb.v: *Visible-Flag*: Zeigt an, dass der globale Registerspeicher sichtbar ist.
imm: *Immediate-Value*: Im Befehl codierter unmittelbarer Wert.
pb: *PAL-Base-Register* (Spezialregister): Basisadresse der PAL-Tabelle.

pc: *Program-Counter*: Befehlszähler.
pmode: Konstante: Dient zur Initialisierung des Statusregisters bei PAL-Aufrufen.
lrm.bp: *Bottom-Pointer-Register* (Spezialregister): Letzter Eintrag des Stapelzeigers.
lrm.sp: *Stack-Pointer-Register* (Spezialregister): Stapelzeigerregister.
save: Sichert die übergebenen Inhalte auf dem Systemstapel.
smode: Konstante: Dient zur Initialisierung des Statusregisters bei Systemaufrufen.
status: *Status-Register* (Spezialregister): Statusregister.
tb: *Trap-Base-Register* (Spezialregister): Basisadresse der Trap-Tabelle.

Stapelverwaltende Befehle

Befehl	Opcode	uOpcode	nOpcode	Gruppe	Operation
flush.mem	100	0111	0001	1b	Halt, bis alle Speicherzugriffe bearbeitet sind
flush.sr	100	0111	0010	1b	Halt, bis alle Statusregisterzugriffe bearbeitet sind
halt	100	1111	0001	1b	Halt bis zu einer Unterbrechung oder zum Reset
hide	100	1111	0100	1b	Globale Register ausblenden: glb.v = 0
illegal	100	1111	1110	1b	Illegal-Instruction-Exception auslösen
nop	100	1111	1111	1b	No Operation
reset	100	1111	0010	1b	Externe Peripherie zurücksetzen
ret	100	1111	0000	1b	Unterprogrammrücksprung: pc = r0 & ~1, glb.v = r0 & 1
retp	100	1111	1000	1b	PAL-Rücksprung ohne Befehlswiederholung: restore (status, glb, pc)
retpr	100	1111	1001	1b	PAL-Rücksprung mit Befehlswiederholung: restorer (status, glb, pc)
retx	100	1111	1000	1b	Ausnahmerücksprung ohne Befehlswiederholung: restore (status, glb, pc)
retxr	100	1111	1001	1b	Ausnahmerücksprung mit Befehlswiederholung: restorer (status, glb, pc)
show	100	1111	0101	1b	Globale Register einblenden: glb.v = 1

glb.v: *Visible-Flag*: Zeigt an, dass der globale Registerspeicher sichtbar ist.
pc: *Program-Counter*: Befehlszähler.
r0:   Lokales Register r0 (enthält die Rücksprungadresse bei Unterprogrammaufrufen)
restore: Stellt den Status nach einem Ausnahme- oder PAL-Programm wieder her ohne dabei den vor Aufruf unterbrochenen Befehl zu wiederholen.
restorer: Stellt den Status nach einem Ausnahme- oder PAL-Programm wieder her, wobei der vor dem Aufruf unterbrochene Befehl wiederholt wird.
status: *Status* (Spezialregister): Statusregister.
tb: *Trap-Base-Register* (Spezialregister): Trap-Base-Tabelle.
pmode: Konstante: Dient zur Initialisierung des Statusregisters bei PAL-Code-Aufrufen.
smode: Konstante: Dient zur Initialisierung des Statusregisters bei Systemaufrufen.

Befehle für den Zugriff auf Spezialregister

	15	12 11	8 7	4 3	0
F19	0 Opcode	d	1 1 1 1	sreg	
F20	0 Opcode	1 1 1 1	s1	sreg	

Befehl	Format	Opcode	Gruppe	cpfix	alpfix	Operation
rd	F19	111	3	[•]	•	d = sreg
wr	F20	111	3	[•]	•	sreg = s1

d: *Destination*: Zielregister.
s1:   *Operand*: Registerinhalt (0xf entspricht dem Wert 0).
sreg: *Special-Register*: Spezialregister (die Adresse ist über den Präfixbefehl erweiterbar).

A.7 Ausnahmebehandlung

Bei einer synchronen oder asynchronen Ausnahmeanforderung wird zunächst der Prozessorzustand, d.h. der Inhalt des Spezialregisters *status*, der aktive Register-bankselektor *grm.glb*, der Inhalt des Bedingungsregisters *ccr.cr0* und die Befehls-zähleradresse des unterbrochenen sowie des darauf folgenden Befehls auf dem Systemstapel gesichert. Anschließend verändert sich der Prozessorzustand wie Folgt:

- Abhängig von der gestellten Ausnahmeanforderung und dem im Spezialregister *pal* eingestellten Abstraktionsgrad wird der Supervisor- oder PAL-Modus aktiviert, und zwar durch Setzen der Felder *status.xmod* und *status.dmod*.

- Bei einer Unterbrechung (interrupt) wird *status.irq* gleich *irq*ₙ.*irqpr* + 1 gesetzt und auf diese Weise dafür gesorgt, dass Anforderungen derselben oder einer geringeren Priorität ignoriert werden.

- Abhängig von der gestellten Ausnahmeanforderung und vom Betriebszustand in *status.xmod* wird *status.m = 0*, *status.m = status.ms* (Supervisor-Modus) oder *status.m = status.mp* (PAL-Modus) gesetzt und die Speicherverwaltungseinheit auf diese Weise ein- oder ausgeschaltet (siehe nachfolgende Tabelle).

- Abhängig vom Betriebszustand in *status.dmod* wird *status.b = status.bs* (Supervisor-Modus) oder *status.b = status.bp* (PAL-Modus) gesetzt und auf diese Weise die Byteordnung festgelegt.

- Bei einer *System-Stack-Overflow-* oder *System-Stack-Underflow-Exception* wird *status.sl* gesetzt.

- Abhängig vom Betriebsmodus in *status.xmod* wird die zuständige globale Registerbank über *grm.glb.bank* selektiert und durch Setzen von *grm.glb.v* aktiviert.

- Abhängig vom Betriebsmodus in *status.xmod* wird die Kennung der Ausnahme-anforderung (siehe nachfolgende Tabelle) entweder in *xm.tb.id* (Supervisor-

Modus) oder *xm.pb.id* (PAL-Modus) eingetragen und schließlich zur Adresse in *xm.tb* oder *xm.pb* verzweigt.

Für Unterbrechungen, d.h. asynchrone Ausnahmen, gilt zusätzlich: Eine Unterbrechungsanforderung wird akzeptiert, wenn $irq_n.i = 1$ und $irq_n.irqpr \geq status.irq$ ist. Treten gleichzeitig mehrere Unterbrechungen identischer Priorität auf, kommt es zuerst zur Bearbeitung derjenigen mit der größten Gerätepriorität $irq_n.devpr$.

Jeder möglichen synchronen oder asynchronen Ausnahme ist ein 8 Byte großer Bereich der Ausnahmetabelle zugeordnet, in dem normalerweise ein absoluter Sprung zum Ausnahmeprogramm codiert ist. Die möglichen Ausnahmen, deren Kennungen (id) und einige zusätzliche Information sind nachfolgend aufgeführt:

Id	Bezeichnung	Beschreibung	ssm.top.ip gültig	ssm.top.is gültig	status.m
0	Reset	Startpunkt nach einem Reset	s.u.	s.u.	0
1	Bus Error	Unerlaubter Speicherzugriff			ms/mp
2	Double Exception	Exception wird mit *status.sl* = 1 durch eine zweite Exception unterbrochen			ms/mp
4	Illegal Prefix	Unerlaubter Präfixbefehl	•		ms/mp
5	Illegal Instruction	Befehl kann nicht decodiert werden	•		ms/mp
6	Illegal Operand	Ein erwarteter Operand tritt aber nicht auf	•		ms/mp
8	Privilege Violation	Privilegierte Aktion im niedrig priorisierten Betriebsmodus	•	•	ms/mp
12	System Stack Overflow	Vorletzter Eintrag des Systemstapels wurde belegt.	•		ms/mp
13	System Stack Underflow	Systemrücksprungbefehl bei leerem Systemstapel	•		ms/mp
16	Register Stack Overflow	Operation auf dem Registerstapelzeiger *lrm.sp* unterschreitet *lrm.bp*	•	•	ms/mp
17	Register Stack Underflow	Operation auf dem Registerstapelzeiger *lrm.sp* überschreitet *lrm.bp*	•	•	ms/mp
18	Illegal Stack Operation	Operation auf dem System oder Registerstapel über- oder unterschreitet den 32-Bit-Adressraum	•	•	ms/mp
20	Global Registerbank Undefined	Nicht existierende Registerbank soll selektiert werden.	•	•	ms/mp
24	Compatibility Violation	Zugriff auf nicht definierte Felder eines Spezialregisters	•	•	ms/mp
25	Illicit Special Register Write Access	Schreiboperation auf einem ausschließlich lesbaren Spezialregister	•	•	ms/mp
26	Special Register Undefined	Spezialregister ist nicht definiert	•	•	ms/mp
28	Division by Zero	Division durch 0	•	•	ms/mp

Id	Bezeichnung	Beschreibung	ssm.top.ip gültig	ssm.top.is gültig	status.m
32	Misaligned Branch Target	Ungerades Sprungziel	•	•	ms/mp
33	Misaligned Memory Reference	Zugriff auf eine nicht entsprechend der Operandenbreite ausgerichtete Adresse	•	•	ms/mp
36	Instruction Page Fault	Befehlsadresse befindet sich nicht im TLB	•		0
37	Instruction Memory Access Violation	Befehlszugriff wird von der Speicherverwaltungseinheit nicht erlaubt	•		0
38	Data Page Fault	Datenadresse befindet sich nicht im TLB	•		0
39	Data Memory Access Violation	Datenzugriff wird von der Speicher- verwaltungseinheit nicht erlaubt	•		0
256	Interrupt 0	Interrupt #0 (PIT-Interrupt)	•		ms/mp
:	:	:			
511	Interrupt 255	Interrupt #255	•		ms/mp
512	System Call 0	Explizite Ausnahmeanforderung #0		•	ms/mp
:	:	:			
1023	System Call 511	Explizite Ausnahmeanforderung #511		•	ms/mp

Die Gültigkeit der Adressen in *ssm.top.ip* und *ssm.top.is* ist von der jeweiligen Ausnahmesituation abhängig. Die Ausnahmeprogramme dürfen daher in einigen Fällen nur durch *retx* (bzw. *retp*), in anderen Fällen nur durch *retxr* (bzw. *retpr*) beendet werden. Falls beide Rücksprungadressen definiert sind, ist der die Ausnahme verursachende Befehl ggf. wiederholbar, z.B. nach einer Fehlerkorrektur. In Ausnahmeprogrammen, die als Folge fataler Fehler verursacht werden, ist weder *ssm.top.ip* noch *ssm.top.is* definiert und ein Rücksprung daher nicht möglich.

Die *Reset-Exception* hat eine ausgezeichnete Funktion, da der Prozessor hierbei vollständig neu initialisiert wird. Insbesondere wird die Startadresse nicht dem Register *xm.tb* oder *xm.pb* entnommen, sondern ist als Konstante 0 fest vorgegeben.

A.8 Prozessorabstraktionsschicht (PAL)

Die Prozessorabstraktionsschicht dient der Abstraktion von Systemmerkmalen, die sich nur im privilegierten Betriebsmodus auswirken. In der Version 1.1 des Nemesis-Programmiermodells wird die Verwaltung der Adressräume, des Systemstapels, des lokalen und globalen Registerspeichers, der Speicherverwaltungseinheit und des Ausnahme- und Unterbrechungssystems von der Prozessorabstraktionsschicht übernommen. Die über den Befehl *callpal* aufrufbaren PAL-Funktionen werden im Folgenden nach Aufgaben unterteilt beschrieben.

Initialisierung

Die Prozessorabstraktionsschicht wird aktiviert, indem eine der beiden PAL-Funktionen *init_pal* oder *init_pal_image* aus dem Supervisor-Modus aufgerufen werden. Die einfachere Funktion *init_pal* belegt einen Teil des Hauptspeichers, in den sie u.a. das PAL-System hinein kopiert. Durch Aktivierung der Prozessorabstraktion (siehe Spezialregister *pal*) sowie der Speicherverwaltungseinheit wird anschließend dafür gesorgt, dass man weder im Supervisor- noch im Benutzermodus auf Ressourcen, die von der Prozessorabstraktionsschicht verwaltet werden, zugreifen kann.

Weitere Aktionen des Supervisors oder Benutzers erfordern den Aufruf von PAL-Funktionen. Dabei lassen sich unterschiedliche Einstellungen vornehmen, die den Zustand der Prozessorabstraktionsschicht verändern. Durch Aufruf von *get_pal_image* kann dieser Zustand sichtbar gemacht und anschließend gesichert werden. Eine Neuinitialisierung ist danach möglich, indem der Zustand an die ursprüngliche reale Adresse kopiert und *init_pal_image* aufgerufen wird. Nachfolgend finden sich die zur Verwaltung der Prozessorabstraktionsschicht vorgesehenen PAL-Funktionen.

Id	Symbol	Beschreibung		
0	init_pal	Systemfunktion die unmittelbar nach dem Reset aufgerufen werden muss, um die Prozessorabstraktionsschicht zu initialisieren (nur im Supervisor-Modus ausführbar).		
		in	$r8$ = mem_start	Startadresse des gültigen Arbeitsspeichers.
			$r9$ = mem_end	Endadresse des gültigen Arbeitsspeichers.
			$r10$ = stack_size	Größe des Systemstapels.
			$r11$ = root_pointer	Zeiger auf die obere MMU-Seitentabelle.
			$r12$ = pal_asi	Adressraumkennung für den PAL-Modus.
			$r13$ = supervs_asi	Adressraumkennung für den Supervisor-Modus.
			$r14$ = error_hndl	Adresse einer bei fatalen Fehlern aufzurufenden Funktion.
		out	$r8$ = mem_start	Neue Startadresse des Arbeitsspeichers
			$r9$ = mem_end	Neue Endadresse des Arbeitsspeichers.
			$r14$ = error	Fehlercode.
1	init_pal_image	Systemfunktion mit der unmittelbar nach dem Reset der über *get_pal_image* gesicherte Kontext wieder hergestellt werden kann (nur im Supervisor-Modus ausführbar).		
		in	$r8$ = paddr	Reale Startadresse des mit *get_pal_image* gesicherten Kontexts (darf nicht verändert werden).
			$r9$ = root_pointer	Zeiger auf die obere MMU-Seitentabelle.
			$r10$ = pal_asi	Adressraumkennung für den PAL-Modus.
			$r11$ = supervs_asi	Adressraumkennung für den Supervisor-Modus.
		out	$r8$ = mem_start	Neue Startadresse des Arbeitsspeichers
			$r9$ = mem_end	Neue Endadresse des Arbeitsspeichers.
			$r14$ = error	Fehlercode.
8	get_pal_image	Systemfunktion, mit der sich der PAL-Kontext deaktivieren und sichtbar machen lässt (nur im Supervisor-Modus ausführbar).		

Id	Symbol	Beschreibung	
		in $r8$ = vaddr	Virtuelle Adresse im Adressraum des Supervisors, die nach dem Aufruf auf den Anfang des sichtbargemachten Speicherbereichs der Größe *get_pal_size* verweist.
		out $r9$ = paddr	Physikalische Startadresse des Kontexts (wird für *link_pal* benötigt).
		$r14$ = error	Fehlercode.
16	**get_proc_info**	Systemfunktion, mit der sich Informationen über den Prozessor ermitteln lassen (nur im Supervisor-Modus ausführbar).	
		out $r8$ = proc	Versionsnummer der Prozessorarchitektur (processor, major, minor).
		$r9$ = id	Kennnummer des Prozessors. Wird 0 zurückgegeben, ist der Wert nicht definiert.
		$r10$ = co1	Kennung des Coprozessor #1. Falls 0 zurückgegeben wird, ist der Coprozessor nicht verfügbar.
		$r11$ = co2	Kennung des Coprozessor #2. Falls 0 zurückgegeben wird, ist der Coprozessor nicht verfügbar.
		$r12$ = co3	Kennung des Coprozessor #3. Falls 0 zurückgegeben wird, ist der Coprozessor nicht verfügbar.
17	**get_pal_info**	Systemfunktion, mit der sich Informationen über die Prozessorabstraktionsschicht ermitteln lassen (nur im Supervisor-Modus ausführbar).	
		in $r8$ = string	Adresse eines Puffers, in dem eine 0-terminierte Zeichenkette abgelegt werden kann (für eine im Klartext lesbare Versionsinformation).
		$r9$ = length	Länge des Puffers.
		out $r10$ = version	Versionsnummer der Prozessorabstraktionsschicht (vier 8-Bit-Nummern).
		$r14$ = error	Fehlercode.
24	**get_pal_size**	Systemfunktion, mit der sich ermitteln lässt, wieviele Bytes des Arbeitsspeichers durch die Prozessorabstraktionsschicht belegt sind (nur im Supervisor-Modus ausführbar).	
		out $r8$ = size	Größe des belegten Arbeitsspeichers.
		$r14$ = error	Fehlercode.
25	**resize_pal**	Systemfunktion, mit dem der Arbeitsspeicherbereich der Prozessorabstraktionsschicht vergrößert oder verkleinert werden kann (nur im Supervisor-Modus ausführbar).	
		in $r8$ = offset	Anzahl der hinzuzufügenden (positiv) oder freizugebenden (negativ) Bytes.
		out $r9$ = free_mem	Größe des freien Arbeitsspeichers.
		$r14$ = error	Fehlercode.

Registerverwaltung

Die Nemesis-Architektur besitzt einen lokalen, als Stapel organisierten und einen globalen, in Bänken organisierten Registerspeicher, die beide von der Prozessorabstraktionsschicht verwaltet werden. Insbesondere wird das Ein- und Auslagern von Registerinhalten für den Anwender transparent und automatisch durchgeführt. Die nachfolgenden PAL-Funktionen dienen der Initialisierung der lokalen sowie der globalen Registerverwaltung.

Id	Symbol	Beschreibung		
32	set_loc_reg	Systemfunktion, mit der sich der lokale Registerstapel initialisieren lässt (im Supervisor- und Benutzermodus ausführbar).		
		in	*r8* = stack_top	Oberste Adresse des Stapelspeicherbereichs.
			r9 = stack_bot	Unterste Adresse des Stapelspeicherbereichs.
			r10 = sp	Aktueller Stapelzeiger.
			r11 = asi	Adressraum, in dem sich der Stapel befindet. Im Benutzermodus wird dieser Parameter ignoriert.
		out	*r14* = error	Fehlercode.
33	get_loc_reg	Systemfunktion, mit der sich der Zustand des lokalen Registerstapels abfragen lässt (im Supervisor- und Benutzermodus ausführbar).		
		out	*r8* = stack_top	Oberste Adresse des Stapelspeicherbereichs.
			r9 = stack_bot	Unterste Adresse des Stapelspeicherbereichs.
			r10 = sp	Aktueller Stapelzeiger
			r11 = asi	Adressraum, in dem sich der Stapel befindet.
			r14 = error	Fehlercode.
40	set_glb_reg	Systemfunktion, mit der sich eine globale Registerbank einstellen lässt (im Supervisor- und Benutzermodus ausführbar).		
		in	*r8* = bank	Einzustellende globale Registerbank (die erlaubten Werte sind vom Betriebsmodus abhängig).
			r9 = visible	Steuert, ob die globalen Register sichtbar (visible = 1) oder nicht sichtbar sein sollen.
		out	*r14* = error	Fehlercode.
41	get_glb_reg	Systemfunktion, mit der sich die eingestellte globale Registerbank abfragen lässt (im Supervisor- und Benutzermodus ausführbar).		
		out	*r8* = bank	Eingestellte globale Registerbank.
			r9 = visible	Zeigt die Sichtbarkeit der globalen Register an.

Adressraumverwaltung

Prozessoren mit Nemesis-Architektur unterscheiden implementierungsabhängig bis zu 2^{32} Adressräume (die tatsächliche Anzahl von Adressräumen ist durch Aufruf von *get_asi_cnt* ermittelbar), von denen eine durch die Prozessorabstraktionsschicht belegt ist. Alle freien Adressräume lassen sich nutzen, um z.B. Prozesse zu unterscheiden. Die Verwaltung der Adressräume geschieht mit Hilfe der folgenden PAL-Funktionen.

Id	Symbol	Beschreibung		
48	get_asi_cnt	Systemfunktion, mit der sich die Anzahl der Adressräume ermitteln lässt (nur im Supervisor-Modus ausführbar).		
		out	*r8* = asi_count	Anzahl der verfügbaren Adressräume.
56	set_asi	Systemfunktion, mit der die Adressräume für die unterschiedlichen Betriebsmodi festgelegt werden können (nur im Supervisor-Modus ausführbar).		

Id	Symbol		Beschreibung	
		in $r8$ = asi $r9$ = mode	Einzustellende Adressraumkennung. Betriebsmodus, zu dem die Adressraumkennung definiert werden soll (0: Benutzermodus, 1: Supervisor-Modus).	
		out $r14$ = error	Fehlercode.	
57	**get_asi**		Systemfunktion, mit der sich die den Betriebsmodi zugeordneten Adressraumkennungen ermitteln lassen (nur im Supervisor-Modus ausführbar).	
		out $r8$ = pal_asi $r9$ = supervs_asi $r10$ = user_asi	Adressraumkennung des PAL-Modus. Adressraumkennung des Supervisor-Modus. Adressraumkennung des Benutzermodus.	
64	**set_asi_reg**		Systemfunktion, mit der sich der Inhalt eines Adressraumregisters setzen lässt (nur im Supervisor-Modus ausführbar).	
		in $r8$ = asinum $r9$ = asi	Nummer des zuzuweisenden Adressraumregisters. Zuzuweisender Adressraum.	
		out $r14$ = error	Fehlercode.	
65	**get_asi_reg**		Systemfunktion, mit der sich die in den Adressraumregistern gespeicherten Kennungen ermitteln lassen (nur im Supervisor-Modus ausführbar).	
		out $r8$ = asi0 $r9$ = asi1 $r10$ = asi2 $r11$ = asi3	Inhalt des Spezialregisters asi0. Inhalt des Spezialregisters asi1. Inhalt des Spezialregisters asi2. Inhalt des Spezialregisters asi3.	

Speicherverwaltung

Jeder Prozessor mit Nemesis-Architektur enthält als integralen Bestandteil eine passiv realisierte Speicherverwaltungseinheit, die nicht eigenständig auf die Verzeichnis- und Seitentabellen zugreift. Falls eine Adressumsetzung mit den internen TLBs nicht gelingt, kommt es zu einer in die Prozessorabstraktionsschicht führenden Ausnahmeanforderung. Dort wird programmiert ein sog. Table-Walk durchgeführt, die benötigte Adressabbildung ermittelt, einer der verfügbaren TLBs aktualisiert und der die Ausnahmeanforderung verursachende Befehl wiederholt. Die hierbei durchsuchten Verzeichnis- und Seitentabellen sind wie folgt organisiert:

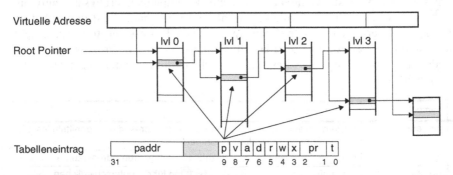

Der Startzeiger (Root Pointer) ist mit Hilfe der PAL-Funktion *set_mmu_rp* definierbar. Die Anzahl der aufeinander aufbauenden Tabellen ist auf maximal Fünf begrenzt und lässt sich mit Hilfe der PAL-Funktion *get_mmu_info* erfragen. Ein Tabelleneintrag ist mit Ausnahme des *t*-Bits (Table) genauso aufgebaut wie das bereits beschriebenen Spezialregisters *tlb.paddr*. Das *t*-Bit gibt zusätzlich an, ob der Eintrag auf eine Tabelle ($t = 1$) oder auf eine Seite ($t = 0$) verweist, wobei nur solche Tabellen direkt auf eine Seite verweisen dürfen, zu denen im Rückgabewert *page_map* der PAL-Funktion *get_mmu_info* ein Bit gesetzt ist. Es folgt eine Beschreibung der zur Speicherverwaltung vorgesehenen PAL-Funktionen:

Id	Symbol	Beschreibung		
72	**set_mmu_rp**	Systemfunktion, mit der sich der Zeiger auf die oberste Speicherverwaltungstabelle eines Adressraums setzen lässt (nur im Supervisor-Modus ausführbar).		
		in	*r8* = root_pnt	Zeiger auf die oberste Seitentabelle.
			r9 = asi	Der zu verwaltende Adressraum.
			r10 = mode	Der zu verwaltende Betriebsmodus (0: Benutzermodus, 1: Supervisor-Modus)
			r11 = set_asi	Legt fest, ob das zum Betriebsmodus gehörende ASI-Register definiert werden soll (ja, falls ungleich 0).
		out	*r14* = error	Fehlercode.
76	**set_mmu_nm**	Systemfunktion, mit der sich ein unverwalteter Adressraum einstellen lässt (nur im Supervisor-Modus ausführbar).		
		in	*r8* = start_addr	Zeiger auf den Anfang des unverwalteten Adressraums.
			r9 = end_addr	Zeiger auf das Ende des unverwalteten Adressraums.
			r10 = mode	Der zu verwaltende Betriebsmodus (0: Benutzermodus, 1: Supervisor-Modus)
			r11 = flags	Der zu verwendende Zugriffsmodus (siehe *tlb.cur.paddr*)
			r12 = asi	Der als unverwaltet zu verwaltende Adressraum.
		out	*r14* = error	Fehlercode.
80	**get_mmu_asi**	Systemfunktion, mit der sich die Verwaltung eines Adressraums abfragen lässt (nur im Supervisor-Modus ausführbar).		
		in	r8 = asi	Adressraumkennung auf die sich die Abfrage bezieht.
		out	r9 = root_pnt	Zeiger auf die oberste Seitentabelle.
			= start_addr	Zeiger auf den Anfang eines unverwalteten Adressraums.
			r10 = end_addr	Zeiger auf das Ende eines unverwalteten Adressraums.
			r11 = mode	Zugeordnete Betriebsmodus.
			r12 = flags	Zugriffsmodus.
			r13 = type	Zeigt an, ob ein verwalteter (type = 1) oder unverwalteter (type = 0) Adressraum vorliegt. (Die Bedeutung einiger Parameter ist davon abhängig.)
			r14 = error	Fehlercode.
88	**flush_mmu**	Systemfunktion, mit der sich die TLBs leeren lassen (nur im Supervisor-Modus ausführbar).		

Id	Symbol	Beschreibung	
		out *r14* = error	Fehlercode.
89	**get_mmu_info**	Systemfunktion, mit der sich Informationen über die Speicherverwaltungs-einheit abfragen lassen (nur im Supervisor-Modus ausführbar).	
		out *r8* = entry_size	Größe eines Eintrags der Seiten- bzw. Verzeichnistabellen.
		r9 = tab_lvl0	Größe der Tabelle der obersten Ebene.
		r10 = tab_lvl1	Größe der Tabelle der zweiten Ebene.
		r11 = tab_lvl2	Größe der Tabelle der dritten Ebene.
		r12 = tab_lvl3	Größe der Tabelle der vierten Ebene.
		r13 = tab_lvl4	Größe der Tabelle der fünften Ebene.
		r14 = page_map	Zeigt an, in welchen Tabellen ein direkter Verweis auf eine Seite codiert sein darf.

Systemstapelverwaltung

Die Verwaltung des Systemstapels geschieht weitgehend automatisch durch die Prozessorabstraktionsschicht. Insbesondere ist eine über *init_pal* hinausgehende Initialisierung nicht erforderlich. Um jedoch ein Benutzerprogramm aus dem Supervisor-Modus aufrufen oder fortsetzen zu können, stehen PAL-Funktionen zur Verfügung, mit denen sich ein Eintrag auf dem Systemstapel erzeugen bzw. davon lesen lässt.

Id	Symbol	Beschreibung	
96	**create_frm**	Systemfunktion, mit der ein Eintrag auf dem Systemstapel erzeugt werden kann (nur im Supervisor-Modus ausführbar).	
		in *r8* = bank	Einzustellende globale Registerbank (die erlaubten Werte sind vom Betriebsmodus in *r10* abhängig).
		r9 = visible	Steuert, ob die globalen Register sichtbar gemacht werden sollen (*visible* = 1) oder nicht.
		r10 = status	Einzustellender Prozessorzustand.
		r11 = ip	Adresse für den Rücksprung
		out *r14* = error	Fehlercode.
97	**remove_frm**	Systemfunktion, mit der der oberste Systemstapeleintrag gelöscht werden kann (nur im Supervisor-Modus ausführbar).	
		out *r14* = error	Fehlercode.
100	**push_frm**	Systemfunktion, mit der ein Eintrag auf dem Systemstapel erzeugt werden kann (nur im Supervisor-Modus ausführbar).	
		in *r8* = entry_pnt	Zeiger auf den Speicherbereich, in dem sich der in den Systemstapel zu übertragende Inhalt befindet.
		out *r14* = error	Fehlercode.
101	**pop_frm**	Systemfunktion, mit der ein Eintrag vom Systemstapel gelesen werden kann (nur im Supervisor-Modus ausführbar).	
		in *r8* = entry_pnt	Zeiger auf den Bereich, in den der oberste Systemstapeleintrag transferiert werden soll.
		out *r14* = error	Fehlercode.

Id	Symbol	Beschreibung
89	get_frm_info	Systemfunktion, mit der sich Informationen über den Aufbau des System-stapels abfragen lassen (nur im Supervisor-Modus ausführbar).
		out *r8* = entry_size Größe eines Systemstapeleintrags.

Ausnahme- und Unterbrechungsverwaltung

Eine Besonderheit der zur Nemesis-Architektur definierten Prozessorabstraktions-schicht ist, dass sie auch von der Bearbeitung von Ausnahmen und Unterbrechungen abstrahiert. Mit Hilfe der PAL-Funktionen *set_x_hndl* oder *set_ir_hndl* lassen sich Ausnahme- bzw. Unterbrechungsprogramme einbinden. Diese werden ggf. über-setzt (z.B. in eine VLIW-Befehlsfolge für den Nemesis X) und das Ergebnis in den PAL-Adressraum kopiert. Damit eine statische Übersetzung möglich ist, müssen die mit Hilfe von Zeigern übergebenen Programme die folgenden Anforderungen erfül-len: (1.) dürfen keine Befehle verwendet werden, die befehlsrelativ auf Daten oder Konstanten zugreifen. (2.) müssen die Befehle lückenlos aufeinander folgen. (3.) sind Sprünge nur innerhalb des übergebenen Programms erlaubt. (4.) dürfen keine indirekten Sprünge verwendet werden. Rücksprungbefehle sind nur erlaubt, wenn die Rücksprungadresse nicht modifiziert wird. Im Einzelnen sind folgende PAL-Funktionen zur Verwaltung von Ausnahmen und Unterbrechungen vorgesehen:

Id	Symbol	Beschreibung
104	set_x_hndl	Systemfunktion, mit der sich ein Ausnahmeprogramm anmelden lässt (nur im Supervisor-Modus ausführbar).
		in *r8* = handler Adresse des Ausnahmeprogramms.
		r9 = end_addr Letzte Adresse des Ausnahmeprogramms.
		r10 = id Kennung der entsprechenden Ausnahme.
		r11 = soft_prior Priorität innerhalb der Kette von Ausnahme-programmen.
		out *r8* = mem_req Anzahl der Bytes, die zur Speicherung des Ausnahmeprogramms im PAL-Adressraum fehlen.
		r14 = error Fehlercode.
105	share_x_hndl	Systemfunktion, mit der sich ein Ausnahmeprogramm für unterschiedli-che Quellen anmelden lässt (nur im Supervisor-Modus ausführbar).
		in *r8* = dest_id Kennung der zu setzenden Ausnahme.
		r9 = source_id Kennung der zu teilenden Ausnahme.
		r11 = soft_prior Priorität innerhalb der Kette von Ausnahme-programmen.
		out *r14* = error Fehlercode.
106	clr_x_hndl	Systemfunktion, mit der sich ein Ausnahmeprogramm abmelden lässt (nur im Supervisor-Modus ausführbar).
		in *r8* = handler Adresse des Ausnahmeprogramms.
		r9 = id Kennung der entsprechenden Ausnahme.
		out *r14* = error Fehlercode.
112	set_ir_hndl	Systemfunktion, mit der sich ein Unterbrechungsprogramm anmelden lässt (nur im Supervisor-Modus ausführbar).

Id	Symbol	Beschreibung	
		in $r8$ = handler	Adresse des Unterbrechungsprogramms.
		$r9$ = end_addr	Letzte Adresse des Unterbrechungsprogramms.
		$r10$ = num	Nummer der Unterbrechung.
		$r11$ = priority	Priorität der Unterbrechung (*devpr*, *irqpr*)
		$r12$ = mode	Legt den zu erkennenden Signaltype fest.
		$r13$ = soft_prior	Priorität innerhalb einer der Kette von Unterbrechungsprogrammen.
		out $r8$ = mem_req	Anzahl der Bytes, die zur Speicherung des Unterbrechungsprogramms im PAL-Adressraum fehlen.
		$r14$ = error	Fehlercode.
113	**share_ir_hndl**	Systemfunktion, mit der sich ein Unterbrechungsprogramm für unterschiedliche Quellen anmelden lässt (nur im Supervisor-Modus).	
		in $r8$ = dest_id	Kennung der zu setzenden Unterbrechungen.
		$r9$ = source_id	Kennung der zu teilenden Unterbrechungen.
		$r11$ = soft_prior	Priorität innerhalb der Kette von Unterbrechungen.
		out $r14$ = error	Fehlercode.
114	**clr_ir_hndl**	Systemfunktion, mit der sich ein Unterbrechungsprogramm abmelden lässt (nur im Supervisor-Modus ausführbar).	
		in $r8$ = handler	Adresse des Unterbrechungsprogramms.
		$r9$ = num	Nummer der Unterbrechung.
		out $r14$ = error	Fehlercode.

In welcher Weise Ausnahmen und Unterbrechungen bearbeitet werden, ist von der Anforderungsursache abhängig: So werden z.B. *Register-Stack-Overflow-Exceptions* vollständig durch die Prozessorabstraktionsschicht, *Global-Registerbank-Undefined-Exceptions* optional durch die Prozessorabstraktionsschicht und die *Division-By-Zero-Exceptions* sowie alle Unterbrechungen gar nicht durch die Prozessorabstraktionsschicht bearbeitet. Tritt eine Anforderung auf, die durch ein explizit eingebundenes Ausnahme- oder Unterbrechungsprogramm bearbeitet werden muss, ein solches jedoch nicht eingebunden ist, wird der mit *init_pal* übergebene Error-Handler aufgerufen. In der folgenden Tabelle sind die mit jeder Ausnahme bzw. Unterbrechung verbundenen Aktionen aufgeführt:

Bezeichnung	im PAL bearbeitet	weiterleitbar	Error Handler bei Nichtweiterleitung	Bezeichnung	im PAL bearbeitet	weiterleitbar	Error Handler bei Nichtweiterleitung
Reset				Misaligned Branch Target		•	•
Bus Error		•	•	Misaligned Memory Reference		•	•
Double Exception		•	•	Instruction Page Fault	•	•[a]	•

Bezeichnung	im PAL bearbeitet	weiterleitbar	Error Handler bei Nichtweiterleitung	Bezeichnung	im PAL bearbeitet	weiterleitbar	Error Handler bei Nichtweiterleitung
Illegal Prefix		•	•	Instruction Memory Access Violation		•	•
Illegal Instruction		•	•	Data Page Fault	•	•[a]	•
Illegal Operand		•	•	Data Memory Access Violation		•	•
Privilege Violation		•	•	Interrupt 0		•	•
System Stack Overflow	•			Interrupt 1		•	•
System Stack Underflow	•			:			
Register Stack Overflow	•			Interrupt 255		•	•
Register Stack Underflow	•			System Call 0	•		
Illegal Stack Operation		•	•	System Call 1		•	
Global Registerbank Undefined	•	•		:			
Compatibility Violation		•	•	System Call 127	•		
Illicit Special Register Write Access		•	•	System Call 128	•	•	
Special Register Undefined		•	•	:			
Division by Zero		•	•	System Call 511	•		•

a. Falls die Ausnahme nicht bereits in der Prozessorabstraktionsschicht bearbeitet wird.

Fehlercodes

Im Folgenden sind die Fehlercodes ausgeführt, die beim Aufruf einer PAL-Funktion im Arbeitsregister $r14$ zurückgegeben werden.

Id	Bezeichnung	Beschreibung
0	no_error	Funktion wurde fehlerfrei bearbeitet
8	pal_not_initialized	Prozessorabstraktionsschicht ist nicht initialisiert
9	illegal_image	PAL-Image ist nicht konsistent
10	privilege_violation	Funktionsaufruf im jeweiligen Betriebsmodus nicht erlaubt
16	not_enough_mem	Verfügbarer Speicherplatz reicht nicht aus
17	illegal_mem_addr	Übergebene Speicheradresse ist nicht schlüssig
18	illegal_instr_addr	Befehlsadresse ist nicht erlaubt
19	illegal_data_addr	Datenadresse ist nicht erlaubt
20	illegal_vaddr	Virtuelle Adresse ist nicht schlüssig

Id	Bezeichnung	Beschreibung
24	reg_error	Registerstapel ist nicht schlüssig initialisierbar
25	reg_stack_not_init	Registerstapel ist nicht initialisiert
32	illegal_stack_entry	Stapelspeichereintrag ist nicht schlüssig
33	empty_stack	Stapelspeicher ist leer
40	illegal_bank	Globale Registerbank ist nicht einstellbar
41	illegal_asi	Übergebene Adressraumkennung ist nicht schlüssig
42	illegal_asi_reg	ASI-Registernummer ist nicht definiert
43	illegal_mode	Betriebsmodus ist nicht definiert
44	illegal_status	Illegaler Wert für das Statusregister
48	illegal_root_pointer	Übergebener Root-Pointer ist nicht schlüssig
49	undefined_table	MMU-Tabelle ist nicht definiert
50	illegal_flags	MMU-Flags sind nicht definiert
56	illegal_hndl_pointer	Funktionszeiger ist nicht schlüssig
57	illegal_exception_id	Ausnahmekennung nicht definiert
58	illegal_interrupt_id	Unterbrechungskennung nicht definiert
59	unalowed_exc_id	Ausnahme darf nicht verändert werden
60	illegal_soft_priority	Angegebene Software-Priorität ist nicht erlaubt
61	illegal_hard_priority	Angegebene Hardware-Priorität ist nicht erlaubt
62	hndl_compile_error	Ausnahme- oder Unterbrechungsprogramm nicht übersetzbar
63	hndl_not_defined	Ausnahme- oder Unterbrechungsprogramm ist nicht definiert
64	hndl_always_defined	Ausnahme- oder Unterbrechungsprogramm ist bereits definiert
-1	fatal_error	Fataler Fehler aufgetreten

Literatur

[1] Advanced Micro Devices, Inc.; Am29000 and Am29005 – User's Manual and Data Sheet; Rev. 1; Sunnyvale; 1993.

[2] Advanced Micro Devices, Inc.; AMD 64-Bit Technology - AMD x86-64 Architecture Programmer's Manual - Volume 1: Application Programming; Revision 3.07; September 2002.

[3] Advanced Micro Devices, Inc.; AMD 64-Bit Technology - AMD x86-64 Architecture Programmer's Manual - Volume 2: System Programming; Revision 3.07; September 2002.

[4] Advanced Micro Devices, Inc.; AMD 64-Bit Technology - AMD x86-64 Architecture Programmer's Manual - Volume 3: General-Purpose and System Instructions; Revision 3.02; August 2002.

[5] Advanced Micro Devices, Inc.; AMD 64-Bit Technology - AMD x86-64 Architecture Programmer's Manual - Volume 4: 128-Bit Media Instructions; Revision 3.03; August 2002.

[6] Advanced Micro Devices, Inc.; AMD 64-Bit Technology - AMD x86-64 Architecture Programmer's Manual - Volume 5: 64-Bit Media and x87 Floating-Point Instructions; Revision 3.02; August 2002.

[7] Analog Devices Inc.; ADSP-2100 Family User's Manual; 3rd Edition; Norwood; June 2003.

[8] Aho, A. V.; Sethi, R.; Ullman, J. D.; Compilers Principles, Techniques and Tools; Bell Telephone Laboratories; 1987.

[9] Alverson, R.; Callahan, D.; Cummings, D.; Koblenz, B.; Porterfield, A.; Smith, B.; The Tera computer system; In Proceedings of the 4th International Conference on Supercomputing; Amsterdam, Netherlands; 1990.

[10] ARM Ldt.; ARM7 – Data Sheet; Cambridge; Dec 1994.

[11] ARM Ldt.; ARM720T – Technical Reference Manual; Rev. 3; Cambridge, 2000.

[12] Bala, V.; Duesterwald, E.; Banerjia, S.; Dynamo: A Transparent Dynamic Optimization System; ACM SIGPLAN Conference on Programming Language Design and Implementation (PLDI); Vancouver, Canada; June 2000.

[13] Bala, V.; Duesterwald, E.; Banerjia, S.; Transparent Dynamic Optimization; Technical Paper HPL-1999-77; HP Loboratories Cambridge; June, 1999.

[14] Barroso, L. A.; Gharachorloo, K.; Bugnion, E.; Memory System Characterization of Commercial Workloads; in the Proceedings of the 25th International Symposium on Computer Architecture, Barcelona, Spain; June 1998.

[15] Bauer, Höller; Übersetzung objektorientierter Programmiersprachen; Springer-Verlag, Berlin 1998.

[16] Bekerman, M.; Mendelson, A.; A Performance Analysis of Pentium Processor Systems, IEEE Micro, October 95.

[17] Bode, A.; RISC-Architecturen; 2. Auflage; Wissenschaftsverlag Mannheim, Wien, Zürich; 1990.

[18] Boerhout, J.; High Performance through Vector Parallel Processing; UKHEC Annual Seminar; Germany, Dec. 2002.

[19]   Bonnert, E.; Stiller, A.; Kernzeiten und Plattformierungen; c't; 20/04; 18-19; September 2004.

[20]   Borkenhagen, J. M.; Eickemeyer, R. J.; Kalla, R. N.; Kunkel, S. R.; A multithreaded PowerPC processor for commercial servers; IBM Journal of Research and Development, Volume 44 No. 6; November 2000.

[21]   Calder, B.; Grunwald, D.; Lindsay, D.; Reducing indirect function call overhead in C++ Programms; In Proceedings of the ACM Symposium on Principles of Programming Languages; 397-408; Dec 94.

[22]   Chang, P.-Y.; Hao, E.; Patt, Y. N.; Target Prediction for Indirect Jumps; In The 24th Annual International Symposium on Computer Architecture; June 1997.

[23]   Chase, C.M.; Principles of Vector Supercomputing; Parallel Computer Architecture, EE382N; University of Texas at Austin, Feb. 1995.

[24]   Chen, T-F. ; Baer J-L.; A Performance Study of Software and Hardware Data Prefetching Schemes; In Proceedings of the International Symposium on Computer Architecture; 223-232; 1994.

[25]   Compaq Computer Corporation; Alpha Architecture Reference Manual; Fourth Edition; Shrewsbury, Massachusetts; January 2002.

[26]   Compaq Computer Corporation; Alpha 21164 Microprocessor Hardware Reference Manual; Shrewsbury, Massachusetts; December 1998.

[27]   Compaq Computer Corporation; Alpha 21264 Microprocessor Hardware Reference Manual; Revision 4.2; Shrewsbury, Massachusetts; July 1999.

[28]   Compaq Computer Corporation; Compiler Writer's Guide for the 21264/21364; Revision 2.0; Shrewsbury, Massachusetts; Shrewsbury, Massachusetts; January 2002.

[29]   Cyrix Corporation; 6x86 Processor (Preliminary); Richardson, Texas; 1996.

[30]   Diehl, S.; Hartel, P.; Sestoft, P.; Abstract machines for programming language implementation; Future Generation Computer Systems 16 - 2000; Elsevier; 739–751; June 1999.

[31]   Digital Equipment Corporation; DECchip 21064 and DECchip 21064A, Alpha AXP Microprocessors – Hardware Reference Manual; Version 2.1; June 1994.

[32]   Digital Equipment Corporation; PDP11 Handbook; Maynard, Massachusetts; 1969.

[33]   Driesen, K; Hölzle, U; The Cascaded Predictor: Economical and Adaptive Branch Target Prediction; Micro 98, Proceedings of the 31 st Annual IEEE/ACM International Symposium on Microarchitecture, Dallas, Texas, USA 1998.

[34]   Ebcioglu, Kemal; Altman, Erik R.; DAISY: Dynamic Compilation for 100% Architectural Compatibility; IBM Research Report; IBM Research Division, New York; 1996.

[35]   Ebcioglu, K.; Altman, E.; DAISY: Dynamic Compilation for 100% Architecture Compatibility; pp. 26-37; 24th Intl. Sym. on Comp. Architecture; Denver, Colorado; Jun 1997.

[36]   Ebcioglu, K.; Altman, E.; Gschwind, M; Sathaye, S.; Dynamic Binary Translation and Optimization; IBM Research Report, RC22025; IBM Research Division, Yorktown Heights, New York; July 2000.

[37]   Eden, A.N.; Mudge, T.; The YAGS Branch Prediction Scheme; 31st International Symposium on Microarchitecture; 69-77; December 1998.

[38]   Eggers, S. J.; Emer, J. S.; Levy, H. M.; Lo, J. L.; Stamm, R. L.; Tullsen, D. M.; Simultaneous Multithreading: A Platform for Next-Generation Processors; IEEE Micro Volume 17, No. 5, 12–19; September/October 1997.

[39]   Ernst, R.; Embedded System Architecture; Hardware/Software Co-Design: Principles and Practice; Kluwer Academic Publishers; Dordrecht, Norwell, New York, London, 1997.

[40] Espasa, R.; Emer, J.; et al.; Tarantula: a Vector Extension to the Alpha Architecture; In the Proceedings of the 29th International Symposium on Computer Architecture; Anchorage, AL, May 2002.

[41] Espasa, R.; Valero, M.; Simultaneous Multithreaded Vector Architecture; In the Proceedings of the 4th International Conference on High-Performance Computing; 350–357, Bangalore, India, Dec. 1997.

[42] Espasa, R.; Valero M.; Smith, J.; Out-of-order Vector Architectures; In the Proceedings of the 30th Intl. Symposium on Microarchitecture; 160–170; Research Triangle Park, NC, Dec. 1997.

[43] Fillo, M.; Keckler, S. W.; Dally, W. J.; Carter, N. P.; Chang, A.; Gurevich, Y.; Lee, W. S.; The M–Machine Multicomputer; In Proceedings of the 28th Annual International Symposium on Microarchitecture; Ann Arbor, MI; 1995.

[44] Fisher, J. A. Trace Scheduling: A technique for global microcode compaction. IEEE Transactions on Computers C-30 (7): 478-490, July 1981.

[45] Fisher, J. A.; Ellis, J. R.; Ruttenberg, J. C.; Nicolau, A.; Parallel processing: A smart compiler and a dumb machine; In Proc. ACM SIGPLAN '84 Symp; Compiler Construction (Montreal, June 1984). ACM, New York, 1984.

[46] Flik (Menge); Mikroprozessortechnik – CISC, RISC, Systemaufbau, Assembler und C; 6. Auflage; Springer-Verlag, Heidelberg 2001.

[47] Flynn, M.J.; Computer Architecture – Pipelined and Parallel Processor Design; Jones and Bertlett Publishers; 1995.

[48] Friendly, D. H.; Patel, S. J.; Patt, Y. N.; Alternative Fetch and Issue Policies for the Trace Cache Fetch Mechanism; The 30th Annual International Symposium on Microarchitecture (Micro-30) Research Triangle Park, North Carolina; December 1997.

[49] Fujitsu Systems Europe; UXP/V System Administration, Tuning & Troubleshooting Guide; Release 3.0; FSE-0003E1; Wissous Cedex, Aug. 2000.

[50] Gabbay, F.; Speculative Execution Based on Value Prediction; Research Proposal towards the Degree of Doctor of Sciences; Technion - Israel Institute of Technology, Electrical Engineering Department; Nov. 1996.

[51] Gonzalez, J.; Gonzalez, A.; Control-Flow Speculation through Value Prediction for Superscalar Processors; International Conference on Parallel Architectures and Compilation Techniques; Oct. 1999.

[52] Gonzalez, J.; Gonzalez, A.; Speculative Execution Via Address Prediction and Data Prefetching; In Proceedings of the International Conference on Supercomputing; 196-203; 1997.

[53] Gschwind, M; Altman, E. R.; Sumedh, S.; Ledak, P.; Appenzeller, D.; Dynamic and Transparent Binary Translation; Computer; IEEE; March 2000.

[54] Gutzmann, M. M.; Weper, R.; Classification Approaches for Parallel Architectures; Technical Report; No. 19; Jena, Aug. 1996.

[55] Halambi, A.; Grun, P.; Ganesh, V.; Khara, A.; Dutt, N.; Nicolau, A.; EXPRESSION: A Language for Architecture Exploration through Compiler/Simulator Retargetablility; In Proc of DATE; 1999.

[56] Heil, T.; Smith, Z.; Smith, J. E.; Improving Branch Predictors by Correlating on Data Values; In 32nd International Symposium on Microarchitecture; Nov. 1999.

[57] Hennessy, J. L.; VLSI Processor Arcitecture; IEEE Transactions on Computers; 1221-1246; Volume C-33, Number 12; December 1984.

[58] Hennessy, J. L.; Patterson, D. A.; Computer Architecture: A Quantitative Approach; Second Edition; Morgan Kaufmann Publishers, Inc.; San Francisco 1996.

[59] Henritzi, F.; Bleck, A.; Moore, R.; Klauer, B.; Waldschmidt, K.; ADARC: A New Multi-Instruction Issue Approach; International Conference on Parallel and Distributed Processing Techniques and Applications (PDPTA '96); Sunnyvale, CA, USA; August 1996.

[60] Hinton, G.; Sager, D.; Upton, M.; Boggs, D.; Carmean, D.; Kyker, A.; Roussel, P.; The Microarchitecture of the Pentium 4 Processor; Intel Technology Journal Q1; 2001.

[61] Hoffmann, A.; Kogel, T.; Meyr, H.; A Framework for Fast Hardware-Software Co-simulation; Proceedings of Design Automation and Test in Europe Conference (DATE 2001); Pages 760 ff; Munich, March 2001.

[62] Hoffmann, A.; Nohl, A.; Pees, S.; Braun, G.; Meyr, H.; Generating Production Quality Software Development Tools Using a Machine Description Language; Proceedings of Design Automation and Test in Europe Conference (DATE 2001); Pages 674ff; München März 2001.

[63] Horowitz, Mark; Ho, Ron; Mai, Ken; The future of wires; Semiconductor Research Corporation Workshop on Interconnects for Systems on a Chip; May 1999.

[64] Hwang, K.; Briggs, F. A.; Computer Architecture and Parallel Processing; 3rd printing; McGraw-Hill Book Company; Singapore 1987.

[65] Ibañez, P.E.; Viñals, V.; SPAR prefetch and prefetch combining, two proposals for hardware data prefetching; Report interno DIIS, RR-97-01, Universität von Zaragoza, 1997.

[66] IBM Microelectronics Division; PowerPC Microprocessor Family: AltiVecTM Technology Programming Environments Manual; Version 2.0; Hopewell Junction; June 2003.

[67] IBM Microelectronics Division; PowerPC Microprocessor Family: Programming Environments Manual for 64 and 32-Bit Microprocessors; Version 2.0; Hopewell Junction; June 2003.

[68] Intel Coporation; Backgrounder: Intel Centrino^{TM} Mobile Technology; March 2003.

[69] Intel Coporation; i860TM 64-Bit Microprocessor Programmer's Reference Manual; Santa Clara; 1989.

[70] Intel Coporation; IA-64 Application Developer's Architecture Guide; Santa Clara; May 1999.

[71] Intel Coporation; Integrated Performance Primitives for the Intel StrongARM SA-1110 Microprocessor; Version 1.11; Santa Clara; August 2001.

[72] Intel Coporation; Intel Extended Memory 64 Technology Software Developer's Guide; Volume 1 & 2, Revision 1.1; Santa Clara; 2004.

[73] Intel Corporation; Intel Itanium^{TM} Architecture Software Devoloper's Manual; Volume 1: Application Architecture; Rev. 2.0; Santa Clara; Dec. 2001.

[74] Intel Corporation; Intel Itanium^{TM} Architecture Software Devoloper's Manual; Volume 2: System Architecture; Rev. 2.0; Santa Clara; Dec. 2001.

[75] Intel Corporation; Intel Itanium^{TM} Architecture Software Devoloper's Manual; Volume 3: Instruction Set Reference; Rev. 2.0; Santa Clara; Dec. 2001.

[76] Intel Corporation; Intel Itanium^{TM} Processor Reference Manual for Software Development; Rev. 2.0; Santa Clara; Dec. 2001.

[77] Intel Corporation; Intel Pentium 4 and Intel Xeon^{TM} Processor Optimization – Reference Manual; Santa Clara; 2002.

[78] Intel Corporation; Itanium^{TM} 2 Processor Reference Manual For Software Development and Optimization; Santa Clara; April 2003.

[79] Intel Corporation; Pentium^{TM} Processor User's Manual – Volume 1: Pentium Processor Data Book; Santa Clara; 1993.

[80] Intel Coporation; The Intel Architecture Software Developer's Manual, Volume 1: Basic Architecture; Santa Clara; 1999;

[81] Intel Coporation; The Intel Architecture Software Developer's Manual, Volume 2: Instruction Set Reference; Santa Clara; 1999;

[82] Intel Coporation; The Intel Architecture Software Developer's Manual, Volume 3: System Programing Guide; Santa Clara; 1999;

[83] Intel Coporation; Intel XScale™ Core Developer's Manual; Santa Clara; December 2000.

[84] Inmos Ltd; The T9000 Transputer Products Overview Manual; 1991.

[85] Jiménez, Daniel Angel; Delay-Sensitive Branch Predictors for Furture Technologies; Dissertation; University of Texas at Austin; May 2002.

[86] Jiménez, Danial A.; Lin, Calvin; Neural Methods for Dynamic Branch Prediction; Report; Department of Computer Sciences; University of Texas at Austin; 2001.

[87] Jiménez, Danial A.; Lin, Calvin; Dynamic Branch Prediction with Perceptrons; Proceedings of the Seventh International Symposium on High Performance Computing Architecture; Monterrey, NL, Mexico 2001.

[88] Jones, W. M.; The CM-1, CM-2, and CM-5: A Comparative Study; Final Report: ECE 892(851); April 2001.

[89] Kalla, R.; Sinharoy, B.; Tendler, J.; Simultaneous Multi-threading Implementation in POWER5 – IBM's Next Generation POWER Microprocessor; Symposium on High-Performance Chips, HOT Chips 15; Stanford, Palo Alto, CA; August, 2003.

[90] Kane, G.; PA-RISC 2.0 Architecture; Published by Prentice-Hall, Inc.; Englewood Cliffs, New Jersey; 1996.

[91] Keller, Horst; Krüger, Sascha; ABAP Objects – Einführung in die SAP-Programmierung; SAP Press, Galileo Press, Bonn, 2001.

[92] Kessler, R. E.; McLellan, E. J.; Webb, D. A.; The Alpha 21264 Microprocessor Architecture; International Conference on Computer Design; Austin, Texas, Oct. 1998.

[93] Kim, H. S.; Smith, J. E.; An Instruction Set and Microarchitecture for Instruction Level Distributed Processing; In Proceedings of the 29th International Symposium on Computer Architecture; Anchorage, AL; May 2002.

[94] Klaiber, Alexander; The Technology Behind Crusoe™ Processors; Transmeta Corporation; Santa Clara; Jan. 2000.

[95] Kozyrakis, C.; Patterson, D.; Vector Vs. Superscalar and VLIW Architectures for Embedded Multimedia Benchmarks; In the Proceedings of the 35th International Symposium on Microarchitecture; Istanbul, Turkey; Nov. 2002.

[96] Kumar, R.; Tullsen, D.M.; Compiling for Instruction Cache Performance on a Multithreaded Architecture; In Proceedings of the 35th International Symposium on Microarchitecture, Istambul, Türkei, Nov. 2002.

[97] Lee, J.; Smith, A. J.; Branch Prediction and Branch Target Buffer Design; Computer, Vol. 17, No. 1; January 1984.

[98] Liebig, H.; Rechnerorganisation; 3. Auflage; Springer; Berlin, Heidelberg; 2003.

[99] Lindholm, T.; Yellin, F.; The Java Virtual Machine Specification; Second Edition; Addision Wesley Professional, Inc.; Boston; April 1999.

[100] Lipasti, M. H.; Shen, J. P.; Superspeculative Microarchitecture for Beyond AD 2000; ACM Computer; Volume 30; Issue 9; 59 - 66; IEEE Computer Society Press; Los Alamitos, CA, USA; 1997.

[101] Lowney, P. G.; Freudenberger, S. M.; Karzes, T. J.; Lichtenstein, W. D.; Nix, R. P.; O'Donnell, J. S.; Ruttenberg, J. C.; The Multiflow Trace Scheduling Compiler; The Journal of Supercomputing; Norwell, May 1993.

[102] McFarling, S.; Combining Branch Predictors; Digital - Western Research Laboratory; Palo Alto; 1993.

[103] Marr, D. T.; Binns, F.; Hill, D. L.; Hinton, G.; Koufaty, D. A.; Miller, J. A.; Upton, M.; Hyper-Threading Technology Architecture and Microarchitecture; Intel Technology Journal Q1, 2002.

[104] Microsoft Corporation; MSIL Instruction Set Specification; Version 1.9; Redmond, Oct. 2000.

[105] MIPS Technologies Inc.; MIPS64™ 5K™ Processor Core Family Software User's Manual; Revision 02.07; Mountain View 2001.

[106] MIPS Technologies, Inc.; MIPS64™ 20Kc™ Processor Core User's Manual; Revision 01.10; Mountain View; Sept 2002.

[107] Menge, M.; Gironimo – High Performance Virtual Processor; Forschungsbericht der Fakultät IV – Elektrotechnik und Informatik 2002/3; Berlin, 2002.

[108] Menge, M.: Mikroprozessor im Hardware-/Software-Codesign; it – Information Technology; Oldenbourg Wissenschaftsverlag GmbH, München, 2004.

[109] Menge, M.; Register und Registerspeicher in Prozessorstrukturen; Forschungsbericht des Fachbereichs Informatik; Bericht 93-2; Berlin 1993.

[110] Menge, M.; Sprungvorhersage in Fließbandprozessoren; Informatik Spectrum – Organ der Gesellschaft für Informatik e.V.; Band 21, Heft 2; Springer-Verlag, Berlin, April 1998.

[111] Menge, M.; Superskalare Prozessoren; Informatik Spectrum – Organ der Gesellschaft für Informatik e.V.; Band 21, Heft 3; Springer-Verlag, Berlin, Juni 1998.

[112] Menge, M.: Virtuelle, assoziative Registerspeicher für RISC-Prozessoren; Fachbereich 13 – Informatik – der Technischen Universität Berlin zur Erlangung des akademischen Grades Doktor-Ingenieur; D83; Berlin 1995.

[113] Menge, M.: Zen-1 – Prozessor mit kontrollflussgesteuertem Datenfluss; Forschungsbericht der Fakultät IV – Elektrotechnik und Informatik 2003/21; TU Berlin 2003.

[114] Menge, M., Gremzow, C., Weiser, S.: Nemesis C – Embedded Processor IP; Forschungsbericht der Fakultät IV – Elektrotechnik und Informatik 2003/3; TU Berlin 2003.

[115] Menge, M., Schoppa, I; Gironimo – Transformationsoptimierte virtuelle Maschine; it – Information Technology 2/2003; Oldenbourg Wissenschaftsverlag GmbH; München 2003.

[116] Menge, M.; Schoppa, I.; Hardwaresynthese von Programmiermodellen; GI/ITG/GMM Workshop: Methoden und Beschreibungssprachen zur Modellierung und Verifikation von Schaltungen und Systemen; Tübingen 2002.

[117] Miura, K.; High Performance Computing with Vector-Parallel Technology – VPP5000 System; ATIP HPC Technical Workshop; Japan 1999.

[118] Moshovos, A.; Breach, S. E.; Vijaykumar, T. N.; Sohi, G. S.; Dynamic Speculation and Synchronization of Data Dependences; The 24th Annual International Symposium on Computer Architecture (ISCA 97); 181 - 193; CO, USA; 1997.

[119] Motorola, Inc.; DSP56300 Family Manual – 24-Bit Digital Signal Processor; Revision 3.0; Denver, Colorado; November 2000.

[120] Motorola, Inc; M68000 Family Programmer's Reference Manual; Phoenix, Arizona; 1989.

[121] Motorola, Inc.; MC68HC916X1 - Technical Summary - 16-Bit Modular Microcontroller; Phoenix, Arizona; 1996.

[122] Motorola, Inc.; MC88100 – RISC Microprocessor User's Manual; Phoenix, Arizona; 1988.

[123] Motorola, Inc.; MC88110 – Second Generation RISC Microprocessor User's Manual; Phoenix, Arizona; 1991.

[124] Motorola, Inc.; MCF5206 ColdFire™ – Integrated Microprocessor User's Manual; Rev. 1.0; Denver, Colorado; 1997.

[125] Motorola, Inc.; MCF5407 ColdFire™ – Integrated Microprocessor User's Manual; Rev 0.1; Denver, Colorado; 2001.

[126] Motorola, Inc.; MPC7400 RISC Microprocessor User's Manual; Denver, Colorado; March 2000.

[127] Motorola, Inc.; MPC7450 RISC Microprocessor Family User's Manual; Rev. 1; Denver, Colorado; November 2001.

[128] Motorola, Inc.; MPC750 RISC Microprocessor Family User's Manual; Rev. 1; Denver, Colorado; December 2001.

[129] Motorola, Inc.; M68HC11 Reference Manual; Rev 3; Phoenix, Arizona; 1996.

[130] Motorola, Inc.; The PowerPC™ 604 – RISC Microprocessor User's Manual; Denver, Colorado; 1994.

[131] NeoMagic Corporation; MiMagic 6 – Multimedia-Enhanced Applications Processor; Santa Clara, June 2003.

[132] NeoMagic Corporation; The Technology of Associative Processor Array (APA); White Paper; Santa Clara, Nov. 2002.

[133] Ninh, T.; Graphendarstellung zum Entwurf digitaler Systeme mit Parallel- und Fließbandorganisation; Fachbereich 13 – Informatik – der Technischen Universität Berlin zur Erlangung des akademischen Grades Doktor-Ingenieur; Berlin; 1994.

[134] Nishikawa, T.; Fukushima, T.; Hashimoto, Y.; Development Concepts and Overview; SX World, No.27 Special Issue; Japan, Tokyo, Autumn 2001.

[135] Novakovic, N.; IBM's POWER5: The multi-chipped Monster (MCM) revealed; The Inquirer; Breakthrough Publishing Ltd.; October 20, 2003.

[136] Pan, S.T.; So, K.; Rahmeh, J.T.; Improving the accuracy of dynamic branch prediction using branch correlation; In Proceedings of ASPLOS V, pages 76-84, Boston, MA, October 92.

[137] Papadopoulos, G. M.; Traub, K. R.; Multithreading: A Revisionist View of Dataflow Architectures; In Proceedings of the 18th Annual International Symposium on Computer Architecture; ACM; Toronto, Canada; May 91.

[138] Patel, S. J.; Evers, M.; Patt, Y. N.; Improving Trace Cache Effectiveness with Branch Promotion and Trace Packing; The 25th Annual International Symposium on Computer Architecture (ISCA); Barcelona, Spain; June 1998.

[139] Patel, S. J.; Friendly, D. H.; Patt, Y. N.; Critical Issues Regarding the Trace Cache Fetch Mechanism; The 30th annual ACM/IEEE international symposium on Microarchitecture; 24-33; Research Triangle Park, North Carolina; 1997.

[140] Pemberton, S.; Daniels, M.; Pascal Implementation: The P4 Compiler and Interpreter; Ellis Horwood; Chichester, UK; 1983.

[141] Philips Electronics North America Corporation; Data Book - TM1300 Media Processor; Sunnyvale, USA; May 2000.

[142] Philips Electronics North America Corporation; TriMedia - TM1000 Preliminary Data Book; Sunnyvale, USA; 1997.

[143] Potter, J.; Baker, J.; Bansal, A.; Scott, A.; Leangsuksun, C.; Asthagiri, C.; ASC – An Associative Computing Paradigm; IEEE Computer; 19-25; Nov. 1994.

[144] Przybylski, S. A.; Cache and Memory Hierarchy Design; San Mateo; Morgan Kaufmann; 1990.

[145] Rechenberg, P.; Was ist Informatik?; 2. Auflage; Carl Hanser Verlag; München, Wien; 1994;

[146] Rotenberg, E.; Bennett, S.; Smith, J. E.; A Trace Cache Microarchitecture and Evaluation; IEEE Transactions on Computers; 48(2): 111-120; February 1999.

[147] Sazeides, Y.; Smith, J.E.; Implementations of Context Based Value Predictors; Technical Report #ECE-TR-97-8, University of Wisconsin-Madison, 1997.

[148] Sazeides, Y.; Smith, J. E.; The Predictability of Data Values; Proceedings of Microarchitecture; 248-258; Research Triangle Park, North Carolina; Dec. 1997.

[149] Sazeides, Y.; Vassiliadis, S.; Smith, J. E.; The Performance Potential of Data Dependence Speculation & Collapsing; Proceedings of the 29th Annual ACM/IEEE International Symposium on Microarchitecture; Paris, France; December 1996.

[150] Scherger, M.; Baker, J.; Potter, J.; Multiple Instruction Stream Control for an Associative Model of Parallel Computation; International Parallel and Distributed Processing Symposium (IPDPS'03); Nice, France, April 2003.

[151] Schlansker, M. S.; Rau, B. R.; EPIC: Explicitly Parallel Instruction Computing; Computer; Vol. 33, No. 2; 37 - 45; IEEE Computer Society Press; Los Alamitos, CA, USA; February 2000.

[152] Schmidt, U.; Caesar, K.; Himmel, T.; Mehrgardt, S.; Parallel-Computing effizient gemacht; Elektronik Nr. 12; 1990.

[153] Schwartz, R. L.; Christiansen, T.; Learning Perl; 2nd Ed.; O'Reilly & Associaties, Inc.; Cambridge, Köln, Paris, Sebastopol, Tokyo; 1997.

[154] Sedgewick, R.; Algorithmen in C++; Addison-Wesley; Bonn, München, Paris; 1994.

[155] Seznec, A.; Jourdan, S.; Sainrat, P.; Michaud, P.; Multiple-block ahead branch predictors; In Proceedings of the 7th International Conference on Architecture Support for Programming Languages and Operatin Systems; 116-127; Oct. 1996.

[156] Shaw, S. W.; IGNITE I Microprocessor Reference Manual; Rev. 0.1; Patriot Scientific Corporation; San Diego; August 2000.

[157] Sherwood, T.; Calder, B.; Loop Termination Prediction; In Proceedings of the 3rd International Symposium on High Performance Computing (ISHPC2K); Oct. 2000.

[158] Sias, J. W.; Ueng, S.; Kent, G. A.; Steiner, I. A.; Nystrom, E. M.; Hwu, W. W.; Field-testing IMPACT EPIC research results in Itanium 2; Proceedings of the 31st Annual International Symposium on Computer Architecture, München, Germany; July 2004.

[159] Siemens AG; Microcomputer Components - SAB 80C517/80C537 8-Bit CMOS Single-Chip Microcontroller - User's Manual; Edition 05.94; München; 1996.

[160] Sites, R. L.; Chernoff, A.; Kirk, M. B.; Marks, M. P.; Robinson, S.G.; Binary Translation; Communications of ACM (CACM), Vol. 36, no. 2; 69-81; Feb. 1993.

[161] Smith, J. E.; A Study of Branch Prediction Strategies; In Proceedings of the International Symposium on Computer Architecture; 135-148; 1981.

[162] SPARC International, Inc.; The SPARC Architecture Manual; Version 8; Santa Clara 1992.

[163] SPARC International, Inc.; The SPARC Architecture Manual; Version 9; Santa Clara 2000.

[164] Stallings, W.; Betriebssysteme – Prinzipien und Umsetzung; 4. überarbeitete Auflage; Pearson Studium; München; 2003.

[165] Stallings, W.; Computer organization and architecture; 4th ed Upper; Prentice-Hall, Saddle River 1996.

[166] Steen, A. J. ; Overview of Recent Supercomputers; 11th edition; NCF/Utrecht University, June 2001.

[167] Steen, A. J. ; Overview of Recent Supercomputers; 12th edition; NCF/Utrecht University, June 2002.

[168] Stiller, A.; PC-Geschichte(n); c't – Magazin für Computertechnik; Ausgabe 24/98; 276 - 283; Verlag Heise GmbH; Hannover, 1998.

[169] Strohschneider, J.; Waldschmidt, K.; ADARC: A Fine Grain Dataflow Architecture with Associative Communication Network; Euromicro 94; Liverpool; September 1994.

[170] Sudharsanan, S.; MAJC-5200: A High Performance Microprocessor for Multimedia Computing; Workshop on Parallel and Distributed Computing in Image Processing, Video Processing, and Multimedia (PDIVM'2000); Cancun, Mexico; May 2000.

[171] Sun Microelectronics, Inc.; UltraSPARC IIi – User's Manual; Palo Alto 1999;

[172] Sun Microelectronics, Inc.; UltraSPARC III Cu – User's Manual - Version 1.0; Palo Alto; May 2002.

[173] Sun Microelectronics, Inc.; UltraSPARC IIIi – User's Manual; Version 1.0; Palo Alto, June 2003.

[174] Sun Microsystems, Inc.; MAJC™ Architecture Tutorial; White Paper; Palo Alto, USA; September 1999.

[175] Sun Microsystems, Inc.; microJava-701 Java Processor Data Sheet; Santa Clara 1998;

[176] Sun Microsystems, Inc.; picoJava-I Java Processor Core Data Sheet; Santa Clara 1998;

[177] Sun Microsystems, Inc.; picoJava-II Java Processor Core Data Sheet; Santa Clara 1998;

[178] Sun Microsystems, Inc.; The Java HotSpot Virtual Machine; Technical White Paper; Palo Alto, 2001.

[179] Sung, M.; SIMD Parallel Processing; 6.911: Architectures Anonymous; Feb. 2000.

[180] Swanson, S.; McDowell, L. K.; Swift, M. M.; Eggers, S. J.; Levy, H. M.; An Evaluation of Speculative Instruction Execution on Simultaneous Multithreaded Processors; Technical report, University of Washington; January 2002.

[181] Tanenbaum, A. S.; Modern Operating Systems; Prentice Hall; 2nd edition; February 2001.

[182] Tanenbaum, A. S.; Woodhull, A. S.; Operating Systems – Design and Implementation; Prentice Hall; second edition; 1997.

[183] Texas Instruments Incorporated; TMS320C55x DSP Algebraic Instruction Set Reference Guide; Dallas, Texas; 2001.

[184] Texas Instruments Incorporated; TMS320C55x DSP Mnemonic Instruction Set Reference Guide; Dallas, Texas; 2001.

[185] Texas Instruments Incorporated; TMS320C62x/C67x CPU and Instruction Set Reference Guide; Literature Number: SPRU189C; Dallas, Texas; March 1998.

[186] Tomasulo, R. M.; An efficient algorithm for exploiting multiple arithmetic units; IBM Journal of Research and Development, 11(1); 25-33; January 1967.

[187] Transmeta Corporation; Crusoe™ Processor Model TM5800 Product Brief; Santa Clara; 2001.

[188] Transmeta Corporation; Transmeta™ Efficeon™ TM8300/TM8600 Processor - Efficeon Processor Product Brief; Santa Clara; 2004.

[189] Tremblay, M.; Chan, J.; Chaudhry, S.; Conigliaro, A. W.; Tse, S. S.; The MAJC Architecture: A Synthesis of Parallelism and Scalability; IEEE Micro; Vol. 20 No. 6; November-December 2000.

[190] Tullsen, D. M.; Eggers, S. J.; Emery, J. S; Levy, H. M.; Lo, J. L; Stammy, R. L.; Exploiting Choice: Instruction Fetch and Issue on an Implementable Simultaneous Multithreading Processor; Proceedings of the 23rd Annual International Symposium on Computer Architecture, Philadelphia, PA; May 1996.

[191] Tullsen, D. M.; Eggers, S. J.; Levy, H. M.; Simultaneous Multithreading: Maximizing On-Chip Parallelism; Proceedings of the 22nd Annual International Symposium on Computer Architecture; Santa Margherita Ligure, Italy; June 1995.

[192] Uchida, N.; Hardware of VX/VPP300/VPP700 Series of Vector-Parallel Supercomputer Systems; Fujitsu Sci. Tech. J.,33,1; 6-14; June 1997.

[193] Ungerer, T.; Datenflußrechner; B. G. Teubner Verlag, Stuttgart; 1993.

[194] Ungerer, T.; Robic, B.; Silc, J.; A Survey of Processors with Explicit Multithreading; ACM Computing Surveys, Vol. 35, No. 1, 29-63; New York; March 2003.

[195] Ungerer, T.; Robic, B.; Silc, J.; Multithreaded Processors; The Computer Journal, Vol 45, No. 3; British Computer Society; 2002.

[196] Vandierendonck, H.; Logie, H.; Bosschere, K. D.; Trace Substitution; Parallel Processing, 9th International Euro-Par Conference; 556-565; Klagenfurt, Austria; August, 2003.

[197] Walker, R. A.; Potter, J.; Wang, Y.; Wu, M.; Implementing Associative Processing: Rethinking Earlier Architectural Decisions; Workshop on Massively Parallel Processing at IPDPS'01; San Francisco, California, USA, 2001.

[198] Weiser, S.; Entwurf, Synthese und Implementierung eines VHDL-Modells einer 32-Bit RISC-Architektur; Diplomarbeit; Technische Universität Berlin, Fakultät IV – Elektronik und Informatik, Institut für Technische Informatik; Marz 2003.

[199] Withopf, M.; Virtuelles Tandem – Hyper-Threading im neuen Pentium 4 mit 3,06 GHz; c't Heft 24; November 2002.

[200] Yeh, T. Y.; Marr, D. T; Yale, N. P.; Increasing the instruction fetch rate via multiple branch prediction and a branch address cache; In Proceedings of the 7th ACM Conference on Supercomputing; 67-76; July 1993.

[201] Yeh, T. Y.; Patt, Y. N.; Alternative Implementations of Two-Level Adaptive Branch Prediction; Proceedings of the 19th Annual International Symposium on Computer Architecture, 124-134; Mai 1992.

[202] Zimmermann, G.; Rechnerarchitektur; Begleitmaterial; Fachbereich Informatik; Universität Kaiserslautern, 2002.

[203] Zois, D. B.; Parallel Processing and Finit Elements; Report; London 1985.

[204] Zech, R.; Die Programmiersprache Forth; Franzis Verlag GmbH; München; 1987.

Sachverzeichnis

Produktverzeichnis